生态养殖红膏河蟹新技术

◎ 潘洪强 著

中国农业科学技术出版社

图书在版编目(CIP)数据

生态养殖红膏河蟹新技术 / 潘洪强著 . —北京：中国农业科学技术出版社，2018. 8

ISBN 978-7-5116-3764-2

Ⅰ. ①生… Ⅱ. ①潘… Ⅲ. ①中华绒螯蟹-淡水养殖 Ⅳ. ①S966. 16

中国版本图书馆 CIP 数据核字（2018）第 143144 号

责任编辑 张孝安 崔改泵
责任校对 贾海霞

出 版 者 中国农业科学技术出版社
北京市中关村南大街 12 号 邮编：100081
电 话 (010)82109708(编辑室)
(010)82109702(发行部)
(010)82109709(读者服务部)
传 真 (010)82106650
网 址 http://www.castp.cn
经 销 者 各地新华书店
印 刷 者 北京建宏印刷有限公司
开 本 787mm×1 092mm 1/16
印 张 28. 75
字 数 516 千字
版 次 2018 年 8 月第 1 版 2018 年 8 月第 1 次印刷
定 价 60. 00 元

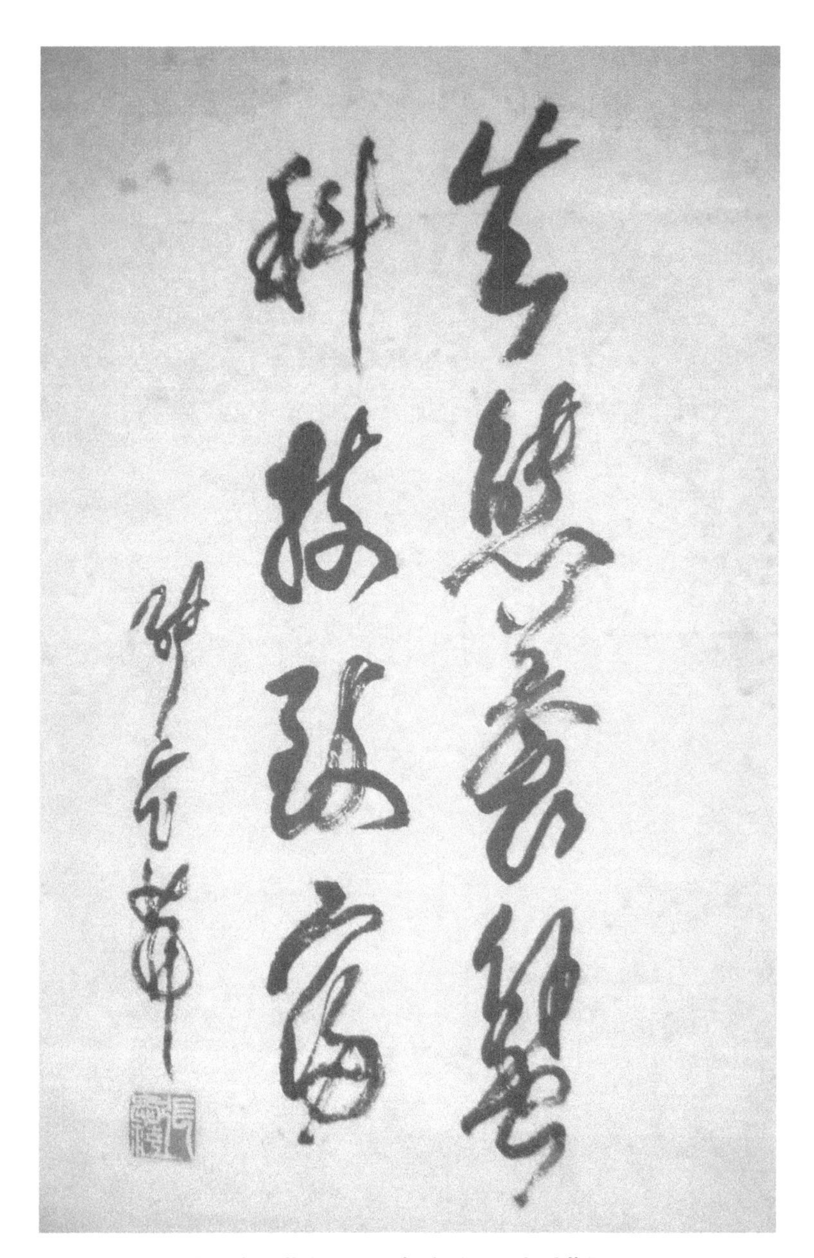

中华人民共和国原国务院副总理张爱萍题词

前　言

PREFACE

生态养殖　科技致富

我国内陆淡水水域辽阔，总面积 2.7 亿亩*，约占国土面积的 1/55，平均每平方千米国土中水面占 27 亩。其中，湖泊占 1.25 亿亩，河沟占7 920万亩，水库占3 450万亩，池塘占2 880万亩，分别占总水面的 46%、30%、13%和 11%。淡水水域是发展淡水渔业的重要资源。我国是农业大国，农业是国民经济的基础，水产业是农业的重要组成部分。目前，我国正处在渔业经济发展方式第二次转变的高起点上。正确面对并研究解决渔业自源性污染问题构建优质、高效、生态、安全的现代渔业，实现渔业和渔区经济全面、协调、可持续发展是渔业生产者面临的重要课题。如何解决渔业自源性污染问题，关键是必须加强渔业水域和资源保护，加强环保宣传教育，增强生态资源保护意识，普及渔业环境保护知识，动员和组织农民群众积极参与渔业水域和资源的保护。加快制定渔业环境质量和技术标准，加大渔业环境监测监控工作力度，提升渔业水域环境质量管理，促进淡水鱼类繁育保护区、增殖区的环境建设，大力倡导生态养殖，充分发挥渔业资源、特色品种、养殖新技术和良好水域环境的优势，合理利用水生资源保护水环境，获取最佳生态养殖效果，从而实现淡水渔业科学和持续发展目标。

作为我国特种水产养殖产业，河蟹养殖于 20 世纪 90 年代初形成产业规模，之后以年均约 3 万 t 的增幅迅猛发展，2015 年全国河蟹产量达到 82.3 万 t，近 5 年平均增长率为 6.70%，甚至高

* 1 亩≈667m^2，15 亩=1hm^2，全书同

于全国淡水养殖产量5.97%的平均增长率，显然，河蟹早已成为十分重要的新型水产业，并有逐渐成为水产支柱性产业的趋势。如今，南至贵阳市、昆明市，北至辽宁省盘锦市，东至上海市崇明岛，西至新疆维吾尔自治区库尔勒地区都有河蟹的踪影。特别在近几年中，河蟹养殖区域的市、县掀起举办蟹文化节、美食节。如“苏州昆山阳澄湖蟹文化节”“洪湖市举办的洪湖清水螃蟹文化节”“中国泰州国蟹大会暨美食节”“中国·长荡湖湖鲜美食节”。通过举办各种形式的蟹文化节，进行河蟹产销研讨会、河蟹生态健康养殖技术讲座、蟹文化展示、水产品市场参观、品蟹与直销购物等系列活动，使人们感到河蟹产业逐步在生产、市场以及销售方面走向成熟，并在推动河蟹产地的经济以及促进河蟹整体消费文化方面起到非常重要的作用和影响。促进了当地河蟹产业的发展，同时也带动当地第二产业和第三产业的有力发展。

我国的河蟹人工养殖从1982年开始试点，1987年开始推广，一直到1991年江苏省溧阳市水产良种场在长荡湖开始湖泊网围养殖河蟹，1994年相继在滩涂池塘、外荡养殖河蟹。从1997年以后，河蟹养殖飞速发展，湖泊、河沟、稻田等能进行河蟹养殖的水面得到充分利用，截至2015年12月，全国河蟹养殖总面积已达700万亩，而且这一规模正在稳步扩增，随着养殖规模扩大，各地产量也在不断上升，其中江苏省约为370万亩，在各河蟹产区中首屈一指。安徽省河蟹产业发展也较为明显，全省年养殖面积130多万亩。2014年，辽宁省盘锦市盘山县通过生态养殖河蟹，养殖规模达到了85万亩。2015年，湖北省河蟹养殖面积约为200万亩，而我国的人工养殖河蟹是有其必然发展规律的，即随着社会科学技术进步与经济发展，人们生活质量提高，食物由短缺型向富裕型转化（数量型向质量型转化）；由温饱型向小康型转化；由环境胁迫型向环境友好型转化；由资源破坏型向资源节约型转化；由传统养殖技术向现代养殖技术转化。这种转化是生产力发展的必然结果。我们要认清形势，转变观念，抓住机遇，乘势而上，发展科学养殖河蟹——生态养殖“红膏”河蟹，生产绿色食品。

江苏省溧阳市水产良种场始终坚持遵循生态准则、生物学准则和经济学准则；根据生物学、生态学和环境学原理，以及依据河蟹生物学、生理学、生态学、饲料营养学和虫害病害学的规律，认真研究做好生态养殖河蟹理论体系及技术体系方面建设的各项工作。1996—2000年，江苏省溧阳市水产良种场独立主持完成自选课题的“大规格优质河蟹生态养殖技术研究与推广应用”形成了大规格优质河蟹生态养殖技术体系，达到亩均经济效益2 646.09元，比常规养殖效益亩增12.40倍，并在提高品质和预防河蟹颤抖病等方面有所创新与突破，总体水平处于国内领先地位，得到省内外同行专家的高度评价，2000 年获得江苏省科技成果，2001 年获得江苏省政府科技进步三等奖、该成果 2001—2003 年在江苏省溧阳市、金坛市、宜兴市、苏州市吴中区、兴化市、盐城市、宝应县等地进行推广应用，推广面积达 75 万亩，推广应用后投入与产出比为 1：2 以上，取得了显著的经济效益、社会效益和生态效益。2003 年获得江苏省政府《长江水系中华绒螯蟹品种更新与健康养殖技术》成果转化一等奖。2006 年 7 月 26 日，《河蟹生态养殖方法》授予发明专利权，专利号：ZL200410014951.0。这充分证明，江苏省溧阳市水产良种场研究试验与实践，较为系统地总结了生态水域与生态养殖理论体系及技术体系，其价值具有科学性和实用性。尤其是在建立生态养殖红膏河蟹理论体系及生态养殖红膏河蟹技术体系方面做了大量的研究试验与实践工作，目前，江苏省溧阳市水产良种场在生态养殖红膏河蟹理论体系建设方面已做的工作：一是建立生态水域与生态养殖的理论体系；二是建立选育亲蟹、繁育苗种理论体系，三是建立适应正常代谢、生长、发育、繁育空间环境规律的自然属性理论体系；四是建立作为同类生物的饲料原料营养平衡理论体系；五是建立生态水域环境控制虫害病害理论体系；六是建立生态养殖河蟹质量安全理论体系。在生态养殖河蟹技术体系建设方面已做的工作：一是建立选育亲蟹、繁育苗种技术体系；二是建立蟹种、虾种、鱼种质比量比放养技术体系；三是建立河蟹养殖池塘光能与植物素消毒技术体系；四是建立自然生物技术营造河蟹养殖池塘水域生态平衡资源化技术体系；五是建立人力生物技术营造河蟹养殖池塘水域生态平衡资源化技术体系；六是建立以同类生物作为饲料的原料营养平衡度的自然属性营养平衡技术。

以上介绍的是江苏省溧阳市水产良种场创新集成的生态养殖红膏河蟹理论体系及技术体系，目前，已经获得农业农村部、中国有机生态机构和江苏省地市各级环保部门等业界的认可。该养殖与繁育技术具体体现在其所拥有的自主知识产权：获得国家知识产权局授予发明专利权四项，即《生态养殖河蟹方法》专利号：ZL 200410014951.0；《生态养殖“红膏”河蟹方法》专利号：2009 10027653.8；《干蚕蛹河蟹饲料及其制备方法和饲喂量》专利号：ZL 2009 10027652.3；《一种防止河蟹虫害病害发生的生态养殖方法》专利号：ZL 201410373060.8。由国家级出版社出版的著作有《中华绒螯蟹生态养殖》中国版本图书馆 CIP 数据核字：（2001）第 091482 号；《无公害河蟹标准化生产》中国版本图书馆 CIP 数据核字：（2005）155925 号；《生态水域与生态养殖》中国版本图书馆 CIP 数据核字：（2015）第 030711 号；《绿色食品-渔药实用技术手册》中国版本图书馆 CIP 数据核字：（2015）第 0302015 号。公司参加制订中华人民共和国农业行业标准有《河蟹养殖质量安全管理技术规程》SC/T 1111—

2012，IS；《绿色食品　蟹》NY/T 841—2012；《绿色食品　渔药使用准则》NY/T 755—2013。

江苏省溧阳市水产良种场（公司）所创新集成的生态养殖红膏河蟹理论体系及技术体系，是作者长期在生产一线实践中进行综合研究，试验总结，反复试验和不断总结所形成的，具有科学性、实用性和可操作性的特点。目前，该理论体系与技术体系在生产实践中得以推广运用，河蟹养殖产业将能成为实现科学合理利用水生资源和符合水生资源循环利用最佳效益的产业之一，其产品质量达到国家绿色食品标准和国际通行农产品质量安全标准。具体来说，养殖水体排放达到并符合太湖流域的排放标准，为保护太湖水域及周边地区的生态环境提供了强有力的科技支撑，该理论体系及技术体系具备生态环境效益佳和产品质量效益高的优势，为实现我国渔业技术经济效益最大化，提升我国渔业技术经济核心竞争力，发挥了积极的推进作用；为实现生态水域与食品安全"双赢"的目标作出了自己应有的贡献。

潘洪强

2018 年 5 月 18 日

目录

CONTENTS

第一章　中华绒螯蟹的生态养殖概况

第一节　中华绒螯蟹养殖的现状与回顾

一、中华绒螯蟹养殖生产发展回顾

1. 湖河“天放天养”

河蟹又称毛蟹，学名中华绒螯蟹，是一种在淡水中生长发育，在河口海水中产卵繁殖的洄游性水生甲壳动物，原产地在我国的渤海、黄海、东海沿岸，它在我国的自然分布主要是沿海各省和长江中下游地区，我国的河蟹生产历史，经历了自然增殖、放流增殖和人工养殖3个时期。“天放天养”时期的河蟹，即在沿江、沿河、沿湖和沿荡中，依靠天然饵料而育肥所捕获的河蟹。这个阶段从20世纪50年代初到60年代中期，年平均捕获成蟹产量约为12 000t。

2. 江河放流增殖

我国天然蟹苗的开发利用自20世纪60年代中期开始，主要用于大水面的放流。由于受到自然的人为的多种因素的影响，每年捕捞的蟹苗产量很不稳定。1970—1981年，最低年份捕捞的蟹苗仅有2.7t，最高年份则高达72.3t，产量差异十分明显。进入20世纪80年代中期，由于工业污染的加剧，产卵场的水系污染，过度捕捞抱卵亲蟹等因素的影响，天然洄游蟹苗逐年减少，捕获的天然蟹苗、仔蟹放流放养已远远不能适应需求。为解决这个问题，从20世纪70年代初，从事水产的科技工作人员开始进行研究河蟹人工繁殖河蟹苗种这一课题，到1987年全国已有46家人工繁育蟹苗的基地，平均繁育蟹苗池面积约2万m^2，年均繁育蟹苗量仅为2.0t。由于自然条件等原因，天然河蟹苗的产量大减情况时有发生。例如1993年，当年河蟹苗的产量下降为1.7t，仅为1988年河蟹苗产量的20.6%。

3. 湖泊网围养殖

1991年，在长江中下游地区发生一场历史上罕见的特大洪灾，自1985年江苏省水产局在常州市所辖的长荡湖建立网围养殖鱼类的试验基地。该项目由江苏省溧阳市水产养殖场承担，建立网围养殖鱼类的试验基地面积80亩。经过3年的养殖试验，基地鱼类病害少、质量好、产量高、经济效益佳。在这基础上，溧阳市水产养殖场网围养殖鱼类的面积发展到1 200亩，从1988—

1990 年 3 年间经济效益增加。1991 年，在长江中下游地区发生一场历史上罕见的特大洪灾，溧阳市水产养殖场 1 200亩网围养殖的鱼全部走散在湖中，仅有溧阳长荡湖管理委员会在长荡湖放流河蟹苗种时，将河蟹苗种放流在网围养殖，这一年的网围养殖河蟹喜获丰收。从这一年网围养殖河蟹的经验总结，在长荡湖推广湖泊网围养殖河蟹获得成功。由此，江苏省水产局相继向长江中下游地区的湖泊推广普及网围养殖河蟹。目前，全国已形成了太湖、洞庭湖、洪泽湖、鄱阳湖、巢湖、阳澄湖、高邮湖、涸城湖、滆湖和长荡湖等大中小湖泊网围养殖河蟹基地。

4. 滩涂网围养殖

1988 年，江苏省原溧阳县人民政府为了解决城镇居民吃鱼难的问题。由江苏省溧阳县水产养殖场（国有农场）承担在长荡湖畔的滩涂建设“菜蓝子”工程，即淡水鱼养殖基地，经过 2 年时间建成了面积为1 000亩的淡水鱼养殖基地。就在养殖淡水鱼的第二年，长江中下游地区发生一场历史上罕见的特大洪灾，1 000亩淡水鱼养殖基地经济损失严重。相继的 1992 年与 1993 年养殖的淡水鱼出血病流行病害惨重，养殖鱼的亩产量明显下降，经济效益低下，造成溧阳县水产养殖的经济效益严重亏损。在 1994 年春天，溧阳市水产养殖决策层决定由原来的淡水养殖鱼的池塘面积改造成养殖河蟹。从此，金坛市和溧阳市的长荡湖畔就出现池塘养殖河蟹的先例，其池塘养殖河蟹面积发展为 30 亩。目前，中国的辽河流域、长江流域等地区为河蟹产业规模化养殖格局已形成。河蟹养殖总面积达 700 万亩以上，其中，江苏省约有 370 万亩、湖北省约为 200 万亩、安徽省等周边地区约为 130 万亩。我国河蟹养殖十分普遍，南至贵州省贵阳市、云南省昆明市，北至辽宁省盘锦市，东至上海市崇明岛，西至新疆维吾尔自治区库尔勒地区都能看到了河蟹的身影。现在的河蟹养殖从一个养“大蟹”的时代已经走向“大养蟹”的时代。我国河蟹总产量基本稳定在 70 万 t 左右，2014 年约 80 万 t，其中，江苏省产量位居第一位，湖北省位居第二位，安徽省位居第三位。但是，随着每年水情与气候的影响，各地河蟹产量常有起伏波动。由于近两年来的长江流域受特大洪水的影响，对河蟹生产有较大的影响，其产量下降明显。

二、中华绒螯蟹养殖存在的问题

河蟹是我国重要的水产养殖品种，年养殖产量在 70 万 t 左右，产值超过 400 亿元，我国河蟹养殖主要集中在华东地区，其养殖产量占全国总产量的 80%以上，其中，江苏省、湖北省、安徽省三地的河蟹养殖产量和产值分别居于全国

“三甲”。经过近20年的发展壮大，华东各地因地制宜，已经形成了各具特色的成蟹池塘养殖模式，如“高淳模式”“金坛模式”“昆山模式”和“泗洪模式”等，这对于推动我国河蟹养殖业起到了非常积极的作用。作者多年来对江苏省金坛市、溧阳市、高淳市、昆山市、泗洪市、兴化市；安徽省当涂市、安庆市；湖北省洪湖市、鄂州市等地河蟹养殖进行调研，以总结和分析我国河蟹池塘养殖现状、发展趋势和存在问题。养殖河蟹的风险虽然较大，但是它对提高水面和农田单位面积效益的作用却很大。近年来，由于河蟹价格是鱼的5~10倍。全国河蟹养殖区域已形成了居高不下的“养蟹热”。从发展河蟹产业的角度分析，这是一件好事。与此同时，随着长江水系中华绒螯蟹蟹种供不应求的现象愈演愈烈，进而导致苗种质量弱化，由此造成养殖水域生态环境恶化、生产技术工艺降低，河蟹质量总体水平下降等问题。从全国河蟹养殖的实际状况分析，主要包括以下几方面：

1. 长江水系河蟹种质资源混杂

20世纪80年代初，由于长江水系河蟹资源的衰竭，辽河水系的河蟹南下和瓯江水系河蟹北上，导致长江水系本地河蟹种质混杂。辽河水系的河蟹苗种南下和瓯江水系河蟹苗种在长江中下游地区不能表现出良好生长性能，给养蟹业带来了很大损失。目前，长江水系的河蟹种质资源的混杂已成为事实，也为河蟹种质的分析与鉴定和河蟹种质标准的制定带来了相当大的难度。“物竞天择”是生物体发展的客观规律，各水系河蟹种质资源的形成和存留，是生物界长期选择和适应的结果。为此，我国各水系区域都应建立保护其自然形成种质资源的生态水域基地。

2. 蟹种培育性腺早熟

蟹种的性腺早熟现象，是指当年蟹苗约经4个月培育而性腺发育成熟小“老”蟹，作为蟹种养殖成蟹，在第二年蜕壳生长，绝大部分的河蟹将因蜕壳不遂而死亡。蟹种的性腺早熟是河蟹人工培育过程中的一大难关，是直接制约河蟹养殖生产发展的一个重要因素。蟹种培育因有效积温、营养等原因导致一部分蟹种性腺早熟。目前，特别近几年，有些地区的蟹农采用淡水培育蟹种，其效果并不明显。采用此方法，蟹种的性腺早熟现象不但未减少，反而增多了。据有关资料统计，经淡水培育的蟹种，一般性腺早熟率可达20%以上。

3. 池塘养蟹规格小质量差

从20世纪90年代初开始池塘养蟹至今，据作者多年观察，虽然池塘内水生植物种类并不稀少，而且通常在幼蟹饲料质量供应较好的情况下，池塘养殖的商品蟹规格却一直偏小，商品成蟹一般规格每只仅为75~125g；如果水生植物比较丰富，动物性饵料较多时，商品成蟹规格每只可达125~150g。由于商品蟹规格小，产量就不会很高，其结果必然影响经济效益。如何提高池塘养殖商品蟹的规格，提高单位面积的河蟹产量，关键性技术是正确分析制约池塘养蟹的生态要素，全面研究制约河蟹蜕壳的生理机制，从而有效地控制和提高河蟹蜕壳次数。

4. 河蟹生态环境恶化，虫病害多发

随着中国河蟹养殖业迅猛发展，盲目追求高产量的趋势越发严重，导致放养密度超出水体承载量，残饵、粪便、肥料的积累加剧了水体富营养化，破坏了水体生态平衡，造成河蟹疾病频频出现，每况愈下。为了防治河蟹疾病的发生，养蟹户加大了渔药的使用频度和用量，致使水体中有机氯、重金属等有毒有害物质日益增多，进一步加剧了水域生态系统的失衡。根据作者观察，目前，大水面放流河蟹生虫发病并不多见，但在池塘精养条件下或人工育苗水体中，由于河蟹养殖密度较高，在饲料投喂的质和量方面，人为控制确实具有一定的难度，导致水质容易恶化，池水中容易引发多种虫害，当河蟹受到虫害影响时，常常引发大面积河蟹病害的发生。目前，由于许多发病率高，而且危害严重的河蟹疾病发病机理尚不清楚，虽然各地区相关科研院所正在积极地进行研究，但一些重大河蟹疾病并未建立起科学的防治理论体系和行之有效的治疗技术体系。因此，河蟹虫病害防治必须坚持“以防为主，防重于治”的方针；同时，一旦发现虫病害疫情，相关部门应综合、全面地分析病因，及时采取有效措施加以防治。近年来，人们发现河蟹虫病害主要类型有细菌性疾病、真菌性疾病、寄生虫病害等，还有一些河蟹天敌的为害。本书在河蟹虫病害控制这一章将专门对河蟹虫病害防治进行详细的介绍。

5. 饵料原料营养失衡

饵料是河蟹生存物质基础，饵料原料的选择是备制优质营养平衡饲料的关键之一，饵料原料选择与饵料营养平衡有关，尤其是饵料营养失衡会直接影响河蟹正常生长与发育，与养殖河蟹产量和经济效益有着密不可分的关系。目前，我国的科研机构对河蟹饵料研制还远远落后于养殖河蟹对饵料营养平衡的要求；同样，我国养殖河蟹的农户在养殖河蟹的过程还是停留在选择投喂单一的谷物饵料的水平，尚未根据养殖河蟹的不同季节投喂适宜饵料，满足河蟹不同季节生长发育所需的营养成分来确定饲养环节。结果造成河蟹营养缺乏，生长缓慢，蜕壳困难，疾病增加，严重影响河蟹养殖业可持续发展，因此，对河蟹饵料的研制与开发有待加强。

三、养殖中华绒螯蟹持续发展规律

随着社会科学技术进步与经济发展，人们生活质量提高食物由短缺型向富裕型转化，数量型向质量型转化；由温饱型向小康型转化；由环境胁迫型向环境友好型转化；由资源破坏型向资源节约型转化；由传统养殖技术向现代养殖技术转化。这种转化正在改变人们的主观意识，各级政府也在出台各种行为规范。可以认为，这种转化是生产力发展的必然结果。我们要认清形势，转变观念，抓住机遇，乘势而上，以发展科学养殖河蟹——生态养殖河蟹——生产绿色食品为切入点，以实现河蟹产业的经济效益、社会效益、生态效益全面提升和可持续发展。

1. 河蟹养殖发展质与量

2007 年，全国农业工作会议渔业专业会提出了中国渔业工作的总体思路，即以保障水产品有效供给和“三大安全”为核心，加快转变渔业发展方式。全面推进水产健康养殖，切实提高水产品质量安全水平，加大水生生物资源与生态环境保护力度，扎实推进现代渔业建设，促进渔业可持续发展和社会主义新农村建设作出更大贡献。生态渔业是现代渔业建设中的一部分，生态养殖河蟹同样是实现现代渔业建设中的一部分。我们首先要加快转变渔业发展方式。其次要从速度数量型向速度与质量型转变，一是抓好渔民培训，努力提高渔民素质；二是转变发展方式，大力发展高效生态渔业；三是强化质量安全，提高渔业综合竞争力；四是坚持环保优先，保障渔业可持续发展，努力打造有特色的高效、生态、安全渔业。

选择生态养殖的“红膏”河蟹是一个优质高效的河蟹品种。以江苏省溧阳市水产良种场为例。1995 年，该良种场用于河蟹养殖的长荡湖网围面积仅为 251 亩，22 年后的 2017 年河蟹养殖已发展到滩涂网围面积为 6 375亩。养殖的河蟹规格大，分量足，品质高，河蟹质量完全符合国家绿色食品标准和国际通行农产品质量安全标准；养殖水体排放达到原国家环保总局太湖流域排放标准；实现了食品安全与生态保护的“双赢”。同时，江苏省国有溧阳市水产良种场还是一家具有自营出口权的龙头渔业企业。

特别是我国加入 WTO 后，农产品质量安全更是国际贸易的壁垒；产品质量越好，国内和国际市场生命周期就越长。加入 WTO 融入国际消费市场后，国内外消费者对质量安全标准要求越来越高，优质特种水产品需求量越来越大。国际市场对该项目实施后所生产出的绿色安全食品——优质“红膏”河蟹的消费量逐年递增，其质量符合国际通行农产品质量标准。例如，2007 年优质“红膏”河蟹规格：雄蟹个体重量达200g以上，由江苏省政府外事办委托溧阳市水产良种场将一批红膏河蟹销往中国驻韩国大使馆，其国际市场价格是国内的3倍；2010年多批次优质“红膏”河蟹出口新加坡。可见，优质“红膏”河蟹具有较为广阔的国际市场需求，深受东南亚国家青睐和我国香港、澳门以及台湾地区客商的信赖，出口量逐年呈上升趋势。出口创汇具有较强的附加值，为开拓国际市场和渔民增收奠定了良好基础。

2. 河蟹养殖生产方式

目前，全国各地区河蟹养殖生产方式仍以手工操作为主的粗放型经营生产方式，有待加快向专业化，集约化的经营方式转变，努力提高劳动生产率和资源产出率。国有江苏省溧阳市水产良种场在常规鱼养殖的过程中，加大投入建立绿色生态特种养殖基地约5 000亩，以放养优质河蟹苗种，套养青虾，插养鳜鱼为主，形成水生生物共生互利和水生生物系统物质良性循环。水域生态环境平衡，实现了科学合理利用水生资源和资源循环利用的最佳效果。养殖水体排放达到原国家环保总局太湖流域排放标准，保护了水域的生态环境；产品质量符合国家绿色食品标准和国际通行农产品质量安全标准，实现了食品安全与生态保护“双赢”目标。

3. 河蟹养殖技术体系

发展现代渔业、生态渔业是水产养殖企业发展最基本、最重要的任务。尤其是如何生产质量安全的食品。根据中国水产品卫生质量和绿色水产品认证标准，确保水产品生产的产地环境、生产过程、生产资料的使用和最终产品质量的安全，为保护消费者利益，提高消费者的身体健康，为现代渔业发展和社会主义新农村建设做出贡献，是水产品生产企业的重要任务。坚持生态养殖与资源循环利用结合，开展技术攻关、技术改造、技术协作、技术发明；培养一大批爱岗敬业、业务精通的科研人才。确定以企业自主研发为己任，选择原始创新与集成创新相结合的战略。相关技术体系包括，淡水养殖关键技术，即科学选种技术，选择异地亲本；自然生物技术，培养浮游生物；溢水选育技术，筛选幼苗规格；质比量比技术，确定品种数量；人力生物技术，环境防控病害；营养平衡技术，同类生物原料替换；生态平衡技术，合理运用生物功能；生态立体技术，遵循生物规律。该八项关键推广技术应用于渔业生产领域，能科学利用水生资源，保护水环境，取得资源循环利用最佳效果，养殖的水产品质量、水域环境安全指数均符合国家水产养殖水质标准，从而实现资源节约型、环境友好型和低碳型渔业产业的发展。

近几年，江苏省溧阳市水产良种场经济之所以能持续、快速健康发展，科技支撑起了决定性作用。该良种场在河蟹品种选优、技术更新和知识更新三大工程方面积极探索并大胆实践。从1996年至今与科研院所加强合作，该良种场根据良种繁育、特种水产养殖的特点建立了科研团队，坚持在生态养殖技术体系方面力求更新和力求突破，逐步形成一套较为成熟、规范的生态养殖河蟹的科学技术体系，力求促使该良种场养蟹业的科技贡献率达到较高的水平。目前，该良种场已参加制订中华人民共和国水产行业标准《河蟹养殖质量安全管理技术规程》SC/T 1111—2012，IS；参加制订中华人民共和国农业行业标准《绿色食品　蟹》NY/T 841—2012；2013年参加制订中华人民共和国农业行业标准《绿色食品　渔药使用准则》NY/T 755—2013，代替NY/T 755—2003。

4. 河蟹养殖经营方式

全面落实科学发展观，打造品牌战略，整合有形资源和无形资源，不断提高产品附加值，提升核心竞争力，确保农产品优质、高产、高效，真正体现农产品的环境效益、质量效益和市场需求效益，有力地促进渔业经济全面协调可持续发展。达到做强企业、做大产业，由以生产型为主向生产、流通（构建电子商务平台）、加工和包装融为一体，内外相结合的产业化经营方向转变，努力提高河蟹养殖业的组织化程度。1998年，江苏省溧阳市水产良种场开始打造品牌战略，注册商标“可鲜可康”，以建设绿色生态特种养殖基地5 000亩，以放养优质河蟹苗种，套养青虾，插养鳜鱼为切入点，使水生生物共生互利，水生生物系统物质得到良性循环，水域生态环境达到平衡，实现了科学合理利用水生资源和资源循环利用的最佳效果，进而推进水产品产业化经营，改变了过去那种单纯就生产抓生产的做法，将生产、流通、加工和包装形成“一条龙”的经营模式。与此同时，参加国家和地方政府所提供的自然灾害政策性保险，以抵御自然风险。

在此基础上，重点做好以下几方面的工作：一是以市场为导向，进一步建设好具有区域特色的河蟹、青虾商品基地；二是继续完善农贸城水产品批发市场和农村集镇的集贸市场，并作为电商的货源供应地和发货场所，为建立电子商务平台奠定坚实的基础；三是采用直营直发的销售模式销往全国各地。在上海市、杭州市、苏州市、广州市、南京市、无锡市、常州市、北京市和昆明市等大中小城市建立河蟹专卖直销店，充分发挥物流直接配送等优势，使消费者可以及时享用产地优质河蟹的美味和实惠的价格；四是培训一支素质较高的水产品销售经纪人队伍，引导组织多种经营渠道，走出国门、发展外向型水产品事业；五是引导河蟹加工向食品化方向发展，走综合加工“一条龙”之路，真正实现向规模型产业化方向迈进的目标。

5. 河蟹养殖发展规模

由分散经营为主向规模经营方向转变，努力提高水产业专业化、商品化和市场化水平。形成规模就会出现特色，专业化度程就会加强，知名度就会提高，产品就会销得出去，从而就会销得好价格。为了适应市场经济的发展，江苏省溧阳市水产良种场根据自身的特点建立规模化特种养殖基地，创建江苏省省级良种繁育场，引导职工从事规模经营：一是以分散经营组建股份合作经营；二是在稳定家庭农场经营体制基础上强强联合扩大规模经营；三是以创新科技为支撑，改造低产渔池，营造特种高效养殖基地，增加养殖资源面积；四是实现农场全面深化改革，以推进农场企业改革为主线，建设现代企业制度，全面增强内生动力、发展活力和提高整体实力，发挥现代规模农业建设的骨干引领作用；五是依靠创新驱动，激发广大科研人员积极性、主动性和创造性。同时，落实科研成果性收入等激励措施，促使科研人员收入与岗位职责、工作业绩、实际贡献紧密联系；研究更多科技成果，加速成果转化，引领产业振兴；为企业规模经营提供更有力的科技支撑。

第二节　中华绒螯蟹生态养殖市场前景

一、生态养殖河蟹优势

1. 养殖河蟹品种优势

河蟹俗名螃蟹、毛蟹、清水蟹、大闸蟹等，它是名贵水产品之一。河蟹是富含高蛋白、低胆固醇的水产品，河蟹肉质细嫩鲜美，营养丰富，含有人体必需的蛋白质、钙、铁等营养元素，是独具风味的水产佳品，食用大规格优质河蟹是人们生活质量提高的一种标志，对提高人民生活质量有着极其重要的意义。河蟹药用价值也很高，是传统的食疗药方，蟹壳制成甲壳质（几丁质）是纺织、印染、医药和塑料工业重要原料。

2. 生态养殖技术优势

遵循生态准则、生物学准则、经济学准则，根据生物学、生态学、环境学原理，按照生物学中生物占据各自生态位的特点，以及生物适应于正常生长、发育空间环境规律的生态习性，同时，依据河蟹生态习性、食性、生长、发育等生物学特性，科学研究选种技术、光能与植物素消毒技术、质比量比放养技术、生态平衡技术、自然生物技术、营养平衡技术，在生产实践中进行试验总结，形成较为成熟的技术体系。运用该创新技术体系，使其种质特征得以充分表现，生长性能得以充分发挥，实现了科学合理利用水生资源，资源循环利用的最佳效果，保护了水域的生态环境。

3. 生态养殖效益优势

运用生态养殖技术体系，使其种质特征表现充分，生长性能发挥明显，养殖大规格优质河蟹回捕率达 55.20%以上，成蟹规格：雄蟹个体重量 175g 以上占 72%，雌蟹个体重量 125g 占 60.25%，亩产量达 75.35kg，每亩平均产值 9 041.76元，每亩平均技术经济效益达5 541.76元，投入产出比 1∶1.58。这就充分显示运用该技术体系后，实现科学合理利用水生资源和资源循环利用的最佳效果，养殖水体排放达到原国家环保总局太湖流域排放标准，有力地保护了水域的生态环境；水产品质量符合国家绿色食品标准和国际通行农产品质量安全标准，从而取得了食品安全生态保护的“双赢”。

二、养殖河蟹产业前景

1. 国内市场需求增强

随着人们生活质量提高和经济的发展，食物结构发生明显变化，由原来对畜禽动物蛋白的需求逐步转变为对鱼类蛋白的需求。大规格优质河蟹是高蛋白、低胆固醇的水产品，每 100g 中含蛋白质 14g、水分 71g、脂肪 5.9g、碳水化合物 7g、维生素 A 5 960国际单位。可以说，水产品是人们生活不可缺少的食品，长期食用有利于人类健康长寿。近年来，水产品的国内销售如杭州市、上海市和北京市等大中城市，消费者的购买力显著增强，市场价格高居不下。例如，雄蟹个体重量达 200g 以上，每 500g 的单价突破 120 元以上，而个体重量 150g 以下规格河蟹，每 500g 的单价也达到 30 元左右。大规格优质河蟹价格是小规格河蟹价格的 4 倍。因此，养殖优质大规格河蟹在国内有大市场，并具有较强的市场竞争力。

2. 国际市场需求增加

自我国加入 WTO 后，如何确保农产品质量安全是形成国际贸易争端的诱因之一；产品质量越好，国内和国际市场的生命周期就越长。我国加入 WTO 融入国际消费市场后，对外出口质量安全标准要求越来越高，优质特种水产品需求量越来越大，国际市场对我国食品安全项目实施后所产出的绿色安全食品——优质大规格河蟹具有广阔的市场需求量；大规格优质河蟹质量符合国际通行农产品质量安全标准，深受东南亚国家和我国香港、澳门和台湾客商的信赖，出口量逐年呈上升趋势。2013 年，江苏省溧阳水产良种场养殖的大规格优质河蟹，规格为：雄蟹个体重量 200g 以上，出口到东南亚和新加坡等国家和地区的价格分别是国内的 3～5 倍，较大地提高了河蟹产品附加值，显示了生态养殖河蟹产业生产力的发展活力，有力地促进优质、高效、安全的河蟹产业可持续发展。

三、环境质量与产品质量

1. 生态养殖环境质量

一是运用质比量比放养技术，确定放养品种与数量，放养长江水系优质河蟹种苗、套养青虾、插养鳜鱼。同一水体内，利用水生生物的共生互利或互相关系，满足水环境中生物多样性的要求，使不同生物在同一环境中共同生长，保持生态平衡，合理利用水生资源。实现水生生态系统内的物质良性循环，增强水体自我净化、自我维持的功能，在不损害水域生态环境的情况下获得经济效益高的优质河蟹。

二是运用生态平衡养殖技术，在河蟹各个生长阶段，调配水草种类的茬口，组成挺水、沉水相结合的水草群落，此消彼长，互为补充，适合河蟹生态养殖的需要。合理利用水生植物资源有效功能，分解养殖生产中所生产的氨态氮、亚硝酸氮、硫化氢等有毒有害物质，营造优良水域生态环境。

三是运用自然生物技术，秋季水生植物枯萎，代谢功能减弱时，池塘移植一定数量鲜活软体动物，使其自然繁殖，一个2年生的螺蛳能繁殖100个以上小螺蛳。

四是运用鲜活软体动物新成代谢功能，增强净化水质能力和防污能力，净化水质。利用自然生态循环系统，在一定的养殖空间和区域内通过相应的技术和管理措施，保持养殖水体生态资源化，水域环境的生态平衡。

2. 生态养殖产品质量

生态养殖河蟹是遵循生态准则、生物学准则和经济学准则；根据生物学、生态学和环境学原理，依据河蟹生态习性、食性、生长和发育等生物学特性，运用科学选种技术、光能与植物素消毒技术、质比量比技术、生态平衡技术、自然生物技术、营养平衡技术和集成创新生态养殖优质河蟹技术体系，运用创新技术体系养殖河蟹，促使河蟹种质特征充分表现，生长性能充分发挥，实现科学合理利用水生资源，力求达到资源循环利用的最佳效果，使养殖河蟹的质量符合国家绿色食品标准和国际通行农产品质量安全标准。

第二章　生态养殖红膏河蟹基地

第一节　产地环境质量要求

一、选择生态基地

生态养殖基地，即绿色食品河蟹生产基地应选择在无污染和生态条件良好的地区。基地选点应远离工矿区和公路铁路干线，避开工业和城市污染源的影响，而绿色食品生产基地又应具备可持续的生产能力。生态基地选择环节具体如下。

第一，包括土壤中的农药残留（如菊酯类和有机磷农药残留等）、重金属富集，水源中化学污染、微生物病原体和生物毒素。

第二，包括水源中导致河蟹发病的微生物病原体和寄生虫害以及可能发生的洪涝灾害。

第三，应对水源和河蟹养殖生产周边距千米（km）范围内区域进行调查，以确定并评估可能影响养殖河蟹生产区水质质量的污染源（包括城市污染排放、工业排放、农业排放、养殖排放和采矿污水等）。应对土壤中可能存在的污染物（重金属、农药残留等）进行检测，倘若结果表明此地不宜河蟹养殖，则另选场址。

第四，在评估场址周边环境污染时，生产单位应考虑各种变化因素（如降水量、洪水、风、水处理、人口变动以及当地的其他因素）及防止这些因素在最坏的水文和天气条件下对污染程度的影响。

第五，围网养殖区应避开或远离航道、行洪要道，无污染，养殖水体 pH 值为 7.5~8.5，水深为 1.2~1.5m。

二、基地土壤质量参数

生态养殖基地土壤环境质量要求，即绿色食品“水产品”生产基地土壤环境质量要求。绿色食品水产品养殖产地土壤中的各项污染物含量不应超过表 1-1 所列的限值。

表 1-1 土壤中各项污染物的含量限度 （单位：mg/kg）

项目	水田（池塘）		
pH 值	<6.5	6.5~7.5	>7.5
镉	0.30	0.30	0.40
汞	0.30	0.40	0.40
砷	25	20	15
铅	50	50	50
铬	120	120	120
铜	50	60	60

三、空气质量参数

生态养殖基地土壤环境质量要求，即绿色食品“水产品”生产基地空气环境质量要求。绿色食品产地空气中各项污染物含量不应超过表 1-2 所列的浓度限值。

表 1-2 空气中各项污染物的浓度限值 mg/m^3（标准养成）（单位：mg/m^3）

项目	浓度限值	
	日平均	1h 平均
总悬浮颗料物（TSP）	0.30	—
二氧化硫（SO_2）	0.15	0.50
氮氧化物（NO_x）	0.10	0.15
氟化物（F）	1.8［μg/（dm^2·d）］（挂片法）	

注：①日平均指任何 1d 的平均浓度；②1h 平均指任何 1h 的平均浓度；③连续采样 3d，1d3 次，晨、午和夕各 1 次；④氟化物采样可用动力采样滤膜法或用石灰滤纸挂片法，分别按各自规定的浓度限值执行

四、渔业水质的参数

生态养殖基地渔业水质要求，即绿色食品“水产品”生产基地渔业水质要求。绿色食品产地渔业用水中各项污染物含量不应超过表 1-3 所列的浓度限值。

表 1-3　渔业用水中各项污染物的浓度限值

项目	浓度限值
色、臭、味	不得使水产品带异色、异臭和异味
漂浮物质	水面不得出现油膜或浮末
悬浮物（SS）	水中悬浮物质颗粒直径在 10^{-4}mm 以上
pH 值	淡水 6.5~8.5，海水 7.0~8.5
溶解氧（DO）	>5
生化需氧量（BOD_5）	5
总大肠菌群	5 000（个/L）（贝类 500 个/L）
总汞	0.0005（mg/L）
总镉	0.005（mg/L）
总铅	0.05（mg/L）
总铜	0.01（mg/L）
总砷	0.05（mg/L）
六价铬	0.1（mg/L）
挥发酚	0.005（mg/L）
石油类	0.05（mg/L）

第二节　生态养殖河蟹生产规范

一、规范使用肥料

规范使用肥料按照中华人民共和国水产行业标准《绿色食品肥料使用准则》NY/T 394—2013 要求使用肥料。

生态养殖基地即绿色食品产地。产地环境质量符合 NY/T 391 要求，遵照绿色食品产生标准，在生产过程中遵循自然规律和生态原理，协调养殖业的平衡，限量使用限定的化学合成生产资料，产品质量符合绿色食品产品标准。因此，只能以生产绿色食品产品标准使用肥料。

1. 选用肥料

（1）农家肥料。农家肥料就地取材，主要由植物和动物残体、排泄物等含有机物的物料制作而成的肥料。包括秸秆肥、绿肥、厩肥、堆肥、沤肥、沼肥、饼肥。生态养殖基地可选用厩肥（圈牛、马、羊、猪、鸡、鸭等畜禽的排泄物与秸秆等垫料发酵腐熟而成的肥料）作为栽培水生植物的基肥，或选择沼肥、饼肥作为栽培水生植物的基肥。

（2）微生物肥料。含有特定微生物活体的制品，应用于农业生产，通过其中所含微生物的生命活动，增加植物养分的供应量或促进植物生长，提高产量，改善农产品品质及农业生态环境的肥料。

（3）有机—无机复混肥料。含有一定量有机肥料的复混肥料。注：其中复混肥料是指氮、磷、钾三种养分中，至少有两种养分标明量的由化学方法和（或）掺混方法制成的肥料。

2. 肥料使用原则

（1）持续发展原则。绿色食品生产中所使用的肥料应对环境无不良影响，有利于保护生态环境，保持或提高土壤肥力及土壤生物活性。

（2）安全优质原则。绿色食品生产中应使用安全、优质的肥料产品，生产安全、优质的绿色食品。肥料的使用应对作物（营养、味道、品质和植物抗性）不产生不良后果。

（3）化肥减控原则。在保障植物营养有效供给的基础上减少化肥用量，兼顾元素之间的比例平衡，无机氮素用量不得高于当季作物需求量的一半。

（4）有机为主原则。绿色食品生产过程中肥料种类的选取应以农家肥料、有机肥料和微生物肥料为主，化学肥料为辅，只能以复合肥作为培植水生生物的追肥。

二、规范使用饲料

规范使用优质河蟹饲料：使用中华人民共和国水产行业标准《中华绒螯蟹配合饲料》SC/T1078—2004S 要求备制的河蟹饲料。具体如表 1-4 所示。

1. 饲料产品分类及规格

表 1-4　中华绒螯配合饲料产品规格

产品分类	蟹苗饲料			蟹种饲料			食用蟹饲料		
编号	S1	S2	S3	S4	S5	K1	K2	K3	K4
粒径 mm	0.10～0.15	0.15～0.30	0.30～0.60	0.69～0.80	0.80～1.50	1.5～1.6	1.8	2.0	2.5

注：S 为细粒状或不规则细粒状；K 为颗粒饲料的长度为粒径的 2~3 倍

2. 饲料技术要求

（1）饲料原料要求。所用原料应符合各类原料标准的规定、不得受潮、发霉、生虫、变质及受到石油、农药、有害金属等污染。所用添加剂应符合国家颁布的《饲料和饲料添加剂管理条例》和《饲料添加剂品种目录》。如有新的规定，则按新规定执行。

（2）饲料感官指标。色泽一致，大小均匀，无霉变、结块、异味，无虫蛀。

（3）饲料加工质量。

饲料加工质量应符合表1-5各项要求，具体如表1-5所示。

表1-5　河蟹饲料加工质量要求

类别	项目	指标
混合均匀度（变异数V）（%）	蟹苗饲料	≤8.0
	蟹种饲料	≤10.0
	食用蟹饲料	≤10.0
颗料饲料水稳定性（溶失率）（%）	蟹苗饲料（水中浸泡30mim）	≤10.0
	蟹种饲料（水中浸泡30mim）	≤5.0
	食用蟹饲料（水中浸泡30mim）	≤5.0
颗粒饲料含粉率（%）	蟹苗饲料	≤3.0
	蟹种饲料	≤1.0
	食用蟹饲料	≤1.0
原料粉碎粒度（筛上物）（%）	蟹苗饲料（筛孔尺寸0.08mim）	≤5.0
	蟹种饲料（筛孔尺寸0.18mim）	≤5.0
	食用蟹饲料（筛孔尺寸0.28mim）	≤5.0
水分（%）	蟹苗饲料、蟹种饲料、食用蟹饲料	≤12

（4）饲料主要营养成分。

主要营养成分指标符合表1-6各项要求，具体如表1-6所示。

表1-6　配合饲料主要营养成分（%）

项目	粗蛋白质	粗脂肪	粗纤维	粗灰分	蛋氨酸	赖氨酸	总磷
蟹苗饲料	≥45.0	≥6.0	≤3.0	≤15.0	≥0.80	≥2.20	≥1.5

（续表）

项目	粗蛋白质	粗脂肪	粗纤维	粗灰分	蛋氨酸	赖氨酸	总磷
蟹种饲料	≥34.0	≥5.0	≤6.0	≤15.0	≥0.70	≥1.95	≥1.0
食用蟹饲料	≥30.0	≥3.0	≤7.0	≤15.0	≥0.65	≥1.80	≥1.0

（5）饲料安全卫生指标。安全卫生指标应符合 NY 5072 的规定。将样品放在白色瓷盘内，在外界无干扰的条件下通过感官检验进行评定；原料粉碎粒度测定，用符合 GB/T 6003.1 的标准筛按 GB/T 5917 的方法测定；混合均匀度按 GB/T 5918 的规定执行；水分、水中稳定性、粗蛋白质、粗脂肪、粗纤维、粗灰分、蛋氨酸、赖氨酸、总磷、包装和标签进行检验合格的饲料才能投喂河蟹。

（6）其他必需氨基酸含量推荐值表应符合表 1-7 各项要求，具体如表 1-7 所示。

表 1-7　必需氨基酸含量推荐值（%）

项目	精氨酸	组氨酸	苏氨酸	缬氨酸	异亮氨酸	亮氨酸	苯丙氨酸
蟹苗饲料	2.44	0.90	1.66	1.81	1.60	2.83	1.83
蟹种饲料	2.06	0.76	1.40	1.53	1.35	2.39	1.55
成蟹饲料	1.90	0.70	1.29	1.41	1.24	2.20	42

3. 标签、包装、运输、贮存

产品标签按 GB/T16048 的规定执行。蟹苗饲料以防潮聚乙烯袋或铝箔袋内包装，外加其他包装；蟹种饲料和成蟹饲料应以防潮聚乙烯编织袋或复合纸袋包装；产品运输时注意防潮、防湿、防暴晒、防有毒物质污染；产品应贮存在干燥通风性能好的仓库中贮存，避免阳光直射，同时注意防止虫害鼠害，也要防止物质污染；在规定条件下产品的保质期不得低于 3 个月。总之，生态养殖河蟹中应投喂按照《中华绒螯蟹配合饲料》SC/T 1078—2004S 要求备制的河蟹饲料。同时，在实施生态养殖河蟹生产过程中必须规范科学使用优质河蟹饲料，确保养殖河蟹质量安全。

三、规范使用渔药

1. 渔药功能与作用

药物防治是水产动物病害控制的三大技术支柱之一，也是我国水产动物病害防治中最直接、最有效和最经济的方式，因此在我国病害防治体系中受到普遍重视。我国是世界上的水产养殖大国，养殖品种众多，养殖产量占全世界水产养殖总量的70%左右，因而我国也自然成为渔药生产、使用的大国。我国渔药的种类较多，使用范围较广。但渔药使用的不规范或滥用和错用，也带来了诸多问题：某些渔用药物在水产品内的残留，严重威胁了水产品质量的安全和人们身体的健康，影响了中国水产品的对外出口贸易；滥用渔药对环境的污染，妨碍了水产养殖的持续发展。作者在基层工作的38年中坚持调研，结果显示，在鱼、虾、蟹的养殖过程中，大企业或认证企业渔药的使用能够达到规范标准，但对于微生态制剂、环境改良剂、抗寄生虫和微生物药剂以及消毒剂的使用等仍存在使用不规范、使用频率不当等现象。

2. 渔药使用的基本原则

（1）水产品生产环境质量。应符合NY/T 391的要求，生产者应按原农业部《水产养殖质量安全管理规定》实施健康养殖。采取各种措施避免应激，增强水产养殖动物自身的抗病力，减少疾病的发生。

（2）按照《中华人民共和国动物防疫法》的规定。加强水产养殖动物疾病的预防，在养殖生产过程中尽量不用或者少用药物。确需使用渔药时，应选择高效、低毒、低残留的渔药，应保证水资源和相关生物不遭受损害，保护生物循环和生物多样性，保障生产水域质量稳定，在水产动物病害控制过程中，应在水生动物类职业兽医的指导下用药。停药期应满足中华人民共和国原农业部公告第278号规定和《中国兽药典兽药使用指南化学药品卷》（2010年版）的规定。

（3）所用渔药应符合中华人民共和国原农业部公告第1435号、第1506号和第1759号规定。其药品应来自取得生产许可证和产品批准文号的生产企业，或取得《进口兽药登记许可证》的供应商。

（4）用于预防和治疗疾病的渔药应符合中华人民共和国原农业部《中华人民共和国兽药典》中有关《兽药质量标准》《兽用生物制品质量标准》和《进口兽药质量标准》等有关规定。

3. 不应使用渔药种类

（1）不应使用渔药品种。应参照中华人民共和国原农业部公告第176号、193号、235号、560号和1519号中规定的渔药种类。

（2）不应使用药物饲料添加剂种类。

（3）不应为了促进养殖水生动物生长而使用抗菌药物、激素或其他生长促进剂。

（4）不应使用通过基因工程技术生产的渔药。

总之，生态养殖河蟹水域环境保护应按照中华人民共和国农业行业标准《绿色食品　渔药使用准则》NY/755—2013 要求规范使用渔药。

四、规范使用农药

1. 有害生物防治

以保持和优化养殖河蟹水域生态系统为基础，建立不利于病虫害滋生的环境条件，提高生物多样性，维持养殖河蟹水域生态系统的平衡。具体措施如下。

（1）优先采用良好选种措施。如培育健康强壮河蟹苗种，采购河蟹苗种必须进行苗种检疫工作。

（2）尽量利用物理和生物措施。如用灯光、色彩诱杀害虫，机械捕捉害虫，释放害虫天敌，机械或人工除草等。

（3）必要时，合理使用低风险农药。如没有足够有效的渔业、物理和生物措施，在确保人员、产品和环境安全的前提下配合使用低风险的生物农药。

2. 农药品种选用

（1）所选用的农药应符合相关的法律法规，并获得国家农药登记许可。

（2）应选择对主要防治对象有效的低风险农药品种。提倡兼治与不同作用机理的农药交替使用。

（3）农药剂型的选择。宜选用悬浮剂、微囊悬浮剂、水剂、水乳剂、微乳剂、颗粒剂、水分散粒剂和可溶性粒剂等环境友好型剂型。

3. 规范使用农药

（1）应在主要防治对象的防治适期施药。根据有害生物的发生特点和农药特性，选择适当的施药方式，但不宜采用喷粉等风险较大的施药方式。

（2）应按照农药产品标签或 GB/T 8321 农药合理使用准则和 GB 12475 农药贮运、销售和使用的防毒规定使用农药。控制施药剂量（或浓度）、施药次数和安全间隔期。总之，生态养殖河蟹水域环境保护应按照中华人民共和国水产行业标准《绿色食品农药使用准则》NY/T 393—2013 要求规范使用农药。

第三章　绿色渔药种类与性质作用

第一节　预防水产养殖动物疾病药物 20 个品种

一、预防水产养殖动物疾病药物分类

1. 调节代谢或生长药物

维生素 C 钠粉。

2. 防病疫苗

（1）草鱼出血病灭活疫苗。

（2）牙鲆鱼溶藻弧菌、鳗弧菌、迟缓爱德华病多联抗独特型抗体疫苗。

（3）鱼鳍水气单胞菌败血症灭活疫苗。

（4）鱼虹彩病毒病灭活疫苗。

（5）鰤鱼格氏乳球菌灭活疫苗。

3. 消毒用药

（1）溴氯海因粉。

（2）次氯酸钠溶液。

（3）聚维酮碘溶液。

（4）三氯异氰尿酸粉。

（5）复合碘溶液。

（6）蛋氨酸淀粉。

（7）高碘酸钠。

（8）苯扎溴铵溶液。

（9）含氯石灰。

（10）石灰。

4. 渔用环境改良剂

（1）过硼酸钠。

（2）过碳酸钠。

（3）过氧化钙。

（4）过氧化氢溶液。

二、预防水产养殖动物疾病药物性质作用

1. 维生素 C 钠粉

维生素 C 钠主要功效有参与集体氧化还原过程，影响核酸的形成、铁的吸收、造血机能和解毒及免疫功能，提高受精率和孵化率，促进蟹体生长。缺乏时动物患肠炎、贫血、瘦弱、肌肉侧突、前弯、眼受损害、皮下弥漫性出血、体重下降、缺乏食欲、抵抗力下降丧失活力。用于治疗坏血病、防治铅、汞、砷中毒，增强免疫功能，属于非特异性增助用药。该药物是原农业部公告第 1435 号允许使用药物。根据作者的经验可以综合考虑在实际养殖过程中的用药需求及药效、安全性等，推荐使用维生素 C 钠为调节代谢或生长用药。具体使用参照原农业部公告第 1435 号、《化学药品卷》（2010 年版）、2013 年版《兽药国家标准》（化学药品、中药卷）中相关说明。建议生产者应在水生动物类执业兽医的指导下用药。

2. 激素和促生长剂

绿色食品水产品提倡健康养殖，且要求高于安全食品，不允许水产动物养殖过程中使用任何激素类药物和促生长剂。

（1）草鱼出血病灭活疫苗。草鱼出血病细胞灭活疫苗主要用于预防草鱼出血病。免疫期 12 个月。该疫苗是农业部公告第 1435 号允许使用药物。该疫苗综合考虑实际养殖过程中的用药需求及药效、安全性等，推荐使用草鱼出血病细胞灭活疫苗。具体使用参照原农业部公告第 1435 号、中国兽药典兽药使用指南《化学药品卷》（2010 年版）中说明。建议生产者应在水生动物类执业兽医的指导下用药。使用中应注意：一是切忌冻结，冻结的疫苗严禁使用；二是使用前，应先将疫苗恢复至室温，并充分摇匀；三是开瓶后，限 12h 内用完；四是接种时，应作局部消毒处理；五是使用过的疫苗瓶、器具和未用完的疫苗等应进行消毒处理，此外，草鱼出血病细胞灭活疫苗用于预防草鱼出血病疾病的发生，而不能用做治疗。

（2）牙鲆鱼溶藻弧菌、鳗弧菌、迟缓爱德华病多联抗独特型抗体疫苗。牙鲆鱼溶藻弧菌、鳗弧菌、迟缓爱德华病多联抗独特型抗体疫苗主要用于预防牙鲆鱼溶藻弧菌、鳗弧菌、迟缓爱德华病。根据作者经验可以综合考虑实际养殖过程中的用药需求及药效、安全性等，推荐使用牙鲆鱼溶藻弧菌、鳗弧菌、迟缓爱德华病多联抗独特型抗体疫苗。注意：应在水生动物类执业兽医的指导下用药。

（3）鱼嗜水气单胞菌败血症灭活疫苗。鱼嗜水气单胞菌败血症灭活疫苗主

要用于预防淡水鱼特别是鲤科鱼类包括鲢鱼、鲫鱼、鳊鱼、鳙鱼等嗜水气单胞菌败血症。根据作者经验可以综合考虑实际养殖过程中的用药需求及药效、安全性等，推荐使用鱼嗜水气单胞菌败血症灭活疫苗。注意：应在水生动物类执业兽医的指导下用药。

（4）鱼虹彩病毒病灭活疫苗。鱼虹彩病毒灭活疫苗为进口疫苗，主要用于预防虹彩病毒病。使用中应注意：一是仅用于接种健康鱼；二是本品不能与其他药物混合使用；三是对真鱼接种时，不应使用麻醉剂；四是使用麻醉剂时，应正确掌握方法和用量；五是接种前应停食至少24h；六是接种本品时，应采用连续性注射，并采用适宜的注射深度，注射中应避免针孔堵塞；七是应使用高压蒸汽消毒或者煮沸消毒过的注射器；八是使用前充分摇匀；九是一旦开瓶，一次性用完；十是使用过的疫苗瓶、器具和未用完的疫苗等应进行消毒处理；十一是应避免冻结；十二是疫苗应储藏于冷暗处；十三是如意外将疫苗污染到人的眼、鼻、嘴中或注射到人体内时，应及时对患部采取消毒等措施。

3. 消毒用药

（1）醛类。原农业部规定水产中用于消毒用药的醛类药品为戊二醛和稀释戊二醛。戊二醛作为化学药品性质稳定，在自然环境中很难降解，也难以为环境微生物利用，考虑到养殖生态环境的可持续性，以及绿色食品少用药的高标准要求，在本标准中为将醛类列为预防水产养殖动物疾病允许使用药物。

（2）卤素类。允许使用原农业部规定水产中用于消毒用的卤素类药品。

①溴氯海因粉：养殖水体消毒，即预防鱼、虾、蟹、鳖、贝、蛙等由弧菌、嗜水气单胞菌、爱德华氏菌等引起的出血、烂鳃、腐皮、肠炎等细菌性疾病。使用中应注意：一是不用金属容器盛装；二是缺氧水体禁用；三是水质较清，透明度高于30cm时，剂量酌减；四是苗种剂量减半。

②次氯酸钠溶液：养殖水体、器械的消毒与杀菌；预防鱼、虾、蟹的出血、烂鳃、腹水、肠炎、疮、腐皮等细菌性疾病。使用中应注意：一是本品受环境因素影响较大，因此使用时应特别注意环境条件，在水温偏高、pH值较低，施肥前使用效果更好；二是本品有腐蚀性，勿用金属容器盛装，以免伤害皮肤；三是养殖水体水深超过2m时，按2m水深计算用药；四是包装物用后集中销毁。

③聚维酮碘溶液：养殖水体的消毒，防治水产养殖动物由弧菌、嗜水气单胞菌、爱德华氏菌等细菌引起的细菌性疾病。使用中应注意：一是水体缺氧时禁用；二是勿用金属容器盛装；三是勿与强碱类物质及重金属物质混用；四是冷水性鱼类慎用。

④三氯异氰尿酸粉：水体、养殖场所和工具等消毒以及水产动物体表消毒等，

防治鱼虾等水产养殖动物的多种细菌性和病毒性疾病的作用。使用中应注意：一是不得使用金属容器盛装；注意使用人员的防护；二是勿与碱性药物、油脂、硫酸亚铁等混合使用；三是根据不同的鱼类和水体的 pH 值使用剂量适当增减。

⑤复合碘溶液：防治水产养殖动物细菌性和病毒性疾病需要注意的一是不得与强碱或还原剂混合使用，二是冷水鱼慎用。

⑥蛋氨酸碘粉：消毒药，用于防治对虾白斑综合征。使用中应注意：勿与维生素 C 类强还原剂同时使用。

⑦高碘酸钠：养殖水体的消毒，即防治鱼虾蟹等水产养殖动物由弧菌、嗜水气单胞菌、爱德华氏菌等细菌引起的出血、烂鳃、腹水、肠炎、腐皮等细菌性疾病。使用中应注意：一是勿用金属容器盛装；二是勿与强碱类物质及含汞类药物混用；三是软体动物、鲑等冷水性鱼类慎用。

⑧含氯石灰：水体的消毒；防治水产养殖动物由弧菌、嗜水气单胞菌、爱德华氏菌等细菌引起的细菌性疾病。使用中应注意：一是不得使用金属器具；二是缺氧、浮头前后严禁使用；三是水质较瘦、透明度高于 30cm 时，剂量减半；四是苗种慎用；五是本品杀菌作用快而强，但不持久，且受有机物的影响，在实际使用时，本品需与被消毒物至少接触 15～20min。

（3）石灰。鱼池消毒、改良水质。

（4）季铵盐类。允许使用原农业部规定水产中用于消毒用药的季铵盐类药品。苯扎溴铵溶液：养殖水体消毒；防治水产养殖动物由细菌性感染引起的出血、烂鳃、腹水、肠炎、疮、腐皮等细菌性疾病。使用中应注意：一是勿用金属容器盛装；二是禁止与阴离子表面活性剂、碘化物和过氧化物等混用；三是软体动物、鲑等冷水性鱼类慎用；四是水质较清的养殖水体慎用；五是使用后注意池塘增氧；六是包装物使用后集中销毁。

4. 渔用环境改良剂

（1）允许使用的渔用环境改良剂。允许使用原农业部规定水产中用于渔用环境改良剂的过硼酸钠、过碳酸钠、过氧化钙、过氧化氢溶液。

①过硼酸钠：增加水中溶氧，改善水质。使用中应注意：一是本品为急救药品，根据缺氧程度适当增减用量，并配合充水，增开增氧机等措施改善水质；二是产品有轻微结块，压碎使用；三是包装物用后集中销毁。

②过碳酸钠：水质改良剂，用于缓解和解除鱼虾蟹等水产养殖动物因缺氧引得的浮头和泛塘。使用中应注意：一是不得与金属、有机溶剂、还原剂等接触；二是按浮头处水体计算药品用量；三是视浮头程度决定用药次数；四是发生浮头时，表示水体严重缺氧，药品加入水体后，还应采取冲水、开增氧机等

措施；五是包装物使用后集中销毁。

③过氧化钙：池塘增氧，防治鱼类缺氧浮头。使用中应注意：一是对于一些无更换水源的养殖水体，应定期使用；二是严禁与含氯制剂、消毒剂、还原剂等混放；三是严禁与其他化学试剂混放；四是长途运输时常使用增氧设备，观赏鱼长途运输禁用。

④过氧化氢溶液：增加水体溶氧。使用中应注意：本品为强氧化剂、腐蚀剂，使用时顺风向泼洒，勿使药液接触皮肤，如接触皮肤立即用清水冲洗。

（2）不允许使用的渔用环境改良剂。

①硫代硫酸粉：由于用在海水中引起水体浑浊或者变黑，考虑到绿色食品水产品健康生态养殖的理念，不适合作为绿色食品渔药中允许使用的渔用环境改良剂。

②硫酸铝钾粉：由于近年来，水体养殖环境中的铝的含量较高，且导致了部分水产动植物中铝含量偏高，考虑到水产品质量安全的需求，结合实际生产情况，不将硫酸铝钾粉作为绿色食品渔药中允许使用的渔用环境改良剂。

第二节　治疗水生生物疾病药物品种

一、治疗水生生物疾病药物分类

1. 驱杀虫害药物

（1）纤毛虫类。硫酸锌粉、硫酸锌三氯异氰尿粉。

（2）孢子虫类。盐酸氯苯胍粉、地克珠利预混剂。

（3）指环虫病。阿苯达唑粉、地克珠利预混剂。

2. 消毒杀菌药物

聚维酮碘溶液、三氯异氰脲酸粉、复合碘溶液、蛋氨酸碘粉、高碘酸钠、苯扎溴铵溶液。

3. 抗微生物药物

盐酸多西环素、氟苯尼考粉、氟苯尼考粉预混剂（50%）、氟苯尼考粉注射液、硫酸锌霉素。

二、治疗水生生物疾病药物性质作用

1. 驱杀虫害药物

（1）允许使用药物。

①硫酸锌：主要用于防治河蟹、虾类等的固着类纤毛虫病。硫酸锌是农业部公告第1435号允许使用药物。综合考虑实际养殖过程中的用药需求及药效、安全性等，允许使用硫酸锌作为驱虫用药。具体使用参照《化学药品卷》（2010年版）、2013年版《兽药国家标准》（化学药品、中药卷）中说明，需要注明的是，硫酸锌仅用于鳗鲡、虾蟹幼苗期，而脱壳期慎用；高温低压气候注意增氧。

②硫酸锌三氯异氰尿酸：主要用于治疗河蟹、虾类等水生动物的固着类纤毛虫病，具体使用参照《化学药品卷》（2010年版）和2013年版《兽药国家标准》（化学药品、中药卷）中说明。

③盐酸氯苯胍：主要用于治疗鱼类孢子虫病。盐酸氯苯胍是原农业部公告第1435号允许使用药物。综合考虑实际养殖过程中的用药需求及药效、安全性等，允许使用盐酸氯苯胍作为驱虫用药。

④阿苯达唑：主要用于治疗鱼类孢子虫病以及由双鳞盘吸虫和贝尼登虫等引起的寄生虫病。阿苯达唑是原农业部公告第1435号允许使用药物。综合考虑实际养殖过程中的用药需求及药效和安全性等，允许使用阿苯达唑为驱虫用药。该药物同样可以用于治疗蟹类孢子虫病。

⑤地克珠利：主要防治鲤科鱼类、蟹类黏孢子虫、碘泡虫、尾孢虫、四级虫和单级虫等孢子虫病。

（2）不允许使用药物。

①甲苯咪唑：在动物试验中有致畸性作用，临床中孕妇禁用，考虑到绿色食品优质安全的定位需求，国家标准不允许绿色食品渔药中使用甲苯咪唑。

②硫酸铜硫酸亚铁：由于近年来，水体养殖环境中铜的含量较高，且导致了部分水产动植物中铜含量偏高，考虑到水产品质量安全的需求，结合实际生产情况，不将硫酸铜硫酸亚铁作为绿色食品渔药中允许使用的驱虫药品。

2. 消毒用药

（1）聚维酮碘。聚维酮碘主要用于治疗水产养殖动物由弧菌、嗜水气单胞菌、爱德华氏菌等引起的出血、烂鳃、疮等疾病。聚维酮碘是原农业部公告第1435号允许使用药物。综合考虑实际养殖过程中的用药需求及药效、安全性等，允许使用聚维酮碘为消毒用药。具体使用参照原农业部公告第1435号、《化学药品卷》（2010年版）、2013年版《兽药国家标准》（化学药品、中药卷）中说明。实际操作过程中应由具有水生生物病害执业资质的人员进行正确诊断。处方用药：用水稀释300~500倍后，全池均匀泼洒。以有效碘计，每次投1m^{3}水体：4.5~7.5mg，每隔1d施用1次，之后连续施用2~3次。

（2）三氯异氰尿酸。三氯异氰尿酸主要用于治疗多种细菌性疾病、清塘消毒，是原农业部公告第 1435 号允许使用药物。综合考虑实际养殖过程中的用药需求及药效和安全性等，允许使用三氯异氰尿酸钠作为消毒用药。具体使用参照原农业部公告第 1435 号、《化学药品卷》（2010 年版）、2013 年版《兽药国家标准》（化学药品、中药卷）中说明。实际操作过程中应由具有水生生物病害执业资质的人员进行正确诊断，处方用药。用水稀释 1 000~3 000 倍后，全池均匀泼洒。以有效氯计，每次投 $1m^3$ 水体：0.090~0.135g，1d 施用 1 次，连续施用 1~2 次。

（3）高碘酸钠。高碘酸钠主要用于防治鱼虾蟹等水产养殖动物由弧菌、嗜水气单胞菌、爱德华氏菌引起的出血、烂鳃、腹水、肠炎、疮、腐皮等细菌性疾病，是原农业部公告第 1435 号允许使用药物。综合考虑实际养殖过程中的用药需求及药效、安全性等，允许使用高碘酸钠作为消毒用药。具体使用参照原农业部公告第 1435 号、《化学药品卷》（2010 年版）、2013 年版《兽药国家标准》（化学药品、中药卷）中说明。使用中应注明：勿与强碱类物质及含汞类药物混用；软体动物、鲑等冷水性鱼类慎用。

（4）复合碘溶液。用于防治水产养殖动物细菌性和病毒性疾病。使用中应注意：一是不得与强碱或还原剂混合使用；二是冷水鱼慎用。

（5）蛋氨酸淀粉。消毒药，用于防治对虾白斑综合征。需要注意的是：勿与维生素 C 类强还原剂同时使用。

（6）苯扎溴铵溶液。养殖水体消毒，防治水产养殖动物由细菌性感染引起的出血、烂鳃、腹水、肠炎、疮、腐皮等细菌性疾病。需要注意的一是勿用金属容器盛装；二是禁与阴离子表面活性剂、碘化物和过氧化物等混用；三是软体动物、鲑等冷水性鱼类慎用；四是水质较清的养殖水体慎用；五是使用后注意池塘增氧；六是包装物使用后集中销毁。

第四章　生态养殖基地水体有害有毒物质有效控制

第一节　养殖水体污染物的来源

养殖水体污染指的有毒物质的存在，导致水质恶化，使水体生态机能遭到破坏，从而影响水生生物的正常生长发育。有毒物质的形成原因不外乎由两种类型导致的：一类是水体内部因物质循环失调生成并积累的毒化物，如硫化氢、铵态氮和亚硝酸氮等；另一类则是水体受人类违反生态规律，为实现发展工业、建筑、城市建设，农业生产过度开发，直接或间接地造成有毒废水的排放而污染水体。

一、水体污染的概念

水体的污染概念的分析都归纳四方面：一是水体感官性状，物理化学性能，化学成分、生物组成以及底质情况等方面产生的恶化；二是排入水体的工、农业废水、生活污水经地表径流等方式进入水体的污染物质超过水体的自净能力引起水质恶化；三是污染物质大量进入水体，使水体原有生态平衡遭到破坏，水质体的微生物失调形成水质恶化；四是污染物排进河流、湖泊、水库、海洋或地下水等水体后，使水体的水质和水体积物的物理、化学性质或生物组成发生变化，从而降低了水体的使用价值和使用功能的途径。对养殖生产危害最大的是受人类活动影响的水体污染。自进入现代工业时代以来，人类对自然界进行大量和更深度的开发和利用，产生了大量的环境污染物。据估计，由工业和生活废水的排放，进入天然水体的污染物超过 100 万种。在这些污染物中除营养性物质促进水体中生物无限制繁殖外，少量可降解或不可降解的人工合成化合物和其他废弃物可显著的扰乱自然生态系统，直接或间接地影响人类的生产和生命活动。这些污染物可分为有机污染物、微量金属污染物、放射性污染物和营养性污染物等。

二、微量金属及金属类污染物

金属可引起环境问题的元素划分为以下 3 类。

1. 无危险的元素

铁、硅、铷、铝、钠、钾、镁、钙、磷、硫、氯、溴、氟、锂和锶。

2. 极毒及较易侵入的元素

包括铍、钴、镍、铜、锌、锡、砷、硒、碲、钯、银、镉、铂、金、汞、钛、铅、锑和铋。

3. 有毒极难溶解的元素

有钛、铪、锆、铼、钨、铌、钽、钙、镧、铱、锇、钌和钡。首先，微量金属污染物一般不能借助于天然过程从水生生态系统中除掉；其次，大多数金属污染物都富集在矿物和有机物上。在化学上，重金属大多数是具有有毒害危险的元素，属于“极毒且较易侵入”的元素。进入水环境中的重金属污染物有不同的来源，其中主要来源包括以下几个方面。

（1）地质风化作用。

（2）各种工业生产过程，如采矿、冶炼、金属的表面处理与电镀、油漆和染料制造。

（3）燃料燃烧引起的大气散落、雾霾、污水排放、丢弃垃圾的金属淋溶、陆地地表径流以及家庭系统中的管道和水槽泄漏等。

三、微量金属环境中分布

1. 汞

汞是稀有的分散元素，它以微量广泛分布在岩石、土壤、大气、水和生物之中，并构成地球化学循环，汞是在室温下唯一的液体金属，有流动性，易蒸发，蒸发量随温度升高而增高。金属汞几乎不溶于水，20℃时溶解度大约20g/L。环境中汞的主要来源是氯碱工业产品、汞催化剂、电器设备、油漆涂料、仪器仪表、催化剂、牙科用品、纸浆及造纸工厂废水、小菌剂与种子消毒剂等农药、石油染料的燃烧、采矿与冶炼以及医药研究实验室。作为农药的汞化合物主要是烷基汞化合物（甲基汞和乙基汞）、烷氧基、烷基苯化合物（甲氧基乙基苯和乙氧基乙基苯）以及芳基汞化合物（苯汞和对甲基苯汞）。在环境中，汞分布于食物、淡水与海洋水域、土壤和空气中。

2. 铅

在地壳中铅是重金属中含量最多的元素，在自然界的分布甚广。铅在自然界中多以硫化物和氧化物存在，仅少数为金属状态，并常与锌、铜等元素共存。受铅污染的环境是铅的主要来源，在环境中分布于空气、水及局部地区或全球范围食物中，尤其是城市大气、公路上或公路两侧。

3. 铬

元素铬是一种银白色、质脆而坚硬的金属，常温下稳定，在空气中不易被氧化，广泛存在于自然环境中。各类水中的含铬量，一般是海水小于井水，井水小于河水，大洋海水小于近岸海水或河口水。环境污染中的铬主要来源是冶炼、金属电镀、燃烧、耐火材料工业，以及冷却塔水添加的铬酸盐等。

4. 镉

镉是一种稀有的分散元素。由于镉与锌的化学性质非常相似，所以镉矿物与锌矿物和多金属矿共生，以硫化镉、碳酸镉和氧化镉形式存在。锌矿、方镉矿、块硫锑矿中含有镉，其含量多在0.1%~0.5%变化。元素镉稍经加热即容易挥发。镉蒸汽易被氧化成为氧化镉，是镉在空气中存在的主要形式，氧化镉在水中不易溶解。镉的所有化学形态对人和动物都是有毒的。镉可以作为塑料的稳定剂，油漆着色剂以及用于电镀和镉电池中。由于镉具有优良的抗腐蚀性和抗摩擦性能，是生产不锈钢，易熔合金，轴承合金的重要原料，并且镉在半导体、荧光体、原子反应难、航空、航海等方面均有广泛用途。因此，主要来源是采矿及冶金生产、化学工业金属处理，电镀、高级硫酸盐肥料，含镉农药、废物焚化处理、化石燃料的燃烧。在环境中，镉分布于空气、水、土壤和局部范围的食物中。天然水中的镉大部分存在于底部沉积物和悬浮颗粒中。

5. 铜

地壳中铜的平均含量为70mg/kg，自然界中，铜主要以硫化矿和氧化矿物形成存在，且广泛分布。岩石的风化，铜矿的开采及其冶炼会造成局部地区环境中铜含量增高。此外，金属电镀、金属加工、机械制造和有机合成等工业，施用含铜农药的农业和生活废水也会造成水环境中铜的污染。

6. 锌

在地壳中，锌的平均含量为70mg/kg，主要以硫化锌和氧化锌的形式存在于各类岩石中。天然水中含锌量随地区不同而有所差别。环境中的锌主要来自于各工业生产部门的工业废物，如金属冶炼、金属喷镀、电镀、黏胶纤维生产和管道工程等。

7. 砷

元素砷不溶于水，醇式酸类，在自然界少见，自然界中砷多伴生于铜、铅、锌等的硫化矿物中，与黄铜矿、黄铁矿和内锌矿一起出产。

8. 锡

锡以其氧化物广泛存在于自然界（如锡石）并以其有机化合物的形式存在于泥炭或煤中。环境中锡的主要来源是含锡矿石的开采、冶炼的利用，锡作为铁制食品容器的电镀金属、轴承合金、焊锡、铝锡合金、锌铜（铜锡合金)、青铜和磷青铜。由于锡的有机物化合物的广泛用途及生产，而成为环境中锡的重要污染，如作为氯乙烯塑料的对热和光稳定的添加剂；各种类型的杀虫剂，包括消毒剂的化学制品以及用于海船船底的防污涂料；已作为抗真菌和抗细菌剂的使用。

9. 镍

地壳中含镍量为80mg/kg，比锌、锡、钴和铝多，与含铜量相近，是一种含量比较丰富的微量元素。镍在地壳中分布分散。镍属于亲铁元素，与硫的亲合性很强，主要以硫化镍矿和氧化镍矿存在，也在砷酸盐和硅酸盐中存在。环境中镍的来源主要是岩石的风化、含镍矿物的开采及其冶炼和镀镍工业废水排放。由于石油中的含镍量为1.4~64mg/kg，平均含镍为15mg/kg，所以通过石油化工燃料和煤的燃料释放出来的镍也是环境中镍的重要来源。大洋海水中的含镍量为0.13~0.37mg/L。

10. 银

在自然界中含量不多，少量以单质形式存在，但更多地以化合态存在。地壳中银折合含量为0.07mg/kg，污染源主要来天然物质、采矿、电镀、膜处理工艺废物以及消毒等。

四、有机金属化合物

有机化合物是一类为数众多的化合物。该类化合物所共有的结构特征是分子中含有金属—碳（M-C）键，即金属离子直接与有机基团中的一个或多个碳原子相连接。除了典型的金属元素以外，习惯上也把周期表上某些性质介于非金属与金属之间的元素如砷、硒等与碳键结合的化合物也归入有机金属化合物类中。有机金属化合物因其独特的结构面而具有不同于无机金属和有机化合物的特殊性质。因此，在20世纪的后50年里，因有机金属化合物的理论价值和实际应用价值，以有机金属化合物为对象的研究工作蒸蒸日上，得到了迅速发展。自从发现环境中确实存在着金属烷基化过程，即进入环境中的无机金属及其化合物在适当的条件下可以转化为有机金属化合物，问题变得日趋严重。因此，研究环境中有机金属化合物的发生、分布、迁移转化途径及有机金属化合物对生物，尤其对水生生物的毒性效应，对人体健康的影响及潜在危险，使得越来越多的科研工作者参与对有机金属化合物的研究工作。

1. 有机汞化合物

因多数有机汞化合物具有杀菌作用，且杀菌效力高、广谱，在农业上得到广泛作用。如氯化甲基汞、氯化乙基汞、二苯基汞及氯化甲氧基乙基汞作为种子消毒剂使用。

2. 有机铅化合物

有机铅化合物中用量最大并能引起环境问题的是四烷基铅。自20世纪20年代初发现四烷基铅可作为汽油防震剂以来，一直沿用到20世纪末。四烷基铅还对木材、棉花具有防腐作用，是船舶防附着涂料中的添加剂，在聚氨酯泡沫生产过程中用作催化剂。

3. 有机锡化合物

有机锡化合物中烷基锡化合物用量是最大的。三烷基锡具有杀菌作用，可将三乙基氯化锡用作木材防腐剂。四乙基锡大多是有机合成的中间体，四烷基锡还有稳定性变压器油的作用。三丁基锡和三辛基锡则主要用于海洋船舶防附着涂料。

4. 有机砷化合物

早期曾采用有机砷化合物作为药物进行人工合成。现在，则多用有机砷化合物的甲基砷酸钠作为除草剂使用。

五、有毒物质在生物体中具有富集作用

有些有毒物质在水中浓度虽然很低，但它们易被微生物、浮游生物、底栖生物和鱼类所摄取和富集。据长江水产研究所试验表明：水中低浓度汞培育芜萍（无根萍），再用芜萍喂草鱼，再将草鱼鱼种作为乌鳢的饵料。其食物链还远不止这些。水中的汞能在水底某些厌氧细菌作用下转化为毒性更强的甲基汞：鱼体表面的黏液中某些微生物也有较强的转化甲基汞的能力。而且甲基汞性质稳定，并具有亲脂肪性，可长期聚在鱼体内。由此可见，重金属等有毒物质可通过食物链富集，营养水平越高，有毒物质越多，从而可使水生生物体内有毒物质的浓度比水中高出24.5万倍，因此，食用含有重金属等有毒物质的食品，实际上属于“慢性自杀”。

六、放射性污染物

从环境研究分析，环境中天然放射性核素具有两个重要意义：一方面这些放射性核素对生活在地球的生物特别是对人类的电离辐射作用；另一方面可以利用地球上存在的天然放射性核素作为示踪物来认识地球化学过程，这种过程决定着环境中某些污染物的分布和归宿。从化学上看，放射性核素和稳定元素的性质是一样的，即它们的外层电子结构和稳定元素没有本质上的差别。因此它们和稳定元素以同样的方式经历地球上发生的地球化学过程。已知环境中存在着60种以上天然放射性核素。根据它们的来源可以分成两类：陆地源和宇宙

源。据说在地球形成之时，陆地源放射性核素即已存在于地壳的岩石和矿物之中；另外，外层空间宇宙射线轰出氮、氧、氩等原子，在地球大气中不断产生宇宙源的放射性核元素。它们或者被降雨和降尘带到地球表面，或者进入发生在地球表面气相中的地球化学过程。已知产生在地球气中的放射性核元素至少有 14 种。除了天然放射性核元素外，医药上的应用、武器生产、试验性核能生产、工业与研究方面产生的放射性同位素与放射源的应用，都可产生自然环境中放射性核元素的污染。在环境中放射性核元素分布于空气、淡水与海洋水域的局部和全球范围的陆地与土壤中。辐射效应通常从两个方面考虑，即体质效应和遗传效应。

七、耗氧和营养性污染物

天然水体中的耗氧有机物是指生物残体、排放废弃物中的糖类、脂肪和蛋白质等较易生物降解的有机物。水体中耗氧有机物可经微生物的分解作用产生二氧化碳、水和营养性污染物。所谓营养性污染物，是指水体中含有的可被水中微型藻类吸收利用并可能造成水中微型藻类大量繁殖的植物营养元素，如常见的元素氮和磷的无机化合物。

1. 氮

天然水域中含氮的无机物质氨、硝酸盐和亚硝酸盐除可由水中耗氧有机物分解产生外，其污染性的主要来源是污水、石油燃烧、硝酸盐肥料工厂等。在环境中分布于淡水、海洋水域和局部范围的食物中。

2. 磷

同样，天然水域中的磷酸盐除可由水中耗氧有机物矿化分解的营养物质循环产生外，污染性来源主要是生活污水、农业废水、去污剂工厂、磷肥厂等，磷的主要无机化合物在环境中分布于淡水及近岸海水中。

3. 砷污染

砷来自冶炼厂、玻璃品厂、染料厂，砷属于蓄积性毒物，易被人体的胃、肠、肺等所吸收而中毒，低剂量的砷对皮肤和肝脏有致癌性，对鱼类而言亚砷酸盐的毒性比砷酸盐更强。渔业水质标准中，砷的允许浓度最不超过 0.5mg/L。

4. 汞污染

汞来自化工厂、日光灯厂，水银制作厂，汞中毒主要破坏中枢神经，其中以甲基汞毒性最强，而且各种汞的化合物，无论在厌氧还是好氧条件下，都可经微生物作用变为甲基汞引起中枢神经破坏而发生“水俣病”，而且可损及染色体来遗传性损害。汞在水中的致死浓度为 0.01mg/L。

5. 氰化合物污染

当前危害严重的几种污染源氰化物属剧毒物质，只要服0.2~0.28mg氰化钠就可导致人死亡。氰化物在水中能与红血球中的铁结合，使红血球丧失载氧功能，抑制鱼类呼吸，淡水中只要含水量0.3mg/L的氰化钠，24h内鱼会局部死亡。

6. 酚类污染

主要是来自石化厂、印染厂等，酚类主要损害鱼类神经系统。因此，鱼类死亡前，呈现兴奋状态，杂乱地向前冲，呼吸活动加强，肌肉痉挛和侧游，表现抑制状态，窒息而死亡。死亡时，鳃盖和口强开，躯体由于一侧肌肉收缩，弯曲成弓形，皮肤和鳃分泌大量黏液。

7. 镉污染

镉来自采矿冶炼厂、照相材料厂、蓄电池厂、电镀厂、油漆厂、废料厂等的废水。镉进入人体，能导致骨质疏松、骨骼变形，严重时可导致全身突发性骨折而死亡，这种病在日本首次发现，称“痛痛病”。该病是用含镉废水灌水稻田，而人长期食用这样种出的米而引起。镉本身没有毒，但镉的化合物毒性很强，渔业用水中，镉的允许浓度为不超过0.01mg/L。

8. 有机氯污染

“DDT”“666”毒性不仅很强，而且这些有机氯农药在自然条件下不易分解，残毒的危害对生态系统已经引起很大的影响，故现在均已被淘汰。

9. 五氯酚类（PCP，中国主要是五氯酚钠）

目前池塘养鱼主要用于清塘（特别是养蟹与养虾池塘）。优点是毒性强，清塘效果显著，使用方便，而且价格便宜。但五氯酚是世界卫生组织绝对禁用的药物，也是中国优先控制的污染物。五氯酚类化合物具有剧毒，而且性质稳定。世界卫生组织已确定它是致癌物质，而且含有少量二噁英。中国渔业水质标准规定，养殖水体中五氯酚的含量不应超过0.01mg/L。据浙江水产研究所测定，杭州市嘉兴湖一带的养虾、养蟹塘，按目前清塘使用剂量（200~500g/亩）其结果使水体中五氯酚的含量达0.14~0.38mg/L，美国、英国、日本等发达国家对水体五氯酚的检出标准是0.001mg/L，差距很大。

我国进入WTO后，美国、英国、日本等发达国家一直以“绿巨蟹”为借口，对我国水产品进行严格的检测和检疫，使我国大部分水产品进不了国际市场。作为养殖单位，当前全面彻底禁止使用五氯酚已刻不容缓，这既是生态渔业健康养殖的需要，也是保障人民身体健康的需要。此外，五氯酚也是效果不错的除草剂，蟹塘用五氯酚清塘后，水草就不易生长。当前，蟹塘、虾塘清塘药物很多，如“虾蟹保护剂”清塘效果很好，值得养殖户使用，千万不能再使用五氯酚清塘。为了保障食品质量安全，2013 年《中华人民共和国食品安全法》启动修订，2015 年 4 月 24 日，新修订的《中华人民共和国食品安全法》经第十二届全国人大常委会第十四次会议审议通过。其施行后对水产养殖的渔药使用要求更严格，相关水产品养殖企业必须按照国家行业标准《绿色食品》渔药使用准则，符合 NY/755—2013 的要求使用渔药。

第二节　有毒物质危害性

根据不同类型废水对养殖水体、水质及生物危害来分析，有毒物质的危害途径有以下几个方面。

一、有毒物质危害的途径

有毒物质危害的途径通常可分为外毒、内毒两种。

1. 外毒

主要侵害直接与水接触的水生生物体表黏膜，其中鳃组织接触的水量很大，因而受害最严重。在外毒作用下，鱼类往往先分泌黏液，使毒物凝结住，以保护自己，这一过程，常称为“洗除作用”。在外毒浓度低，作用时间不长时，这时洗除作用不仅可使外毒与黏液反应凝结，而且继续分泌的黏液可把早先形成的“外毒—黏液沉淀物”洗去，确能保护生命免遭毒害。若外毒黏液块堵塞在鳃丝之间，妨碍气体交换，干扰破坏了呼吸及循环系统的正常机能，严重时则窒息死亡。有些外毒物质还会腐蚀鱼类表皮组织，改变质膜机能，妨碍生物与环境的物质交换，降低生物对不良刺激的抵抗能力等。

2. 内毒

毒物进入生物体内成为内毒，有以下 3 种可能途径。

（1）直接通过表皮黏膜由水环境迁移进入体内。

（2）随食物一起摄入体内。

（3）有些鱼、虾、蟹要不断饮水以调节渗透压，毒物也可随水进入体内。内毒进入生物体内，干扰生物新陈代谢的正常进行。其危害途径很多，最严重和最常见的是酶类反应，水生生物失去生物催化剂的正常机能。毒物与酶的活性基因（如氢基、氨基等）亲和力越强，表现出来的毒性也越强。内毒的其他作用途径已知的还有，促进体内分泌与代谢物质（如 ATP 三磷酸腺苷）的分解或使之结合成稳定螯合物或不溶物，妨碍它们参与代谢反应，改变细胞内部结构及电化学性质，进而破坏其机能；同时，与细胞膜结合，改变其通透性等。

二、生物受害表现

毒性进入生物体后，生物体在各方面表现出一定的受毒害症状，其受害程度取决于毒物的性质，浓度（或剂量）以及接触时间。

1. 急性中毒

其特点：毒性浓度高，短时间内（一般不超过2d）生物大批死亡。

2. 慢性中毒

其特点：毒物浓度较低，生物并不立即死亡，甚至看不到明显的异常情况，但是随着组织——个体——群落等不同水平及形式的表现出来。细胞内的生物化学反应是生命的基础，在慢性中毒时，它们往往最先受害，在代谢过程出现故障，进而使器官、组织的机能下降。并将最终影响生物个体的活动及群落的消长。这些影响可在生物的各个不同生活阶段表现出来，诸如妨碍鱼类生育器官的发育成熟，抑制产卵，阻止卵受精与发育；损坏感觉器官，影响投饵摄食；损害呼吸机能、降低游泳能力；生长受阻、体重下降，对病害抵抗力减低，易生鱼病、虾病、蟹病以及易成畸形等，严重时则逐渐衰竭死亡。

3. 毒物残留

有些毒物进入生物体后，难于转化和排出，进而会在体内蓄积下来，当这些毒物继续补给时，它们在体内积蓄的数量将逐渐增多，最后将经由生物的新陈代谢过程在水环境与生物体之间保持一种动态平衡。此时，生物体内毒物浓度与水中该物浓度之比称“浓集因数”（富集因数）。凡是具有上述特点的毒物，常称为积累性毒物。积累性毒物可以使食物链向后转移，浓集因素也随之增大。显然，人们若捕食这些鱼、虾、蟹、水鸟，其毒物就会转移到人体内，至一定数量后，就会中毒致病。常见的有汞、钴、铅、砷有机氯农药等，以及一些多环节致癌物质等。生物在积累残毒过程中，开始时往往没有任何异常症状或表现，有些生物甚至在浓集因素很大时，仍能正常生长。因此，积累性残毒危害，往往不易发现。一旦被发现，积累程度已很严重，然而，从长远观点看，积累残毒对人们身体健康潜在危害极大。

4. 其他类型

有些有害物质，即使浓度很低，鱼类也能感知，并产生厌忌回避反应，这可能破坏渔场，产卵场，切断鱼类洄游通道。有些有害物质，在鱼虾贝类体内残留集积后，总会出现生理障碍，使之带有异样颜色、味道、气味，商品价值下降，以致不堪食用。一些物质使鱼类产生异臭味的临界浓度发生改变，急性中毒与回避异味这类影响，易为人们发现，因而较早引起人们注意，便于及时采取防治措施；而慢性中毒，积累残毒，往往没有明显特征，其危害往往不是直接或短期内可以看到的。因此，长期以来人们往往对此有所忽视，研究了解也不够。近年来随着科学的进步，人们越来越深刻地认识到，从长期及全面的观点出发，慢性中毒及积累的残毒对渔业生产及人们的身体健康具有较大的潜在危害。

三、对养殖产业的影响

从残留物对渔业生产危害情况看，则除急性中毒造成大批鱼类死亡的直接损失外，还可破坏鱼类的洄游通道，破坏鱼的饵料和产卵场，破坏养殖场或使其生产性能下降；降低水产品质量，不堪食用，以致直接危害人们身体健康等。总之，有毒有害物质污染水体，可以给渔业生产及水产品质量安全造成巨大的危害。

第三节　农药毒性对水体污染

一、农药毒性的特点

农药对人、畜的毒性可分为急性毒性和慢性毒性。所谓急性毒性，是指一次口服、皮肤接触或通过呼吸道吸入等途径，接受了一定剂量的农药，在短时间内能引起急性病理反应的毒性，如有机磷剧毒农药 1605、甲胺磷等均可引起急性中毒。所谓慢性毒性，是指低于急性中毒剂量的农药，被长时间连续使用，接触或吸入而进入人、畜体内，引起慢性病理反应。农药毒性可分为急性毒性、亚急性毒性和慢性毒性。急性毒性指农药一次进入动物体内后短时间引起的中毒现象，是比较农药毒性大小的重要依据之一。亚急性毒性指动物在较长时间内（一般连续投药观察 3 个月）服用或接触少量农药而引起的中毒现象。慢性毒性指小剂量农药长期连续用后，在体内或者积蓄，或是造成体内机能损害所引起的中毒现象。在慢性毒性问题中，“三致”现象突出，即农药的致癌性、致畸性、致突变等特别引人重视。

二、农药毒性对水体污染

主要通过施用农药时散落在田间的农药，随雨水或灌溉水的冲刷，流入河道、湖泊以致海洋等水体。此外，农药厂“三废”排放，施药用具洗涤，倾倒剩余废弃药液等也随之进入水体。根据原国家环保总局的有关资料，现在中国江河都受到不同程度污染，水体中的污染以雨水和河水污染较重，海水和地下水较轻。水体一旦被污染，农药可通过水草和水生生物食物链进行富集，例如，农药六六六和DDT最后在水鸟体内的含量可比水中含量高出88.3万倍之多。

三、不同农药对水体中生活的生物毒性差异性

一般说来，鱼类及其他水生生物均很敏感，不同农药的毒性程度是有较大差异的，具体如下。

1. 有机磷和氨基甲酸酯类农药

对淡水鱼类的毒性，以苯硫酸、毒虫畏为最大，乐果、敌敌畏、敌百虫最小。

2. 有机氯农药

六六六、DDT、艾氏剂、狄氏剂、甲胺磷、三氯杀螨醇等对淡水鱼有显著毒性，但对水蚤的毒性则较小。

3. 有机汞杀菌剂

对淡水鱼和水蚤都具有显著的毒性。目前，国家对此类农药大都列入禁用农药。

第四节　鱼药对水体污染

一、鱼药毒性的特点

1. 毒性作用

水产品中药物残留水平通常都很低，除极少数能发生急性中毒外，绝大多数药物残留，在人类长期摄入这种水产品后，药物会不断在体内蓄积，当浓度达到一定量时，通常就会对人体产生慢性、蓄积毒性作用。如磺胺类可引起肾脏损害，特别是乙酰化磺胺在酸性尿中溶解度降低，析出结晶后损害肾脏；氯霉素可以引起再生障碍性贫血，导致白血病的发生等。

2. 产生过敏反应和变态反应

有些药物具有抗原性，当这些药物残留于水产品被人摄入体内后，能使部

分敏感人群致敏，刺激机体形成抗体，当再接触这些药物或用于治疗时，这些药物就会与抗体结合生成抗原抗体复合物，产生过敏反应，严重者可引起休克，短时期内出现血压降低、皮疹、喉头水肿、呼吸困难等严重症状，如青霉素、四环素、磺胺类及某些氨基糖苷类抗生素等。呋喃类引起人体的过敏反应，表现在周围神经炎、药热、嗜酸性白细胞增多为特征。磺胺类药的过敏反应表现在皮炎、白细胞减少、溶血性贫血和药热等。青霉素类药物引起的变态反应，轻者表现为接触性皮炎和皮肤反应，严重者表现为致死性过敏性休克。四环素的变态原性反应比青霉素少，但四环素药物可引起过敏和荨麻疹。

3. 导致耐药菌株的产生

由于药物在水产动物体内残留，并通过有药残的水产品在人体内诱导某些耐药性菌株的产生，给临床上感染性疾病的治疗带来一定的困难，耐药菌株感染往往会延误正常的治疗过程。至今，具有耐药性的微生物通过动物性食品移生到人体内而对人体健康产生危害的问题尚未得到解决。

二、鱼药的效应与水域环境

鱼药基本上是移植于人药、兽药及部分农药，但是水生动植物以及导致它们疾病的病原体与人、兽、禽及农作物等的有较大差别。药物的作用机制、施药作用机理、施药方式及药效的判断与陆地生物也有很多不同之处。当前鱼药的研究除了新药的研制外，不少是从人药、兽药、农药中选择适用于渔用的药物，有目的性地通过药物筛选，确定哪些对水生动植物病害防治可能有效的药物，进而研究这些药物对水生动植物机体和病原体的作用，以及机体对药物的反应，阐明药物与机体间的相互作用规律及药物对养殖对象的有害影响等。鱼药大多要施放于水体，易于扩散、流失，导致有效浓度降低，污染水环境。同时，更为严重缺失的是我国从事鱼药事业的科研工作者和从事推广使用鱼药的工作者，以及直接使用鱼药的水产养殖户都未认识到，所谓鱼药的效应，其实鱼药只能通过内服、浸浴或注射，杀灭或抑制体内微生物；反之，生长效应药物则是，或通过药浴或内服，杀死或驱除体外或体内寄生虫的药物，以及杀灭水体中有害脊椎动物效应的药物。长期实践证明，目前我国研制的鱼药在使用于养殖生产过程中，真正的效应只是能杀菌、杀虫的作用，一旦鱼类、虾类、蟹类罹患疾病，通过鱼药使用能治愈是极少量的。早在 1992 年，溧阳市水产良种场 300 亩外荡养殖鳊鱼患上出血病，使用的药物多达十多个品种，结果都未达到效应；相反池塘水质受药害影响，水域生态环境遭到破坏，鱼死亡率增高。就在近几年的江苏省盐城城区异育引鲫的孢子虫病害，用药物控制也很难，再不能用药物治该病，愈治愈成害，2012 年在该地区由于病害造成养殖大户经济损失上千万元的多达十多家。2000 年，全国河蟹“抖抖病”暴发，采用多种鱼药使用均无效终结，造成长江中下游地区蟹农的经济损失高达数亿元，我国沿海地区的对虾爆发的肌肉白浊病也称虾的“红体病”，经专家论证，药物治疗均未达到好效果给虾农造成严重的经济损失。从以上这些事例可充分说明，目前，我国乃至世界对用于水生动物疾病治疗的药物仍需有续研究与开发。

第五节　养殖水体中有害物质解除

一、有害物质生物途径解除

1. 微生物分解作用

在自然界的水体中，栖息着各种各样的生物，细菌能把水体中的有机物分解成无机物，藻类等水生光合生物能把无机物合成有机物，鱼类以藻类、细菌和某些原生动物为食物，鱼类又可以作为人类的食物，而人类又不断地将各种有机质的废物排入水体中，水体中的细菌再次将它们分解成无机物，周而复始地循环，构成了水体中物质的自然生物循环的食物链。水体自净是物理、化学、生物三种因子起作用的过程，其中以生物的捕食、同化等生化过程使污染物得以转化、降解至为重要。微生物在水体中既是污染因子，又是净化因子，是水生生物系统中不可缺少的分解者，在水质净化中起重要作用。微生物能将水体中含碳有机污染物分解成二氧化碳、硫化氢和甲烷等气体；将含氮有机污染物分解成氨、硝酸、亚硝酸和氮；使汞和砷等对人体有毒的金属盐类在水中进行转化。光合细菌（PSB）是一种能够利用光能进行生长繁殖的水生微生物，属于螺菌科，为光能异养型，它能吸收分解水中的氨、氮、硫化氢等有害物质，具有较高的水质净化能力。光合细菌在水中繁殖时可释放出具有抗病力的酵素，可提高鱼、虾及贝类的抗病力，可以明显减少发病率。光合细菌还富含蛋白质、B 族维生素、辅酶 Q 及未知活性物质等，能被鱼体充分利用，提高鱼的生长率。作为一种元素、无害的微生物，用在水产养殖中有以下几个方面的特征与优点。

（1）光合细菌的固氮作用将水体中的游离氮气固定在自身体内，促进生态系统中的氮含量增加，这对氮限制的水体更有作用。

（2）光合细菌能除去水体中的小分子有机物、硫化氢等有害物质，降低池塘有机物物积累以净化水质，并能促进物质循环利用。

（3）王育峰等研究发现，施用光合细菌试验组的能量转换效率比对照组提高了23.9%~170.5%。光合细菌能显著抑制某些致病菌的生长繁殖，达到以菌治菌的目的。光合细菌本身营养丰富，形成菌团后能被鱼类、虾类、蟹类和贝类摄食，作饵料添加剂可提高饵料转化效率。光合作用养殖水质净化剂达到促进养殖水体资源化，目前国内外均已进入生产性应用阶段。东南亚各国和我国的养虾池和养鱼池均已普遍地投放光合细菌以取得改善水质的目标，目前有众多水产养殖企业取得明显效果推广应用。

中国科学院淡水渔业研究中心将光合细菌用于鳗池水质净化，使水中氨氮类化合物下降57.10%，溶解氧提高54.6%。对虾养殖池应用光合细菌后，氨氮类化合物下降58%，硫化氢下降50%，溶氧增加13.6%。大连水产学院利用光合细菌净化虾池水质，氨氮类化合物下降77.8%，溶氧提高88.4%。黑龙江省水产研究所利用光合细菌的固化技术试验表明，固定化光合细菌在鱼池中降氨率达90%以上，而游离光合细菌除氨率只有50%。

2. 生物富集作用

许多水生生物能从水中吸收污染物，贮藏于体内，使水中污染物浓度降低，从而使水体得到净化。水葱：莎草科草属，别名翠管草、冲天草，植物株高1~2m，具粗壮匍匐根状茎，茎直立秆单生，圆柱形，表皮光滑，中有海绵状空隙组织，秆皮坚韧，基部有3~4个膜质管状叶鞘，最上面的叶鞘具有叶片，叶细线形，茎顶端有苞片1枚为秆的延长，短干花序。长侧枝聚花序，有4~15或多辐射枝，每枝有3~5小穗，小穗卵形或椭圆形，长5~15mm，淡黄褐色，小坚果呈倒卵形，长约2mm，花期6—8月，果期7—9月。产地源于欧亚大陆，中国南北方地区都有分布，多野生于湖塘浅水边岸，生性强健、适应性强，耐寒、耐阴、也耐盐碱。盆栽宜用富含腐殖质、肥沃松散的壤土，在寒冷地带，冬季地上茎枯干，地下茎休眠。如进入10℃以上温室养护，能继续生长，保持常绿、繁殖。水葱盆栽用分株繁殖，早春萌发前，倒出根坨，按2~3节一段刈割，用40cm口径无排水孔大盆，装松散肥沃的壤土，下垫蹄片少许做基肥。将几段根茎置于盆中，以保持株丛生长疏密适度，丰满悦目。盆土填到盆深的2/3，初栽保持盆土湿润，放通风光照较强处，随气温上升株丛上长，逐渐把盆水加满，盛夏宜放遮阳环境，保持植株翠绿。入冬休眠剪去枯茎入冷室保存。

高等植物中的水葱可在酚浓度高达600mg/L的水体中正常生长（每100g水葱100h可净化一元酚202mg）。由于水葱体内具有较大的气腔，干枯后漂浮水面，冲到岸边而被清除，使吸入茎内的酚不会重新返回水体。菹草、凤眼莲能从水中选择吸收锌；轮叶黑藻、金鱼藻和水蕴草能从水中选择吸收砷。利用水生高等植物净化废水是有发展前途的一项措施，如在湖泊水环境的治理中可采用，湖岸四周移植高等水生植物，如芦苇、高蒲，离岸边 100m 内可种植凤眼莲、菱角等水生植物达到保护湖泊水域生态环境。但需要妥善解决的问题是，如何获取这些植物，以及如何清除进入植物体的重金属，以免使重金属在这些植物残体的腐败物重返水体，造成二次污染。芦苇、高蒲收获后都是工业生产的原材料，种植芦苇、高蒲可控制二次污染。近年来有关学者提出的一种改良水质的新措施——接种硅藻，硅藻是某些鱼类良好的天然适合饵料，在缺乏硅藻的水体中引入硅藻，并使之成为优势藻种，为渔业生产提高生产力。

二、有害物质物理方法解除

1. 搅底泥和换水

搅底泥和换水是生产上常用的两个水质调节措施。搅底泥有利于把底泥中的营养盐释放出来参与物质循环，提高氮、磷的利用率；换水则对养殖体中积累的有毒物质如硫化氢、非离子氨和一些有害微生物都有稀释作用。

2. 干塘、挖泥、清塘

干塘、挖泥、清塘是养殖池塘排水后采取的一系列改良池塘底泥土质的措施。冬季干塘后风吹日晒，及冬季的严寒能杀死池底许多害虫，如鱼类寄生虫及一些鱼类致病菌，更重要的是更多的光照产生光合作用，促使底泥中有机物分解，消除有害的还原性中间产物，提高池塘的有机肥力，为培养天然饵料增加有机物效能。光合作用保护微生物，发挥微生物生理功能。控制病原体滋生，越冬干塘更有利于底泥有机物分解，效能更加显然。挖泥可清除过多的淤泥，延缓池塘老化，防止大量还原性中间产物的产生。

清塘时施用生石灰消毒，可杀死潜藏于底泥中鱼类寄生虫、病原菌和对鱼类有害的昆虫及其幼虫，增加碱度，中和各种有机酸，使底泥呈微碱性，有利于底泥中的营养盐释放从而提高池水肥度；保持水质 pH 值为 6. 8~7. 2，达到稚鱼最适生长的水域生态环境。

3. 运用机械装置调节水质

除了上述物理方法外，可运用机械装置来调节水质的措施，主要是运用增氧机和注清水改良水质。增氧机是运用气体转移理论，依靠单纯物理机械方式增氧，需要强调说明的是，利用机械注入清水可立即改良水质，增加池塘水体的有益微生物。满足池塘生态系统循环，达到鱼类生长发育所需的生态水域环境，促进渔业生产力的提高。

第五章　中华绒螯蟹品种介绍

第一节　中华绒螯蟹生物学特征

一、中华绒螯蟹的称谓与类属

我国出产的中华绒螯蟹闻名于世，自古以来一直被广大食客所津津乐道，有些文人墨客称为“横行居士”“菊花娘子”或“无肠公子”等。全球华人都以能品尝到中华绒螯蟹而深感庆幸，特别是东南亚的华人能在金秋季节吃到螃蟹而被人视为口福不浅。

中华绒螯蟹是河蟹的学名，俗称螃蟹或毛蟹。河蟹在国内的称谓较多，随地区而有所不同。在北京和天津地区，人们称它为胜芳蟹，因为历史上这一地区的河蟹大都分产于文安洼的胜芳；在上海地区，人们习惯上称它为阳澄湖清水蟹，已表明它与产在长江的浑水蟹不同；在苏州地区，人们习惯称它为阳澄湖大闸蟹，因为历史上的河蟹是每年秋季在大闸附近随流水而被捕获；我国香港和澳门地区则统称它为江南闸蟹。

在生物界，动物的种类很多，目前，地球上已发现的动物有 150 多万种。其中种类最多的是节肢动物门，有动物 110 万~120 万种。节肢动物的主要特征是：第一，身体分节，一般可分为头、胸、腹三部分；第二，体外包着一层由坚韧的几丁质构成的硬皮或硬壳，称为外骨骼，具有保护和支撑体内柔软组织的作用；第三，身体各节通常都有成对的附肢；第四，有些类群在胚后发育期中有变态现象。河蟹属于节肢动物门。

节肢动物门分为甲壳纲、蛛形纲和昆虫纲等。其中，甲壳纲共有动物 2 500~2 700种。其主要特征为：第一，躯体通常分为头胸部和腹部；第二，有两对触角；第三，通常每一体节都有一对附肢；第四，用鳃作为呼吸器官；第五，大多数生活在水中，而且多生活在海洋中。河蟹属于甲壳纲动物。

甲壳纲又分为许多目，其中十足目有动物8 000多种，十足目动物的特征是：体形较大：头部 6 节，胸部 8 节，胸节愈合在一起，称为头胸部，头胸甲发达；胸部的 8 对附肢，前 3 对变成摄食用的颚足，后 5 对变成单肢型的步足，其中第一对变为螯肢，因绝大多数螯肢发达而有钳，特成为螯足。中华绒螯蟹（河蟹）属于十足目。

十足目又分为游泳亚目和爬行亚目，后者又可分为长尾族、异尾族和短尾族。短尾族身体短，腹部退化，弯曲贴在头胸部下方，无尾肢，也形不成尾扇。河蟹属于爬行亚目中的短尾族。

短尾族有动物4 000多种，分为许多科。其中，方蟹科动物呈横切状。螯足钳趾基部与钳部掌内外密生绒毛。河蟹属于绒螯蟹属。由于河蟹原产于我国，两只大螯上又生长有浓密的绒毛，所以生物学家便将其命名为“中华绒螯蟹”。

我国有蟹类800多种，属方蟹科的共有250余种，其中绒螯蟹属有5个种类，即中华绒螯蟹、日本绒螯蟹、狭颚绒螯蟹、直颚绒螯蟹和近来广西壮族自治区钦州湾合浦新发现的合浦绒螯蟹。

二、中华绒螯蟹主要特征

（一）中华绒螯蟹与同属几个种的特征比较

1. 中华绒螯蟹与同属几个种特征简介

（1）中华绒螯蟹。

①主要特征：头胸甲背部隆起，额宽、圆方形、有4个额齿，均尖锐，居中一个缺刻最深。额后上方有6个突起显著，称疣状突起。前侧齿4个尖锐，第四侧齿小而明显。螯足掌部与指节基部内外表面均生绒毛，绒毛较细。腕节内莫角有一锐刺，长节背缘末端处亦有一刺。步足前节较狭长，4对步足长节近莫端处均有一刺，腕节与前节背面均有刚毛，第四步足前节与指节的背、腹缘有刚毛，前节长度为宽度的3.5倍。雄性第一腹肢末端刚毛整体圆钝，体长为体宽的92%~95%。长江中华绒螯蟹幼蟹主要特征：背部色淡，腹部银白，胸足较长，雄的螯足刚毛少而细、明亮，性未熟的掌节上下两侧无刚毛；雌的腹脐小、无刚毛。

②分布：中华绒螯蟹的自然分布较广，北到辽河，南到珠江水系，西到长江三峡，均可看到天然河蟹活动。人工引种养殖就更广，全国各省、自治区、直辖市几乎都有人养殖，但主要产区是在长江中下游各地。江苏省、湖北省、安徽省和上海市的一些地区已形成产业化生产。中华绒螯蟹如图5-1所示。

（2）日本绒螯蟹。

①主要特征：头胸甲的前半部较后半部狭窄，4个额齿中，居中2个较钝圆，两侧的较尖锐，这是与中华绒螯蟹的主要区别之一。前侧缘有四齿，与中华绒螯蟹不同的是，其第四齿发育不完全，仅留痕迹，有时成为小刺。螯足长节腹缘生刚毛，前节具有厚密的绒毛，并扩展到腕节的末端及两指的基部，两

图 5-1　中华绒螯蟹

指的内侧较钝，步足长节前缘、腕节前缘及前节的前后缘均具有刚毛，指节的前后缘有短刚毛。雄性第一复肢刚毛稀少，不圆，体长为体宽的 88%～91%，个体一般小于中华绒螯蟹。第四步足前节长度为宽度的 2.1 倍。

②分布：日本绒螯蟹在我国分布于广东省、福建省、香港特别行政区和台湾省的淡水或半咸水水域。日本绒螯蟹如图 5-2 所示。

图 5-2　日本绒螯蟹

（3）狭颚绒螯蟹（图 5-3）。

①主要特征：头胸甲表面平滑，肝区低平。额窄，额齿不甚明显，前侧缘具有三齿，第一齿大，第三齿最小。第三对颚足瘦而窄，两颚足之间的空隙较大。螯足长节内侧末半部具软毛，前节外侧面具有细微颗粒，有一条颗粒隆线延伸到不动指的末端，雌性特别显著，内侧及两指基部内侧均具绒毛。步足瘦长，各对步足前后缘均具长刚毛，前 2 对步足前节和指节的背面各具一列长刚毛。第四步足前节长度为宽度的 2.4 倍。

②分布：狭颚绒螯蟹分布在我国辽东半岛、环渤海湾、山东省、江苏省、

图 5-3　狭颚绒螯蟹

浙江省以及福建省沿海地区。

（4）直额绒螯蟹。

①主要特征：头胸甲较扁平，额齿不明显，肝区表面不凹。前侧缘较直，有四齿，第四齿发育不全。螯足短，仅外表面有毛。指节有槽，切断缘具 7~8 个刺状齿。步足长节前后缘有毛，腕节、前后和指节仅有黑色绒状细毛，无长毛。指节短于前节。第四步足前节长度为宽度的 2. 3 倍。

②分布：直额绒螯蟹仅分布在我国广东省、澳门特别行政区和台湾省东部，其他地区尚未发现。直额绒螯蟹如图 5-4 所示。

图 5-4　直额绒螯蟹

（5）合浦绒螯蟹。

①主要特征：前额缘 4 个齿中，中部“V”形，凹陷较深，居中的两齿呈低平三角形。侧齿较尖锐，第四侧齿较小而退化。第四步足前节长度为宽度的 2. 5 倍，如图 5-5 所示。

②分布：每年 1 月底至 2 月上旬，生殖洄游沿江而下，入北部湾浅海处繁育后代。成蟹个体 80~200g，大的 400g，平均每只 200g。合浦绒螯蟹如图5-5所示。

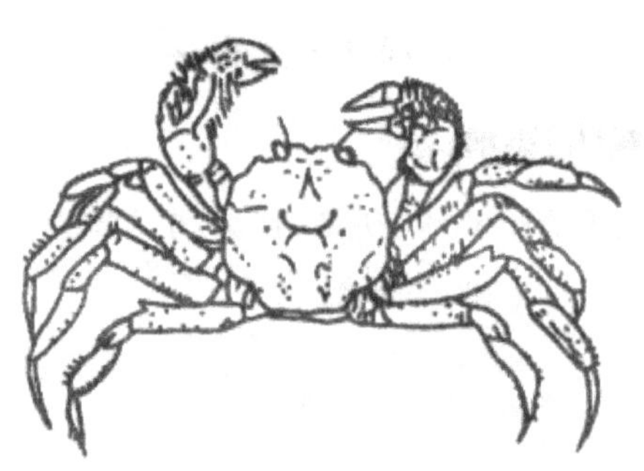

图 5-5 合浦绒螯蟹

2. 中华绒螯蟹与同属几个种的比较

（1）共同之处。它们都生活在淡水里，形态与河蟹很相似，其共同特征是螯足密生绒毛，额平直且有 4 个锐齿，额宽小于头胸甲宽的一半，第一触角横窝，第二触角直立，第三额宽颚足长节的长度约等于宽度。中华绒螯蟹、日本绒螯蟹和合浦绒螯蟹个体较大，具有较高的商品价值，特别是中华绒螯蟹，价值更大。狭颚绒螯蟹和直额绒螯蟹个体较小，商品价值不及前三者。但直额绒螯蟹具有春洄游大海生殖的习性，在此时捕捞能调剂蟹市，可满足社会需求。

（2）5 种绒螯蟹的区别。中华绒螯蟹、日本绒螯蟹、狭颚绒螯蟹、直额绒螯蟹和合浦绒螯蟹的区别，如表 5-1 所示。

表 5-1 中华绒螯蟹、日本绒螯蟹、狭颚绒螯蟹、直额绒螯蟹和合浦绒螯蟹的区别

种名 形状	绒螯蟹属				
	中华绒螯蟹	日本绒螯蟹	狭颚绒螯蟹	直额绒螯蟹	合浦绒螯蟹
额部	额部有 4 个明显的额齿，前侧缘上也各有 4 个侧齿	头胸甲前半部较后半部窄，4 个额齿居中 2 个钝圆，前侧缘侧齿较小，第四齿发育不全，不明显，额缘呈波纹状	额部较窄额齿不明显侧齿 3 个	额缘近于平直，额齿不明显，前侧缘直，具 4 侧齿	介于中华绒螯蟹、日本绒螯蟹之间。前额缘 4 齿中部 V 形凹陷较深居中 2 齿呈低平三角形侧齿尖锐，第四侧齿小而退化
螯足	掌节上都生绒毛，雄性较雌性稠密，指节基部内外生绒毛，隆起	掌节内外生绒毛，步足前节较我国河蟹为宽指节基部内外表生绒毛	掌节的内面有绒毛，外面光滑无毛	短小，掌节仅外面有绒毛，内表无绒毛	似日本绒螯蟹

（续表）

形状 \ 种名	绒螯蟹属				
	中华绒螯蟹	日本绒螯蟹	狭颚绒螯蟹	直额绒螯蟹	合浦绒螯蟹
背腹	背部隆起腹部银白色体长为体宽的 92%~95%	背枯黄色腹多锈色，体长为体宽的 91%	体表平滑肝区低平	体较扁平肝区表面下凹	背甲墨绿色或绿紫色腹部灰白色
第四步足前节长宽的比值	5∶5	2∶1	2∶4	2∶3	2∶5
栖息环境	暖温性种，大都居住在江河和湖荡周围的泥岸或泥滩上的洞穴里	暖温性种，栖息在河流中或河畔咸水地区的水底或芦苇从中	同直额绒螯蟹	栖息在积海水的泥坑中或河口泥滩上	栖息在亚热带近海河流域
分布	从辽宁省到福建省的沿海各省凡是通海的河川下游各地，都有分布	我国台湾省、香港地区、福建省和广东省雷州半岛东岸等地也有发现	从辽宁省到广东省沿海各省	我国台湾省、广东省珠江口及澳门等地区	主要分布在广西壮族自治区北部湾合浦地区南流江流域

（二）我国不同水系河蟹蟹种的形态区别

我国所有通海的河口几乎都有蟹苗和蟹种出产，除长江口沿岸外，北方的辽河及附近的营口、盘山、盘锦，山东省大清河、大沽河，天津市海河口，河北省北自秦皇岛、南至白板子河，浙江省瓯江、鳌江、飞云江、乐清、瑞安、苍南及钱塘江等，福建省闽江，广东省珠江和广西壮族自治区南流江等都有其分布。

不同的水系拥有不同的蟹种。即使同是中华绒螯蟹，在不同的水系也表现出不同的生长速度。这是因为不同水系在气候条件等方面存在着差异，如长江具有较多的附属湖泊，这些湖泊有着河蟹生长必需的饵料资源，在河系生态学、水体的理化性状、初级生产力和次级生产力等方面均适合河蟹生长发育，加之长江水系河蟹在遗传性状上固有的优势，因而形成优良的生物学品质。浙江省瓯江、飞云江江面狭窄，滩短流急，江岸大多为山丘，没有附属湖泊，仅有河溪；福建省闽江两岸也是多山，也缺少有利于河蟹生长育肥的附属湖泊，河流中缺少满足河蟹摄食所需要的生物饵料；辽宁省辽河不但没有附属湖泊，而且当地气候寒冷，河蟹的生长期比长江蟹短 2 个月；珠江、南流江地区气温较高，个体也比长江蟹小一些，近年鉴定为日本绒螯蟹品种。

1. 长江水系蟹种的特点

生长迅速、个体硕大是长江水系河蟹的一个优势。在长江中下游湖泊，5月底至6月初放流的蟹苗，30d后幼蟹平均体重为0.26~0.30g，长到7月底可比6月份净增13~27倍，9月一般可达34~60g，翌年8月平均个体为130~160g，最大个体可达216g，10月平均个体均在150g以上（据洪泽湖、阳澄湖、太湖、骆马湖、白洋淀和梁子湖等湖泊测定数据），此时性腺均已成熟。在投放长江蟹种方面，于1989年1月七迹湖、南塘湖和尚塘湖3个小型水草湖泊投入1龄幼蟹（规格7.4~12.5g/只），经9个月的生长，3处湖泊河蟹平均个体依次为175g、215g和225g，最大个体依次为350g、375g和400g。

2. 辽河、珠江水系蟹种特点

由于长江流域湖泊饵料丰富，气候也较温暖，辽河水系河蟹同样也在第二年秋季成熟，并表现出长江河蟹群体早降河洄游特点，小的个体只有20~30g，大的个体也不过100g。近两年，对辽河蟹种在长江流域的生长规律已有进一步的认识：第一，辽河蟹种的抗寒能力比长江蟹种强，在低温（4~10℃）时照常活动觅食，而此时长江蟹种已经进洞越冬；第二，放养初期的活动力强容易逃遁；第三，耐高温能力较差，在盛夏高温季节，上岸活动频繁，易发生病害，并由此引起死亡现象；第四，性腺发育比长江蟹种提前20~30d；第五，个体生长比长江蟹种慢，成蟹个体在湖泊为140g左右，在池塘为100g左右，普遍比长江蟹种小20%~30%；第六，回捕率至少比长江蟹种少20%~40%；第七，易在淡水中交配，出现卵子老化和卵巢破裂，以致由此引起死亡。

在珠江流域，历史上并无中华绒螯蟹分布，只产日本绒螯蟹，20世纪70年代中期连续3年引进长江口蟹苗在珠江水系放流。由于珠江区域常年气温较高，一年中河蟹生长季节较长，移殖的河蟹当年发育成熟，因而限制了个体的生长。据测定，珠江蟹成熟个体平均重为85.5g，同期测定的江苏河蟹为151g，湖北河蟹为162.5g，安徽河蟹为175g。

3. 瓯江水系蟹种的特点

瓯江水系河蟹是近年受到人们关注的河蟹品系。然而，瓯江河蟹个体比苏南、浙北地区的小，旺汛时平均个体重为100g左右，最大的只有250g左右，汛末只有60~70 g。于1988年引进瓯江幼蟹与长江幼蟹同湖放养，结果收获时长江蟹平均个体重为209g，瓯江蟹平均个体重为137g左右。据观察，瓯江蟹种在长江中游湖泊比本地蟹种性腺发育快、早熟，1989年10月18日同期测定结果是：瓯江河蟹卵巢重9.7g，成熟系数为7.98%，长江河蟹卵巢重3.15g，成熟系数为2.26%。捕蟹汛期，瓯江河蟹表现为发汛迟，持续时间长，形成不了高峰期，但需要寒冷和水流等条件，一般湖泊中长江河蟹汛期将要结束时瓯江河蟹才发汛，一直持续至翌年的2月份。1988—1989年，在湖泊混养和单养瓯江蟹种试验，其结果表明，与长江蟹种养殖结果比较有4个方面的不同，具体如下。

（1）生态条件不同。苗种养殖的效果完全不一样。长江水系蟹种在湖泊中的个体回捕率分别是30.16%、40.83%和30.19%，而瓯江水系蟹种在湖泊中的回捕率只有0.14%、0.32%和0.46%。群体增重倍数，长江水系蟹种为7.18倍和8.57倍，瓯江蟹种仅为1.22倍、2.84倍和3.1倍。

（2）经济效果不同。单养长江蟹种的湖泊均不同程度盈利，而单养或混养于瓯江蟹种的湖泊不同程度地亏损。虾子径湖1988年单养长江蟹种时盈利13.9万元，而1989年混养长江蟹和瓯江蟹种时亏损23万元，七迹湖和南塘湖单养长江蟹种的1989年分别获得利润5.95万元和5.89万元，而这两处湖泊1990年单养瓯江蟹种时分别亏损12万元和9.8万元。

（3）外部形态不同。同湖生长的长江和瓯江水系蟹种在个体大小、外部形态、性腺发育等多方面存在差异，尤其在体表颜色方面差异相当显著。长江蟹种的背甲青绿色，腹部银白色，胸足腹面也呈白色，而瓯江蟹种的背甲后约1/4处为淡黄色，腹部为灰黄色，其间夹杂黄铜色“水锈”，胸足为黑色，以螯足为甚。渔民据此将瓯江种养成的蟹称为“黑蟹”，长江蟹为“绿蟹”。在体型上长江蟹种为不规则椭圆形，瓯江蟹种为近似正方形。瓯江蟹种前额齿不是4个均尖锐，而是两边齿尖锐，中间两齿钝圆，前侧缘第四齿可见不明显，第四步足前较短而宽，刚毛稀少；长江蟹种前额齿4个均尖锐，前侧缘第四齿明显，第四步前节较长而窄，刚毛较密。在性腺方面，瓯江蟹种比长江蟹种发育快，体内水分也少得多，与渔民认为的“相同大小的黑蟹比绿蟹重得多”相一致。

（4）捕捞季节不同。鄂州市在放养长江蟹种的7年中，开捕时间均在9月下旬，秋分季节后，在10月20日左右捕捞基本结束，效果均较好，其中在寒露节气左右出现捕蟹生产高峰。在混养长江蟹种和瓯江蟹种的虾子径湖，从1989年9月23日开始捕捞，至10月17日长江蟹种捕获即将结束时，气温下降并伴有四级北风，气温由19.3℃降到12℃。在这种情况下，才在蟹簖捕获一定的瓯江蟹产量，其日产量最高为13kg，最低为0.9kg。而七迹湖单养长江蟹时，日产量最高为195kg，平均产量为63.5kg。

4. 各水系蟹种的形态区别

有关学者通过对长江、辽河、瓯江三处蟹种研究指出，长江品系天然蟹种背甲青绿色，椭圆形，壳缘有4个侧齿，尖锐，其中第四侧齿明显，额齿中间凹陷明显，第二步足与第三步足等长，第四侧齿对径与第三步足长之比为A=1:

2.0，这个比例是天然长江品系蟹种与人工蟹种及其他水系蟹种区别的关键，第二步足和第三步足上无刚毛，第一步足和四步足长节外侧无刚毛，内侧有刚毛。蟹种在爬行时，第四步足前节拖地行走。而辽河品系蟹种养成的成蟹形态，体为不规则椭圆形，背甲青黑色，腹部灰黄色，步足较短，背部疣状突出的下方2个突起不明显，生殖洄游在8月份开始，比长江蟹早1个多月，没有捕捞高峰，成熟个体重为50~100g；生产中前期生长较快，后期生长较慢。从形体上看，辽河品系蟹种，体呈椭圆形，步足及背甲均青色，步足不透明，第四侧齿对径与第三步足长之比为=1：1.8，步足比长江蟹种短，但比瓯江蟹种长。瓯江品系蟹种的第四侧齿对径与第三步足长之比为A=1：(1.6~1.7)，步足与长江蟹比较，前节较短，青色，刚毛稀少，体呈正方形，蟹体有明显腥味。将长江仔蟹和瓯江仔蟹进行培育蟹种的比较试验，结果表明，长江蟹种的群体增重为2.08倍，瓯江蟹种为6.19倍，回捕率前者为47.18%，后者为17.10%；性早熟情况，前者约有20%性早熟，后者约有25%性早熟。这两水系的中华绒螯蟹存在着一定差异，这种差异是由于在水系环境条件下不同种群造成的。

（三）长江水系不同地点蟹种的区别

长江口江面辽阔，中下游两岸江河湖泊星罗棋布，历来是中国最大的河蟹生产基地，同时也是蟹苗、蟹种的主要产地。长江口蟹苗、蟹种区包括：一是长江南岸带的黄浦水道和宝山县石洞，太仓的浏河，常熟的浒浦、福山塘，张家港的望虞河、白茆河等市县；二是崇明岛上纵横交错的河流；三是长江北岸的南通、启东、海门等县。虽然同属于中华绒螯蟹蟹种，但由于自然条件和人工管理等诸多原因，仍表现出不少不同之处。当然，长江水系也不乏不属于中华绒螯蟹的其他蟹种。

1. 崇明岛蟹种

据权威单位资源普查结果，长江口除出产河蟹苗种外，还有蟛蜞、青蟹、梭子蟹、豆蟹等11个品种。1990年10月，在崇明岛考察蟹种生产时发现，在堡镇市场上有许多性成熟蟹种出售，其中夹杂着一定数量的蟛蜞。实际上该岛每年在北支闸口晚秋可捕到相当数量的10~15g/只的性成熟蟹，全岛每年11月至翌年5月可捕到蟹种0.75万~1万kg，北支蟹种有45%的“蟹种”性腺已成熟，至翌年4月检查，性成熟“蟹种”（小绿蟹）已交配过，且在海水中能抱卵。崇明岛虽是蟹苗的故乡，但由于水体盐度太高，此外历来已无大蟹，素有崇明“乌小蟹”之称，很难见到100g以上的成蟹。由于水体盐度高的缘故，考察本地裕安镇吴小安村民的蟹种培育池，发现两个问题，一是蟹种性早熟的比例大，二是部分蟹种患上蟹奴病。崇明岛蟹种背甲灰、黑色，步足青色，不透明，第四侧齿对径与第三步足长之比 A＝1：2.0，腹部黄白色，第四步长节上有条纹黑色素。

2. 长江口南岸蟹种

1990 年 11 月、1991 年元旦和 11 月等多次对长江口南岸蟹种资源进行了考察。据常熟市渔政站有关同志介绍，1990 年仅常熟市就出产天然蟹种约 15 万 kg，其中王市片（福山塘）六个镇（乡）出产 10 万 kg。且规格较大，每千克 15~30 只。从总体情况看，效果比北岸蟹种要好，但比长江主干蟹种养殖效果要差一些。

3. 长江北岸带蟹种

长江北岸带，包括南通、海门、启东等县市，南与崇明岛对江遥望，上游至青龙港，此处江面宽为 1.8kmg，下游至崇明北八效港，江面宽约 20kmg。这个区域的蟹种有天然种和人工养殖种。蟹种个体均匀，每千克为 30~80 只，有 60%以上个体性成熟。将这个区的蟹种进行湖泊养殖，其结果表明：回捕率较低，仅为 9.36%，群体增重倍数为 1.65。这与群众盲目选购大规格种有关，以致引进湖泊养殖的以性早熟蟹为主。这个区域的蟹种形态，海门蟹种背甲黑色，四步足上有点状黑色素，俗称“花脚”，其余特征同崇明岛蟹种；南通蟹种背甲深黄色，四步足长节上的点状黑色素已完全消失，其余特征也同崇明岛蟹种；靖江蟹种背甲淡黄色，四步足长节上的点状黑色素已完全消失，四步足透明。

4. 苏南沿海河蟹种类组成

苏南沿海主要指江苏省如东县和东台市沿海。近年来，这个地区的蟹苗、蟹种资源得到开发，但是，这里的蟹苗种类组成相当混杂，据 1995 年和 1996 年 4—6 月调查结果：一是苏南沿海潮间带采集到的蟹类共 7 种，分别隶属于 7 属 3 科，它们是中华绒螯蟹、天津厚蟹、红螯相手蟹、日本大眼蟹、谭氏泥蟹、弧边招蟹和豆形拳蟹；二是在苏南沿海潮下带采集到蟹类 7 种，分别隶属于 6 属 4 科，它们分别是中华绒螯蟹、狭颚绒螯蟹、日本关公蟹、三疣梭子蟹、红线黎明蟹和中华虎头蟹；三是在苏南沿海潮间带和潮下带采集的抱卵蟹和蟹种分别为 5 种和 4 种。抱卵蟹的种类分别是中华绒螯蟹、天津厚蟹、红螯相手蟹、日本大眼蟹和日本关公蟹；蟹种的种类分别是狭颚螯蟹、红线黎明蟹、日本大眼蟹及天津厚蟹。

三、中华绒螯蟹的形态结构

（一）中华绒螯蟹的外部形态

河蟹身躯扁平宽阔方形，由头胸部和腹部两部分组成。河蟹的头胸部由于进化演变的原因，头部和胸部连在一起，成为蟹的主要部分，上下披上一层坚韧的甲壳。上面为头胸甲，一般呈墨绿色；下面为腹甲，呈白色；5 对胸足，伸展于头胸部的两侧，左右对称。

1. 头胸部

河蟹的头部与胸部是合在一起的，合称为头胸部，是河蟹身体的主要组成部分。因其背面覆盖着一层起伏不平的坚硬背甲，故又名头胸甲，俗称“蟹斗”。头胸甲前缘平直，有 4 个棘齿，又称额齿，额齿的凹陷以中间一个最深。左右各有 4 个棘齿（又称侧齿），其中第一侧齿最大。头胸甲中央隆起，表面凹凸不平，额角后方有 6 个突起，为瘤状脊，左右各侧又有 3 条龙骨形的突起，又称龙界脊。头胸甲表面的凹凸与内脏位置相一致，因此形成 6 个区：胃区、心区、左右肝区、左右鳃区如图 5-6 所示。

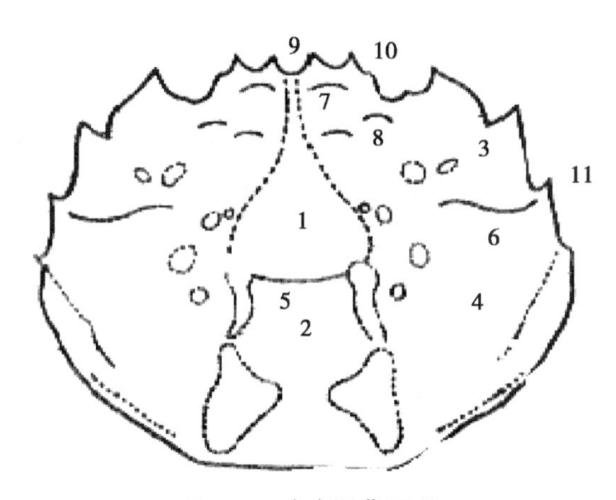

图 5-6　头胸甲背面观

1. 胃区；2. 心区；3. 肝区；4. 鳃区；5.；颈沟；6. 第一龙骨脊；7. 额后叶；8. 胃前叶；9. 额齿；10. 第一前侧齿；11. 第四前侧齿

头胸部的腹面为腹甲所包被，腹甲一般呈灰白色，又称胸板。中央有一凹陷的腹甲沟。腹甲周缘生有绒毛。生殖孔开口于腹甲上，开口位置因雌雄而异：雌蟹的一对生殖孔开口在愈合后的第三节处；雄蟹的一对生殖孔开口在最末节处（图 5-7）。腹甲前端正中为口器口器由 1 对大颚、2 对小颚、3 对颚足层叠而成。组成口器的六对附肢，都属于头胸附肢如图 5-4 所示。

2. 腹部

河蟹的腹部由 7 节组成。腹部已退化成一薄片，紧贴于头胸部之下，俗称蟹脐。雌蟹脐呈圆形，俗称团脐。雄蟹脐呈狭长三角形，俗称尖脐。雌雄蟹的明显区别就在这里。打开腹部可见中线有一条突起的肠子，从第一期幼蟹开始，

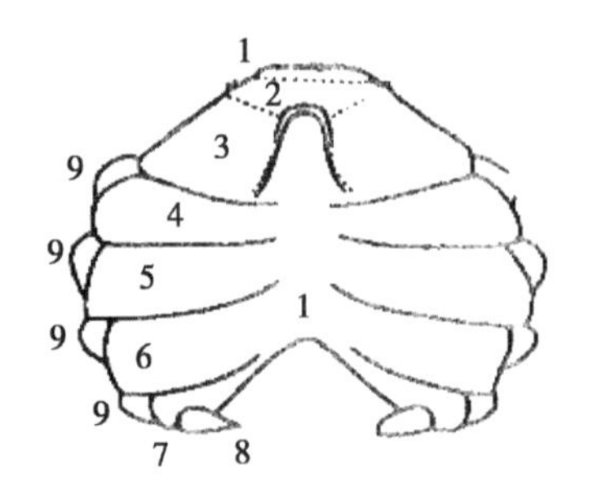

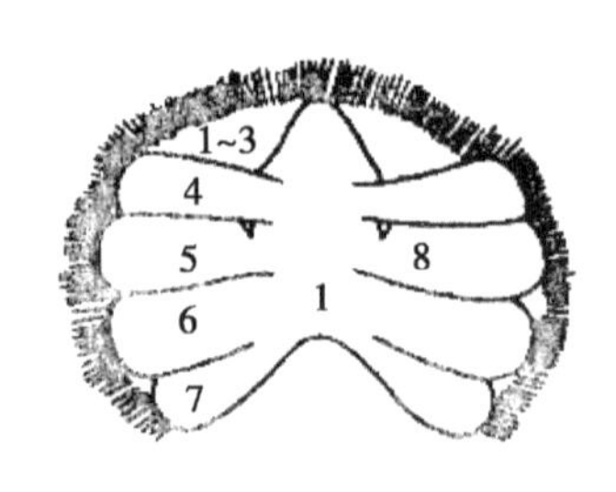

图 5-7　腹甲

左：雄蟹；右：雌蟹

1~7. 节轮；8. 生殖孔；9. 外腹甲

可见腹部附肢，即腹肢（图 5-8），因性别而异。雌蟹有 4 对双肢型腹肢，着生于第 2 节至第 5 节腹节上。内肢生有长而规则的刚毛，是河蟹产卵时黏附卵粒之处；外肢虽有刚毛，但短而分支，与内肢不同，起保护腹部卵群的作用。雄蟹的腹肢已转化为两对交接器，外肢消失，呈单肢型。其第一对交接器已骨质化，形成细管，顶端生有粗短的刚毛，用来输导精液。第二对交接器，形状矫小，长约为第一交对接器的 1/5~1/4，顶端生有细毛，交配时可上下移动，将精液送出来如图 5-8 所示。

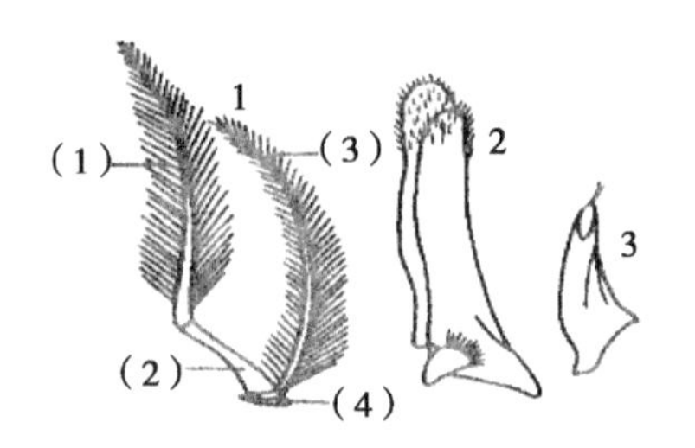

图 5-8　河蟹腹肢

1. 雌性（1）内肢，（2）基节，（3）外肢，（4）底节；

2. 雄性第一腹肢（交接器）；3. 雄性第二腹肢

3. 胸足

腹部两侧有左右对称的 5 对胸足，其中第一对胸足特别坚固，呈钳形，具有捕食和防御能力，称螯足。雄蟹的双螯较雌蟹大而强壮有力，并在掌部密生绒毛。第二与第五对胸足结构相似，称步足。第三、第四步足扁平，并生有许多刚毛，其结构适于河蟹游泳。步足具有爬行、游泳、掘穴等功能。胸足可分底节、基节、座节、长节、腕节、前节和指节如图 5-9 所示。

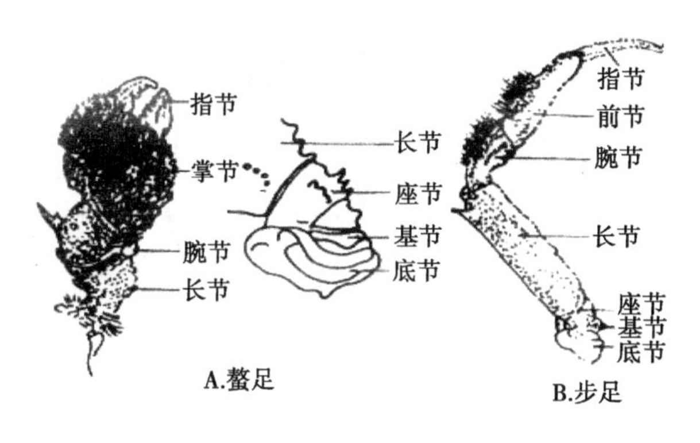

图 5-9　河蟹胸足

(二) 中华绒螯蟹的内部结构

河蟹体内具有完整的神经、感觉、呼吸、消化、循环、排泄、生殖等系统。

1. 神经系统

河蟹的中枢神经高度集中。前端的神经节聚合成为脑，从脑神经节共发出 4 对主要的神经。前方一对非常细小，称第一触角神经。第二对神经最为粗大，通到眼睛，称为视神经。第三对为外周神经，分布到头胸部的皮膜上。第四对通至第二触角，称为第二触角神经。

河蟹的脑神经节由围咽神经和胸神经节相连，由围咽神经发出一对交感神经，通到内脏器官。胸神经节贴近胸板中央，从胸神经节发出的神经，较粗的有 5 对，各对依次分布在螯足和步足中。由胸神经向后延至腹部，为腹神经。河蟹腹部没有神经节，只有一条由胸神经节发出的腹神经，分成许多分支，散布在腹部各处，因而其腹部的感觉也十分灵敏，如图 5-10 所示。

2. 感觉器官

河蟹对外部世界很敏感，这是由于它具有高级的视觉器官——复眼。复眼位于额部两侧的一对根眼柄的顶端，由数百个甚至上千万个单眼组成。眼柄生在眼眶内，分为两节。第一节细小，隐蔽在触角之下。第二节粗大，以关节与第一节相连，复眼生于第二节的末端。复眼有两个特点：一是它由眼柄举起突出于头胸甲前端，因而视觉较广阔，视角达 180 度；二是由两节组成的眼柄活动范围较大，眼柄可直立，也可卧倒，灵活自如。最新研究表明，河蟹的眼柄是神经内分泌系统中 X 器官的所在地，它对蟹的蜕壳和成熟有调节作用，切除单侧眼柄能促进河蟹蜕壳、生长及性腺发育。平衡囊是转化的触觉器，位于第一触角的亚基节内，囊后皱褶，由几丁质形成，内缺平衡石，开口已经闭塞。

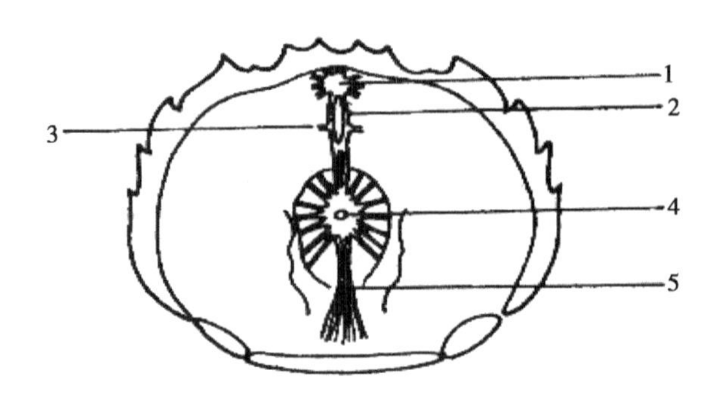

图 5-10 河蟹神经系统

1. 脑神经节；2. 围咽神经；3. 交感神经；4. 胸神经节；5. 腹神经

囊后内面一簇感觉毛。

3. 呼吸系统

河蟹的呼吸系统是鳃，俗称“蟹胰子”（图 5-11）。河蟹头胸部的两侧各有一个藏鳃的空腔，称为鳃腔。鳃腔有一对入水孔和一对出水孔，使鳃腔与外界相通。入水孔在螯足基部上方，孔边缘着生刚毛，可防污物进入鳃腔。出水孔在第二触角基部下方。水由入水孔进入鳃腔，在其中回流一周，然后经出水孔而排出体外，这样就进行了氧气和二氧化碳的交换。当河蟹所处环境水质污浊时，第二颚足的上肢可以暂将水孔封闭，防止污水进入鳃腔。当河蟹离水到陆地时，鳃腔中的水只出不进，逐渐减少。为了保持一定量的水分，第一颚足的内肢将出水孔封闭，防止水分大量流出，以免河蟹因鳃干燥而死亡。

河蟹共有 6 对鳃，均是颚足及步足的附属物，根据着生部位不同分为 4 种。

（1）足鳃。在第二、第三对颚足底节上各有一对。

（2）关节鳃。生于第三颚足及螯足底节与体壁间之关节膜上。

（3）侧鳃。又称胸鳃，着生在第一、第二对步足基部的身体侧壁上。

（4）肢鳃。着生于 3 对颚足底节外侧。

从结构上看，以上 4 种鳃都属叶鳃，各鳃中央有一扁平的鳃轴，两侧密生鳃叶借以扩大表面积，有利于气体交换。鳃轴上下各有入鳃和出鳃血管。静脉血由入鳃血管进入鳃叶内腔，透过上层细胞层吸入氧气而排出二氧化碳，变成动脉血，而后流入出鳃血管。

4. 消化系统

河蟹的消化系统由口、食道、胃、肠、肛门等组成。河蟹解剖如图 5-12 和图 5-13 所示。

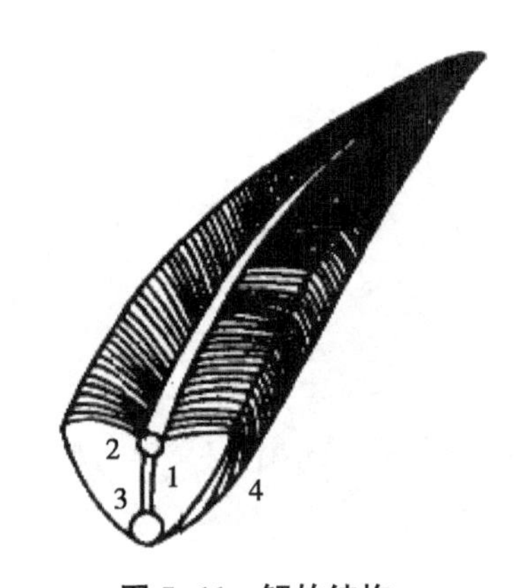

图 5-11　鳃的结构

1. 鳃轴；2. 入鳃血管；3. 出鳃血管；4. 鳃叶

图 5-12　雄蟹内部结构

1. 胃；2. 胃前肌；3. 胃后肌；4. 后肠；5. 肝脏；6. 鳃；7. 触角腺；8. 精巢；9. 贮精囊；10. 副性腺；11. 三角瓣；12. 内骨骼肌

口在大颚下面，外围有三片瓣膜，上方一片称上唇，下方左右两片称下唇。上唇粗大，形似鸟喙，下唇较小，各有一枚突起，突起内缘多毛。口后连一短的食道，内部有 3 条纵褶，此系上下唇的延长物。

胃与食道的末端相接，附着在蟹斗前端中央。胃分成前后两部分，前为贲门胃，后为幽门胃，中间以间板为界。贲门胃较幽门胃大，贲门胃的后半部有一个咀嚼器，称“胃磨”，用来磨碎食物。幽门胃的胃腔很小，从横切面看呈三叶状，幽门胃有机械磨碎和过滤食物的作用如图 5-14 所示。

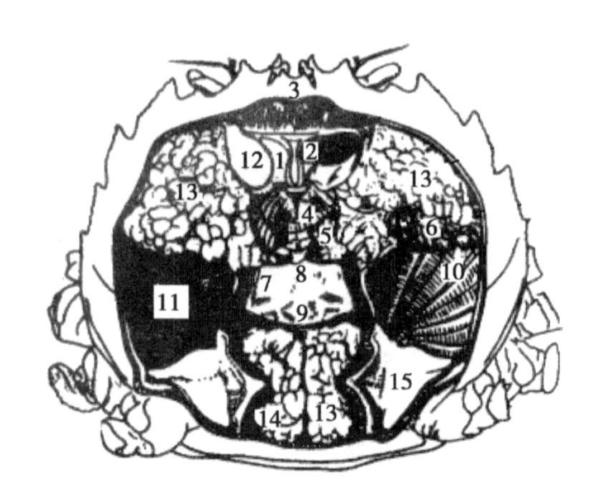

图 5-13　雌蟹内部结构

1. 背齿；2. 侧齿；3. 胃前肌；4. 胃后肌；5. 大颚肌；6. 肝脏；7. 心脏；8. 前大动脉；9. 后大动脉；10. 鳃；11. 第一颚足上肢；12. 触角腺；13. 卵巢；14. 内骨骼；15. 三角瓣

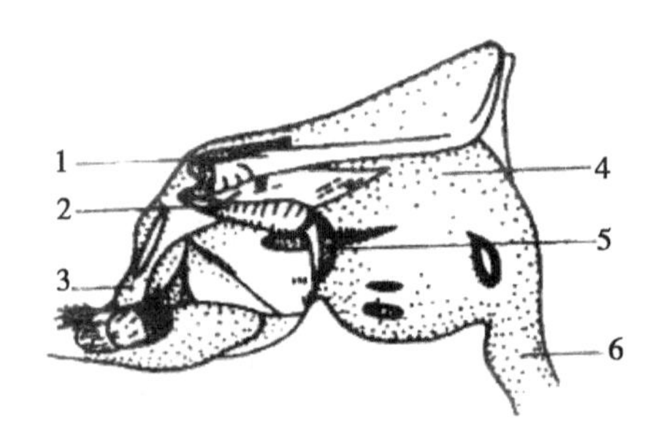

图 5-14　胃的内部结构

1. 背齿；2. 侧齿；3. 幽门胃；4. 贲门胃；5. 梳状骨；6. 食道

中肠很短，在其背面有细长的突出物，称盲管。消化的食物进入中肠，不能消化的粗大残渣经过漏斗管直接进入后肠。由腹侧又发出一对中肠腺，即肝脏。只要打开河蟹的背甲，就可以看到河蟹的肝脏，体积较大，分成左右两叶，由许多细支组成。各叶以一短的肝管将分泌的消化液输入中肠，最终与食物混合。肝脏还有贮藏养料的机能，以便在食物缺乏或生殖洄游时供给营养。中肠之后为后肠，很长，在腹部的一段，外围被有厚膜，末端是肛门，周围肌肉特别发达，开口于腹部末节。

5. 循环系统

河蟹的循环系统，由一肌肉制的心脏和一部分血管及许多血窦组成，属开放式循环系统。河蟹的心脏位于头胸部的中央，略呈短方形，宽度大于长度，外围一层薄膜，称为围心膜。围心膜与心脏内的空隙叫作围心腔。心脏有 3 对心孔，即背面两对，复面一对。心脏与围心腔的伸缩相互协调，当围心腔收缩时，心脏舒张，血液经心孔由围心腔流归心脏；当围心腔扩张而心脏收缩时，一面将心脏内的血液压入动脉，一面将鳃静脉中的血液引入围心腔。

从心脏发出的动脉共 7 条，其中 5 条向前，还有 2 条自心脏后端通出：一条向后，另一条流向身体腹面。河蟹的循环系统为开管式。也就是说，动脉、静脉并不直接相连。血液从心脏流经动脉，分散在组织和细胞间隙中，血液到达血腔与组织进行气体和物质交换，再进入较大的血窦内。静脉血汇集到较大的腹血窦，通过入鳃血管，进入鳃中，气体交换后，变成动脉血，再经出鳃血管和鳃静脉流入围心腔，最后回归心脏。

6. 排泄系统

河蟹的排泄系统是触角腺，又称缘腺，为两块椭圆形的薄片，被覆在胃的背面，包括海绵组织的腺体部和囊状的膀胱部，开口位于第二对触角腺的基部。

触角腺分为球型的末端囊与长而盘曲的排泄管两部分，后者近端部分膨大成为囊，形成肾迷路。末端囊位于肾迷路背侧，并埋入肾迷路内，这两部分内部都有皱褶，将内腔分隔成许多沟道。末端囊与肾迷路的外层也有很多皱褶，这样扩大了其表面积，可以加强与循环系统的联系。河蟹血液中的氮废物透过末端囊与肾迷路的壁，积聚在内腔中，最后经排泄孔排出体外。河蟹蛋白质代谢的最终废物主要以氨的形式排出，只有一小部分为尿素和尿酸。有些排泄物还可通过河蟹的鳃排出体外，鳃除具呼吸功能外，还有一定的排泄功能。

7. 生殖系统

雄蟹生殖器官包括精巢、输精管和副性腺。精巢一对，为白色，位于胃和心脏之间，左右有一横枝相连，后端各与一条输精管连接。输精管分为 3 部分。先为细而盘曲的腺质部，中间为扩大而成的贮精囊，后为射精管。射精管直达三角膜的内侧，与副性腺汇合后，穿过肌肉，开口于腹甲的第七节。

雌蟹的生殖器官包括卵巢、输卵管和受精囊。卵巢一对，呈葡萄状，位于头胸部内肠道背侧，左右由一横枝相连。成熟的雌蟹，卵巢非常发达，充满在头胸甲下，并可延伸到腹部前端。卵巢左右两叶各有一短短的输卵管，位于胃的后端，末稍与受精囊汇合，左右分别开口于腹甲的第五节上，开口上有突起，交配时雄蟹将交接器钩在该突起上，以行输精，如图 5-15 所示。

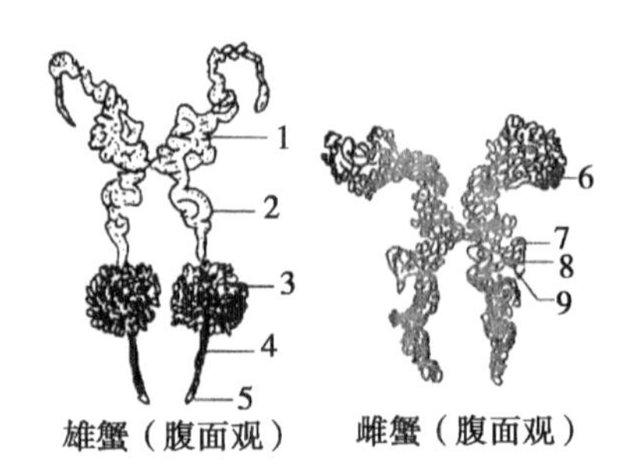

图 5-15　河蟹生殖系统

1. 精巢；2. 射精管；3. 副性腺；4. 输精管；5. 阴茎；6. 卵巢；7. 纳精囊；8. 输卵管；9. 雌孔

第二节　中华绒螯蟹的生态习性

一、生活习性

1. 栖居习性

河蟹栖居分穴居和隐居两种。在饵料丰盛饱食的情况下，河蟹为躲避敌害而营穴居生活。当不具备穴居条件时，隐居在石砾或水草丛中，河蟹喜欢隐居在水质清净、溶解氧丰富、水草茂盛的江河、湖泊、沟渠的浅水水域。在养殖密度高的水域，相当数量的河蟹隐伏于水底淤泥之中。

河蟹从第三期仔蟹起就有明显的穴居习性。一般来讲，幼蟹的穴居习性较成蟹明显，雌蟹较雄蟹明显。河蟹的洞穴建造得十分科学，洞穴均位于高低水位之间，洞口大于其身，洞身直径与身体大小相当，洞底常比蟹体大 2~4 倍，这种洞穴结构适合河蟹在洞中穴居（图 5-16）。河蟹掘穴主要靠一对螯足和步足来完成，一般短则几分钟，长则数小时即可掘成一穴。掘穴时，常先扭动躯体，用头胸部推泥，先造成一凹陷，再用螯足掘深，并用一侧步足扒泥，将泥送出洞外。蟹的洞穴如图 5-16 所示。

2. 蜕壳和生长

河蟹一生要经过很多次蜕皮或蜕壳，每蜕皮、蜕壳 1 次，个体和重量均有增加。河蟹蜕壳（皮）与变态、自切再生、个体生长有着非常密切的关系。

河蟹一生可分为蚤状幼体、大眼幼体、仔蟹、蟹种（幼蟹）和成蟹 5 个阶段。蚤状幼体在海水中生长发育，经过 5 次蜕皮，变为大眼幼体。大眼幼体开

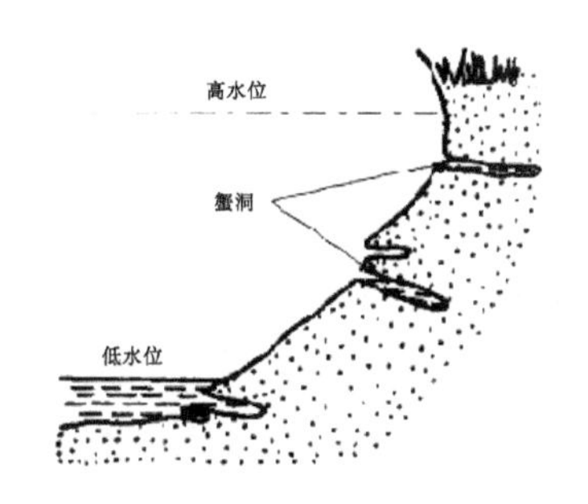

图 5-16　河蟹的洞穴

始进入淡水生活，经过 5~7d 蜕皮 1 次，就成为第一期仔蟹。以后每隔一段时期蜕壳 1 次，个体不断增大，体形也由圆形逐渐变为近似方形。随着个体增大，头胸甲逐渐变宽，一般到第三期仔蟹阶段，头胸甲壳长度就大于头胸甲长度。第三期仔蟹后称为幼蟹，幼蟹阶段分豆蟹和扣蟹，此阶段生产上称为蟹种阶段（图 5-17）。蟹种阶段，雌蟹的腹部周缘和雄蟹的大螯绒毛短而稀少，蟹种在进

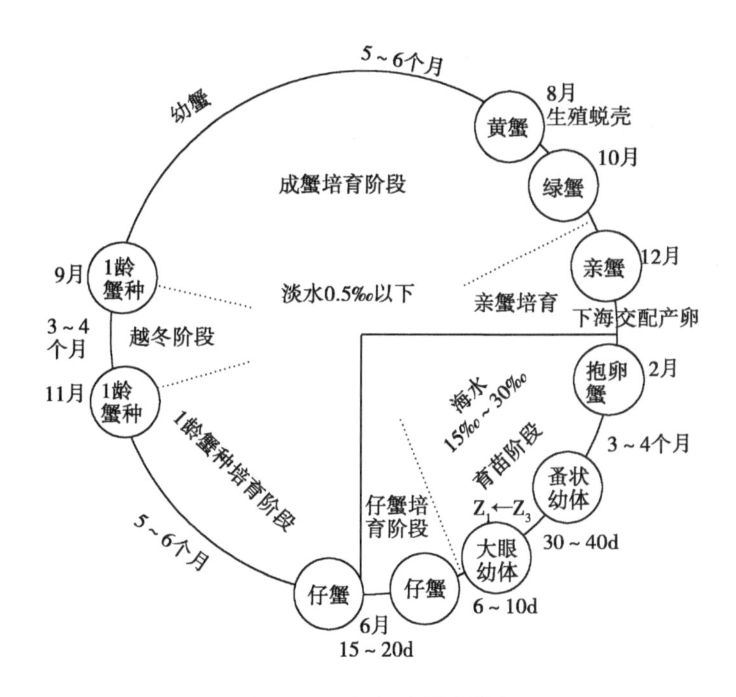

图 5-17　河蟹生活史模式

行成熟蜕壳前，壳呈淡黄或灰黄色，渔民通常称为“黄蟹”。“黄蟹”阶段性腺

始终处于第一期至第二期。

长江下游地区，每年 8 月上旬至 9 月下旬先后完成生命中最后 1 次蜕壳，又称成熟蜕壳。成熟蜕壳后体色发绿称为“绿蟹”，即进入成蟹期。

河蟹蜕壳前，壳呈黄褐色，头胸甲后缘与腹部交界处产生裂缝，裂缝宽度 2~3mm，透过裂口处可见新的透明体膜；另外在头胸甲的两前侧部分的侧板线处，也出现裂缝，裂缝宽度 2~3mm，此现象可视为河蟹蜕壳的前奏。

河蟹的蜕壳是其生长发育的标志。在仔蟹和蟹种阶段，蜕壳次数多，生长速度快。若生态条件好，饵料丰富，同样蜕壳一次，个体的体重增长幅度应大；反之，增长就小。选择优良的蟹苗，创造良好的人工饲养条件，使它增加蜕壳次数和增大蜕壳时生长幅度，实在是提高河蟹产量和质量的关键。

目前，部分地区养蟹者采购小个体的“绿蟹”进行饲养，结果这部分性成熟的小个体“绿蟹”绝大部分因不能蜕壳而死亡，因而造成了经济上的巨大损失，这是值得河蟹养殖者注意的问题。

河蟹蜕壳时间的长短与个体大小有关，个体大，蜕壳时间长；个体小，蜕壳时间就短。蚤状幼体蜕皮只需几秒钟，蟹种阶段蜕壳，顺利时几分钟，不顺利时，时间更长。

河蟹蜕壳常常隐蔽于水草茂盛的浅水地带。外界惊扰、水温过高、水质不良或缺乏钙、钾、铁等微量元素，均可使它蜕壳不遂而死亡。

刚蜕壳的“软壳蟹”，甲壳柔软，体弱无力，没有摄食和防御能力，极易遭到同类或其他敌害的伤害。经过 1~2d，“软壳”逐渐变硬，并恢复其活动和摄食能力。因此，给予河蟹良好的蜕壳条件是十分重要的。保护刚蜕壳的幼蟹，可以提高河蟹养殖的成活率。

幼蟹的生长速度整体与水温、饵料及其他生态因素有关。水域条件适宜，饲料丰富，幼蟹一般每隔 5d 左右蜕壳 1 次。人工养殖河蟹要求蟹种头胸宽度 30mm 以上，体重 10~20g 为佳。蟹种规格太小，增重速度太慢，最后收获时成蟹规格小，经济效益差；若蟹种偏大些，增重速度快，收获时成蟹个体大，经济效益也就相应提高。随着头胸甲宽度增长，体重也相应增加。幼蟹早期蜕壳 1 次，增重倍数大，但绝对增重量小；幼蟹后期蜕壳 1 次，增重倍数小，而绝对增重量大。

3. 年龄寿命

河蟹的年龄尚无法测定。但通过多年湖泊人工放流及池塘养殖，根据对河蟹的生长速度、生殖洄游的时间及交配后河蟹的死亡等情况的分析，可以掌握河蟹的年龄及寿命。

从天然蟹苗人工放流来看，如长江口区，一般 6 月初将蟹苗投放入湖泊，到第二年 10—11 月。二秋龄的成蟹作生殖洄游返回河口浅海水域，到第三年 3 月前后，二冬龄的雌雄蟹完成交配，雄蟹先死亡，放开雌蟹，在蚤状幼体孵出后，也陆续死亡，这样看来，河蟹的寿命为 2 周龄。实际，雄蟹的寿命仅 21~23 个月，雌蟹的寿命为 23~25 个月。

有的蟹苗投放到天然饵料十分丰富的湖泊，当年秋季个体可达 50g 以上，第二年继续生长。但个别的达 70~100g，性腺也发育成熟，到 10—11 月开始生殖洄游，并于次年春初交配，4—6 月即死亡，它们的性成熟年龄即为 1 周龄，雄蟹寿命仅 10—11 个月。近年，有的地方蟹苗实行加温早繁，仔、幼蟹利用塑料大棚强化培育，利用池塘当年养成商品蟹，当年性腺发育成熟的也很多，若用于繁殖，其寿命比上述湖泊放流的河蟹略长些，有 12~14 个月。蟹苗或仔蟹、幼蟹在人工养殖的情况下，如果投放密度较大，饲料供应不足，生长速度就会放慢，蜕壳间隔时间也延长，其寿命往往可以延长到 3 秋龄，甚至 4 秋龄。这只是个别的情况，一般来说，长江河蟹的寿命一般为 2 龄，南方品种为 1~2 龄，北方品种可达 2~3 龄。

二、生殖习性

1. 河蟹的生殖洄游

河蟹一生中的大多数时间是在淡水湖泊、江河中度过的，当其性腺发育成熟后，便会成群结队地降河奔向海淡水交界的浅海地区，在那里交配、产卵、繁殖后代。这种长途跋涉的过程，就是河蟹生活史中的生殖洄游，或称为降河生殖洄游。

河蟹可以在淡水中生长，但其性腺在淡水中只能发育到第四期末，达到生长成熟，如继续在淡水中，其性腺发育将受到抑制，不能完成生殖过程。只有在适当的盐度刺激下，河蟹的性腺才能由生长成熟过渡到生理成熟，性腺才能发育到第五期，从而实现雌雄蟹交配、雌蟹怀卵、繁殖后代。因而生殖洄游是河蟹生命周期中的一个必然阶段，对种族延续有重要的生物学意义。

蟹苗在淡水中生长发育，一般经 2 秋龄接近成熟，开始生殖洄游的时间大致在 8—12 月。在长江中下游地区，洄游时间一般在 9—11 月，高峰期集中在寒露（10 月 10 日前后）至霜降（10 月 25 日前后）。这一阶段，有大量发育趋于成熟的河蟹从江河的上游向下游河口迁移，渔民们乘机捕捞，就形成了所谓的“蟹汛”。北方地区，如辽河水系、海河水系以及黄河下游地区，河蟹的生殖洄游要略早些。河北省、山东省等地群众所说的河蟹“七上八下”，指的就是河蟹的洄游，意思是农历7月以前，幼蟹向河流的上游移动，主要目的是寻觅食物，农历8月开始，成熟的河蟹陆续向下游移动进而到浅海区咸淡水交界处交配产卵。而在长江以南如瓯江水系，河蟹洄游时间则要向后推迟。

河蟹在生殖洄游之前，多隐藏在洞穴、石砾间隙或水草丛中，蟹壳呈浅黄色，被人们称为“黄蟹”，从外部看，雌蟹腹脐尚未充分发育没有完全覆盖住头胸甲腹面，雄蟹螯足上的绒毛连续分布不完全，步足刚毛短而稀，性腺发育也不完全，生殖腺指数（性腺重量占体重的百分比）较小，因此，黄蟹属于幼蟹阶段。黄壳蟹经成熟蜕壳，性腺发育迅速，体躯增大，蟹壳也由浅黄色变为墨绿色，称为“绿壳蟹”，便开始生殖洄游。也有些黄蟹在洄游的过程中蜕壳而成为绿蟹。河蟹由“黄壳”变为“绿壳”是其性腺发育成熟的一种标志。性腺发育成熟的绿壳蟹，雌性腹脐变宽，可覆盖住头胸部腹面，边缘密生黑色绒毛；雄性螯足绒毛丛生，连续分布完全，显得强健有力，步足刚毛粗长而发达。性腺指数明显提高，可为生殖蜕壳前的数倍。

河蟹在性腺发育接近成熟后，就不再能继续生活在淡水中，必须寻找盐度较高的河口水域环境，而使其体内外渗透压达到新的平衡。性腺发育是导致河蟹进行生殖洄游的内在因素。而盐度、水温变化、水流方向则是河蟹能顺利完成洄游的外界因素。盐度的变化，可影响河蟹渗透压，并促使其性腺进一步发育，盐度不够，河蟹将继续向河口地区洄游，直至达到适合的盐度才停止洄游。

在封闭的湖泊中，因为没有出水口，河蟹洄游就较困难，必须翻坝越埂，而在能放水的湖泊、水库中，成熟河蟹随着水流的排放，顺水而下，奔向河口，完成降河生殖洄游，水流起着河蟹洄游导航的作用。温度则是影响河蟹洄游的又一个外界因素，俗语说“西风响，蟹脚痒”，当西风吹起、水温开始降到河蟹的生长适温以下时，成熟的河蟹即抓紧时机向河口洄游，并随着水温的下降，河蟹的活动能力也下降。所以在长江流域霜降前后是河蟹降河洄游的最佳时节。

2. 河蟹的性腺发育

河蟹卵巢的发育，按外形、色泽和卵母细胞的生长情况，可以分为6个发育期。

（1）第一期。呈乳白色，细小，仅重0.1~0.4g，这时属幼蟹阶段。尚无副性征，肉眼很难辨雌雄。

（2）第二期。呈淡粉红色或乳白色，体积较前增大，重为0.4~1g，此时初级卵母细胞直径在50nm以下，处于缓慢的小生长期。肉眼已能分辨出雌雄性腺。

（3）第三期。呈棕色或橙黄色，体积增大，重1~2.3g，此时卵母细胞已由小生长期进入大生长期，发育速度加快。肉眼看到细小的卵母细胞，但卵巢较肝脏小得多。

（4）第四期。呈紫褐色或豆沙色，重量和肝脏相当，重5.3~9.5g，卵粒清晰可见。卵巢重和体重比（即成熟系数）为4.1%~6.8%，表明卵巢已发育至成熟。

（5）第五期。体色越来越深，呈紫酱色，体积明显增大，重10.3~18.3g，重量为肝脏重2~3倍，卵巢柔软，卵粒可增大至320~360nm，成熟系数8%~18%。卵粒在囊巢内相互游离，易于流动，属产卵前的时期。

（6）第六期。成熟雌蟹若未交配或交配后没有咸水的水环境，成熟卵粒不能排出；待环境水温持续上升，卵粒因不能排出而导致过熟或退化，卵巢进入第六期。本期雌蟹卵巢可出现黄色或橘黄色退化卵粒，卵粒大小不匀，体积反而缩小。此时交配产卵，卵不易附着在刚毛上流失，并易形成黄卵（卵在发育中死亡）。随着时间的推移，成熟卵巢的退化日趋严重。

雄蟹的性腺发育也分为5个阶段。精原细胞期（5—6月）；精母细胞期（7—8月）；精细胞期（8—10月）；精子期（10—4月）；休止期（4—5月）。由于精巢在整个发育过程中，只有体积在增大，颜色在变化，故较难从外形特征来区分。绿蟹的精巢呈乳白色。

在自然环境中，当进入春季，水温回升，第一年未达成熟的幼蟹，便加快蜕壳生长，身体生长很快，但此时卵巢多处于第一期。过夏以后，水温逐渐下降，卵巢发育到第二期。8月下旬起，有的雌蟹行将成熟蜕壳，即卵巢、精巢发育进入快速发育前的蜕壳，蜕壳后河蟹开始生殖洄游，卵巢多处于第三期。随着水温渐低，生殖腺发育加快，至霜降前后（9月下旬），成蟹性腺多数已发育成熟，处于第四期。此时，性腺、肝脏充满于头胸甲内，体质强健，是食用价值很高的时期。当进入冬季或成熟雌蟹受到水中盐度的刺激，特别是经过交配后，卵巢迅即由第四期发育为第五期，卵巢内分泌大量液体，促使已成熟的卵母细胞游离，即能排卵受精。越冬期内为产卵、繁殖子代的适宜季节，也是食用河蟹的最佳季节。

从12月初至翌年3月中旬，河蟹处在越冬阶段。由于水温较低（8℃以下），河蟹活动减弱，然而性腺发育已达成熟期，卵巢发育时相处于第五期；精巢也成熟，射精管和副性腺内充满颗粒状的精细胞。越冬期的亲蟹，如果外界环境适宜，即可交配产卵。如果没有适宜的产卵条件，性腺处于第五期的雌蟹不能产卵，则性腺开始退化，进入第六期，卵巢出现黄色或枯黄色的退化卵球。但性成熟雄蟹的精巢，则没有类似的卵巢的退化现象，直至衰老死亡之前，雄蟹所排放的精子均能保证雌蟹卵子的正常受精。

3. 河蟹的交配、产卵

河蟹繁育的自然属性，即河蟹湖泊中生活 18 个月左右，性腺逐渐成熟。成熟的河蟹在秋末冬初开始到海淡水混合的近海区产卵，这就是生殖洄游。交配后的雌蟹不久便可产卵，卵一串串贴附在雌蟹的腹肢毛上，堆积在腹部，直到孵出幼体。这类蟹称“抱卵蟹”。河蟹一次可产数万至百万粒卵，并且能产 2~3 次。在自然界受精卵要经过 4 个月才能出苗，孵化率可达 90%左右。刚孵出的幼体很小，形状像水蚤，称蚤状幼体。蚤状幼体经过 5 次蜕皮，大约 35d 就长成蟹苗（大眼幼体），蟹苗再蜕 1 次皮，成幼蟹。刚脱壳的蟹称软壳蟹，它无力摄食和防敌，1~2d 后壳才渐硬，这时才渐渐活动，脱壳后蟹体显著增大。河蟹繁殖后，身体很快便衰老、死亡。

（1）交配。每年 12 月到翌年 3 月，是河蟹交配产卵的盛期。在水温 5℃以上，最适在水温 10~12℃，凡达性成熟的雌、雄蟹一同放入海水池中，即可看到发情交配。雄蟹首先“进攻”雌蟹，经过短暂的格斗，雄蟹以强有力的大螯钳住雌蟹步足，雌蟹不再反抗，5 对胸足缩拢，任凭雄蟹摆布。雄蟹在寻找到一个“安全”场所后，双方呈现“拥抱”姿态。这一过程，短则数分钟，长则数天，主要视性成熟程度而定。发情“拥抱”的亲蟹，接着开始交配。雄蟹主动将雌蟹“扶立”，让腹面对住自己的腹部，双方略呈直立的位置。此刻，雌蟹便打开腹部，暴露出头胸部腹甲上的一对生殖孔（即雌孔），雄蟹也趁势打开腹部，并将它按在雌蟹腹部的内侧，使雌蟹腹部不能闭合。与此同时，雄蟹的一对交接器的末端就紧紧贴附着雌孔进行输精。输精时，雄蟹的阴茎伸入第一对交接器基部的外口，通过交接器将精液输入雌孔，贮存于雌蟹两个纳精囊内。河蟹交配情况如图 5-18 所示。

图 5-18　河蟹交配

河蟹每次交配，历时数分钟至 1h 左右。在交配过程中，即使用手捉起雄蟹，交配仍可继续进行。此外，当交配蟹发现不利情况时，例如又有其他雄蟹接近，那末，交配雌蟹会悄悄移动位置避让。若避不开，交配雄蟹就用大螯与之“格斗”。河蟹还有重复交配的习性，甚至怀卵蟹也不例外。在淡水中偶尔也能捕到正在交配的个体。水体中含盐量只要在1.7‰以上，性成熟的亲蟹就能频繁交配，这说明河蟹交配对盐度的要求并不苛刻，盐度的下限是极低的。

（2）产卵。

①产卵过程：雌蟹交配后，一般在水温9~12℃，海水盐度8‰~33‰时，经7~16h产卵，雌蟹均能顺利产卵，盐度低于6‰，则怀卵率降低。体重100~200g的雌蟹，怀卵量5万~90万粒，也有越过百万粒的。河蟹第二次怀卵，卵量普遍少于第一次，只数万至十几万粒，第三次怀卵时，只数千到数万粒。产卵时，雌蟹往往用步足爪尖着地，抬高头胸部，腹部有节奏地一开一闭，体内成熟的卵球经输卵管与纳精囊输出的精液汇合，完成受精，然后从雌孔产出受精卵。产出的受精卵开始绝大部分黏附在附肢内肢的刚毛上，故称这种腹部携卵的雌蟹为怀（抱）卵蟹或抱仔蟹。人工畜养越冬的亲蟹，所获怀卵蟹孵出幼体后，不经交配，可继续第二次和第三次产卵，这在人工蟹苗繁殖中有着重要的价值。

蟹卵如何附着到腹部刚毛上去，这是次级卵膜所作的贡献。原来蟹卵在接近排卵前，由于卵巢液的分泌，使原先卵原膜外涂上了第二层卵膜。它们经生殖孔排出体外时蟹卵带有黏性，容易附着于雌蟹腹脐4对附肢刚毛上。同时，在卵子和刚毛的接触点上，由于卵球的重力作用，导致蟹卵产生卵柄。卵柄无极性，产生的部位是随机的，并非一定在刚毛顶端，或在卵球动物极上。卵柄的宽度由细线状直至宽带状，有的卵柄甚至还缠绕刚毛一圈后再悬拉在刚毛上。最宽的卵柄宽度可达卵球的1/3。河蟹卵黏附于刚毛上的情形如图5-19所示。

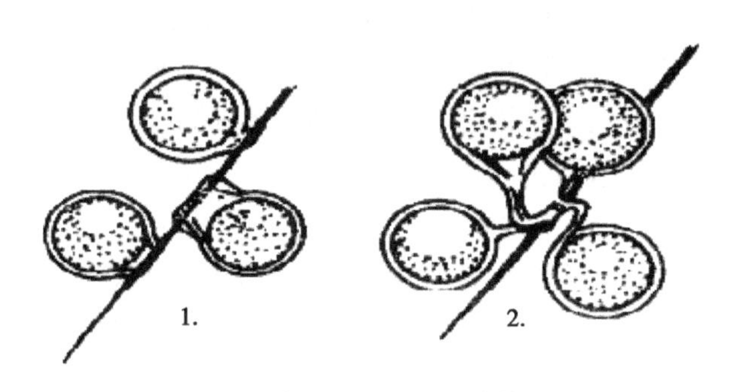

图5-19　卵黏附于刚毛上的情形

1. 刚黏附时的状况；2. 卵外膜拉长成卵柄

②怀卵量：雌蟹的怀卵量与体重成正比。体重100~200g的雌蟹，怀卵量达

30万~50万粒，甚至可达80万~100万粒。第二次产卵量仅10万粒左右，第三次产卵量仅数千粒。

③影响产卵的环境因素。

A. 温度：水温低于5℃，河蟹难以交配；水温高于8℃，凡达到性成熟的雌雄河蟹，只要一同进入盐度为8‰~33‰的海水中即能顺利交配。

B. 盐度：盐度在8‰~33‰之间，雌蟹均能顺利交配产卵；低于6‰，则怀卵率和怀卵量均下降，且受精卵易死亡，在淡水中虽能交配，但不能产卵。如水质恶化，强水流冲击，密度过大等均对雌蟹产卵有不利影响。

4. 河蟹的胚胎发育

河蟹交配产卵，奠定了生命发育的原基。胚胎发育始于卵裂，卵裂首先在动物极出现隘痕，不久即分裂成2个大小不等的分裂球。由于分裂是不等分裂，二分裂球后相继呈3细胞期、4细胞期、6细胞期和8细胞期，发育至64细胞期后，分裂球的大小已不易区分，胚胎进入多细胞期、囊胚期和原期等发育阶段。

胚胎在卵裂前，需排出废物，卵的直径较受精时略有缩小。当胚胎进入128细胞期后，胚胎出现一次明显的扩大，原先卵膜和分裂球间的空隙为扩大的胚胎所充满。当胚胎发育至原肠期，可见胚内的原生质流动，在一侧出现新月形的透明部分，从而与黄色的卵巢块区别开来，此时卵黄块占整个胚胎的绝大部分，并伴随着原肠腔的出现，胚体进入中轴器官形成期。在此阶段中，各个器官的形成过程是连续的，通常一个器官的形成尚未完成，随即而来的是另一个器官的出现。在原肠期以后，白色透明区逐渐扩大，经切片观察，头胸部、腹肢及其他的附肢已有雏形，以后这一部分就向原蚤状幼体期发育。此时卵黄呈团块状，占整个胚胎的3/4~4/5，胚胎无其他色素出现。稍后，进入眼点期。在胚体头胸部前下方的两侧出现橘红的眼点，呈扁条形，但复眼及视网膜色素均未形成，此时其他部分无色素，卵黄占1/2~2/3。而后，眼点部分色素加深，眼直径扩大，边缘出现星芒状突起，复眼相继形成，卵黄囊的背方开始出现心脏原基，不久心脏开始跳动，此时卵黄呈蝴蝶状一块，胚体进入心跳期。心跳期里，心跳频率逐渐加快，卵黄块缩小；同时，胚体的头脑部的额、背、两侧及口区相继出现色素，此时即着生额刺、侧刺及组成口器甲壳质的原基；胚体头胸部、腹部、体节、附肢、复眼及眼基也业已成形。继续发育，心跳达170~200次/min。胚胎发育完全，借尾部的摆动破膜而出。幼体出膜时间多在清晨，此时母体有力扇动脐部，出膜的第一期蚤状幼体随水流离开母体，可独立生活。刚出膜时，幼体各刺尚瘪，贴伏在头胸甲上，但很快由体液充满而挺起。若在原蚤状幼体期提前出膜，背刺不能全部挺直，颚足末端没有刚毛，往往拖着不易分离的部分卵膜，不久便会死亡。

河蟹胚胎发育的速度与水温密切相关。在适温范围内，温度越高，发育速度越快。当水温在 10～18℃时，受精卵发育需 30～50d 完成，水温在 20～23℃时，需 20～22d，水温在 23～25℃时，幼体孵化出膜只需 18～20d，水温高于 28℃，容易造成胚体死亡；如果水温较低，则要延长幼体出膜时间，10℃以下时，幼体则长期维持在原肠期阶段，此阶段可延长到 5 个多月；当水温低于 8℃时，胚胎发育很慢，呈滞育状态；水温 4℃以下时停止发育。在江河口等水域的自然条件下，母蟹产卵如果水温尚低，往往在原肠前期呈滞育状态，以等待适宜温度的到来。因此，在自然环境中，雌蟹抱卵可长达 3~4 个月。

海水盐度的突变对河蟹胚胎的发育也有显著影响，尤其是新月期前，对盐度骤降比较敏感；但新月期后的胚胎对盐度变化的适应能力则很强。从对盐度的适应性来说，整个胚胎发育期中，新月期是个转折点。

5. 河蟹幼体的生长发育及其特征

河蟹幼体是通过几次显著的变态而发育长大的。幼体个体的增长和形态上的变化，都发生在每次蜕皮之后，因此，蜕皮是发育变态的一个标志。这个幼体期分为蚤状幼体、大眼幼体和幼蟹期 3 个阶段。蚤状幼体分 5 期，经 5 次蜕皮变态为大眼幼体（即蟹苗）：大眼幼体经 1 次脱皮变成幼蟹；幼蟹再经许多次蜕壳才逐渐长成成体。

（1）形态结构。

①蚤状幼体：蚤状幼体状似水蚤，故而得名。体分头脑部和腹部。头胸部为一圆球状头胸甲所包裹，占身体的大部，前端长有相反方向的两根长刺，和触角同向的称额刺，另一较长的称前刺。头胸甲两侧各有一根侧刺。头胸甲后缘长有锯状细刺，甲表面有细纹，额刺根部两侧有一对复眼，系由数百个六角形晶状体的单眼组成，复眼中心为色素较深的视网膜部分。口位于头胸腹面，前后排列着触角、颚足、大颚、小颚等附肢。头胸部之后即腹部，腹部细长分节，最后分叉称尾节。腹部体节背面正方形，后侧角呈尖刺状突起，有的节两侧各具一侧刺。每一节后缘都覆盖后一节的前缘，节间有柔软的皮膜连接，和虾体相似，腹部可屈伸摆动。腹部附肢的发育是随蚤状幼体的发育而变化的。尾叉坚挺，各为 2 节，内面生长数根刚毛，末节内缘具短毛，作栉状排列。肛门开口于尾节和前节交接处腹面正中。蚤状幼体甲壳系几丁质，少钙质沉淀，富弹性，常有黑或红的色素斑块形成体色。

蚤状幼体生长，需蜕去外皮壳，每蜕皮 1 次，体积增大，形态发生一细微而规则的变化。蚤状幼体需蜕皮 5 次，故根据蜕皮龄期分成Ⅰ期至Ⅴ期蚤状幼体。各期蚤状幼体形态特征分述如下：

A. Ⅰ期：蚤状幼体全长 1.6～1.79mm；头胸甲长 0.7～0.76mm；腹部长 1.1～1.18mm；眼径（0.14～0.16）mm×（0.2～0.22）mm；头胸甲后缘具 10～12 根细刺。尾叉内侧有刚毛 3 对。头胸部附肢 7 对，前后次序为第一触角、第二触角、大颚、第一小颚、第二小颚、第一颚足和第二颚足。

第一触角呈一短圆锥状，末端具根鞭状感觉毛。第二触角双肢型，均属基肢部分。外肢剑状，上有两行细刺，每行约有 8 个钩状刺。内肢细而短，由外肢中段伸出，中部有 2 刺形成三叉状。大颚由角质化的 2 个切齿和 1 个臼齿组成咀嚼器，其中心即为口，切齿左右 2 个，具 5 小齿，侧面有 3 个齿。基部有一韧带状组织，此韧带可牵动大颚使切齿和臼齿磨合，起着切割和咀嚼食物的功能。第一小颚扁平，分内肢、基节及底节等 3 叶，外肢未见，各叶末端具数根至十余根刚毛，刚毛具滤取水中细小有机体形成食饵团的作用。第二小颚扁平，由外向内，分外肢、内肢、基节及底节等共 4 叶。各叶末端及侧面各有刚毛数根至数十根，小颚各叶末端刚毛数随蚤状幼体的发育而增加。第一颚足双肢型，长 0.5～0.54mm，外侧缘具 7～8 根刚毛。外肢自基节外侧起共 2 节，第二节长度超过第一节，此 2 节长度分别为 0.07～0.08mm、0.12～0.13mm。外肢第一节无刚毛，第二节末端具 4 根羽刚毛，此刚毛数为分辨蚤状幼体蜕皮龄期的主要依据。内肢自基节内侧分出共 5 节。总长度超过外肢，为 0.27～0.30mm。第二颚足长 0.49～0.52mm；外肢自基节内侧分出共 2 节，长度分别为 0.100～0.115mm、0.150～0.155mm。外肢第一节无刚毛，第二节末端具 4 根羽状刚毛；内肢 3 节，总长度仅达外肢第二节基部，为 0.092～0.100mm。

B. Ⅱ期：蚤状幼体体长 1.72～1.85mm；头胸甲长 0.90～0.98mm；腹部长 1.33～1.40mm；头胸甲后缘小刺 10～12 个。内侧缘刚毛 2～4 根。眼具眼柄，可转动。腹部 7 节，腹部 2～6 节具游泳足芽突，尾叉内侧刚毛 3 对。

第一触角圆锥状，末端生 5 根刚毛。第二触角无变化，在内外肢间有一手指状芽突，以后即发育成肢的节鞭。大颚切齿具 6 个小齿。形成基节有基肢 2 节，第一节无刚毛，第二节具刚毛 5 根。基节粗大，末端生粗而短的羽状刚毛 8 根，底末端羽状刚毛 9 根，基节外缘具弯曲的长刚毛 1 根。第二小颚，颚舟叶具 9 根刚毛；内叶具刚毛 4 根；基节具刚毛 10～11 根，底节具短小刚毛 8～9 根。第一颚足基节内侧具刚毛 11 根；外肢 2 节，末端具羽状刚毛 6 根；内肢 5 节，其总长度超过外肢。第二颚足基节内侧缘具刚毛 4 根；外肢 2 节，第一节，长于第二节末端具羽状刚毛 6 根；内肢 3 节，以末节最长。

C. Ⅲ期：蚤状幼体体长 2.31～2.47mm；头胸甲长 1.02～1.08mm；腹部长

1.48~1.57mm；头胸甲后缘具锯状细刺10余个，细长刚毛15~16根。腹部7节，2~5节每节长度相当，宽略大于长，1、6两节较小，尾节最小，宽约0.42~0.45mm，尾叉内侧刚毛4对。第一触角无变化，第二触角由基肢分出3支，剑状外肢长，具几行细刺，中间一支粗短，内肢细小，大颚切齿具9个小齿。第一小颚内肢2节，第一节生1根刚毛，第二节生5根刚毛，基节不分叉，上具刚毛9根，底节刚毛7~8根，基节外侧面生弯而细的刚毛1根。第二小颚的颚舟叶有刚毛16~17根，其中侧缘9根，后端指状突起处7~8根；内肢刚毛4根；基节粗大，末端生粗短羽状刚毛13根；底节具刚毛8~10根。第一颚足基节内侧缘具刚毛9~10根；外肢二节自基节外侧伸出，第一节无刚毛，第二节末端具羽状刚毛8根。第二颚足基节内侧缘具刚毛5根。外肢2节，第一节无刚毛，第二节末端有羽状刚毛8根；内肢3节。第二颚足后出现第三颚足和步足的芽状突，腹肢也出现芽状突。

D. Ⅳ期：蚤状幼体体长3.32~3.40mm；头胸甲长1.40~1.47mm；额刺1mm左右，长度超过背刺。头胸甲后缘具刚毛12根；锯状细刺10~12根。腹部7节，总长2.31~2.56mm。尾叉内侧刚毛4对。

第一触角基部出现一芽状突，即为以后的平衡囊，末端有刚毛5根。第二触角内肢延长呈叶状，与外肢几乎等长。第一小颚扁平，内肢2节，第一节具1根刚毛，第二节具5根刚毛，基节具刚毛13根，底节末端有刚毛9根，基节外侧面有刚毛1根。第二小颚颚舟侧缘及后端着生刚毛26~27根，内叶末端有刚毛4根，基节末端有刚毛16根，底节末端有刚毛11~13根。第一颚足内侧生刚毛11根，外肢2节，第一节无刚毛，第二节末端有羽状刚毛10根，外肢5节。第二颚足基节内端有羽状刚毛10根；内肢3节。第三颚足和步足为短棒状。腹部游泳足也似棒状突起。

E. Ⅴ期：蚤状幼体体长4.1~4.5mm；头胸甲长1.58~1.7mm。头胸甲后缘有一行较小的锯状刺，具刚毛16根。腹部7节，总长3.4~3.5mm。尾叉内侧有刚毛5对。

第一触角末端有刚毛4根，亚末端也生4根刚毛；基部平稳囊芽突更明显；基部3/4处具一内肢芽突。第二触角分2节，第二节基部分出3节，其中剑状外肢具几行小刺；内肢也分成2节，节间生一刚毛；内外肢之间有拇指状1叶，较Ⅳ期发达。第一小颚分3叶，内肢2节，第一节较短小，生刚毛1根，第二节末端具刚毛5根；基节粗大，末端刚毛14~15根；底节较小，末端有刚毛9~10根；基节外侧刚毛1根。第二小颚仍分4叶，颚舟叶侧缘及后端着生刚毛37~43根；内肢2节，第一节较小，第二节末端刚毛4根；基节末端刚毛18~19根；

底节末端刚毛14~17根。第一颚足基节内侧缘刚毛12根；外肢2节，第一节无刚毛，第二节末端羽状刚毛12根；内肢5节。第二颚足基节侧缘有刚毛3根，外肢2节，第一节无刚毛，第三节末端有羽状刚毛12根，内肢3节。第三颚足已成双肢型，外肢2节，内肢5节，基肢后方具上叶。后胸足5对，已能区别出各节，但甲壳尚未形成；其中第一对为螯肢，呈钳状，钳指内缘具齿突，有坐、长、腕、掌、指五节，基节也较明显；其他4对步足，基节未形成，但5节可区分。第五对步足较黏，指节末端具3根不等长的刚毛。腹肢5对，为游泳足，前4对呈双肢型，自2~6节腹节的2/3处伸出，外肢无刚毛，内肢的内末角也无小钩；后一对为单肢，缺内肢。

②大眼幼体：V期蚤状幼体蜕皮后变态为大眼幼体。大眼幼体Ⅰ期，是指从事浮游生活的，只能在咸水环境中存活的蚤状幼体，发育至营底栖生活，适宜于淡水环境的幼蟹阶段的中间过渡期。大眼幼体期在自然条件下将自行索饵洄游，从半咸水水域向淡水水域迁移，这一点对以后的生长发育极为重要。大眼幼体的步足和口器化时发育已趋完善，腹部游泳足也较发达。所以大眼幼体既能在潮汐推动下随波逐流，又能逆流游泳进入深水水域，并且具有很强的攀附和爬行能力，可以攀附爬行于岸边浅滩和水生植物的茎叶上，而不致被水流再次带入半咸水区。达到4日龄以上的大眼幼体已具备调节体液渗透压的生理功能，故既能在半咸水环境中生活，又能适应淡水环境。大眼幼体的形态也是介于蚤状幼体和幼蟹之间的。大眼幼体如图5-20所示。

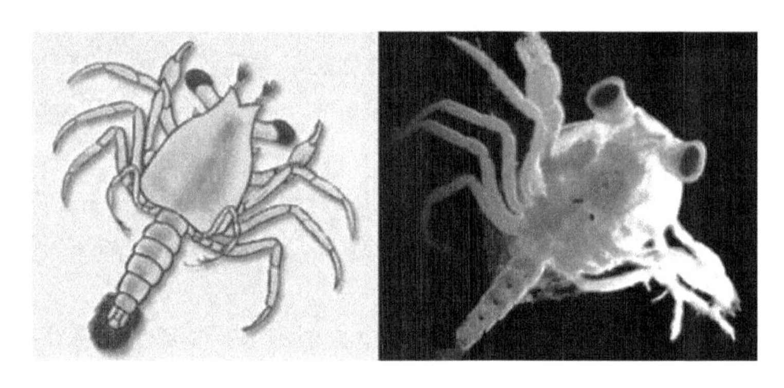

图5-20 大眼幼体

大眼幼体体长4~5mm；头胸甲平扁，长2.2~2.3mm，宽1.5~1.6mm。原有属浮游生物特征的背刺、侧刺、尾叉均已消失。复眼生于伸长的眼柄末端，显露于头胸甲前之两端，由于眼大而明显，故名大眼幼体。额刺部弯成一缺刻，两侧成双角状突起，腹部7节，第五节后缘两角成尖刺，尾节无尾叉，两侧各有 3 根短毛，后缘中部有 4 根羽状刚毛。第一触角内肢内侧有 1 根刚毛，外肢分为 4 节，后 3 节内均有 4 根刚毛，2 节、4 节外侧各有刚毛 1 根。第二触角分 11 节，呈鞭状，末端具 12~13 根刚毛，有感觉功能。第一小颚底节、基节各具约 20 根短粗刚毛；内肢顶端爪状，内侧有 2~3 根长刚毛。第二小颚度节的基节叶甚大，有 12 根刚毛，末叶狭长，具 5 根刚毛；内肢不分节，外侧有 3 根刚毛；颚舟片边缘布满刚毛；第一颚足基节的基叶具 9 根刚毛，末叶具 11 根刚毛；内肢不分节，末端具 2 根刚毛，内末角有一个突起及 1 根刚毛；外肢分 3 节，末节顶端具 5 根刚毛，第一节末外角位有 2 根刚毛；上肢呈三角状，边缘具 13 根细毛。第二颚足内肢 4 节，刚毛簇生于后 2 节；外肢 3 节，末节具 5 根刚毛；上肢细长，外侧和末端约有 10 根细软毛；第三颚足内肢 5 节，均有较多刚毛；外肢 3 节，第一节内侧有刚毛 3 根，末端有刚毛 5 根。上肢发达，长有很多刚毛和细软毛。胸足 5 对，均有 7 节。第一对钳形，为螯足，两指节内侧均生锯齿状突起。第二、第三、第四胸足的指节腹缘各具 3 根、4 根、4 根刺。第五胸足末端具 3 根不等长的细长毛，尖端弯曲呈钩状，内侧具细锯齿，腹缘排列成梳状刚毛，适于钩攀之用。腹肢 5 对，关 4 对由前向后变短，每节有较多的长羽状刚毛，作为游泳之用，也称浆状肢，羽状刚毛数依次为 26 根、23 根、22 根、21 根，均为双肢型，内肢角上具 2~3 个小钩。第五对腹肢之原肢外侧具 2~3 根刚毛，外肢具 14~16 根羽状刚毛，这些刚毛最长。

③幼蟹：大眼幼体 1 次蜕皮为第Ⅰ期幼蟹。幼蟹呈椭圆形，背甲长 2.9mm，宽 2.6mm 左右，额缘呈两个半圆形突起，腹部折贴在头胸部下面，成为俗称的蟹脐。腹肢在雌雄个体已有分化，雌性共 4 对，雄性特化为 2 对交接器。5 对胸足已具备成蟹时的形态。幼蟹用步足爬行和游泳，开始掘洞穴居。

第Ⅰ期幼蟹经 5d 左右开始第一次蜕壳，此后，随着个体不断增大，幼蟹蜕壳间隔的时间也逐渐拉长，体形逐渐成近方形，宽略大于长，额缘逐渐演变出 4 个额齿而长成大蟹时的外形。幼蟹生长直接与水温、饵料等生态环境因素有关。条件适宜，饵料丰富，生长就快，蜕壳频度就高，反之则慢。

（2）生活习性。

①蚤状幼体：河蟹一生要经过半咸水（或海水）、淡水两种不同的水环境。半咸水或海水是河蟹交配、抱卵、胚胎孵化和蚤状幼体生活的必要条件，蚤状幼体若进入清水就会立即麻痹死亡。

蚤状幼体的运动方式有两种，其一是附肢的划动，特别是 2 对较大的颚足的划动，使蚤状幼体具很弱的游泳能力；其二是腹部的屈伸，造成弹跳式的运动。两种运动的定向能力较弱，所以蚤状幼体基本属浮游性生活，后期蚤状幼体还有较强的溯水能力，表明蚤状幼体具有一定的游泳能力。然而，这两种运动方式更重要的意义还在于摄取食物。Ⅰ期、Ⅱ期蚤状幼体多在水表层活动；Ⅲ期、Ⅳ期逐渐转向底层，最后常仰卧底部作倒退游动。Ⅴ期游泳能力较强，经常溯水而上。

蚤状幼体的摄食有滤食和捕食两种方式。滤食主要由于2对颚足的不断划动，形成于腹中线由后向前的一般水流，水流夹带着藻类和有机颗粒流经2对小颚，在小颚的众多刚毛的滤取下形成食物团，食物团被送入大颚片“咀嚼”后送入口中。有时较大的饵料流经小颚片，便可抱住而送入大颚。捕食还可靠尾叉的前后摆来实现，尾叉似一把漏勺不停捞取水中较大的饵料，如轮虫、卤虫无节幼体等很易被其尾叉部带至颚足和大颚处，就被大颚“咬住”而逐渐吃掉。尾叉还时时压住大颚部位，起到将捕获物逐渐压入口中的作用。蚤状幼体食量很大，消化也快，可以清晰地看到食物团在肠道内的运动情况。平时肛门口拖着粪便。

蚤状幼体期尚未发育鳃组织，呼吸作用主要在无甲裸露的附肢进行。颚足的不断颤动，也有满足呼吸的生理活动的意义。蚤状幼体因此需要在溶氧高的环境中生活。当水中化学耗氧量和生物耗氧量都很高时，水中弥散的有机质时时吸收着水中溶解氧，会使蚤状幼体有效的呼吸作用降低。当环境溶解氧水平还在其窒息点以上时即可能造成缺氧死亡，特别当底部沉积大量有机物时也易造成蚤状幼体的夭折。

蚤状幼体对光照度比较敏感，强光照时为负向光性，弱光照却是正向光性。所以在早晚光照较弱时蚤状幼体都在水表活动。这种向光性和其饵料生物的习性相关，也是对食物关系的一种适应性。

②大眼幼体：大眼幼体因其一对较大的复眼着生于长长的眼柄末端，显露于眼窝之外而得名。大眼幼体较蚤状幼体在内部器官和外部形态上都发生了很大的变化，使其生活习性也发生大的变化。

大眼幼体具发达的游泳肢，所以游泳速度很快。由于平衡囊的发育，能平衡身体采用直线的定向游动。大眼幼体较蚤状幼体有发达的大螯和步足，故兼有很强的攀、爬能力、不仅可以在水底爬行，还可攀附于水草茎叶上，最后一对步足末端的钩状刚毛，常可用于钩挂于水草和岸滩沙等处，而不致被水流冲走。

大眼幼体已具有鳃和鳃腔，可以短时离水生活，故常附于水草上、池壁上，不致像蚤状幼体离水后即死亡。因此，运输蟹苗多采取干法运输。大眼幼体较蚤状幼体已具备更强的调节体内渗透压的能力，适应于淡水生活，故表现出明显的趋淡水性。河口水域成群的大眼幼体随海潮进入江河，形成蟹苗汛，如长江口、瓯江口、双台子河口都有一年一度的蟹苗汛。

大眼幼体形态是介于Ⅰ期蚤状幼体和蟹形之间的过渡阶段，其后的幼蟹阶段适宜于淡水浅滩环境生活，故大眼幼体表现出向浅水区活动的习性，自然条件下往往群集于江河、湖泊的岸边浅水区。

大眼幼体食性较Ⅰ期蚤状幼体更广。它不仅可以滤食水中细小的浮游生物，也可捕食较大的浮游动物，如淡水枝角类、挠足类，其强大捕获器——螯足，在游泳或静止时足可轻易地捕捉大于自身体积数倍的卤虫和其他食物。大眼幼体和Ⅰ期蚤状幼体一样都有捕食同类较黏或较弱个体的习性，因而大眼幼体凶猛、敏捷、捕食能力强，更易捕捉到Ⅰ期蚤状幼体或较弱的大眼幼体为食。如何防止大眼幼体捕食同类，是提高育苗成活率应重视的技术措施。大眼幼体属杂食性，除喜食动物性饵料外，也能取食水草、商品饵料等。

大眼幼体较Ⅰ期蚤状幼体有更强的向光性，除直射光外，都喜在水表面活动。晚上，可以用灯光引诱使其密集。当大眼幼体发育成仔蟹，便不表现这种向光性了，所以要在大眼幼体期利用其向光性从育苗池中收获，因为到仔蟹期就难以集群收获了。

③幼蟹：大眼幼体蜕皮后变成第Ⅰ期幼蟹，以后每隔 5d 蜕 1 次壳，经 5~6 次蜕壳后即长成大蟹时的形状。

幼蟹的生长速度与水温，饵料等有关。水域条件适宜，饵料丰富，生长就快，蜕壳的频度就大，每次蜕壳，体形增加幅度较大；反之，蜕壳慢，体形增加幅度小。水质清晰，阳光透底，水草茂盛的浅水湖泊，是河蟹生长的良好环境。

幼蟹为杂食性，主要以水生植物及其碎屑为食，也能采食水生动物尸体和多种水生动物如无节幼体、枝角类和蠕虫等。

第三节　中华绒螯蟹新品种

一、长江水系中华绒螯蟹新品种

1. 长江水系中华绒螯蟹“长江 1 号”

（1）新品种蟹来源。中华绒螯蟹“长江 1 号”（图 5-21），是江苏省淡水水产研究所选育的具有自主知识产权的优良品种。2000 年从国家级江苏高淳长江系中华绒螯蟹原种场捕获的成蟹中选择原种亲蟹，在经一级选择的40%亲蟹中，以体格健壮、附肢齐全、性腺发育良好为标准再选择，最终选择长江水系原种亲蟹1 000组（♀：♂=3：1），以此建立选育基础群体。采用群体继代选育法组建保种性选育核心群，结合现代育种技术，进行定向对比养殖培育，历经连续5代选育而成。

图5-21　中华绒螯蟹“长江1号”

（2）特征和习性。中华绒螯蟹“长江1号”是以体形特征标准、健康无病的长江水系原种中华绒螯蟹为基础群体，以生长速度为主要选育指标，经连续5代群体选育而成。该品种生长速度快，规格大。2龄成蟹生长速度提高16. 70%；形态特征显著，背甲宽大于背甲长，体型宽且呈椭圆形。具有长江水系中华绒螯蟹青背、白肚、金爪、黄毛的主要特征；养殖群体规格整齐，遗传性能稳定，雌、雄体重变异系数均小于10%。中华绒螯蟹“长江1号”生态习性适宜池塘精养为主，另外还可进行湖泊围网养殖、外荡围网养殖、水库围网增养殖。

（3）试验收获产量。

①区域试验产量：2010年中华绒螯蟹“长江1号”F_5代与对照组区域试验结果表明，经过210d养殖，“长江1号”的平均产量在85. 7kg/亩以上，平均规格在188g以上。

②生产试验产量：2010年中华绒螯蟹“长江1号”生产试验结果表明，经过220d养殖，“长江1号”可达平均180g优质商品蟹规格，平均单产达80kg/亩，比对照池亩产提高23. 08%。

为了测试选育长江水系中华绒螯蟹“长江1号”的生长性能，于2009—2010年通过在相同养殖环境、相同饲养管理和相同养殖密度的条件下，采用现实生产中先进的中华绒螯蟹生态养殖技术主导模式，进行“长江 1 号”中华绒螯蟹生产性对比养殖试验。结果表明，1 龄蟹种培育的平均规格、存活率，选育系与对照系无显著差异；性早熟比例，选育系比对照系降低 5%；2 龄成蟹养殖，“长江一号”选育系比对照系生长快，平均体重增长快 21.64%，呈极其显著差异（$P<0.01$），单产平均提高 21.22%。选育系的平均日增重率比对照组提高了 22.73%，平均体重变异系数比对照组降低 19.14%。连续 2 年的生产性对比试验结果表明，中华绒螯蟹“长江 1 号”生长快、群体规格整齐、养殖存活率高、增产效果明显，深受广大养殖户的欢迎，产业化前景广阔。

（4）获取新品种权。江苏省培育出首个河蟹新品种——中华绒螯蟹“长江 1 号”是由江苏省淡水水产研究所历经 10 年，成功培育出的中华绒螯蟹“长江 1 号”，成为中华绒螯蟹的新品种，并获得农业部颁发的水产新品种证书（品种登记号：GS-01-003-2011）。这是原农业部颁布 2011 年全国水产原种和良种审定委员会审定通过的 9 个新品种之一，是江苏省迄今培育出的第一个河蟹新品种，也是中国审定通过的第一个淡水蟹类新品种，对我国淡水蟹类科研工作进步发展具有重要意义。

（5）推广应用价值。我国的绒螯蟹养殖规模庞大，其中尤其以长江水系产量最大。今天的主角中华绒螯蟹“长江 1 号”是由江苏省水产淡水研究所以健康无病的长江水系原种中华绒螯蟹为基础群选育而成的优良品种。具有产量高，生病少，生长快，规格大等优点，可比自然长江水系中华绒螯蟹苗种养殖成蟹的经济效益提高 20%～30%。目前已在江苏省内进行大规模推广示范养殖。

2. 长江水系中华绒螯蟹“长江 2 号”

（1）新品种蟹来源。中华绒螯蟹“长江 2 号”（图 5-22）的选育工作源于 2002 年江苏省海洋与渔业局下达的省水产品种更新项目“长江水系中华绒螯蟹提纯复壮的研究”（编号：PJ2002-35），项目组以 2003 年 12 月从荷兰莱茵河水系引回的原种长江水系中华绒螯蟹为基础群体（雌蟹 1 790只、雄蟹 1 500只），采用群体选育技术，以生长速度、个体规格、形态特征为指标进行选育，选育工作后续又得到国家十五科技攻关计划“河蟹良种选育技术研究与示范”（编号：2004BA526B0112）、江苏省高技术研究（农业部分）“河蟹种质鉴定与遗传育种技术研究”（编号：BG2004319）、国家十一五科技支撑计划项目“长江水系河蟹良种选育与育种”（编号：2006BAD01A1305）等项目的支持，经连续 5 代选育而成。

（2）特征和习性。中华绒螯蟹“长江 2 号”头胸甲明显隆起，额缘有 4 个尖齿，齿间缺刻深，居中一个特别深，呈“U”形或“V”形，侧缺刻深，头胸甲上与第 3 侧齿相连的点刺状凸起明显，第 4 侧齿明显，具有纯正长江水系中华

图 5-22　中华绒螯蟹“长江 2 号”

绒螯蟹“青背、白肚、金爪、黄毛”的典型特征。在相同养殖条件下，与未经选育的长江水系中华绒螯蟹相比，“长江 2 号”养成生长速度提高约 19.4%，平均个体规格增加约 18.5%；成蟹养殖群体规格整齐，雌雄体重变异系数均小于 10%，遗传性状稳定。中华绒螯蟹“长江 2 号”生态习性适宜池塘精养为主，另外还可进行湖泊围网养殖、外荡围网养殖、水库围网增养殖。

（3）试验收获产量。

①区域生长实验：2009 年，“长江 2 号”F_3 代选育系成蟹生长对比养殖试验结果表明，经过 210d 养殖，“长江 2 号”的雄、雌蟹平均规格为 211g 和 152g，平均产量在 119kg/亩，平均规格比对照池大 13.0%，平均亩产量高 20.2%。2011 年，“长江 2 号”F_4 代成蟹养殖生长性能对比试验结果表明，“长江 2 号”的雄蟹、雌蟹平均规格为 219g 和 165g，平均亩产 123kg，平均规格比对照池大 18.5%，平均亩产量高 27%。

②中试养殖实验：2011 年和 2013 年在江苏省高淳市、金坛市和安徽省当涂市等地对选育系河蟹与未经选育的长江水系河蟹进行了中试养殖试验，养殖形式为池塘主养河蟹，选育系河蟹养殖面积为 6 389亩，对照组未经选育的长江水系河蟹养殖面积 2 247亩。

③中试试验结果表明：中华绒螯蟹“长江 2 号”具有生长速度快、平均规格大、成蟹群体整齐，增产效果明显，是具有良好推广养殖前景的优良河蟹品种。河蟹作为江苏省淡水渔业的支柱性产业之一，全省养殖面积约 400 万亩，2014—2015 年，“长江 1 号”“长江 2 号”河蟹新品种在全省推广养殖面积已达 50 余万亩。蟹种培育的优劣是成蟹养殖的关键之一，本试验主要通过“长江 2

号”蟹种的全程培育试验，观察并记录“长江2号”蟹种培育过程的生长情况，为“长江2号”河蟹新品种的推广提供一定的试验与技术基础。

（4）获取新品种权。由江苏省淡水水产研究所历经10年，成功培育出的中华绒螯蟹“长江2号”新品种于2013年10月经全国水产原种和良种审定委员会审定通过，2014年3月获农业部颁发水产新品种证书（品种登记号：GS-01-004-2013）。这是原农业部公布的2013年度全国水产原种和良种审定委员会审定通过的15个水产新品种之一。

（5）推广应用价值。2013年通过国家水产原良种审定委员会审定，中华绒螯蟹“长江2号”新品种，具有纯正长江水系中华绒螯蟹的典型特征。适宜在我国长江流域人工可控的淡水水体中养殖。中华绒螯蟹“长江2号”生态习性适宜池塘精养为主，另外还可进行湖泊围网养殖、外荡围网养殖、水库围网增养殖．河蟹作为江苏省淡水渔业的支柱性产业之一，中华绒螯蟹“长江2号”具有生长速度快、平均个体规格大、成蟹群体整齐，增产效果明显，是具有良好推广养殖前景的优良河蟹品种。为长江中下游地区河蟹养殖农户增产、增收提供了良种支撑。

二、辽河水系中华绒螯蟹新品种

1. 辽河水系中华绒螯蟹“光合1号”

（1）新品种蟹来源。中华绒螯蟹“光合1号”（图5-23）是大连海洋大学农业部北方海水增养殖重点实验室和盘锦光合蟹业有限公司研发中心合作，承担国家“863”计划项目（2012AA10A400）“十二五”农村领域国家科技计划项目（2012AA10A400）。该品种是从2000年开始以辽河入海口野生中华绒螯蟹3 000只为基础群体（雌雄比为2∶1），以体重、规格为主要选育指标，以外观形态为辅助选育指标，经连续6代群体选育而成。该品种规格大，成活率高。选育群体的成蟹规格逐代提高，同辽河野生中华绒螯蟹相比，成蟹平均体重提高25.98%，成活率提高48.59%。适宜在中国东北、华北、西北及内蒙古自治区淡水水体中养殖。

（2）特征和习性。光合1号”河蟹新品种，以规格为主要选择目标，即选择群体中达到性成熟阶段时背甲最宽、体重最大的部分个体；以形态特征为辅助选育指标，选用头胸甲隆起、呈不规则椭圆形，背甲分界明显、额缘齿尖锐，壳青、腹白；个体规格大，和辽河野生种比较，养殖成蟹平均规格明显大于未选育群体。该品种适应多种水域环境，在稻田、苇塘、水库环境下均表现出优良的生长性能。适应人工养殖条件，在稻田人工养殖环境下成活率大幅度高于

图 5-23　中华绒螯蟹“光合 1 号”

野生苗种。适应北方温带地区养殖、生长速度快，在黑龙江省、吉林省、辽宁省、内蒙古自治区养殖，均能够正常生长、越冬，在 9 月中旬 95%以上个体能达到性成熟，供应市场。

（3）试验收获产量。项目率先在国内开展了河蟹新品种选育工作，建成了完备的新品种苗种繁育。亲本培育所需设施，在完善原有河蟹育苗和养殖技术基础上，育苗单产提高了 33.3%，“光合 1 号”河蟹新品种养殖成蟹，该新品种苗种规格大，成活率高。选育群体的成蟹规格逐代提高，同辽河野生中华绒螯蟹相比，成蟹平均体重提高 25.98%，成活率提高 48.59%。2010—2014 年将“光合 1 号”河蟹分别在不同地区进行生产性试养和阶段性成果的推广，在生长速度、个体规格等生产性状方面都显著地优于常规养殖的河蟹。累计养殖面积超过 5 万 hm^2，经济效益超过 2 亿元。

（4）获取新品种权。中华绒螯蟹“光合 1 号”新品种是第四届全国水产原种和良种审定委员会第四次会议审定通过的。品种名称：中华绒螯蟹“光合 1 号”，品种登记号：GS-01-004-2011。该新品种适宜在中国东北、华北、西北及内蒙古自治区淡水水域中养殖。

（5）推广应用价值。“光合 1 号”河蟹新品种选育及应用推广属于水产养殖学研究领域。本项目以收集黄河、海河、辽河、鸭绿江水系的河蟹个体所建立的亲本群体为基础，通过建立起优良的河蟹基础群体，选择能够有效提高经济价值的性状为选育指标，进行适应北方地区自然情况河蟹良种的选育和大规模繁育推广。充分利用盘锦自然资源、科技优势，将所选育出的优良群体及时应用于生产中，集科研、生产、服务于一体，使河蟹育苗、成蟹养殖这一产业向良性的可持续方向发展。在国内外首家利用国际先进的水产多性状复合育种技术进行了河蟹选育。该项技术通过扩大基础群体来源，增加选育群体基因多样性，可以大幅增加该选育群体的选育潜力，为以后持续选育打下良好基础；在选育过程中，区别于国内利用自交、回交技术巩固性状形成新品种方式，利用家系技术和群体选育技术结合，防止近亲交配，使新品种性状可以得到不断提高，防止了选育瓶颈的到来。在国内首家将河蟹育苗生产和新品种选育方式相结合，建立良种群体，使新品种持续选育成果能够迅速持续转化为生产力。在新品种推广过程中，采用了生态育苗及稻田生态养殖技术方式，提高了单产水平，有效降低了河蟹育苗和成蟹养殖成本，具有较强的市场竞争力和良好的生态效益，可在北方河蟹养殖地区推广应用中华绒螯蟹“光合 1 号”优良新品种、可提高生态效益、经济效益、社会效益，对促进农民增收意义重大。

第六章　中华绒螯蟹亲蟹选育与蟹苗繁育

第一节　中华绒螯蟹亲蟹选育

一、选择亲蟹种源、规格、时间、运输

1. 选择亲蟹种源

应按国家标准：GB/T 26435—2010 中华绒螯蟹亲蟹、苗种要求，选择肢全、壳硬、活泼、体质强壮的青壳蟹。

（1）以选择长江口中华绒螯蟹国家级水产种质资源保护区亲蟹作种源。据报道，在长江口地区进行培育中华绒螯蟹亲蟹，暂养成活率达 97.4%以上，暂养增长率在 1.08%～1.34%；经过海水促产，平均抱卵率达 90%以上，平均抱卵量达 38.8 万粒/只以上，因此，在长江口地区选择亲蟹是可行的。

（2）以选择长江水系的天然苗在精养塘、河道或围栏水体中养成的河蟹作亲蟹。这种亲蟹品质优良，对环境的适应能力强。捕自长江口繁殖场的河蟹因已经过生殖洄游的长途跋涉多半已精疲力竭且已在微咸水或半咸水中生活过一段时间。用这种蟹作亲蟹死亡率高。从亲本收捕到抱卵孵化一般成活率仅 50%左右。湖泊、水库和大江河川增养殖的河蟹因其原来的生境密度低水体溶氧高故作为亲本在池塘中交配、抱卵的存活率也低。而只有来源于精养塘的河蟹从小在密度相对较高的环境中栖息，其生长发育的条件与进行人工育苗时亲蟹培育池的条件相似很容易适应新的环境，有利于饲养、交配、抱卵和孵化。

（3）以选择湖泊等淡水水体中捕到性成熟的绿蟹进行饲养，适时放入海水中促其交配产卵；通过池塘等水体养殖，专门选择适宜育苗用的雌、雄亲蟹，适时放入海水中促其交配产卵；从沿海或河口捕捉的抱卵蟹，不需要再经过人工促产，经过暂养之后，直接可以用来孵化幼体。

2. 选择亲蟹规格

选择亲蟹规格雌蟹以个体为 100～125g，雄蟹个体为 125～150g，亲蟹培育时成活率高，繁育幼苗成本低；如在亲蟹培育与繁育幼苗技术高水平的苗种繁育场，选择亲蟹规格雌蟹个体为 125～150g，雄蟹个体为 150～175g，同样亲蟹培育成活率高，繁育幼苗成本低。

3. 选择亲蟹时间

选择亲蟹时间最好在立冬前后。因为此时河蟹的头胸甲和步足已坚硬。加

之水温一般已降至8～12℃运输成活率高，并且此时河蟹的生殖细胞已接近生长成熟，多数处在第Ⅳ期中、后期的发育时期，卵巢的重量已超过肝脏，成熟系数一般在10%以上。

4. 保障亲蟹运输

亲蟹经短期暂养后应迅速装运。运输工具有蟹笼、蒲包之类，每包装蟹10～20kg，干放、包扎紧，必须让河蟹的头胸甲朝上。如要叠放每包必须用竹筐、柳条箱或塑料箱作外包装，使各包间不互相挤压。采用这种运输方法：在气温10～15℃时，24h的运输存活率一般在98%以上。如运输时间超过24h可每隔12h左右在路边找一水质良好的场所，将蟹包放在溶氧高而又较洁净的水中浸泡1～2min，使亲蟹的腮保持湿润。并洗去体表的排泄物以提高运输存活率。亲蟹运到目的地后，立即在有防逃设施的场所拆箱开包，剔去途中受伤、死亡的蟹，记数、登记后放入培育池。

二、亲蟹培育及亲蟹胚胎孵化

1. 亲蟹培育

以土池饲养越冬亲蟹为最佳，选择的亲蟹运输到培育亲蟹基地地后，应将亲蟹放入事先准备好的土池散养。池塘面积1亩左右，水深1m，一般可放养亲蟹200～250kg。散养时，最好雌、雄分开为宜。亲蟹培育过程中要着重做好防逃、水质控制和日常管理等三项工作。

（1）防逃设施。亲蟹池面积一般在1 000～2 000m^2。水深1～1.5m，堤坡比1∶2～3，堤宽2～3m。亲蟹池的防逃墙高50cm可用网围、塑料板、瓦楞板、铝皮、塑料薄膜等围拦，也可用砖砌墙，顶部出檐以增强防逃效果。

（2）水质调控。主要是注意观察亲蟹是否有浮头及在沿岸徘徊的现象，一旦出现这种情况应加注新水或换水，如条件许可应定时对容量进行测定，保持溶氧不低于5mg/L。为此，就要将放养密度控制在每平方千米225～300kg或以下的水平。冬天，如亲蟹池水温在8℃以下，最好逐渐添加新水使水深增加至1.5m左右，以利亲蟹的安全越冬。如水温继续下降，池面结冰，应每天敲碎冰层，防止亲蟹因缺氧而窒息死亡。

（3）日常管理。亲蟹培育期间，每日投喂新鲜饵料，投喂配合饵料、谷类饵料、水生植物饵料、水生动物饵料等优质饵料；培育期的水温4～14℃，日投饵量干重为河蟹体重的0.5%～1.0%，如改为鲜活饵料就要乘上和干料之间的系数比。一般谷类与配合饵料相当，如山芋、马铃薯与干饲料的系数比为6∶1，杂鱼类与干饲料的系数比为4∶1，螺蚬类为12∶1，蔬菜和陆生草为30∶1，水草为60：1。亲蟹培育期间合理投饵十分重要。投饵科学合理不仅可以提高亲蟹的存活率，还可以增强亲蟹的体质，促进其性腺的进一步发育和提高性成熟系数，提高交配后的抱卵率和孵化量。如水温在6~8℃时，可以将投饵率减至0.3%~0.5%，并且只需每隔2~3d投饵1次。水温达6℃以下可以暂时停喂。

2. 亲蟹胚胎孵化

（1）亲蟹的交配。12月至翌年3月中旬，培育亲蟹的卵巢已迅速增大呈豆沙色或紫酱色，重量由接近成蟹到超过成蟹，成熟系数在10%~15%。卵巢的发育处在第Ⅳ期中和末期，卵细胞直径已达250~370μm，卵黄粒大而充塞整个卵母细胞。此时，就可以选择合适的时间让其交配。在亲蟹交配前先对交配池进行清理然后抽干淡水放入9‰以上合适盐度的半咸水。如果是配制海水，则事先将配制好的人工半咸水注入亲蟹池内，然后选择晴好天气，将培育好的亲蟹按雌雄比（2~3）：1的性比放入交配池，每平方千米放养亲蟹3 750只左右。亲蟹受到半咸水或配制海水的刺激，会很快发情交配。

（2）抱卵。繁殖季节成熟的雌雄亲蟹在淡水中也能交配，但不能抱卵，可见半咸水的环境条件对于卵的生理成熟和完成减数分裂及得到抱卵的结果是必不可少的。雌蟹交配后经1d至数天就能在半咸水中排卵。交配后10~15d，绝大多数的雌蟹已抱卵。此时就可将雄蟹从池中剔除，否则雄蟹会不断求偶交配，影响抱卵蟹胚胎的正常发育。剔除雄蟹后可将抱卵蟹移入孵化池或让其留在原池进行孵育。河蟹有很强的繁殖力。雌蟹的初次抱卵量和个体大小成正相关。每克卵约含1.5万~2.0万粒卵。1只体重100g的雌蟹约含卵20万~25万粒，而1只250g重的雌蟹可抱卵近百万粒。河蟹有多次抱卵的现象，特别是体质强壮的雌蟹。抱卵时卵巢中的卵母细胞仍在快速发育，待第一次孵出幼体。经1d或数天后便能第二次抱卵，甚至能连续3次抱卵。但能这样多次抱卵的蟹较少，而且抱卵量1次比1次减少，所以在生产上第二次、第三次抱卵已无多大的价值。

（3）亲蟹交配、抱卵的环境要求。当雌蟹性腺成熟系数达10%以上，卵细胞直径达到350~370μm时，在水温8~16℃和盐度9‰以上的环境条件下即可顺利交配。发育良好的雌蟹或者需进行当年蟹的培育生产，必须选择年前交配和早苗繁育。为此，一般以春节之后到3月中旬前交配繁育为好。因为抱卵蟹的成熟度、抱卵率、饲养存活率及水温都是以春节以后的3月中旬前为好。亲蟹饲养的存活率、抱卵率和抱卵蟹的发育状况还与亲蟹饲养池的底质和环境有关。根据上海市水产研究所育苗生产中对河蟹交配抱卵的试验，以沙质和泥质底池子的发育状况为最好。

（4）抱卵蟹的培育。亲蟹交配后的受精卵附着在母体腹肢上并在此完成胚胎发育。胚胎经卵裂期、原肠期、中轴器官形成期后最终幼体破膜而出。孵育时，雌蟹用步足和螯足直立支撑身体使腹部抬高，然后尽力煽动脐部，此时胚胎周围就形成一定的水流，从而保证了胚胎周围水体的不断更新。由于雌蟹的精细孵育，在自然条件下其孵化率可高达90%以上。

①抱卵蟹习性：抱卵蟹旨在使之能自然正常地生活保持活力。以便较好地完成孵育任务而使胚胎不致中途夭折或提前在原蚤状幼体阶段出膜。抱卵蟹宜饲养在室外土池内。在室内水泥池饲养，蟹易受惊扰引起胚胎自母体脱落，丧失孵化能力。为防止抱卵蟹将幼体排放在土池内，而让其将第1期蚤状幼体排放到指定的育苗池内必须适时地将快要孵出幼体的抱卵蟹移入室内育苗池。

②放养密度：抱卵蟹的饲养密度一般比亲蟹稀少。具体操作时只要在亲蟹抱卵后将雄蟹清除。而将抱卵蟹留在交配池内继续饲养即可。如果转池则以每平方千米饲养1 500~2 000只为宜。饲养密度较稀可以减少抱卵蟹间的相互干扰达到较好的孵化效果。

③水质管理：剔除雄蟹后，孵化池内应注入经消毒处理后的半咸水。水质应保持清新溶氧充足，防止藻类旺发使水色转浓，或有机质增加败坏水质。藻类旺发或水质变坏不仅会使水中缺氧，而且会使有毒物质增加和聚缩虫之类滋生，影响胚胎的正常孵化，甚至使抱卵蟹死亡。因此，需维持溶氧在5.5mg/L以上，防止水色过浓。一般要求在饲养期内换2~3次水，也可根据水质状况适当增加换水次数。水深可保持在1m左右。

④投饲和管理：饲料应选质量好的谷物需煮熟、鲜鱼虾、螺蚬肉或咸鱼等。日投饲量干重为池蟹总重的1%~2%，应按食物种类折算成干饲料的量。动、植物性饲料应混合或交替投喂。日投1次，傍晚投喂。次日需检查残饵情况，再根据摄食情况适当增减投饲量。其他日常管理基本上与亲蟹饲养相同，如防逃、防冻、防止缺氧、清除老鼠及其他敌害生物等。

⑤提高抱卵蟹的饲养成活率：无论是人工促产还是天然海或获得的抱卵蟹，均需要专门培育饲养。抱卵蟹喜欢安静的环境，要求在洞穴或沙堆里过着隐藏的生活，夜间出来觅食。根据这种生活习性，水泥饲养池底部最好铺一层5~7cm厚的黄沙，并放些瓦片或碎缸块，提供洞穴和栖息场所。饲养池水质要清新，每隔1~2d换水1次，投饵放在夜间，投饵量以每只蟹吃0.5~1只蛏子为度，并交替更换饵料（小杂鱼、沙蚕等），根据第一天吃食情况，决定第二天的投饵量。及时捞掉残饵，防止败坏水质。池子里还要用微形泵增氧，并注意盐度的变化，保持恒定的盐度等。抱卵蟹专塘培育期间，也是胚胎发育时期，随

着胚胎发育的进程，水温也随之上升，确保胚胎正常发育。因此，要经常镜检卵的发育状况，并保持一定的水温。

⑥人工抱卵蟹与天然抱卵蟹的区别：人工抱卵蟹是在人为控制的条件下，将暂养池的雌、雄亲蟹，通过人工促产之后，而求得的抱卵蟹。由于人工抱卵蟹促产时间同步，胚胎发育也同步进行，因此，孵化出膜时间比较一致，在生产上可以集中时间，形成较大的规模生产。由于选亲蟹时体质强壮，规格大，出来的蟹苗纯度和质量较可靠，成为育苗的主要对象。天然抱卵蟹是在自然海域或沿海闸口附近，由雌、雄亲蟹野外自然促产之后，而获得的抱怀卵。天然抱卵蟹因促产时间不同步，胚胎发育也不同步，所以孵化出膜的时间也不一致。如果抱卵蟹数量不多的话，就难以形成规模生产。抱卵蟹的个体大小有差异，但其体质好，成活率也高。天然抱卵蟹价格比人工抱卵蟹要低。从生产而言，首先要确保足够数量的人工抱卵蟹，再辅以天然抱卵蟹，两者结合起来就能发挥更大的生产效益。

⑦检查胚胎发育情况：在抱卵后约 1 个月，可在夜间用地笼捕捉几只抱卵蟹，检查胚胎发育情况。如胚胎尚处在卵裂期或原肠期，则表明出膜尚早。如已是中轴器官形成期的眼点后期，便应多取样，并且要天天或每隔 1～2d 捕蟹检查。当发现胚胎心跳次数达到每分钟 130 次左右时，即可干塘将抱卵蟹捕出，并移入室内让其排放幼体。捕捉抱卵蟹时动作要轻拿轻放、细心谨慎，不可使其受伤或自切步足、螯足等。

⑧河蟹离体卵的人工孵育：河蟹的卵自体内排出附着在腹部附肢的刚毛上后，与母体直接脱离了营养关系，亲蟹依靠不断煽动脐部并摆动附肢，为胚胎的发育提供充足的溶氧并起到护卵作用。因此，可以将处在原肠期、眼点期和心跳期的胚胎置于离体状态下进行孵育，这样能提高部分伤亡抱卵雌蟹的利用率。

三、抱卵蟹流产控制措施

当人工促产后的抱卵蟹，进入胚胎发育阶段时，如遇到母蟹体质差、水质恶化、天气冷热温差大、暂养孵化水温调节过高等因素，都将造成胚胎尚未进入原蚤状幼体前，卵过早地脱离母体，产生排卵，这种现象称为“早产”或“流产”。凡流产的卵属死卵，不能发育成为幼体。在人工育苗孵化过程中，流产现象时有发生，如何来防止这种现象产生呢？可采取以下具体措施。

（1）选择亲蟹必须健壮活泼。

（2）控制好水温。胚胎发育在原肠期前，室内水池水温可比自然水温高出

2~3℃，胚胎进入新月形期，水温控制在16℃，复眼形成到心跳初期，水温控制在18℃，进入原蚤状幼体，水温升到20℃。水温随胚胎发育同步进展而逐步升温，且不可升温幅度过大。

（3）适量投喂鲜活饵料供母蟹摄食，水体要保持清洁，一般2~3d换（加）水1次，每隔7d，视水质状况，如水质不好，可换池1次，始终提供良好的生态环境。

（4）遇到气温突然升高的不正常天气，但水温始终要维持在相对的稳定状态。

（5）水体盐度正常，水池充气呈微波状，周围环境需安静。

（6）抱卵蟹暂养期间，操作中必须轻快，防止蟹体损伤和蟹脚脱落。

第二节　中华绒螯蟹亲蟹催产、繁苗、育种

一、天然海水土池催产、繁苗

河蟹天然海水土池催产、繁苗的方法，江苏省、浙江省和山东省沿海一带较多，蟹苗产量逐年增加。天然海水土池催产、繁苗是指沿海地区，在开挖的池塘里利用天然海水，进行人工培育河蟹幼体的方法。这种方法造价低，简单实用，适合养蟹专业户采用。土池繁育蟹苗除培育池外，还应有亲蟹池、促产池、饵料池、海水沉淀池等设备。

土池河蟹繁育苗应用范围广，只要在无污染海水的区域，盐度在13‰以上，就可以建土池繁育苗。它的繁育苗条件更接近天然生态。一般土池河蟹繁育苗在野外，要严防冷空气的侵袭导致水温下降，有条件可采取保暖设施。或者繁育苗时间推迟些，如果水温相对稳定的话，繁育苗的成活率也可大幅度提高。

1. 选址建场

要选择背风向阳、电通、路通，有符合河蟹育苗水质标准的充沛的淡咸水源，在海边并靠近淡水河或淡水井之处建场较好。建场的内容包括亲蟹池、促产池、饵料池、海水沉淀池等设备。土池河蟹育苗是指沿海地区，在开挖的池塘里利用天然海水，进行人工培育河蟹幼体的方法。这种方法造价低，简单实用，适合养蟹专业户采用。土池河蟹育苗应用范围广，只要在无污染海水的区域，盐度在13‰以上，就可以建池育苗。它的育苗条件更接近天然生态。一般土池河蟹育苗在野外，要严防冷空气的侵袭导致水温下降，有条

件可采取保暖设施。或者育苗时间推迟些，如果水温相对稳定的话，育苗成活率也可大幅度提高。

2. 选择与暂养

亲蟹应是长江水系的中华绒螯蟹，雌的个体不低于125g/只，雄的个体不低于150g/只，体壮，色正，无伤病残。时间拟在每年10月中下旬选好，按雌雄(2~3)：1的比例分开消毒，放入已准备好的淡水暂养池饲养促壮。要选择高蛋白饲料投喂，保持水质清新，严防病虫敌害和逃蟹。越冬期间应加水至1.5m深，如结冰，应破冰增氧。交配前应强化饲养管理，增强亲蟹体质。

3. 交配饲养

管理仿天然生态培育的蟹苗是供培育扣蟹种用的，不能当年养成，因此，一般不在冬前交配，而在翌年3月上、中旬即水温达9~15℃时交配。交配的抱卵蟹一部分放进露天抱卵蟹饲养池饲养，供繁育第一批蟹苗用；另一部分则放进控温池低温饲养，延缓发育，作繁育第二批蟹苗用。这样做的好处是：一是增加育苗次数，减少风险，增加产量；二是减少抱卵蟹的死亡率。

对作交配用的亲蟹和池塘都要按要求消毒，交配后捕出雄蟹卖掉，留下抱卵蟹饲养。对抱卵蟹的饲养管理应注意以下几点。

(1) 露天饲养管理。主要应减少暴风，大潮、雨水和气温等自然因素的影响，注意调节水位和盐度，经常检查和加固围堤及排灌设施。平时每天早、晚投喂小海龟，沙蚕、贝类和配合饲料，经常检查水质和病情，发现问题及时解决。

(2) 控温池内抱卵蟹的饲养管理。控温管理主要是防止温度过高对抱卵蟹的影响，对万一出现的低温也要控管。在池内育第一批苗，用露天饲养的抱卵蟹是可以的，育第二批苗就难以办到。因为第二批育苗时间要等到第一批苗基本出完，即到5月上中旬，这比第二批育苗时间要晚3个月左右，而这段时间内水温是波浪式上升的，如不采取降温措施，抱卵蟹就要在饲养池内流产。降温是在控温室制冷，如利用冷气压缩机、冰块等，把水温控制在11~16℃。应该特别注意的是，控温室水温温差不能太大，日变幅控制在±1℃。

(3) 管好水质。

①增氧：控温室内因无阳光直射，浮游植物少，因此主要靠机械增氧来补充水体的溶解氧。增氧设施：用罗茨鼓风机2台，用塑料软、硬管联鼓风机和气泡石，每2~3m^2水面配1个气泡石，每次充气1h，每天2~3次。经过充气，使室内水体溶解氧能经常保持在5mg/L以上。

②换水消毒：一般3~4d换入1次经过过滤的、调节好水温的新水，保持

水深0.6～1m。换水时应注意消除池内死蟹、残饵、污物，用生石灰或二氧化氯消毒后再注新水。同时，把抱卵蟹放在千分之一的新吉尔灭溶液中浸泡30～50min再入池。

③调节盐度：因换水、渗透、蒸发，投饵等影响，池水盐度也在不断变化，应当及时调节，使盐度始终保持在14‰～18‰的幅度内。1d之内的盐度差应控制在±1‰，特别是在胚胎发育的新月期之前更应注意。

④投饵：每天应在早、晚投喂小鱼、蛤肉、沙蚕、配合颗粒饲料、南瓜、山芋等营养高、适口性好的饲料，保证蟹苗吃饱吃好，体质健壮。

⑤注意防治病虫敌害：如有发现，应诊断清楚，并采取相应的防治措施。

4. 孵化育苗

仿天然生态育苗一般分两批。第一批是用露天饲养的抱卵蟹挂笼，孵化时间一般是4月上中旬；第二批是用控温室饲养的抱卵蟹或露天池饲养的二次抱卵蟹挂笼孵化，时间一般是5月上中旬。不论是一次还是二次孵幼育苗都应按仿天然生态育苗的特点认真进行饲养管理。

（1）清池消毒。对培育池一定要严格消毒，消毒的药物主要有生石灰、漂白粉、聚维酮碘、复合碘、二氧化氯等。时间一般在孵化前半个月到20d进行，用药量因池塘敌害生物的种类和数量而变。做法是：进海水前15～20d，每亩池施漂白粉25kg、生石灰50kg，以杀灭池内敌害生物。挂笼前天左右每亩池施生粪150kg。有的加施硝酸铵、过磷酸钙和豆浆各1kg，并接种单胞藻，效果更好。

（2）抱卵蟹挂笼排幼。待池内浮游生物增多时，即池水呈淡茶色，透明度达20～30cm，也就是施肥后的5～8d（还要看天气、水温），再把蟹卵已出现眼点和心脏跳动160次/min以上的抱卵蟹放进育苗池内笼中排幼。仿天然生态育苗是按计划密度、抱卵蟹抱卵量和天然条件下的孵化率计算，每亩所需的抱卵蟹，挂在笼内孵化，孵化完就把抱卵蟹处理掉或留下饲养待用，放养密度是幼蟹0.5万～1万只/m^3，每亩池只用30～40只抱卵蟹。

（3）水质管理。

①育苗海水沉淀过滤：从海里抽提的海水，如含泥沙量大，必须先行沉淀24h，然后用20目、80目和160目三层筛绢过滤。

②育苗池的消毒处理：育苗池虽经消毒，海水虽经过滤，但海水里仍有各种浮游生物，如六肢幼体卵囊等，对河蟹幼体危害较大，因此，仍需消毒，如在抱卵蟹挂笼孵化前10d用100mg/L漂白粉溶液消毒。

③育苗池水的净化：在仿天然生态育苗的情况下，一般不换水或是换水很少，如水过肥，可施光合细菌或二氧化氯等制剂来控制。

④增氧：一般都不设增氧设施，如幼体密度过大，水体较肥，每亩或每池可安装一台 1kW 的水车式增氧机增氧。

⑤水质监控：除了采取上述措施管护水质外，还要对水质精心观察监控。观察监控的主要内容是与幼体生长发育关系密切相关的水体溶解氧、温度、盐度、酸碱度等理化因子。水体最低溶解氧量应保持在 3mg/L 以上。河蟹产卵和育苗的盐度在 7‰~33‰。pH 值为 7.8~9.0，氯化铵对 Z1 期、Z4 期、Z5 期和 M 期蟹苗的安全浓度分别为 1.47mg/L、3.4mg/L、4.46mg/L 和 11.87mg/L。

（4）投饵。河蟹幼体喜食的饵料种类较多，浮游植物饵料如硅藻、绿藻、黄藻等单胞藻；浮游动物如轮虫、卤虫无节幼体、沙蚕幼体、面盆幼虫、担轮幼虫等；人工饵料如豆干粉和各种悬浮微粒料等。

（5）投喂方法。

①在孵化幼体前 4~5d 时：每亩育苗池施牛粪 150kg，促使幼体喜食的浮游生物增殖，供孵出的幼体食用，如遇阴雨天气，浮游生物繁殖不多，可喂豆浆等人工饲料；每天喂 3~4 次。每次亩投 1kg 左右。

②在幼体孵出后 7~10d 时：每隔 3d 施 1 次氮、磷、钾肥料，配比 3∶2∶1，每次亩施 1.5~2kg，使水呈茶色，透明度 0.25~0.3m，此时如果池内培育的的活饵料不足，应及时补充人工饲料。

（6）捕苗淡化。河蟹天然土池生态育苗，从孵出起至出苗淡化止，一般需 1 个多月时间，长的达 40d，Z5 期变 M 期需 4~6d，即蟹苗色黄，活力强，抓在手中扎手，松开时迅速散逃，放在碗中淡水里不结团，游动快，几个小时不死亡，此时便可捕出。捕苗方法一般是用灯光诱捕，即在电灯悬于水面上 0.5m 高处，再用抄网不停抄捞，直至池内蟹苗基本捕完为止。所捕的蟹苗放在已准备好的池子淡化，要求淡化水盐度 5‰以下，水深 0.6m，每立方米水体放苗 1kg 左右，每平方米水面放一个气泡石增氧，每批蟹苗淡化时间应达 8h 以上，如遇大风大雨可在池塘四周设屏障，但不必全封闭。待蟹苗在淡水中活动正常时，即可捕出装箱运走。

（7）病害防治。天然土池生态育苗病害较少，虫、敌害较多。近几年，在江苏省沿海地区发现的有弧菌、丝状菌、链壶菌、菱形海发藻、聚缩虫、华镖蚤、水蜈蚣、摇蚊幼血、弹涂鱼等病虫敌害。一旦发现，即应按技术要求进行防治，这里要特别提醒的是应尽量少用或不用各类化学药物，适当采用微生态制剂和物理的方法，以防药残危害幼体和人类。

（8）河蟹土池育苗应注意的问题。

①育苗池的清淤：育苗池的清淤是河蟹土池育苗每年必须做的一项基础工

程，清淤不但要做，而且必须彻底，先用挖掘机把淤泥彻底清除，然后再用推土机碾平，暴晒，这样能够彻底把池塘中的淤泥清除掉，减少细菌、寄生虫等病虫害的发生，有利于育苗生产。

②育苗池水的过滤消毒：正常情况下种蟹在南方 4 月 15 日左右排幼，要在排幼前 15d 左右，从海里抽取无污染的天然海水，严格过滤后注入育苗池。过滤方法是：首先沙滤，再依次用 20 目、60 目和 100 目筛绢网三层过滤，用以严防敌害生物、杂鱼虾及其受精卵混入育苗池中，确保育苗用水的清洁。其次育苗池水的消毒主要目的是杀灭水中的有害生物病菌、寄生虫，并借药物调节海水的 pH 值等生化指标，可供选择的药物必须对河蟹幼体的生长发育无任何毒副作用，必须符合河蟹绿色生产技术要求一般常用的消毒剂是漂白粉（含有效氯 30%以上）。在布苗前 7～10d 用 30～50g/m^3 漂白粉和 100～150kg/亩生石灰全池泼洒，具体的用药量应根据水中的敌害生物多少，相应地酌情处理。

③饵料：在河蟹生态育苗中，育苗水体中单细胞藻类的多少，也是影响出苗率的关键因素之一，一般在水体消毒后，育苗前 2d 施尿素和磷酸二氢钙 2g/m^3以繁殖单细胞藻类，如单胞藻不足可以接种小球藻、硅藻，使单细胞藻类浓度在育苗时达到 1 万个/ml。在育苗用水单细胞藻类达到一定浓度时进苗，布苗后主要投喂活体轮虫，这几年轮虫的获得是土池大面积培育的关键。轮虫的投喂量主要根据育苗水体中河蟹幼体的密度大小决定。一般前期投喂量少，在蚤状幼体 2～3 期，每亩池塘每天投喂轮虫 2. 5kg，在蚤状幼体 4 期增加到 5kg，蚤状幼体 5 期为 7. 5kg。在后期活体轮虫不足的情况下，可以用冻品轮虫补充，但每次一定不能多投，要少量多次投喂。

④大眼幼体的起捕时间：大眼幼体从池塘里捞出的时间早晚直接影响到以后淡化苗的质量，起捕时间早了苗体娇嫩，伤亡较大，起捕晚了苗体已接近变态，有下沉的可能，影响到苗的产量，所以捞苗的时间早晚必须掌握好。笔者认为，在育苗前期，温度较低，5 期蚤状幼体全部变成大眼幼体后 4～5d 起捕；后期温度较高，捞苗时间应在变态后 3～4d 进行。总之，河蟹土池育苗高产的潜力很大，在近几年蟹苗质量和价格竞争，日趋激烈的环境下，只有在育苗技术不断更新和降低育苗成本的基础上才能实现河蟹生态育苗的高产、稳产和高效。

二、天然海水工厂化催产、繁苗

随着河蟹养殖业的发展，育苗场不断增多，人工育苗技术逐渐提高，出现了河蟹苗种供大于求、价格下滑的情况，因此，在河蟹育苗产业上对技术人员的要求越来越严谨，低风险、低成本、高产量、蟹苗质量优良才能使育苗场和养殖户双方都满意。笔者在本年度河蟹工厂化育苗时平均每立方水体出苗0.45kg，而且蟹苗体色黄中带青，甲壳透明，规格整齐，体质健壮，无杂色苗、白头苗、药害苗，客户购买后反映良好，取得较好的经济效益。

1. 亲蟹培育

（1）选蟹。选择亲蟹时，雌、雄亲蟹最好分开，并在不同的地方进行选择，防止近亲繁殖。亲蟹要求体壮、肢全，雌蟹体重在110~125g，雄蟹体重在150~175g，雌雄比例以2.5：1为宜。

（2）饲养。雌、雄蟹入池后分开饲养，育肥用淡水，培育池面积0.1hm^2，池深0.8m左右，且防逃设施完好。饵料生物为小杂鱼、豆饼、地瓜丝，定点投喂，日投喂量为蟹体总重的5%左右，投喂时间为17：00左右，每天1次。

（3）催产亲蟹饲养。催产亲蟹饲养1周左右后，根据天气情况将池水比重调至1.018（每天逐步加入海水，每天增加盐度5‰~8‰），水温8~12℃。一般15~30d后将雄蟹和未抱卵雌蟹挑出，抱卵蟹继续留在池内暂养。在交配期间，要注意观察晚间亲蟹上岸巡边情况，并少量投喂。亲蟹一般分二批交配，第一批在12月初，第二批在第二年的2月下旬。

2. 抱卵蟹培育

（1）外界海水池塘散养。日投喂量为蟹体总重的10%左右，主要投喂海水小杂鱼，并根据天气情况增减投喂量。抱卵蟹对溶解氧要求高，有条件的每池加1台增氧机，水深保持在1.5m左右。注意池水盐度、温度的骤然变化，饲料台要及时清洗。

（2）种蟹室内培育。根据养殖户及场方要求，列出育苗计划，适时把外界抱卵蟹放进室内进行培育。温度是影响河蟹胚胎发育速度的主要因素，抱卵蟹经过分段提温且历经26~31d排卵较好。盐度控制在20‰；入池时，自然水温稳定4d，然后逐步提温，每天提升1℃至提温到15℃，待受精卵发育至12透明时再逐步每天提升1℃至提温到18℃，恒定温度，待受精卵发育至心跳时每天提升0.5℃至提温到19.5℃，待产；水温15℃前每隔4d换水1次，水温18℃前每隔2d换水1次，水温18℃后至心跳时，每天换水1次；饵料生物主要是杂蛤肉，按蟹体总重10%每2d投喂1次；换水时投放3mg/L的乙二胺四乙酸二钠（EDTA-2Na）盐1次，换水前半天用高碘酸钠消毒处理池水，水温为15℃和18℃时用聚维酮碘溶液2次消毒池水，进行疾病防治。

（3）及时纳水，蓄水，准备育苗用。最好进腊月水，一次性纳足，进入一级蓄水池。

（4）及时将抱卵蟹贮入低温池，时间选在3月初，外界水温在12℃之前备足抱卵蟹，在后期高温时用，低温室水温控制在6℃左右。

3. 人工育苗

（1）清池消毒。孵化池在使用前应用200mg/L漂白粉溶液泼洒池壁，保持1d，冲洗干净后再用20mg/L的高高碘酸钠泼洒墙壁，1h后用200目网安置在进水口注水，直至冲洗干净。摆好气泡石，$2m^2$为宜。

（2）肥水。单胞藻的培育一般有两种方法：一种是自然海水培育，另一种是从外界引纯种藻培育。第一种方法所用的海水要经沙过滤，自然海水培育时间长，大约需1个半月到2个月。由于冬、春季节海水温度低，水中藻类大多为中肋骨条藻。所用海水要用乙二胺四乙酸二钠（EDTA-2Na）处理，用量为5mg/L。具体步骤为第一次进水50cm，稳定1d后取上层水40cm移入另一池，施无机肥2mg/L的硝酸钠和0.4mg/L的磷酸二氢钾，隔1~2d施肥1次，每天充气1h，大约7d后用显微镜观测，如有骨条藻就继续培育，待水有颜色时加柠檬酸铁，用量约为0.4mg/L，2~3d施用1次，当水达茶褐色时及时分池扩种，估算藻量足够为止。第二种引纯种藻扩种，时间短，大约半个月就可扩种足量，施肥同上。所用海水经砂滤，漂白粉50mg/L消毒，曝气1d后用硫代硫酸钠，用量为3mg/L，1h后可用，按海水与纯种藻20：1的比例进行扩种，注意扩种时取上层液，底层10cm水不要，当水深达到12cm时要及时分池扩种。

（3）布池。肥水完毕后，选心跳150次分或卵颜色为灰白色的种蟹消毒，用制霉菌素60mg/L消毒40min后挂笼入池，池水盐度20‰，水温20℃，布幼密度控制在20尾/m^3左右。

（4）饵料生物。镜检摄食率，若低于70%饱胃时，可增加投喂饵料生物，投喂量如下：

①Ⅰ期：第1d，蛋黄2个/m^3，酵母每天3mg/L，分8次投入。

②Ⅰ期：第2~3d，蛋黄2个次，与轮虫（冰冻品）交替投喂，共8次，轮虫量干品每次大约500g，用水稀释后投喂，酵母2mg/L且分4次投喂。

③Ⅰ期：搓饵网袋用200目，Ⅱ期至Ⅲ期搓饵网袋用80目。

④Ⅱ期：全部变态后，蛋黄每天4个/m^3，酵母每天2mg/L，各占一半，分4次且与轮虫交替投喂，每天轮虫量为0.75kg/m^3，分4次投喂。

⑤Ⅲ期：蛋黄每天5个/m^3，酵母2mg/L，各占50%，分4次且与轮虫交替投喂，每天轮虫量为1kg/m^3，如条件允许则可在Ⅲ期变态完成后1次足量投喂丰年虫幼体，以增加幼体体质及培育少量大个体的卤虫来满足刚变态的大眼幼。

⑥Ⅳ期：以新鲜小型挠足类（以青颜色为佳）或小型海鳔虫为主，冻盘次之。投喂量视放养密度和摄食情况而定，一般每天为6kg/m^3，2h投喂1次，轮

虫为辅助饵料生物，一般每天为 3kg/m³。

⑦Ⅴ期：以大型桡足类和海鳔虫为主，新鲜为好，冻品次之，轮虫为辅，一般每天投喂量为 9kg/m³，2h 投喂 1 次，投饵量视放养密度和摄食情况而定。大眼幼体期主要以大丰年虫（冻盘）为主，1~2h 投喂 1 次，第一天少喂，第二天至第四天足量投喂，第五天至第七天少喂，投喂量 1d 固定。其他可投喂的饵料生物有桡足类、经磨浆机加工后呈丝状的鳕鱼肉。

⑧注意饵料生物的质量：关于轮虫质量，镜检轮虫则整体多，杂质少，卵黄多，表面看红褐色为好。在Ⅴ期变大眼幼体时，如有丰年虫活体最好，应多投喂丰年虫幼体，增加变态的整齐度；如没有丰年虫活体，看见大眼幼体时，多投轮虫，少投鱼虫。

⑨各幼体期存池时间大约为：Ⅰ期 2.5d，Ⅱ期 2d，Ⅲ期 2d，Ⅳ期 3d，Ⅴ期 3~4d。

（5）温度。Ⅰ期到Ⅴ期控制在 22~23℃，在变态时间延长或不齐时突升 1℃以促使变态整齐；变大眼幼体时突升 2℃使之变态整齐，以提高产量和减少相互残杀。

（6）充气和换水。池高 1.4m，水深 1m。Ⅰ期至Ⅴ期气泡有微波到沸腾。Ⅰ期第一天不换水，第二天至第三天加水到 1.3m，Ⅴ期变大眼幼体时水深加到 1.4m。Ⅱ期变态整齐后换水，换水量为每天 25%，用 80 目网箱隔离蟹苗和外排的水；Ⅲ期换水为每天 40%，用 60 目网箱；Ⅳ期换水量为每天 80%，分早、晚 2 次进行，用 40 目网箱；Ⅴ期换水量为每天 100%，分早、晚 2 次进行，用 40 目网箱；大眼幼体第一天至第三天换水量为 120%，分 3 次进行，用 20 目网箱；大眼幼体第四天至第六天换水量为 80%，分 2 次进行；大眼幼体第七天换水量为 30%，准备出池。注意换水时温差不要超过 1℃。

（7）盐度。布池时 20‰，Ⅰ期至Ⅲ期盐度不变，Z4 变态整齐后每天逐步降低盐度 1.5‰~2‰，到 Z5 期降至 13‰~15‰，大眼幼体前 3d 盐度不变，第四天开始降盐，每天下降 5‰，出池前 1d 控制在 3‰以下。

（8）疾病防治。Ⅰ~Ⅲ期不投药，Ⅲ期变态整齐后育苗池用高碘酸钠消毒处理 1 次，用量 25~30mg/L，时间为 10h，Ⅳ~Ⅴ期每天用 0.5mg/L 的复合碘溶液或 1mg/L 的三氯异氰脲酸粉全池泼洒，Ⅴ期变态整齐后第二天用高碘酸钠处理 1 次，用量为 35~40mg/L，时间为 8h。如果育苗池底有臭味，移苗时间选在Ⅳ期以后到Ⅴ期第二天，并在晚上用太阳灯照和用桶移苗至就近池，此时新池与旧池水质情况应接近。如有丰年虫活体，刚移过的苗最好用活体丰年虫投喂 1 次，以增强移苗的体质。

（9）蟹苗出池。育苗池温度与外界接近，盐度在3‰以下，蟹苗肠饱满，身体不挂脏，可及时出池销售。时间在晚上天黑以后用太阳灯诱捕。白天排低水位，停气也可捕，但捕不净。出售时间为大眼变态整齐后6.5~8d出池较好。

三、天然淡水培育扣蟹的方法

扣蟹苗种的优劣是能否养好大规格河蟹的关键之一，尤其是淡水培育的扣蟹蟹种是养殖大规格优质成蟹的良好基础。根据河蟹生长的规律，河蟹生长发育要经过幼苗——扣蟹——成蟹3个阶段，而扣蟹是起着承上启下的作用。扣蟹饲养阶段中有效积温的高低、脱壳次数的多少和健康质量的好坏直接关系到养殖户以后的生产经营情况，淡水培育的扣蟹蟹种养殖成蟹阶段，当扣蟹苗种放养在蟹池塘养殖成蟹的阶段，第一次蜕壳（河蟹一生蜕壳18次，即是第13次蜕壳）率高，决定河蟹的成活率与回捕率，回捕率高，亩产量高。

1. 营造培育扣蟹基地生态环境

（1）育种基地选择与池塘规格。

①基地区域位置：池塘应选择黏性有机质丰富的土壤开挖池塘，四周傍湖依水，环境优美，水质清澈，要求水源丰富、排灌方便、交通便捷，供电设施配套，有利于实施生态培育蟹苗。

②蟹苗培育池塘土壤：应选择黏性有机质丰富的土壤开挖池塘。水质优、水源足，注排水方便。在鱼苗培育过程中随着鱼苗的成长和水质的变化，需要适时加注新水，以增加蟹苗的活动空间并改善水质，确保蟹苗良好的生长发育。

③蟹苗培育池塘形状规格：池塘应东南向、向阳、光照充足，长度为100m，宽为20m，蟹苗培育过程中要在池塘中间分二行培植水生植物，每行宽为5m，规划的蟹池有利于培植水生植物的操作，也有利于日常的投饵和管理，四周坡比为1∶3。池底平坦：注水处与排水处略有坡比，池内无水草丛生，有适量淤泥。这样将有利于培养蟹苗的适口的生物饵料。蟹苗的池塘面积应小于或等于3亩，面积太大饲养管理不方便，特别泼洒饲料难易均恒，水质不易调节，生态环境难以营造。水深前期调控0.5~6m，中期调控在0.7~0.80m，后期调控在0.90~1.20m。

④池塘规格：既有利于均匀投饵及水质调控等各项管理，又便于1次性清池捕捞销售。

⑤蟹苗培育池塘：必须在当年重新翻新，以防上一年培育的蟹种存留在池塘，当第二年投放池塘大眼幼体蟹苗，受到存留蟹种的侵食，造成培育蟹苗的种质数量不足，严重影响培育的蟹种亩产量。

（2）清塘消毒。池塘清整在冬季进行（1月），首先抽干池水，暴晒1个月，清除池底淤泥，留淤泥 5cm 左右，用于种植水草和培育底栖生物。经过晒塘至池底开裂，蟹苗下塘前半个月进水 10～15cm，每亩用生石灰 150kg 化浆全池泼洒，选择晴天中午，杀死池中敌害生物，3d 后排干池水，继续晒塘。新池必须事先灌水浸泡 1 个月以上再进行消毒。

（3）种植水草。4 月初种植水草，保持池水深 30cm 左右。在扣蟹养殖前期种植伊乐藻、微齿眼子菜（黄丝草）、轮叶黑藻等，扦插在离池边 2m 的池底，种植水草采用条播种植，每条间隔 3～4m，占水草种植面积的 40%～50%。另外池塘放水后在池塘的四周可适当移植水花生，用竹竿固定，水花生移植前要用漂白粉浸泡消毒，占水草种植面积的 10%左右。由于扣蟹对伊乐藻等水草的破坏性大，所以，在养殖的中后期水草只能以水花生为主，覆盖率达 50%～60%。加强水草种植与管理。

①栽植方法：

A. 水草种类。蟹池中的水草应以沉水植物和挺水植物为主，浮漂植物为辅，以达到调节互补作用。沉水植物的主要品种有：轮叶黑藻、苦草、伊乐藻等；挺水植物的主要品种有：蒲草、芦苇、茭白等；浮漂植物的主要品种有：荇菜、莼菜、菱角、水花生、空心菜和浮萍等。

B. 总体布局。蟹池深水区以栽植沉水植物及浮叶和漂浮植物为宜，浅水区以栽植挺水植物为佳。

C. 栽植方法。伊乐藻发芽早，长势快，在早期其他水草还没有长起来的时候，只有它能够为河蟹生长、栖息、蜕壳和避敌提供理想场所，适宜在冬春季栽植，覆盖率应控制在 20%左右，养蟹者可将其作为过渡性水草。栽植方法是以 3～5 株为一束扦插入淤泥下 3～5cm，淤泥以上为 15～20cm；株行距 50cm×50cm；用量为 10～15kg/亩。轮叶黑藻：轮叶黑藻被河蟹夹断后节节生根，生命力强，不会败坏水质，因此这种水草覆盖率可达 40%～50%。栽植采取移栽植株法，在谷雨前后采集水草，用湿黏土包根或包茎节捏成团，投入水域，用量为 30kg/亩。苦草：苦草在养蟹水域中有“水下森林”之美誉，其覆盖率为 20%左右。在清明前后，将草籽装入蛇皮袋中浸种 7d 后，连袋捞起晒 1d，再放入水中泡 1d，之后拌入泥土均匀播撒，用量为 50g/亩左右。水花生：水花生适应性强，河蟹喜在上面栖息、摄食，覆盖率为 10%～20%。水花生在养蟹水域中都采取移植法，在蟹种放养前后移植，用竹桩、木桩或三角架固定。浮萍：浮萍的生存适应性强，冬芽沉入水底越冬，早春浮至水面，萌发为新个体。浮萍是河蟹喜食的植物饵料。浮萍可采用培养法，一般按照 20～30m^2 固定一个 1～2m^2 的三角架，将浮萍固定在蟹池水面上使其生长繁殖，以补充其他水草的不足。

②养护管理：

A. 前期养护。养殖前期要稳定并促进水草根系生长，使水草植株矮壮、叶面宽大。根系好，水草长得好，不易漂浮、吸收池底养分也多，水草生长健康。前期水位以水草基本达到水平面为准，以后随着温度上升，水位慢慢抬高。3—4月，保持水深50cm左右，以利水温上升。水体偏瘦，水草长势差，要增加水体肥度，为水草生长提供必需养分。

B. 中期养护。养殖中期要抑制伊乐藻快速生长，防止塘内养分被过度消耗。5月，可割除水草上部20~30cm，以促进根系和茎叶生长。高温季节来临前，可再次割除伊乐藻，仅留根部10~15cm左右，既能净化水质、降低水温，又能保持水体流动，同时还能防止伊乐藻高温烂草。6—8月，若水草过密，则应人工割除；若水草偏少，则以水花生和浮萍作补充。

C. 后期养护。养殖后期（9月以后）主要以轮叶黑藻为主，保持水草覆盖率达50%以上。要增加养分，促进水草生长，同时打捞死草、浮草，避免造成水质恶化。

③调节水质：扣蟹对水质要求很高，在扣蟹养殖过程中要求水中溶解氧≥5mg/L；pH值在7.5~8.5；透明度在30~50cm，最佳50cm以上；氨氮浓度在0.2~0.5mg/L；硫化氢不能检出；底泥总氮小于0.1%。水质保持“清、新、嫩、爽”。

④水位要求：仔蟹培育期0.8~1.2m为宜，扣蟹培育期2m以下，以1.2~1.5m为宜。适时调整水位，维护良好的水质，同时促进扣蟹蜕壳。

⑥防逃设施：可用钙塑板、石棉板、玻璃钢、白铁皮、尼龙薄膜等材料，防逃墙高40~60cm。池塘两端建有进排水设施，进排水口均要安装80目网纱的过滤网，防止敌害鱼虾入池和扣蟹的逃逸。

2. 扣蟹苗的培育要素

淡水培育扣蟹苗种多数是由蟹苗（大眼幼体）直接培育的，少数是由仔蟹培育的。培育出免疫力强、活力强的扣蟹是今后养殖中成活率高、次残蟹少、生长快、脱壳次数多、规格大的关键因素，所以健康扣蟹苗是为今后是否能养好大规格的河蟹起着关键作用。一般来讲，近年来，长江流域河蟹养殖户都希望充分利用淡水资源培育扣蟹苗种养殖成蟹，以便能保证扣蟹质量，做到心中有数。要养好大规格成蟹，高度重视淡水培育扣蟹苗种的质量，关键是扣蟹苗种规格整齐。应选择河蟹幼苗的质量要符合淡水培育要求，池塘水体的理化和生物指标符合培育扣蟹的要求。因此在选择好幼苗，施肥培水、水体保持充足溶解氧就成了培育扣蟹的关键要素。

（1）选择优质的河蟹幼苗。蟹苗应为长江水系的亲本繁殖，选购标准：日龄应达6d以上，淡化4d以上，盐度3‰以下；体质健壮，附肢齐全，手握有硬壳感，活力很强（用手握一把后松手，马上四处散开），行动敏捷，呈金黄色；个体大小均匀，规格16万只/kg左右；溯水能力强。

（2）施肥培植肥质的水体。在放苗前15d进行，第一次进水深0.5m，进水时用80目筛绢过滤，1d后放干，称为“洗池”，晒池3d；第2次进水深0.4m，并且当天中午施尿素3kg，过磷酸钙1kg，过4~5d后池水呈黄绿色或茶绿色，再过5d后池水中可见到数量众多的浮游生物，浮游生物的密度要求取池水1碗，水中有500个左右浮游生物就可以放苗了。如果发现水色偏淡，浮游生物数量很少，可以在第一次施肥后5d左右再施肥1次，用肥量和第一次相同。

（3）肥水困难原因与解决。淡水培育扣蟹苗种要先养水，肥水是水产养殖中培养优质养殖环境的常用手段。然而在生产实践过程中，尤其是在养殖初期往往会遇到肥水困难的问题。但是，淡水养殖过程中有几种情况肥水往往异常困难，使相当一部分养殖人员束手无策。根据多年积累的养殖经验，具体分析在淡水池塘中导致肥水困难的常见原因以及解决办法如下。

①清塘时生石灰用量过大，造成池塘水质和底质短时间内pH值偏高，肥料难以发挥肥效，造成肥水困难。解决方案：大剂量用生石灰清塘后，最好间隔半个月左右，待池塘内的酸碱度恢复正常后再施用肥料。或用醋酸、硼酸、柠檬酸等弱酸将酸碱度降到正常范围后肥水。

②前期水温较低，限制了藻类的繁殖速度，造成肥水困难。解决方案：待连续晴天、光照较强时再施肥，也可施豆浆、海藻粉等来增强藻类的光合作用，刺激藻类繁殖。

③水体中重金属含量超标及有害细菌大量繁殖，造成肥水困难；解决方案：先使用二氧化氯、聚维酮碘等消毒剂对水体进行消毒，然后再使用EDTA、硫代硫酸钠等络合水中的有毒物质，间隔2~3d后再施肥。

④底泥板结，和水体间的物质交换停滞，造成肥水困难；解决方案：施肥后第二天使用EM活菌制剂，或将肥料与EM活菌制剂混合浸泡1~2h后施用。

⑤水体中浮游动物较多，藻种基本被摄食，造成肥水困难；解决方案：蟹苗期可以采取减少投喂量的方法，促使蟹苗大量摄食浮游动物；养成期则可选用阿维菌素类药物进行局部杀灭，然后再引进部分新鲜水源进行肥水。

⑥塘底青苔较多，施用的肥料大部分被青苔吸收利用，造成肥水困难；解决方案：蟹苗期时可使用石膏粉、草木灰或采取加深水位等方法阻碍青苔的光合作用来消灭青苔；养成期则可选用表面活性剂、菌能精华素等药物拌沙土后

进行局部杀灭，然后引进有藻种的水源进行肥水。

⑦水体透明度较低，水体中的悬浮杂质容易将肥料中的有效成分吸附络合，阻碍了藻类的光合作用，从而引起肥水困难。解决方案：可选用以聚合物或明矾等为主要成分的水质改良剂来澄清水质，提高水体透明度，然后再施肥。

⑧水体中及周围水域缺乏天然藻种，造成肥水困难。解决方案：人工向水体中补充藻种，如引进一部分有藻种的池塘水，也可向水体中施入适量的螺旋藻粉，然后再施肥。

⑨施用的肥料中营养元素不全面或搭配比例不合适，容易培养起不良水色。解决方案：若使用传统肥料如鸡粪、菜籽饼及复合肥，最好配合使用 EM 菌或复合芽孢杆菌等；也可选用含有钾元素及磷元素的生物肥料进行肥水。

⑩水体中不良藻类过度繁殖抑制了有益藻类的生长繁殖。解决方案：换去表层 10~20cm 的水，然后再施用配比合理的生物肥料进行肥水。

（4）放苗前的准备工作。

①池塘消毒：新开挖的池塘要求在 3 月底前完工，老池塘也要在 3 月底做好清除淤泥、整修池塘工作。消毒每亩用生石灰 80~100kg，选择晴天中午，生石灰化成浆状后全池泼洒，消毒后应晒池 7~15d。

②培养水质：培养水质应该在放苗前 15d 进行，第一次进水深 0.5m，1d 后放干，称为“洗池”，晒池 3d；第 2 次进水深 0.4m，并且当天中午施尿素 3kg、过磷酸钙 1kg，过 4~5d 后池水呈黄绿色或茶绿色，再过 5d 后池水中可见到数量众多的浮游生物，浮游生物的密度要求取池水 1 碗，水中有 500 个左右浮游生物就可以放苗了。如果发现水色偏淡，浮游生物数量很少，可以在第一次施肥后 5d 左右再施肥 1 次，用肥量和第 1 次相同。

③放苗的注意要点：

A. 盐度差。放苗过程中，育苗池的池水盐度和养殖池水盐度上下差不能超过 5‰，在有条件的沿海养殖地区，也可以在养殖池中加入一些海水，使池水盐度达到 3‰~4‰，这样移苗后可以提高大眼幼体转黑籽苗的成活率。池水通过 1 个月换水成为淡水。

B. 温度差。放苗过程中，育苗池的水温和养殖池的水温差不能超过 2℃。如果养殖户放养前期工厂化苗 3 月下旬的苗，养殖池自然水温达不到 20℃左右时，可以用薄膜大棚进行暂养，暂养时间 20~30d，中间暂养还能提高蟹苗成活率 10%~20%。

C. 蟹苗的选择。在购苗中不管是工厂苗、土池苗，都要选择老练的蟹苗，一般转大眼幼体后第 7d，蟹苗呈米黄色，蟹苗在手中握成一团，松手就散开，显得很有活力，这样的苗成活率很高；如果蟹苗很嫩白，或者握在手中松手后不易散开，这种嫩苗、病苗成活率很低。在购买海里天然苗时要防止其他苗冒充正宗蟹苗，这里介绍真正蟹苗和类似蟹苗的螃蜞苗之间的区别。

a. 天然蟹苗与螃蜞苗在发苗时间上不同，螃蜞苗发苗时间是在5月10—25日，而蟹苗发苗是在5月25日至6月10日，大多的年份发蟹苗在6月6日前后2~3d。

b. 蟹苗与螃蜞苗个体大小、形状、颜色有差异，螃蜞苗个体小呈长条形，如同一粒洋仙米，颜色是嫩白色的，每千克螃蜞苗有20万只。蟹苗个体大呈四方形的，颜色是米白色带一点黄，每千克苗在15万~16万只。

c. 蟹苗入池后一般在水草上活动，少数打洞生活，即使有打洞的蟹苗都打洞在水面以下5~15cm，而螃蜞苗多数打洞生活，都把洞打在水面以上5~10cm处。

d. 蟹苗行动方式是横行，螃蜞苗既能横行还能竖行，速度比蟹苗快。所以选苗时一定要选真正蟹苗，买了假苗就会造成损失。

②放养数量：大眼幼体培育扣蟹已成为目前河蟹养殖苗种来源的主要途径，各地都在积极探索提高培育成活率、控制规格、控制性早熟比例的方法，尤其是性早熟比例偏高一直是困扰养殖户的一个难题，人们普遍通过加大投放密度、等措施来控制性早熟比例，1.5~2kg/亩，即10万~20万只/亩。

③放养时间：5月中旬，在水温15℃以上的晴好天气进行放苗。

④放养方法：放苗前把整个装苗的网箱放在池水中适应2min左右，起水后停留5min，连续2~3次，待蟹苗逐步吸足水分和适应水温后，将大眼幼体沿池四周均匀摊开于池塘塘埂上，让蟹苗慢慢地自动散开游走，切忌一倒了之。

（5）微孔管增氧设备安装。

蟹苗下塘至第一次蜕壳变Ⅰ期仔蟹期间大气量连续增氧；蜕壳变态后间隔性小气量增氧，确保溶氧5.5mg/L以上。池底安装管道式微孔管底部增氧设备，每10~15亩配备一套，功率为2.2kW。具体运用微孔管增氧技术如下：

①微孔管增氧池塘改造：蟹池环沟水位较深池塘中部大部分面积水位较浅水体容量小，淤泥厚坡比小，池埂窄的问题，采取“清除淤泥、平整池底、修补坡边、加固池埂”的措施，运用微孔管增氧技术对培育扣蟹池塘进行改造。达到了池塘整齐连片、微孔管增氧设施配套、沟渠路电和养殖设施齐全。

②微孔管增氧装备设置：每亩微孔管增氧机功率配套0.18~0.2kW，微孔管设置45~48m，总供气管道采用硬质塑料管，直径为60mm，支供气管为微孔橡胶管直径为12mm。安装方法为总供气管架设在池塘中间上部，高于池水最高水

位 10~15cm，并贯穿整个池塘，呈南北向。在总供气管两侧间隔 8m 水平铺设一条微孔管，微孔管一端接在总供气管上；另一端延伸到离池埂 1m 远处，并用竹桩将微孔管固定在高于池底 10~15cm 处，呈水平状分布。以微孔支管为中线设置 5~6m 水草带，水草带间距为 3m。

③微孔管增氧节能节水：应用水质智能化监测系统对蟹池的溶氧、pH 值、水温进行不间断监测同时对池塘总磷、总氮、氨氮、亚硝酸盐等指标进行试验室测定。依据水质监测和测定结果，形成了微孔管增氧节能节水技术，高温季节微孔管增氧设施每天开启时间应保持在 6h，晴好天气下微孔管增氧设施从 2：00开至次日日出，阴雨天可视情况适当延长增氧时间。5 月水深控制在 0. 5~0. 6m，6—8 月逐步调高到 0. 8~1. 2m，9—11 月水深稳定在 1m 左右，养殖期间每 7~10d 注水 1 次，每次 10~20cm。应用该项技术可节电，节水。在实现节能节水目的的同时确保了河蟹长期处于一个适宜、安全的生长环境。

3. 培育扣蟹种苗的管理

（1）投喂优质的配合饲料。淡水培育扣蟹阶段最好不能投喂鱼糜、蛋黄、豆浆、鱼浆等利用率极低、适口性差的饲料原料。这些原料不仅大小不均，导致采食不均，不利于大眼幼体同步变态和仔蟹均衡发育，而且这些饲料易腐败，易导致水质恶化，不利于防病等。投喂优质饲料做好以下几项要点。

①大眼幼体至Ⅰ期幼蟹时：每天每千克苗投喂煮鸡蛋 2 只或豆腐 2 块，制成浆水每天分 6 次泼洒。Ⅱ至Ⅴ期幼蟹时，每天每千克苗投喂小鱼浆 2kg，每天分 4 次泼洒，时间至 6 月底。7—8 月共 60d 时间主要投喂植物性饵料，如水花生，小绿萍及一些瓜菜类，不投动物性饵料。9 月至 10 月 30 日 50d 主要投喂小麦、玉米、豆饼和南瓜等植物性饵料，投喂量占池塘蟹体重的 8%~10%，水温下降至 10℃以下冬天，7~10d 晴天中午投喂 1 次小麦、玉米，投喂量 2%。

②投喂专用优质的饲料：投喂河蟹优质专用配合饲料可以确保河蟹获得营养充足的食物。投饵量要足，保证吃饱吃好，否则易造成幼蟹规格不齐，导致自相残杀。要根据仔蟹在池中分布情况确定投饵重点区和非重点区，重点区应加大投喂量，可有效减轻仔蟹采食不均的程度，并且遵循“多次多投”的原则，可降低仔蟹的规格差异。

③9 月仍应正常投喂：此时若仍有较多个体较小的扣蟹应及时采取以优质小颗粒饲料为主的投喂措施，促进小仔蟹足量采食，这对于控制次年春季扣蟹发病及促进早蜕壳有十分重要的意义。

④培育扣蟹的投喂方法：根据养殖模式，入池后经 2~3d 蜕变成一期仔蟹，可直接用蛋白质含量 40%以上的 0 号开口破碎料 0. 5~1kg/亩对水全池泼洒；当

变为Ⅱ期仔蟹后开始投喂1号破碎料，每亩投喂颗粒料1~2kg/d；经过15~20d的养殖，由仔蟹变为幼蟹，前期每亩投喂颗粒料2.5~3.5kg/d；到8—9月每亩投喂颗粒料3.5~4kg/d。分二次投喂，8：00—9：00投饵量30%左右，16：00—17：00投喂量70%左右。从10月开始，随着水温下降加快，投喂量要逐渐下降，每亩投喂0.5~1.5kg/d，每天14：00—15：00投喂。投饲量以3h内吃完为度。投饲量应根据季节、水色、天气和河蟹的活动情况等灵活掌握，水温较高时多投；晴天多投，阴天少投，雨天不投；水色好时多投，水色差时少投。养殖平均水温未达到10℃时，可少投；养殖平均水温在5℃以下，就可以停止投喂。经过扣蟹培养阶段，成活率通常在30%~40%。

⑤投喂高蛋白配合饲料：选择同类生物作为同类生物饲料原料的饲料，该饲料的营养平衡，蛋白含量为38%以上优质配合饲料进行投喂，养殖的扣蟹强壮、免疫力强；养殖的扣蟹快速生长，养殖扣蟹规格整齐又大；为今后养殖扣蟹快速生长打下基础，扣蟹在第二年投苗后成活率高、次残率低、脱壳整齐；高蛋白饲料培育了扣蟹优良的消化吸收系统，在饲养成蟹阶段对饲料消化吸收率就高，能极大提高饲料的利用率。

⑥投饵具体的方法措施：在饲料投喂上做到“四定”（定时、定位、定质、定量）原则。定时：每天分2次投喂，8：00—9：00投饵量为30%左右，16：00—17：00投喂量为70%左右。定位：采用全池投喂的方法，均匀地投放在池埂四周离岸边1~2m处的浅水区的斜坡上，以便观察河蟹吃食，活动情况，随时增减饲料。河蟹有较强的争食性，因此要多设点，使河蟹吃得均匀，避免一部分个体小或体质弱的争不到饲料而造成相互残杀。定质：河蟹对香、甜、苦、咸、臭等味道敏感，所投喂的饲料必须具备营养均衡、新鲜的配合饲料，坚决不投劣质霉变饲料。定量：“鱼一天不吃，三天不长”，河蟹也同样，这就要求根据河蟹大小、密度、不同季节、天气、活动情况来确定投喂量，一般日投喂量为存塘蟹体重的8%~10%，投喂量少只能维持生命，超过适时范围也影响生长，增加饵料系数。每天勤巡塘，观察扣蟹的吃食情况，适时增减。

（2）水质管理与调控方法。

①养殖扣蟹的水质要求：水质清新，上游无污染水源，pH值为7~8.5，水中溶解氧5mg/L以上，水中氨氮不超过0.5mg/L，水中硫化氢的含量不超过0.2mg/L。

②水质调控：

A. 春浅。春季放苗时水深要浅一些，水深40cm，透明度25cm，水色呈黄绿色浓一些，放苗后每天加水5~10cm，随着天气变暖逐步加大水体，至6月下旬水深应达到 70cm。

B. 夏满。夏季是长江流域高温季节，养殖池水温超过 30℃以上有 50d，养殖池水深应在 1.5m，平田堤水池应加至 50cm，并且每天上午池水换水 20%~30%，使高温季节养殖池水一直在循环，做到夏天微流水养蟹。这样可以降低池水温度，减少“性早熟蟹”产生的比例。夏季池水透明度 40cm，水质要清。在炎热的夏天，养殖池里还要移植大量的水草，如水花生，水绿萍等，占水面积的 70%~80%，池塘移入水草不仅可以降低水温，还可以净化水质制造氧气提高水中溶氧，还可以作蟹的植物性饵料，还为河蟹蜕壳提供了荫蔽场所，减少自相残杀。据 1998 年实验观察，移入水草的养殖池和未移水草池塘，水温比较低了 4℃；“性早熟蟹”在有水草池塘里占 1.2%，在没有水草的池塘里占 11.5%。7—9 月每隔 15~20d，用 EM 生物制剂（用量 1kg/亩）或用光合细菌（5~6kg/亩）全池泼洒，抑制有害病原菌的繁殖，降低有害物质积累，保持水中有益藻类的优势，维持养殖环境微生态平衡，减少病害的发生。经常保持水质肥、活、嫩、爽，pH 值为 7.5~8.5，池水溶解氧保持在 5.5mg/L 以上，透明度 30~40cm 以上。如盛夏天气闷热，必须及时换水，蜕壳时严禁换水。盛夏季节，增加水深，可控制扣蟹有效积温的累加而引起河蟹性早熟。另外在扣蟹培育全过程中水质盐度控制在 3‰以下。

C. 秋勤。秋季天高气爽，水温适宜，正是扣蟹蜕壳生长的好时机，养殖水质要求新鲜，池水勤换，2~3d 换水 30%，池水深 70cm，水透明度 40cm，勤换水能促进河蟹蜕壳生长。7—9 月保持在 1~1.2m，尽量减少换水次数，延长蜕壳间隔时间。

D. 冬稳。冬季水温在 10℃以下，河蟹很少出来活动，池水深 1.5m，水位、水质相对保持稳定，不因水环境变化大，7~10d 加水 10%，冬季防止暴雪冰冻，保持最高水位，并注意水质变化，防止缺氧使河蟹出来活动受冻而损失。

（3）巡塘防逃防鼠的工作。早晚巡视，观察仔蟹摄食、活动、蜕壳、水质变化等情况，发现异常及时采取措施。晚间应有专人巡塘捕捉老鼠等敌害，如发现蛙卵应及时捞除。

（4）采食情况的检查。每天早晨检查扣蟹采食情况，用抄网检查池塘底部是否有剩余的饲料，根据检查的情况进行喂投料量的调整。否则，过多的剩余料会造成水质恶化；过少扣蟹长势慢。

（5）越冬管理扣蟹的方法。每年 11 月扣蟹种进入越冬阶段，越冬前一个月要强化饲养管理，多喂高蛋白和高能量配合饲料，促其肥壮，减少越冬死亡；入冬后要加深池水以保持底层较高水温；越冬期间，扣蟹会在向阳池坡活动，应投喂一些饵料供觅食；如发现水面结冰，冰上积雪，应立即破冰除雪，以防缺氧；冬后水温达8℃后，又要逐步强化饲养管理，投喂高蛋白配合饲料，以促其肥壮，保证第一次脱壳顺利进行。

（6）病害防治。

①原生物寄生：主要是纤毛虫、聚缩虫、累枝虫等寄生在蟹体表面，也是养殖中最为常见的病害，严重时侵袭蟹鳃部，使扣蟹行动迟钝，食欲下降，导致营养不良而无力蜕壳死亡，原因是换水量少，水中有机质过多，水质太浓。防治方法：

A. 加强池水换水。

B. 用蟹安2mg/kg，用药后多换水。

C. 用甲壳净0.3~0.5mg/kg。

D. 用纤虫必克0.5mg/kg。为了加强用药效果，上述几种药可以轮换使用，用药后1d迅速换水。

②细菌病：主要有水肿病、细菌性肠炎、黑鳃病等，都是受到真菌、弧菌、莲壶菌等细菌侵袭感染引起。防治措施：用聚维酮碘溶液、三氯异氰脲酸粉、复合碘溶液、蛋氨酸碘粉、高碘酸钠、苯扎溴铵溶液等绿色渔药。保持良好的生态条件、定期使用“水立爽”或“底立爽”“中博高”“中博金珠”等、“活力66”或“双效粒粒底改素”和磷酸氢钙定期改良水质等措施。治疗时，第一天全池泼洒“水立爽”或“底立爽”1次，第二天全池泼洒“聚维酮碘溶液”或“顶典”1次，同时口服“服尔康+肝胆利康散+酶合电解多维”5~7d，每天1次。

③病毒病：主要是由于受病毒感染和细菌的侵袭，加上养殖中营养不足、水环境恶化等因素引发病害。一般多发生在商品蟹养殖中，现在已发现在扣蟹生产中也有此病发生。如幼蟹“上岸不下水”等，此病是目前河蟹养殖危害最厉害的疾病，发病面广，传染快，病程短，发病时间长，并发症多，死亡率高。

④河蟹病毒病防治措施：预防该病时要彻底清塘，营造河蟹适宜的生态环境，科学投饵，定期使用“水立爽”“底立爽”等或微生态制剂如“活力66”或“双效粒粒底改素”等改良水质与底质，使池水pH值呈微碱性，降低水中氨氮，硫化氢等有害物质。适时在饲料中拌“酶合电解多维”“肝胆利康散”和蜕壳素口服。防治河蟹病毒病，以防重于治，平时加强水质消毒，加强换水改善水质等措施。力求做到在一个地区不发颤抖病，一旦发病损失是很大的。

（7）培育扣蟹中二大难点。

①规格不齐：同时间放养的同一批蟹苗，经8~9个月的生长，规格差异很

大，大部分已生长成9~10期扣蟹，每只重量3~5g，而有一部分仍只有0.3g，像一粒黄豆大小，这些不长的蟹称为“懒蟹”，因为受到水位的突变，或因相互的残杀而使一些蟹不敢出洞，长年在洞中只吃些泥中有机碎屑，因营养不足一直不能蜕壳，停止在Ⅱ~Ⅲ期阶段。减少“懒蟹”的方法是：池塘水位不能突变，在养殖密度大的池塘投饵数量要足而且投喂次数由2次变为3次，21：00—22：00再投一次饵料，使得更多的蟹有吃到饵料的机会。

②性早熟蟹：性早熟蟹是当年投放的白籽苗到秋天就有性腺成熟的蟹，规格只有20~30g，这种蟹如果第二年作为种蟹来养殖，到4—5月都会死掉。形成性早熟蟹原因有如下几方面影响因素。

A. 盐度对扣蟹的影响。沿海的养蟹地区，养殖池水都有一定的盐度，通常在3‰~4‰，长期生长在有盐度池水中的扣蟹，由于受到盐分的刺激，使一秋龄的幼蟹性腺成熟形成了性早熟蟹，占当年蟹的30%左右。防治的方法：加强池塘换水，使养殖池盐度降到1‰以下。

B. 温度。河蟹生长过程中对温度是积温的，养殖池水过浅，在炎热的夏天池水温度必然很高，河蟹长时间生长在高水温的环境中，达到一定积温，性腺就会提早成熟，出现了性早熟蟹。防治方法：夏天加大池水水体，多换水，移入水草是很重要的降温措施。

C. 营养。扣蟹在生长过程中投入了过多的动物性饵料，河蟹吸收营养后存放在肝脏里，营养过多就会向性腺转移，促使性腺提早发育，形成了性早熟蟹。防治方法：扣蟹养殖中、后期不投动物性饵料，7—8月也不投精料小麦、玉米等植物性饵料。

D. 种源遗传。种源遗传也是性早熟比例多的一个重要因素。育苗场、厂为了追求利润，在购置亲蟹中为了省本，买50~70g“小老蟹”做种，产出的蟹苗必然会使早熟蟹比例多，品种退化。解决方法：水产主管部门对育苗单位加强亲蟹监督检查，严禁用“小老蟹”做亲蟹育苗。

（8）后期养殖管理。

①加强饲养管理，培育规格扣蟹：确保上市扣蟹规格在60~80头/500g之间。目前苗种规格掌握在每500g 100头左右为宜，苗大要预防老蟹，降低饲料中蛋白质含量，适量投喂水浮萍，隔天傍晚投喂1次。苗小增加投喂量，早、晚各投喂1次，要勤注水，促进河蟹脱壳生长。

②预防疾病，提高扣蟹的成活率：9月上旬开始要预防扣蟹的纤毛虫，每亩使用纤虫净1袋500g，每月使用1次二氧化氯，每亩使用量120~150g，晴天上午使用。

③保护好扣蟹池塘生态环境：扣蟹池塘水质要求活、鲜、嫩、爽，透明度30cm以上，可采用生石灰要隔15d1次，每亩施用10~20kg，石灰施用量做到逐渐增加。按照“前浅、中深、后稳”的原则，调节水位，以及含氯石灰调节pH值。

④坚持巡塘，观察扣蟹蜕壳、饵料的剩余等情况，预防敌害，并常规检查防逃设施，修补裂缝。

⑤同时要掌握扣蟹市场信息，常与市场信息员和示范养殖户沟通，做到依据市场需求出售优质扣蟹。实现优质优价，从而提高培育河蟹苗经济效益。

（9）扣蟹起捕的具体措施。

①扣蟹一般的出塘规格为5~20g/只，即50~200只/kg。

越冬蟹种停止生长就可捕养或捕卖。目前多数地方捞出水花生后，用地龙冲水捕捞，也有的地方是把已枯萎的水花生捞起积堆，诱蟹种集中在草堆里，用大抄网抄捕入网箱里吐脏清体后卖出或自养；越冬后，温度升高时，再用地龙冲水捕捞1~2次，待大部分合格蟹种捕出后，再干塘捕捞。经过几次捕捞，绝大多数蟹种都可捕出，剩下少量留着养成或清塘消毒时消灭之。所有捕卖或自养的蟹种，都要种纯质优。所谓种纯，从地域的角度来讲，在长江中下游选长江水系的中华绒螯蟹种就是种纯的，以辽河、瓯江、两广蟹种冒充长江蟹种就是种不纯的。所谓质优，采用长江水系的养殖的河蟹大规格亲本繁殖的幼苗和淡水培育的扣蟹种，基本杜绝培育扣蟹种出现早熟蟹、咸水蟹和病残弱蟹种。

②具体措施：

A. 用棉花枯柴扎成直径30cm的捆子、梢对下放入养殖池，每亩放60~100个捆子，放后1d即可到棉花枯柴里抖扣蟹，连续5d即可取完。

B. 干池翻瓦。一般扣蟹培育池里都有平瓦作蟹窝，取蟹时可以先放干水就可以在平瓦中翻动捉蟹，翻完1遍再进水，过3~4d又可以放水翻瓦捉蟹，连续5~6次即可把蟹取完。

C. 挖洞取蟹，取到最后尚有部分蟹躲在洞里不出来，可以用铁锹挖开洞口捉蟹。

第七章　营造生态养殖红膏河蟹基地

第一节　生态养殖水生植物培植

一、水生植物主要五种类型

1. 挺水植物

即植物的根、根茎生长在水域的底泥之中，茎、叶挺出水面；其常分布于0~1.5m的浅水处，其中有的种类生长于潮湿的岸边。这类植物在空气中的部分，具有陆生植物的特征；生长在水中的部分（根或地下茎），具有水生植物的特征。常见的有：芦苇、蒲草、荸荠、莲、水芹、茭白荀、荷花和香蒲等。挺水植物是指生长在浅水区的植物。它的根或地下茎生长在泥土中，通常有发达的通气组织，茎和叶绝大部分挺立水面。此类植物有香蒲、慈姑和芦苇等。

2. 沉水植物

是指植物体全部位于水层下面营固着生存的大型水生植物。它们的根有时不发达或退化，植物体的各部分都可吸收水分和养料，通气组织特别发达，有利于在水中缺乏空气的情况下进行气体交换。这类植物体长期沉没在水下，仅在开花时花柄、花朵才露出水面。如金鱼藻、车轮沉水植物藻、狸藻和眼子菜等，表皮细胞没有角质或蜡质层，能直接吸收水分和溶于水中的氧和其他营养物质，根部退化或完全消失。叶片上的叶绿体大而多，排列在细胞外围，能充分吸收透入水中的微弱光线。叶片上没有气孔，有完整的通气组织，能适应水下氧气相对不足的环境。无性繁殖占优势，授粉在水面进行。虽然海洋中的大叶藻类及海藻类均包括在内，但一般则是指淡水植物。如黑藻属、苦草属、狐尾藻属、金鱼藻属、小叶眼子菜和轮藻等叶和茎的机械组织、角质层、导管等均发育不良，质柔软，叶多半可进一步区分为细长形或线形。营养盐类、氧气和二氧化碳主要是通过藻体表面摄取。假根的发育也不良，多少具有吸收能力，但主要是作为固定器官来使用。另外，也有无假根的藻类（如金鱼藻）。沉水植物是以根茎（苦草属、眼子菜属）、芽（黑藻属、小叶眼子菜属）、种子（刺藻）等进行越冬。

因为沉水植物在生长过程中会吸收水体中的营养物质，包括氮、磷等。针对富营养化的湖泊、湿地，可采用每年有计划地收割沉水植物的方式转移水体中过量的营养物质，对缓解水体富营养化起到积极作用。沉水型水生植物根茎生于泥中，整个植株沉入水中，具发达的通气组织，利于进行气体交换。叶多为狭长或丝状，能吸收水中部分养分，在水下弱光的条件下也能正常生长发育。对水质有一定的要求，因为水质浑浊会影响其光合作用。花小，花期短，以观叶为主。

3. 浮叶植物

指生长在浅水区，叶片浮在水面，形状多为扁平状，叶上表面有气孔，根系或地下茎固着在泥土里，根部所需要的氧气经由叶片的气孔由外界来供应，这类型的叶柄会随着水的深度而伸长，常见有菱角、大萍、浮萍、满江红、田字草、小荇菜、睡莲、台湾萍蓬草等。

4. 湿生植物

指生长在河川两岸或浅水区的植物，河川两岸植物又称滨溪植物，自大乔木至草本植物均有，像水茄苳（穗花棋盘脚）、野姜花、巴拉草等，这类型植物在河川下游或河口地区最具代表性的则是河岸红树林，台湾北部淡水河的水笔仔纯林及南部海茄苳、榄李混交林尤为著名。

5. 浮水（漂浮）植物

这类型植物根系并没有固着于泥土中，而是沉于水中，植物体则漂浮于水面，某些还具有特化的气囊以利于漂浮，例如布袋莲、大萍、满江红和槐叶苹等。

二、沉水植物繁殖与培植

1. 菹草繁殖与培植

（1）外部形态特征。菹草，又名虾藻、虾草、麦黄草。眼子菜科，眼子菜属。单子叶植物。多年生沉水草本植物。生于池塘、湖泊、溪流中，静水池塘或沟渠较多，水体多呈微酸至中性。菹草如图 7-1 所示。

菹草是多年生沉水草本，具近圆柱形的根茎。茎稍扁，多分枝，近基部常匍匐地面，于节处生出疏或稍密的须根。叶条形，无柄，长 3～8cm，宽 3～10mm，先端钝圆，基部约 1mm 与托叶合生，但不形成叶鞘，叶缘多少呈浅波状，具疏或稍密的细锯齿；叶脉 3～5 条，平行，顶端连接，中脉近基部两侧伴有通气组织形成的细纹，次级叶脉疏而明显可见；托叶薄膜质，长 5～10mm，早落；休眠芽腋生，略似松果，长 1～3cm，革质叶左右二列密生，基部扩张，肥厚，坚硬，边缘具有细锯齿。穗状花序顶生，具花 2～4 轮，初时每轮 2 朵对生，穗轴伸长后常稍不对称；花序梗棒状，较茎细；花小，被片 4，淡绿色，雌蕊 4 枚，基部合生。果实卵形，长约 3.5mm，果喙长可达 2mm，向后稍弯曲，

图 7-1 菹草

背脊约 1/2 以下具齿牙。花果期 4—7 月。又叫虾藻、虾草，属眼子菜科，为多年生沉水草本植物。具近圆柱形的根茎，茎稍扁，多分枝，近基部常匍匐地面，于节处生出疏或稍密的须根。叶条形，无柄，长 3～8cm，宽 3～10mm。菹草的生命周期于多数水生植物不同，在秋季发芽，冬春生长，4—5 月开花结果，夏季 6 月后逐渐衰退腐烂，同时形成鳞枝（冬芽）以度过不适环境。

（2）地理分布。菹草在我国分布较广，它的地理分布甚广，南北温带和亚热带都有其踪迹。菹草多生于池塘、湖泊、溪流中、江河、水库、渠沟和沼泽地天然泡沼、低洼积水处均可见其踪迹，生长环境水深一般不超过 1.8m，水流缓慢或静水，水体 pH 值中性左右，常和数种眼子菜、轮藻、角果藻及金鱼藻等混生一处。菹草的耐高温能力较差，耐受温度范围为 2～30℃，超过 24℃停止生长，30℃开始死亡，其最适生长温度范围为 10～20℃。菹草可作虾蟹的绿色饲料，既是湖泊、池沼可净化水质水生植物，也是营造养殖河蟹生态水域环境的水生植物之一。

（3）应用价值。

①生态价值：净化水体。国外文献报道，菹草繁茂时，水中的 NO_3-N（硝氮）明显减少。国内也有不少文章报道菹草对氮、磷有很好的吸收作用。金送笛等（1994）报道菹草可直接吸收底泥中的 NH_4^+-N（氨氮）、PO_4^{3-}-P（磷酸盐），在水层中 NH_4^+-N（氨氮）含量较低（<0.35mg/L），优先吸收 NO_3-N（硝氮）而与浮游植物选择吸收 NH_4^+-N（氨氮）互补。吴玉树（1991）报道，菹草对水体和底泥中的磷、氮、铅、锌、铜、砷有较大的吸收、富集量。单位生物量的菹草对氮、铜的富集量>水葫芦>茭草>芦苇，铅、锌则菹草>茭草>芦苇，对底泥中氮、磷、铜、铅的吸收系数菹草>水葫芦，尤以氮、磷为最明显；研究还表明，菹草对锌有较高的富集能力，用含锌混合废水栽培 1 个月左右，

体内含锌量超过原来含锌量的8倍；菹草对砷的净化能力更强，它的自然含砷量在6mg/kg左右，但在含砷酸氢二钾、硫酸锌、氯化汞、重铬酸钾各2mg/kg的混合废水栽培下，菹草体内的含砷量可超过原来含砷量的16倍。但植物对水体和底泥中污染物的富集量和净化效率与生物量大小有关。当菹草保持其群体覆盖率为50%时，生物量最大，净化效率也最大。戴莽等（1999）报道，有菹草的围隔与对照组相比，各种营养盐水平低得多。溶氧和透明度显著升高，电导率明显下降，水质得到了明显的改善，促进鱼类安全过冬。据调查表明，有菹草的水体与无菹草的水体相比，在同一深度浮游植物和溶氧前者都明显高于后者。可见，菹草在冬季冰下水体中不仅能够照常生长，且有较高的光合产氧速率，从而使菹草型水体的冰下溶解氧也很丰富，且中层水体有时比表层还要高，其光合作用是菹草型水体鱼类自然越冬所需溶解氧的重要来源，为该类渔业水域中鱼类安全越冬提供了保障。此外，经济鱼类的幼鱼生活于菹草丛中也不易被凶猛鱼类吃掉，为幼苗逃避敌害提供了场所。从而有利于这些主要经济鱼类资源的自然保护与增殖。另外，水体中种植菹草，可防止同类间的相互残杀，充分利用中央水体，在高温时还可调节水温。若在幼虾蟹培养池和成虾蟹池中栽种菹草，可提高虾蟹的成活率和产量。

②营养价值：不同产地的菹草样常规营养成分测定值有较大差异，这与产地、生长环境及生长期的差异有很大关系。但粗蛋白质含量均在100g/kg以上，钙和磷含量均在1.0g/kg以上，干草的粗灰分含量均在100g/kg以上，说明菹草粉是较好的蛋白质和矿物元素的来源。菹草干草样中部分维生素含量分别为：维生素B_1 1.8mg/kg、维生素B_2 7.0mg/kg、维生素B_{12} 42mg/kg、维生素C 281mg/kg、胡萝卜素550mg/kg。菹草的B族维生素含量丰富，胡萝卜素的含量高于玉米、麦麸和细绿萍，是良好的维生素补充料。

③养殖价值：菹草可直接供饲河蟹，是河蟹喜食的青绿饲料。菹草也可间接供饵蟹类，其营养体植株在河蟹生长较快的夏季易腐烂，可为水体提供大量的有机质和营养盐类，促进浮游性饵料资源的大量增殖；同时，在湖泊、水库等渔业生态系统中，菹草群落丛生处也是蚌、螺、摇蚊幼虫、水蚯蚓等生物的栖息与繁殖场所，有利于河蟹等经济鱼类饵料资源的增殖，促进其生长发育、提高产量。菹草可促进虾类安全越冬，它在冬季冰下水体中正常生长，其光合作用产生的氧气是水中溶解氧的重要来源，为水域中虾类安全越冬提供了保障。菹草有利于经济虾蟹的保护与增殖。

④繁殖与培植：菹草有着无性繁殖与有性繁殖生物学特性。可以采用无性繁殖和有性繁殖这二种方法。

A. 无性繁殖。是以根茎扦插繁殖的方法，至于根茎繁殖，在正常情况下，纵横泥中，繁殖迅速，蔓延甚快，但在气温较高的地区却不能生存，而和地上部分同归于尽。

B. 有性繁殖。以有种子播种的方法，种子繁殖为一般种子植物的主要繁殖方法，但对于菹草来说并不重要，特别是生在水池中的菹草，几乎无种子可供繁殖之用。独有菹草石芽繁殖表现得十分突出而重要，因此，目前采用的方法是石芽栽培，因为，石芽可提供充足的营养和保护，存活率高。或者代根扦插培养，底泥、水质的营养盐需充足，菹草小苗不可强光暴晒，适时增加水位，以覆盖菹草成长高度。菹草石芽的播种方法。采用黏土包裹菹草石芽，使得菹草石芽能在期望的水体区域固定、萌发与繁殖。该发明简便有效、成本低廉，是一种菹草石芽播种的好方法。由于菹草石芽有黏土的包裹，会迅速沉入、并固定在水底，从而避免因风浪和水流作用导致菹草石芽漂移，使得菹草石芽能固定于要种植的水体区域，提高了种植效率，同时草木灰的使用增加了菹草石芽生长所需的营养盐，使得菹草石芽生长更加茂盛。

2. 伊乐藻繁殖与培植

（1）外部形态特征。伊乐藻（图 7-2）茎可长达 2m，具分枝；芽孢叶卵状披针形排列密集。叶 4~8 枚轮生，无柄，膜质，狭线形或线状长圆形，长 1~1.5cm，宽约 2mm，具 1 脉，全缘或具小锯齿。属于雌雄异株植物雄花单生，叶

图 7-2　伊乐藻

腋无柄着生于一对扇形苞片内，苞片外缘有刺。雄花成熟后苞片张开雄花极容易脱落，浮至水面立即打开花被片。3 枚卵圆形花萼片反折，内具 3 枚细小条状

花瓣，雄蕊3枚花丝合生极短，花药肾形。伊乐藻的雌花单生叶腋无柄具筒状膜质，苞片先端2裂花萼，筒细长3~4cm，包裹子房和花柱，花萼3枚内具3枚花瓣呈条状，细小柱头3枚流苏状，子房内有2~5枚胚珠，有时可达6~8枚。黑藻的花期在7月上旬至9月下旬，有效的传粉活动多在夜间和清晨进行。伊乐藻除了进行有性生殖外还进行无性生殖。在11月中旬开始伊乐藻的部分叶腋内发育出纺锤形球芽，节间高度缩短叶片密集且较坚硬，整个球芽长1~3cm横断面直径3~5mm。伊乐藻能忍受零度及冰点以下的寒冷，在5—6月生长高峰期，生物量可达5~8kg/m^{2}具有以年为生长周期的发育节律，在夏季高温生长旺季，水面下密集的冠层式的下层茎叶和根系得不到光照和氧气补给而腐烂茎枝沉入湖底而转入休眠状态。在秋季环境适宜时，由茎秆上的腋芽萌发，在水中形成不定根。实现自然再生。

（2）地理分布和生态习性。

①地理分布：伊乐藻原产美洲，是一种优质、速生、高产的沉水植物，与我国淡水水域中分布的黑藻、苦草同属水鳖科。20世纪90年代经中国科学院南京地理与湖泊研究所从日本引进，在江苏省泗洪县试养。该草是一种优质、速生、高产的沉水植物，是草食性鱼类的优质饲料。该草具有广阔的栽培前景，也具有很高的经济价值。

②伊乐藻生态习性，其优点表现在：一是适应性强，只要水上无冰，即可栽培，5℃以上就可以生长。二是在寒冷的冬季也能以营养体越冬。水温只要在5℃以上伊乐藻发芽早，长势快，在早期其他水草还没有长起来的时候，只有它能够为河蟹生长、栖息、蜕壳和避敌提供理想场所。三是这种草不耐高温，而且生长旺盛。但水温上升至28~30℃时伊乐藻的代谢功能下降，基本停止生长。茎叶萎缩变质，严重损坏水的质量。

③应用价值：

A. 生态价值。在自然条件下，采用人工模拟水缸培养方法，研究了湖泊底泥不同铜、镉处理对沉水植物伊乐藻生长、叶绿素含量以及铜、镉吸收和积累的影响。结果表明，较低浓度铜刺激伊乐藻的生长（生物量、叶绿素），高浓度抑制伊乐藻的生长；随着镉处理浓度的增加，伊乐藻的生物量、叶绿素含量均一直降低，在底泥镉含量为168.69mg时，植株出现死亡。随着铜处理浓度的增加，伊乐藻体内的铜含量一直增加，在底泥铜含量为414mg时，根部、叶部的富集系数均达到最大（0.21和0.17）；伊乐藻体内的镉含量随镉处理浓度的增加先增后减，底泥镉含量为88.69mg时，根部、叶部的富集系数均达到最大（0.07和0.09）。以上结果说明，伊乐藻对铜、镉具有很强的耐受性，可以作为原位修复铜和镉污染底泥的植物种类应用。

B. 营养价值。伊乐藻具有鲜、嫩、脆的特点，是河蟹优良的天然饵料。伊乐藻的营养丰富，干物质占 8.23%，粗蛋白质为 2.1%，粗脂肪为 0.19%，无氮浸出物为 2.53%，粗灰分为 1.52%，粗纤维为 1.9%。其茎叶和根须中富含维生素 C、伊乐藻维生素 E 和维生素 B_{12}等，这可以补充投喂谷物和其他饲料多种维生素的不足。还含有丰富的钙、磷和多种微量元素，其中钙的含量尤为突出。伊乐藻含有 1.9%的粗纤维，这有助于河蟹对多种食物的消化和吸收。用伊乐藻饲喂河蟹，适口性较好，河蟹生长快，饲料系数低，可节约精饲料 30%左右，饲喂草食性鱼虾蟹类节约精饲料 50%左右。

C. 养殖价值。蟹池种植伊乐藻，可以净化水质，防止水体富营养化。伊乐藻不仅可以在光合作用的过程中放出大量的氧，还可吸收水中不断产生的大量有害氨态氮、二氧化碳和剩余的饵料溶失物及某些有机分解物，这些作用对稳定 pH 值，使水质保持中性偏碱，增加水体的透明度，对促进蜕壳、提高饲料利用率、改善品质等都有着重要意义。蟹池种植伊乐藻，还可营造良好的生态环境，供螃蟹活动、隐藏、脱壳，使其较快地生长，可降低发病率，提高成活率。

④繁殖与培植：

A. 无性繁殖。伊乐藻无性繁殖是将水中的植株剪成 6~8cm 长的茎段进行扦插，生根后可移栽。在伊乐藻的生长期内，要及时清除杂草和异物，保持水的清澈，增加水中的光照。同时还要追肥 1~2 次，促进植株的生长，由于伊乐藻繁殖速度较快，要定期清理部分植株。

B. 有性繁殖。池内注水 20cm。于 3 月初水温开始上升时向池内移植伊乐藻，水草面积占池塘水面的 60%左右。栽插最好在蟹种放养前完成；如来不及栽插时应事先将蟹种用网圈养在一角等水草长至 30cm 以上时再放开，否则栽插成活后的嫩芽可能被蟹种吃掉或被蟹的巨螯掐断，甚至连根拔起。栽插方法是：将草截断成 15~20cm 的茎，像插秧一样，一束束地插入有淤泥的池中，数量为 10~15kg/亩，行距 0.5~0.6m，3~5 株一束扦插入泥中 3~5cm，留泥上 10~15cm。栽植区水位初期在插入伊乐藻刚好没头为好，一般保持 20~30cm 的水位，以利于增加光照，升高水温，促进生长；否则，伊乐藻会因光照不足而出现烂根的现象。待水草长满全池后逐步加深池水。栽插要预留一些空白带，以便日后供蟹作为活动空间，池周距岸 1m 处的浅滩地带是虾蟹栖息摄食便于观察的区域需种好水草。到了蟹种投放时，池水可保持 0.8m 左右。

3. 轮叶黑藻繁殖与培植

（1）形态特征。罗氏轮叶黑藻（图 7-3），水鳖科，黑藻属的一种变种，俗

称温丝草、灯笼薇、转转薇等。多年生沉水植物，茎圆柱形，表面具有纵向细

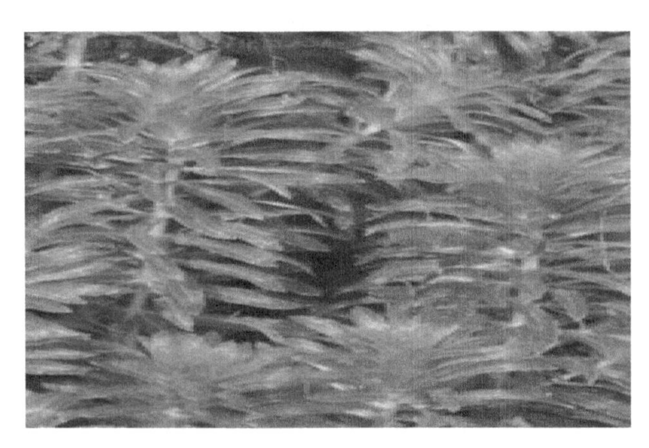

图 7-3 轮叶黑藻

棱纹，质较脆。休眠芽长卵圆形；苞叶多数，螺旋状紧密排列，白色或淡黄绿色，狭披针形至披针形。叶 3~8 片轮生，常具紫红色或黑色小斑点，先端锐尖，边缘锯齿明显，无柄，具腋生小鳞片；主脉 1 条，明显。花单性，雌雄同株或异株，腋生无柄雄佛焰苞近球形，绿色，表面具明显的纵棱纹，顶端具刺凸；雄花萼片、花瓣各 3 片，白色。果实圆柱形，表面常有 2~9 个刺状凸起。种子 2~6 粒，褐色，两端尖。花果期 5~10 月。本变种与黑藻极相似，区别在于黑藻的休眠芽长卵圆形，芽苞叶狭披针形，边缘锯齿大而明显；而本变种休眠芽长椭圆形，芽苞片为卵圆形，边缘锯齿小而不明显。该变种系一同源三倍体，来源于二倍体的黑藻，主要以休眠芽进行无性繁殖。每年 3 月，越冬芽萌发形成植株，进而产生越夏芽；8 月，越夏芽萌发又形成新的植株，进而产生翌年萌发的越冬芽。生长在性喜阳光充足的环境。环境荫蔽植株生长受阻，新叶叶色变淡，老叶逐渐死亡。最好让它每天接受 2~3h 的散射日光。

（2）地理分布和生态习性。

①地理分布：轮叶黑藻分布于欧亚大陆热带至温带地区。宜于池塘、湖泊和水沟中生长。我国该物种产于黑龙江省、河北省、陕西省、山东省、江苏省、安徽省、浙江省、江西省、福建省、台湾省、河南省、湖北省、湖南省、广东省、海南省、广西壮族自治区、四川省、贵州省和云南省等省区，多生于淡水中。

②生态习性：轮叶黑藻喜阳光充足的环境。环境荫蔽植株生长受阻，新叶叶色变淡，老叶逐渐死亡。最好让它每天接受 2~3h 的散射日光。性喜温暖，耐寒，在 15~30℃的温度范围内生长良好，越冬不低于 4℃。

（3）应用价值。

①生态价值：轮叶黑藻生存范围广，适应能力强、生长速度快、富集能力强，是净化水质的理想植物。近十几年来，许多学者在轮叶黑藻净化水质方面做了详细的研究，据曹萃和（1987 年）报道，轮叶黑藻的茎、叶和皮表与根一样都具有吸收作用，且皮层细胞含有叶绿素，具有进行光合作用的功能。轮叶黑藻的这种结构对水体营养盐类的吸收降解及对重金属的浓缩富集都有很强的作用，从而达到净化水质的目的。陈毓华等（1995 年）报道，轮叶黑藻净水功能可与凤眼莲相媲美，而综合效能优于凤眼莲。高光（1996 年）报道，轮叶黑藻对养鱼污染水中的 N、P 等物质有较好的净化效果，在试验的 96h 内，对 TN（氨基酸）、TP（血常规检测中的总蛋白总称）、PO_4-P（正磷酸盐）、NH^4-N（氨氮）、NO_3-N（硝氮）和 COD（化学需氧量）的平均净化率分别为：61.8%、54.2%、85.3%、81.8%、31.4%和 33.5%。宋福等（1997 年）报道，轮叶黑藻对水体总氮、总磷均有显著去除作用，在试验的 27d 内，对总氮、总磷去除率分别为 80.31%、89.82%。由此可见，轮叶黑藻净化水体方面具有比较好的效果，其现在被日益广泛地应用于生物治理污染水体。同时，轮叶黑藻能够在水体中形成巨大的“水下森林”，对水域生态系统结构和功能的稳定起至关重要作用。

②营养价值：轮叶黑藻蛋白质含量高，粗纤维和粗脂肪的含量均较低，其粗蛋白质含量占干重的 25.3%，是一种理想的高蛋白植物，可作为鱼类的适口饵料、禽畜的优良饲料和农田绿肥。在水产养殖上，轮叶黑藻的根、茎和叶都是草食性鱼类和河蟹的适口性青饲料。潘华东等（2003 年）报道，利用轮叶黑藻饲养草鱼效果显著好于旱草。因此，轮叶黑藻是河蟹的绿色植物饵料。

③养殖价值：轮叶黑藻在河蟹养殖中具有多方面的作用，除了能有效地吸收池水中的污染物质、改善水质外，形成水下水生植物生态链。科学利用水生植物资源，水草光合作用能放出大量氧气，溶氧可达 5.5mg/L 以上；水草是生物饵料，能满足养殖河蟹的绿色植物饵料，水草可控制水温，夏季高温时池塘水温可控制在 22～28℃河蟹最适生长生态养殖环境。还能为河蟹提供不可缺少的栖息处，河蟹每次蜕壳后 0.5～1h，是其生命过程中最脆弱的时刻。在这段时间内，河蟹完全丧失抵御敌害和回避不良环境的能力。人工养殖时，水生植物资源能促进河蟹同步蜕壳和保护软壳蟹，是提高河蟹成活率的关键技术之一。

轮叶黑藻是营造优良的河蟹养殖生态环境适宜种植的水草之一。一是轮叶黑藻及其他有益藻类。水体中 75%的溶解氧来源于有益藻类，要想水质好，必须先培养出优良的藻相。在河蟹养殖过程中，尽量培养池塘环境生物的多样性，维持水体一定的肥度来保持藻相，保持水体的稳定性，从而减少河蟹的应激反应。二是微生物。在藻类较少或较深的水体中，微生物分解有机物，降解氨氮、亚硝酸、硫化氢的能力是水体稳定的基础。三是化学物质。从根源减少病虫害的发生。如较高浓度的缓冲物（如碱度）等都是水体稳定和净水的重要因素。四是耐高温、不污染蟹池水质、池水溶氧充足。五是断株再生能力强，轮叶黑藻不易折断，即使被蟹夹断，也极易生根存活。六是轮叶黑藻适口性好，河蟹喜食。也可以说它集聚了水草的全部优点，为河蟹养殖户带来了良好的经济效益和社会效益。科技部门有关专家开展了对“内塘引种太湖黑藻开展生态养蟹的技术研究”，专家们认为，用太湖黑藻养蟹，河蟹质量安全，亩产量增加，亩效益提高。

（4）繁殖与培植。

①自然繁殖：在自然条件下，轮叶黑藻可以通过种子或者营养繁殖体进行自动繁殖，并以营养繁殖较为普遍。轮叶黑藻除了能在枝尖形成特化的营养繁殖体——鳞状芽苞和在根部形成白色鳞状块茎进行营养繁殖外，同时还能在茎干任何高度的茎节上产生分枝和不定根，因此也可通过断枝进行营养繁殖。轮叶黑藻具有很强的分枝能力和营养繁殖能力，每年3—8月处于营养生长期，枝尖插植3d后就能生根，形成新植株。断枝无性繁殖是水生植物长期适应水生态环境扩大种族繁殖的一种特性，也是种植业上采用的一项重要生产技术。植物的种子很难大量采集，繁殖体的移栽繁殖、种子繁殖往往受到季节的严格限制。轮叶黑藻芽苞的采集局限于10—11月，插种期为12月至翌年3月。相比较而言枝尖扦插繁殖不仅简单易行，可以大面积操作，而且栽植期长（3—8月），种源充足，适合于大规模繁殖和栽培。因此，在实际生产中，大多倾向于采用枝尖扦插法进行轮叶黑藻的繁殖和栽培。

②无性繁殖：无性繁殖将水中的植株剪成6～8cm长的茎段进行扦插，生根后可移栽。在黑藻的生长期内，要及时清除杂草和异物，保持水的清澈，增加水中的光照。同时还要追肥1～2次，促进植株的生长，由于黑藻繁殖速度较快，要定期清理部分植株。

③有性繁殖：春季将种子播种于营养土中，加水高出土面3～5cm，保温保湿，待发芽齐全后，生长健壮时即可移栽定植。具体方法如下。

A. 枝尖插植繁殖。轮叶黑藻属于“假根尖”植物，只有须状不定根，在每年的4—8月，处于营养生长阶段，枝尖插植3d后就能生根，形成新的植株。

B. 营养体移栽繁殖。一般在谷雨前后，将池塘水排干，留底泥10～15cm，将长至15cm轮叶黑藻切成长8cm左右的段节，每亩按30～50kg均匀泼洒，使茎节部分浸入泥中，再将池塘水加至 15cm 深。约 20d 后全池都覆盖着新生的轮叶黑藻，可将水加至 30cm，以后逐步加深池水，不使水草露出水面。移植初期应保持水质清新，不能干水，不宜使用化肥。如有青苔滋生，可使用“杀青苔”药物杀灭。

C. 芽苞的种植。每年的 12 月到翌年 3 月是轮叶黑藻芽苞的播种期，应选择晴天播种，播种前池水加注新水 10cm，每亩用种 500～1 000g，播种时应按行、株距 50cm 将芽苞 3～5 粒插入泥中，或者拌泥沙撒播。当水温升至 15℃时，5～10d 开始发芽，出苗率可达 95%。

④注意事项：

A. 芽苞的选择。芽苞长 1～1. 2cm，直径 0. 4～0. 5cm，每 500g 3 500～4 000 粒，芽苞粒硬饱满，呈葱绿色。

B. 播种前应用聚乙烯网片或白膜围栏，将芽苞与河蟹隔开，待芽苞萌发长成，水草满塘时，撤掉围栏设施，让河蟹进入草丛。

C. 每亩放蟹量应在 1 000只以下。

D. 整株的种植。

在每年的 5—8 月，天然水域中的轮叶黑藻已长成，长达 40～60cm，每亩蟹池 1 次放草 100～200kg，一部分被蟹直接摄食，一部分生须根着泥存活。水质管理上，白天水深，晚间水浅，减少河蟹食草量，促进须根生成。

4. 金鱼藻繁殖与培植

（1）形态特征。金鱼藻（图 7-4）是金鱼藻科金鱼藻属、多年生草本的沉水性水生植物，别名细草、软草、鱼草。全株暗绿色。茎细柔，有分枝。叶轮生，每轮 6～8 叶；无柄；叶片 2 歧或细裂，裂片线状，具刺状小齿。花小，单性，雌雄同株或异株，腋生，无花被；总苞片 8～12，钻状；雄花具多数雄蕊；雌花具雌蕊 1 枚，子房长卵形，上位，1 室；花柱呈钻形。小坚果，卵圆形，光滑。金鱼藻是多年生沉水草本；茎长 40～150cm，平滑，具分枝。叶 4～12 轮生，1～2 次二叉状分歧，裂片丝状，或丝状条形，长 1. 5～2cm，宽 0. 1～0. 5mm，先端带白色软骨质，边缘仅一侧有数细齿。金鱼藻的花直径约 2mm；苞片 9～12，条形，长 1. 5～2mm，浅绿色，透明，先端有 3 齿及带紫色毛；雄蕊 10～16，微密集；子房卵形，花柱钻状。坚果宽椭圆形，长 4～5mm，宽约 2mm，黑色，平滑，边缘无翅，有 3 刺，顶生刺（宿存花柱）长 8～10mm，先端具钩，基部 2 刺向下斜伸，长 4～7mm，先端渐细成刺状。金鱼藻的花期 6—7 月，果期 8—10 月。

（2）地理分布和生态习性。

图 7-4 金鱼藻

①地理分布：金鱼藻是分布在全世界范围内的水生植物，一般生活在温带和热带的池塘、沼泽地和平静的溪流中。金鱼藻群生于海拔 2 700m 以下的淡水池塘、水沟、稳水小河、温泉流水及水库中，常生于 1~3m 深的水域中，形成密集的水下群落。

②生态习性：

A. 休眠萌发。种子具坚硬的外壳，有较长的休眠期，通过冬季低温解除休眠。早春种子在泥中萌发，向上生长可达水面。种子萌发时胚根不伸长，故植株无根，而以长入土中的叶状态枝固定株体，同时基部侧枝也发育出很细的全裂叶，类似白色细线的根状枝，既固定植株，又吸收营养。

B. 越冬顶芽。秋季光照渐短，气温下降时，侧枝顶端停止生长，叶密集成叶簇，色变深绿，角质增厚，并积累淀粉等养分，成为一种特殊的营养繁殖体，休眠顶芽。此时植株变脆，顶芽很易脱落，沉于泥中休眠越冬，第二年春天萌发为新株。另外，在生长期中，折断的植株可随时发育成新株。

C. 营养生长。金鱼藻无根，全株沉于水中，因而生长与光照关系密切，当水过于浑浊，水中透入光线较少，金鱼藻生长不好，但当水清透入阳光后仍可恢复生长。在 2%~3%的光强下，生长较慢。5%~10%的光强下，生长迅速，但强烈光照会使金鱼藻死亡。金鱼藻在 pH 值 7.1~9.2 的水中均可正常生长，但以 pH 值 7.6~8.8 最为适。金鱼藻对水温要求较宽，但对结冰较为敏感，在冰中几天内冻死。金鱼藻是喜氮植物，水中无机氮含量高生长较好，夏季可降低水温。

D. 开花结实：花期 6—7 月，果期 8—9 月。雄花成熟后，雄蕊脱离母体，以花药末端的小浮体使其上升到水面，并开裂散出花粉，花粉比重较大，慢慢下沉到达水下雌花柱头上，授粉受精，这一过程只有在静水中进行。果实成熟后下沉至泥底，休眠越冬。

（3）金鱼藻应用价值。

①生态价值：金鱼藻科植物全株都在水面以下生存，茎长可达1m以上，轮生着绿色的线状叶，没有根，但有时生出类似根的变种叶，把茎固定到水底，花单性，很小，雌花与雄花生长在同株上，喜光，在缺光环境也能生存，但生长缓慢。在低温环境下也生长缓慢，叶变粗，很容易被误认为是另一个品种。在秋季会产生瘦果，沉入池底，春季重新发芽生长。在热带可以长年生长，形成茂密的“森林”，为河蟹提供庇护所。金鱼藻也可以分支繁殖，任何一段茎都可以发育成长。在河蟹养殖池塘中种植金鱼藻等生态效果都很好。金鱼藻可以产生大量的氧，也可以保护河蟹蜕壳。提高河蟹成活率。

②营养价值：金鱼藻干物质中营养成分为干物质占16.18%，粗蛋白质为15.38%，粗脂肪为0.74%，粗纤维为21.95%，无氮浸出物为57.41%，粗灰分为4.53%。因此，金鱼藻是河蟹的绿色植物饵料。同时又对金鱼藻的挥发油的化学成分进行了研究，将其全草干粉用挥发油提取器提取6h，得浅黄色具特殊香味的精油，然后用GC-MS定性定量分析，共检出78个组分，分析鉴定了其中32个成分，结果表明：六氢金合欢丙酮含量最高，占总检出量16.9%；按成分的类型，醛酮占21.44%，萜类占11.54%，酯类占20.06%，烃类占9.39%，其他类占7.21%。采用试管法对金鱼藻化学成分进行系统预试，发现该植物中含有：黄酮及其苷、内酯、香豆素及其苷、甾体、萜类、糖、鞣质、氨基酸、多肽、蛋白质和挥发油；可能含有酚性成分、生物碱；不含强心苷。采用溶剂提取法，将金鱼藻全草干粉用95%乙醇加热回流提取，醇提物依次用氯仿、乙酸乙酯、正丁醇萃取，从氯仿、乙酸乙酯部分分离得到13个化合物，利用现代波谱技术鉴定了其中11个化合物。分别是：棕榈酸、硬脂酸，二十二碳酸、β-谷甾醇、7α-羟基-β-谷甾醇、7α-甲氧基-β-谷甾醇、苜蓿素-7α-O-β-D-葡萄糖苷、柚皮素-7α-O-β-D-葡萄糖苷、七叶内酯、豆甾醇和乌发醇。

③经济价值：金鱼藻是成蟹养殖生产中一种主要的水草：金鱼藻水草是沉水性植物，也是经过多年实践证明可用于养殖河蟹的良种水草。水草对于河蟹来说是十分重要的，具有向河蟹提供氧气、新鲜饵料、便于河蟹隐藏、净化水质等多种功能。大量的生产实践表明，河蟹池塘养殖能否取得成功，关键之一在于能否种植好一池水草。渔谚说的“蟹大小，看水草”“养蟹无技巧，只要水草好”“要想蟹病少，快去种水草”等是有道理的。要模拟湖泊水草丰富的特点，在池塘里形成水草生物种群，为河蟹创造良好的生态环境。首先，栽培水草有多种用途，最主要的目的是利用它们吸收部分残饵、粪便等有机物，分解、

转化无机物，从而净化养蟹池水质，保持水体有较高的溶氧量。其次，河蟹脱壳时，水草还是很好的隐蔽物，水草能为河蟹提供新鲜饲料。

（4）繁殖与培植。

①金鱼藻生长土壤：金鱼藻一般以秋后培植，金鱼藻对土壤要求不高，土壤宜用肥沃、疏松和排水良好的微酸性沙质壤土。生长湿度要求是金鱼藻要求空气湿度较小，果实发育则供给充足的水分。

②金鱼藻生长温度：金鱼藻较耐寒，不耐热，生长适温，9 月至翌年 3 月为 7~10℃，3—9 月为 13~16℃，幼苗在 5℃条件下通过春化阶段。高温对金鱼藻生长发育不利，开花适温为 15~16℃，有些品种温度超过 15℃，不出现分枝，影响株态。金鱼藻为喜光性草本。

③河蟹池种植管理：移栽时间在 4 月中下旬，或当地水温稳定通过 11℃即可。起苗前要注意天气变化，栽雨不栽风，下雨天可以移栽，起大风禁止起苗移栽，防止嫩头失水枯死。将事先准备好的苗在 15：00 之后起水理顺。如移栽池水深 1.2~1.5m，金鱼草藻的长度留 1.2m，水深 0.5~0.6m，草茎留 0.5m。准备一些手指粗细的棍子，其长短视水深浅而定，以齐水面为宜。在棍子入土的一头离 10cm 处用橡皮筋绷上 3~4 根金鱼藻，每蓬嫩头不超过 10 个，分级排放。

移栽时做到，深水区稀，浅水区密，肥水池稀，瘦水池密，急着用则密，待着用则稀的原则，一般栽插密度为深水区 1.5m×1.5m 栽 1 蓬，浅水区 1m×1m 栽 1 蓬，依此类推。栽插时人不要下水，以防搅浑池水，影响蟹苗正常生长。先将池水放浅 20cm，用腰子盆或划子（小船）装好苗子，1 人划浆 1 人栽插，轻拿轻栽，棍子入泥 10cm 左右，草顶头齐水面为好。

④商品草种植管理：利用沟河湖滩或季节性水域种植金鱼藻，是一条致富创收的好门路。种植管理与河蟹池不同之处如下：

A. 宜密不宜稀。要想夺高产，基本苗不足，产量就难以上去，按亩水域移栽 1 200蓬为宜。

B. 宜浅不宜深。移栽区水深最好保持 1m 之内，水过深纲粗叶少，产量低，商品利用率也低。

C. 宜肥不宜瘦。凡是不能养鱼养虾的荒芜水面基本上都是劣质水域，移栽前捞去水苔和其他杂草，按每亩水面施过磷酸钙 25kg 做基肥，氮肥少施，以防绿藻占领水面。

D. 采收与追肥。移栽到第 1 次收获大致 50d。采收时将棍子拎起抖一抖，在水中转上 4~5 转，将棍子一横 2 手往上一拎，1 蓬草就是 1 个大纱锭。起 1 排留3排，第2次收获需间隔30d左右，收3排当中的1排。第3次以后不需间隔多少天，只要核上价随时都可采收。为了保持鲜草的新鲜度，必须在8：00之前运输投放结束。每次采收后亩水面施标准复合肥4kg。

⑤金鱼藻越冬管理：金鱼藻分布世界各地，不需人工保护也能自然越冬，越冬时嫩头死去，老茎沉水越冬。但人工保护苗能提前1个月移栽，可及时供应蟹池所需。选择排灌方便处建越冬池，池宽2m，长3m，可供1亩水面种苗，按需建池。池深1.5m，水深0.5~0.6m。10月中旬采集种苗，种苗茎长50cm，3~4根为1蓬，按移栽方法挨一挨二扦插，以苗头互不相挤为好。12月中旬将池水加到1.2m，扣上塑料拱棚，四周封严压实。翌年2月下旬将池水降至1m，每平方米用过磷酸钙20g，加细土0.5kg撒施，3月下旬揭膜炼苗，4月中下旬即可起苗移栽。

5. 黄丝草繁殖与培植

（1）形态特征。黄丝草（图7-5），又称微齿眼子菜，多年生沉水草本，无根茎。茎细长，直径0.5~1mm，具分枝，近基部常匍匐，于节处生出多数纤长

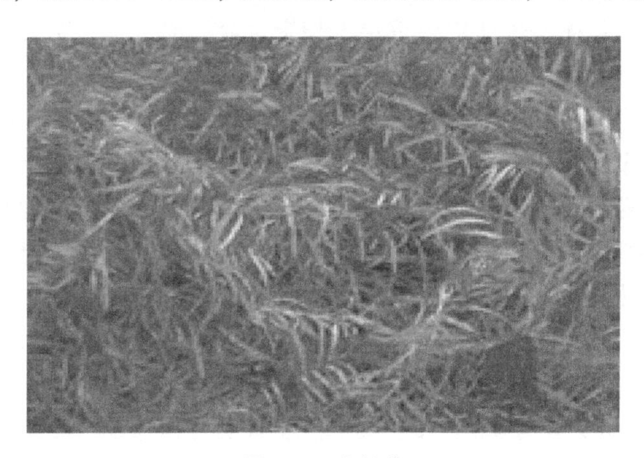

图7-5 黄丝草

的须根，节间长2~10cm。叶条形，无柄，长2~6cm，宽2~4mm，先端钝圆，基部与托叶贴生成短的叶鞘，叶缘具微细的疏锯齿；叶脉3~7条，平行，顶端连接，中脉显著，侧脉较细弱，次级脉不明显；叶鞘长0.3~0.6cm，抱茎，顶端具一长3~5mm的膜质小舌片。穗状花序顶生，具花2~3轮；花序梗通常不膨大，与茎近等粗，长1~4cm；花小，被片4，淡绿色，雌蕊4枚，稀少于4枚，离生。果实倒卵形，长约4mm，顶端具长约0.5mm的喙，背部3脊，中脊狭翅状，侧脊稍钝。生于浅湖及池沼静水中。全草可作河蟹饲料，亦可绿肥。在江苏省，花果期7—9月。

（2）地理分布和生态习性。

①分布地区：产自中国东北、华北、华东、华中以及西南各地。生于湖泊、池塘等静水水体，水体多呈微酸性。苏联、朝鲜、日本也有分布。

②生态习性：黄丝草根茎生于泥中，整个植株沉入水中，具发达的通气组织，利于进行气体交换。叶多为狭长或丝状，能吸收水中部分养分，在水下弱光的条件下也能正常生长发育。对水质有一定的要求，因为水质浑浊会影响其光合作用。在水中担当着“造氧机”的角色，为池塘中的其他生物提供生长所必需的溶解氧；同时，它们还能够除去水中过剩的养分，因而通过控制水藻生长而保持水体的清澈。

（3）黄丝草应用价值。

①生态价值：黄丝草群生于淡水池塘、水沟、稳水小河、湖泊及水库中。在自然水域生态系统或人工营造的水生态系统中黄丝草是沉水植物的优良品种。河蟹生长发育总是伴随着蜕皮与蜕壳进行的，故其形体的增大和形态的改变也都要经过蜕皮与蜕壳才能完成。蜕皮、蜕壳，不只是身体的外部变化，而是复杂的生理作用，且在其生活史中贯穿于整个生命活动过程，对其生命的发展起着重要作用。河蟹生长阶段，组成挺水、沉水相结合的水草群落，此消彼长，满足水环境中生物多样性的要求，水体自我净化、自我维持的功能，蟹池一年四季要有一定量的水生植物。水生植物生长吸收水体有机盐，分解养殖生产中所生产的氨态氮、亚硝酸氮、硫化氢等有毒有害物质，营造出池水新鲜、清澈的生态水域环境，从而实现水生生态系统内的物质良性循环，促进养殖水体进一步生态资源化，促使河蟹正常生长发育。

②营养价值：黄丝草（微齿眼子菜）干物质中营养成分为干物质占20.67%，粗蛋白质为14.03%，粗脂肪为0.44%，粗纤维为28.02%，无氮浸出物为26.42%，粗灰分为31.11%。水生植物有上百种皂苷、使作为载体的大多数植物具有抑菌、消炎、解毒、消肿、止血、强壮等药理作用。

③经济价值：河蟹属杂食性，主要食取水生植物和小鱼虾、贝类及底栖生物，乏食时兼食有机碎屑。经对湖泊放流的河蟹抽样分析，65%的河蟹胃含物主要为植物性饵料，黄丝草是自然生长的水生植物饵料。但在人工饲养条件下，当动物性饵料（蚌肉、小鱼）与水生植物同时存在时，河蟹首先摄取的是动物性饵料，其食物团中水生植物仅占总摄食量的35%。水生植物在天然状况下作为河蟹的主要饵料，在于其易被食取，因为在螺类、虾类繁殖季节，动物性饵料在河蟹的食物中可达60%~70%。河蟹对水生植物的摄取具有一定的选择性。周年养殖期，菹草（春季）、黑藻（夏、秋季）为两种不同季节的喜食种类，黄

丝草为替代性食物，河蟹对水生植物种类的选择与水生植物种群结构及各自的生物量有关。种植黄丝草的池塘水质清新，溶氧充足，饵料丰富，虾、蟹很少逃逸，比不种水草的池塘回捕率可增加20%，效益十分显著。

（4）繁殖与培植。黄丝草可以通过有性繁殖可用种子和无性繁殖体来产生幼苗。

①有性繁殖：即播种繁殖，一般最为常用的适用于淤泥较少的蟹塘。先将种籽用水浸泡1d，再将泡软的果实揉碎，搓出果实里细小的种子，加入约10倍于种子量的细沙土，与种子拌匀后播种。播种时将水位控制在10~20cm，播种量为50g/亩左右。播种后要加强管理，提高黄丝草的成活率，使之尽快形成优势种群。湖泊、池塘春季种子库萌发，尤其在3月和4月是种子库萌发的高峰期。

②无性繁殖：一般最为常用的适用于淤泥较多的蟹塘。可将黄丝草无性繁殖体作为主要的培植黄丝草方法，即可用分株繁殖、扦插繁殖等插栽法，一般选择在冬、春季插栽，方法是将黄丝草切成小段，长度为15~20cm，像插秧一样，将一束束切好的段草均匀地插栽到池底的淤泥中，株、行距分别控制在20cm左右。插栽完之后，向虾池注水20~30cm，水草长满全池后逐步加深水位。扦插后要加强管理，提高黄丝草的成活率，使之尽快形成优势种群。

三、挺水植物培植

1. 水葱培植

（1）形态特征。水葱（图7-6），别名莞、苻蓠、莞蒲、夫蓠、葱蒲、莞草、蒲苹、水丈葱、冲天草、翠管草、管子草。水葱属莎草科，为多年生大型水生草本植物。根状茎粗壮，匍匐，褐色。茎直立，高40~200cm，径3~15cm，圆柱形，平滑，中空。叶鞘疏松，上缘斜切，淡褐色，脉间具横隔，偶尔有长2~10cm具较狭窄的叶片。苞片1~2，其中一枚稍长，为秆之延伸。短于花序，直立。长侧枝聚伞花序假侧生，辐射枝3~8枚，不等长。常1~2次分枝，小穗卵形或矩圆形，长约8mm，宽约4mm，单生或1~2枚聚生，红棕色或红褐色。鳞片卵形或矩圆形，长约3.5mm，宽约2.2mm，红棕色或红褐色，常具紫红色疣状突起，背部具一淡绿色中脉，边缘近膜质，具绿毛，先端凹缺，其中脉延伸成短尖，下位刚毛6条，与小坚果近等长，具倒刺；雄蕊3；柱头2，长于花柱。小坚果倒卵形或椭圆形，长约2mm，宽约1.5mm，平凸状，灰褐色或褐色，平滑光亮。

图 7-6　水葱

（2）地理分布和生态习性。

①地理分布：水葱多生长在湖边、水边、浅水塘、沼泽地或湿地草丛中，属被子植物门，单子叶植物纲。水葱也是分布广泛的水生植物，在中国东北各省、内蒙古自治区、山西省、陕西省、甘肃省、新疆维吾尔自治区、河北省、江苏省、贵州省、四川省、云南省等省区均有分布。另外，朝鲜、日本、澳大利亚、南北美洲等地也均可看到水葱的身影。

②生态习性：水葱为多年生大型水生草本植物。4—5 月返青，6—7 月开花，8—9 月果实成熟，生育期 180d 左右。水葱可进行无性繁殖和有性繁殖。根状茎在地下 10~30cm 的泥土中横走，非常发达，节间短而密集，在节上具多数须根和芽，通过根茎每年可产生大量新的株丛，再生能力极强。也可通过种子进行繁殖，成熟的种子容易脱落，在适宜的条件下即可萌发生长。水葱属于多年生具根茎的湿生沼泽种，其生长环境多为池沼，湖泊，河流和沟渠等处，适宜生长在多腐殖质的沼泽浅水中。其典型生境是常年积水的河滩与湖滨泛滥低地，土壤多是在冲积物上发育的腐殖质沼泽土，也有些是弱盐化沼泽土，一般呈中性或弱碱性反应，pH 值为 7.0~8.0。水葱喜欢光照，在通风透光，温度又较高的夏季，生长迅速。水葱较抗寒冷，主要表现在地下根状茎方面，在北方，有时气温在冬季可下降到-40℃，但它依然能顺利越冬，翌年正常返青。水葱亦较耐盐碱及炎热，更耐水淹。从我国温带地区至寒温带地区的浅水中都能生长发育。所以，在整个生境的各个生态因子当中，水是其主要的限制因子，而对于其他生态因子的要求不甚严格。水葱的种子到 8 月下旬开始连同果穗一同脱落，经过越冬休眠于翌年 5—6 月发芽出苗。水葱是构成草本沼泽植被的主要植物种类之一。

（3）水葱应用价值。

①生态价值：水葱是一种常见的水生植物，一直在竭尽其能地与自然生物共同的“敌人”进行对抗，对其他物种起着保护的作用。我们发现，在那些受到工业废水和生活污水污染的水体中，水葱都能生长的很好，因为它不仅能从污水中吸收大量的营养物质（氮、磷、钾）和微量元素（铁、铜、锰等），而且还能吸收、分解掉一些有机污染物。试验表明，如果把水葱栽培在 17 种能使鱼致死的高浓度的有机化合物的水中，仅需几天时间，这些有机污染物就会不同程度地被水葱吸收和分解。另外，水葱还能长年在一定浓度的含酚废水中生长并发挥作用。水葱自身的这种分解能力，不仅保全了自己，也在改善和优化着整个水生环境，并对其他的水生植物起着润物无声的保护作用。

②药用价值：含阿拉伯聚糖、木聚糖、甲基戊聚糖、鞣酐、木犀草苷式等化学物质。因此，它有清心降火，利尿通淋疗效。治淋病、水肿、小便不利、湿热黄疸、心烦不寐、小儿夜啼、喉痹和创伤等功效。性味特征为：性微寒，味甘、平淡，归心、肺、小肠经。水葱微寒，没多大毒性，可以经常代茶饮，但大便溏泄者（时）建议暂不服用。

③经济价值：水葱的茎叶质地较为粗糙，但无特殊气味。叶量很少，其主要饲用部位是茎秆，茎穗比为 93 : 7，干鲜比为 1 : 6。水葱为中等饲用植物，适口性较差，牛一般采食，幼嫩期猪喜食。出穗以后纤维增加，猪不喜食。

水葱生长较快，在整个生长季节内刈割 1~2 次。作为猪饲料，割取地上全草，经切碎生湿喂或发酵喂。出穗前后选择较嫩的植株，经充分粉碎发酵或打浆喂。喂牛可直接放牧或青舍饲，并可用于青贮。最佳刈割期为 6—8 月，这时体内粗纤维含量较少，且产量高，每公顷可产鲜草 1 500~3 000kg。其他用途：本种可作为编织材料，又可作造纸原料。其嫩苗和根茎可食，春季取嫩苗，煮食或盐渍食用。水葱生长在河边，湖边，因根系发达，植株密集，能缓冲激流对堤岸的冲刷作用，所以它具有固堤，固坝作用。同时，水葱还是草食性和杂食性鱼类的天然性饵料，并为鱼类产卵和逃避敌害提供场所，冬季对鱼类具有保温作用，特别是在高海拔地区的湖泊，其作用更为明显。茂密的水葱群落还为许多珍禽、益鸟提供栖息藏身，筑巢垒窝，繁育后代创造了良好的生境条件。碧绿的茎秆，姿态优美，有观赏价值，可做点缀园林池沼的风景。水葱不仅具有很好的观赏作用，还可以净化水环境。它能够吸收水底淤泥中的氮、磷等营养元素，改善水的富营养化，从而达到净化水体的作用。水葱还具有一定的药用价值，它的茎可入药，有除湿利尿，消除水肿的作用。除此之外，水葱的茎秆可作纺织材料，或造纸原料。

(4) 水葱繁殖与培植。

①有性繁殖：即播种繁殖，可用水葱种子和根状茎繁殖。如用种子繁殖，于秋季采收种子，翌年南方地区2—3月，北方地区4—5月将河滩围起，水撤下后，进行播种，撒播、条播、穴播均可，覆土1~2cm，可自行出苗。出苗后，放入浅水，随着幼株长高，水量逐渐加深。

②无性繁殖：即分株繁殖，可用水葱水根状茎繁殖时，南方地区在2—3月，北方地区在4—5月，将根掘出，用刀切成小段，栽于河泥中，当河泥稍干，发出新芽，再放入浅水，随着植株长高，水面逐渐加深，但水面不要超过植株，否则会被水淹死。

2. 水菖蒲培植

(1) 形态特征。水菖蒲属被子植物门，菖蒲目，菖蒲属，单子叶植物纲，天南星科。别名臭蒲、水菖蒲、泥菖蒲。多年生草本（图7-7）。根茎横走，稍扁，分枝，直径5~10mm，外皮黄褐色，芳香，肉质根多数，长5~6cm，具毛

图7-7 水菖蒲

发状须根。叶基生，基部两侧膜质叶鞘宽4~5mm，向上渐狭，至叶长1/3处渐行消失、脱落。叶片剑状线形，长90~100cm，中部宽1~2cm，基部宽、对褶，中部以上渐狭，草质，绿色，光亮；中肋在两面均明显隆起，侧脉3~5对，平行，纤弱，大都伸延至叶尖。花序柄三棱形，长40~50cm；叶状佛焰苞剑状线形，长30~40cm；肉穗花序斜向上或近直立，狭锥状圆柱形，长4.5~6.5cm，直径6~12mm。花黄绿色，花被片长约2.5mm，宽约1mm；花丝长约2.5mm，宽约1mm；子房长圆柱形，长约3mm，粗约1.25mm。浆果长圆形，红色，花期6—9月。细根菖蒲根茎纤细；叶较狭，宽6~8mm，肉穗花序小，长3~5cm；佛

焰苞为肉穗花序长的4~8倍。花期5—9月。

石曹菖蒲呈扁圆柱形，多弯曲，常有分枝。长3~20cm，直径0.3~1cm。表面棕褐色，有环节，节间长0.2~0.5cm，具细纵纹，残留细根或圆点状根痕，叶痕三角形，左右交互排列，有的具毛鳞状的叶残基。质硬，断面纤维性，类白色或微红色，可见多数维管束小点及棕色油细胞。气芳香，味苦微辛。

（2）地理分布与生态习性。

①地理分布：原产我国及日本，前苏联至北美也有分布。分布于我国南北各地。广布世界温带、亚热带。生于池塘、湖泊岸边浅水区。菖蒲（原变种）生于海拔2 600m以下的水边、沼泽湿地或湖泊浮岛上，也常有栽培。细根菖蒲产云南省西双版纳地区，海拔1 500~1 750m，生于水池边。

②生态习性：菖蒲最适宜温度为20~25℃，10℃以下停止生长，冬季地上部分枯死，以地下茎越冬，喜水湿，常生于池塘、河流、湖泊岸边的浅水处。菖蒲生性粗放，适应能力强，无须特别管理，便可繁茂生长，而且很少有病虫害发生。日常栽培繁殖，多用分株法进行，可在早春或生长期内将其根状茎挖出，去除老根，保留一定数量的根系、嫩叶与芽，切成5~10cm的茎段，若临水配制可按20~30cm的株距，种植于泥土肥沃松软处，保持主芽接近土面便可。只要清水不涸，可数十年不枯。

（3）应用价值。

①生态价值：菖蒲属多年生挺水植物，具有较强的适应性，在水产养殖池塘河沟地种植试验显示了营养粉剂浓度为0.03~9.75mg/L的模拟富营养化水体下菖蒲仍然能正常生长。菖蒲具有较强的磷去除效果，其最高去除率可达97.73%。菖蒲具有“快速”吸收的净化特性，且水体中磷浓度越高，植物叶片含磷量越高。通过收割植物叶片的方法可以去除水中的磷，同时菖蒲可以抑制藻类生长，因此，可以预测在富营养化水体修复中具有广阔的前景。在试验期间，水体中氮、磷营养盐含量在低浓度下出现波动现象，水体中营养盐含量在实验后期较实验前期高。这可能是由于当污水中营养盐含量通过植物吸附与吸收得以降低，植物吸附的营养盐容易再次释放到水体。菖蒲作为水体观赏植物在园林中应用较多，然而在富营养化水体修复中应用较少，为了有更广泛的应用，菖蒲对污染物的耐性或其在污染状态下生态适应性还需进一步的研究。但是，利用水菖蒲，保湿降温，净化水质对养殖河蟹、生态修复与保护生态水域有着重的现实意义。

②药用价值：

A. 化学成分。含α-、β-细辛醚、顺甲基异丁香酚、甲基丁香酚、菖蒲烯二醇、菖蒲螺烯酮、水菖蒲酮、菖蒲螺酮、菖蒲大牯牛儿酮、菖蒲酮和异菖蒲酮等。

B. 药用。菖蒲及菖蒲（原变种）、细根菖蒲的根茎均入药。市上商品菖蒲和各中医所用菖蒲种类均不统一。李时珍认为，菖蒲正品应为“生于水石之间，叶具剑脊，瘦根节密，高尺余者，石菖蒲也”。这里指的就是本种菖蒲。但现今大部分地区多用石菖蒲或栽培的金钱蒲，可见种类虽不同，疗效无大异。菖蒲味辛、苦、性温，能开窍化痰，辟秽杀虫。能为辟秽开窍，宣气逐痰，解毒，杀虫。治癫狂，惊痫，痰厥昏迷，风寒湿痹，噤口毒痢，外敷痈疽疥癣。开窍，化痰，健胃。用于癫痫、痰热惊厥、胸腹胀闷、慢性支气管炎。主治痰涎壅闭、神志不清、慢性气管炎；痢疾、肠炎、腹胀腹痛、食欲不振、风寒湿痹，外用敷疮疥。

C. 兽医。兽医用全草治牛臌胀病、肚胀病、百叶胃病、胀胆病、发疯狂、泻血痢、炭疽病和伤寒等。

a. 防治鱼病。水产养殖中在 4 月下旬至 9 月下旬是草鱼细菌性病害（赤皮、肠炎、烂鳃）发生季节，用水菖蒲可防治这 3 种病害，用药后 10d 停止死鱼，且方法简便易行，成本低廉，防治效果可达 90%左右，具体做法如下。

b. 搅拌法。鱼塘放苗前，先将塘水排干。清除塘边杂草和塘内水生杂物，每亩用切碎、捣烂的水菖蒲 50kg，连汁带渣泼洒在塘内底部，使菖蒲与塘泥充分混合。再将塘泥晒干，35d 即可放鱼。

c. 浸泡法。将鲜菖蒲扎成把，稍稍捣烂放在鱼塘四周或进水口处，使菖蒲汁慢慢释放治疗鱼病，每亩用菖蒲 10kg，每月 1~2 次。

d. 拌料法。先将 35kg 鲜菖蒲切碎、捣烂、挤汁，拌青饲料或鱼用配合饲料。让饲料吸干药汁，做成药团投喂，或将药汁加适量面粉、糯米粉糊拌青饲料、配合饲料，并稍晾干后投喂，直到草鱼习惯于菖蒲气味（草鱼不爱吃有气味的菖蒲）即可直接投喂。在投喂前必须停食 1~2d，使草鱼有些饥饿感，便能起到较好的疗效。患病鱼塘，可采取内服外用结合的治疗法。内服的方法同上；外服方法，每亩用鲜菖蒲 20~30kg 切碎、捣烂，连汁带渣全塘泼撒，隔 1d 再进行第二次。病情严重鱼塘可重复进行 3~4 次。

③经济价值：水菖蒲所含的 β-细辛醚对 4 种试虫的熏蒸击倒和致死作用明显。以 50μl/L 的浓度处理 120h 后，对玉米象、谷蠹和四纹豆象的击倒作用均达到 100%，而对赤拟谷盗击倒率为 50%；玉米象、谷蠹和四纹豆象的死亡率分别为 81.23%，97.78%和 100%，而赤拟谷盗死亡率仅为 8.89%。处理 24h，β-细辛醚对玉米象、谷蠹、赤拟谷盗和四纹豆象的 KC_{50} 分别为 49.38μl/L，

102.96μl/L，124.04μl/L 和 1.07μl/L。处理 120h，β-细辛醚对玉米象、谷蠹、赤拟谷盗和四纹豆象的 LC_{50} 分别为 17.82μl/L，4.42μl/L，116.48μl/L 和 0.73μl/L。结果显示，水菖蒲根茎提取物 β-细辛醚对 4 种储粮害虫均具有明显的熏蒸效果，具有开发为储粮害虫熏蒸剂的潜力，在储粮仓库致死害虫具有安全有效的经济价值。

水菖蒲叶丛翠绿，端庄秀丽，具有香气，适宜水景岸边及水体绿化。也可盆栽观赏或作布景用。叶、花序还可以作插花材料。全株芳香，可作香料或驱蚊虫；茎、叶可入药。水菖蒲是园林绿化中常用的水生植物，其丰富的品种，较高的观赏价值，在园林绿化中得以充分应用。多年生挺水草本；叶剑形，浓绿色。适应性强，具有较强的耐寒性。园林应用：尾叶片绿色光亮，绿色期长，花艳丽，病虫害少，栽培管理简便。园林上丛植于湖、塘岸边，或点缀于庭园水景和临水假山一隅，有良好的观赏价值。园林中可作为游客观赏的有益水生植物。在旅游景点、公园置景、水域绿化上有着显著经济效益。水菖蒲有着极强的净水功能，在水产养殖基地可作河蟹生态养殖的引水沟渠边作为净水的挺水植物培植。为营造绿色河蟹养殖基地水域生态资源化，从而达到提高河蟹成活率，个体增大率，红膏率，保障水产品质量安全的目的。

（4）水菖蒲繁殖与培植。

①有性繁植：播种前先浇透地水，再均匀撒种，播后要用细沙土覆盖，覆盖厚度为种子直径的 1~1.5 倍，过薄种子戴帽出土，生长不良，过厚又不易出芽。种子发芽生长的最佳温度为 10~26℃，注意保温保湿。当小苗长到三片真叶时，就要进行移栽，如果上盆定植，要浇透缓苗水。移栽行株距通常为 20cm×20cm 左右，栽后也要浇透缓苗水，缓苗后要遵循逢干浇湿的原则，干透再浇透。花苗长到育蕾阶段，要适当增加肥料，应边施肥边浇水，使肥随水走。

②无性繁殖：分株繁殖是最方便、最快速省事的方法。就是在早春陆续发芽后，把根茎挖出进行分株，方法是把挖起的根茎剪成一段一段的，然后再栽入泥土即可，菖蒲叶丛翠绿，株型优美，端庄秀丽，叶子还具有香气，最适合水景岸边以及垂直绿化使用，也可作为盆栽花卉观赏，花朵也是切花的材料之一，它的病虫害极少，基本不生病。

3. 千屈菜培植

（1）形态特征。本属约 35 种，广布于全世界，中国有 4 种。多年生草本（图 7-8），高 30~100cm，全体具柔毛，有时无毛。茎直立，多分枝，有四棱。叶对生或 3 片轮生，狭披针形，长 4~6cm，宽 8~15mm，先端稍钝或短尖，基部圆或心形，有时稍抱茎。总状花序顶生；花两性，数朵簇生于叶状苞片腋内；

图 7-8　千屈菜

花萼筒状，长 6~8mm，外具 12 条纵棱，裂片 6，三角形，附属体线形，长于花萼裂片，1.5~2mm；花瓣 6，紫红色，长椭圆形，基部楔形；雄蕊 12，6 长 6 短；子房无柄，2 室，花柱圆柱状，柱头头状。蒴果椭圆形，全包于萼内，成熟时 2 瓣裂；种子多数，细小。花期 7—8 月。

（2）地理分布与生态习性

①地理分布：千屈菜原产欧洲和亚洲暖温带，我国各地亦有栽培；分布于亚洲、欧洲、非洲的阿尔及利亚、北美和澳大利亚东南部。

②生态习性：宜生长于河岸、湖畔、溪沟边和潮湿草地。喜强光，耐寒性强，喜水湿，对土壤要求不严，喜温暖及光照充足，通风好的环境，喜水湿，我国南北各地均有野生，多生长在沼泽地、水旁湿地和河边、沟边。现各地广泛栽培。比较耐寒，在我国南北各地均可露地越冬。在浅水中栽培长势最好，也可旱地栽培。对土壤要求不严，在深厚、富含腐殖质的土壤上生长更好。在土质肥沃的塘泥基质中花色鲜艳，长势强壮。

（3）应用价值。

①生态价值：千屈菜具有耐寒，耐旱、耐盐等特点，适应性强，便于养护管理，能够很好地调节空气湿度，净化环境，因此是湖泊周边、河沟渠边等地被植物，千屈菜为多年生挺水植物，是一种优良的水生植物，具极好的净化水体的生态作用。水生植物的筛选在人工湿地污水处理技术中至关重要，植物的生物量，净化能力和景观效果均是重要筛选指标。研究表明，千屈菜对污水中化学需氧量（COD）、氮总量和营养粉剂有明显的去除效果，千屈菜对 NH_4-N 和 TP 净化效果好，且与适当水生植物组合后更能提高氮、磷的净化效果；在富营养化水体中其最高磷去除率可达 98%以上；在 COD 值较高，

水质污染严重的水体中仍能生长发育，而且其生长旺盛和花期恰藻类滋生，水体富营养严重的时期，因此能够用来清洁水质改善水环境。千屈菜受铅污染后，出现叶片气孔密度增大的现象；而叶片气孔是植物进行光合和呼吸作用的重要器官，这种现象表明千屈菜是通过此种方式来增强光合和呼吸作用，从而减少铅对其生长的长年不利影响，因此千屈菜可被作为一个生态学指示植物，来指示铅对环境污染的程度。

②药用价值：全草化学成分含千屈菜苷、鞣质。灰分中钠为钾的一倍，并含多量铁，胆碱 0.026%。鞣质主要为没食子酸鞣质，其含量为根 8.5%，茎 10.5%，叶 12%，花 13.7%，种子亦含大量鞣质。花含黄酮类化合物牡荆素、荭草素、锦葵花苷、矢车菊素半乳糖苷、没食子酸、并没食子酸和少量绿原酸。含牡荆素、荭草素、异荭草素、绿原酸、鞣花酸及没食子酸，尚含有胆碱、鞣质及色素。且含有少量挥发油、果胶、树脂和生物碱。

③药用价值：

A. 抗菌作用。生药（全株）煎剂能抑制葡萄球菌及大肠-伤寒杆菌属的生长；痢疾杆菌尤为敏感。

B. 对血压的影响。牡丹素 0.05~10.0mg/kg 静脉注射对麻醉大鼠可暂升压，大于 10mg/kg 静脉注射则产生持久降压，降压机制是由神经节阻断作用。

C. 抗炎。牡荆素 20mg/kg 腹腔注射对大鼠角叉菜胶性炎症有抗炎作用。

D. 解痉。牡荆素 10~30g/ml 可抑制乙酰胆碱和组胺引起的豚鼠离体肠管的收缩。对豚鼠离体肠管，最初有增强作用，但稍后则显示解痉作用，能减弱乙酰胆碱和组织胺对肠管的兴奋作用。

E. 其他作用。止血作用由于含鞣质所致。其根煎剂用于泻下或慢性痢疾作为收敛或缓和剂；此作用可能系其中所含之于屈菜苷、三氧化二铁与鞣质所引起，对肾、胃及循环系统无害。其提取物能阻止人因服用根皮苷而引起之糖尿，但它本身不产生低血糖。

④经济价值：千屈菜姿态娟秀整齐，花色鲜丽醒目，可成片布置于湖岸河旁的浅水处。如在规则式石岸边种植，可遮挡单调枯燥的岸线。其花期长，色彩艳丽，片植具有很强的绚染力，盆植效果亦佳，与荷花、睡莲等水生花卉配植极具哄托效果，是极好的水景园林造景植物。也可盆栽摆放庭院中观赏，亦可作切花用。千屈菜有着极强的净水功能，在水产养殖基地可作河蟹生态养殖的引水沟渠边作为净水的挺水植物培植，营造好绿色河蟹养殖基地水域生态资源化，保障水产品质量安全，从而提高河蟹产量，达到增加河蟹的养殖经济效益。

(4) 千屈菜繁殖与培植。

①有性繁殖：播种繁殖，千屈菜的种子特别小，对发芽时的湿度、温度要求较严。9月中旬种子成熟时采集种子使其晾干，放入纸袋里，12月中旬在温室里进行播种。和其他花卉播种方法一样做好准备工作，因种子小一般用播种箱进行播种，首先浇好底水，播种后用筛子筛土进行覆土，土的厚度为种子的2倍，其次用玻璃盖好，必须用报纸等物品遮光，昼夜温度控制在20~25℃之间，保持此温度15~20d出苗。3月分苗，5月末移栽定植，7月初开花。

②无性繁殖：千屈菜的扦插繁殖应在生长旺期的6—8月进行。扦插可在扦插床中进行，也可在无底洞的盆中进行。扦插基质可用沙子也可用塘泥。首先做好准备工作，对扦插床进行整理，然后用0.05%的高锰酸钾消毒杀菌，覆盖薄膜。1个月后剪取嫩枝长7~10cm，去掉基部1/3的叶子插入扦插床中，扦插株行距10cm×10cm，深3~5cm。如果是塘泥，插后往床内灌5cm深的水，生根前不能缺水。插穗插好后，要用遮阳网遮光，这样利于插穗生根。一般6~10d生根。扦插繁殖的特点是方法简便、操作容易、繁殖量大、移植成活率低，成形较慢。

四、浮叶植物培植

1. 睡莲培植

睡莲，多年生水生草本；别名子午莲、粉色睡莲、野生睡莲、矮睡莲、侏儒睡莲。被子植物门，双子叶植物纲，原始花被亚纲，毛茛目，睡莲亚目，睡莲科，睡莲亚科，睡莲属（图7-9）。

图7-9 睡莲

(1) 形态特征。睡莲的叶呈圆形或近圆形，或卵圆形，而有些品种呈披针形或箭形；叶全缘，但热带睡莲的叶缘呈波纹状；叶正面绿色，光亮，背面紫红色，某些品种的页面有暗褐色斑点或斑驳色；叶脉明显或不太明显。而热带睡莲中少数品种的叶片在大缺裂顶端处与叶柄着生点之间，长出小植株，称“胎生”。睡莲的花朵由萼片、花瓣、雌雄蕊、花柱、心皮、花柄等器官所组成。花单生，为两性。其萼片 4~5 枚，呈绿色或紫红色，或绿中带黑点，形状有披针形、窄卵形，或者矩圆形。花蕾呈长桃形、桃形；花瓣通常有卵形、宽卵形、矩圆形、长圆形、倒卵形、宽披针形等，瓣端稍尖，或略钝。花色有红、粉红、蓝、紫、白等。花瓣有单瓣、多瓣、重瓣。因而花瓣的大小、形状、颜色均因品种而异。从此构成了绚丽的花态。子房上位至周位，花开前雄蕊裹住心皮上方，成熟后则张开成镰刀状；萼片、花瓣、雄蕊在花托与子房壁的上方呈螺旋排列。心皮则成环状排列包埋于花托之内且呈合生状态，上部花柱分离、柱头丝状、以乳状突出物为中心，呈漏斗状，成熟时分泌出柱头物，而柱头物主要含葡萄糖、果糖及氨基酸，以吸引昆虫授粉。睡莲的果实呈卵形至半球形，在水中成熟，不整齐开裂；种子小，椭圆形或球形；多数具假种皮。睡莲是多年生浮叶型水生草本植物，根状茎肥厚，直立或匍匐。叶二型，浮水叶浮生于水面，圆形、椭圆形或卵形，先端钝圆，基部深裂成马蹄形或心脏形，叶缘波状全缘或有齿；沉水叶薄膜质，柔弱。花单生，花有大小与颜色之分，浮水或挺水开花；萼片 4 枚，花瓣、雄蕊多。果实为浆果绵质，在水中成熟，不规律开裂；种子坚硬深绿或黑褐色为胶质包裹，有假种皮。品种不同其形态特征不同。

①白睡莲：原产埃及尼罗河，花径 20~25cm，大花型，挺水开放。花色白，花瓣 20~25 枚，长卵形，端部圆钝。萼片绿色，脉纹明显。花梗、叶梗绿色有柔毛。叶径 42~40cm，叶面绿色，叶背微红，叶缘波状有锯齿。雄蕊淡黄色，70~100 个。

②蓝睡莲：原产北非、埃及、墨西哥。花径 15~20cm，大花型，挺水开放。花瓣 16~20 枚，花开呈星状。花梗、叶梗淡红棕色。叶径 32~30cm，叶面绿色，叶背暗红紫色，有紫色小斑块，叶缘略微波状，叶基深裂。雄蕊 80~100 个。

③黄睡莲：原产北美洲南部墨西哥、美国佛罗里达州。花径 10~14cm，中花型，花开浮水或稍出水面。花色鲜黄，花瓣 24~30 枚，卵状椭圆形。幼叶叶面密集紫斑，成叶绿色，叶背密集深紫色斑点，叶缘全缘，叶基浅裂。雄蕊鲜黄色，60~90 个。

④红睡莲：原产印度、孟加拉国一带，花径 20cm 左右，大花型，挺水开放。花色桃红，花瓣 20~25 枚，长卵形，萼片紫红色，脉纹明显。花梗、叶梗暗紫色。叶径 42~40cm，幼叶叶面紫红，成叶绿色，叶背有柔毛，叶缘波状，

有锯齿，叶基深裂。雄蕊黄色，70~100 个，人工授粉可结实。

⑤印度蓝睡莲：又称星形睡莲或延药睡莲，原产印度及东南亚，我国分布于云南省南部和海南省。花径 15~18cm，大花型，挺水开放，花开呈星状，有香气。花瓣 15~18 枚，顶端尖锐，深蓝色，中下部淡蓝色，萼片背面有墨紫色斑点。花梗、叶梗绿色。叶径 34~32cm，叶面绿色有紫斑，叶背有深紫色斑点，叶缘全缘。雄蕊 70~100 个，花丝扁平，端部淡蓝色，结实能力极强。

（2）地理分布与生态习性。

①地理分布：睡莲大部分原产北非和东南亚热带地区，少数产于南非、欧洲和亚洲的温带和寒带地区，日本、朝鲜、印度、前苏联西伯利亚及欧洲等地。美国也有分布。我国分布在云南省至东北，西至新疆维吾尔自治区。全国各地均有栽培。

②生态习性：睡莲喜阳光，通风良好，所以白天开花的热带和耐寒睡莲在晚上花朵会闭合，到早上又会张开。在岸边有树荫的池塘，虽能开花，但生长较弱。对土质要求不严，pH 值 6~8，均可正常生长，最适水深 25~30cm，最深不得超过 80cm。喜富含有机质的壤土。3—4 月萌发长叶，5—8 月陆续开花，每朵花开 2~5d。花后结实。10—11 月茎叶枯萎。翌年春季又重新萌发。在长江流域 3 月下旬至 4 月上旬萌发，4 月下旬或 5 月上旬孕蕾，6—8 月为盛花期，10—11 月为黄叶期，11 月后进入休眠期。生于池沼、湖泊中，一些公园的水池中常有栽培。

（3）应用价值。

①生态价值：睡莲对重金属的吸附作用，水生高等植物是湖泊浊水态与清水态之间的转换开关及维持清水态的缓冲器。睡莲对净化水体中的总磷、总氮有明显的作用。从睡莲的不同生长时期来看，盛花期对水体中总磷、总氮的削减能力最强，净化水质的能力也最强。在进行试验的荷花品种中，弥勒红荷净化水质的能力相对较强。荷花和睡莲混合种植可以提高景观水的净化能力，因此建议在园林绿化中将荷花和睡莲混栽，既能提高水体的净化能力，又能提高景观的艺术性。睡莲浸出液对铜绿微囊藻的生长有一定的抑制作用，表现为明显的低促高抑现象。随着浸出液加入量的增加，对铜绿微囊藻的抑制率有逐渐增大的趋势；当浸出液的浓度达到 25g/L 的时候，睡莲浸出液对铜绿微囊藻的最大抑制率分别能达到 91.2%和 96.4%。

②营养价值：根据对睡莲的营养成分分析，结果表明睡莲富含 17 种氨基酸，睡莲蛋白属优质蛋白。分析结果还表明睡莲含有丰富的维生素 C、黄酮甙、微量元素锌，这二者配合具有很强的排铅功能。动物急性毒性实验、微核试验及精子畸变实验都表明睡莲是一种安全可靠无任何毒副作用物质。睡

莲花粉营养丰富，具有完全性、均衡性、浓缩性等特点，是具有开发利用前景的天然营养源。

③药用价值：秦汉时代，先民们就将睡莲作为滋补药用，荷花药用在我国也有2000年以上的历史。《本草纲目》中记载说荷花，莲子、莲衣、莲房、莲须、莲子心、荷叶、荷梗、藕节等均可药用。荷花能活血止血、祛湿消风、清心凉血、解热解毒。莲子能养心、益肾、补脾、涩肠。莲须能清心、益肾、涩精、止血、解暑除烦，生津止渴。荷叶能清暑利湿、升阳止血，减肥瘦身，其中荷叶成分对于清洗肠胃，减脂排瘀有奇效。藕节能止血、散瘀、解热毒。荷梗能清热解暑、通气行水、泻火清心。

睡莲，在各国民间药用历史悠久，最早利用睡莲植物的是玛雅人和古埃及人。睡莲全身是宝，睡莲花可以制茶泡酒，可以作为类似咖啡饮品、麻醉剂和兴奋剂，在宗教仪式中使用。睡莲根茎可以酿酒泡酒，叶柄（睡莲梗）可以食用。中世纪的欧洲修女修士就利用睡莲泡茶泡酒。国内外的研究发现睡莲具有以下功效：镇静、镇痛、消炎，抗菌、抗病毒、抗癌，保水、美白、清除自由基，降脂、降糖、降血压等。

④经济价值：

A. 睡莲的观赏价值。睡莲是花、叶俱美的观赏植物。古希腊、古罗马最初敬为女神供奉，16世纪意大利的公园多用来装饰喷泉池或点缀厅堂外景。现欧美园林中选用睡莲作水景主题材料极为普遍。我国在2000年前汉代私家园林中已有应用，如博陆侯霍光园中的五色睡莲池。

B. 睡莲的食用药用价值。睡莲根茎富含淀粉，可食用或酿酒。全草宜作绿肥，其根状茎可食用或药用。根茎还可入药，用于做强壮剂、收敛剂，可用于治疗肾炎病。

C. 睡莲净水价值。睡莲在园林中运用很早，在2 000年前，我国汉代的私家园林中就出现过它的身影。在16世纪，意大利就把它作为水景主题材料。由于睡莲根能吸收水中的汞、铅、苯酚等有毒物质，还能过滤水中的微生物，是难得的水体净化的植物材料，所以在城市水体净化、绿化、美化建设中备受重视。睡莲有着极强的净水功能，水产养殖基地可将河蟹生态养殖的池塘作为净水的浮叶水生植物培植水域，营造好绿色河蟹养殖基地水域生态资源化，特别在夏季高温季节控制河蟹养殖池塘的水温，能促使河蟹正常生长发育。从而达到提高河蟹成活率，个体增大率，红膏率。

（4）繁殖与培植。

①有性繁殖：即播种繁殖，睡莲也可采用播种繁殖，即在花开后转入水中，

果实成熟前，用纱布袋将花包上，以便果实破裂后种子落入袋内。种子采收后，仍须在水中贮存，如干藏将失去发芽能力。在3—4月进行播种，盆土用肥沃的黏质壤土，盛土不宜过满，宜离盆口5~6cm，播入种子后覆土1cm，压紧浸入水中，水面高出盆土3~4cm，盆土上加盖玻璃，放在向阳温暖处，以提高盆内温度。播种温度在25~30℃为宜，经半个月左右发芽，第二年即可开花。在自然的河沟、池塘、湖泊、滩涂、湿地等区域均可采用播种繁殖睡莲的方法。

②无性繁殖：即分株繁殖，睡莲主要采取分株繁殖。耐寒种通常在早春发芽前3~4月进行分株，不耐寒种对气温和水温的要求高，因此要到5月中旬前后才能进行分株。分株时先将根茎挖出，挑选有饱满新芽的根茎，切成8~10cm长的根段，每根段至少带1个芽，然后进行栽植。顶芽朝上埋入表土中，覆土的深度以植株芽眼与土面相平为宜，每盆栽5~7段。栽好后，稍晒太阳，方可注入浅水，以利于保持水温，但灌水不宜过深，否则会影响发芽。待气温升高，新芽萌动时再加深水位。放置在通风良好、阳光充足处养护，栽培水深20~40cm，夏季水位可以适当加深，高温季节要注意保持盆水的清洁。在少量盆栽时，可把已栽植2~5年的睡莲倒出盆外，切割成2~4块，再栽入盆中。在自然的河沟、池塘、湖泊、滩涂、湿地等区域均可采用分株繁殖睡莲方法。

③池塘培植：池塘培植睡莲选择土壤肥沃的池塘，池底至少有30cm深泥土，繁殖体可直接栽入泥土中，水位开始要浅，控制在2~3cm，便于升温，随着生长逐渐增高水位。根据地区不同入冬前池内加深水位，使根茎在冰层以下即可越冬。优点是群体效果较好，生长量大，缺点是翌年采挖困难，病虫害不易防治。

早春把池水放尽，底部施入基肥（饼肥、厩肥、碎骨头和过磷酸钙等），之上填肥土，然后将睡莲根茎种入土内，淹水20~30cm深，生长旺盛的夏天水位可深些，可保持在40~50cm，水流不宜过急。若池水过深，可在水中用砖砌种植台或种植槽，或在长的种植槽内用塑料板分隔1m×1m，种植多个品种，可以避免品种混杂。也可先栽入盆缸后，再将其放入池中。生育期间可适当增施追肥1~2次。7—8月，将饼肥粉50g加尿素10g混合用纸包成小包，用手塞入离植株根部稍远处的泥土中，每株2~4包。种植后3年左右翻池更新1次，以避免拥挤和衰退。冬季结冰前要保持水深1m左右，以免池底冰冻，冻坏根茎。

④水位调控：耐寒睡莲能否正常生长，水位的控制是重要因素之一。耐寒睡莲随着生长期的不同对水位的要求各不相同，要注意对水位的控制。由于水温对睡莲的生长开花有直接影响，生长初期由于叶柄短，水位尽量浅，以不让

叶片暴露到空气中为宜，以尽快提高水温，促进根系生长，提高成活率；随着叶片的生长，逐步提高水位，到达生长旺期，水位达到最大值，这样使叶柄增长，叶片增大，有助于营养物质储存；进入秋季，降低水位，提高水温，使叶片得到充足的光照，增强光合作用，以促进睡莲根茎和侧芽生长，提高翌年的繁殖体数量；秋末天气转凉后，逐渐加深水位，保持水位淹没部分叶片为宜，以控制营养生长；水面结冰之前水位一次性加深，保持睡莲顶芽在冰层以下，确保安全越冬。

2. 萍蓬草培植

萍蓬草，别名黄金莲、萍蓬莲，植物界，被子植物门，睡莲科，萍蓬草属，萍蓬草种（图 7-10）。

图 7-10　萍蓬草

（1）形态特征。萍蓬草是多年生浮叶型水生草本植物。根状茎肥厚块状，横卧。叶二型，浮水叶纸质或近革质，圆形至卵形，长 8～17cm，全缘，基部开裂呈深心形。叶面绿而光亮，叶背隆凸，有柔毛。侧脉细，具数次 2 叉分枝，叶柄圆柱形。沉水叶薄而柔软。花单生，圆柱状花柄挺出水面，花蕾球形，绿色。萼片 5 枚，倒卵形、楔形，黄色，花瓣状。花瓣 10～20 枚，狭楔形，似不育雄蕊，脱落；雄蕊多数，生于花瓣以内子房基部花托上，脱落。心皮 12～15 枚，合生成上位子房，心皮界线明显，各在先端成 1 柱头，使雌蕊的柱头呈放射形盘状。子房室与心皮同数，胚多数，生于隔膜上。浆果卵形，长 3cm，具宿存萼片，不规则开裂。种子矩圆形，黄褐色，光亮。花期 5—7 月，果期 7—9 月。贵州萍蓬草叶近圆形或卵形，株型较小。中华萍蓬草叶心脏卵形，花大，花径 5～6cm，柄长伸出水面 20cm 左右，观赏价值极高。

（2）地理分布与生态习性。

①理地分布：广泛分布于黑龙江省、吉林省、河北省、江苏省、浙江省、江西省、福建省、广东省等地的湖沼中。俄罗斯、日本、欧洲北部及中部也有分布。

②生态习性：萍蓬草为乡土植物品种，耐污染能力强，尤其适宜于淤泥深厚肥沃的环境中生长，温度对萍蓬草属的生长发育有着极为重要的关系。4—7月的平均温度为16.5~21.7℃，对苗期的幼苗培养最为适宜；8月平均温度超过29℃时，对该植物的生长发育有一定的影响，当气温长期在38℃时，植株停止生长或生长极慢；当气温在42℃以上时，地表气温在53℃时，水温随之升高，就会出现腐叶，重者会造成植物的死亡。因此，在此期间必须保持水源的流畅。萍蓬草属植物的最适宜的温度：月均温度范围约为16℃。当日均温度（11月下旬或12月上旬）为10℃左右时植株停止生长。光照对萍蓬草的生长发育的影响不大。在光照条件下能正常生长。萍蓬草植物对土壤的pH值要求不十分严格，在pH值为5.5~7.5的条件下都能正常地生长发育。但肥力与它有着密切的关系，土壤肥沃，花多，色彩艳丽，花期长，整个植株生长旺盛，观赏期长，反之，失去观赏价值。

（3）应用价值。

①生态价值：种植萍蓬草根具有净化水体的功能。经种植萍蓬草的底泥中产生的甲烷，有3/4是通过萍蓬草枝条释放的；白天，根系内的甲烷浓度达10%，而伸出水面的幼枝条内的浓度大为减少。不仅活的植株是痕量气体的主要释放通道，枯死的植株也是甲烷等气体从底泥释放的通道。萍蓬草有着极强的净水功能，水产养殖基地可将河蟹生态养殖的池塘作为净水的浮叶水生植物培植水域，营造好绿色河蟹养殖基地水域生态资源化，特别在湖区建的河蟹养殖基地，洪水之季可为河蟹的栖息处，达到洪水之季提高河蟹成活率。池塘生长的萍蓬草夏季高温季节控制河蟹养殖池塘的水温，高温季节水生植物可将池塘水温控制在22~28℃，促使河蟹正常生长发育。从而达到提高河蟹产量，增加河蟹养殖亩经济效的目的。

②营养价值：萍蓬草根为睡莲科植物萍蓬草的根茎，多年生水生草本，秋季采收。根茎肥大，横卧。生于池沼、河流等浅水中。分布于华东、华南、西南、东北等地。其根大如栗，亦如鸡头子根，人亦食之，作藕香，味如栗子。萍蓬草根含有蛋白质、碳水化合物等多种营养成分。

③药用价值：萍蓬草是一种可以作为药材使用的植物，萍蓬草根味甘，性寒；萍蓬草根状茎可食用，又供药用，有强壮、净血作用；具有补虚、健胃、

调经的功效。治病后体弱、消化不良、月经失调。尤其对人们在现代生活中工作压力过大节奏快引起的神经衰弱的情况，都有很显著的治疗作用，可以成为一种有效的药材，为我们的身体健康保驾护航。

④经济价值：萍蓬草是一种典型的观花植物，因为外形的别具一格，以及水生的特性，所以经常被用作一些游览地的池塘水景布置，与我们所熟知的睡莲、莲花、荇菜、香蒲、黄花鸢尾等水生植物相互搭配，相互配对，在水面也形成一道亮丽的风景线，惹人注目。公园及旅游景点的水面培植萍蓬草可作为美化环境的观赏植物。萍蓬草初夏时开放，朵朵金黄色的花朵挺出水面，灿烂如金色阳光铺洒于水面上，映衬着粼粼的波光和翩翩蝶影，非常美丽，是夏季水景园中极为重要的观赏植物。从而提升人们在公园及旅游景点的观赏经济价值。

（4）繁殖与培植。萍蓬草，性喜在温暖、湿润、阳光充足的环境中生长。对土壤选择不严，以土质肥沃略带黏性为好。适宜生在水深 30～60cm，最深不宜超过 1m。生长适宜温度为 15～32℃，温度降至 12℃以下停止生长。耐低温，长江以南越冬不需防寒，可在露地水池越冬；在北方冬季需保护越冬，休眠期温度保持在 0～5℃即可。

①有性繁殖：将头年采收贮存的种子在第二年春季进行人工催芽，播种土壤为清泥土，pH 值在 6.5～7.0。加肥（腐熟的芝麻饼、豆饼等均可）拌均匀，上水浸泡 3～5d 后（最好在泥的表面撒上一层沙），再加水 3～5cm 深，待水沉清后将催好芽的种子撒在里面，根据苗的生长状况及时加水、换水，直至幼苗生长出小钱叶（浮叶）时方可移栽。移栽时每株行距 10cm、株距 15～20cm，并加强幼苗期的管理。待植株生长到 4～6 片浮叶时（宽 8cm 以上）方可定植。定植的方法是每缸一株（1 株/m^2），如果在大面积的观赏区种植，土壤又肥沃，可按 1 株 2m 定植。萍蓬草种子的贮存温度在 3～5℃时保存的结果较好，翌年发芽率达 80%以上。

②无性繁殖：无性繁殖是以地下茎繁殖、分株繁殖。繁殖在 3—4 月进行，是将带主芽的块茎切成 6～8cm 长，侧芽切成 3～4cm 长，作繁殖材料。分株繁殖 5—6 月进行，是将带主芽的块茎切成 6～8cm 长，然后除去黄叶、部分老叶，保留部分不定根进行栽种，其所分株繁殖的植株在营养成分充足的条件下很快进入生长阶段，当年可开花结实。

3. 菱角培植

菱为菱科菱属。菱属为 1 年生浮水水生草本，双子叶植物（图 7-11）。

（1）菱角形态特征。菱角，又叫菱。二角为菱，形似牛角。三角、四角为

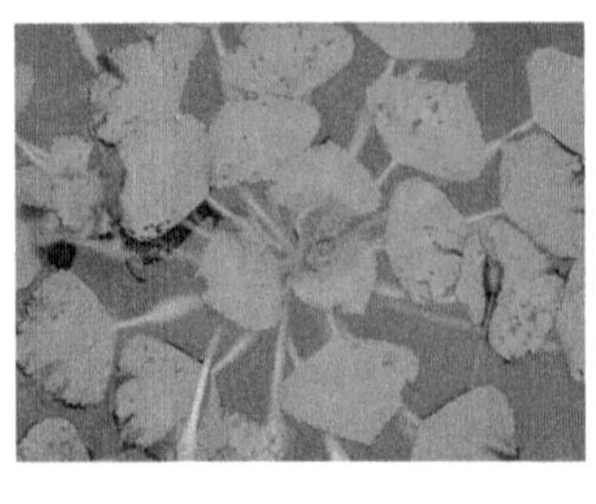

图 7-11 菱角

芰。生长在湖泊中。菱落在泥中，最易生长。有野菱、家菱之分，均在 3 月生蔓延长。叶浮在水上扁而有尖，很是光滑，叶下有茎。5—6 月开小白花，在夜里开放，白天而合上，随月亮的圆缺而转移。它的果实有好几种：没有角、两角、三角、四角（图 7-12）。角中带刺，尖细而脆，长在角尖。一种水生植物。

图 7-12 菱角果实

一年生浮水或半挺水草本。根二型：着泥根铁丝状，着生于水底泥中；同化根，羽状细裂，裂片丝状，淡绿色或暗红褐色。茎圆柱形、细长或粗短。叶二型：浮水叶互生，聚生于茎端，在水面形成莲座状菱盘。折叠叶，叶片广菱形，长 3~4.5cm，阔 4~6cm，表面深亮绿色，无毛，背面绿色或紫红色，密被淡黄褐色短毛（幼叶）或灰褐色短毛（老叶），边缘中上部具凹形的浅齿，菱角叶边缘下部全缘，基部广楔形；叶柄长 2~10.5cm；中上部膨大成海绵质气囊，被短毛；沉水叶小，早落。花为小花，单生于叶腋，花梗长 1~1.5cm；萼筒 4 裂，仅一对萼裂被毛，其中 2 裂片演变为角；花瓣 4，白色，着生于上位花盘的边缘；雄蕊 4，菱角花花丝纤细，花药丁字形着生，背着药、内向；雌蕊 2 心皮，2 室，子房半下位，花柱钻状，柱头头状。果呈水平开展的 2 肩角，无或有倒刺，先端向下弯曲，两角间端阔 7~8cm，弯牛角形，果高 2.5~3.6cm，果表幼皮紫红色，老熟时紫黑色，微被极短毛，菱角果果喙不明显，果梗粗壮有关节，长 1.5~2.5cm。种子白色，长得像元宝，两角钝，白色粉质。花期 4—8 月，果期 7—9 月。又称“菱角儿”，为种子植物。

（2）菱角的地理分布与生态习性。

①地理分布：原产我国中南部，尤其是江苏省、浙江省的栽培面积较大，集中分布于太湖流域。菱别名芰实、菱角、龙角和水栗，起源于中国南方及亚洲、非洲的温暖地区，分布很广，但在多数国家和地区为野生状态，只有我国和印度进行栽培利用。菱在我国已有三千多年的栽培历史。目前我国栽培面积超过 100 万亩，是水生蔬菜中种植面积最大，分布最广的种类。

②生态习性：生于湖湾、池塘、河湾。从播种至采收约需 5 个月，结果期长 1~2 个月。菱角一般栽种于温带气候的湿泥地中，如池塘、沼泽地。气候不宜过冷，最佳在 25~36℃。水深要有 60cm。菱角是靠成熟的菱角繁殖的，菱角喜欢生长在水质清澈透光率好、肥力适中、深度 0.5~2m 深有淤泥的水体里。喜温暖湿润、阳光充足、不耐霜冻。

（3）菱角应用价值。

①生态价值：菱角是太湖最早的原生态植物之一，红菱是太湖传统原生态水生植物，营养成分丰富，用途广泛，利用种植菱角、水葫芦等水生植物，大大化解了太湖水体长期以来富营养化超标的矛盾。对于在太湖水域种植菱角来净化水质的做法，对富营养水体具有较强的净化作用。这几年的监测数据表明，项目区红菱的覆盖率达 90%以上，种养区内湖水水透明度达 1m 左右。与外湖相比，红菱种植区内总氮从 3.77mg/L 降至 1.43mg/L，降幅为 62.1%。试验结果显示，这对解决太湖水体富营养问题，抑制蓝藻生长具有十分显著的效果。

②营养价值：菱角含有丰富的淀粉、蛋白质、葡萄糖、不饱和脂肪酸及多种维生素，如维生素 B_1、维生素 B_2、维生素 C、胡萝卜素及钙、磷、铁等微量元素。菱角营养元素含量（每 100g）：钾 437mg、磷 93mg、镁 49mg、碳水化合物 21.4g、维生素 C 13mg、胡萝卜素 10μg、钙 7mg、钠 5.8mg、蛋白质 4.5g、维生素 A 2μg、纤维素 1.7g、烟酸 1.5mg、锌 0.62mg、铁 0.6mg、锰 0.38mg、硫胺素 0.19mg、铜 0.18mg、脂肪 0.1g、核黄素 0.06mg。菱角适合人们食用。食疗功效：菱角味甘、涩、性凉；补脾益气健脾，强股膝、健力益气。菱实的醇浸水液对癌细胞的变性和组织增生均有抑制作用。减肥，菱角利尿、通乳、解酒毒，是减肥的辅助食品。缓解皮肤病，辅助治疗小儿头疮、头面黄水疮、皮肤赘疣等多种皮肤病。除此之外，菱角可平息男女之欲火。《食疗本草》指出：“凡水中之果，此物最发冷气，人冷藏，损阳，令玉茎消衰。”菱角老年人

常食有益。据近代药理实验报导，菱角具有一定的抗癌作用。可用之防治食道癌、胃癌、子宫癌等。

③药用价值：菱角性甘、涩、平，无毒。果肉富含淀粉，此外为葡萄糖、蛋白质、B族维生素和维生素C等。有清暑解热、益气健胃、止消渴、解酒毒、利尿通乳、抗癌等功效。鲜菱角生食，能消暑热、止烦渴，凡暑热伤津、身热心烦、口渴自汗、食欲不振者，可作食疗果品；菱角熟食性温，能健脾胃、益中气，凡脾虚气弱、体倦神疲、不思饮食、四肢不仁者宜食。适用于胃溃疡、痢疾、食管癌、乳腺癌、子宫癌及其他癌症的防治。日本以菱角为主要成分，制造一种轰动医学界的抗癌药——WTTC（薏苡仁、紫藤、诃子各9g，菱角60g，水煎服）。菱、菱壳、菱柄、菱叶等皆可入药，菱草茎可用于小儿头部疮毒，鲜菱柄捣烂敷并时时擦之，可使皮肤性疣赘脱落；老菱壳烧灰存性敷可治黄水疮、痔疮。但体虚内寒者不宜生食。菱实及菱的根、茎、叶具有各种营养成分和显着的药效，因此它是生产滋补健身饮料的适宜原料。

④经济价值：菱角是我国著名的土特产之一，可绿化水面，净化水体，环境效益和生态效益均佳。作为菱角的根茎叶是水生动物河蟹绿色饵料，在养殖河蟹生长阶段菱角的肉厚而味甘香，鲜老皆宜，生熟皆佳，不亚于板栗，生食可当水果，熟食能代粮。菱角皮脆肉美，蒸煮后食用，亦熬粥食。菱角含有丰富的蛋白质、不饱和脂肪酸及多种维生素和微量元素。味甘、平、无毒。具有利尿通乳，止消渴，解酒毒的功效。菱角的营养价值可与栗相媲美，每百克鲜菱肉含蛋白质3.6g，脂肪0.5g，糖类24g，并含有尼克酸、核黄素、维生素和钙、磷、铁等多种营养物质，含有多种氨基酸，菱角的营养和价值被视为养生之果和秋季进补的药膳佳品。菱角还有许多药用功能。古借《齐民要术》中写道：“菱能养神强志，除百病，益精气”，是一种很好的滋补品。李时珍在《本草纲目》中说：食用菱角能“补脾胃，强股膝，健力益气”，并说“菱实粉粥益胃肠，解内热”。老年人常食有益。夏季食用还有“行水、去暑、解毒”之效。捣烂成粉食能补中延年。

（4）菱角繁殖与培植。菱角是靠成熟的菱角繁殖的，菱塘宜选择水深1.4~1.6m，避风、土质松软肥沃的河湾、湖荡、池塘或活水河道。如湖荡的风浪较大，只要不在风口，并注意固扎蔓垄保护，也可种植。种植前，必须清除野菱、水草、青苔和草食性鱼类等。

①有性繁殖：以菱角播种育苗：直播水深在3.3m以内的浅水面多行直播，长江流域在清明菱种萌芽时播种（华南于冬季11—12月），播种方法有撒播和条播两种，大水面以条播为宜，先按菱塘地形，划成纵行行距2.8~3.3m，两头

插竿牵绳作标记，然后用船将种菱沿线绳均匀撒入水中，播种量与密度视品种和水面条件而异。大果品种，瘦塘、深水塘和未种过菱的塘宜密；小果品种，肥塘、浅水塘或连作塘宜稀，一般每亩水面用种菱20~25kg。

②无性繁殖：育苗移栽水深在3.3m以上，直播出苗困难，芽细瘦弱而产量低，必须育苗移栽，长江流域春分至清明选避风，水位较浅，土壤肥沃，排灌两便的池塘作苗池。按行距1m见方点播育苗，每亩用种量65~90kg，可供8~10亩菱塘使用，播种时控制水深85~100cm，菱苗出水后，逐渐加深水位进行锻炼。播种2~3个月后（芒种至小暑），菱苗主茎达2.3~3m以上，已生有小菱盘（10多片叶）时栽植，从菱田拔取苗后，堆于船上，两人操作，1人将8~10株菱苗盘成一圈，用小绳扎好，按穴距放入湖中，另1人用长柄菱叉叉住根部小圈插入湖底土中，菱苗结绳的长度以苗充分生长后能浮出水面为度，菱苗绳固定易于成长。栽植密度因品种和栽培条件而异，土壤肥沃，水位较浅，每穴5~8株，穴距1.4~1.6m，如水位较深，可增加每穴株数至10~13株，穴距2.3~3.3m，以增强抗风能力。华南地区采菱后，从9月至翌年2月即可播种育苗，育苗时把菱种放在浅水塘中（6~10cm），利用阳光保温催芽，每隔5~7d换水1次，发芽后移至繁殖田，茎叶长满后分苗定植，定值时截取33cm长菱苗，按行距1~2m或1.3m，每穴3~4苗。

第二节　水生软体动物移殖

一、螺蛳繁殖与移殖

蛳螺，又名螺蛳。软体动物门中腹足目田螺科螺蛳属的通称。中国特有属。雌雄异体，卵胎生，全年皆可繁殖。螺蛳以宽大的足部匍匐于湖底。肉味鲜美，有螺黄（雄性生殖腺）的是雄的，壳大型，高70mm以上。外形呈圆锥形或塔圆锥形；壳面有棘状或乳头状突起，或仅有光滑螺棱。厣为角质薄片如图7-13所示。

1. 形态特征

蛳螺壳圆锥形，坚厚，壳高约3cm，壳顶尖，螺层7层，缝合线深，体螺层略大；壳面黄褐色或深褐色，有明显的生长纹及较粗的螺棱。壳口卵圆形，边缘完整。厣角质，黄褐色，卵圆形，平滑，上有同心环状排列的生长纹。体柔软，头部圆柱形，前端有突出的口吻；口基部有触角1对，每1触角基部的外

图 7-13 蛳螺

侧，各有隆起的眼 1 个。足位于头部下方，形大，跖面宽阔。头和足能缩入壳内，缩入后，其厣即将螺壳封闭。

2. 地理分布与生态习性

（1）地理分布。生活于河沟、湖泊、池沼及水田内；多栖息于腐殖质较多的水底。以藻类及其他植物的表皮为食。主要分布于浙江省、江苏省、安徽省、湖北省、云南省等的大中小湖泊河流中，全国大部地区均有分布。在云南省、贵州省、广西壮族自治区的新生代地层中曾发现螺蛳属的化石种类。

（2）生态习性。螺蛳通常生活在稻田、湖泊、池塘、河沟等处，栖息环境要求冬暖夏凉、底土柔软，水中饵料生物丰富。其最适生长温度为 20～25℃，水温 15℃以下和 30℃以上时停止摄食活动，10℃以下时入土进入冬眠状态。次年春暖时再出土活动。摄食水生植物的叶、低等藻类等。卵胎生，体内受精发育，雌螺怀卵数 10～100 个不等。发育成仔螺后，陆续排出体外，幼螺在水中行自由生活，幼螺生长至一年左右即达性成熟，雌雄异体，卵胎生。

3. 应用价值

（1）生态价值。螺蛳生态功能：淡水双壳类软体动物可明显改善水质。华东师范大学资源与环境学院报道，底栖软体动物水环境生态修复研究进展，研究发现，铜锈环棱螺是具有强大滤水滤食功能的大型淡水双壳类软体动物，可明显改善水质，通过螺对太湖五里湖湾水体透明度、总磷、氨氮、溶解氧作用的研究，发现它能使水体透明度从 0.5m 左右提高至 1.3m 内，使湖内水体浊度迅速降底，降低总磷的幅度达到 50%，经分析是铜锈环棱螺的絮凝作用所致；并且在其水域氨氮浓度大幅降低，使实验点高达 5mg/L 以上的氨氮浓度降至 2mg/L 以下，从感观和水质指标两方面有效；河蟹养殖池塘秋季水生植物代谢功能减弱时，池塘移植两年生鲜活螺蛳的数量为280kg/亩以上；使其自然繁殖，1个2年生的螺蛳能繁殖150个以上小螺蛳，鲜活软体动物新陈代谢所产生的生态效应：增强养殖水体净化率，促使养殖水体清、活、爽，养殖水体转变为生态资源化。

（2）营养价值。螺肉是人们所需的天然保健食品。螺肉蛋白质中的氨基酸，有谷氨酸、肌苷酸、半胱氨酸等多种增鲜物质，其肉质中钙的含量要超过牛、羊、猪肉的10多倍，磷、铁和维生素的含量也比鸡、鸭、鹅要高，所以它的味道鲜美。螺肉脂肪含量较低，它还含有多种维生素，如维生素A、维生素B_1、维生素B_2等，还含有多种无机盐如钙、镁、磷、铁、硒等。因此，人们认为它是一种高蛋白低脂肪天然保健品。

养殖大规格优质红膏河蟹，也可以鲜螺作为河蟹生长过程中所需鲜活动物蛋白营养。因为鲜螺体中干物质5.2%，干物质中含粗蛋白55.36%，灰分15.42%，其中含钙5.22%，磷0.42%，盐分4.56%等。有赖氨酸2.84%，蛋氨酸和胱氨酸为2.33%。从幼蟹养殖成蟹生长过程中，鲜活螺蛳肉质是满足河蟹正常生长发育所需的动物蛋白营养，河蟹成熟蜕壳时个体重可增长90%以上；贝壳矿物质含量高达88%左右，其中钙37%，磷0.3%，钠盐4%左右，还含有多种微量元素。水体自然分解贝壳的有机钙，河蟹又具有吸收水体营养的生理功能，可增加河蟹代谢时所需多种微量元素，提高河蟹的脱壳率、成活率。使其从扣蟹至养殖成蟹顺利完成6次脱壳，养成大规格优质红膏脂满的商品成蟹。

（3）药理价值。螺蛳味甘、咸、无毒，有清热、利湿、退黄、消肿、养肝等作用，因此，螺蛳具有美食、药膳双重功能。据《本草汇言》记载，螺蛳，解酒热，消黄疸，清火眼，利大小肠之药也。此物体性大寒，善解一切热瘴，因风因燥因火者，服用见效甚速。螺蛳的壳亦可供药用。年久陈旧的螺壳，壳外的角质膜已消失，呈灰白色，故中药名称白螺蛳壳。其药性甘淡、寒，具有清热利水、明目之功效。可用来治疗痰热咳嗽、反胃嗳气、胃痛吐酸、目赤翳障、脱肛痔瘘等症。煅研为末，用油调敷外用，有收湿敛疮之效。可治臁疮湿毒或消疮湿烂、瘰疬破溃不敛等证。同样在养成大规格优质红膏脂丰满的成蟹中依据河蟹摄食的自然属性，鲜活螺蛳便成为河蟹适口鲜活动物蛋白饵料，贝壳含有多种微量元素自然被分解养殖在水体，水体呈微碱性，pH值可达7.5~8.5以上时，可控制河蟹颤抖疾病发生。

（4）螺蛳繁殖与移殖。

①收集与选择：用于繁殖的亲螺来源广泛，可以到稻田、池塘或沟渠采集，也可以购买采集。亲螺选择标准要求螺色清淡，壳薄、体圆、个大、螺壳无破

损、厣片盖完整。一般雌螺个体大而圆，头部左右两触角大小相同，且向前方伸展；雄螺个体小而长，头部右触角较左触角粗而短，末端向右内方向弯曲，其弯曲部即为生殖器。繁殖季节为每年的4月、5月和10月，能多次产仔螺，1年可产150个以上。仔螺经2~3周后开始摄食。

②养殖密度：一般专养池每平方米投放100~150个，利用自然水体每平方米投放20~30个。

③饲养管理：投喂的饵料一般用青菜、豆饼、米糠、鱼虾残体及动物下脚料。饲养过程中要勤观察螺池水质和螺的生长情况，定期注加新水和全池泊洒生石灰，改善水质和补充钙质。如螺体的厣片盖陷入壳内，表明饵料不足或饥饿，应及时增加投饵量；螺体的厣盖收缩及有肉质溢出表明螺体缺钙，应添加鱼粉、贝壳粉补充钙质。

④移殖螺蛳季节：营造生态养殖河蟹池塘、外荡养殖基地。螺蛳移殖螺蛳季节，当秋季水生植物代谢功能减弱时向养殖河蟹基地移殖鲜活螺蛳。在当年9月和11月分2次向养殖塘内移殖螺蛳、蚌、蚬等鲜活贝类。第一次投放时间为9月中旬。投放量为每亩150kg。用于稳定水生生态系统功能和供河蟹食用鲜活动物蛋白饵料。第二次投放时间为11月中旬。投放量为每亩130kg。主要使其在翌年5月在养殖塘中自然繁殖幼螺蛳，1个2年生的螺蛳能繁殖150个以上小螺蛳，使其生长为成年螺蛳，作为长期稳定的水生生态系统功能。同时，可确保从幼蟹养殖优质“红膏”成蟹生长过程中均有适口鲜活动物蛋白饵料，满足河蟹在各个生长阶段所需鲜活动物蛋白。蛳壳在水体经过数月能自然分解，河蟹具有吸收水体营养的生理功能，促使河蟹增加多种微量元素，使其幼蟹养殖成蟹顺利完成6次脱壳，可确保养殖优质“红膏”河蟹达标。

二、蚌繁殖与移殖

河蚌，又名河歪、河蛤蜊、鸟贝等，属动物界软体动物门，双壳纲，蚌目，珠蚌科，无齿蚌亚科无齿蚌属。蚌目分为两个总科。蚌总科全部淡水产，包括珍珠蚌科和蚌科；三角蛤总科能够用足跳跃，热带海产，仅三角蛤科。蚌科在中国常见的蚌科动物有10余种。如褶纹冠蚌、三角帆蚌和背角无齿蚌、背瘤丽蚌、圆顶珠蚌等。

1. 形态特征

壳形多变化，两壳相等，壳顶部刻纹常为同心圆形或折线形，但多少有些退化。铰合部变化大，有时具拟主齿。具1外韧带。鳃叶间隔膜完好，并与鳃丝平行排列，外鳃的外叶后部与外套膜愈合，有鳃水管。鳃与肛门的开口以隔膜完全区分。其外侧有韧带，依靠其弹性，可使二壳张开。壳的内面有肌肉附着的肌痕。与壳腹缘并行的外套痕；壳前上方有 3 肌痕，最大的一个椭圆形，为前闭壳肌痕；其后上缘为一小角的略呈三角形的前缩足肌痕；其后下缘为伸足肌痕。壳后端近背缘处有二肌痕，大的为后闭壳肌痕，椭圆形，其前上缘一小的是后缩足肌痕。雌雄性体形有一些差异，在腹缘有一个凸起，这凸出部分和繁殖有关，是幼虫的临时居所。

（1）三角帆蚌。三角帆蚌俗称河蚌、珍珠蚌、淡水珍珠蚌、三角蚌（图 7-14）。淡水双壳类软体动物，属双壳纲、蚌科、帆蚌属。广泛分布于湖南省、

图 7-14　三角帆蚌

湖北省、安徽省、江苏省、浙江省、江西省等省，尤以中国洞庭湖以及中型湖泊分布较多。壳大而扁平，壳面黑色或棕褐色，厚而坚硬，长近 20cm，后背缘向上伸出一帆状后翼，使蚌形呈三角状。后背脊有数条由结节突起组成的斜行粗肋。珍珠层厚，光泽强。铰合部发达，左壳有 2 枚侧齿，右壳有 2 枚拟主齿和 1 枚侧齿。雌雄异体。

（2）褶纹冠蚌。褶纹冠蚌属软体动物门，瓣鳃纲，蚌科（图 7-15）。壳大，长近 30cm，宽 10cm，高 17cm，呈不等边三角形，前背缘突出不明显，后背缘伸展成巨大的冠。壳后背部有一列粗大的纵肋。铰合部不发达，左、右壳各有 1 枚大的后侧齿及 1 枚细弱的前侧齿。栖息于缓流的河流、湖泊及池塘内的泥底或泥沙底。雌雄异体。褶纹冠蚌属大个体淡水贝类。成年个体比三角帆蚌的同龄个体大得多，壳长可达 290mm，壳高 170mm，壳宽 100mm，最大个体壳长可达 400mm 以上。它壳质较厚，且坚硬壳后背缘向上扩展成巨大的冠，使蚌体外形略呈不等边三角形。壳面为黄褐色、黑褐色或淡青绿色；壳内面珍珠层呈乳

白色、鲑白色、淡蓝色或七彩色。褶纹冠蚌1年有2次繁殖季节，分别是3—4月和10—11月。脱离鱼体而沉入水底栖息生长的幼蚌，成长1个月壳长可达10~20mm，成长20个月壳长可达100mm。

图7-15　褶纹冠蚌

（3）背角无齿蚌。背角无齿蚌俗名菜蚌、河蚌、湖蚌、蚌壳、无齿蚌、圆蚌等，是蚌科无齿蚌属的一种（图7-16）。壳长达20cm，呈有角突的卵圆形，前端圆，后端略呈斜截形。壳薄，微膨胀，壳面平滑，生长线细，3条肋脉。无铰合齿。中国各地江河、湖沼中均有分布。肉可食，也适作鱼类、禽类的饵料和家禽、家畜的饲料。有的地区用为淡水育珠蚌，但珍珠的质量次于三角帆蚌及褶纹冠蚌所育的珍珠。壳可入药。

图7-16　背角无齿蚌

2. 内部结构

（1）外套膜。紧贴二壳内面为两片薄的外套膜，包围蚌体，套膜间为外套腔。套膜内面上皮具纤毛，纤毛摆动有一定方向，引起水流。两片套膜于后端处稍突出，相合成出水管和入水管。入水管在腹侧，口呈长形，边缘褶皱，上有许多乳突状感觉器；出水管位背侧，口小，边缘光滑。蚌斧足呈斧状，左右侧扁，富肌肉，位内脏团腹侧，向前下方伸出，为蚌的运动器官。一般吃的蚌肉就是河蚌的斧足。

肌肉与壳内面肌痕相对应，可见前闭壳肌及后闭壳肌，为粗大的柱状肌，连接左右壳，其收缩可使壳关闭。前缩足肌，后缩足肌及伸足肌一端连于足，一端附着在壳内面，可使足缩入和伸出。

（2）消化系统。口位于前闭完肌下，为一横缝。口的两侧各有一对三角形唇片，大，密生纤毛，有感觉和摄食功能。口后为短而宽的食道，下连膨大的胃，胃周围有一对肝脏，可分泌淀粉酶、蔗糖酶，有导管入胃。胃后为肠，盘曲于内脏团中，后入围心脏，直肠穿过心室，肛门开口于后闭壳肌上，出水管附近。胃肠之间有一晶杆，为一细长的棒状物，前端较粗，顶端形态变异较大，呈细尖、膨大、钩状、盘曲等。晶杆位于肠内，其前端突出于胃中，与胃盾下部相接。晶杆可能为储存的食物，河蚌在缺乏食物条件下，24h 后晶杆即消失，重新喂食，数天后晶杆恢复存在。

（3）呼吸器官。在外套腔内蚌体两侧各具两片状的瓣鳃，外瓣鳃短于内瓣鳃。每个瓣鳃由内外二鳃小瓣构成，其前后缘及腹缘愈合成“U”形，背缘为鳃上腔。鳃小瓣由许多纵行排列的鳃丝构成，间隔之间的小孔称鳃孔。二鳃小瓣间有瓣间隔，将鳃小瓣间的鳃腔分隔成许多小管称为鳃水管。丝间隔与瓣间隔内均有血管分布，鳃丝内也有血管及起支持作用的几个质棍。

由于鳃及外套膜上纤毛摆动，引起水流，水由入水孔进入外套腔，经鳃水孔到鳃水管内，沿水管上行达鳃上腔，向后流动，经出水管排出体外。水经过鳃时，即进行气体交换。外套膜也有辅助呼吸的功能。每 24h 经蚌体内的水可达 40L、鳃表面的纤毛可滤食水中的微小食物颗粒，送至唇片再入口。因此鳃尚可辅助摄食。

（4）循环系统。由心脏、血管、血窦组成。心脏位脏团背侧椭圆形围心腔内，由一长圆形心室及左右两薄膜三角形心耳构成。心室向前向后各伸出一条大动脉。向前伸的前大动脉沿肠的背侧前行，后大动脉沿直肠腹侧伸问后方，以后各分支成小动脉至套膜及身体各部。最后汇集于血窦（外套窦、足窦、中央窦等〕，入静脉，经肾静脉入肾，排出代谢废物，再经入鳃静脉入鳃，进行氧碳交换，经出鳃静脉回到心耳。部分血液由套膜静脉入心耳，即外套循环。

无齿蚌血液中含血青蛋白，氧化时呈蓝色，还原时无色，其与氧结合能力不及血红蛋白，一般软体动物 100ml 血液中含氧通常不超过 3mg。血液中含变形虫状细胞，有吞噬作用。因此，血液除输送养分外，尚有排泄功能。变形虫状细胞聚集，其伪足部分互相结合，使血液凝固（蚌血液中无纤维蛋白原）。

(5) 排泄器官。蚌具一对肾、由后肾管特化形成，又称鲍雅诺氏器；还有围心腔腺，亦称凯伯尔氏器。肾位于围心腔腹面左右两侧，各由一海绵状腺体及一具纤毛的薄壁管状体构成，呈“U”形。前者在下，肾口开于围心腔；后者在上，肾孔开口于内瓣鳃的鳃上腔前端。围心腔腺位于围心腔的前壁，为一团分支的腺体，由扁平上皮细胞及结缔组织组成，其中富血液，可收集代谢废物，排入围心腔，经肾排出体外。各组织间的吞噬细胞，也有排泄功能。其神经系统特点为无齿蚌具有3对神经节。前闭壳肌下方，食道两侧为一对脑神经节，很小，实为脑神经节和侧神经节合并形成，可称为脑侧神经节。在足的前缘靠上部埋在足内的为一对长形的足神经节，二者结合在一起。脏神经节一对，已愈合，呈蝶状，位于后闭壳肌的腹侧的上皮下面较大。脑、足、脏3对神经节之间有神经连索相连接，脑脏神经连索较长，明显。蚌的感官不发达，位足神经节附近有一平衡囊，为足部上皮下陷形成。内有耳石，司身体的平衡。脏神经节上面的上皮成为感觉上皮，相当于腹足类的嗅检器，为化学感受器。另外在外套膜和唇片及水管周围有感觉细胞的分布。

3. 地理分布与生态习性

(1) 地理分布。背角无齿蚌和褶纹冠蚌全国各地均有分布。三角帆蚌主要分布于江苏省、安徽省、浙江省、湖南省、湖北省、江西省等地的大中小型江河、溪流、湖泊之中。

(2) 生态习性。在自然环境中，蚌一般生活在江河，湖泊、池沼、小溪等泥质、沙质或石砾之中。冬春寒冷时利用斧足挖掘泥泥，使蚌体部分潜埋在泥沙中，前腹缘向下，后背缘向上；仅露出壳后缘部分进行呼吸摄食。天热时则大部分露在泥外。无齿蚌一般生活在泥质底、pH值在5~9的静水或缓流的较肥的水中摄食；蚌的食物主要是单胞藻、原生动物和有机碎屑等，如轮虫、鞭毛虫、绿眼虫，绿粒藻、栅藻、舟形藻、甲藻、四角藻、纺锤硅藻、杆星藻，甲壳动物的残屑及植物叶片等。易被消化的主要是硅藻。蚌不能主动追逐食物，依靠蚌壳的开闭，外套膜内侧纤毛和鳃纤毛的摆动造成水流，食物便随水进入蚌体。食物随水进入外套腔，颗粒沿鳃丝向上移至鳃的基部，再向前移动至唇瓣，经唇瓣选择后小颗粒进入口中，大颗粒则由内鳃边缘向后移动，在两腮相交处，入外套膜痕至后端，两壳猛闭排出体外。据有人统计，每天流进蚌体的水可达40L。蚌的行动能力很弱，环境平静时，由韧带牵行，徽微张开双壳，徐徐伸出斧足。一般斧足向壳的前方伸出，并固定在泥地上，再收缩蚌体向前移动。这种爬行非常缓慢，通常1min只前进数厘米。凡蚌体经过之处均留有一条浅沟。当蚌遇到敌害时，斧足很快缩回，闭壳肌同时急剧收缩，双壳紧闭以御外敌。

4. 河蚌应用价值

（1）生态价值。河蚌生态功能特点为三角蚌通过降低池塘中的悬浮物和叶绿素，可使池塘水体透明度从 26cm 提高到 80cm，明显改良水质。比较河蚌和螺蛳对水体净化作用，结果表明：底栖软体动物对富营养化，河蚌对 COD、氮和磷等都有一定的去除效益，且河蚌的效果优于螺蛳，比较了 24h 内褶纹蚌和螺蛳对相同物量藻类的净化效果，结果表明：褶纹寇蚌对水体呈悬浮物的去除率为螺蛳的近 3 倍，而对叶绿素的去除率螺蛳远优于褶纹寇蚌，24h 比褶纹寇蚌组高出 2 倍。鲜活软体动物（蚌）新陈代谢所产生的生态效应，增强养殖水体净化率，促使养殖水体清、活、爽，养殖水体转变为生态资源化。蚌可作为生态养殖河蟹营造生态水域环境的自然生物。

（2）营养价值。河蚌含有蛋白质、脂肪、糖类、钙、磷、铁、维生素 A、维生素 B_1 和维生素 B_2。河蚌每 100g 可食部分含蛋白质 10. 9g、钙 248mg、铁 26. 6mg、锌 6. 23mg、磷 305mg、维生素 A 243μg、硒 20. 24μg、胡萝卜素 2. 3μg，还含有较多的核黄素和其他营养物质，总能量可达到 20. 71MJ/kg。

（3）药用价值。河蚌食用也可烧、烹、炖、煮，做成美食供人类享用。河蚌肉对人体有良好的保健功效，它有滋阴平肝、明目防眼疾等作用，是上好的食品和药材，利用蚌的软体部，能生产维生素 D 肉粉、维生素 D 油剂、维生素 D_3 结晶、维生素 B_{12}制剂等许多抗病毒的药物，在临床上有很大实用价值。蚌肉含蛋白质、脂肪、醣类、钙、磷、铁、维生素 A、维生素 B_1 和维生素 B_2。富含蛋白质，可维持钾钠平衡，消除水肿，提高免疫力，调低血压，缓冲贫血，有利于生长发育。富含磷，具有构成骨骼和牙齿，促进成长及身体组织器官的修复，供给能量与活力，参与酸碱平衡的调节。富含钙，钙是骨骼发育的基本原料，直接影响身高；调节酶的活性；参与神经、肌肉的活动和神经递质的释放；调节激素的分泌；调节心律、降低心血管的通透性；控制炎症和水肿；维持酸碱平衡等。蚌壳可提制珍珠层粉和珍珠核，珍珠层粉有人体所需要的 15 种氨基酸，与珍珠的成分和作用大致相同，具有清热解毒、明目益阴、镇心安神、消炎生肌、止咳化痰、止痢消积等功能。

（4）经济价值。河蚌是珍珠的摇篮，不仅可以形成天然珍珠，也可人工养育珍珠；珍珠是一种名贵的装饰品，而且还具有很大的药用价值。珍珠可加工制成各种装饰品和工艺品，历来被视为珍宝，深受人们喜爱。珍珠又是名贵的药材，单独制成粉后与其他物质配制而成的珍珠散、丸、丹、液等各种中成药，在医学临床上使用广泛，可治疗人体多种疾病，疗效显著。利用珍珠粉为原料配制成的各种高级化妆品和保健品，也深受广大消费者的欢迎。

除育珠外，蚌壳可提制珍珠层粉和珍珠核，珍珠层粉有人体所需要的15种氨基酸，与珍珠的成份和作用大致相同，具有清热解毒、明目益阴、镇心安神、消炎生肌、止咳化痰、止痢消积等功能；将蚌肉和蚌壳分别加工、蒸煮消毒和机械粉碎，即可制成廉价的动物性高蛋白饲料。另外，在养成大规格优质丰满红膏的商品河蟹中依据河蟹摄食的自然属性，鲜活河蚌便成为河蟹适口鲜活动物蛋白饵料，贝壳含有多种微量元素自然被分解在养殖水体，水体呈微碱性，pH值可达7.5~8.5以上时，可控制河蟹颤抖疾病发生。从以上几方面说明，河蚌具有着较高经济价值。

5. 繁殖与移殖

（1）生殖系统。河蚌为雌雄异体，生殖腺位于足部背侧肠的周围，呈葡萄状腺体，精巢乳白色，卵巢淡黄色。生殖导管通，生殖孔开口于肾孔的后下方很小。

（2）生殖季节。蚌的生殖季节一般在夏季，精、卵在外瓣鳃的鳃腔内受精，直至钩介幼虫形成。受精卵由于母体的黏渡作用，不会被水流冲出，而留在鳃腔中发育。故外瓣鳃的鳃腔又称育儿囊。受精卵经完全不均等卵裂（属螺旋型），发育成囊胚，以外包和内陷法形成原肠胚，发育成幼体，在鳃腔中越冬。翌年春季，幼体孵出，发育成河蚌特有的钩介幼虫（相当于其他瓣鳃类的面盘幼虫）。幼虫有发达的闭壳肌，壳的腹缘各生有一强大的约钩，且具齿。腹部中央生有一条有黏性的细丝，称足丝。壳侧缘生刚毛，有感觉作用。幼虫有口无肛门，可借双壳的开闭而游泳。

（3）亲蚌的选择和培育。

①亲蚌选择：亲蚌要求选择壳色要光亮，呈青蓝色，壳完整无残缺，“腹部”鼓圆，蚌体健壮肥满，闭壳力强，蚌龄以6~8冬龄为好，雌蚌最好是已经产过卵的母蚌。

②亲蚌的性别区分：从外观上很难区分，必须根据内部鳃丝的疏密及根数，才能准确判断。一般雌蚌个体稍大，生长轮纹较宽，贝壳也略宽、略厚。打开河蚌，雌蚌鳃丝排列紧密，性成熟后，外鳃瓣的鳃丝数目达100~120根；雄蚌鳃丝排列稀疏，性成熟后，外鳃瓣的鳃丝数目仅为60~80根。

③亲蚌的培育：亲蚌培育池面积最好在2 000m^{2}以上，水深为1.5m，池底淤泥厚度适中。养殖水层含氧量为4.0~8.0mg/L，pH值为6.5~8.0，饵料生物量为10~20mg/L。水质不宜过肥，以免雌性生殖细胞因缺氧发育不良或发生性逆转。若用小面积水域培育亲蚌，必须具有缓流条件。一般雄雌按2∶1的比例

(即2雄夹1雌为1组合)，并尾相靠地吊在水层中进行性比组合养殖。亲蚌培育工作应从秋季开始，要定时注、排池水，适时繁殖饵料生物，促进亲蚌生殖腺的发育、成熟。

（4）受精及胚胎发育。

①受精与受精季节：以三角帆蚌为例。一般情况下，三角帆蚌3龄时已具繁殖能力。每年5月开始性成熟。性成熟时，雌性三角帆蚌的生殖腺外观呈橘黄色，雄性三角帆蚌的生殖腺呈白色。产卵季节为5—7月。成熟卵子为圆球形；成熟精子镜检能摆尾游动。当生殖巢中绝大多数卵粒成熟时，雌蚌即排卵受精。三角帆蚌每年产卵5~8次，产卵量为40万~50万粒。

②受精方法：河蚌受精的方法有自然受精和诱导授精两种。

A. 自然受精。在蚌的繁殖季节，雌蚌成熟的卵经生殖孔排至身体外套腔中；雄蚌成熟的精子由输精管经生殖孔排至鳃上腔，再经出水管排到体外水体中。精子随水进入雌蚌外套腔中与待孕的卵结合，完成受精。受精卵就在母蚌的左右两侧外鳃瓣上进行胚胎发育。

B. 诱导授精。雄蚌的生殖细胞通常比雌蚌先成熟。可在雌蚌部分卵成熟时，人工取出雄蚌精液，用生理盐水稀释后注入雌蚌的外套膜，并把雌蚌预先置于水温比原池水温高3~5℃的受精盆中，进行诱发授精。第1次注入的精液仅仅起诱发雌蚌排卵的作用，需要用同样的方法注入第2次稀释精液，这次精液中的精子正好使诱发出来的成熟卵受精。通过诱导授精，能使河蚌提前进入繁殖季节。

（5）胚胎发育。受精卵自卵裂起，经过受精卵→桑葚期→囊胚期→原肠期→钩介蚴的胚胎发育过程，形成钩介蚴虫。整个胚胎发育过程一般需35~50d。

（6）采钩介蚴苗。钩介蚴在母蚌外鳃瓣上发育成熟后，具有足丝和钩，能够寄生鱼体上，也必须寄生在鱼体上，才能完成变态过程，成为幼蚌。因此，在钩介蚴即将脱膜而出时，就要用鱼作“采苗器”，将钩介蚴采集在鱼体上。

①采苗鱼的选择：鲢鱼、鳙鱼、草鱼、鲤鱼均能采到钩介蚴，但以性情温顺的鳙鱼和草鱼鱼种为好。每只蚌每次采苗需9.9cm规格鱼种300~500尾。要选择体质健康的优良鱼种，才能耐受较多钩介蚴虫的寄生。

②钩介蚴成熟度的鉴定：未成熟的钩介蚴不具寄生能力，必须对钩介蚴的成熟度进行鉴定。鉴定方法是取出几只培育的母蚌，首先用开壳器撑开河蚌，加塞固定到一定程度，然后用探针在河蚌鳃瓣中部挑出少许钩介幼虫，若挑出的钩介幼虫能互相粘连成一条链，则为成熟钩介蚴。

（7）采苗方法。

①室内采苗：在盆中注入10~15cm深的洁净新水，将经过检样的母蚌平置于盆底，然后放入采苗鱼，并通入水管使水成为流水，数小时后即能刺激母蚌排出钩介蚴。

②室外采苗：在河流、湖泊的清爽水质中，可用鱼箱采苗。采苗数量大，适于大量生产。采苗要及时更换采苗点，以每尾鱼寄生约200尾钩介蚴为宜，数量过大会引起采苗鱼死亡。采苗前1d，要对采苗鱼进行拉网锻炼，增强其体质，并排出粪便，以避免采苗鱼污染钩介蚴。

（8）河蚌移殖。

①亲蚌选择：通常1年冬春两季适宜移殖，移殖亲蚌选择以个大体壮，闭壳能力很强，贝壳完整、色泽光亮为标准。蚌龄以4~6龄为最好。刚成熟的蚌怀卵量少且孵化率低；超过6龄的蚌，怀卵量少且成熟不一，孵出的幼蚌易早夭。当亲蚌移殖生态养殖河蟹池塘，即能自然受精：在蚌的繁殖季节，雌蚌成熟的卵经生殖孔排至身体外套腔中；雄蚌成熟的精子由输精管经生殖孔排至鳃上腔，再经出水管排到体外水体中。精子随水进入雌蚌外套腔中与待孕的卵结合，完成受精。受精卵就在母蚌的左右两侧外鳃瓣上进行胚胎发育。胚胎发育自受精卵自卵裂起，经过受精卵→桑椹期→囊胚期→原肠期→钩介蚴的胚胎发育过程，形成钩介蚴虫。整个胚胎发育过程一般需35~50d。

②繁殖期：江苏省和浙江省一带每年5—7月产卵，5月下旬至6月中旬为繁殖高峰。而在广东省、广西壮族自治区热带地区，3月底至4月初开始排卵，到8月底还处于繁殖期。背角无齿蚌生殖不受季节影响，但在广东省夏季因水温过高而不能孵化。褶纹冠蚌一年繁殖两次，3月中旬至4月底，和10月至12月上旬。河蚌1年繁殖多30个左右小蚌。

③生态养殖河蟹基地自然繁殖鲜活软体动物（蚌）新陈代谢所产生的生态效应：增强养殖水体净化率，促使养殖水体清、活、爽，养殖水体转变为生态资源化。蚌可作为生态养殖河蟹营造生态水域环境的自然生物。同时，繁殖河蚌鲜肉作为河蟹动物蛋白饵料，使幼蟹养殖成蟹生长过程中均有适口鲜活动物蛋白饵料，满足河蟹正常生长发育所需的鲜活动物蛋白营养成分，河蟹成熟时蜕壳体重增长90%，促使养殖“红膏”商品蟹。河蚌壳除含有少量蛋白质外，贝壳矿物质含量高达88%左右，其中钙37%，磷0.3%，钠盐4%左右，同时还含有多种微量元素。水体自然分解贝壳有机钙，河蟹具有吸收水体营养的生理功能，增加了河蟹代谢时所需多种微量元素，提高河蟹脱壳率、成活率。使其扣蟹养殖成蟹顺利完成6次脱壳，养殖大规格优质“红膏”商品成蟹。

三、河蚬繁殖与移殖

河蚬为软体动物门，瓣鳃纲，真瓣鳃目，异齿亚目，蚬科，蚬属。俗称蚬、黄蚬、蟟仔、沙螺、沙喇和蝲仔（图 7-17）。

图 7-17　河蚬

1. 形态特征

广泛分布于除南极洲外各大洲水域，代表属蚬属动物壳小型到中型。壳厚而坚硬，壳长约 28mm，外形圆形或近三角形。壳面光泽，具有同心圆的轮脉，黄褐色或棕褐色，壳内面白色或青紫色。铰合部有 3 枚主齿，左壳前、后侧齿各 1 枚，右壳有前、后侧齿各 2 枚，侧齿上端呈锯齿状。足大，呈舌状。雌雄异体或同体。成熟的卵子或精子排入水中受精，发育成幼蚬后沉入水底，营底栖生活。约 3 个月可发育成熟。亦有卵胎生的种类。生长于淡水水域内。肉味鲜美，营养价值高，可供食用，亦可入药，是鱼类、水禽的天然饵料。

2. 地理分布与生态习性

（1）地理分布。广泛分布于我国、朝鲜、日本、东南亚各国，也见于前苏联。我国各江河、湖泊均产。广泛分布于我国内陆水域，天然资源丰富。它们穴居于水底泥土表层，以浮游生物为食料，生长快，繁殖力强。除天然资源外，也适宜进行人工养殖。河蚬养殖既适合于湖泊大、中型水面放流增殖，也适合于小型水面或者池塘投饲、投肥养殖。养殖河蚬成本低、产量高，易捕捞，可以当年养殖当年收获。

（2）河蚬生态习性。河蚬生活在底质为沙、沙泥或泥沙的江河、湖泊、池沼、沟渠中，以通海江河的咸淡水交汇处分布密度较大；营穴居生活，穴居深度2~5cm。水温低于5℃时，停止摄食；高于32℃时，可能死亡；适宜生长水温为9~32℃。河蚬杂食性，摄食底栖藻类、浮游生物和有机碎屑等，以鳃过滤的方式取食。河蚬是一种滤食性的动物，以水中的浮游生物（如硅藻、绿藻、原生动物、轮虫等）为食料，对毒物有很高的浓缩系数，能直接反映水体的重金属污染，被认为是非常适于作为水生生态毒理学上的重金属污染生物指示物。

3. 应用价值

（1）生态价值。河蚬3月龄（壳长1.1~1.2cm）达性成熟，雄雌异体（偶有雄雌同体），分批成熟、分批产卵类型，体外受精。在福建省的生殖期为1—12月，以7—8月为盛期；在江苏省以6月上旬至9月下旬为盛期。在适宜孵化的条件下，受精卵的胚体在担轮幼体期之后脱膜，此时体长200mm；脱膜后进入面盘幼体期，期间营浮游生活；结束浮游生活后沉入水底，再经15~30d的发育，变态为针尖状的幼蚬，开始埋栖生活，这时把壳体埋在泥砂中，只露出水管进行呼吸和摄食、排泄。

（2）营养价值。富含胆固醇，维持细胞的稳定性，增加血管壁柔韧性。维持正常性功能，增加免疫力。富含铜，铜是人体健康不可缺少的微量营养素，对于血液、中枢神经和免疫系统，头发、皮肤和骨骼组织以及脑和肝、心等内脏的发育和功能有重要影响。适宜人群，出现头晕、乏力、易倦、耳鸣、眼花。皮肤黏膜及指甲等颜色苍白，体力活动后感觉气促、骨质疏松、心悸症状的人群。适宜于缺铁性贫血患者。孕妇、儿童及哺乳期的妇女要注意补铁。河蚬肉味鲜美，营养丰富，除鲜食外，还可以加工成蚬干、罐头、冻蚬肉或腌制成咸蚬。这不但在国内受到人们喜爱，在日本、韩国和东南亚一些国家，也普遍受到人们喜爱。

（3）药用价值。一是补血益气，铁的含量高，吸收好；二是清热，能清心泻火，清热除烦，能够消除血液中的热毒。适宜于容易上火的人士食用。三是解毒，清理身体内长期淤积的毒素，增进身体健康。适量食用河蚬肉可治疗疔疮肿毒、湿热黄疸、小便不利等症。四是益肝，蚬肉中维生素 B_{12} 与动物的肝脏含量相等，对贫血病有特殊疗效，对肝脏功能恢复也有辅助作用。五是蚬含有的维生素等还能治疗黄疸病、夜盲症，以及促进母体乳汁分泌，加快产妇产后体力的恢复。

近几年来，随着河蚬出口量的增加，河蚬价格不断提升。日本，韩国每年从中国进口上万吨的鲜活河蚬，作醒酒，护肝药膳。河蚬不但可以作为中药的药材，有开胃、通乳、明目、利尿、祛湿毒、治肝病、麻疹退热、止咳化痰、解酒等功效，而且还是禽畜类和鱼类的天然饵料。经过粉碎的蚬肉、蚬壳配入混合饲料，饲喂禽畜有促进生长繁殖的作用，可提高禽类产蛋率、畜类产乳率。河蚬也可作为某些特种水产品的鲜活饵科，近几年来，随着鳖、鲤鱼、黄鳝、蟹养殖的发展，人们也开始重视河蚬的养殖。

（4）经济价值。河蚬养殖既适合于湖泊大、中型水面放流增殖，也适合于小型水面或者池塘投饲、投肥养殖。养殖河蚬成本低、产量高，易捕捞，可以当年放养当年收获，经济效益显著。河蚬肉味鲜美，营养丰富，除鲜食外，还可以加工成蚬干、罐头、冻蚬肉或腌制成咸蚬。这不但在国内受到人们喜爱，在日本、韩国和东南亚一些国家，也普遍受到人们喜爱。提供出口的商品河规，一般壳长 25~36mm，壳高 22~33mm，壳宽 16~28mm。个体重 4~7g，每千克 160~220 只。河蚬亦可以作为农田肥料。施用碎蚬肉、碎砚壳，对酸性土壤有改良作用。也是养殖红膏河蟹的天然饵料。

4. 繁殖与移殖

（1）繁殖。河蚬雌雄异体，偶有雌雄同体。繁殖习性各地有差异。福州地区的河蚬，一年四季皆可繁殖，7—8 月是旺季。而江苏省一带，河蚬繁殖高峰期是从 6 月初持续到 9 月底。在壳长 12mm 时，性腺达到成熟期，怀卵量与精子数量随个体体积增大而递增。其性腺分期成熟，发育成熟的精子或卵子排入水中，在水中相遇受精。受精卵从内鳃瓣中的栉鳃腺获得营养，经历担轮幼虫期，而长至 200μm 时离体。经过一段面盘幼虫浮游期，随水流流动漂沉于水底。经过两个星期到 1 个月时间，逐渐发育变成针尖状白色的幼蚬，开始营底栖生活。再经过 15~30d，苗种平均重约 0. 11g，饲养 1 个半月可增重 4 倍，达 0. 45g；3 个月可达 0. 91g；4~4. 5 个月可达 2. 25g；5~6 月可达 4g，7~7. 5 个月可达 5. 4g，体重相当于原苗种的 50 倍，这时即可采捕。起捕河蚬时，可采用带网的铁耙，捕起后再用铁筛分出大小，将较小的个体仍放回原池继续饲养。可长成米粒状大小的小蚬。3 个月可长至体长 11mm 左右。此时生殖腺接近成熟，生长开始放慢。以上过程在移植后每年的河蚬养殖水域中悄然发生。

如果水浅，在河蚬繁殖盛期时，能在河床上出现大量的白色黏液状物，这就是河蚬的幼苗。一般不需要采取特别的管理措施，只需当心在繁殖期间鲤鱼等天敌的侵入。还应注意浊水的冲入，因为泥沙过大，其沉淀会造成大规模的蚬苗窒息死亡。河蚬寿命一般 3~5 年，最大壳长 35mm。在当移殖蚬顺利过渡 1 年后，就可开始 2 年 1 个周期的捕捞。在捕捞强度过大的情况下，可在停捕年内增加新来的移植蚬。在同一水域内，新旧河蚬均能获得良好的生长。

（2）移殖。春秋两季气候适宜，运输死亡率低，为移殖河蚬的最佳时机，应尽可能就地取材。初始蚬色对将来的定向培育影响不大，亦不必考虑个体大小。常用吸螺蚬船可在1~2h内采得数吨河蚬。通常无须挑选，直接装车。以湿麻袋片或草席遮盖，避免阳光直射。河蚬起水时间宜控制在两昼夜内。

①选择养殖场地：河蚬最适在水流畅通、流势缓慢的水域繁殖和生长，水质偏向碱性，透明度1m左右，水速0.1~0.6m/s范围。水流过急，增殖的幼苗不宜附着，大蚬也容易随急流冲走。水流过缓，浮泥易于沉淀，由水流带入的食料也比较少。一般可在江河的支流和缓处或上流有沙洲、草滩，其下宽阔、平坦处，亦可选江河靠岸边弧形地带。选择质软泥底或泥沙底，泥质灰黑，富含有机质的底床水域，有助于定向培育出高品质的黑壳蚬。水面从几百平方米到几公顷，水深0.5~3.0m，以管理方便为宜。根据地形以竹栏在进出水口处拦截鲤鱼等敌害侵入。

②饲养管理：从异地移殖运来的河蚬，应及时、均匀地播撒入养殖水域中。入水前特别注意清除鲤鱼和青鱼。河蚬虽能在相互叠置的高密度下正常生长，但移植蚬仍以1t/亩左右的养殖密度为佳。其适温范围9~32℃，摄食浮游生物及藻类。低于50℃则停止摄食活动，高于32℃可导致大量死亡。应做到经常巡视养殖地，视水质瘦肥，不定期投些豆饼、米糠等。并抽取蚬样检查壳色和个体生长状况。因饵料及放养密度不同，生长有所差异。通常情况下，1周年内可完成壳色向黑色的转变，并可有80%达到体长2.5cm以上的出口规格。河蚬生命力极强，耐低氧，病患少。但须严加防范河蚬天敌的侵入。河蚬也可与鲢鱼、鳙鱼和草鱼混养，但不能与青鱼和鲤鱼混养。

第三节　生态养殖红膏河蟹水质要求

养蟹池对水质有一定的要求，如果水质不理想，对河蟹生长就不利。水质的好坏直接影响河蟹的生长、蜕壳，养蟹过程中，必须有良好的水质。养蟹的水质必须在物理、化学和生物学方面都适合河蟹生长的要求，如果其中某一因素不符合养蟹的标准，就会直接或间接影响河蟹的蜕壳和生长。

一、透明度

透明度是表示光线透入水中的程度。测定方法是用直径20cm的圆盘（用镀锌铁皮制作），分成黑白相间的4个象限，盘中心系一细绳，细绳上做好长度标记，测定时把圆盘平稳沉入水中（不能倾斜），当下沉到肉眼刚刚不能见到盘上的白色象限，这时圆盘细绳的长度即为透明度水深。透明度的大小，取决于光源状态、水中悬浮的有机或无机的微细物质、浮游生物和水温，以及观测人的视力等。池水透明度的高低，可以表示水中浮游生物的丰歉和水质的肥度。河蟹喜欢水表，透明度以 30cm 以上为好。为了培育适应河蟹健康生产的水质，具体措施：

第一，用自然科学的原理太阳光暴晒消毒，并培育具有颗粒结构肥活土壤，促使水生植物生长。

第二，必须在池塘内栽植和培育水生植物形成植物吸污屏障生态链。

第三，适时投一定量的螺丝，小蚌等贝壳类软体动物，增加防污能力，增强防病能力。

第四，适时采取一切有效措施，更换灌清，增加容氧量，不低于（5mg/L）确保水质清新，促使河蟹健康生长。

二、酸碱度

水中的酸碱度，常用 pH 值来表示，它取决于水中游离二氧化碳的含量，二氧化碳含量多，水呈酸性，酸性环境中河蟹对低氧条件的忍受和摄食能力减弱，并影响河蟹甲壳钙沉淀。尤其在幼体变态期会影响甲壳的形成和蜕壳，直接影响河蟹的生长。pH 值一般要求在 7~8，中性或微碱性，幼体变态时，pH 值可稍高些，在 7.8~8.6。在大水面条件下，一般 pH 值对河蟹的生长、发育影响不大。但在池塘养殖条件下则不然，因为在池塘密养条件下，水质较肥，加之夜间水中动、植物的呼吸作用和有机物的分解，需消耗大量氧气，同时放出二氧化碳，使水趋向酸性而影响河蟹的生长。经常换水，增加水中溶氧，使水质保持清新，才能为河蟹创造一个良好的水环境。如果水质呈酸性，可施加适量生石灰调节 pH 值至微碱性，使河蟹顺利蜕壳、生长发育。河蟹喜栖微碱性水体生活，池水 pH 值控制在 7.5~8.5 为宜。并且因每次蜕壳都需要大量的钙、磷等物质，所以清塘最好用生石灰，而且从投放蟹种开始，每隔 2 周须泼洒 1 次生石灰浆，用量为每公顷 225~300kg，并施适量复合肥，用量为 112.5kg/hm^2，使河蟹在蜕壳生长过程中得到所需的钙、磷物质。

三、水温与溶解氧

水温是河蟹生活的重要环境条件之一，河蟹与鱼类一样，有它所需要的最适生长温度，同时又有它最高和最低忍耐限度。若超过忍耐限度，就会因生理失调而导致死亡。河蟹是变温动物，本身缺少调节体温的能力。体温随着水温变化而发生变化，通常河蟹的体温高于周围环境温度。因此，水温变化会直接影响河蟹的生长和变态。在适温条件下，温度高，河蟹的摄食强度旺盛，生长和变态的速度加快。一般来说，河蟹在水温10℃时开始明显摄食，10℃以下时摄食能力减弱。河蟹能忍受低温，水温在-2~-1℃条件下，抱卵蟹能顺利过冬，蟹卵和亲蟹均不会死亡。

河蟹的交配、产卵和幼体变态，对水温均有一定的要求。如亲蟹交配，水温要求达到8~12℃，幼体变态则需在21~25℃水温条件下进行。温度太低或太高均对河蟹人工育苗不利。因此，在河蟹人工育苗生产中，采用控温措施就比不控温好，控温能使幼体变态同步，并能提高育苗成活率。

河蟹养殖过程中，水温对河蟹蜕壳有一定影响，如在适温范围内，水温高，蜕壳顺利；而当水温超过28℃时，河蟹的蜕壳就会受到抑制。最适生长期水温20~28℃，河蟹蜕壳生长速度快。一般河蟹怕热不怕冷，所以在严寒的北欧也有它的踪迹。而在中国珠江以南，河蟹就不能形成种群了。水温突变，对河蟹生长、变态和繁殖都不利，特别是在幼体阶段更为明显，常常因温度太高而大批死亡。蟹苗阶段必须控制水温的温差，一般不得超过2~3℃。早期河蟹工厂化育苗大约4月底出池，此时室外水温很低，室内水温要比室外高7~8℃。如果处理不当，大部分蟹苗移到室外即会死亡，需加倍注意。利用水中植被可以起到良好的调节水温的作用，如若植被占池塘水面面积的2/3，气温高达36℃时，水体温度可以保持在25℃左右；如若池塘内没有植被，或植被面积极少，高温天气则不利于河蟹健康成长。

根据蟹苗在不同温度下的生长、蜕壳情况，可作以下划分：一是开始蜕壳生长期，水温15℃左右，河蟹越冬后开始第二次蜕壳；二是一般生长期，水温16~22℃，河蟹蜕壳，生长速度一般；三是最适生长期，水温22~28℃，河蟹蜕壳、生长速度快。

池塘中溶解氧的来源，一部分是水生植物的光合作用产生，另一部分从空气中溶解得到。池水中溶解氧量的多少，是池塘生产力的一个重要指标。河蟹在高溶解氧水体中，摄食旺盛、消化率高、蜕壳顺利、生长快、规格大、产量高，饲料系数也低，反之则相反。河蟹用鳃将溶解在水中的氧气和血液中的二氧化碳进行气体交换，完成呼吸。水中的溶解氧在5.5mg/L左右最适宜河蟹正常生长发育。一般在江河、湖泊水体里，溶解氧十分充足，不会有缺氧的情况。只有在池塘或小水体条件下养殖河蟹，由于密度大、水质肥，如果管理不当，常常会产生缺氧现象。当水中溶解氧低于3mg/L时，对河蟹的蜕壳生长、变态会起抑制作用。如何保持水体中含有充足的溶解氧，对人工养蟹是十分重要的。在人工养殖河蟹过程中，必须掌握河蟹养殖水域中溶解氧的变化，并采取有效措施。

四、氨态氮

水中的氨态氮超过一定含量时，就会影响河蟹的变态和生长。有人用氯化氨对第一、第四和第五期蚤状幼体和大眼幼体进行毒性试验，发现不同阶段的幼体对氯化氨的忍耐浓度有很大差别。早期幼体忍耐能力差，后期幼体对氯化氨的忍受能力比早期幼体高 10 倍左右。氨态氮过高对幼体和成体均无益处。因此，用氨水直接施肥培养单胞藻之法是不可取的，还是采用氮肥为妥。夏天饲养河蟹要注意投饲食物的品种，防止因食物分解而产生过多的氨态氮。就以水生植物为主，动物性饵料为辅，因为水生植物具有吸收氨态氮的作用，有利于水质净化。

五、钙和磷

与鱼类和其他动物相比，钙、磷含量在甲壳动物生活中具有重要意义，在有机体中所占比重也最大。据有关资料介绍，河蟹机体内钙的含量比鱼类要高出数倍。河蟹既可从食物中取得钙、磷物质，也可从水体中取得，主要是用鳃交换来吸收水中的钙和磷。据华东师范大学等（1994）资料报道，食物中和水体中的钙、磷含量对河蟹蜕皮（壳）、蛋白质利用率、生长率都有影响。当饵料中含钙量占 0.5%，钙、磷比为 1 ∶ 1.9 时，河蟹获得最大生长率和较高的蛋白质利用率。在饵料中，钙含量占 1.413%，钙、磷比为 1 ∶ 1.649 时，河蟹蜕皮（壳）最有利，其蜕皮（壳）率最大。

淡水与海水相比，淡水中的钙、磷含量要少得多，海水中钙含量一般为每升 420mg，硬淡水中钙含量一般为每升 65mg，软淡水中的钙含量每升约为 10mg。因此，在河蟹人工繁殖时，水体中的钙含量要增至每升 144~335mg。在养蟹的水体中，为满足河蟹生长的需要，尤其是为满足河蟹蜕皮（壳）的需要，有必要增加养蟹水体中的钙、磷含量。在养蟹池塘，使用生石灰清塘除野，对养蟹的水质有好处。在河蟹生长季节，每月用生石灰浆泼洒全池，有利于河蟹的生长。在湖泊中放养河蟹，一般不存在缺钙、缺磷现象，这是由于河蟹放养密度小，河蟹容易获得含钙、含磷的天然饵料。如湖泊中的水草含有丰富的钙质，均可被河蟹利用。在池塘养殖河蟹时，放养密度较大，易造成缺乏钙、磷物质，一定要注意增加钙、磷物质，以保证河蟹正常生长、蜕皮（壳）的需要。

总之，养蟹池的水质以清洁、干净、溶氧丰富为佳。养蟹池水位应随着水温的上升和河蟹的生长旺季而升高，蟹池应定期换新水，依池水水质状况不同而换水，以保证河蟹在清、新、溶解氧高的水中生长，但注意不要在大量河蟹蜕壳时换水，以免因水压差或脱水而造成死亡。如果水质过肥，浮游生物繁殖过多，池底淤泥太深，河蟹的背甲会变黑，腹部呈水锈色，步足末端变黄。这种水质条件不但影响河蟹蜕壳生长，而且影响河蟹的肉味、品质。为控制水质过肥，可适当投放大规格鲢鱼、鳙鱼种，并在蟹池内部栽种水生植物。

六、盐度要求

河蟹生长发育不同阶段对盐度有不同的要求。河蟹从大眼幼体开始就迁移到淡水中生活，尤其喜在水质清新、水草茂盛、环境安静的湖泊中栖息和生长发育。高盐度育出的大眼幼体，放入淡水前均要经过逐渐淡化，才能放入淡水中养殖，不然将会造成幼体大批死亡。大眼幼体进入淡水水域后，水体的盐度越低越好。秋季，当河蟹达到性成熟时，亲蟹要到江河出海口半咸水处交配、产卵和孵化，直至蚤状幼体变态为大眼幼体，对盐度都有一定的要求。但不同发育阶段对盐度要求也有所差别，根据上海市水产研究所的低盐度河蟹人工育苗资料报道，第一期蚤状幼体对盐度的要求比以后几期蚤状幼体高，一般不能低于 7‰；幼体后期开始对盐度要求就有所下降，一般盐度降至 5‰左右也能变态，盐度突变会导致幼体死亡，一般盐度差不能超过 3‰。近海盐度高的水域，河蟹生长缓慢，2 龄蟹接近成熟时的个体重 50～80g，最大的也只 100g。高盐度育出的大眼幼体，放入淡水前均要经过逐渐淡化才能放入淡水中养殖，不然会造成幼体大批死亡。更重要的是，在盐度超过 5‰的水域仔蟹不能养成大规格优质河蟹，例如启东蟹苗就是这样。此类情况属生态环境所致，不为技术工艺所能解决的问题，需广大养蟹者特别注意。

第八章　河蟹饲料营养成分需求

第一节　饲料原料的分类

一、饲料概念

饲料是饲养动物的物质基础，凡是能为饲养动物提供一种或多种营养物质的天然物质或其加工产品，使它们能正常生产、繁殖和生产各种动物产品的物质。饲料原料的绝大部分来自植物，部分来自动物、矿物和微生物。通常所说的饲料——是指自然界天然存在的、含有能够满足各种用途动物所需的营养成分的可食成分。中华人民共和国国家标准《饲料工业通用术语》对饲料的定义为：能提供饲养动物所需养分、保证健康、促进生长和生产且在合理使用下不发生有害作用的可食物质。配合饲料是指根据鱼类的不同生长阶段、不同生产目的的营养需求标准，把不同来源的饲料按一定比例均匀混合，经加工（或再加工）而制成的具有一定形状的饲料产品。预混料是指一种或多种饲料添加剂按一定比例配制的均匀混合物，也称添加剂预混合饲。

二、饲料的分类及其数字编码

1. 饲料的分类

根据饲料原料的营养特性，将饲料原料分为八大类，并对每类饲料冠以相应的国际饲料编号（international feeds number，IFN）。

编码（为六位数，编码分为三节，表示成△，△△，△△△）代表每种饲料原料的全名称。

（1）粗饲料。是指饲料干物质中粗纤维含量大于或等于 18%，以风干物为饲喂形式的饲料，如干草类、农作物秸秆等。

（2）青绿饲料。是指天然水分含量在 60%以上的青绿牧草、饲用作物、树叶类及非淀粉质的根茎、瓜果类。

（3）青贮饲料。是指以天然新鲜青绿植物性饲料为原料，在厌氧条件下，经过以乳酸菌为主的微生物发酵后调制成的饲料，具有青绿多汁的特点，如玉米青贮。

（4）能量饲料。是指饲料干物质中粗纤维含量小于 18%，同时粗蛋白质含量小于20%的饲料称为能量饲料，如谷实类、麸皮、淀粉质的根茎和瓜果类。

(5) 蛋白质补充料。是指饲料干物质中粗纤维含量小于18%，而粗蛋白质含量大于或等于20%的饲料称为蛋白质补充料，如鱼粉和豆饼（粕）等。

(6) 矿物质饲料。是指以可供饲用的天然矿物质、化工合成无机盐类和有机配位体与金属离子的螯合物。

(7) 维生素饲料。是由工业合成或提取的单一种或复合维生素称为维生素饲料，但不包括富含维生素的天然青绿饲料在内。

(8) 饲料添加剂。是为了利于营养物质的消化吸收，改善饲料品质，促进动物生长和繁殖，保障动物健康而掺入饲料中的少量或微量物质称为饲料添加剂，但不包括矿物质元素、维生素、氨基酸等营养物质添加剂。

2. 数字编码

类别	编码	条件
粗饲料	100 000	粗纤维含量≥18%
青绿饲料	200 000	天然水分含量在60%以上的青绿牧草
青贮饲料	300 000	天然水分含量70%以上或半干青贮水分含量在45%以上
能量饲料	400 000	CF<18%，CP<20%，NE≥4. 18MJ/Kg
粗蛋白饲料	500 000	CF<18%，CP≥20%
矿物质饲料	600 000	
维生素饲料	700 000	
添加剂	800 000	

三、饲料原料的分类

按饲料来源分类，具体分为五大类：植物性饲料、动物生饲料、矿物质饲料、维生素饲料和添加剂饲料。

1. 植物性原料

如谷物籽实、青绿饲料、饼粕、豆类等，是水产饲料中来源最丰富、最多饲料。

2. 动物性饲料

是利用动物性产品加工而成的饲料。如奶粉、鱼粉、蚕蛹、肉骨粉、羽毛粉等，该类饲料的营养价值一般高于植物性饲料。

3. 微生物原料

利用微生物包括酵母、霉菌、细菌及藻类等生产的饲料。

4. 矿物质原料

包括天然（贝壳粉）和工业生产的矿物质，如石粉、食盐等能补充蟹类对矿物质的需求。

5. 人工合成原料

利用微生物发酵、化学合成等方法生产的饲料，如合成氨基酸、尿素、维生素、抗生素等。

第二节　河蟹饲料营养成分

一、饲料营养成分种类及含量

我国河蟹养殖业随着养殖技术的完善与推广而迅速发展起来，高校、科研单位以及许多生产一线的科技工作者，对河蟹营养需求和营养生理的研究也取得了可喜的成果，本节主要介绍河蟹营养需求及常用营养。河蟹饲料由多种复杂无机和有机化合物组成，其成分主要有以下几个方面。

1. 饲料蛋白质含量

蛋白质是组成细胞的重要成分和生命的物质基础，是不能为其他物质所替代的营养物质。蛋白质还以酶、激素、抗体等形式存在，参与调节河蟹机体内的代谢过程，修补体组织并作为河蟹活动的能量来源。不同年龄阶段的河蟹对蛋白质的需求量是不同的。从蚤状幼体、大眼幼体至第三期仔蟹，河蟹饲料中蛋白质的适宜需要量为38%~45%，这种饲料可使幼体蜕皮时间缩短，变态同步，成活率高达86.5%。河蟹在不同阶段对蛋白质的需求有所差异，一般地讲，从扣蟹养殖成河蟹对饲料中的蛋白质需求量在35%~40%。尤其是河蟹对饲料中的动物性蛋白质与植物性蛋白质含量都有要求．养殖成蟹阶段，以植物性蛋白质投喂饲河蟹最后1次成熟蜕壳仅增重24.6%；以蚕蛹动物性蛋白质成蟹阶段第一次蜕壳体重增长15%~20%；以动物性蛋白质饵料（蚕蛹、螺蛳、小杂鱼等）为主，最后1次成熟蜕壳增重达91.7%。实验表明，河蟹对不同饲料中不同性质的蛋白质的消化吸收率也不相同。由于河蟹的消化吸收还受水温、蟹个体大小及饲料中蛋白质含量等因素的影响，即使同一种饲料中的蛋白质，其消化吸收率也不相同。体重3~5g的河蟹对蛋白质和氨基酸的消化率的试验表明：用配合饲料中秘鲁鱼粉和小麦粉为主要原料配制成饲料养蟹，发现河蟹对蛋白质的消化率和实际消化率随饲料中小麦粉的增加而下降。在含24%~54%蛋白质的范围内，饲料对蛋白质的表观消化率与蛋白质含量成正比；体重低于55g的1秋龄个体，蛋白质消化率随体重增加而上升；在18～30℃的水温范围内，蛋白质消化率随水温上升而增大，但当水温上升至34℃后，蛋白质消化率反而会下降。

2. 饲料脂肪含量

脂肪是高能物质，氧化脂肪所产生的生理热量大约为等量蛋白质和碳水化合物的2倍多。水生动物对脂肪有特别高的利用能力，其总利用率可达到90%，用以作为水生动物增加体重的消耗能量。近年来的研究已经证实，饲料中添加适量的脂肪，既可以提高饲料的可消化能量，又能够节约蛋白质。脂肪除可为河蟹提供能量和必需的脂肪酸外，还是脂溶性维生素的溶解介质。在配合饲料养殖河蟹的高产试验中，研究者得出结论：河蟹饲料粗脂肪的适宜含量为5.2%。中国科学院植物研究所的学者认为，脂肪含量为8.7%的饲料对河蟹生长最好。也有人认为，饲料中粗脂肪含量为6.8%时，河蟹成活率最高。河蟹对脂肪的消化率受脂肪含量和环境因素的影响。有关试验证明，河蟹对脂肪的消化率与饲料含脂肪量呈明显的正相关。

3. 碳水化合物

碳水化合物是河蟹在生长过程中需要量较大的营养成分。它的主要生理功能是作为能量的来源。因此，在河蟹饲料中搭配适量的碳水化合物也有节省蛋白质的作用。碳水化合物可分为糖类、淀粉和纤维素。碳水化合物经过水生动物消化系统中酶的作用分解后被吸收利用，成为能量的主要来源。一般说来，水生动物对碳水化合物的利用能力比较低。如果饲料中碳水化合物含量过多，就会降低水生动物对饲料中蛋白质的消化率，影响食欲，阻碍生长。同时，过量的碳水化合物转化为脂肪积累在河蟹体内，将影响其肝脏的新陈代谢功能，导致脂肪肝。河蟹对碳水化合物的需求，目前国内研究仅限于饲料中的适宜含量方面。有研究表明，河蟹蚤状幼体饲料的适宜含糖量为20%。中国科学院植物研究所的试验表明，料中含6.11%粗纤维对河蟹生长发育有利。也有报道指出，饲养体重的0.1～10g/只的河蟹，配合饲料中含粗纤维7.8%时成活率最高。河蟹配合饲料中含有适量纤维素，有助于胃肠蠕动，使蛋白质等营养物质更易于消化和吸收。

4. 无机盐类

无机盐又称矿物质。无机盐中的钙、镁、磷是河蟹体组织的构成成分；钾、钠、氯与维持体内酸碱平衡，和渗透压有关；镁、锌、铜则是酶的辅基的激活剂中不可缺少的成分。研究表明，0.1～10g/只河蟹个体，饲料中矿物质含量为12.6%时成活率最高。而根据中国科学院植物研究所进行的试验，19.18%无机盐含量的饲料对河蟹生长较为适宜。钙和磷与河蟹蜕壳生长关系甚大，两者之间比例也要恰当。在水体和配合饲料中钙、磷含量对河蟹生长影响的研究中，人们发现，水中钙硬度调至50mg/L时，当饲料中含钙0.5%，钙、磷之比为1∶1.9时，河蟹获得最高的生长率和较高的蛋白质利用率。随着配合饲料中碳酸钙含量的增加，磷酸二氢钠比例下降，河蟹的生长率和蛋白质利用率等指标明显下降。还有试验表明，饲料中钙、磷比例为1∶1.2配以适量蛋白质（前期为41%，中期、后期为36%），粗脂肪含量为5.2%，粗纤维含量为6.5%，加上适量的添加剂配制成配合饲料养殖河蟹，可以得到每只河蟹日增重0.75g的良好效果。

5. 维生素

维生素是分子量较低的一类活性物质，它也是河蟹在生长、发育过程中不可缺少的营养物质。维生素不会产生热量和构成肌体组织，也不能在河蟹体内合成，而必须从饲料中摄取。河蟹虽然对维生素的需求很少，但绝不能没有。如果缺乏维生素，河蟹体内某些酶活性失调，导致代谢紊乱，影响某些器官的正常机能，使其生长减慢，抵抗力下降，甚至造成死亡。目前已发现的20余种维生素，按物理性质可分为脂溶性维生素和水溶性维生素两类。河蟹对主要维生素的需求及其生理功能，如表8-1所示。

表8-1　主要维生素种类及生理功能

种类	名称	生物学性质和生理功能
脂溶性维生素	维生素A（抗干眼醇）	形成视网膜的紫红色杆状体，对干眼病有治愈作用，当缺乏维生素A时，对传染病的抵抗力会降低；促进生长，保护上皮组织
	维生素D（钙化醇）	增加钙与磷的吸收和参与代谢，与形成骨质、钙化等有密切关系
	维生素E（生育粉）	防止维生素A、胡萝卜素、B族和脂肪酸的氧化
	维生素K	促进血液凝固
水溶性维生素	硫胺素（维生素B_1）	参与碳水化合物的代谢，起辅羧酶作用，抗神经炎
	核黄素（维生素B_2）	参与能量代谢，促进生长与呼吸，和生殖有关
	吡醇（维生素B_6）	辅酶的成分，是氨基酸转移反应等的催化剂
	维生素C(抗坏血酸)	有利于生长，促进新陈代谢
	烟酸（尼克酸）	氧化还原反应的催化剂，抗神经障碍，抗消化障碍
	泛酸	作为辅酶A的成分，在脂肪酸代谢等方面起重要作用
	胆碱	抗脂肪肝

二、谷物类饲料原料营养成分

主要介绍谷物类，如豆粕、大豆磷脂、玉米及玉米蛋白粉、大麦、小麦麸、米糠、花生粕、芝麻粕、棉籽粕营养成分与营养价值。

1. 豆粕和大豆磷脂

豆粕是大豆提取豆油后得到的一种副产品。按照提取的方法不同，可以分为一浸豆粕和二浸豆粕两种。其中以浸提法提取豆油后的副产品为一浸豆粕，而先以压榨取油，再经过浸提取油后所得的副产品称为二浸豆粕。在整个加工过程中，对温度的控制极为重要，温度过高会影响到蛋白质含量，从而直接关系到豆粕的质量和使用；温度过低会增加豆粕的水分含量，而水分含量高则会影响储存期内豆粕的质量。

（1）豆粕营养成分。豆粕中 100g 可食部分营养素含量如表 8-2 所示。

表 8-2　豆粕（100g）中可食部分营养素含量统计

类别	单位量	类别	单位量	类别	单位量
热量	310kcal	硫胺素	0. 49mg	钙	154mg
蛋白质	42. 5g	核黄素	0. 2mg	镁	158mg
脂肪	2. 1g	烟酸	2. 5mg	铁	14. 9mg
碳水化合物	30. 3g	维生素 C	0mg	锰	2. 49mg
膳食纤维	7. 6g	维生素 E	5. 81mg	锌	0. 5mg
维生素 A	0μg	胆固醇	0mg	铜	1. 1mg
胡萝卜素	6μg	钾	1391mg	磷	28mg
视黄醇	11. 5μg	钠	76mg	硒	1. 5μg

①生理营养作用：豆粕一般呈不规则碎片状，颜色为浅黄色至浅褐色，味道具有烤大豆香味。豆粕的主要成分为：蛋白质 40%～48%，赖氨酸 2. 5%～3. 0%，色氨酸 0. 6%～0. 7%，蛋氨酸 0. 5%～0. 7%。豆粕易吸收利用，豆粕经益生菌发酵水解，产生大量具有独特生理活性功能的活性肽。分子量低于 5 000的小肽混合物为产品的主要成分，易消化、吸收快、抗原性低，有效刺激肠道内有益菌的增殖，调节体内微生态菌群的结构，增加整个消化道对饲料营养物质的分解、合成、吸收和利用。防病：发酵豆粕中大量的高效益生菌在水产动物体内可抑制大肠杆菌、沙门氏菌等有害菌的生长繁殖，保持肠道内微生态环境

处于平衡、稳定状态，避免肠道疾病发生。

②饲料转化率和生长效率：提高饲料利用率：发酵豆粕富含多种微生物酶类如蛋白酶、淀粉酶、脂肪酶等，可补充机体内源酶不足，加强了营养物质的消化，提高动物对饲料蛋白质和能量的利用率。促生长：发酵豆粕富含多种营养物质如乳酸、维生素、氨基酸、未知促生长因子等，具有特有的发酵香味，适口性好，增加水产动物的采食量。乳酸还可调节水产动物肠道 pH 值，节省饲料中酸化剂的费用，参与机体的新陈代谢，促进生长。

（2）大豆磷脂营养成分。大豆卵磷脂简称大豆磷脂，又称大豆蛋黄素，是精制大豆油过程中的副产品。市面上粒状的大豆卵磷脂，是大豆油在脱胶过程中沉淀出来的磷脂质，再经加工、干燥之后的产品。纯品的大豆卵磷脂为棕黄色蜡状固体，易吸水变成棕黑色胶状物。在空气中极易氧化，颜色从棕黄色逐步变成褐色及至棕黑色，且不耐高温，80℃以上便逐步氧化酸败分解。大豆卵磷脂中含有卵磷脂、脑磷脂、心磷脂、磷脂酸（PA）、磷脂酰甘油（PG）、缩醛磷脂、溶血磷脂等。大豆卵磷脂是从大豆中提取的精华物质，其作用如下。

①生理营养作用：大豆磷脂产品的主要成分有油脂、磷脂、胆碱、不饱和脂肪酸和维生素 E 等。磷脂是生物膜的重要组成部分，是动物脑、神经组织、骨髓和内脏中不可缺少的组成部分，对幼龄动物的生长发育非常重要。大部分磷脂以脂蛋白复合体的形式存在于细胞壁基质、细胞膜、髓鞘、线粒体和微粒体中，其作用是使非极性物质具有很高的通透性。磷脂还参与脂类的代谢，促进饲料中脂类的消化、吸收、转运和合成，防止脂肪肝的产生。磷脂不仅参与脂肪酸的代谢，而且改善维生素 A 的吸收。磷脂还参与钠离子与钾离子的活动，激活一些神经组织。磷脂与不饱和脂肪酸中的必需脂肪酸作为组织细胞不可缺少的成分，还可增强组织器官功能，提高动物机体免疫系统活力，增强抗应激能力和抗病力。胆碱可节约动物体内部分蛋氨酸。油脂中的亚油酸、亚麻酸是动物体不能合成的，是细胞结构和机体代谢不可缺少的，必须从饲料中摄取。维生素 E 具有抗氧化作用，保护饲料中的其他维生素和不饱和脂肪酸。

②饲料转化率和生长效率：水产动物鱼类在孵化后的快速生长中，需要丰富的磷脂来构成细胞的成分，当磷脂的生物合成不能充分满足仔鱼的需求时，需要在饲料中添加磷脂。另外，饲料中的磷脂还能促进甲壳动物对胆固醇的利用，提高甲壳动物的生长和成活率。虾、蟹在不同生长时期对磷脂的需要量不同，幼虾、幼蟹因不能合成足够的磷脂供生长和代谢的需要，因而幼虾、幼蟹

对磷脂的需要量高。研究证明，虾、蟹需要卵磷脂以确保它在脱壳期间的生存。经研究日粮中含0.5%~1%的磷脂对幼虾、幼蟹的生长和成活是必需的。在鲤鱼饲料中添加2%的改性大豆磷脂，比对照组增产30.7%，饲料系数降低0.21，饲料成本降低了9.63%。在饲料中添加4%或8%的大豆磷脂，明显降低了大西洋鲑的饵料系数。在虾料中添加1%大豆磷脂可提高虾的生长速度和成活率。磷脂作为饲料添加剂的质量标准一般为：水分<22%，丙酮不溶物>45%，乙醚不溶物<4%，酸值<5.5。大豆磷脂在实际应用中应根据饲料本来含有的磷脂量、动物的大小、饲料中的脂肪及饱和脂肪酸含量、饲料成本以及磷脂的种类和浓度来确定其适宜添加量。一般来说，用于淡水鱼的添加量以3%~5%为宜，用于对虾的添加量以4%~5%为宜，用于蟹饲料的添加量以3.5%~5%为宜。

2. 玉米及玉米蛋白粉

（1）玉米。玉米粒皮层光滑，半透明，并带有似指甲纹路和条纹，这是玉米粒区别于豆仁的显著特点，另外，玉米粒的颜色也比豆仁深，呈橘红色。

①营养成分：每100g含热量196kcal，钾238mg，磷117mg，维生素A63μg，镁32mg，碳水化合物22.8g，维生素C16mg，蛋白质4g，膳食纤维2.9g，烟酸1.8mg，硒1.63μg，脂肪1.2g，钠1.1mg，铁1.1mg，钙1mg。

②营养价值：

A. 生理营养作用。玉米中含有较多的胡萝卜素，维生素D和维生素K几乎没有。水溶性维生素中含硫胺素较多，核黄素和烟酸的含量较少，且烟酸是以结合型存在。黄玉米中所含叶黄素平均为22mg/kg，这是黄玉米的特点之一，玉米是谷实类饲料的主体，也是中国主要的能量饲料。玉米的适口性好，没有使用限制。其营养特性如下：一方面，可利用能量高。玉米的代谢能为14.06MJ/kg，高者可达15.06MJ/kg，是谷实类饲料中最高的。这主要由于玉米中粗纤维很少仅为2%；而无氮浸出物高达72%，且消化率可达90%；另一方面，玉米的粗脂肪含量高，在3.5%~4.5%。玉米为1年生禾本科植物，又名苞谷、棒子、六谷等。玉米中含有较多的粗纤维，比精米、精面高4~10倍。玉米中还含有大量镁，镁可加强肠壁蠕动，促进机体废物的排泄功能。

B. 饲料转化率和生长效率。根据玉米物理和化学性能，玉米适宜应用于畜禽饲料，玉米不适用肉食性水产动物的虾、蟹饲料，饲料转化率和生长效率较低效果不良，应避免生玉米用于水产饲料。应用于水产动物饲料收益率较低。

（2）玉米蛋白粉。玉米蛋白粉也叫玉米麸质粉，主要由玉米蛋白组成，含有少量的淀粉和纤维。

①营养成分：按照常规生产工艺生产的玉米蛋白粉其总蛋白质含量高达65%，碳水化合物15%，脂肪7%，纤维2%，灰分1%，还含有玉米黄素、叶黄素等。蛋白质中玉米醇溶蛋白约占68%，谷蛋白约占28%，还含有少量的球蛋白和白蛋白、无机盐及多种维生素，其必需氨基酸含量高于大豆和小麦其中亮氨酸、异亮氨酸、丙氨酸、缬氨酸等氨基酸含量较高，但赖氨酸和色氨酸含量低。玉米蛋白粉配制成饲料后，饲粮脂肪含量高，有利于减少氨基酸氧化而生成较多的体蛋白，还能抑制葡萄糖和其他前体物质转化为脂肪；在高温条件下，还有利于能量食入，减缓热应激。玉米蛋白粉蛋白含量高，含氨基酸丰富，在豆饼、鱼粉短缺的饲料市场中可用来替代豆饼、鱼粉等蛋白饲料。玉米蛋白粉蛋白质营养成分丰富，不含有毒有害物质，不需进行再处理，可直接用作蛋白原料，是饲用价值较高的饲料原料。

②营养价值：

A. 生理营养作用。玉米蛋白粉是玉米籽粒经提取淀粉后的副产品，也叫玉米麸质粉。含有丰富氨基酸和天然色素——叶黄素，是一种重要的饲料原料；主要由玉米蛋白组成，其蛋白质营养成分丰富，还含有少量的淀粉和纤维，并具有特殊的味道和色泽，可用于饲料使用，与饲料中常用的鱼粉、豆饼比较，资源优势明显，饲用价值高，所以在豆粕鱼粉短缺的饲料市场可用来替代豆粕、鱼粉等蛋白饲料；玉米蛋白粉用作饲料中的优势在于该产品抗营养因子少，营养丰富、饲料安全性能好。植物性蛋白全部或部分替代动物性蛋白后会对饲料适口性、表观消化率和氨基酸平衡产生影响。因为植物蛋白中必需氨基酸含量较低，甚至可能缺乏一种或几种必需氨基酸，其中赖氨酸和蛋氨酸是最主要的限制性氨基酸。随着饲料中植物蛋白含量的增加，氨基酸的不平衡性愈加明显，从而对水产动物的生长产生负面影响，同时水生动物的生理状态、各项生理指标和肌肉成分含量也可能发生变化。因此不适宜应用于水产饲料。

B. 玉米蛋白粉水产饲料消化率吸收率。根据上海海洋大学省部共建水产种质资源发掘与利用教育部重点开放实验室华雪铭等研究报道，植物蛋白中存在许多抗营养因子包括胰蛋白酶抑制因子、红细胞凝集素、植酸、皂苷、生物碱、类棉酚、环丙烯脂肪酸、硫葡萄糖苷、芥子酸、黄曲霉素和硫胺素酶等。这些抗营养因子会阻碍水产动物对植物蛋白的消化吸收。然而，玉米蛋白粉中仅含有少量纤维素，几乎不含抗营养因子。因此，水产动物对其能够很好地消化吸收。银鲑鱼和虹鳟对玉米蛋白粉原料干物质和蛋白质的表观消化率分别达到88. 0%、91. 9%和87. 7%、97. 3%；军曹鱼、许氏平鲉、罗非鱼和大西洋鳕鱼对玉米蛋白粉的蛋白质表观消化率分别为94. 4%、92. 0%、89. 0%和86. 3%。金头鲷对玉米蛋白粉的蛋白质表观消化率为90%要高于鱼粉86%。凡纳滨对虾对玉米蛋白的干物质和蛋白质表观消化率分别为82.61%和90.4%，高于对鱼粉的干物质和蛋白质表观消化率78.94%和89.88%。与鱼粉相比，也有部分鱼类对玉米蛋白粉的表观消化率较低。草鱼对玉米蛋白粉的表观消化率也远远低于国产鱼粉和豆粕。

C. 对水产动物养殖环境的影响。目前，对于玉米蛋白粉的营养价值及其在水产饲料中的应用，在饲料中使用玉米蛋白粉对水产动物生长、原料表观消化率、饲料适口性、饲料氨基酸平衡、鱼体生化指标、肌肉成分以及养殖水环境的影响等问题，初步探讨了改善水产动物对玉米蛋白粉利用率的途径，提出应加强不同水产动物就玉米蛋白粉在体内的代谢、玉米蛋白粉饲料对养殖水环境有影响，植物蛋白源部分或者完全替代饲料中的鱼粉，水产动物的生长将受到不同程度的影响。随着饲料中植物蛋白源替代水平的升高，水产动物的生长率逐渐下降，死亡率逐渐上升，而在适宜的替代范围内，水产动物的生长并不受到显著影响。玉米蛋白粉在饲料中的适宜用量的参数有待进一步研究。

3. 花生粕与花生壳

（1）花生粕。花生粕是以脱壳花生果为原料，经提取油脂后的副产品。花生粕为淡褐色或深褐色，有淡花生香味，形状为小块状或粉末状，含有少量花生壳，目前主要用于饲料。

①营养成分：根据西北农林科技大学理学院梅娜等研究报道，花生粕含蛋白质48.68%，维生素E 0.871%，脂肪0.80，维生素B_1 0.237%，灰分5.61%，维生素B_2 0.282%，可溶性总糖32.50%；花生粕中氨基酸种类齐全，含量丰富，人体必需氨基酸占总氨基酸含量的38.29%，接近食物或饲料的必需氨基酸占总氨基酸含量的合理比值40%，说明花生粕有一定的营养价值。非必需氨基酸中甘氨酸、谷氨酸、丙氨酸、精氨酸和天冬氨酸5种鲜味氨基酸占氨基酸总量的54.81%，尤其是谷氨酸和天冬氨酸，分别达到7.527g/100g和4.426g/100g。花生粕含有镁、钾、钙、铁、钠和锌等人体必需元素。镁离子是多种酶的辅基和激活剂，缺镁可引起动脉粥样硬化和心率失常，钙离子对神经肌肉的兴奋、神经传递、细胞功能的维持、酶活性以及激素分泌等都有重要作用。铁主要参与血红蛋白、肌红蛋白、细胞色素氧化酶的合成，并与许多酶的活性有关。锌与多种疾病及症状相关性很强，能促进生长发育、增进免疫功能、抗衰老、促进食欲及增强创伤组织再生，锌在体内能阻断自由基、抑制脂肪的过氧化反应、稳定细胞膜的结构功能，使细胞对离子或自由基具有较强的抵抗能力，按生理程序分裂繁殖。

综上所述，花生粕中含有大量的有效成分，但是仅以花生粕作为饲料并不能充分利用这种资源，所以花生粕这一副产品具有进一步研究及开发利用的潜力。

②营养价值：

A. 生理营养作用。据中国水产网报道，根据鱼粉、豆粕、菜粕、棉粕、花生粕对草鱼生长和生理机能的影响，以草鱼形体及内脏指数分析：测定得到草鱼形体和主要内脏器官的重量指数结果。就单位体长的重量来看，首先以鱼粉组草鱼单位体长重量最大，其次是豆粕组、菜籽组、花生粕组，最低的为棉粕组。就内脏重量指数看，首先以菜粕组最大，其次是鱼粉组，豆粕组和棉粕组相对较低。这些结果表明，鱼粉组、豆粕组草鱼的重量主要还是鱼体酮体（可食部分）占的比例较大，而菜粕组、棉粕组和花生粕组草鱼的内脏重量较大。肠道是消化、吸收的重要器官，也是重要的免疫防御器官。鱼粉组草鱼的肠道重量占体重的比例是最小的，接着是花生粕组。棉粕组草鱼肠道重量比例最大，接着是豆粕组和菜粕组。肠道重量大小差异，既可能是肠道长度变化，也可能是肠壁厚度变化的结果。肝胰脏是关键性的代谢器官，肝胰脏指数除了鱼粉组最大外，其余各组大小差异不大。脾脏和肾脏是重要的免疫和造血器官。脾脏指数也是以鱼粉组最大，其余各组差异不大。而肾脏指数则以菜粕组和棉粕组较大，而鱼粉组最小，花生粕组次之。

B. 饲料利用效率和生长速度。在 2 个阶段均首先以鱼粉组草鱼生长速度最大，其次是豆粕组、菜粕组、花生粕组和棉粕组。如果以鱼粉组生长速度为 100%，其他各试验组草鱼的生长速度分别与鱼粉组的比较结果为，在第一阶段豆粕组为 72%，菜粕组为 57%，花生粕组为 46%，棉粕组为 26%；在第二阶段豆粕组为 82%，菜粕组为 49%，花生组为 46%，棉粕组为 42%。鱼粉和豆粕对草鱼显示出良好的生长效果。对于饲料系数，在 2 个阶段的结果相似，以鱼粉组饲料系数最低，豆粕组次之，以棉粕组的饲料系数最高，明显高于其他各试验组。如果以鱼粉组饲料系数为 100%，其他各试验组草鱼的饲料系数分别与鱼粉组的比较结果为，在第一阶段豆粕组为 145%，菜粕组为 183%，花生组为 251%，棉粕组为 496%，在第二阶段豆粕组为 117%，菜粕组为 199%，花生组为 238%，棉粕组为 255%。鱼粉和豆粕对草鱼显示出明显的生长效果和饲料利用率，依次为菜粕组、花生粕组和棉粕组。河蟹与草鱼均是草食性的水产动物，玉米蛋白粉用于河蟹饲料的效果并不明显。

（2）花生壳。

①营养成分：花生壳营养成分中干物质占 90.3%，其中粗蛋白质 4.8%～7.2%，粗脂肪 1%，粗纤维素 65.7%～79.3%，半纤维素 10.1%，可溶性碳水化

合物为10.6%~21.2%，粗灰分1.9%~4.6%，含钙0.24%~0.27%，磷0.08%~0.09%，每千克干物质含消化能：牛为4 605~5 108kJ，羊为4 438~4 898kJ，含可消化蛋白15~17g/kg。另外，花生壳还含有维生素和矿物质及部分氨基酸，经微生物处理后的花生壳，其营养价值和消化率都大大提高，适宜于有一定规模的养殖场采用。

②营养价值：

A. 生理营养作用。花生全身都是宝，就连花生壳也是宝，花生壳含有丰富的膳食纤维，这种物质进入人体以后会促进肠胃运动，避免消化不良。此外，花生壳含有大量的黄酮类化合物，它含有的维生素C和黄酮类化合物以及天然的酚类物质，都是天然的抗氧化成分，它们进入体内以后能清除自由基也能减少氧化反应的发生，黄酮类化合物有良好的抗氧化、抗病毒等作用。近年来，科研人员开始回收利用花生壳，提取黄酮类化合物，增加资源的利用率，变废为宝。花生壳作为农产品的下脚料，在中国有着丰富的来源，据研究，花生壳中含有大量的有机化合物，如木质素、纤维素、蛋白质、谷甾醇、皂苷等。近年来，国外对花生壳的综合利用进行了深入的研究。花生壳粉主要用作饲料中粗纤维原料，饲养牲畜如猪、羊、鸡、獭兔、鱼、虾、蟹等。

B. 生物饲料养鱼、虾、蟹降本又增效。首先，花生壳是一种饲料来源。花生壳进行粉碎以后与15%的米糠，30%的麸皮混合制成颗粒饲料，可用于喂猪、喂鸡、喂鱼，是营养丰富的理想饲料。把粉碎的花生壳粉添加到粗蛋自含量较高的鱼虾蟹饲料中，可使鱼、虾、蟹增膘添肥。特别是添加到镛鱼、虾饲料中，会增大饲料浮性，降低饲料的水溶性，增加饲料利用率，降低饲料系数，饲料费用占养殖成本的60%以上，降低饲料成本是增加养鱼效益的关键。其次，应用光合细菌，把农作物花生壳等生产成为鱼生物饲料，不但养殖效益显著提高，而且饲料成本还大幅降低。光合细菌能产生多种促长因子、促免疫因子、辅酶Q等，促进幼体生长发育，在水产养殖上有如下作用：一是减少水体中有毒、有害物质的含量，消除死鱼现象；二是增加水体含氧量，减少或消除鱼的浮头现象；三是减少开增氧机时间，减少换水，节电省工，生产成本显著降低；四是显著地提高幼鱼苗和成虾的成活率；五是消除鱼虾因细菌引起的皮肤病，使鱼虾外观健壮；六是显著增加鱼的食量，迅速增重，进而提高产量。利用花生壳生产鱼生物饲料，其营养成分比玉米还要高，综合营养好，并且由于体积大，比重小，在水中的悬浮时间长达1h左右，是鱼虾蟹较理想的饲料。

4. 小麦和米糠

（1）小麦。小麦是小麦属植物的统称，是一种在世界各地广泛种植的禾本科植物，最早起源于中东的新月沃土地区。小麦是世界上总产量第二的粮食作物，仅次于玉米，而稻米则排名第三。小麦的颖果是人类的主食之一。

①营养成分：每 100g 中含下列营养成分，蛋白质 11. 9g、脂肪 1. 3g、碳水化合物 75. 2g、膳食纤维 10. 8g、维生素 B_1 0. 4mg、维生素 B_2 0. 1mg、烟酸 4mg、生物素 10. 1μg、维生素 E 1. 82mg、钙 3mg、磷 3mg、钾 289mg、钠 6. 8mg、镁 4mg、铁 5mg、锌 2mg、硒 4. 0μg、铜 0. 4mg 和锰 3. 1mg。

②营养价值：

A. 小麦生理营养作用。小麦的粗蛋白质、赖氨酸和有效磷的含量高于玉米、高粱。杂食性和草食性鱼类对小麦淀粉的消化利用率高于其他淀粉，小麦粉、小麦淀粉、小麦蛋白粉和次粉是水产动物颗粒饲料的天然优质黏合剂。麦麸是水产饲料中的经济性原料，小麦淀粉易于转化为鱼体脂肪，因而需要正确地加以控制，小麦粉对鱼体组织的颜色影响较小。同样，杂食性的虾蟹对小麦淀粉的消化利用率高于其他淀粉。在养殖河蟹中可以小麦煮熟直接投喂河蟹。

B. 科学运用饲料原料小麦。小麦加工的高筋次粉主要用作水产颗粒饲料中的黏合剂，虾、蟹饵料中添加 15%～20%，鳗鱼饵料中添加 5%～10%，鲤鱼饵料中添加 25%～30%，罗非鱼饵料中添加 30%，青鱼饵料中添加 15%。既能提高颗粒料物理性质和饲用价值，又能降低饲料生产成本。

（2）小麦麸。麦麸，即麦皮，小麦加工面粉副产品，麦黄色，片状或粉状。富含纤维素和维生素，主要用途有食用、入药、饲料原料、酿酒等。为小麦磨取面粉后筛下的种皮，就是外面的皮，主要是纤维、糊粉、一些矿物质和维生素性味甘凉，可收敛汗液。

①营养成分：每 100g 中含下列营养成分，蛋白质 15. 8g、脂肪 4g、碳水化合物 61. 4g、膳食纤维 31. 3g、胆固醇 0mg、灰分 4. 3g、维生素 A20mg、胡萝卜素 120mg、视黄醇 0mg、硫胺素 0. 3μg、核黄素 0. 3mg、尼克酸 12. 5mg、维生素 C 0mg、维生素 E 4. 47mg、钙 206mg、磷 682mg、钾 682mg、钠 12. 2mg、镁 382mg、铁 9. 9mg、锌 5. 98mg、硒 7. 12μg、铜 2. 03mg、锰 10. 85mg 和碘 0mg。

②营养价值：

A. 生理营养作用。小麦麸含有丰富的膳食纤维，是必需的营养元素，可提高食物中的纤维成分，可改善大便秘结情况，同时可促使脂肪及氮的排泄，对水产动物常见纤维缺乏性疾病的防治作用意义重大；在水产饲料中应用广泛，对调节水产饲料饵料比重起着很重要的作用。

B. 科学运用饲料原料麦麸。小麦麸用于杂食鱼、草食鱼水产养殖中时，用量不宜太多，并以制成颗粒料为宜。麸皮制成颗粒料，既便于运输、保存，又可使麸皮糊粉层细胞破裂，并使消化酶侵蚀细胞成分，提高麸皮的代谢能与蛋白质利用率。在鱼的饲粮中用量可达20%。曾有学者做过草鱼的单一饲料的实验，培育草食性鱼类幼苗时，可以粉状麦麸直接投喂幼鱼培育苗种，可培育出体质强壮的优质苗种。这一结果表明麸皮的蛋白利用率高。在养殖虾蟹生产实践运用麦麸备制的配合饲料投喂虾蟹，饲料系数低，饲料利用率可明显提高，经济收益率高于普通饲料。

（3）米糠。稻谷是中国第三大粮食品种．目前年产1.85亿t左右。占全国粮食总产量的42%。世界上稻谷产量占粮食总产量的37%。稻谷在加工成精米的过程中要去掉外壳和占总重10%左右的种皮和胚，米糠就是由种皮和胚加工制成的，是稻谷加工的主要副产品。国内外的研究结果和资料表明，米糠中富含各种营养素和生理活性物质。

①营养成分：米糠是把糙米精制成白米时所产生的种皮、外胚乳和糊粉层的混合生产物。据测定数据如下。

干物质88.4%，其中粗蛋白14.5%、粗脂肪16.4%、粗灰分10.2%、粗纤维10.05%、无氮浸出物0%、钙0.07%、磷1.43%、植酸磷1.23%、赖氨酸0.365%、蛋氨酸0.183%、胱氨酸-苏氨酸1.056%、纤维素7.42%、矿物质29.95%、还含有谷维素、亚油酸等人体必需的脂肪酸以及各种矿物质，营养价值比较丰富。但是，因为米糠中含有的游离脂肪酸被氧化后会生成醛、酮等氧化物，将其添加到食品中后就会影响风味和香味。所以，尽管米糠的营养价值很高，但一直被用来作饲料或酿酒。

②营养价值：

A. 生理营养作用。米糠是一种价廉、营养丰富的稻米加工副产品，中国年产米糠1 000万t以上，是一种量大面广可再生的资源。米糠含有丰富营养物质，其中，脱脂米糠中蛋白质含量可高达18%。大部分米糠仍用作动物饲料，资源浪费严重，因此，从米糠中寻求新的蛋白质资源，增加米糠附加值具有重要现实意义。米糠蛋白是公认优质植物蛋白质，其必需氨基酸组成平衡合理，米糠蛋白生物效价很高，其营养价值可与鸡蛋、牛乳相媲美，消化率可达90%以上；且米糠蛋白是低过敏性蛋白，不会产生过敏反应，因此，米糠蛋白非常适合作为婴幼儿和特殊人群营养食品。含有丰富维生素E、谷维素等成分，能降低胆固醇和血脂，促进人体生长。

B. 科学运用饲料原料米糠。米糠是稻米加工的副产品，富含营养，在水稻生产国中产量丰富、价格低廉，但即使在禾谷类饲料原料价格居高不下的今天，仍只有很低的利用率。然而，现在有了比较经济的加工方法，使我们能够比较充分挖掘米糠的应用潜力，米糠是一种价格较为低廉的能量饲料，其中所含可溶性非淀粉多糖因不能被动物消化酶所降解，经采食进入消化道后，阻碍了机体对饲料的有效消化，而产生抗营养作用，导致了营养物质在回肠中的消化率降低，表观代谢能下降；从而限制其在饲料中的广泛应用，通过添加饲料用植酸酶和复合酶制剂来改善米糠营养价值越来越得到人们的认可。尤其可将其用作家禽及水产动物营养之中。

米糠粕蛋白质含量14.5%~17%，肌醇含量较高，赖氨酸含量为0.6%，富含B族维生素，是鱼、虾、蟹等养殖的优质原料。

5. 芝麻饼、向日葵饼粕、棉籽粕

（1）芝麻饼。芝麻饼是芝麻榨油后所剩下的固形物质（俗称芝麻酱干），含有丰富的蛋白质，可提供多种必需氨基酸。江苏省大部分地区的人们喜食香油，芝麻饼来源广泛，但每年都有很大一部分被用作肥料，目前芝麻饼用于猪、鸡饲料应用较多，而用于水产饲料的研究应用很少，因此，从事水产动物饲料研究工作科研工作者必须认真研究试验、实践、总结，为科学合理开发芝麻饼水产饲料蛋白源提供科学依据，从而降低饲料成本，增加渔业生产的经济效益。

①营养成分：芝麻饼营养丰富，每100g芝麻饼中含下列营养成分：蛋白质21.9g、脂肪61.7g；钙564mg、磷368mg、铁50mg；还含有芝麻素、花生酸、芝麻酚、油酸、棕榈酸、硬脂酸、甾醇、卵磷脂、维生素A、维生素B、维生素D和维生素E等营养物质。

②营养价值：

A. 生理营养价值。特别是黑芝麻含有的多种人体必需氨基酸在维生素E、维生素B_1的作用参与下，能加速人体的代谢功能；黑芝麻含有的铁和维生素是预防贫血、活化脑细胞、消除血管胆固醇的重要成分；黑芝麻含有的脂肪大多为不饱和脂肪酸，有延年益寿的作用；中医中药理论认为，黑芝麻具有补肝肾、润五脏、益气力、长肌肉、填脑髓的作用，可用于治疗肝肾精血不足所致的眩晕、须发早白、脱发、腰膝酸软、四肢乏力、步履艰难、五脏虚损、皮燥发枯、肠燥便秘等病症，在乌发养颜方面的功效，更是有口皆碑。一般素食者应多吃黑芝麻，而脑力工作者更应多吃黑芝麻。黑芝麻所含有的卵磷脂是胆汁中的成分之一，如果胆汁中的胆固醇过高及与胆汁中的胆酸、卵磷脂的比例失调，均会沉积而形成胆结石，卵磷脂可以分解、降低胆固醇，所以卵磷脂可以防止胆结石的形成。现代医学研究结果证实，凡胆结石患者，其胆汁中的卵磷脂含量一定不足，常吃黑芝麻可以帮助人们预防和治疗胆结石，同时还有健脑益智、延年益寿的作用。

B. 科学运用饲料原料芝麻饼。芝麻饼作为水产动物饲料原料，芝麻饼是一种很有价值的蛋白质饲料，其营养价值介于动物性蛋白质饲料和植物性蛋白质饲料之间。芝麻饼一般含粗蛋白质42%，粗纤维2%~3%，粗脂肪3%~4%，无氮浸出物33%~35%，粗灰粉9%，蛋氨酸1.3%，赖氨酸1.1%，苏氨酸1.6%，精氨酸6.1%。在芝麻饼的氨基酸组成中，蛋氨酸与色氨酸含量丰富，用芝麻饼做水产动物饲料，好与赖胺酸含量多的饲料搭配使用，以弥补不足。芝麻饼的适口性好，是动物的很好的蛋白质补充料。芝麻饼作为水产动物饲料原料，尤其是芝麻饼所含的精氨酸能对金黄色葡萄球菌、大肠杆菌和绿脓杆菌有抑制作用，具有较好的消炎和抗感染作用；芝麻饼河蟹饲料饲喂河蟹可有效控制河蟹细菌性疾病。

(2) 向日葵饼粕。又称葵花饼粕。向日葵籽经机械压榨或溶剂浸出提油后的副产物称为向日葵饼粕。脱壳向日葵籽经机械压榨或溶剂浸出提油后的副产物，即为脱壳的向日葵饼粕，是一种较好的蛋白质饲料。

①营养成分：向日葵饼粕的营养价值主要取决于脱壳程度，利用向日葵榨油时，一般脱壳程度不等，完全脱壳的向日葵仁饼粕营养价值很高。葵花籽饼粕是向日葵籽榨取油后的残渣。脱壳榨油后葵花籽饼粕的营养成分含量一般为：粗蛋白质41.8%，粗脂肪7%，粗纤维13%，无氮浸出物31.4%，粗灰分6.8%；脱壳葵花籽粕的营养含量一般为：粗蛋白质45.7%，粗脂肪4%，粗纤维11.1%，无氮浸出物31.5%，粗灰分7.7%。

②营养价值：

A. 向日葵饼粕生理营养价值。向日葵饼粕中的难消化物质，一般认为主要来自于籽壳中的木质素，但有人发现含有4.1%粗纤维的葵仁粕约有5.7%为难消化糖类，而含有7.8%粗纤维的葵仁粕的难消化物质，这种难消化糖类多形成于高温加工条件，向日葵饼粕中还含有少量的酚类化合物，主要是绿原酸，这是一种对胰蛋白酶、淀粉酶和脂肪酶活性均有抑制作用，占0.7%~0.82%。向日葵饼粕适口性好，去壳饼粕品质与豆饼相当，并且无毒，钙、磷和维生素B族含量比豆饼还要高，所以是鱼饲料中的优良蛋白源。但带壳的向日葵饼粕含有大量的木质素，不仅使粗纤维难以消化，而且降低了营养物质的消化率，一般用量宜少，同时注意不宜作肉食和杂性鱼类饲料使用。

B. 科学运用饲料原料向日葵饼粕。葵花籽经预压榨或直接浸出法榨取油脂后的物质，呈葵花籽特有的灰色或灰黑色，具有葵花籽特有的香味，无发酵、霉变、结块及异味异嗅。葵花籽粕中含有大量纤维质的壳，蛋氨酸的含量高于豆粕。膨化葵花籽饼粕作饲料。美国纽尔卡斯畜牧水产研究所采用榨过油的葵花籽饼粕经过膨化处理后可作为畜禽、鱼饲料的原料。试验中，分别在各类饲料的配方中掺入经过膨化处理的葵花籽油渣饼粕粉，再压制成颗粒状复合饲料，其增重效果和饲料的消耗比与按鱼粉和大豆蛋白作配方的饲料效果相同；因而证明了采用葵花籽饼粕膨化粉末代替鱼粉，大豆蛋白、豆粕等高蛋白饲料原料，而在效果相同的条件下，可降低饲料成本25%~37%。

（3）棉籽粕：棉籽粕主要是以棉籽为原料，使用预榨浸出或者直接浸出法去油后所得产品。以区别于以压榨法取油后的棉籽饼。

①营养成分：脱酚棉籽蛋白营养成分构成，棉籽粕干物质94%，粗蛋白含量在50%，粗纤维含量在7%，粗灰分含量低于7.5%。浸提处理后棉籽粕含粗脂肪低，在2.35%以下。无氮浸出物27.65%。钙098%，总磷1.39%。氨基酸含量（%DM）赖氨酸2.35%，蛋氨酸0.76%，胱氨酸0.73%，精氨酸5.87%，苏氨酸1.71%，异亮氨酸1.68%，亮氨酸2.98%，苯丙氨酸2.73%，丙氨酸1.99%，缬氨酸2.16%，天门冬氨酸4.70%，丝氨酸2.08%，谷氨酸12.03%，甘氨酸2.14%，酪氨酸1.44%，组氨酸1.90%，脯氨酸2.01%，色氨酸0.48%。目前，常规的棉籽粕产品粗蛋白质含量分别为41%、43%和46%。其营养指标的差异取决于制油前的去壳程度、出油率以及加工工艺等。棉籽饼粕蛋白质组成不太理想，精氨酸含量高达3.6%~3.8%，而赖氨酸含量仅有1.3%~1.5%，只有大豆饼粕的50%。蛋氨酸也不足，约0.4%。同时，赖氨酸的利用率较差。故赖氨酸是棉籽饼粕的第一限制性氨基酸。饼粕中有效能值主要取决于粗纤维含量，即饼粕中含壳量。维生素含量受加热损失较多。矿物质中含磷多，但多属植酸磷，利用率低。

②抗营养因子影响：棉籽粕中含有棉酚、环丙烯脂肪酸、植酸等抗营养因子。棉酚主要存在于棉仁色素腺体内，是一种不溶于水而溶于有机溶剂的黄褐色聚酚色素。棉籽中棉酚含量为0.7%~4.8%。棉酚是存在于棉籽的色素腺体中的一类含有类萜烯类化合物，具有多酚的性质，可分为游离棉酚和结合棉酚2种。游离棉酚由于具有活性醛基和活性羟基，排泄速度较缓慢，在体内有明显的蓄积作用而毒性很大，可引起累积性中毒。当棉酚含量在400mg/kg以上时，鲤鱼的生长明显受到抑制，且肝脏中棉酚蓄积量与饲料中棉酚含量呈正相关。而鱼虾等水生变温动物似乎对游离棉酚的抵抗能力远比畜禽等恒温动物强（林金芳，1988）。棉酚对鱼类的影响主要表现在采食量下降、生长受抑制、肝脏脂肪沉积增加及繁殖能力下降。中华人民共和国国家《饲料卫生标准》（GB 13078—2001）中规定棉籽饼粕中游离棉酚的含量应为1 200mg/kg。《无公害食

品渔用配合饲料安全限量》（NY 5072—2002）中规定，温水杂食性鱼类、虾类配合饲料中游离棉酚的含量应为300mg/kg，冷水性鱼类、海水鱼类配合饲料中游离棉酚的含量应为150mg/kg。棉籽粕有毒物质不利水产动物正常代谢生长发育，因此在水产动饲料中少用或不用。在生态养殖红膏河蟹的饲料中绝不能将棉籽粕作为饲料原料。

③水产饲料上的研究与应用：萧培珍等对棉籽粕的营养价值及其在水产饲料上的应用研究的报道：棉籽粕是应用于水产饲料中的一种重要植物蛋白原料。中国是世界上主要产棉大国，特别是新疆维吾尔自治区有着丰富优质的棉花资源，其榨油副产物棉籽粕的产量也很高。新疆是棉籽粕的主要产地，选择棉籽粕作为鱼粉的替代原料，既经济又方便。在全球鱼粉紧缺的市场大环境下，迫切需要寻求一种廉价优质蛋白源替代鱼粉。因此，研究开发以棉籽粕作为主要蛋白源，部分替代鱼粉蛋白的优质水产饲料具有良好的前景。笔者希望通过开发一种基于棉籽粕的优质膨化水产饲料产品，以达到提高饲料利用率，降低养殖成本，缓解鱼粉资源紧缺，促进水产饲料和水产养殖业发展的效益。通过体外消化法研究棉籽粕替代鱼粉的最适需要量，以蛋白质和磷的体外消化率为评价指标，优化膨化水产饲料配方。结果表明，当棉籽粕替代33%鱼粉，磷的最适需要量为0.8%，并添加0.045%水产耐高温酶和2.0%石粉时，饲料的体外消化率达到最大值。

三、糟渣类饲料原料营养成分

糟渣类饲料是食品加工后的下脚料，也是常用的渔用饲料。常用的有酒糟、甘薯粉渣、玉米粉渣、豆腐渣、马铃薯渣等，其营养成分，如表8-3所示。

表8-3　糟渣类饲料的营养成分

饲料名称	饲料（干/湿）	水分（%）	粗蛋白（%）	粗脂肪（%）	粗纤维（%）	无氮浸出物（%）	粗灰分（%）
蔗渣	干	15.50	1.60	0.80	39.30	40.70	2.10
啤酒渣	湿	76.90	6.80	2.20	4.20	8.70	1.30
醋糟	湿	69.80	8.50	3.50	3.00	17.40	2.80
高粱酒糟	湿	62.30	9.30	4.20	3.40	17.80	3.20
米酒糟	湿	79.70	5.60	3.20	1.10	9.30	1.10
酱油渣	湿	50.00	13.50	13.20	4.50	9.10	9.70
麦芽糖渣	湿	58.00	13.00	4.20	3.50	15.90	5.40
甘薯粉渣	干	16.10	1.70	4.90	4.20	46.40	16.70

（续表）

饲料名称	饲料（干/湿）	水分（%）	粗蛋白（%）	粗脂肪（%）	粗纤维（%）	无氮浸出物（%）	粗灰分（%）
马铃薯粉渣	湿	92.30	1.30	0.10	0.80	4.80	0.70
玉米粉渣	湿	83.70	2.20	0.80	3.40	7.80	0.20
豆腐渣	湿	85.10	5.00	1.80	2.10	5.40	0.60
甜菜渣	湿	91.00	0.90	—	1.80	5.80	0.50

1. 水生植物饲料

（1）常见的水生植物饲料。具体如芜萍（萍莎）、浮萍、水花生、水葫芦、水浮莲、苦草、马来眼子菜、轮叶黑藻等。这些水生青饲料，来源广，产量高，是当前河蟹养殖较为理想的饲料。虽然其水分较高，蛋白质含量低，但矿物质和维生素丰富，可以和商品饲料配合使用。其营养成分如表 8-4所示。

表 8-4　常见水生植物饲料的营养成分

名称		发育期	干物质（%）	干物质成分				
				粗蛋白（%）	粗脂肪（%）	粗纤维（%）	无氮浸出物（%）	粗灰（%）
挺水植物	折浆草	拔节	15.26	23.13	3.15	25.29	53.45	12.9
	水稗草	孕穗	22.82	7.27	2.15	28.31	55.96	6.3
	水甜菜	孕穗	21.30	17.75	2.68	27.04	42.72	9.8
	雨久花	开花	6.57	21.61	2.59	18.72	36.07	21.0
	慈姑	簇叶	7.36	28.67	4.62	34.27	13.18	19.2
	泽泻	簇叶	11.27	19.70	3.37	23.96	39.93	13.0
浮生植物	浮萍	营养	16.79	16.91	2.38	16.38	37.11	27.2
	紫萍草	营养	13.86	19.41	4.47	7.65	46.03	22.4
	品萍	营养	10.58	12.57	7.38	13.42	22.68	43.9
	绿萍	营养	14.62	22.68	5.16	14.50	37.56	21.1

（续表）

名称		发育期	干物质（%）	干物质成分				
				粗蛋白（%）	粗脂肪（%）	粗纤维（%）	无氮浸出物（%）	粗灰（%）
浮生植物	菱角	分枝	22.38	18.00	3.44	13.09	50.49	10.28
	荇菜	开花	11.85	26.92	2.11	26.24	29.79	14.93
	两栖蓼	现蕾开花	36 344	22.45	5.60	10.46	50.65	10.84
	眼子菜	结实	11.07	17.89	2.17	21.23	35.68	23.04
	睡莲	开花	12.46	23.56	3.15	16.70	44.64	12.13
沉水植物	马来眼子菜	现蕾开花	20.67	14.03	0.44	28.01	26.42	31.11
	穿叶眼子菜	现蕾开花	10.03	26.32	1.30	22.13	29.91	20.37
	浅叶眼子菜	分枝	9.44	15.25	1.38	18.54	41.95	22.88
	金鱼藻	分枝	16.18	15.38	0.74	21.95	57.41	4.53
	狐鱼藻	分枝	3.98	21.61	0.13	25.88	27.39	23.99
	狸藻	分枝	11.84	27.38	1.24	19.66	33.16	18.56

2. 水生植物饲料原料

（1）菹草，别名虾藻、虾草。测定菹草粉、菹草颗粒及试验优选的红心蛋颗粒饲料的成分，结果表明：菹草粉的粗蛋白含量为133.6g/kg，总类胡萝卜素的含量为463.1mg/kg，两者都大大高于玉米，而粗蛋白与小麦麸相近；菹草颗粒的主要成分含量分别为红色类胡萝卜素20.59mg/kg，干物质900.5g/kg、粗蛋白129.6g/kg、粗脂肪43.6g/kg、粗纤维47.5g/kg、无氮浸出物541.6g/kg、粗灰分138.2g/kg、钙17.2g/kg、总磷2.4g/kg。

（2）轮叶黑藻。属水鳖科，轮叶黑藻营养成分：干物质占7.27%，粗蛋白为1.42%，粗脂肪为0.40%，无氮浸出物为2.62%，粗灰分为1.67%，粗纤维为1.16%。

（3）微齿眼子菜（黄丝草）。为眼子菜科多年生沉水草本。微齿眼子菜干物质中营养成分：干物质占20.67%，粗蛋白为14.03%，粗脂肪为0.44%，粗纤维为28.019%，无氮浸出物为26.42%，粗灰分为31.11%。

（4）金鱼藻科。细金鱼藻、五金鱼藻，北金鱼藻、宽叶金鱼藻。别名细草、鱼草、软草、松藻。沉水性多年生水草，金鱼藻干物质中营养成分：干物质占

16.18%，粗蛋白为15.38%，粗脂肪为0.74%，粗纤维为21.95%，无氮浸出物为57.41%，粗灰分为4.53%。

（5）伊乐藻。属水鳖科，伊乐藻原产美洲，是一种速生高产的沉水高等植物。伊乐藻的营养成分：干物质占8.23%，粗蛋白为2.1%，粗脂肪为0.19%，无氮浸出物为2.53%，粗灰分为1.52%，粗纤维为1.9%。其茎叶和根须中富含维生素C、维生素E和维生素B_{12}等。

（6）菱科。1年生水生植物，双子叶植物，只有菱属菱角。菱科营养成分：干物质占22.38%，粗蛋白占18.00%，粗脂肪占3.44%，粗纤维占13.09%，无氮浸出物占50.49%，粗灰占10.28%。

3. 水生植物生态功能与营养生理价值

（1）池塘水生植物履盖占有率为养殖面积的60%~80%。水生植物生长丰满超出水面时，必须将水生植物控制在水面以下20~30cm；水生植物新陈代谢时，能分解水体的有毒有害物质，吸收水体有机物质营养和富集作用，促使养殖水体资源化，水生植物正常生长，控制水质富营养藻类繁殖，控制河蟹丝藻附着疾病，河蟹虫害发生。例如：春、秋生长的菹草对水体和底泥中的氮、磷、铅、锌、铜、砷等有较强的吸收富集作用。达到符合河蟹蜕壳时所需弱光条件的栖息处。同时，可提高水生植物光合作率，植物光合作用时释放氧气在水体，溶氧可达5.5mg/L以上，高温季节水生植物可将池塘水温控制在22~28℃以内，是河蟹最适生长的生态水域环境。池中水生植物促进河蟹同步蜕壳和保护软壳蟹。

（2）营养生理价值。水生植物是河蟹的绿色饵料，满足养殖大规格优质河蟹对绿色植物营养成分的需要，河蟹每天食草量是它自重的60%，确保生态养殖红膏河蟹绿色饵料营养需求。以达到提高河蟹机体免疫力，成活率、脱壳率、生长率，养成大规格优质红膏脂丰满的成蟹。水生植物含有上百种皂甙、甾醇、黄酮类、生物碱、有机酸、氨基嘌呤、嘧啶等以及许多种结构复杂的有机物质，水生植物具有抑菌、消炎、解毒、消肿、止血、强壮等药理作用。水生植物药效功能是控制河蟹细菌性疾病。杜绝使用抗生素药物，确保红膏河蟹产品质量安全。

四、动物性饲料原料营养成分

动物性饲料蛋白质含量丰富，其质量也是所有饲料中最好的，必需氨基酸含量也高，而且比例也平衡。新鲜饲料可直接作饲料用，也可经加工处理成为动物性间接产品，如鱼粉、肉粉、血粉、骨粉、蚕蛹、内胆粉等，各种饲料的营养成分如表 8-5 所示。

表 8-5 几种间接动物性的营养成分 （按干物质计）

饲料名称	饲料干/鲜	水分（%）	粗蛋白（%）	粗脂肪（%）	粗纤维（%）	无氮浸出物（%）	粗灰分（%）
鱼粉（秘鲁）	干	9.80	62.60	5.30	—	2.70	19.60
鱼粉	干	12.70	36.10	2.30	—	2.30	46.60
骨肉粉	干	6.50	48.60	11.60	1.10	0.90	31.30
蚕蛹干	干	7.30	56.90	24.90	3.30	4.00	3.60
羽毛粉	干	8.20	83.30	3.70	0.60	1.40	2.80
蚯蚓	干	—	10.00	0.01	—	0.40	—
田螺肉	鲜	80.40	1.40	3.80	—	1.50	—
血粉	干	9.20	83.80	0.60	1.30	1.80	3.30
啤酒酵母	干	9.30	51.40	0.60	2.00	28.30	8.40

新鲜动物性饲料是河蟹的良好饲料，其营养十分丰富。首先如新鲜的螺蛳、田螺、黄蚬、河蚌均是河蟹喜食的上等饲料，蛋白质含量高，其鲜肉中蛋白质含量均在 10%~15%，干肉含蛋白质在 45%~50%，河蟹最喜食螺蛳，其次为河蚌；动物内脏、蚕蛹、蛆蛹、蚯蚓、小鱼、小虾均是蛋白质含量很高的动物性饲料，也是河蟹十分喜食的饲料。

五、常规养殖河蟹饲料的配方

通常大眼幼体变为 I 期幼体之前，需 6~10d，蟹苗入池到变态的几天里，以摄食浮游生物为主。I 期幼蟹到Ⅲ期幼蟹需要 15~20d，这阶段主要食底栖动物、沉水饵料为主。幼蟹到扣蟹需要 40~50d，这阶段需要增加植物性饵料尤其是水草的投喂，还要搭配 20%~30%的动物性饵料。扣蟹到商品蟹需要 3~4 个月时间，这段时间蛋白质是螃蟹必需的营养，在成蟹阶段，要求总的粗蛋白在 35%左右，养殖前期较高，后期略低一些。下面举几个配方的实例。

1. 大眼幼体（蟹苗）饲料配方

（1）动物性饵料。由单胞藻、卤虫、轮虫、剑水蚤、枝角类等组成的饵料系列。卤虫是幼体重要的动物性饵料，为降低成本，用鱼糜可在很大程度上代替卤虫。

（2）植物性饵料。有小浮萍等。

（3）饲料配方。粗蛋白含量为 50%左右，其中，鱼粉 60%，麦麸 22%，花生饼 15%，矿物质 3%和微量元素等。

2. 早期幼蟹（仔蟹）饲料配方

（1）动物性饵料。剑水蚤（红虫）、裸腹蚤、水蚯蚓等底栖动物。

（2）植物性饵料。水浮莲、浮萍、水葫芦、满江红等。

（3）人工饵料。细粒豆饼、花生饼、麦麸、血粉、嫩菜叶及豆腐渣等。

（4）幼蟹饲料配方。粗蛋白含量为 45%左右，其中，鱼粉 50%，麦麸 20%，豆饼 20%和微量元素等。

3. 幼蟹饲料配方

（1）动物性饵料。小鱼小虾、螺（蚬、蚌）肉、轮虫、剑水蚤（红虫）、水蚯蚓等。

（2）植物性饵料。轮也黑藻、马来眼子菜、苦草、浮萍，以及南瓜、白菜、玉米、小麦、花生饼和芝麻粕等。

（3）配合饲料。商品饵料。幼蟹饲料配方：粗蛋白含量为 45%左右，其中鱼粉 35%，麦麸 37%，花生饼 25%，蚌壳粉 3%等。

4. 成蟹饲料配方

（1）方案一。鱼粉 21%、豆饼粉 16%、菜饼粉 15%、玉米粉 16%、麸皮 18%、薯粉 10%、植物油 3%、有机盐添加剂 1%。在饲料总量中添加 0.1%的脱壳素。该配方含粗蛋白 30%左右。

（2）方案二。鱼粉 20%、发酵血粉 15%、豆饼粉 22%、棉籽饼 17%、玉米粉 9.8%、骨粉 13%、复合维生素 0.1%、矿物添加剂 2%。饲料总量中添加 0.1%的脱壳素。在饲料总量中添加 1.5%的田菁粉作为黏合剂。该配方含粗蛋白 37%以上。

5. 红膏河蟹饲料配方

植物蛋白转化动物蛋白量为 14.22%；动物蛋白量为 7.46%；植物蛋白量为 17.05%。植物蛋白转化动物蛋白量占饲料蛋白含量率的 36.71%，该饲料配方饲料蛋白总含量为 38.73%。

（1）养殖红膏河蟹主要用动物性饲料原料。

①干蚕蛹蚕蛹营养成分：河蟹与家蚕同是变温动物。家蚕吃的饵料是植物——桑叶，河蟹是杂食性（肉食、草食）；干蚕蛹蛋白是植物蛋白转化为动物蛋白原料，是一种优质的昆虫蛋白质，粗蛋白 56.90%，蛋白质消化率一般在 80%以上；水分 7.30%，粗脂肪 24.90%，粗纤维 3.30%，无氮浸出物 4.00%，粗灰分 3.60%。蚕蛹还含有钾、纳、钙、镁、铁、铜、锰、锌、磷、硒等微量元素，维生素 A、维生素 E、维生素 B_1、维生素 B_2 和胡萝卜素等，蚕蛹还含激

素，1t 重的干蚕蛹，分离、提纯有 350mg 蜕皮激素。蚕蛹又是氨基酸营养剂，蚕蛹含有丰富的甲壳素，其提取物名壳聚糖。研究表明，甲壳素、壳聚糖具有提高机体免疫力的功效。

②干蚕蛹营养价值：

A. 生理营养价值。家蚕是变温动物，生理上最适宜的温度范围大致在 21～27℃，在这个范围内，温度越高发育越快。小蚕期（1～3 龄）体温发散比较容易，可以在 24～27℃的温度下饲养，而大蚕期（4～5 龄）体温发散较困难，以 21～24℃为宜。试验证明，30℃以上的高温和 18℃以下的低温，对蚕宝宝的正常发育十分不利。生活环境中温度的高低，直接影响蚕体内水分的排泄、体温的调节和体内的新陈代谢。温度太高，蚕体因积水分过多会显得虚胖；温度过低，蚕宝宝体温下降，新陈代谢作用减退，会延缓生长。

河蟹是变温动物，现以长江中华绒螯蟹为例。生理上最适宜的温度范围大致在 22～28℃，在这个范围内，温度越高发育越快。生活周期性分状幼体、大眼幼体（蟹苗）、仔蟹（豆蟹）、蟹种（扣蟹）、黄蟹、绿蟹、抱卵蟹 7 个阶段；河蟹分为性腺发育、交配产卵、胚胎发育、幼体发育、成体发育 5 个阶段；河蟹又必须进入咸水中繁殖，育苗，幼体进入淡水中生长育肥。河蟹一生蜕壳 18 次，水温对河蟹蜕壳有一定影响，如在适温范围内，水温高，蜕壳顺利，而当水温超过 28℃时，河蟹蜕壳就会受到抑制。

河蟹蜕壳的特点为河蟹的生长过程总是伴随着蜕壳而进行。这是因为河蟹属节肢动物，具外骨骼，外骨骼的容积是固定的。当河蟹在旧骨骼内生长到一定阶段，其积贮的肌体到旧外壳不能再容纳它时，河蟹必须蜕去这个旧外壳才能再容纳它时，河蟹必须蜕去这个旧外壳才能继续生长，既是一次节律性、阶梯式的生长，又是生理上的大变动。河蟹蜕壳有以下特点：河蟹究竟一生蜕多少次壳，目前不少学者对此进行了研究，但由于目前河蟹个体生长的试验设施尚未突破，主要依靠群体生长进行分析。由于受环境和营养等因子的影响，就是在同一流域的河蟹，其生长与蜕壳的统计结果也有一定差异。但已形成以下几点共识。

第一，河蟹溞状幼体经 5 次蜕壳变态为大眼幼体，大眼幼体再蜕 1 次壳变态为 I 期仔蟹。

第二，河蟹的性腺发育到一定程度后，进入生殖前的生殖蜕壳，此次蜕壳是河蟹一生最后 1 次蜕壳。

第三，河蟹生殖蜕壳的年龄与营养、水温、水质有密切关系。在长江流域，第一年，当生活环境不利于生长，则河蟹生殖蜕壳提前，形成小绿蟹。在第二年，如生长阶段营养过剩，则比正常河蟹提早进入生殖蜕壳，其商品规格小。在长江流域，如营养条件差，河蟹会延长到第三年成熟。在成蟹阶段，如果夏季高温时间长，河蟹仅蜕 4 次壳，就开始生殖洄游。在北方高寒地区，河蟹生殖蜕壳则推迟到第三年秋季，极少数河蟹要推迟到第四年。

第四，成蟹阶段，在当地自然生长条件下，北方辽河水系的河蟹要比南方长江流域少蜕 1 次壳。如将辽蟹蟹种移植到长江流域生长，则它们仍然是少蜕 1 次壳即达性成熟。

B. 蚕蛹营养成分与河蟹蜕壳的关系。河蟹蜕壳时，蜕壳素起重要作用。蜕壳素是一种类固醇激素，又称蜕皮激素。没有蜕壳素的参与，河蟹不能完成蜕壳过程。干蚕蛹作为河蟹的饵料：一是运用干蚕蛹研制维生素营养平衡无公害熟化饲料，进行适时、适量投喂，提高河蟹对蛋白营养的吸收率，营养平衡增强河蟹的免疫功能，使其种质特征充分表现，生长性能充分发挥，提高生长率，增加肥满度的有效率。二是运用蚕蛹保幼激素有利于延长河蟹的生长期，增大个体率。三是运用蚕蛹蜕皮激素有利于河蟹代谢，提高河蟹蜕壳率，增大个体率。适时、适量投喂，在营养水平较高的条件下，成蟹阶段第一次蜕壳体重增长 15%~20%；而到最后 1 次成熟蜕壳体重则增长 90%以上。四是与其营养水平有关。据统计，北方成蟹阶段多以植物性饵料（马铃薯等）为主，其最后 1 次成熟蜕壳仅增重 24. 6%；而南方多以动物性饵料主，最后 1 次成熟蜕壳增重达 91. 7%，可确保养殖优质“红膏”河蟹达标。

C. 干蚕蛹河蟹饲料药理作用。干蚕蛹所含的蛋白质水解产物有精氨酸、赖氨酸、组氨酸、胱氨酸、色氨酸、酪氨酸、苏氨酸和蛋氨酸。脂肪中含饱和脂肪酸（软脂酸、硬脂酸）、不饱和脂肪酸（油酸、亚麻油酸）和甾醇等；河蟹在代谢过程中对蛋白质水解产物的吸收率高；特别是蚕蛹中含有大量的精氨酸，蚕蛹精氨酸能对金黄色葡萄球菌、大肠杆菌和绿脓杆菌有抑制作用，具有较好的消炎和抗感染作用；干蚕蛹河蟹饲料饲喂河蟹可有效控制河蟹细菌性疾病。

D. 干蚕蛹与鱼粉的性价比。

a. 价格比。鱼粉市场价格，2015 年 3 月每吨为 16 800元，干蚕蛹市场价格，每吨为 7 000元，而鱼粉价格是干蚕蛹的 2. 4 倍。2015 年 9 月每吨为 12 300元，而鱼粉价格是干蚕蛹的 1. 75 倍。

b. 营养成分比（粗蛋含白量）。干蚕蛹粗蛋白量为 56%~63%，据测定脱脂蚕蛹的蛋白质含量为 69. 9%，鱼粉粗蛋白量为一级品≥65%（经去油、脱水、粉碎后得到的高品质蛋白质原料，典型鱼粉蛋白含量 65%），二级品≥60%，三级品≥50%。粗蛋白含量相比，干蚕蛹粗白量高于鱼粉粗蛋白量 0. 04%。

E. 蚕蛹所含生理活性物质与生物性物质有着促生长的性能。蚕蛹且是全质蛋白。但蚕蛹体内还含有丰富的生理活性物质，如细胞色素 C、维生素 B_{12} 及磷脂等。脂肪酸中不饱和脂肪酸的含量高达 78.6%，必需脂肪酸占 43%。蚕蛾矿物质微量元素（100g 食部）含钾 125mg、钠 2.65mg、镁 9.90mg、铁 0.44mg、锰 0.02mg、锌 0.03mg、铜 0.03mg、磷 425mg、硒 700mg，蚕蛾体内含有丰富的生物性物质，主要包括雄性激素、蜕皮激素、雌二醇、保幼激素、脑激素、胰岛素、前列腺素、环苷酸及细胞色素 C 等。其中，雄性激素对增强免疫力功能效果显著；蜕皮激素促进细胞生长、刺激真皮细胞分裂、产生新的生命细胞和生殖细胞的作用；达到提高河蟹机体免疫力，成活率、脱壳率、生长率，养成大规格优质红膏脂丰满的成蟹。

F. 干蚕蛹河蟹饲料养殖红膏河蟹配方。一是将氨基酸营养剂添加到河蟹饲料，提高河蟹对蛋白营养的吸收率；二是将家蚕成蛹后含有生物保幼激素，提高河蟹的免疫功能，增强抗病力；三是将蚕成蛹后含有生物蜕皮激素，能提高河蟹蜕壳率，让河蟹多蜕 1 次壳；四是干蚕蛹河蟹饲料配方：植物蛋白转化动物蛋白量为 14.22%；动物蛋白量为 7.46%；植物蛋白量为 17.05%的配方，五是按该配方研制绿色熟化饲料，进行适时、适量投喂，满足养殖大规格河蟹所需的动物蛋白营养成分，使其种质特征充分表现，生长性能充分发挥。提高生长率，养殖成蟹阶段第一次蜕壳体重增长 20%，养成大规格优质红膏脂丰满的成蟹。

（2）鲜螺蛳。

①营养成分：鲜螺体中干物质 5.2%，干物质中含粗蛋白 55.36%，灰分 15.42%，其中含钙 5.22%，磷 0.42%，盐分 4.56%，赖氨酸 2.84%，蛋氨酸和胱氨酸为 2.33%。螺壳矿物质含量高达 88%左右，其中钙 37%，磷 0.3%，钠盐 4%左右，还含有多种微量元素。

②营养价值：螺蛳价廉物美，营养丰富，据分析，组成螺肉蛋白质的氨基酸中，有谷氨酸、肌苷酸、半胱氨酸等多种增鲜物质，其肉质中钙的含量要超过牛、羊、猪肉的 10 多倍，磷、铁和维生素的含量也比鸡、鸭、鹅肉要高，所以它的味道鲜美。螺肉脂肪含量较低，它还含有多种维生素，如维生素 A、维生素 B_1、维生素 B_2 等，还含有多种无机盐如钙、镁、磷、铁、硒等。因此，人们认为它是一种高蛋白低脂肪的天然保健品。同时也可作为生态养殖红膏河蟹的鲜活动物蛋白饵料。

A. 生理营养价值。从幼蟹养殖成蟹生长过程中，鲜活螺蛳肉质是满足河蟹正常生长发育所需的动物蛋白营养，河蟹成熟蜕壳时个体重可增长 90%以上；

水体自然分解螺壳的有机钙，河蟹又具有吸收水体营养的生理功能，可增加河蟹代谢时所需多种微量元素，提高河蟹的脱壳率、成活率。使其从扣蟹养殖至成蟹顺利完成6次脱壳，养成大规格优质红膏脂丰满的成蟹。

B. 药理作用。传统医学记载，螺蛳味甘、咸、无毒，有清热、利湿、退黄、消肿、养肝等作用，因此，螺蛳具有美食、药膳双重功能。《本草汇言》：螺蛳，解酒热，消黄疸，清火眼，利大小肠之药也。此物体性大寒，善解一切热瘴，因风因燥因火者，服用见效甚速。螺蛳的壳亦可供药用。年久陈旧的螺壳，壳外的角质膜已消失，呈灰白色，故中药名白螺蛳壳。其药性甘淡、寒，具有清热利水、明目之功效。可用来治疗痰热咳嗽、反胃嗳气、胃痛吐酸、目赤翳障、脱肛痔瀑等症。煅研为末，用油调敷外用，有收湿敛疮之效。在生态养殖河蟹中可运用于河蟹所需的动物蛋白饵料原料，同时，可依据河蟹摄食的自然属性，鲜活螺蛳便成为河蟹适口鲜活动物蛋白饵料，贝壳含有多种微量元素自然被分解在养殖水体，水体呈微碱性，pH 值可达 7.5~8.5 以上时，可控制河蟹颤抖疾病发生。

C. 移殖鲜螺蛳作用。鲜螺蛳等软体动物投放季节：春季 3—4 月，秋季 9—11 月均可在池塘投放螺蛳、蚬等贝类软体动物，每亩投放量为 250~500kg，1 个 2 年生的螺蛳能繁殖 100 个以上小螺蛳，使其生长为成年螺蛳，发挥长期稳定的水生生态系统功能。保持鲜活使其自然繁殖，当年 9 月和 11 月分二次向养殖塘内移殖螺蛳、蚌、蚬等鲜活贝类。第一次投放时间为 9 月中旬，投放量为每亩 150kg，用于稳定水生生态系统功能和供河蟹食用鲜活动物蛋白饵料。第二次投放时间为 11 月中旬，投放量为每亩 130kg，主要使其翌年 5 月在养殖塘中自然繁殖幼螺蛳。螺蛳雌雄异体，雌雄性别在外表也可以从触角的形状区别出来，胎生，其卵在母体育儿室中受精发育，待生长成幼体以后才排出体外，每胎一般 3~7 个胚，无论春、夏、秋、冬，整年都繁殖。确保从幼蟹养殖优质“红膏”成蟹生长过程中均有适口鲜活动物蛋白饵料，满足河蟹在各个生长阶段所需鲜活动物蛋白。蛳螺壳在水体经过数月能自然分解，河蟹具有吸收水体营养的生理功能，促使河蟹增加多种微量元素，使其幼蟹养殖成蟹顺利完成六次脱壳，可确保养殖优质“红膏”河蟹达标。

（3）鲜杂鱼。以淡水鱼麦穗鱼，河鲫或海水冷冻鲜杂鱼等为主。鲜杂鱼营养成分为每 100g 鲫鱼肉含蛋白质 13g，脂肪 1.1g，糖 0.1g，硫胺素 6.6mg，核黄素 0.07mg，尼克酸 2.4mg，钙 54mg，磷 203mg，铁 2.5mg。鱼露每 100g 中含蛋白质 4.7g，脂肪 0.6g，热量 24kcal，钙 25mg，磷 4mg，铁 2.6mg。

鲜杂鱼营养价值：投喂冰鲜鱼，最好用盐开水浸泡 5min 进行消毒，有利于养殖河蟹投喂鲜鱼在安全上的优势，但其劣势也很明显，一是将新鲜杂鱼以整条或剁成小节投喂。二是将杂鱼虾绞成肉糜，挤压成条状，冰冻成形投喂。三是以新鲜或冷冻杂鱼与鱼粉、黏合剂、添加剂（类似于浓缩料）混合搅拌后制成软颗粒投喂。鲫鱼所含的蛋白质质优、齐全，容易消化吸收。在养殖成蟹阶段，适时、适量投喂小杂鱼等，在营养水平较高的条件下，成蟹阶段第一次蜕壳体重增长 15%~20%；而到最后 1 次成熟蜕壳体重则增长 90%以上。

第三节　动物性饲料的培养

动物性饲料的培养是养殖业发展过程中出现的一个分支。近年来，不少养殖户采用动物性饲料培养来弥补河蟹养殖过程中的饲料的不足。可培养的河蟹活饵料种类很多，如淡水轮虫、螺、黄粉虫、蝇蛆、蚌、丝蚯蚓和蚯蚓等。现介绍几种具体饲料如下。

一、淡水轮虫培养

1. 轮虫的分类

原创分类形态结构特殊，长期以来其分类地位各家竞相争论不一。多将其列为线形动物门的一个纲，即轮虫纲。有的学者把类假体腔动物称为原体腔动物门。现在很多学者将轮虫单独列为轮虫动物门，按照目前国内外的分类方法，轮虫可分为 2 个亚纲，3 个总目约 2 500种，即尾盘亚纲和真轮虫亚纲。

轮虫是轮形动物门的一群小型多细胞动物。一般体长 0. 1~0. 5mm，轮虫的形体虽小，但其构造比原生动物要复杂得多，有消化、生殖、神经等系统。在其头前方有一团盘形头冠，自身不断运动，使虫体得以运动摄食。绝大多数轮虫都生活在淡水中，是淡水浮游动物的主要组成部分。其广泛分布于江河湖海、沟渠、塘堰等各类水体中，甚至潮湿土壤和苔藓丛中也有它们的踪迹。轮虫对水质的适应性强，无论在清澈的高山湖泊，或是污染的沟渠浑水中，都有它们的一些种类生活着。轮虫不仅分布广，而且数量多。在水域中，轮虫通常是鱼蟹最适口的活饵料，几乎所有鱼类的幼体阶段都能吞食轮虫，因此轮虫与水产养殖有着密切的联系。轮虫因其繁殖速率较高，生产量很大，在生态系统的结构、功能和生产能力的研究中具有重要意义。轮虫是大多数经济水生动物幼体的开口饵料，在水产养殖上有较大的应用价值，轮虫也是一类指示生物，在环境监测和生态管理学研究中被便采用。

2. 轮虫的主要形态特征

轮虫的主要特征是具有头冠、咀嚼囊和原肾管。

（1）具有纤毛环的头冠。轮虫的头部前端扩大成盘状，其上方有一由纤毛组成的轮盘，称头冠，是运动摄食的器官。身体其他部分没有纤毛。

（2）有内含咀嚼器的咀嚼囊。轮虫消化道的内部特别大，形成肌肉很发达的咀嚼囊，内藏咀嚼器。

（3）在附有焰茎球的原胃管体膜两旁有对原肾管，其末端有焰茎球。

3. 轮虫的外部形态构造

轮虫的体型变更很大，随身包裹淡黄色或乳白色表皮，常见的有球形、椭圆形、圆筒形和锥形等。浮游种类常具各种棘突和耐肢。一般由头、躯干和足 3 部分组成。有些种类无毛，具体如图 8-1 所示。

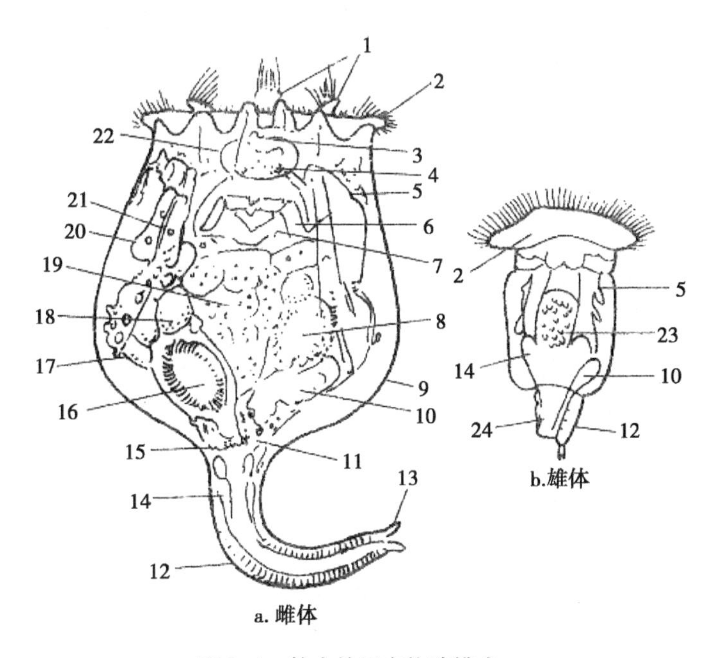

图 8-1　轮虫的形态构造模式

（仿吕明毅，1991）

1. 棒关突起；2. 纤毛环；3. 背触毛；4. 眼点；5. 原肾管；6. 咀嚼器；7. 咀嚼囊；8. 卵巢；9. 背甲；10. 膀胱；11. 泄殖腔；12. 尾部；13. 趾；14. 吸着腺；15. 肛门；16. 肠；17. 侧触手；18. 卵黄腺；19. 胃；20. 消化腺；21. 肌肉；22. 脑；23. 精巢；24. 阴茎

大部分轮虫头部与躯干的区分并不明显，只有少数种类的头部与躯干之间具一颈状的绎部，在头部具有头冠，又称轮盘，头冠形状随种类不同变化很大，其基本形态为漏斗形。口围与漏斗的底部，其边缘生有两圈纤毛，里面的一圈较为粗壮称纤毛环，外面的一圈较细弱，称纤毛带。在两圈之间为一纤毛沟，沟内具极细的纤毛。纤毛圈常在背或腹面断开而形成不完整的一环。漏斗状的口通常位于腹部的纤沟中。在纤毛沟中常有突起，其上生有成群的纤毛，形成纤毛群，有的则愈合成刚毛状的的感觉器。轮虫生活的纤毛带和纤毛环上的纤毛不断协调旋转摆动。看上去很像在转动的轮子，轮虫的名字亦由此而来。涡的中心流向口部，同时虫体的本身也借此在水中按螺旋轨迹向前运动。有些种类，如疣毛轮虫，除轮盘外，在两旁还有一对“耳”。

常见的有如下几种类型。

①轮虫（双轮型）：头冠分左右对称两叶，两个头冠各有一短“柄”。

②银毛轮虫型：头冠周围有一圈较长并发达的围顶纤毛。口围区上半部缩小，边缘口围纤毛变成组状刚毛。口与刚毛间大部分口围纤毛短或消失，这圈纤毛在背、腹中央间断，形成不连续的纤毛环。

③猜吻轮虫型：口围区纤毛发达，头部腹侧形成椭圆形的一片纤毛区。

④晶囊轮虫型：头冠宽阔，有一圈相对发达的围顶纤毛，这圈纤毛在背、腹中央均间断，形成不连续的纤毛环。

⑤巨腕轮虫型：头冠上形成两圈纤毛，口和围口区位于两圈纤毛环之间腹面的下垂部分。

⑥聚花轮虫型：围顶带没有绕过头冠腹面，使纤毛环呈马蹄形。

⑦胶鞘轮虫型：整个头板向四周张开而呈宽漏斗状，周缘形成 1 个、3 个、5 个或 7 个突出的裂片，裂片上常射出刺毛。这些毛较粗，通常不会晃动。多数种类有单个或成对的眼点。

（1）躯干部。在头冠的下方即为躯干部，一般是轮虫身体最大最长的部分，一般腹面平凹，背面降凸。外被一层角质膜，平滑或具颗粒状，有些表皮具环形褶皱，形成数目的假节。多数种类形成坚硬的被甲，其上具刻纹，隆起后棘刺。有的无被甲，其上具附肢。一般浮游性种类，在躯干部常有翅状的附属肢、棘刺等构造，便于浮游。

（2）足。在身体的最后端，大多呈柄状，有时有假节，能自由伸缩。有些种类其末端具 1~3 个尖而能动的趾，趾的有无和数量依种而异。足的颈部有一对腺，有细管通达趾。足腺分泌黏液，趾以足腺分泌的黏液附着在食物上。足和趾是运动器官，虫体借以爬行或固着。在游泳时起“舰”的作用。轮虫的头冠和足，都能够缩入躯干部，故而体型在收缩的时候和伸展的时候比较很不相同。

4. 轮虫的内部形态构造

（1）体壁。轮虫的体腔有一层细胞组成的体壁包围。轮虫没有专门的呼吸器官，气体直接通过体壁进行交换，即吸收氧气排出二氧化碳。由于轮虫头冠的纤毛运动，不断更新周围的水流，有助于体壁呼吸作用的进行。

（2）消化系统。轮虫的消化系统包括口、咽、咀嚼囊、食道、胃、肠和泄殖腔。漏斗状的口，位于头冠的腹面，口下接一内壁具纤毛的咽，其长短依种而异。咽下是一膨大的咀嚼囊，它亦与头冠结合，与取食有关，用以磨碎食物，头部常具有 2~7 个唾液腺。在下为管状的食道和膨大的胃，胃后逐渐细削成肠。肠胃之间无明显界限。胃前端和食道连接处常有一对胃腺。肠直通泄殖腔（孔），开口于躯干末端靠近足的基部。肛门即泄殖腔孔有排去、排废和排卵的作用。有些种类无肛门，吮吸食物汁液不排出或从口中吐出。咀嚼器的类型在分类上具有重要价值。

①咀嚼器构造：咀嚼囊是轮虫的最主要的特征之一，咀嚼器位于其中，用于磨碎食物。咀嚼器构造复杂，其基本构造是由 7 块非常坚硬的咀嚼板组合而成，这些板都是皮层高度硬化而来。通常咀嚼板分砧板和槌板两部分，即由一块单独的砧基与两片砧枝连接一起而成砧板和左右各一的槌板，每一槌板都由槌柄而组成。食物经过槌钩和砧板之间被切断或磨碎，槌柄往往纵向略弯，其前端是与槌钩的后端相连接。咀嚼器上连接肌肉运动灵活。

②咀嚼器类型：不同种类的轮虫咀嚼器各部分发达程度不同，形态上变化也很大，形成不同的咀嚼器类型，常见咀嚼器的类型有：

A. 槌型。所有咀嚼板都比较粗壮而结实，槌钩弯转。中央部分成几个长条齿，横置于砧板上，通过左右槌钩运动。

B. 杖型。砧基和槌柄都细长呈杖型。砧枝呈宽阔的三角形，槌钩一般有 1~2 个齿。槌钩能伸出口外，摄取食物并把它咬碎。且此咀嚼器的轮虫条凶猛科类。

C. 钳型。槌柄很长，与细长的槌钩交错在一起呈钳状，砧基较短，砧枝长而稍弯，也呈钳状，其内侧有很多锯齿。取食时钳形咀嚼器能完全伸出口外，摄取食物。

D. 砧型。砧板特别发达，内侧具 1~2 个刺状突起。砧基已缩短。槌柄退化仅有痕迹，槌钩也变得较细。能突然伸出口外以捕获食物入口。

E. 梳型。砧板为提琴状，槌柄复杂，其中部分出一月形弯曲的枝。在槌柄前有一前咽片，常比槌钩发达。吮吸取食发达。

F. 槌枝型。槌钩为许多长条齿排列组合，椎柄短宽，是着地隔成 3 段。砧基短粗，左右枝呈长三角形，内侧具细齿。

G. 板型。砧基与槌柄已高度退化，且砧枝缩小，呈长三棱形，左右槌钩最为发达，各为半圆形的薄片，两半合成圆形，各自其上有许多平行的肋条。

H. 钩型。砧基与槌柄已高度退化砧枝宽阔而发达，槌钩条内少数长条箭头状的齿所组成。具体如图 8-2 所示。

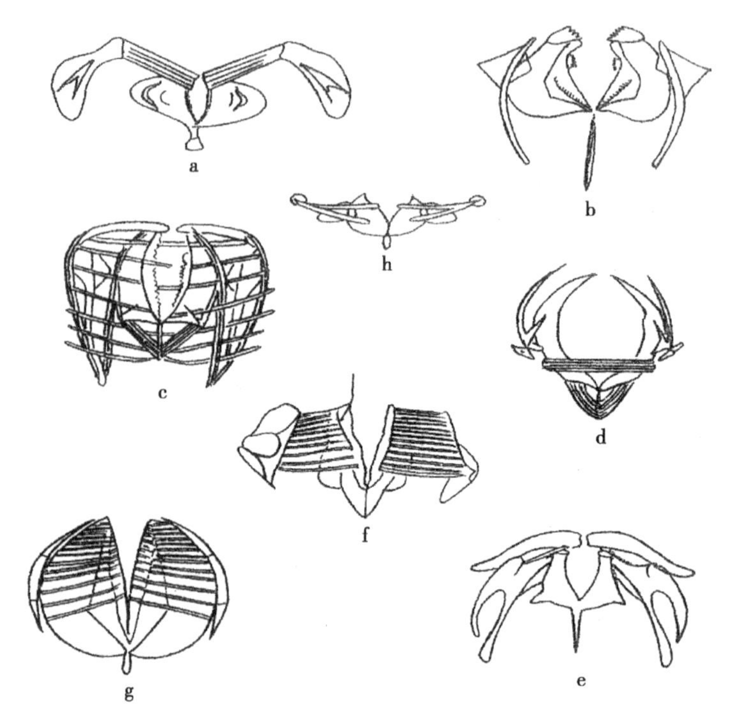

图 8-2　轮虫咀嚼器的类型

（自 Beauchamp）

a. 槌型；b. 杖型；c. 钳型；d. 砧型；e. 梳型；f. 槌枝型；g. 板型；h. 钩型

（3）生殖系统。雌雄异体，但通常所见的都是雌体。雄体少见。主要以孤雌生殖进行繁殖。生殖腺是由一个卵巢、卵黄腺外包一层薄膜而形成的生殖囊状结构。生殖囊延伸出输卵管通到泄殖腔。形态同轮虫卵黄腺、卵巢及输卵管成对。单巢同雄体生殖系统由一个精巢、输卵管和交配器组成。

（4）排泄系统。由一对位于身体两侧的具有焰茎球的原胃管和 1 个膀胱组成。原胃管一般细长而扭曲。分出很短的小支，支末端着生焰茎球。两条原肾管到身体末端通入 1 个共同膀胱。膀胱通泄殖腔。

（5）神经系统。具脑神经节，发出神经到身体各部感觉器官为触手和眼点。触手是能动的乳头状突出物，末端有一束或一根单独的感觉毛，有神经通此，触手有3个，1个背触手，位于身体前端背部，2个侧触手，位于身体中部两侧。眼点一个，通常红色，具体如图8-3所示。

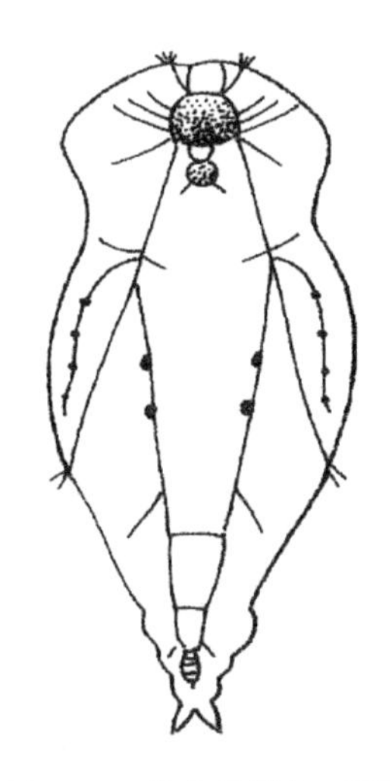

图8-3　轮虫的神经系统

5. 轮虫的生长与生活习性

（1）轮虫的食性。多数轮虫以头冠的旋动滤取食物，如巨腕轮虫、壁尾轮虫等，也有用咀嚼器直接猎取食物的，如晶囊轮虫、多肢轮虫等，能摄取原生动物，其他轮虫、枝角类和桡足类为食。任何水域中轮虫数量的多少，受到一系列环境因素的制约，但食物的多少是一个重要的决定因素，直接或间接地培养了轮虫，故而种类多，数量也很大。

（2）轮虫的生活习性。轮虫虽是雌雄异体的动物，但在自然界通常仅能见到雌体，靠孤雌生殖来繁衍后代，且繁殖能力很强，这种雌体称混交雌体。其性成熟后所产卵的染色体数目为亿，称为非需精卵又叫夏卵。夏卵卵壳很薄，不需要经过受精，发育也不经减数分裂，产生染色体为亿的需精卵，此卵如不经受精，即发育为雄体，若经过受精，其染色体恢复为2亿，形成休眠卵。休眠卵卵壳厚。壳上具花纹和刺，能抵御如高温或低温，干涸以及水质恶化等各种不良的环境条件。待外界条件改善后，再发育为非混交雌体，然后，一代接着一代地行孤雌生殖。通常雄体不摄食，但活动却非常迅速，一遇到雌体就进行交配，通常将精子排入雌体的泄殖腔内，也有穿过雌体不同部位的体壁，使精子与卵受精。轮虫的寿命，雄体只活2~3d但生命力极强，雌体通常能活10d

左右，轮虫的生活史，具体如图 8-4 所示。

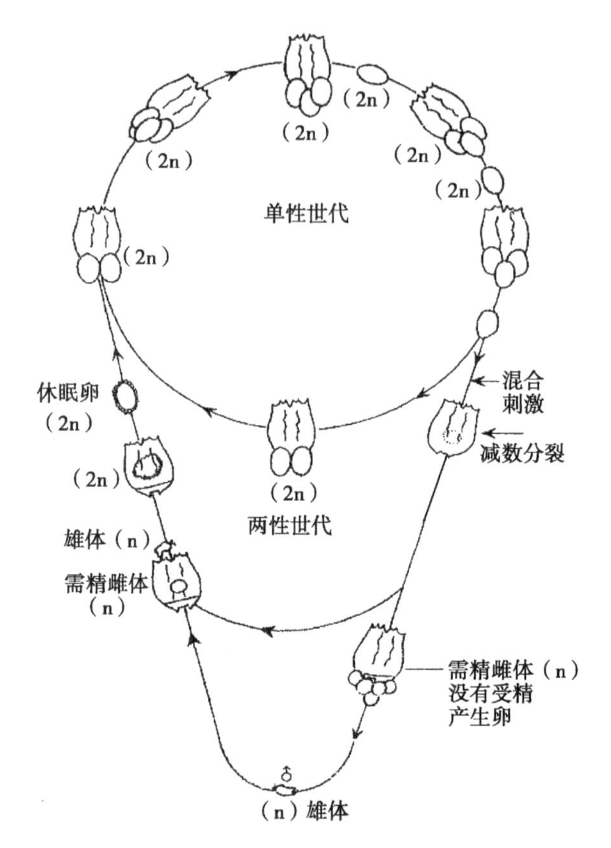

图 8-4 单巢目轮虫生活史模式

（仿 Koste，1978）

（3）轮虫的休眠卵。轮虫的休眠卵是轮虫有性生殖的产物，休眠卵产出后多沉入水底，形成休眠卵库，为轮虫在环境条件适宜时的重新发生提供条件。此外，轮虫休眠卵的形态和卵壳上附着物还是轮虫分类的重要依据。常见轮虫类的休眠卵，具体如图 8-5 所示。

二、蟹苗池内培育轮虫

蟹苗入池到变态的一段时间内，以摄食浮游生物为主，其中轮虫是优质的并易于培育的活饵料。培育轮虫的方法有两种：一种是在蟹苗池内适当密度培育，另一种是在专池高密度培育。

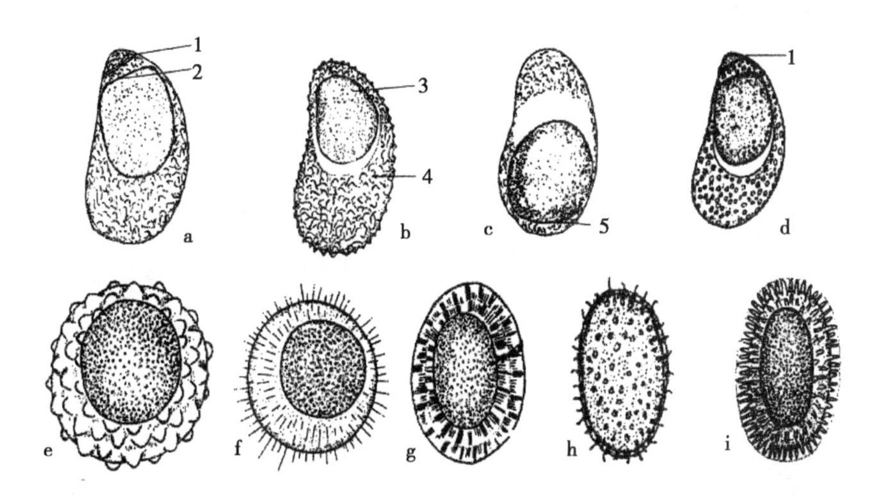

图 8-5　常见轮虫种类休眠卵

（自李永函等）

a. 萼花臂尾轮虫；b. 壶状臂尾轮虫；c. 褶皱臂尾轮虫；d. 角突臂尾轮虫；e. 卜氏晶囊轮虫；f. 尖尾疣毛物理学虫；g. 针簇多肢轮虫；h. 螺形龟甲轮虫；i. 前额犀轮虫

1. 印盖；2. 胚胎先端；3. 胚胎；4. 壳纹；5. 胚胎末端

1. 蟹苗池内培育轮虫

在幼蟹培育池中培养轮虫，效果很好。在养殖蟹苗池内的池底淤泥都贮藏着一定数量的轮虫冬卵，分布在 0.5~50cm 厚的淤泥中。在水温 18~25℃，池水 pH 值为 7.5~10 的范围内，浅水、溶氧高、水质肥的条件下，轮虫可大量发生。培育方法：事先抽干池水，整理修补池埂，池内留水 10cm 左右，每平方米用生石灰 150~230g，以清除敌害和提高底泥温度，清塘后 5~7d，可用人畜粪作基肥，每平方米 0.5~1 kg 全池泼洒，并注水至 30~40cm，以后每隔 1~2d 施 1 次人畜粪，每平方米 50g 左右。可使轮虫在蟹苗下塘时出现高峰期，即生物量达 20~30mg/L，或每升 5 000~10 000个。测定的方法可用量筒、烧杯等以肉眼观测数量，如每毫升水中含有 10 个小白点，就是每升水中有 1 万个轮虫。如每升超过 100mg 可用含氯灰溶液全池泼洒处理。

当培育池轮虫（包括枝角类）出现高峰时，必须掌握“火候”适时投放蟹苗。并根据蟹苗的摄食情况，适当补充新水，使轮虫的高峰期维持在一周左右。随着轮虫被大眼幼体摄食，数量逐渐减少，须适当补充一定数量的蛋黄、蛋羹、鱼糜等饵料，并保持培养池水溶氧充足。当大眼幼体变态为 1 期幼蟹后，逐渐由浮游生活变为底栖生活，开始打洞穴居，能用大螯捕获食物。此时已不再摄食轮虫和枝角类等浮游动物。如果培育池仍有大量轮虫，势必造成池水缺氧，影响幼蟹正常呼吸和生长。在大部分变为 1 期幼蟹后，要加大换水量，将轮虫处理掉，以保持水质清新。

2. 专池培育轮虫

（1）培养用水。肥水时间可提前半个月，施肥量可加大 1~2 倍，培育密度可大 10 倍以上。培养用水亦须严格消毒。前期培养用水量较少，可采取高温煮沸法；大面积培养水体须用药物消毒，常用药物为漂白粉。漂白粉可以杀死大部分敌害生物及藻类，具体用量为 80×10^{-6}，因其药效消失快，故经 5~7d 充分充气后即可使用。但在正式使用前，应以少量轮虫试水，确认轮虫无不良反应后方可接种。

（2）接种。轮虫的接种密度一般以 2~5 个/ml 为宜。在适宜的温度、饵料、溶氧、光照等条件下，经 8~10d 即可扩大培养或收获。

（3）饵料投喂。培养轮虫的饵料以单胞藻及有机碎屑为主。当光照条件较好时，可在培养轮虫的容器内先加入营养盐，以培育单胞藻，待容器内的水稍具颜色后再接种轮虫。在培养过程中，保持一定光照条件是非常必要的，但随着轮虫密度的增加，单胞藻和有机碎屑已不能满足轮虫的营养需要，因此必须作补充投饵。目前培养轮虫较理想的饵料为单胞藻、海洋酵母、面包酵母、啤酒酵母和光合细菌等。面包酵母可从酵母厂或食品厂购到。一般用鲜酵母，也可用干酵母及酵母片（食母生），鲜酵母应低温保存。投喂前先绞碎，经 250 目筛绢过滤，投喂量为 0.01g/（万个轮虫·d），日投 2 次。也可用光合细菌和鲜酵母混合投喂。光合细菌对轮虫的种群增长具有明显的促进作用，投喂量为 5×10^6~10×10^6 个/ml。并根据培养中的具体情况及轮虫胃中内含物的多少来调节投饵量，以吃饱且略有剩余为宜，过多或不足都不利于轮虫的增殖。在小水体中培养轮虫，投喂酵母后应轻轻搅拌，使之分布均匀，并能增加水体的溶氧量。

采用稍大水体进行轮虫培养时，应连续充气，以保证培养水体中的溶氧量，并可防止饵料下沉；但充气量不宜过大，以利轮虫的快速生长和繁殖。

（4）温度控制。萼花臂尾轮虫适温范围较广，其最适生长温度为 25~30℃。为使培养的轮虫达到最快的生长繁殖速度，应注意保温加温。

（5）水质控制。轮虫的生长发育和繁殖与水质关系很大。在培养过程中，随着轮虫密度的增加、饵料密度的变化以及轮虫排泄物的积累，水体中的理化因子会发生明显的变化，所以应定时观测水质，及时补加新水。

3. 轮虫的扩大培养

在适宜的温度、光照，充足的饵料，良好的水质及合理的培养方法下，经 10d 左右的培养，当轮虫的密度达到 200 个/ml 以上时，即可进行扩大培养或采收。

4. 营养强化培养

用酵母培养的萼花臂尾轮虫，其缺点是缺乏 ε-3 系列不饱和脂肪酸，特别是二十碳五烯酸（EPA）和二十二碳六烯酸（DHA），而这两种营养成分对鱼、虾、蟹类的生长、抗病力及成活率都有重要的影响。因此，用酵母培养的轮虫，使用前必需进行营养强化。轮虫的营养强化剂是从鱼油、乌贼油等海洋动物的脂肪中提取的，它含有多种不饱和脂肪酸及维生素，是经乳化制成的乳浊液，能较好地溶于水。此外，还可投喂高浓度海洋微藻（小球藻、微绿球藻和螺旋藻）对轮虫进行营养强化。

5. 采收轮虫

当轮虫的密度达到 200 个/ml 以上时即可采收使用。可用 200 目筛绢制成的专门网具捞取；也可利用轮虫的趋光特性进行光诱，使轮虫集群，然后进行捕捞。为使轮虫培养得以延续，应确定合理的捕捞量，使水体中保持一定的轮虫密度，以利再生产。培养轮虫地点选择在幼蟹培育池边角最好，待蟹苗入池后，可用密眼抄网抄捕放在幼蟹培育池供蟹苗摄食。

三、福寿螺培养

1. 形态特征

福寿螺个体大（图 8-6），每只 100~150g，最大个体可达 250g 以上。有巨型田螺之称。壳薄肉多，可食部分占螺体重的 48%，既是美味佳肴，又是高蛋白饲料。整个身体由头部、足部、内脏囊、外套膜和贝壳 5 个部分构成。头部腹面为肉块状的足，足面宽而厚实，能在池壁和植物茎叶上爬行。贝壳短而圆，大且薄，壳右旋，有 4~5 个螺层，多呈黄褐色或深褐色。有 1 个薄膜状的肺囊，能直接呼吸空气中的氧，具有辅助呼吸的功能。肺囊充气后能使螺体浮在水面上，遇到干扰就会排出气体迅速下沉。福寿螺与田螺相似，但形状、颜色、大小有区别。福寿螺的外壳颜色比一般田螺浅，呈黄褐色，田螺则为青褐色；田螺的椎尾长而尖，福寿螺椎尾则平而短促；田螺的螺盖形状比较圆，福寿螺螺盖则偏扁。

福寿螺具一螺旋状的螺壳，颜色随环境及螺龄不同而异，有光泽和若干条细纵纹，爬行时头部和腹足伸出。头部具触角 2 对，前触角短，后触角长，后触角的基部外侧各有一只眼睛。螺体左边具 1 条粗大的肺吸管。成贝壳厚，壳高 7cm，幼贝壳薄，贝壳的缝合线处下陷呈浅沟，壳脐深而宽。贝雌雄同体，异体交配。卵圆形，直径 2mm，初产卵粉红色至鲜红色，卵的表面有一层不明显

图 8-6　福寿螺实物

的白色粉状物，在5—6月的气温条件下，5d后变为灰白色至褐色，这时卵内已孵化成幼螺。卵块椭圆形，大小不一，卵粒排列整齐，卵层不易脱落，鲜红色，小卵块仅数十粒，大的可达千粒以上。卵于夜间产在水面以上干燥物体或植株的表面，如茎秆、沟壁、墙壁、田埂、杂草等上，初孵化幼螺落入水中，吞食浮游生物等。幼螺发育3~4个月后性成熟，除产卵或遇有不良环境条件时迁移外，一生均栖于淡水中，遇干旱则紧闭壳盖，静止不动，长达3~4个月或更长。瓶螺科瓶螺属软体动物，外观与田螺极其相似，个体大、食性广、适应性强、生长繁殖快、产量高。福寿螺原产于拉丁美洲，是一种苹果蜗牛。1981年引入我国，目前已被列入中国首批外来入侵物种。

2. 生活习性

福寿螺喜欢生活在水质清新、饵料充足的淡水中，多集群栖息于池边浅水区，或吸附在水生植物茎叶上，或浮于水面，能离开水体短暂生活。最适宜生长水温为25~32℃，超过35℃生长速度明显下降，生存的最高临界水温为45℃，最低临界水温为5℃。福寿螺食性广，是以植物性饵料为主的杂食性螺类，主食浮萍、蔬菜、瓜果等，尤其喜欢吃带甜味的食物，也爱吃水中的动物腐肉。当没有更多食物时会食漂在水面的微小物质（身体倒过来用足运动沾物取食）。虽然是水生种类，但可以在干旱季节埋藏在湿润的泥中度过6~8个月。一旦暴发洪水或被灌溉时，它们又能再次活跃起来。成年螺的呼吸器可伸到5~10cm长或更长一些。人工饲养条件而言，福寿螺喜水质清新，对水质溶氧十分敏感。喜集群栖息于池边浅水处或进水口，有时吸附在水中的竹木棍棒和植物茎叶的阴面上，有随水逃跑的习性，能离开水域生活较长时间而不死。

福寿螺的食性较杂，偏食植物饲料，主食是浮萍、无毛刺的蔬菜、瓜类、果类，也吃玉米、糠麸及少量禽畜粪便、腐殖质、腐尸等，还可食水花生等水生植物。幼螺以食浮萍、腐殖质、玉米糠为主。在适宜的水温条件下，福寿螺贪食，尤其在傍晚时摄食量大。

3. 生殖习性

福寿螺为雌雄异体、体内受精、体外发育的卵生动物，良好饲养条件下，3~4 月龄可达性成熟。每年 3—11 月为福寿螺的繁殖季节，其中 5—8 月是繁殖盛期，适宜水温为 18~30℃。交配通常在水中白天进行，时间长达 3~5h，1 次受精可多次产卵，交配后 3~5d 开始产卵，夜间雌螺爬到离水面 15~40cm 的池壁、木桩、水生植物的茎叶上产卵。卵圆形，粉红色，卵径 2mm 左右。卵粒相互黏连成块状，每次产卵 1 块，200~1 000粒，产卵历时 20~80min。产卵结束后，雌螺腹足收回，掉入水中，间隔 3~5d 后，进行第二次产卵，1 年可产卵 20~40 次，产卵量 3 万~5 万粒，受精卵在空气中孵化需 10~15d，发育成仔螺后破膜而出，掉入水中（图 8-7）。

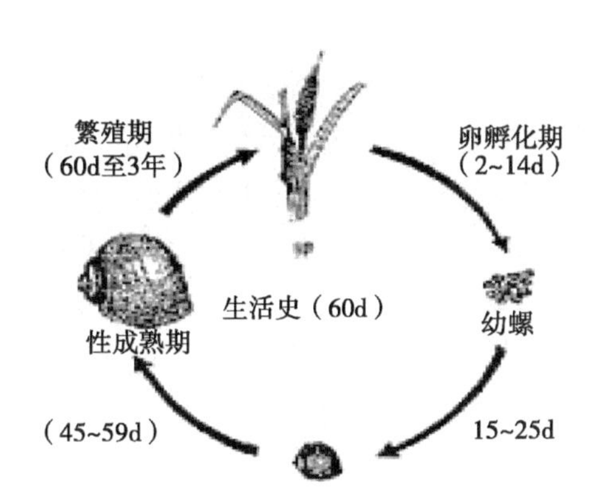

图 8-7　福寿螺生活史模式

福寿螺可生 3 代，1 代幼螺生长 93d 开始产卵，卵期 9d，孵出 2 代幼螺历期 102d，日均温 27. 1℃，相对湿度 88%，2 代螺生长 63d 产卵，卵期 11d，即孵出 3 代幼螺，历期 74d，日均温 29. 5℃，相对湿度 87%。3 代螺生长至翌年 3 月底，共 189 天，仍为幼螺，日平均温度 18. 2℃，相对湿度 78%，各代螺重叠发生。螺龄为 20~80d，每只螺经 10d，1 代增重 0. 9g，2 代 2. 398g，3 代 0. 188g。1 代每只雌螺平均繁殖幼螺 3 050只，孵化率为 70. 1%，2 代每只雌螺平均繁殖幼螺

1 068只，孵化率59.4%，1只雌螺经1年2代共繁殖幼螺32.5万余只，繁殖力极强。福寿螺小螺第一层背面中部有一“气泡”，用于游泳和呼吸，成螺呼吸器官转化为鳃。幼螺为灰白色，稍大为金黄色，成螺转化为黑褐色，略带黄色。通常情况下，螺体缩在壳中，螺层口有厣保护。厣的形状是鉴别雌雄的标志。福寿螺头部和腹足能伸出壳外游动觅食。头前端有一对触手，后端有一对触角，左侧有生殖器。成螺雌雄异体、形异。第一螺层较田螺大而扁，似苹果，故称苹果螺。身体外面是一个完整的螺旋壳，贝壳顶端略尖，称为壳顶，壳的开口便为壳口，由壳顶一层层向胶面旋转，每旋转一层为一螺层，它的壳顶是由若干螺层组成的。当它生活在水中时，头部和足部从壳口伸出，足为肌肉质，其跖面特别宽大，适于爬行，足的前方为头部，背面为内脏部分。福寿螺的消化系统发达，口位于吻的前端腹面，被背面的突出部分覆盖，类似吸盘，可用来把持捕获物。齿舌上有很多细齿，能伸出口外以磨碎食物。福寿螺危害性：孵化后稍长即开始啮食水稻等水生植物，尤喜幼嫩部分。福寿螺是新的有害生物。水稻插秧后至晒田前是主要受害期。它咬剪水稻主蘖及有效分蘖，致有效穗减少而造成减产。因其咬食水稻等农作植物，极易破坏当地的湿地生态系统和农业生态系统。

4. 培养福寿螺方法

（1）养殖场所选择。培养福寿螺对养殖环境条件要求不高，应选择排灌方便，水质清晰，只要水源充足，水质不受污染，保持一定水位的池塘、低洼地、小水池作为养殖池。福寿螺培养池的面积可大可小，因地制宜，大到1~2亩，小到几个平方米都可以。池内进出水口处用细孔金属网或尼龙网设闸防逃，注入新水。经10~15d喂养，螺体达1cm以上后，应及时分池培养。一般池塘、水坑、河沟、莲田等均可放养。但要求水源充足、水交换方便、水中溶氧充足。在面积较大、水质较好的水体中，可架设网箱养螺，一般每平方米放养1kg幼螺，产量可超达5kg/m^2。养螺的网箱一般用20目的网片加工而成，箱体大小根据养殖规模而定，箱高以50cm为宜。同时，要特别注意的是在生态养殖红膏河蟹的池塘不能直接培养福寿螺，因为福寿螺的食性特爱吃鲜嫩的水生植物，在养殖河蟹池塘中放养幼螺，会使池塘培养水生植物受到严重影响。因此，必须建设专池培养福寿螺的基地。

①池塘：一般养鱼池塘都可养螺，但塘埂要高出水面50cm，或四周用竹篱、网片等围栏。进出水口要设置栏网。池塘面积一般为1 000~1 334m^2。

②零星水面：荒废浅塘、浅水坑、沟渠、低洼地等零星水面，只要稍加改造，水深保持40~50cm即可。

③水泥池：池高60cm左右，池宽1.5~2m，长形，池塘壁垂直光滑，池两端设进排水口，并安装防逃设施。新建水泥池应浸后清法使用。

（2）幼螺放养。

①放养前准备：一是幼螺放养前要排干池水，彻底清除野杂鱼；二是不能与鲤鱼、青鱼、罗非鱼等混养；三是池水温要与孵化池水温基本一致；四是池内栽些和放些水藻、水葫芦、水花生、树枝等，供螺食用、附着、产卵、乘凉等，面积为池面积的25%。

②放养量：选择个体均匀、色泽光洁、无破损的个体。每平方米水面放养只重5g左右的幼螺60~100个。经3~4个月养殖，一般个体重可达60g。

（3）饲养管理。福寿螺喜在高温下生活，但怕阳光直射，生长速度18~33℃时活动力较强，生长最快；超过这个温限，生长速度相应减慢。因此，夏季高温季节应在池中建遮阴设施，以达到降温的目的。冬季要做好越冬工作，当水温在12℃以下时，活动能力减弱；水温在6℃以下时，有死亡危险。

①饲料投喂：养殖过程中要加强饲养管理，福寿螺食性杂，饲料很好解决。以萍类、青菜、瓜类、水生植物和陆生草类（无毛刺）等青饲料为主，也可适量投喂精料，如麸糠类、油饼类等。幼螺以浮萍、嫩菜叶、瓜皮、麸皮等为主，每天投料3~4次，以后还应增投一些精料。青料、精料比为5∶1，成螺每天投喂2次，投喂量为螺重的10%。

②水质调节：饲养时青料、精料搭配，并投足饲料。福寿螺贪食，排泄物多，水质易恶化，每隔2~3d就要注入部分新水，以保持水质清新。最好是微流水养殖。福寿螺的壳薄，易破，因此在饲养捕捞时，要细心操作。要保证水中溶氧充足，一般每9d换水1次，高温季节每4d换水1次，微流水养殖更好。

③防逃防害：除建好防逃设施外，可在池周围撒石灰等碱性物质防逃。要采取多种方法灭鼠，同时防止家禽的侵害。

④收获：为了操作和观察方便，可把养殖成螺的池塘整理成宽1.5m左右的畦形坑。水深一般在30~60cm，中间放些竹片、条棍等物体供螺吸附。放养密度以幼螺全部浮在水面觅食时略有空隙为宜。随着幼螺成长，要把个体大的挑出来，雌雄分养，其密度约为每平方米100~150只，每天投足饲料，保持水质清新，并要防止逃逸和敌害。经4~5d的养殖，螺体重50g以上便达到收获标准。此时可将螺肉取出，经漂洗、消毒、切碎，作为河蟹饲料投喂。福寿螺一般16℃停止生长，这时可干池捕捞上市。同时，挑选个体大、色泽光洁、无破损的作为种螺。

⑤种螺越冬管理：福寿螺8℃休眠，6℃以下就会死亡。室外越冬可选用避风向阳的小池塘或小水泥池，池深1.2m，池底有15cm左右淤泥，水深保持

50~60cm，水面上搭设塑料膜保温，两边留门，定期通风增氧。还可利用温泉水、井水建池越冬。室内可用电热棒加温。水温一定要保持10~12℃，并适时换水和适量投喂。

四、螃蟹饵料丝蚯蚓的培养

丝蚯蚓又名水蚯蚓，属环节动物门、寡毛纲、近孔寡毛目，蚓科、水蚯蚓属（图8-8）。在我国淡水中的水生寡毛类通称为水蚯蚓。蚯蚓又称蛐蟮、地龙。据分析，蚯蚓干物质中含粗蛋白质60%左右、粗脂肪8%左右、碳水化合物14%左右。鲜活蚯蚓是幼蟹、成蟹的高蛋白饵料，蚯蚓干制粉又是配制河蟹配合饲料的高蛋白原料。养殖蚯蚓投资少，见效快，有利于解决河蟹优质饵料不足的问题。

图8-8 丝蚯蚓

1. 形态特征

丝蚯蚓体成丝状，长85~100mm，淡红色、背侧有毛状刚毛，体节数85~100，环带在第11~12节，消化管道，口—口腔—咽头—食道—嗉囊—砂囊—肠—肛门；遇刺激时虫体会卷曲成螺旋状。水族馆所贩卖的为丝蚯蚓。

2. 生态习性

蚯蚓是一种夜行性变温动物，喜静、喜温、喜湿、喜暗、喜空气，怕光、怕震。白天栖息在潮湿、通气性能好的土壤中，栖息深度一般为1~12cm，夜晚出来活动觅食。蚯蚓对周围环境十分敏感，生活在相对湿度60%~70%、pH值为6.7~7.5的土壤中，活动的温度范围是5~30℃，0~5℃休眠，32℃停止生长，40℃以上死亡，最佳温度为15~25℃，环境不相适应时，蚯蚓会爬出逃走。蚯蚓异体交配，一般4~6月龄性成熟，1年可产卵3~4次，寿命为1~3年。

3. 生殖

（1）丝蚯蚓与陆生蚯蚓一样，也是雌雄同体，异体受精，一年四季都可以引种繁殖，温度高繁殖快，温度低繁殖慢。1 年之中以 7—9 月，水温在 28℃以上时繁殖最快，产量最高，孵化率也最高。丝蚯蚓生殖常有集群现象。丝蚯蚓茧孵化期在 22～32℃时一般为 10～15d，引种后 15～20d 即可有大量幼蚯蚓布满土表，幼蚯蚓出膜后常以头从茧的柄端伸出。刚孵出的幼蚯蚓体长 6mm 左右，像淡红色的丝线。当丝蚯蚓环节明显呈白色时，即达到性成熟。人工培育的丝蚯蚓体长 50～60mm，寿命约为 80d。

（2）雄性生殖器官在体节 10～11 节，雌性生殖器官在体节 13～14 节。

（3）各雄孔排出精液到对方贮精囊储存，交配后生殖环膨大（蛋白黏液，卵产于其中），利用体节缩放，使生殖环往前进，直到雄性生殖孔时放出精液，再收缩往前，由前面头部滑出，两端自动收缩封闭形成卵茧。

（4）卵茧呈纺锤形，卵粒 3～36 个，孵化时间 25～30d，由前端开始孵化。卵茧产于水面上潮湿之物体上。

4. 培养基之调配与放养丝蚯蚓

（1）培养基。报纸细切（2cm 宽）约使用 12 张左右，泥土 1kg，米粉 100g（不是新竹米粉），混合均匀，加水调湿发酵 1 星期，再搅拌均匀，翻土及注水即可放养。

（2）成虫放养。自灌溉沟渠之沟边采取（沟底皆幼虫沟边是成虫，因为产卵在潮湿地），每个塑料盆放养 200～300kg，可利用水滴流来增加溶氧及维持水质，每 3～4d 投喂经过发酵的米粉或饲料 1 茶匙。

（3）采卵。放养后数天，成虫会产卵于团状潮湿报纸上（事先把报纸搓成团状，放在放养盆中喷湿），产于背光处，将黏有卵茧的报纸取出，摊开平舖放于另外塑料盆中孵化，孵化盆中有 1cm 的泥浆但不放水，要洒水保持潮湿，并避免晒太阳，1 个月后有粒大小一圈圈红色虫体，即为幼虫。

（4）孵化。卵茧孵化的时间约 20d，随时保持报纸潮湿，避免晒太阳。

（5）养成。孵化的幼虫成圈状，此时加入营养泥浆（同培养基但泥浆较多），2 周后即可加入培养基养成，可利用水滴流来增加溶氧及维持水质。亦可 3～4d 投喂经过发酵的米粉或饲料 1 茶匙（有资料显示遮光培养可提高丝蚯蚓产量，既可減少青苔产生也可以增加产量）。

（6）采收。水注满并停止流水搅拌一下，丝蚯蚓为呼吸而跑出成一圈地，抓起即可。逐渐干燥，等泥浆快干裂时，翻开即成一圈在底下。

5. 丝蚯蚓的人工培育

（1）丝蚯蚓人工培育的条件。

①建池：选择水源良好的地方建池，池宽 1m、长 5m、深 20cm，池底敷三

合土，池两端设一排水口和一进水口。

②制备培育基：培育基的好坏取决于污泥的质量。选择有机腐质碎屑丰富的泥作培育基原料。培育基的厚度以 10cm 为宜，基底每平方米加 2kg 甘蔗渣，然后注水浸泡，每平方米施入 6kg 牛粪或猪粪做基底肥。下种前每平方米再施入米糠、麦麸、面粉各 1/3 的发酵混合饲料 150g。

③密度：每平方米放养 250~500g。

（2）丝蚯蚓人工培养的方法。目前，可供养殖的蚯蚓良种有“大平二号”“北星二号”“赤子夏胜蚓”（又称红蚯蚓），也可用野生蚯蚓培育。优良品种“大平二号”的特点是繁殖率高，年增殖 200 倍以上，有定居性，耐高密度养殖，耐热抗寒，适于一年四季生产鲜蚯蚓，蚯蚓粪产量高。1993 年，河北省晋州杂交成的“速生一号”，具有生长快，繁殖力强，寿命长，定居抗逆性高（抗病、抗寒、耐热）等特点，也是优良品种，都可作养殖对象。

（3）建设基地选好养殖方式。

①选择水质良好、富含有机质、水流缓慢的废旧沟塘：面积不限，几平方米乃至几亩都可，水深 0.5~1m。使用前要清除池底淤泥，最好敷三合土。培育池水保持 3~5cm 为好。

②蚯蚓养殖方式：大体可分为盆养、箱养、砖池养殖、架式养殖等。最经济且实用的为露天堆肥养殖法。可在一切空闲地，把饵料堆成宽 1.5m、高 15~25cm、长度不限，放入种蚓，上面盖好稻草，以遮光保温。1 年可生产 8~10 个月，每平方米可产蚯蚓 5~8kg。冬季加厚饵料到 40~50cm，饵料上盖杂草，再加塑料布，保温、保湿。春秋季节，养殖床一般 3~5d 浇 1 次水。冬季基本不浇水，夏季要防大雨冲刷。小面积养殖时，不下雨用塑料布盖一下即可。及时喂给蚯蚓充足的饵料，是保证蚯蚓快速生长的重要措施。将饵料采用堆块上投法，厚度 5~10cm，不要将床面盖满，不求平整，以方便分离蚯蚓。

③其他养殖方法还有以下 4 种方式：

A. 盆养。先在盆内装上 1/3 的菜园沃土，然后加入 0.5~1kg 腐熟的混合饲料，浇水后放入蚯蚓 50 条左右，上面用木板盖上，使含水量保持在 60%左右。经过大约 2 个月，即孵化出大量蚯蚓。每 2 个月分盆 1 次。

B. 箱养。木箱规格为 40cm×60cm×20cm，箱内先装 10cm 厚的沃土，然后加 10cm 厚的腐熟的混合饲料，使所含水分保持在 60%左右，投放蚯蚓 100~200 条，饲养 2~3 个月即可大量繁殖，开始分箱。

C. 砖池养殖。室内室外均可建池。池长 2m、宽 1m、高 0.2m。养殖前放入腐熟的混合饲料，保持含水量 60%，放入蚯蚓 1 000~2 000条。过 2 个月后就可以分池。

D. 架式养殖。用木架或铁架，分 4 层，每层可放塑料箱或木箱（规格为 60cm×48cm×20cm），每箱 7.5kg 腐熟的混合饲料，保持含水量 60%~70%，放入蚯蚓 300~500 条。

（4）饲养与管理。

①制备培养基：选择有机碎屑丰富的污泥作培养基原料，培养基的厚度 0.1m，基底加一些蔗渣，然后注水浸泡，每亩施人畜粪 300~400kg 做基肥，下种前每亩再施入米糠、麦麸、面粉各 1/3 的发酵混合饲料 90kg 左右。

②投饵：蚯蚓食性：枯叶、腐菜叶、放线菌、藻类及原生动物等。每 2d 投喂 1 次饵料即可。人工养殖蚯蚓投喂的饲料以粪料占 60%、草料占 40%左右的粪草混合饲料为最好，将粪与草混合起来制成蚯蚓混合饲料，经过充分发酵腐熟后投喂。采用腐熟饲料作基料，用新鲜牛粪、猪粪直接饲养投喂效果非常好。其优点是省工，省时，省去了堆制发酵一系列工作，饵料养分不受损失，提高了蚯蚓生长速度，易于推广应用。关键是基础料要彻底发酵，湿度 60%~80%，不可过干或过湿。每次投喂量以每平方米 0.5kg 精饲料与 2kg 牛粪稀释均匀泼洒，投喂的饲料一定要经过 16~20d 发酵处理。发酵处理方法：让饲料水分含量以手握松开能散为度，然后封闭发酵即可。

③管理：丝蚯蚓喜集于泥表层，有时尾部微露于培育基面，受惊时尾鳃立即缩入泥中。水中缺氧时尾鳃伸出很宽，在水中不断荡漾。严重缺氧时，丝蚯蚓离开培育基聚集成团浮于水面或死亡。因此，培育池水应保持细水长流，缓慢流动，防止水源受污染，保持水质清新和丰富的溶氧。丝蚯蚓适宜在 pH 值 6~7.5 的范围生长。因培育池常施肥投饵，pH 值时高时低。水的流动对调节 pH 值有利，进出水口应设牢固的过滤网布，以防小杂鱼等敌害进入。投饵时应停止进水，培养池最好能保持微流水，保证水质清新和溶氧充足，pH 值在 5.6~9 的范围内，进出水口设牢固的过滤网布，以防杂鱼和敌害进入。

6. 丝蚯蚓的采收

（1）采收工具。采收丝蚯蚓的主要工具是长柄抄网，它由网身、网框和捞柄 3 部分组成。网身长 1m 左右，呈长袋状，用 24 目密眼聚乙烯布裁缝而成，网口为梯形，两腰长 40cm 左右，上底和下底分别为 15 和 30cm。网架框由直径 8~10mm 的钢筋或硬竹制成，在框架的 1/3 处设横档，便于固定捞柄。捞柄是直径 4~5cm、长 2m 的竹竿或木棍。丝蚯蚓繁殖力强，生长速度快，在繁殖高峰期，每天繁殖量为丝蚯蚓种的 1 倍多，在短时间内可达相当大的密度。一般在下种 30d 左右就可采收，采收的方法是：头天断水或减少水流，迫使培育池中缺氧，此时丝蚯蚓群聚成团漂浮水面，就可用24目的聚乙烯网布捞取。每日捞取量不宜过大，以采收完成团的丝蚯蚓止。

（2）采收方法。首先选择适宜采收的场所，一般要求江底平坦，少砖石，流速缓慢，水深10~80cm（可随潮水涨落移动采收地点）的地方捕捞。其次作业时，人站在水中用抄网慢慢采收表层浮土、待网袋里的浮土捞到一定数量时，提起网袋，一手握捞柄基部，另一手抓住网袋末端，在水中来回拉动，洗净袋内淤泥，然后将丝蚯蚓倒出，一般劳力每人每小时可捕捞10~20kg。

①简易便捷法：除应用收集野生蚯蚓的方法外，最经济、最简便的方法是在水泥地面上或者在塑料布上，利用蚯蚓怕光的特点，用阳光或强灯光直接照射，将混有蚯蚓的饵料逐层扒开，直到堆底蚯蚓成团。1人1d可采收50kg左右。

②干燥迫驱法：在收取前对旧料停止洒水，使之比较干燥，然后将旧料堆集在中央，在两侧堆放少量适宜湿度的新料，约经2d后蚯蚓都进入新料中，取走旧料，在新料中捕捉。采集鲜活的丝蚯蚓消毒后可用刀切断后投喂河蟹。若产量较大，还可以将蚯蚓晒干储备起来，制成干粉拌在其他饲料中投喂，既可投喂水产动物，也可制成干粉加工混合饲料，效果很好。

7. 暂养丝蚯蚓

（1）丝蚯蚓对环境的要求。捕捞后的环节是暂养。丝蚯蚓暂养主要有两个目的：一是捕捞的丝蚯蚓虽然经过淘洗，但仍粘有污泥杂质，丝蚯蚓体内也有污物排出，通过暂养，可以清除污物；二是收集储备，作为来日投喂活饵料来源。要想做好丝蚯蚓的暂养工作，必须了解环境条件对丝蚯蚓生存的影响。当水温18℃时静水状态下，不同水深和pH值对丝蚯蚓的影响。丝蚯蚓暂养对水的要求是水温要低，溶氧量高和pH值较低。在喷水缓流时要保证所有丝蚯蚓都能接触新鲜水。首先，暂养用水的水温低于20℃，用这样的水暂养，丝蚯蚓成活率高。其次，通过喷水，水中溶氧量增加。从丝蚯蚓的体色可以看出丝蚯蚓鲜活状况，水质清新，丝蚯蚓体呈鲜红色，整片呈毡毯状；若体色变为暗红色，就是缺氧的表现，若持续缺氧，蚓体不活动，毡毯状的蚯蚓群体中部分凹下，凹下部分的丝蚯蚓活动力极弱，这时已开始死亡，要及时除去以防蔓延。再次，暂养水的pH值以6~7.5为宜。若用浮游植物生长较好的池水（pH值一般8以上），作为暂养丝蚯蚓用水，丝蚯蚓死亡率较高。

（2）暂养方式。一般用流水暂养。一种是方形暂养池，混凝土砌成，规格长、宽、高为3m×1.2m×0.5m，蓄水20~30cm，暂养50kg，可保持存活7d以上。另一种是浅盆式暂养池，混凝土制成长方形，面积10~20m^2，壁高20cm，池底朝一方稍倾斜，进水口一方用长3~6m小铁管，在铁管上隔20cm打2个小孔，喷水缓流，水从排水口溢出（挡水砖高6~8cm，以防丝蚯蚓随水冲去），这样的池暂养丝蚯蚓100kg，能保持成活半个月以上。

（3）丝蚯蚓暂养的管理。丝蚯蚓在放入暂养池前，先用砖把暂养池隔成1m宽的长条，丝蚯蚓放入暂养池数小时后，再排干池水，把附在污物上面的丝蚯蚓取出，清除底部的尸体和污物。然后重新放水，一般隔天清理1次，清理2~3次后，丝蚯蚓基本洁净。要想在较短时间内分离丝蚯蚓和污物，一般可用强光照射分离（丝蚯蚓向下分离）；黑暗分离（丝蚯蚓向上分离）和温热分离（丝蚯蚓在低温时向上分离）等3种方法。

8. 丝蚯蚓的运输

丝蚯蚓在采捕结束后应立即起运，缩短途中时间。运输有3种方法：带水运输、不带水运输和尼龙袋充氧运输，其中带水运输较普遍，成活率也较高。

（1）带水运输。带水运输是把洗净淤泥的丝蚯蚓装入木桶或其他容器中，加水10cm。直径50cm的木桶可装载丝蚯蚓20 kg。用汽车运输，4~6h成活率为100%。

（2）不带水运输。不带水运输主要是利用丝蚯蚓在皮肤湿润时能进行皮肤呼吸的生理特点，把丝蚯蚓装入蟹苗箱中进行运输。运输时每只蟹苗箱装放丝蚯蚓3~4kg，3~4箱叠起为一套，用绳扎牢。为了保持箱内的空气流通，最下面蟹苗箱留空不装。运输4~6h，成活率可达100%。

（3）尼龙袋充氧运输。如果运输路途较远，则需在中途加水或换水。尼龙袋装充氧运输，适用于长途运输。一般每只尼龙袋装丝蚯蚓4kg，保温在10℃以下，运输延续15h不会有死亡。无论采用哪种运输方式，当气温上升到25℃以上时，都应减少装运量，或采取降温运输。为了提高丝蚯蚓的运输成活率，应注意：一是丝蚯蚓在采捕结束后应立即起运，缩短途中时间；二要严格控制盛放丝蚯蚓的密度，箱内不要装满，保持一定的空隙；三是不带水运输时，为了保持箱内的空气流通，最下面一筐鳗苗箱不装（留空）；四是用冷藏车降温运输时，温度最好保持在15℃以下。

9. 丝蚯蚓河蟹饲料营养价值

丝蚯蚓又名水蚯蚓。体长35~55mm，宽0.5~1mm，体色褐红，后部黄绿色，再生能力极强，把它切断以后，能分化出组织补充残缺部分。丝蚯蚓生活在污水中，喜偏酸性、富有机质、水流缓慢或受潮汐影响而时干时湿的淡水水域。中国江苏省、上海市、浙江省、四川省、福建省、湖北省等省市均普遍分布，特别是上海市的黄浦江和福建省的闽江等水域蕴藏有丰富的丝蚯蚓资源。丝蚯蚓营养丰富，粗蛋白含量为70%以上，脂肪18%，灰分4.73%，并含有丰富的钙、磷、铁。目前，南京帅丰饲料有限公司创办于2005年10月，是一家集水产饲料、水蚯蚓养殖、生物发酵饲料、生物循环农业、千亩立体养殖示范基地的综合性企业。该企业是江苏省农业科技型企业、江苏省科技型中小企业和江苏省农业产业化重点龙头企业，荣获“南京市著名商标”“南京市名牌产品”“江苏省高新技术产品”称号，拥有国内首创的“水蚯蚓技术”“轮虫休眠卵技术”6项国家发明专利和31项外观专利。公司引进高端“321”人才创办了南京丰农生物科技有限公司、江苏诺特福生物技术有限公司，通过多年来的努力，形成了1个平台、2项合作、3个基地的总体发展框架，为建立产业集团乃至向更大的目标发展打下了坚实的基础。

（1）1个平台。和南京农业大学共同组建的江苏省帅丰特种饲料工程技术研究中心，该中心完全建成并运行以后将是一个汇集水产饲料业优秀人才的研发群体，孵化水产饲料。

（2）2项合作。即与中国农业大学和中国水产科学研究院围绕蚯蚓、水蚯蚓、河蟹、黄鳝、泥鳅综合立体养殖、新技术、新产品、新模式开展的合作；以及与中国农业机械化科学研究院正在洽淡的引进以色列专家与技术，围绕利用生态营养液，发展无土栽培，特种蔬菜和花卉的种植开展的合作。

（3）2个基地。即位于高淳固城湖旁占地50亩，现代化的高科技集特种水产、生物饲料研发、生产、销售于一体的产业基地；位于高淳胜利圩占有1 000亩水域，集蚯蚓、水蚯蚓、河蟹综合主体养殖的试验示范基地；位于开发区的南京大学生物技术研究所黄鳝泥鳅技术研发中心高淳培训基地。

五、黄粉虫培养

黄粉虫又叫面包虫，在昆虫分类学上隶属于节肢动物门，六足亚门；昆虫纲，有翅亚纲；鞘翅目，多食亚目；拟步甲科；粉甲虫属（拟步行虫属）（图8-9）。黄粉虫原产北美洲，20世纪50年代从前苏联引进中国饲养，黄粉虫干品含脂肪30%，含蛋白质高达50%以上，此外还含有磷、钾、铁、钠、铝等常量元素和多种微量元素。因干燥的黄粉虫幼虫含蛋白质40%左右、蛹含57%、成虫含60%，被誉为“蛋白质饲料宝库”。多分布在中国东北、四川省等省区。

1. 形态特征

黄粉虫刚孵出的黄粉虫幼虫长约3mm，乳白色。1d后，体色变黄。体13节，呈圆柱形，头部位于体节的前端。口器扁平，咀嚼式，能啃食较硬食物。第2至第4节为胸部，长有3对足，第5至第12节为腹部，第13节下部有肛

图 8-9　黄粉虫

门，尖部有两锥形短尾。黄粉虫为全变态昆虫，其一生（指 1 个生长周期），可分为卵、幼虫、蛹、成虫 4 个阶段。

2. 黄粉虫生物学特征

黄粉虫是完全变态的昆虫，1 个生命周期（即所谓的生活史）可分为卵、幼虫、蛹、成虫 4 个时期，完成 1 个生命周期需要 3 个月左右。

（1）卵黄粉甲。所产卵较小，长约 1mm，直径约 0. 5mm，呈椭圆形，乳白色，卵壳很薄。在室温 28℃左右，经 7d 左右可以孵化出幼虫。

（2）幼虫即黄粉虫，刚孵出时身体细小，长约 2mm，身体乳白色。1d 后体色逐渐变黄。幼虫全身呈黄色有 13 体节，柔软光亮，头尾两端呈棕黄色，中间为金黄色。周身呈圆柱形，中间较粗。第 1 节为头部，较扁小，嘴扁平。有咀嚼口器，由上颚、下颚、下唇和舌构成。下颚左右各有两根短须，第 2 至第 4 节为胸部，长 3 对足，每节各 1 对；第 5 至第 12 节为腹部：第 13 节下部为排泄孔，称肛门，形状凸起，尖部为 2 根锥形短尾。幼虫生长发育是经过蜕皮进行的，7~10d 蜕皮 1 次。幼虫蜕皮时呈半休眠状态，不食不动，先从头部裂开一条缝，头从缝中钻出，逐渐蜕至尾部，经过 30min 左右完全蜕出。刚蜕出的幼虫全身乳白，皮白体嫩，不活动或活动迟缓。随后体色变黄，活动不断加强。幼虫喜群居。经过 7 次蜕皮，长到 60d 左右，长约 2. 5cm 时便开始变蛹。

（3）蛹。蛹长 1. 2cm，头大尾细，全身呈扁锥体。胸部生两只薄薄的羽翅，羽翅紧贴胸脯。头部已基本形成成虫模样。蛹初时全身乳白色，体柔软，后逐渐变黄，开始发硬。身体两侧有锯齿状的棱角。蛹不吃不动，但进行正常呼吸，比较脆弱，无防御能力，是生命周期中生命力最弱的一段时期。幼虫有食蛹习性，所以幼虫化成蛹后，要及时把蛹挑出。

（4）成虫。蛹经过 7d 左右便羽化为成虫。成虫称甲虫，初期为乳白色，头部浅黄色，两个鞘翅薄而柔软，全身细嫩、活动能力较弱，不进食。2d 后变为浅红色，再过 5d 变为黑褐色，鞘翅也变得厚而硬，开始吃食。成虫虽有翅但不会飞，主要是爬行。此时成虫完全成熟，雌雄成虫开始交配产卵，进入繁殖期。每只雌成虫每天约产卵 20 枚，产卵期长达 5 个月，产卵高峰 100d 左右，雌成虫一生可产卵 2 000~3 000枚卵。成虫性好动，不停地来回爬行，有集群性，喜阴暗环境。成虫的雌雄特征分别是：雄虫个体细长；雌虫个体较胖大，尾部尖细，产卵器下垂，并能伸出甲壳外。黄粉虫形态如图 8-10 所示。

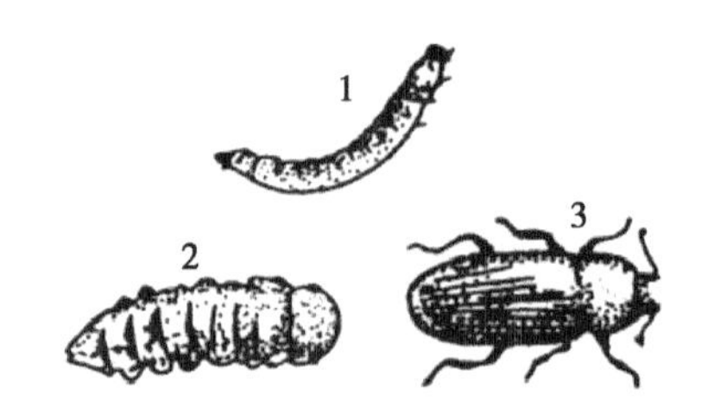

图 8-10　黄粉虫形态

1. 幼虫；2. 蛹；3. 成虫

3. 生活习性

黄粉虫生性好动，昼夜都有活动现象。一般发生 3~4 代，世代重叠，无越冬现象，冬季仍能正常发育。适宜的繁殖温度为 20~30℃，在 20~25℃下，卵期 7~8d，幼虫期 122d，蛹期 8d，从卵发育至成虫约需 133d；在 28~30℃下卵期 3~6d，幼虫期 100d，蛹期 6d，卵发育至成虫只需 110d。湿度对其繁殖影响也很大，相对湿度以 60%~70%为适宜，过高湿度达 90%时，幼虫生长到 2~3 龄即大部分死亡，低于 50%时黄粉虫，产卵量大量减少。成虫羽化率达 90%以上，性别比 1∶1，喜群居，性喜暗光，黄昏后活动较盛。羽化后的经 3d 交尾产卵，夜间产卵在饲料上面，每条雌虫可产卵约 200 余粒，常数 10 粒粘在一起，表面黏有食料碎屑物，卵壳薄而软，雌虫寿命 1~3 个月不等，产卵达半月后，产卵量下降，可以淘汰。7—8 月卵期要 1 周，幼虫有 1~10 个龄期，4~6d 脱皮 1 次，历经 60~80d，喜群集，在 13℃以上开始取食活动。

4. 养殖要求

（1）养虫设备的要求。

①饲养场所：饲养黄粉虫以室内为宜，室内饲养能调节空间的温度和温度，便于管理，特别是可以防止老鼠和飞鸟的侵害。房舍的选择可根据饲养规模和自有条件，一般要求能保温，且能通风换气，光线不要求很强，黑暗的较理想。防护条件要好，防止老鼠入室。

②饲养设备：黄粉虫饲养设备较简单，可用柜、池、盆、盒等用具，以木盘最为理想：优越性有3个方面：一是取材方便，价格低廉；二是盘体轻巧，便于搬动；三是盘子可以层层摞起，充分利用空间，减少占地面积。饲养盘的大小没有明确规定，以方便搬动为宜。规格一般情况下长60cm、宽50cm、高10cm。盘框用1.5cm厚的木板做成，底部用纤维板或胶合板。有的也用镀锌铁皮做成铁盘，这种盘耐用，防逃效果好。

③筛子：1号筛，筛孔内径0.5mm，用于筛小幼虫的粪便；2号筛，筛孔内径4mm，用于分离幼虫和蛹；3号筛，筛孔内径2mm，用于筛除大幼虫的粪便。3号筛规格长60cm、宽45cm、高8cm的木框，为产卵筛。

（2）饲料要求。黄粉虫吃的食料来源广泛，在人工饲养中，不必过多的研究饲料，但为了尽快生产黄粉虫，应投麦麸、玉米面、豆饼、胡萝卜、蔬菜叶、瓜果皮等，也有喂鸡的配合饲料，以增加营养，但必须要有60%的麦麸为宜。溧阳市水产良种场用的配合饲料配比为：黄粉虫的饲料、幼虫和成虫的混合饲料配方为麸皮45%、面粉20%、玉米6%、豆粉3%、黄粉虫26%，再加3g多种维生素和50g微量元素（每100g混合饲料）。各种食料搭配适当，对黄粉虫的生长发育有利，而且节省饲料。

（3）温度要求。黄粉虫较耐寒，越冬老熟幼虫可耐受-2℃，而低龄幼虫在0℃左右即大批死亡，2℃是它的生存界限，10℃是发育起点，8℃以上进行冬眠，25~30℃是适温范围，生长发育最快在32℃，但长期处于高温容易得病，超过32℃会热死。对于4龄以上幼虫而言，当气温在26℃，饲料含水量在15%~18%时，群体温度会高出周围环境10℃，即相当于36℃。因此，应及时采取降温措施，防止超过38℃危险阈值，特别是在炎热的夏季更应注意。

（4）湿度要求。黄粉虫耐干旱，能在含水量低于10%的饲料中生存，在干燥的环境中，生长发育慢，虫体减轻，浪费大量饲料。理想的饲料含水量为15%，空气湿度为50%~80%。如饲料含水量超过18%，空气湿度超过85%，生长发育减慢，而且易生病，尤其蛾子最易生病。如养殖室内过于干燥，可洒清水，湿度过大要及时通风，黄粉虫虫体含水量为48%~50%。

（5）光线要求。黄粉虫原是仓库害虫，生性怕光，生性好动。而且昼夜都在活动，说明不需要阳光，雌性成虫在光线较暗的地方比强光下产卵多。

（6）养殖密度要求。幼虫的饲养密度要适宜。适宜的密度可以提高群体内部温度，促进新陈代谢，加速生长发育；密度小时，群体内温度偏低，幼虫新陈代谢水平降低，生长缓慢。如果饲养密度过大，群体内温度提高很快，超过38℃时，幼虫就会死亡。成虫的密度宜小不宜大。过大时影响成虫的交配和产卵，还会出现成虫吃卵的现象。放养密度数据如下。

①成虫饲养密度每平方米在5 000~8 000只。

②幼虫饲养密度每平方米在2万只左右（约5kg）。

③蛹身体娇嫩，以单层平摊无重叠挤压为宜。

④种虫饲养密度每平方米在2 000~3 000条为宜。

⑤夏季高温饲养密度要小一些，冬季密度可稍大。

（7）防敌害要求。黄粉虫对饲养场地要求不高。室内养殖要能防鼠、防鸟、防壁虎、防蚂蚁等，并且要防阳光直接照射和空气污染与过重的噪声。还要注意通风，四季内的温度要控制在20℃以上35℃以下就可以了。最好是将大棚建在半地下为好，因为半地下式大棚可有效保存温度，大大节约升温成本，半地下大棚的优点在于成本低好建造，且有冬暖夏凉的效果。利用大棚养殖黄粉虫应该强调有害物质对黄粉虫的侵害，有害物质的主要要来源有以下几个方面：空气、涂料有害源，养殖车间的粉刷、油漆等涂料大多数含有挥发性有害气体，这些有害气体会间接地对黄粉虫养殖带来不必要的损失。虫子对这些有害气体特别敏感，虫子的生理构造很容易受到这些有害气体的伤害。

5. 饲养管理

（1）成虫的饲养管理。一是不同生长期成虫对饲料要求不一样，不能混养。二是刚羽化的成虫非常娇嫩，抵抗力不强，不能食用含水量过大的饲料，可适当多喂麦麸、玉米面等精饲料。三是为了提高产卵率和卵的孵化率，应供给成虫足够的营养，投喂优质配合饲料。饲料配方为：麦麸70%、玉米面20%、芝麻饼9%、骨粉1%。并投给数量足够的精饲料。这样可延缓成虫衰老，延长产卵期，提高产卵率。四是投饲时要做到少量多次，每天投饲2~3次，每天投饲量要适当，以在下一次投饲时无剩食为原则。不能缺乏食物，否则会造成成虫吃卵现象，还会出现成虫互相咬斗致伤现象。由于剩余的饲料易发霉变质，影响产卵，故饲料不能投放过多。五是雄成虫交配后往往很快就会死亡，要及时清理死亡的成虫，防止腐烂变质而引发传染病。六是产卵筛下垫一层接卵纸，一般4d换1次。在产卵筛下的接卵纸上均匀地撒一层2cm厚的麦麸，所产的卵就会埋在麦麸内，否则成虫就会吃卵。七是为了提高成虫产卵率和卵的孵化率，一般4个月对成虫进行1次换代，即把老化的成虫淘汰。

（2）卵的管理。接卵纸取下后，连同纸上麦麸一起放在饲养盘内，在适宜的条件下，卵就孵化出幼虫。这时的管理应注意以下两方面：

①温度对卵的孵化起重要作用：在30℃的温度下，卵5d就孵出幼虫；在25℃的温度下，要在15d左右才能孵出幼虫。所以，要把卵放在较高的温度下

孵化，以缩短孵化期。

②孵化时也要求室内相对湿度适中：卵在适宜的温度范围内能顺利地孵化出幼虫；在干燥的环境中，孵化较缓慢，且有一定死亡率。孵化盘内不能喷水加湿，应通过加大环境的湿度来增加孵化盘中的湿度。环境的相对湿度应增加到70%左右。加大室内湿度的办法就是向地面洒水或放一些水盆。

（3）幼虫的管理。在黄粉虫生命周期中，幼虫期历时2个月左右。幼虫管理的好坏，直接影响经济效益。所以幼虫的管理要做好以下几方面的工作。

①卵全部孵化出小幼虫后，要加温、加湿促进迅速生长发育：可以通过加大饲养密度来提高幼虫群体内温度；加湿的方法是向饲养盘内喷雾加湿，喷雾的次数每天要达到7~8次，每次喷量要小，不能看到盘中有明显的水分。也可通过饲料多拌一点水来提高湿度。

②为使黄粉虫幼虫摄取全面营养，可以喂给配合饲料：饲料含水量要达到10%左右，并经常投喂一些干净的青菜叶。阴雨连绵季节，饲料可不拌水，还要减少青饲料的投喂量。

③饲料投喂量要适当：以不缺食，且还有少量剩食为原则，每天投喂2~3次。

④大小幼虫要分开饲养，避免大吃小，降低产量。

⑤幼虫逃跑能力很强：应做好防逃工作，经常检查防逃胶带有无破损。

（4）蛹的管理。蛹的管理要做好以下几方面工作具体如下。

①加强室内空气流通：减少饲养密度，以降低群体内的热量。

②疾病的防治：黄粉虫在正常的饲养管理条件下，很少得病。但随着饲养密度的增加，其患病率也逐渐增大。因此，必须及时检查，发现问题及时解决。

A. 软腐病。此病多发生于雨季，因为湿度大、粪便污染，饲料变质，养殖密度大，以及在幼虫清粪及分档过程中用力过度造成虫体受伤。表现为幼虫行动迟缓，食欲下降，粪便稀清最后排黑便，身体渐渐变软、变黑，病虫排出物会传染其他虫子，若不及时处理，会造成整盒虫子死亡。防治：发现软虫体要及时处理，停放青菜，清理残食，调节室内湿度。

B. 干枯病。虫体患病后，尾、头部干枯发展到全身干枯而死亡。病因是空气太干燥，饲料过干。防治：在空气干燥季节，及时投喂青料，地面上洒水加湿，设水盆降温。

C. 螨病。螨类对黄粉虫为害很大，造成虫体瘦弱，生长迟缓，孵化率低，繁殖率下降。病因：饲料湿度过大，气温过高，食物带螨。一般7—9月多发生。防治：调节好室内空气湿度，夏季保持室内空气流通，防止食物带螨。

饲料要密封贮存，米糠、麦麸最好消毒，待晾干后投喂。一般应用40%三氧杀螨醇1 000倍液喷洒墙角、饲养箱和饲料。

（5）营养价值。黄粉甲的幼虫称黄粉虫，成虫称黄粉甲，因用其幼虫做饲料，常称黄粉虫。黄粉虫俗称面包虫，为软体多汁昆虫幼虫，营养价值较高。据分析，黄粉虫，蛹和黄粉甲干品所含粗蛋白质分别为51%、57%和64%，粗蛋白质中含有多种氨基酸。体内还含有脂肪和糖。它营养丰富，鲜的小黄粉虫体内水分含量62.8%、灰分含量16%、粗蛋白质含量25.4%、脂肪含量6.5%。用它作河蟹的饲料，可以促进河蟹的生长发育，提高河蟹免疫力，增强河蟹的抗病能力。黄粉虫生长周期短，生命力强，耐粗饲，繁殖率高，生长发育快，食物利用率高。生产实践证明，用3kg麦麸就能养成1kg黄粉虫，而黄粉虫3个月就可以完成1个生命周期。人工饲养黄粉虫设备简单，管理方便，技术要求不高，不受地区条件限制，专业、业余都可以饲养。黄粉虫含蛋白质47.6%、脂肪28.5%、碳水化合物23.7%，营养价值很高，是河蟹及其他珍稀动物的理想动物性蛋白质饲料原料。因此，是生态养殖红膏河蟹优质动物性蛋白质饲料原料。

六、河蟹人工配合饲料配方与备制

人工配合饲料是以河蟹的营养生理特点为基础，根据河蟹不同生长发育阶段的营养需要，把能量饲料、蛋白质饲料、矿物盐和维生素等多种营养成分按比例配合，通过加工而制成的营养全面、河蟹喜食的成品饲料。

1. 河蟹饲料添加剂

添加剂应用是为了利于营养物质的消化吸收，改善饲料品质，促进动物生长和繁殖，保障动物健康而掺入饲料中的少量或微量物质称为饲料添加剂，但不包括矿物质元素、维生素、氨基酸等营养物质添加剂。河蟹饲料添加剂系配合饲料中加入的各种氨基酸、矿物质、维生素、抗氧化剂、黏合剂、诱食剂、防霉剂等。

（1）营养添加剂。

①氨基酸添加剂：河蟹必需的10种氨基酸，其中最为缺乏的是蛋氨酸，其次是赖氨酸、色氨酸。所谓配合饲料中的氨基酸添加剂，系指这些限制性氨基酸和由于灌蟹饲料特点不同而特殊需要的一些必需氨基酸。

②矿物质添加剂：矿物质添加剂包括常量元素添加剂、微量元素添加剂和维生素添加剂。含钙的饲料有石粉（石灰石的一种），是天然的碳酸钙，含钙量达38%左右，是补充钙质营养的最简单、最廉价的矿物质饲料。还有蛋壳粉和贝壳粉，亦是补充钙的矿物质饲料，其主要成分也是碳酸钙，含钙24.4%～

26.5%，优质的贝壳粉含钙达38.6%。含磷饲料，多属含钠的磷酸盐类。钙、磷平衡的矿物质饲料，主要有骨粉、骨制的沉淀磷酸钙盐和磷酸氢钙，配合饲料常用的为骨粉。

③维生素添加剂：根据维生素的性质，可把维生素分为两大类，一类是脂溶性维生素，如维生素A、维生素D、维生素E、维生素K；另一类是水溶性维生素，包括B族维生素和维生素C。维生素添加剂在国内外已作为商品生产。因维生素很不稳定，易受光、热、碱等因素的影响，故添加量一般高于需要量。目前国内外对河蟹所需维生素的研究基本上是空白。

（2）非营养添加剂。

①微生物添加剂：微生物饲料添加剂是一种取代或平衡动物生态系统中一种或多种菌系的微生物制品。狭义上讲，它是一种能激发自身有益菌种繁殖增长，同时抵制有害菌系生长的微生物制品。其中中药微生态饲料添加剂含有大量的有益菌（活性乳酸菌、双歧杆菌、芽孢杆菌）、复合酶、螯合肽、脱霉剂等，作为饲料进入水生动物体内后，能迅速繁殖，一方面投入菌种的代谢物中和肠内毒素，抑制了其他有害菌丛的生长，另一方面在宿主体内形成了正常微生物菌群，为宿主合成主要的维生素，提供营养和阻止致病菌的入侵。

②引诱剂：引诱剂亦称促摄物质。某些天然饵料如蚯蚓、蚕蛹、牛肝、鱼油、植物油都是鱼类的引诱剂。河蟹蜕壳时有相互残杀的习性，对其引诱剂的研究更为必要。但这方面的研究刚开始，从试验中观察到血粉对河蟹有一定的引诱作用。

③防腐剂和抗氧化剂：主要用于保护饲料品质。常用的防腐剂有苯甲酸、山梨酸钾；抗氧化剂有维生素E、丁羟甲苯、磷酸等。

④黏合剂：河蟹的摄食习性不同于鱼类，为防止饲料成分因溶解于水中而失散，提高饲料利用率，黏合剂就显得更为重要。具有黏合作用的物质有α-淀粉、明胶、褐藻胶、羟甲基纤维素、N87、田菁粉和榆树叶粉等。选用时既要考虑黏合力，又要考虑到营养价值、安全性、成本和储存等因素。

2. 河蟹人工配合饲料配方

晴天与阴天添加不等量的维生素D。

（1）维生素D是一种脂溶性维生素。有2种化合物对健康关系较密切的是维生素D_2和维生素D_3。它们有以下3个点特性：它存在于部分天然食物中；人体皮下储存有从胆固醇生成的7-脱氢胆固醇；受紫外线的照射后，可转变为维生素D_3。适当的日光浴足以满足人体对维生素D的需要。作为水生动物的河蟹同样在适当的日光浴中可以满足河蟹对维生素D的需要。

（2）维生素 D 的前体。是生物体皮层下储存的一种物质叫 7-脱氢胆固醇，其实它就是维生素 D 的前体，而这个前体只有经过阳光紫外线照射以后，它就合成了维生素 D，这个维生素 D 就可以进入血液以后奔赴其主战场去转运钙。因此，才能将河蟹肠道里饲料营养中钙质真正转化为河蟹正常代谢、生长、发育所需的钙质；使其种质特征充分表现，生长性能充分发挥。河蟹在新的代谢过程中，有了维生素 D 就可以促使钙质转化成河蟹生长成新的骨膜，即形成新的骨膜——河蟹的软壳，当软壳成为河蟹代谢的新壳，就促使河蟹蜕皮，提高河蟹的生长率，蜕壳率，增大个体率、红膏率。

（3）异常天气影响。2015—2016 年，长江中下游地区出现厄尔尼诺天气，洪涝水害之年连续阴雨的天气下养殖河蟹。河蟹人工配合饲料配方中就增添维生素 D 的比例，可从 8%增加为 12%以上。这样可促使河蟹的正常代谢、生长、发育，提高河蟹的生长率，蜕壳率，增大个体率、红膏率。

（4）人工配合饲料备制。2015 年 6 月 20—28 日；2016 年 5 月 20 日至 6 月 30 日长期阴雨连绵，养殖河蟹青虾池塘的水体缺少光合作用，因此，养殖的虾类个体规格小、产量低，最根本的原因是光照不足。2016 年光照仅是正常年份的 36%。因此，蟹类饲料应增加维生素 D 的比例，通常水产饲料的维生素 D 是 8%~12%，阴雨连绵的季节里蟹类的饲料里维生素 D 可添加为 12%以上。只有这样才能促使蟹类正常代谢蜕壳。例如，江苏正昌集团直属科技企业——中外合资正昌饲料科技有限公司是一家专业生产添加剂的公司。生产的水产用微生态制剂由地衣芽孢杆菌、枯草芽孢杆菌、丁酸梭菌、屎肠球菌、酿酒酵母菌等各种有益菌合理组合而成。生产的福乐兴免疫促长剂（天然植物提取物）：福乐兴 FL213（Ⅰ型）普通水产动物专用型、福乐兴 FL213（Ⅱ型）特种水产动物专用型。生产的发酵蛋白系列：益肽宝水产型 EP50B、益肽宝水产型 EP60B、益肽宝水产型 EP60D。生产的复合预混料系列（水产）：F01CF 1%鱼苗开口料用复合预混料；F02CF 1%精养鱼用复合预混料；F03CF 1%混养鱼用复合预混料；F04CF 1%混养鱼用复合预混料；F05CF 1%鲤鱼用复合预混料；F06CF 1%鲫鱼用复合预混料；F07CF 1%梭鱼用复合预混料；F09CF 1%鮰鱼用复合预混料；NQ01CF 1%泥鳅用复合预混料；X01CF 1%淡水虾用复合预混料；X02CF 1%对虾用复合预混料；X08CF 1%南美白对虾用复合预混料；H01CF 1%河蟹用复合预混料；FV88 鱼用维生素预混料；FM88 鱼用复合微量元素预混料；X08VN 南美白对虾用复合多维预混料；X08ML 南美白对虾用复合多矿预混料；TS02CF 1%幼甲鱼用复合预混料；TS03CF 1%成甲鱼用复合预混料；S01CF 海水鱼用复合预混料等复合预混料质量都是安全的。

第九章　饲料营养与质量安全

《饲料质量安全管理规范》经2013年12月27日农业部第11次常务会议审议通过，2014年1月13日中华人民共和国农业部令2014年第1号公布。该《饲料质量安全管理规范》分总则、原料采购与管理、生产过程控制、产品质量控制、产品贮存与运输、产品投诉与召回、卫生和记录管理、附则8章44条，自2015年7月1日起施行。前2章的内容与养殖户对饲料的采购与保管有直接关系。另外，饲料油脂氧化对养殖鱼类生长及健康的危害事关重大，我们在生产实践中也感受到水产养殖成功与否，取决于遗传环境及养殖管理外，还与水产饲料的质量（营养素含量、营养素平衡和原料品质）息息相关。

第一节　河蟹饲料营养素作用

一、河蟹饲料营养要素

1. 饲料的质量

饲料的质量是生态养殖第二要素。要使养殖绿色水产品蟹的营养需要成为饲料配方设计的依据和基础，营养需要包括能量、蛋白质、脂肪、碳水化合物、维生素和矿物质元素等。这些营养需求对鱼的正常生长、发育、免疫力以及繁殖性能有决定性的影响作用，其含量不足或过量都可能导致水生动物新陈代谢紊乱，生长发育缓慢，不能抑制疾病的发生而死亡。中国目前还没有制订水产动物的营养需求量标准，全国各饲料厂家都是根据实际应用饲料的要求参考美国NBC（国家研究委员会）标准或其他一些大专院校科研机构研究的饲料配方数据进行生产，饲料的营养成分各有不同，分别为草鱼饲料、鳊鱼饲料、鲫鱼饲料、鲤鱼饲料和蟹饲料等。但总体应按NY 5072—2002无公害食品，渔用配合饲料安全限量、安全卫生指标，渔用配合饲料的安全限量的要求，应符合下表的规定，具体如表9-1所示。

表 9-1 渔用配合饲料的安全指标限量

项目	限量	适用范围
铅（以 Pb 计）（mg/kg）	≤5.0	各类鱼用配合饲料
汞（以 Hg 计）（mg/kg）	≤0.5	各类鱼用配合饲料
无机砷（mg/kg）	≤3	各类鱼用配合饲料
镉（以 Cd 计）（mg/kg）	≤3	海水鱼类、虾类用配合饲料
	≤0.5	其他渔用配合饲料
铬（以 Cr 计）（mg/kg）	≤10	各类渔用配合饲料
氟（以 F 计）（mg/kg）	≤350	各类渔用配合饲料
游离棉粉（mg/kg）	≤300	温水杂食性鱼、虾类配合饲料
	≤150	冷水性鱼类、海水用配合饲料
氰化物（mg/kg）	≤50	各类鱼用配合饲料
多氯联苯（mg/kg）	≤0.3	各类鱼用配合饲料
异硫氰酸酯（mg/kg）	≤500	各类鱼用配合饲料
噁唑烷硫酮（mg/kg）	≤500	各类鱼用配合饲料
油脂酸价（以 KOH 计）（mg/kg）	≤2	鱼用育苗配合饲料
	≤6	鱼用育成配合饲料
	≤3	鳗育成配合饲料
黄曲霉毒素 B_1（mg/kg）	≤0.01	各类鱼用配合饲料
六六六（mg/kg）	≤0.3	各类鱼用配合饲料
滴滴涕（mg/kg）	≤0.2	各类鱼用配合饲料
沙门氏菌（cfu/25g）	≤不得检出	各类鱼用配合饲料
霉菌（cfu/g）	$\leq 3\times10^4$	各类鱼用配合饲料

2. 能量

能量不是营养物质，它是由碳水化合物、蛋白质和脂肪在体内氧化释放的，能量的摄入是一个基本的需求，因此，在设计蟹饲料配方时，既要考虑蛋白质需要，又要考虑能量需要，并使之保持平衡。如果饲料能量相对于蛋白质来源不足时，则饲料蛋白质不是用于蟹的生长，而是被转化成能量来维持鱼的生存；如果能量过高会降低蟹的摄食量，因而减少了最佳生长所必需的蛋白质和其他重要营养物质的摄入。因此，能量与蛋白质营养物质要保持一个较佳的比例，才能最大限度地提高营养物质的利用率。如果能量与蛋白质的比例过高，则能造成蟹体内的脂肪大量沉积，将降低产品的性能，影响食用价值。

3. 蛋白质

蛋白质是水生动物生命活动的基本物质，是蟹饲料配方设计主要的营养指标。因此，饲料配方的设计必须首先了解蟹的蛋白质需求量，水生动物的蛋白质需求量明显高于畜禽动物，一般随着鱼的生长发育，其蛋白质需求降低。因此，幼蟹的蛋白质需求要高于中成蟹。

4. 脂类

脂类是能量和生长发育所需的必需脂肪酸的重要来源。并能促进脂溶性维生素吸收。如果鱼类等水生动物缺乏必需脂肪酸，其症状可表现为皮肤病、休克综合症、心肌炎、生长缓慢，饲料效率降低以及死亡率上升等。总之脂类是水生动物重要的能量来源，特别是对糖类利用能力有限的冷水鱼类，其能量作用更为明显。一般的鱼饲料应适量添加2%~8%脂类，可有效地满足水生动物对脂肪酸的需求和节约部分蛋白质。一般应用鱼油和植物油较为适宜并应注意使用适量的抗氧化剂。

5. 糖类

饲料中的糖类主要指的是淀粉、纤维素、半纤维素和木质素。虽然糖类产生的热能远比同量脂肪产生的热能低，但含糖类丰富的饲料较为低廉且糖类能较快地放出热能，提供能量。糖类还是构成动物肌体的一种重要物质，参与许多生命过程，如糖蛋白是细胞膜的组成成分之一，神经组织中含有糖脂。糖类对蛋白质在体内的代谢过程也很重要，动物摄入蛋白质并同时摄入适量的糖类，可增加腺苷三磷酸酶形成，有利于氨基酸的活化以及合成蛋白质，使氮在体内的贮留量增加，此种作用称为糖节约蛋白质的作用。由于糖类结构的复杂性和多样性，不同水生动物对饲料中糖类的消化和利用率表现出较大的差距。一般情况下，草食性和杂食性鱼类（蟹）能较好地利用饲料中的糖类。而肉食性鱼类则对糖类的消化和利用较差。一般的鱼饲料中要使用15%~45%的糖类饲料原料。在多数的水生动物中，对蔗糖、淀粉和糊精的利用率相对较高，而对于葡萄糖等单糖的利用率却较差，这与畜禽类有较大的差别。一般认为，水生动物多数是不能消化纤维素的，但一定量的粗纤维能促进肠道蠕动，有助于其他营养物质的消化吸收。例如草食性鱼类、蟹类就更为重要，草鱼、鳊鱼、蟹长期投喂高蛋白饲料，肝脏内、肠道内容易沉积脂肪，形成高胆固醇，迫使鱼类肝肌中毒死亡，饲料中含有食粮的粗纤维，还有利于减少肝脏等器官中胆固醇和脂肪的沉积，有利于促进鱼体生长和提高肉质。

6. 维生素

维生素和矿物质元素是维持动物正常生理机能，参与体内新陈代谢和多种生化反应不可缺少的一种营养物质。为了保证动物摄食到足量的维生素，一般都应超量添加即维生素的添加保险系数。

（1）维生素 A。维生素 A 有保护皮肤和黏膜的作用，是构成视紫质色素的原料，能促进鱼类正常生长、发育和繁殖。常用的维生素 A 添加剂多为化学合成的产品，有维生素 A 醇、维生素 A 乙酸脂和维生素 A 棕榈酸脂等，其中以维生素 A 棕榈酸脂较为稳定和常用。

（2）维生素 D。维生素 D 又称骨化醇或抗佝偻病维生素，是一类与动物内钙、磷代谢相关的活性物质，能促进鱼类对钙、磷的吸收，与形成骨质和钙化密切相关。维生素 D 有多种形式，对水生动物有作用的只有维生素 D_2 和维生素 D_3，以维生素 D_3 的生物学效价较高，饲料添加剂多使用维生素 D_3。

（3）维生素 E。维生素 E 又称生育酚，是一类有生物活性的酚类化合物，其中以 α-生育酚效价最高和最为常用。维生素 E 能调节细胞核的代谢功能，促进性腺发育和提高生殖能力。维生素 E 还是一种天然抗氧化剂，有保护维生素 A和胡萝卜素的作用，并可阻止体内脂肪的过氧化降解作用，减少过氧化物的产生。常用的维生素 E 添加剂为维生素 E 乙酸脂。

（4）维生素 K。维生素 K 又称抗出血维生素，是一类甲萘醌衍生物。维生素 K能促进合成凝血酶原，达到正常凝血。维生素 K 又有维生素 K_1，维生素 K_2，维生素 K_3 和维生素 K_4 等多种形式，饲料添加剂多使用维生素 K_3，一般维生素 K 商品制剂多采用维生素 K_3 与亚硫酸氢钠的合成物，即亚硫酸氢钠甲萘醌。

（5）维生素 B_1。维生素 B_1 又称硫胺素，也称抗神经炎素。维生素 B_1 在体内可促进糖类和脂肪的代谢。维生素 B_1 主要以盐的形式存在，一般以盐酸硫胺素较为常用。

（6）维生素 B_2。维生素 B_2 又称核黄素或卵黄素。维生素 B_2 在体内参与蛋白质、碳水化合物和核酸的代谢，是体内生化反应多种酶的组成成分。

（7）维生素 B_3。维生素 B_3 通称泛酸，又叫抗皮炎维生素。维生素 B_3 是辅酶 A 的组成成分，在物质代谢中起着重要作用。饲料添加剂多以泛酸钙应用。

（8）维生素 B_4。维生素 B_4 也称胆碱，是磷脂、乙酰胆碱的组成成分，也是甲基的供体，参与氨基酸和脂肪的代谢，能有效地防止脂肪肝的产生。饲料添加剂多使用氯化胆碱。

（9）维生素 B_5。维生素 B_5 通称为烟酸或尼克酸，也称烟酰胺或尼克酰胺。维生素 B_5 是辅酶Ⅰ和辅酶Ⅱ的组成成分，参与生物体内的氧化还原反应。

（10）维生素 B_6。维生素 B_6 是吡哆醇、吡哆醛和吡哆胺三种吡定衍生物的总称。维生素 B_6 是氨基酸代谢中的辅酶，参与蛋白质、糖和脂肪的代谢。维生素 B_6 的商品形式多为吡哆醇盐酸盐，饲料添加剂多使用盐酸吡哆醇。

（11）维生素 B_{11}。维生素 B_{11}也称为叶酸和维生素 M，是蝶酸和骨氨酸结合而成的。维生素 B_{11}参与蛋白质和核酸的代谢，可与维生素 B_{12}和维生素 C 共同促进红细胞、血红蛋白和抗体的形成。

（12）维生素 B_{12}。维生素 B_{12}也称为氰钴氨素，是一种含有钴原子和氰基团的螯合物。维生素 B_{12}参与集体蛋白质代谢，提高植物性蛋白质的利用率，也是正常血细胞生成的必需物质。

（13）生物素。又叫维生素 H，生物素是一种辅酶，参与蛋白质、脂肪等的代谢，商品化的生物素为 D–生物素，饲料添加剂常用的生物素 H–2 为含有 2%的 D–生物素。

（14）维生素 C。又叫抗坏血酸，多数动物可以通过 D 葡萄糖合成维生素 C，但多数鱼类的体内却不能合成维生素 C，因此，维生素 C 是水生动物的一种重要维生素饲料添加剂。维生素 C 参与糖、蛋白质和矿物质的代谢过程，增强机体免疫力，提高消化酶的活性，维生素 C 还能有效防治鱼类的免疫病，提高消化酶的活性，维生素 C 还能有效防治鱼类的贫血症和减少鱼类组织中的脂类过氧化作用。饲料添加剂常用的维生素 C 为 L–抗坏血酸及稳定性较好的维生素 C多聚磷酸酯。

（15）肌醇。肌醇是一种具生物活性的环已六醇，它以磷脂酰肌醇的形式过程生物膜。多数鱼类体内不能合成肌醇，因此，肌醇也是一种重要的鱼类添加剂。肌醇能有效降低鱼类体内脂肪的沉积，有抗脂肪肝的作用。

二、保持维生素营养平衡

保持维生素营养平衡一般都应按照无公害饲料的加工工艺确定维生素的保险系数。表 9–2 为各种维生素在同种饲料类型中的添加保险系数，具体如表 9–2 所示。

表 9–2　鱼类无公害饲料中维生素的添加保险系数

品名	粉状饲料	颗粒饲料	膨化饲料
维生素 A	1%～2%	3%～4%	5%～6%
维生素 D	3%～4%	5%～7%	8%～12%
维生素 E	1%～2%	2%～4%	5%～7%
维生素 K	3%～4%	5%～8%	10%～14%

（续表）

品名	粉状饲料	颗粒饲料	膨化饲料
维生素 B_1	3%～5%	5%～10%	8%～15%
维生素 B_2	1%～2%	2%～4%	5%～8%
维生素 B_3	3%～4%	5%～10%	10%～16%
维生素 B_{12}	4%～6%	5%～10%	8%～16%
叶酸	6%～10%	10%～15%	12%～20%
烟酸	1%～2%	3%～4%	5%～7%
泛酸钙	2%～3%	2%～5%	5%～8%
维生素 C	5%～10%	20%～30%	70%～160%

三、饲料中含有矿物元素作用

1. 矿物元素

饲料中含有矿物元素也同样与维生素的重要，也是水生动物生命活动和生产过程不可缺少的一类营养物质。水生动物必需的矿物元素有 10 多种，一般把占体重 0.01%以上的矿物元素称为常量元素，有钙、磷、钾、钠等；占体重 0.01%以下的矿物元素称为微量元素，有铁、铜、碘、锰、锌、硒、钴等。矿物元素不同种类对鱼类正常生长发育有不同的促进作用。

（1）钙（Ca）。钙是鱼类骨骼的主要成分并与血液的凝固以及肌肉的收缩有关。

（2）磷（P）。磷也是鱼类骨骼构成物质，并是鱼种中磷脂和其他有机磷化合物的构成原料。

（3）镁（Mg）。镁是鱼体中脂肪、碳水化合物和蛋白质代谢中大多数镁的辅助因子。

（4）钠（Na）。钠是细胞间血液的主要单价阳离子，参与神经作用和渗透压的调节作用。

（5）铜（Cu）。铜是鱼类的白红蛋白的重要组成部分，铜还是酪氨酸酶和抗坏血酸氧化酶中的辅助因子。

（6）硒（Se）。硒是谷胱苷过氧化酶的辅助因子，与维生素 E 密切相关，能维持鱼类细胞的正常功能和细胞膜的完整性。

（7）锌（Zn）。锌是石炭酸酐酶和羧肽酶的辅助因子，参与蛋白质和碳水化合物的代谢过程。

（8）锰（Mn）。锰是精氨酸酶等代谢酶的辅助因子，并参与骨骼的形成和血细胞的生成。

（9）钴（Co）。钴是维生素 B_{12}的构成成分，能影响多种酶的活性，参与多种生化反应。

（10）铁（Fe）。铁是鱼类中血红蛋白、细胞色素和过氧化物的必要成分。

（11）碘（I）。碘是甲状腺素的成分，能调节鱼类体内的代谢。

2. 饲料维生素与矿物质关系

（1）饲料所含的维生素和矿物质是饲料中不可缺少的元素，而且饲料还应添加大蒜素。氨基酸、微生态制剂、酶制剂类作为无公害饲料的添加剂，尤其是酸性蛋白酶、中性蛋白酶、淀粉酶、糖化酶、纤维分解酶、植酸酶，它能够促进饲料中各类营养物消化吸收提高饲料利用率，降低饲料浓度配比，分解健康营养因子，提高饲料内在品质，使生物体色漂亮，提供未知促生长因子；提高免疫力及抗病能力，改善肌体状态，延缓水质的腐坏速度。

（2）养殖绿色商品成蟹投喂的饲料。根据蟹类所需营养成分加工，蟹渔用饲料所用原料应符合各类原料标准的规定，不得使用受潮、发霉、腐败变质及受到石油、农药、有害金属等污染的原料。皮革粉因经过脱铬、脱毒处理，大量原料应经过破坏蛋白酶抑制因子的处理。鱼粉蛋白质质量应符合 SC 3501 的规定，NY 5072—2001 鱼油的质量应符合 SC/T 3502 中二级精制鱼油的要求，使用的药物添加剂中累积用量应符合原农业部《允许作饲料药物添加剂的兽药品种及使用规定》安全卫生指标。

第二节　饲料质量安全管理规范说明

一、饲料质量安全管理规范

第一条　为规范饲料企业生产行为，保障饲料产品质量安全，根据《饲料和饲料添加剂管理条例》，制定本规范。

第二条　本规范适用于添加剂预混合饲料、浓缩饲料、配合饲料和精料补充料生产企业（以下简称企业）。

第三条　企业应当按照本规范的要求组织生产，实现从原料采购到产品销售的全程质量安全控制。

第四条　企业应当及时收集、整理、记录本规范执行情况和生产经营状况，认真履行年度备案和饲料统计义务。有委托生产行为的，托方和受托方应当分别向所在地省级人民政府饲料管理部门备案。

第五条 县级以上人民政府饲料管理部门应当制订年度监督检查计划，对企业实施本规范的情况进行监督检查。

二、原料采购与管理

第六条 企业应当加强对饲料原料、单一饲料、饲料添加剂、药物饲料添加剂、添加剂预混合饲料和浓缩饲料（以下简称原料）的采购管理，全面评估原料生产企业和经销商（以下简称供应商）的资质和产品质量保障能力，建立供应商评价和再评价制度，编制合格供应商名录，填写并保存供应商评价记录：

一、供应商评价和再评价制度应当规定供应商评价及再评价流程、评价内容、评价标准、评价记录等内容。

二、从原料生产企业采购的，供应商评价记录应当包括生产企业名称及生产地址、联系方式、许可证明文件编号（评价单一饲料、饲料添加剂、药物饲料添加剂、添加剂预混合饲料、浓缩饲料生产企业时填写）、原料通用名称及商品名称、评价内容、评价结论、评价日期、评价人等信息。

三、从原料经销商采购的，供应商评价记录应当包括经销商名称及注册地址、联系方式、营业执照注册号、原料通用名称及商品名称、评价内容、评价结论、评价日期、评价人等信息。

四、合格供应商名录应当包括供应商的名称、原料通用名称及商品名称、许可证明文件编号（供应商为单一饲料、饲料添加剂、药物饲料添加剂、添加剂预混合饲料、浓缩饲料生产企业时填写）、评价日期等信息。

企业统一采购原料供分支机构使用的，分支机构应当复制、保存前款规定的合格供应商名录和供应商评价记录。

第七条 企业应当建立原料采购验收制度和原料验收标准，逐批对采购的原料进行查验或者检验：

一、原料采购验收制度应当规定采购验收流程、查验要求、检验要求、原料验收标准、不合格原料处置、查验记录等内容。

二、原料验收标准应当规定原料的通用名称、主成分指标验收值、卫生指标验收值等内容，卫生指标验收值应当符合有关法律法规和国家、行业标准的规定。

三、企业采购实施行政许可的国产单一饲料、饲料添加剂、药物饲料添加剂、添加剂预混合饲料、浓缩饲料的，应当逐批查验许可证明文件编号和产品质量检验合格证，填写并保存查验记录；查验记录应当包括原料通用名称、生产企业、生产日期、查验内容、查验结果、查验人等信息；无许可证明文件编号和产品质量检验合格证的，或者经查验许可证明文件编号不实的，不得接收、使用。

四、企业采购实施登记或者注册管理的进口单一饲料、饲料添加剂、药物饲料添加剂、添加剂预混合饲料、浓缩饲料的，应当逐批查验进口许可证明文件编号，填写并保存查验记录；查验记录应当包括原料通用名称、生产企业、生产日期、查验内容、查验结果、查验人等信息；无进口许可证明文件编号的，或者经查验进口许可证明文件编号不实的，不得接收、使用。

五、企业采购不需行政许可的原料的，应当依据原料验收标准逐批查验供应商提供的该批原料的质量检验报告；无质量检验报告的，企业应当逐批对原料的主成分指标进行自行检验或者委托检验；不符合原料验收标准的，不得接收、使用；原料质量检验报告、自行检验结果、委托检验报告应当归档保存。

六、企业应当每 3 个月至少选择 5 种原料，自行或者委托有资质的机构对其主要卫生指标进行检测，根据检测结果进行原料安全性评价，保存检测结果和评价报告；委托检测的，应当索取并保存受委托检测机构的计量认证或者实验室认可证书及附表复印件。

第八条　企业应当填写并保存原料进货台账，进货台账应当包括原料通用名称及商品名称、生产企业或者供货者名称、联系方式、产地、数量、生产日期、保质期、查验或者检验信息、进货日期、经办人等信息。进货台账保存期限不得少于 2 年。

第九条　企业应当建立原料仓储管理制度，填写并保存出入库记录：

一、原料仓储管理制度应当规定库位规划、堆放方式、垛位标识、库房盘点、环境要求、虫鼠防范、库房安全、出入库记录等内容。

二、出入库记录应当包括原料名称、包装规格、生产日期、供应商简称或者代码、入库数量和日期、出库数量和日期、库存数量、保管人等信息。

第十条　企业应当按照“一垛一卡”的原则对原料实施垛位标识卡管理，垛位标识卡应当标明原料名称、供应商简称或者代码、垛位总量、已用数量、检验状态等信息。

第十一条　企业应当对维生素、微生物和酶制剂等热敏物质的贮存温度进行监控，填写并保存温度监控记录。监控记录应当包括设定温度、实际温度、监控时间、记录人等信息。监控中发现实际温度超出设定温度范围的，应当采取有效措施及时处置。

第十二条 按危险化学品管理的亚硒酸钠等饲料添加剂的贮存间或者贮存柜应当设立清晰的警示标识，采用双人双锁管理。

第十三条 企业应当根据原料种类、库存时间、保质期、气候变化等因素建立长期库存原料质量监控制度，填写并保存监控记录：

一、质量监控制度应当规定监控方式、监控内容、监控频次、异常情况界定、处置方式、处置权限、监控记录等内容。

二、监控记录应当包括原料名称、监控内容、异常情况描述、处置方式、处置结果、监控日期、监控人等信息。

第三节 饲料油脂氧化的危害

饲料油脂氧化对养殖鱼类、蟹类、虾类生长及健康的危害十分严重。因此，水产养殖成功与否，取决于遗传环境及养殖管理外，还与水产饲料的质量（营养素含量、营养素平衡、和原料品质）息息相关。与畜禽饲料相比，水产饲料的一大典型特征为富含多不胞和脂肪。在饲料生产加工、储存和运输过程中，饲料中多不胞和脂肪酸极易发生自由基链式反应，产生一系列有害氧化产物。摄食氧化油脂后，养殖鱼类、蟹类、虾类的摄食、生长性能、营养物质的消化吸收、骨骼发育、肌肉品质和体表色素沉积等均会遭受不利影响，鱼类、蟹类、虾类的生长性能和健康状态面临严峻威胁。课题研究了饲料油脂氧化对养殖鱼类、蟹类、虾类生长性能及健康状态的危害，研究了油脂氧化产物产生过程，剖析脂肪氧化产物对动物组织细胞的危害机理，指出了现有研究所忽略需要重点研究的问题，同时也提出相关类似需要研究的问题等。

根据西南大学生命科学学院等实验室研究数据表明：鱼类摄食氧化油脂后，养殖的鱼类摄食量下降，生长受阻，营养素消化吸收率降低，饲料利用效率下降。摄食氧化油脂还会危害鱼类、蟹类、虾类生长发育，导致骨骼畸形、肝组变性、肌肉萎缩，贫血和溶血等系列病理症状。

一、油脂的氧化败酸

1. 油脂的氧化与氧化产物

多不饱和脂肪（研究表明脂肪酸与生物遗传之间具有密切的关系，尤其是不饱和脂肪酸更具有广泛而重要的作用。ω-3 多不饱和脂肪酸在临床治疗、辅助治疗及预防保健中的价值已被大量的试验结果所证实。大规模的临床试验肯定了其在预防心血管疾病、降血脂、抑制肿瘤生长、抗炎有一定疗效。）

中位于非公轭双键间的亚甲基很不稳定，极易失去氢原子而形成以碳原子为中心的自由基（R）。R 与氧分子（O_2）作用形成过氧自由基（ROO），这种氧化反应较为缓慢，取决于底物浓度。若 ROO 的过氧自由基位于碳链双键的末端，它将被还原成结构简单的初级氧化产物，氢过氧化物（ROOH）。若（ROO）的过氧自由基位于顺式双键之间的亚甲基上，则会发生分子内环化，形成环状化合物。在 O_2 参与下，环状化合物被继续氧化生成环状的氢过氧化物（ROOH）。

当不存在金属离子时，氢过氧化物（ROOH）相对稳定；但存在金属离子时氢过氧化物（ROOH），易被氧化成烷氧自由基，并诱发变构、重排、环化、裂解断裂等反应，形成一系列结构复杂的氧化产物。与结构复杂且不稳定的初级氧化产物相比，油脂的次级氧化产物分子量小且较稳定，主要抱括以下三类：酮醛（如丙醛 MDA），羟基醛（4-羟基-壬烯醛，4-HNE）以及 2-稀醛。

2. 影响油脂氧化及氧化产物的因素

一般来讲，富含的多不饱和脂肪酸（PUFAS）油脂，（如鱼油、亚麻籽、菜油菜、菜葵花籽油等）比饱和度高的油脂（如猪油）更容易氧化。当饲料油脂暴露在高温、潮湿、阳光暴晒的环境中或存在变价金属离子（铁、铜、铬、锰等）时，会加速多不胞和脂肪酸的氧化变质。氧化产物的组成同样会受到油脂种类影响。如 4-羟基壬烯醛（4-HNE）主要来源于 ω-6 多不饱和脂肪酸氧化分解，而丙二醛（MDA）则主要来自 n-3 多不饱和脂肪酸氧化分解。另外，油脂氧化产物的组成诱导的氧化以初级氧化产物为主，而高温诱导的氧化则以次级氧化产物为主。

3. 评定油脂氧化酸败的指标

油脂氧化酸败后，其物理性状和化学性状均会场发生改变。葵花籽油历经氧化酸败后，其呈色彩多中黄色和红色变强；而油氧化变质后，其色中黄色所占比例增加，其余减弱。评定油脂氧化酸败的常见指标有过氧化值（POV）、酸价（AV）、碘价（Ⅳ）、硫代巴比妥酸值（TBARS）、p-茴香胺值（p-AnV）、共轭二稀值（E232）、共轭二稀值（E268）和极性化合物含量，菌落总数（TPC）等。其中，过氧化值（POV）和酸价（AV）反映了油脂初级氧化产物的含量。过氧化脂质（TBARS）和茴香胺值（p-AnV）分别反映油脂次级氧化中醛基和酮基化合物的含量，Ⅳ、E232 和 E268 均反映了油脂的不饱和程度。一般来讲，油脂氧化酸败后，除碘价（Ⅳ）值升高外，上述其他评价指示的数值均不会下降。任何一个评判其指标都有优势和局限性，通常要结合多个指示判定某种油脂的新鲜度和酸败状况。

二、饲料油脂氧化的危害性

1. 油脂氧化削弱饲料的营养价值

脂肪氧化酸败会改变油脂的脂肪酸的组成，降低油脂中还原维生素的含量，进而削弱饲料的营养价值。Fontagne 等发现，与添加 8%的新鲜鱼油相比，添加 8%的氧化鱼油后，饲料的饱和脂肪酸含量增加了 39.4%，而维生素 A 和 ω-3 多不饱和脂肪酸含量分别下降了 97.1%和 49.1%。ω-3 多不饱和脂肪酸中，二十碳五烯酸（EPA）和二十二碳六烯酸（DHA）的含量分别下降了 64.7%和 70%。Lewis-McCrea 和 Lall 报道，饲料中新鲜油被氧化后过氧化值（POV）为 93.4meq/kg)，其 ω-3 多不饱和脂肪酸的含量明显下降。

2. 饲料油脂氧化导致鱼类、蟹类、虾类生长性能下降

（1）一般来说饲料油脂氧化酸败会导致养殖鱼类、蟹类、虾类采食下降。但是，不同鱼类对氧化的油脂的判别能力不尽相同。饲料中油脂氧化会降低大西洋鲑和奥尼罗非鱼的摄食量，花鲈摄食量也会下降。除了影响鱼类摄食外，还削弱营养素的消化吸收率，进而降低饲料效率和生长性能等。

（2）饲料油脂氧化削弱饲料的营养价值。势必会导致鱼类出现必需脂肪酸（EPA）、（DHA）和维生素（如维生素 A、维生素 E）缺乏症，其危害鱼类、蟹类、虾类生长发育和存活。在实际生产中，相比油脂氧化导致摄食下降的鱼类、蟹类、虾类，更应注重对酸败油脂有良好摄食的鱼类，因为它们会摄入更多的氧化产物，其生长发育、健康及存活将面临更大的威胁。

3. 饲料油脂氧化导致鱼类、蟹类、虾类抗氧防御崩溃

一般来说，摄食氧化油脂后，氧化产物起初会刺激鱼类组织细胞的抗氧化防御，表现为维生素 E 和还原性谷胱苷肽（GSH）的消耗、抗氧化酶基因表达上调及抗氧化酶活性上升。然而，遭受持续压倒性的氧化应激后，鱼类组织细胞的抗氧化防御将不堪重负，表现为还原性物质的枯竭和抗氧化酶活性的下降。鱼类摄食氧化油脂后，其胃肠是最先接触氧化物的组织，但关于油脂氧化对鱼类胃肠道结构、抗氧化防御，消化酶活性及肠道微生物群落变化的研究仍然十分缺乏。直到最近，才有少量报道初步评估了氧化油脂对鲤鱼肠黏膜结构、肠道炎症和微生物群落结构的影响以及丙二醛（MDA）对草鱼肠上皮细胞的生长、形态和亚显微结构的影响。

4. 饲料油脂氧化导致鱼类、蟹类、虾类组织病变

摄食氧化油脂会引起虹鳟和黄鰤鱼肌肉组织变性、萎缩、肌纤维坏死。鲤

鱼摄食酸败油脂后，体色变黑，眼球凹陷，肌肉营养不良，并出现典型的瘦背症。摄食酸败油脂会导致斑点叉尾鮰出现以瘦背病、渗出性素质和脱色素 3 种症状为特征的综合征。

饲料油脂氧化导致的养殖鱼类肝脏肿大或萎缩往往伴随着肝细胞脂肪积累和空泡化，肝细胞膜流动性下降，蜡样物质积累。除肝组织外，摄食氧化油脂还会导致鱼类肾脏、胰腺和心脏等组织发生明显病变。

此外，血细胞对脂肪氧化带来的氧化应激亦特别敏感。摄食酸败油脂往往会导致养殖鱼类出现贫血和溶血症状。海鲈摄食氧化油脂后，血液的细胞压积（HCT）降低，红细胞数目下降，血细胞渗透脆性（EOF）上升，大口黑鲈摄食酸败鱼油后，全血红蛋白含量虽不受影响，但红细胞比容（HCT）降低，摄食氧化油脂后，大西洋鲑全血的红细胞比容（HCT）不受影响，但其血细胞渗透脆性（EOF）增加，饲料油脂氧化除直接危害血细胞的功能外，还可以通过加速鱼体内的维生素 E 消耗，间接导致贫血或溶血症状。当维生素 E 缺乏时，大西洋鲑全血红蛋白含量降低，红细胞体积变小，红细胞数量下降，未成熟红细胞的比例增加。

5. 饲料油脂氧化导致鱼类、蟹类和虾类肌肉品质下降

摄食氧化油脂后，养殖鱼类、蟹类和虾类的肌肉品质如脂肪酸组成、维生素 E 含量、风味、保质期等均可能受不利影响。摄食氧化鱼油后，大西洋庸鲽肌肉的 C16：0 和 C18：0 含量上升，饱和脂肪酸含量升高，多不饱和脂肪酸（PUFAs）含量下降，以（EPA）最为明显。

大西洋鲑食酸败鱼油后，其肌肉的（EPA）和（DHA）含量下降。将肌肉总脂分离成中性和极性脂肪后，含量下降最为明显的是中性脂肪 EPA。类似地，饲料油脂氧化还会导致许多其他鱼类肌肉的亚麻酸、肌肉的（EPA）和（DHA）等 ω-3 多不饱和脂肪酸含量下降。另外，摄食氧化油脂后，还会导致大西洋庸鲽肌肉的 ω-6 多不饱和脂肪酸含量下降。鲤鱼摄食氧化油脂后，肌肉的维生素 E 含量下降，下降程度与鱼油的过氧化程度呈现正相关；肌肉的挥发性盐基氮（VBN）含量虽不受影响，但肌肉的渗出性损失增加。

饲料油脂氧化导致鱼类、蟹类和虾类肌肉脂肪酸组成改变，其原因如下：一是脂质过氧化改变了油脂的营养组成，饲料油脂的脂肪酸组成反映了肌肉的脂肪酸组成；二是油脂的氧化可能降低了多不饱和脂肪酸（PUFAs）的吸收率；三是油脂的氧化产物丙二醛（MDA）被机体吸收，或油脂氧化诱导氧化应激导致鱼体内源性丙二醛（MDA）生成，丙二醛（MDA）攻击细胞膜的多不饱和脂肪酸（PUFAs），多不饱和脂肪酸（PUFAs）发生脂质过氧化而分解，含量下降。除改变肌肉的脂肪酸组成外，摄食酸败油脂还会改变鱼体其他组织如肝脏的脂肪酸组成。此外，摄食氧化油脂还会导致鱼皮肤黑色素下降和背部皮肤亮度下降。在生产实践中，部分养殖鱼类的体色乃至肌肉颜色发生变化已在中国多地发生，饲料油脂氧化极可能是重要因素。

三、油脂氧化产物危害机制

1. 氧化产物影响组织细胞的生长与存活

与初级氧化产物相比。油脂的次级氧化产物分子最小、稳定、毒副作用大。作为油脂次级氧化产物的典型代表，丙二醛（MDA）和4-羟基壬烯醛（4HNE）均具备高度的反应活性。在动物休内，即便在非常低的浓度下，它们也能修饰巯基基团、氨基酸残基、核酸脂含氮功能机团，进而消耗机体的还原性物质，影响细胞膜结构的完整性，造成蛋白质功能失活，导致染色体畸变和基因毒性。

在鱼类、蟹类和虾类中，针对油脂氧化产物对鱼类组织细饱毒理作用分子机制的研究仍是十分缺乏，近几年，国内学者在草鱼上展开了开拓性操作，研究目标主要集中于肠道组织。据报道，当培养基中 MDA 浓度超过 1.23μmol/L 时，草鱼肠黏膜细胞的生长和存活便会受到抑制，细胞（器）膜结构遭到破坏，暗示丙二醛（MDA）处理能诱导草鱼肠细胞凋亡。

2. 氧化产物导致抗氧化防御体系崩溃

鱼类、蟹类和虾类具备的抗氧化系统，能抵御机体正常新陈代谢过程所产生的自由基和活性氧。动物体的抗氧化防御体系包含 3 个层次：

一是内源性抗氧化酶系如过氧氢化酶（CAT）、超氧化物歧化酶（SOD）、谷胱苷肽过氧化酶（GPX）、谷胱苷肽 S 转移酶（GST）和无水甲醇（GR）。

二是内源性还原性物质，如还原性谷胱甘肽（GSH）、烟酰胺腺嘌呤二核苷二钠（NADH）、烟酰胺腺嘌呤二核苷磷酸（NADpH）和巯基基团等。

三是外源摄取的还原性物质如维生素 E、维生素 C 和类胡萝卜素等。鱼类摄食氧化油脂后，各种氧化产物首先进入胃肠道，对胃肠道的确良抗氧化防御体系构成直接威胁。

研究表明：大鼠摄食亚油酸或甘油三酯氢过氧化物，在到达肠道之前，这些初级氧化产物已被转变成醛类化合物；仅当大鼠摄入大量的初级氧化产物，才能在其肠道检测到少量的氢过氧化物。在鱼类肠道中，是否存在与大鼠一样强健的抗氧化还原体系还不得而知。油脂氧化产物被鱼体吸收后细胞处于氧化应激状态，胞膜磷脂双分子层的维生素 E 会首先被利用，以阻断酯质过氧化反应。由于维生素 C 能节约维生素 E 使用，细胞内的维生素 C 会逐渐被消耗。然而细胞内抗氧化酶活性增加，以消除脂质过氧化所产生的超氧自由基和双氧水（H_2O_2），细胞内的谷胱苷肽（GSH）也同时会被消耗（谷胱苷肽过氧化酶 GPX 反应所需）。由于谷胱苷肽（GSH）的再生需要还原酶：烟酰胺腺嘌呤二核苷磷酸（NADpH）的参与细胞内的烟酰胺腺嘌呤二核苷磷酸（NADpH）亦会被消耗。最终细胞内的还原性物质消耗殆尽，抗氧化体系崩溃，抗氧化酶活性下降。

第十章　河蟹虫害因素与虫害种类

第一节　河蟹虫害发生因素

一、水域环境因素

经多年河蟹养殖的实践证明，河蟹虫害发生因素主要是培育河蟹苗种数量过密，超出了养殖水体内微生态平衡度，有机物的分解作用受阻，造成氨氮的亚硝化作用受阻，养殖池塘水中氨氮明显上升，水中有机物增加，溶氧下降，透光性能差，水生植物光合作用减弱，水质恶化，为有害虫生殖创造了良好的条件，当发现生虫后即使用药物造成养殖水体更加恶化，增加了水体菌群严重失调，耐药虫原卵形成优势种群，虫原卵耐药性增强，形成蟹类虫害难以控制。造成虫害在河蟹体内富集，轻则影响生长，重则造成蟹苗的虫害，致使蟹苗成活率下降。近年来，各地区蟹农在养殖成蟹模式上采用高密度的养殖，养殖的成蟹池塘的生态水域环境受到破坏，因而引起水体溶氧量下降，河蟹摄食量减少养殖河蟹池塘投喂的饲料变成残饵，残饵分解在养殖的水体；水体的有机物质增加导指水体大量生殖各种虫类。

二、药害是引起虫害的根源

河蟹养殖已有百年历史，由于蟹苗天然繁育场所衰退，天然蟹苗繁育量越来越少，天然蟹苗远远不能满足河蟹养殖的需要。目前，各地河蟹养殖区域大量养殖苗种是人工繁殖的蟹苗。亲蟹需用大量渔药来防治虫害，因此，人工繁育的蟹苗极易发生虫害，同时，在高密度培育蟹苗中大量使用抗生素药物会带来培育蟹苗的池塘水质恶化，导指所培育蟹苗的水体生虫，由于发生虫害促使增加渔药用量，使用药物有益微生物全部死亡，有机物的分解作用受阻，造成氨氮的亚硝化作用受阻，养殖池塘水中氨氮明显上升，水中有机物增加，溶氧下降，水质恶化，又为有害细菌繁殖创造了良好的条件，结果又不得不加大换水量，水中药物浓度下降，有利于细菌生长，水质恶性循环，水体造成河蟹产生虫害多。在长期的养殖生产中实践证明：养殖鱼类、虾类和蟹类虫害的发生，是先由虫侵害鱼类、虾类和蟹类的肌体，使鱼类、虾类和蟹类肌体受损，严重时肌体出血，形成肌肉腐烂成疮，然而感染弧菌或病毒，久而久之鱼类、虾类和蟹类产生疾病。因此，将虫害排列在前称为防止虫害病害发生。

第二节　河蟹虫害种类

一、纤毛虫

纤毛亚门可能是一个高度特化的类群，仅有一纲——纤毛纲，并以纤毛为依据分成四个亚纲：全毛亚纲、缘毛亚纲、吸管亚纲和旋毛亚纲。纤毛虫是具纤毛的单细胞生物，纤毛为用以行动和摄取食物的短小毛发状小器官。通常指纤毛亚门的原生动物，约有 8 000个现存种，纤毛通常呈行列状，可汇合成波动膜、小膜或棘毛。绝大多数纤毛虫具有一层柔软的表膜和近体表的伸缩泡。

1. 形态与习性

纤毛虫的体形多样化，有球形、椭圆形、瓶形、杯形和树枝形等，如图 10-1 所示。其营养体在成熟期营固着生活，用柄或身体后端固着在各种基质上。全部纤毛均退化，只有自身体表射出一至多个吸管状的触手以捕获和吮吸食物。掠食方式十分有趣，能因口味不合而放过细小的鞭毛虫，如果感到有可口的猎物（如草履虫）靠近，就突然伸长触手刺入捕获物，并立即放出毒素以麻醉它，然后慢慢吸吮其最有营养价值的细胞核部分。在掠食时伸缩泡的活动频率也大大加快。这种吃食用的触手的顶端有一个小的球形结节，称吮吸触手。另一种触手较细长，顶端是尖的，作为抓食时卷缠捕获物之用，称抓握触手。只有少数种类同时有这两种类型的触手。触手在全身分布均匀，或聚集成束。柄自身体后部的帚胚处伸出，长短不一，有的种类无柄。一般有一个伸缩泡及大、小核。大核的形状多变，有椭圆、长带和树枝等形状。有的种类还有几丁质的外壳以保护身体。

2. 生殖

纤毛虫具有大核和小核均一到数个，小核司繁殖，大核司营养。以二分裂法增殖或接合生殖。前者采取无丝分裂，后者为有丝分裂。接合生殖时，遗传特征由小核传递，但也有证据表明大核可能含有决定虫体表型特征的因子。纤毛虫是由于池水过肥，长期不换，纤毛虫繁殖过多所致的一类河蟹虫害。

3. 危害

纤毛虫病流行特点，该病由聚缩虫、累枝虫、钟形虫等纤毛虫寄生引起。南方全年都发生，7—11 月为发病高峰期。水温偏高（25~30℃），pH 值小于 7，

图 10-1 纤毛虫模式

水中有机质含量高的条件下大量繁殖（图 10-1）。因此，纤毛虫病是水质严重恶化而引起。在所有水产养殖品种都会被纤毛虫寄生。特别是河蟹和虾，各个生长阶段都有发生。卵被寄生，不能正常发育。虾被寄生，幼虾会大量死亡，成虾不能食用。危害河蟹幼体及成蟹，对幼苗池的河蟹幼体危害较大，该类纤毛虫随水流进入育苗池，即会很快在池中繁殖，造成幼体的大量死亡。成蟹受此病感染，即使不死亡，也会影响其商品价值。该病流行水温在 18～20℃，在盐度为 3‰有机质多的水中最易发生。江苏省、湖北省、江西省等省的蟹养殖区都有此病发现。1～5 期幼蟹被纤毛虫寄生后，会爬上岸，不下水，死亡率高达 70%～95%；成蟹被寄生后，因不能正常脱壳而死亡。纤毛虫能在河蟹、虾全身寄生、污泥等又附着在纤毛虫上，手摸像一层滑滑的油状物。严重寄生时，虾、蟹全身长满纤毛虫、口器不能张口，眼睛不能伸缩转动，病蟹的关节、步足、背壳、额部、附肢及鳃上都可附着纤毛类的原生动物。病蟹体表污物较多，活动及摄食能力减弱，重者可在黎明前死亡。

4. 防治措施

（1）预防措施。

①保证水质清洁是最有效的预防措施：在放养之前尽量清除池底污物，并彻底消毒；放养后经常换水；适量投饵；尽可能避免过多投饵沉积在水底。

②育苗用水：采取严格的砂滤和网滤外，可用 10～20mg/L 浓度漂白粉处理，处理一天即可正常使用。

③切断传播途径：卤虫卵用 300mg/L 漂白粉处理 1h，冲洗干净至无味后入池孵化，育苗期投喂幼虫时可先镜检，发现有固着类纤毛虫附生时可用 50～60℃热水将卤虫浸泡 5min 左右，杀死纤毛虫投喂。

（2）治疗方法。如果虾蟹或其幼体上共栖的纤毛虫数量不多时不必治疗，如果固着类纤毛虫数量多时及时治疗。

①养成定期开展疾病治疗：可用茶籽饼全池泼洒，浓度为 10～15mg/L，在虾蟹脱壳后大规模换水。

②杀灭第一期至第二期蚤状幼体上固着类纤毛虫：可用 50mg/L 盐酸氯苯胍粉或和 30mg/L 地克珠利预混剂全池泼洒（24h 后换水，将剩余溶液排出）。

③杀灭河蟹二期后蚤状幼体的固着类纤毛虫：可用 35mg/L 的盐酸氯苯胍粉或地克珠利预混剂药浴 2.5h 以上，24h 后换水。

④消毒被腹管虫和间隙虫为害的发病池：用 3mg/L 的硫酸辛全池泼洒。

二、苔藓虫

苔藓动物的生存种类约 4 000种。苔藓动物门主要分为被唇纲和裸唇纲两个纲。被唇纲总担呈马蹄形，口背侧具一上口突（又称上唇，实为口背侧的一体壁突起）；淡水产。淡水苔虫北京市有 3 种；杭州市有 5 属 8 种，羽苔虫属（图 10-2）中的 4 种：灌木羽苔虫、丛匐羽苔虫、裂头羽苔虫及斑条透明苔虫为世界性种。拟菌羽苔虫除杭州市外尚分布于北京市、沈阳市、南京市等地。裸唇纲：总担为圆形，无上口突；绝大多数海产，我国已报道 199 种，鸟头草苔虫，除正常个体外，尚有鸟头体，形似鸟头，颚可开闭，能除去体上的污物。这是群体的多态现象。棘苔虫具有鞭器，刚毛状，摆动可除去体上的外物。

1. 形态与习性

苔藓虫是固着生活的群体动物。苔藓虫是一种像苔藓植物的动物，外形很像植物，但具一套完整的消化器官，包括口、食道、胃、肠和肛门等，所以把它放在动物界内。这种生物常和海藻伴生在一起。个体小，不分节，具体腔，体外分泌一层胶质，形成群体的骨胳。虫体前端有口，口的周围有一冠状物，称“总担”，其上生许多触手。消化道“U”形，口和肛门因而靠近。无排泄和循环器官。海水、淡水均产。在地质时代种类很多，奥陶纪即已出现，现代尚有生存。例如，羽苔虫附着湖边石上或植物上；牡丹苔藓虫，附着浅海岩礁上。苔藓虫是固着生活的群体动物。苔藓虫多生活在海洋，有菊皿苔虫、白薄苔虫

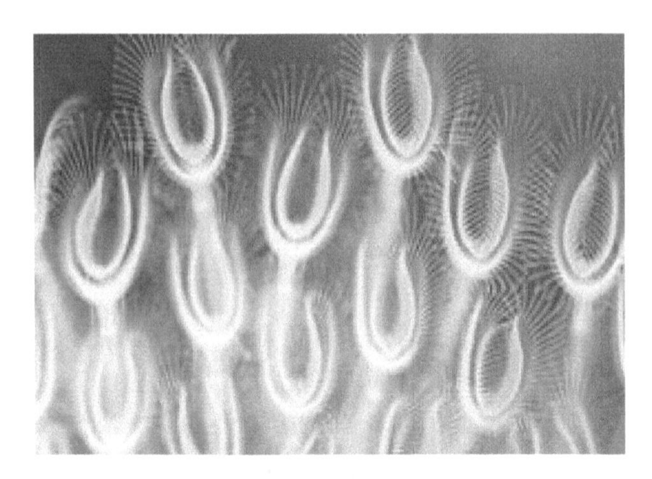

图 10-2　苔藓虫

和鞭须苔虫，我国海产苔藓虫分布在胶州湾、浙江浅海海底，和珊瑚混生在一起。淡水产的苔藓虫在苏州市、南京市、深圳市的淡水水体中均有发现。

2. 生殖

苔藓虫兼营有性和无性生殖，有性生殖的个体附着后，即从水平和垂直的方向进行无性生殖而形成群体。有些种类常与养殖藻类、贝类竞争附着基，影响藻类、贝类的采苗和养成；苔藓虫是底栖固着或附生在其他物体上的动物。它们能够适应各种不同性质的海底，还常常附生在腕足动物和软体动物的硬壳上（蟹、虾），有的还能够附着在海藻上生长。苔藓虫喜欢在较清洁、富含藻类、溶解氧充足的水体中生活，能适应各地带的温度，广泛分布于世界各地。淡水种在春、秋季节（25~28℃）生长旺盛，水面有很多为 1 年的休眠芽，遇适宜环境发育成苔藓虫。微污染的水体中也有苔藓虫。在微污染源水生物预处理过程中如有大量苔藓虫出现，会被填料拦截，附在填料上生长，和钟虫、聚缩虫、独缩虫、累枝虫和盖纤虫等有黏性尾柄的原生动物聚在一起，具有一定的生物吸附作用，并吞食水中微型生物和有机杂质，对水体的净化有一定积极作用。

3. 危害

苔藓虫可同水螅、藻类丝生一起，形成各群体，苔藓虫等寄生在河蟹的颊部、额部、步足基部、关节和鳃等部位，着生在河蟹的背面。苔藓虫出芽生殖和再生能力都很强，也固着在河蟹身体上，严重影响着河蟹的正常生长发育。苔藓虫寄生量繁多时，河蟹丧失代谢功能，河蟹甚至死亡。

4. 防治措施

（1）EM 能调整水域的微生态结构。防止和克服微生态失调，恢复和维持水域生态平衡；控制苔藓虫害发生。

（2）EM 有对水体水质抗腐败。分解转化有害物质的功能，克服养殖水域对周围环境的污染；EM 运用能促进养殖水体进一步资源化。同时在微生物代谢过程中产生的氨基酸、维生素等营养物质和生物酶等生理活性物质控制苔藓虫生长发育。

（3）应用 EM 以后，改善水域生态环境，控制苔藓虫害发生，杜绝使用抗菌素药物，所以其最终水产品无药物残留，生产的绿色安全水产食品达到国家合格食品标准。

三、聚缩虫

聚缩虫病病原为聚缩虫，其分类地位隶属于原生动物门，纤毛纲，绿毛目，钟形上科。河蟹聚缩虫病的病原体常见种是树状聚缩虫，聚缩虫寄附于河蟹的体表等如图 10-3 所示。

图 10-3　聚缩虫附生于蚤状幼体

1. 形态与习性

聚缩虫病的病原体，常见是树状聚缩虫，属原生动物门、纤毛虫纲、缘毛目，钟虫科。聚缩虫寄附于中国对虾蚤状幼体、糠虾幼体、仔虾及成虾的体表和鳃。聚缩虫同其他固着性纤毛虫如钟形虫、单缩虫、累枝虫在外形和生活习性上虽然略有相似之处，但它们之间的区别却是明显，如聚缩虫与单缩虫形体相似，但聚缩虫群体柄的机丝在分枝处是相连的，受到刺激后所有个体都能同时收缩，每 1 个体长平均为 40～60μm，而单缩虫的机丝在柄的分叉处断开，故整个群体不能同时收缩。钟形虫不成群体，柄触呈螺旋弹簧状收缩。累枝虫虽呈群体，但柄内无机丝，不能收缩。聚缩虫属于原生动物环毛目，单细胞个体着生许多纤毛，身体后端有一柄，固着于其他物体上形成很大的群体，一受到刺激，整个群体会收缩。当海水盐度在13%左右、水温在18~20℃时，聚缩虫在河蟹幼体上大量繁殖，严重时可超过幼体大小的2~3倍，使幼体漂浮于水面呈白絮状。附生聚缩虫后既增加了幼体的负担，又影响幼体生长发育，严重时可导致幼体死亡。

2. 聚缩虫生殖

聚缩虫喜生活在有机质较多、盐度较低的水体中。因此，池中的有机物既为聚缩虫提供了食料又提供了附着基。聚缩虫是通过端纤毛轮的自由游泳体在水中传播的，静水容易使端纤毛幼虫寄生在附着基上。当池中有机物的含量则越来越多，聚缩虫在这种环境下就会迅速繁殖。严重时可使河蟹幼体聚缩虫的感染率达到85%。

3. 危害

河蟹的聚缩虫病是河蟹中常见的、危害较大的河蟹虫害，其感染速度快，几天之内便可使池中的河蟹绝大部分感染，如不及时防治，甚至会引起感染细菌病，继而发生死亡。聚缩虫病病原为聚缩虫，虫害会引起蟹的细菌疾病，往往在脱壳过程中死亡；幼体、成蟹均可发生病害，对幼蟹危害较严重。

4. 防治措施

目前采用盐酸氯苯胍粉或地克珠利预混剂二种药物。使用地克珠利预混剂浓度为10mg/kg，全池泼洒，侵浴30~40min。使用盐酸氯苯胍粉浓度为20×10^{-6}全池泼洒，侵浴8h，但在1d内应进行水体交换，以排除剩余的盐酸氯苯胍粉。

四、水蜈蚣

蚌壳虫（又称蚌虾）是淡水水域中底栖游动动物，通称介甲动物。在动物界，它们隶属于二节肢动物门、有鳃亚门、甲壳纲、鳃足亚纲、介甲目。下分2亚目5科21属如图10-4所示。迄今，全世界共报道了278种及18亚种。中国有27种，分布在13个省、自治区。蚌壳虫体外具有左右对称的两片蚌形的几丁质外壳，壳长5.5~14mm，呈黄褐色或深褐色，略透明。壳面生有数目不等的同心环形生长线。两壳在背面相连接，背面的突出部分称壳顶。壳腹缘：光滑或生短毛。前、后背缘圆滑或形成前、后背角。在池塘中常见的有龙虱、缟龙虱等水生昆虫幼虫的统称，是严重危害蟹苗的水生害虫。

1. 形态与习性

水蜈蚣体形为长圆柱形，具有一对钳形大颚，很像蜈蚣的毒螯而得名。头

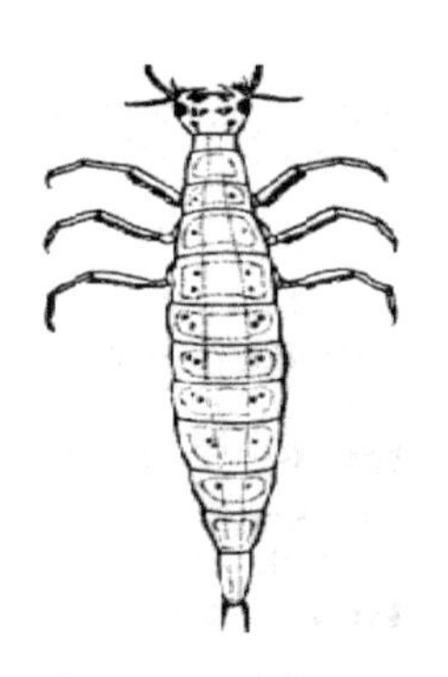

图 10-4　水蜈蚣

部略圆，两侧各具黑色单眼 6 个；触角 4 节，躯干 11 节，前 3 节为胸节，各具足 1 对；后 8 节为腹节，最后 2 节两侧有毛；末端具虱 2 条。幼虫最初呈灰白色，以后蜕皮长大，体色转淡。长成的幼体 3cm 长，常倒悬，使尾端露出水面进行呼吸。水蜈蚣用大颚夹住幼蟹，吸食其体液，遇到同类也相互残食。1 只水蜈蚣一夜可夹死幼蟹 10 多只。

2. 生殖

蚌壳虫即蚌虾，属节肢动物介形目，长椭圆形，长约 10mm，高约 6mm，透明。蚌壳虫是雌雄异体，有有性和单性两种生殖方式。在天然情况下，受精卵必须经过低温阶段才能孵化。从卵孵化到成体性成熟，整个过程只需 5~7d。单性生殖的卵，在母体卵房里孵化、发育和变态。蚌壳虫一般生活在小而浅的水体内。一受精卵能忍受严寒和酷暑或干涸等非常不利的条件，并能随着风尘、水鸟或昆虫的携带而传播到别处，危害鱼、蟹、虾业的养殖生产。

3. 危害

蚌壳虫属节肢动物门甲壳纲介甲目。常生长在浅水泥底的水体中，能引起蟹苗大量死亡，我国已发现圆蚌虾和狭蚌虾等 6 种危害蟹苗的水生蚌虾害虫。研究表明，蚌虾是雌雄异体。圆蚌虾的体形像小蚌，近似圆形，壳长 3. 8~4. 8mm，高 3. 5~3. 9mm，半透明，壳面具同心圆生长线 6~7 条，壳腺大而清晰。狭蚌虾比圆蚌虾略大，为长椭圆形，壳长 9. 2~10. 5mm，高 5. 8~6. 5mm，有 17~19 条同心圆生长线。蚌虾在池塘大量出现时，能使水体翻滚和变色，幼鱼不仅不能正常生活和摄食，而且蚌虾还会大量消耗水中的溶氧，有时还可引起泛池现象。此外，由于蚌虾夺取水中的养料，能致使鱼苗、虾苗、蟹苗因营养不足而生长缓慢，甚至引起鱼苗、虾苗和蟹苗大量死亡。

4. 防治措施

（1）在土池育苗前，可用茶籽饼全池泼洒。浓度为 10~15mg/L，在蟹池彻底清塘消毒。

（2）夜间利用水蜈蚣的趋光性，用灯诱集，并用捞海网捕捉杀灭。

五、摇蚊虫

摇蚊虫即摇蚊幼虫是指摇蚊为双翅目摇蚊科昆虫，在全球已知分布约有 400 属，其数量巨大，世界上已知的摇蚊科昆虫约有 5 000种。常是淡水生态系统中数量最多的昆虫，几乎遍及所有的淡水环境，摇蚊分属昆虫双翅目摇蚊科，由于身体内含有血红蛋白而成红色，如图 10-5 所示。

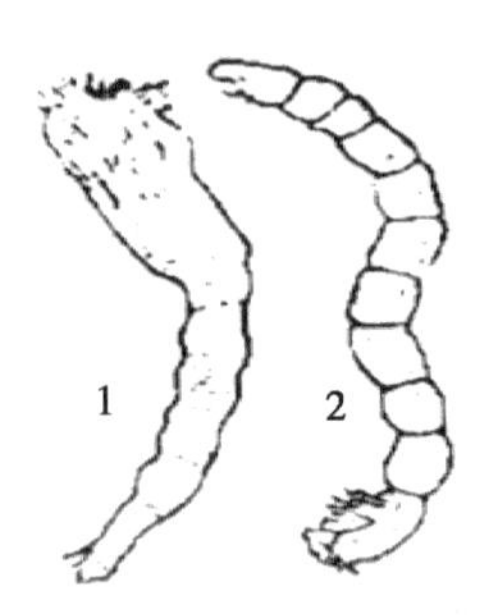

图 10-5　摇蚊幼虫

1. 蛹；2. 幼虫

1. 形态与习性

摇蚊幼虫由头部和 13 个体节组成，前 3 节为胸部，其余为腹部。幼虫第一胸节腹前方和腹部末节端部各有一对有趾钩的原足，分别称为前原足和后原足。两后原足之间，有 2~3 对肛鳃。幼虫的呼吸系统为闭合式无气门型，通过体壁（及鳃）在水中进行气体交换。

（1）生活习性。摇蚊卵、幼虫和蛹生活在水中，成虫营空中生活。摇蚊幼虫可生活在各种水体中，以淡水湖泊和河流的水体底部或水生植物间为多。摇蚊幼虫是经济鱼类的重要饵料，也是摇蚊的越冬虫态。

（2）生存方式。污水及死水可滋生大量的幼虫。多数摇蚊幼虫取食水体中的有机物。摇蚊幼虫在淤泥或有机质丰富的水体中，由于缺少鱼虾等天敌，它们可以大量繁殖。

2. 生殖

摇蚊的生活史经过卵—幼虫—蛹—成虫 4 个阶段。有的两年只有 1 个世代，有的 1 年却有 7 个世代，但大多数每年有 2 个世代，第一个在春季（5—6 月），第二个在夏季（8—9 月）。摇蚊的卵产于水面，卵块内有 300~700 个卵。幼虫：摇蚊幼虫圆柱形蠕虫状，身体细长，全长 2~30mm。由头壳和 12 个体节组成，前3个体节为胸节，后9个体节为腹节。各体节粗细相近，外形无甚差别。体色淡，部分种类因体液中含有血红素而身体呈血红色。初孵的摇蚊幼虫具趋光性，经过3~6d浮游生活后，转入底栖生活，利用藻类、腐屑、细沙、淤泥、唾液腺所分泌丝状物筑巢，多数种类筑成两头开口的管型巢。随着幼虫转入底栖，幼虫由趋光性改为背光性。幼虫经四次蜕皮后进入蛹阶段，每蜕皮1次，体色加深，从淡红色、鲜红色、深红色至变成黑褐色的蛹。幼虫的食性，除了环足摇蚊属中某些专吃植物的种类外，其余种类可分肉食性与杂食性两大类。肉食性种类以甲壳类、寡毛类和其他摇蚊幼虫为食。而杂食性则以细菌、藻类、水生植物和小动物为食。幼虫的摄食方式有：粘食、滤食、沉食、采食和捕食几种摇蚊幼虫，又名血虫，在各类水体中都有广泛的分布，其生物量常占水域底栖动物总量的50%~90%。

3. 危害

养殖过程中，摇蚊幼虫生长情况良好，没有发现病害，但是任何生物体都会有病害发生，随着摇蚊幼虫集约化养殖的实施，病害也将增多，并影响到产量的提高和摄食对象的安全。目前，在据有关资料介绍苏云金杆菌以色列变种对摇蚊幼虫有害。目前在养殖过程中亦有病害现象发现，还没有具体措施进行防治，建议在每次加入粪肥的同时用1×10^{-6}漂白粉带水消毒，并进行预防。

4. 防治措施

（1）物理防治。物理防治是利用机械方法，以及声、光、电、温度等条件，捕杀、诱杀或驱除害虫。近年来，在这方面研究得较多的是光电诱杀，利用蚊虫的趋光性，用一定波长的灯光，将害虫诱来，再用灯外的高压电去杀，或用机电动力将蚊虫吸入网内。

（2）化学防治。化学药剂对生物的灭活作用主要是由于生物接触药剂后其体内的蛋白酶遭到破坏，不能参与氧化还原系统的活动，代谢机能发生障碍而引起的。化学药剂可通过吸附、渗透作用或直接破坏生物体壁的结构而进入到生物体中。药剂氧化性能的高低导致其在摇蚊幼虫灭活率方面的差异，需要有强氧化能力的化学药剂、并且有足够的作用时间，才能对其进行有效灭活。

（3）环境防治。环境防治是通过环境改造以防止或减少害虫的滋生繁殖。环境的治是对昆虫生态学的实际应用，它是根据害虫生物学的特点，对害虫生活环境治理，使之不利于害虫的生长、繁殖，而达到防治害虫的目的。摇蚊幼虫以水中的有机物碎屑、细菌及藻类为食。强化混凝，通过投加聚丙烯酰胺助凝，控制待滤水浊度小于3NTU，可以提高原水中有机物和藻类等的去除率，减少幼虫的食物来源，使其生活环境质量下降，降低幼虫的生存概率；针对摇蚊幼虫可在沉淀池底泥中越冬生活的特点，增加冬季和秋季的大强度清洗工作，可以除去底泥中存在的摇蚊幼虫，抑制其再度生长繁殖；加强滤池管理，保证滤池的正常运行，滤池池壁要勤洗刷，对气水反冲洗滤池的池底水区要经常排空，以保持池体的清洁，同样可以减少摇蚊幼虫的滋生概率。

（4）生物操纵技术。生物操纵技术其内容就是利用生态系统食物链摄取原理和生物的相生相克关系，通过改变水体的生物群落结构来达到改善水质恢复生态平衡的目的。摇蚊幼虫是多数经济鱼类的优良天然饵料，在浮游阶段时，可被不少幼鱼摄取；当转入底栖时，则是底层鱼类如鲤鱼、鲫鱼、青鱼等的良好饵料。鱼类属于水生生态系统中食物网的顶级消费者，放养大型不同食性的鱼类，势必影响鱼类的群落结构，并对其他生物群落，特别对饵料生物群落产生极大的影响，进而影响整个生态系统的结构和功能。所以利用生物种群间的寄生与捕食关系，从生态学的角度入手，可以通过生物操纵技术来抑制摇蚊幼虫的滋生。

六、蟹奴虫

俗称蟹子，又称蟹寄生。蟹奴虫是蔓足纲动物，雌雄同体，体柔软而椭圆的囊状，有发达的生殖腺及外被的外套膜。幼体自生生活，成体寄生。形如小袋，突露在蟹的头胸部与腹部交界处的腹面，其根状分枝突起穿入蟹体全身各部分内，吸取养料。随寄主分布于浅海。蟹奴虫寄生在蟹的腹部，虫体分蟹奴外体和蟹奴内体两部分，前者突出在寄主体外，包括柄部及孵育囊，即通常见到的脐间颗粒；后者为分枝状细管，伸入寄主体内，蔓延到蟹体躯干与附肢的肌肉，神经系统和内脏等组织，形成直径 1mm 左右的白线状分枝，用以吸取蟹体营养，如图 10-6 所示。

1. 形态与习性

蟹奴虫寄生在蟹的腹部，虫体分蟹奴外体和蟹奴内体两部分，前者突出在寄主体外，包括柄部及孵育囊，即通常见到的脐间颗粒；后者为分枝状细管，伸入寄主体内，蔓延到蟹体躯干与附肢的肌肉，神经系统和内脏等组织，形成直径 1mm 左右的白线状分枝，用以吸取蟹体营养。雌蟹奴虫一开始是大海中自由浮动的小型软体动物，它移动缓慢且漫无目的地游荡着，直到遇上一只螃蟹。在这个命中注定到来的日子来临时，雌蟹奴虫在蟹壳上（通常在蟹爪）寻找缝隙，然后把一把“空心匕首”刺入螃蟹体内，它自己便沿着这把“匕首”把自己“注入”螃蟹的身体里，脱下一层外壳。进入了螃蟹体内后，这种黏糊糊的蟹奴虫开始占地称王。它长出“根须”，根须伸展到螃蟹体内各个地方，环绕螃

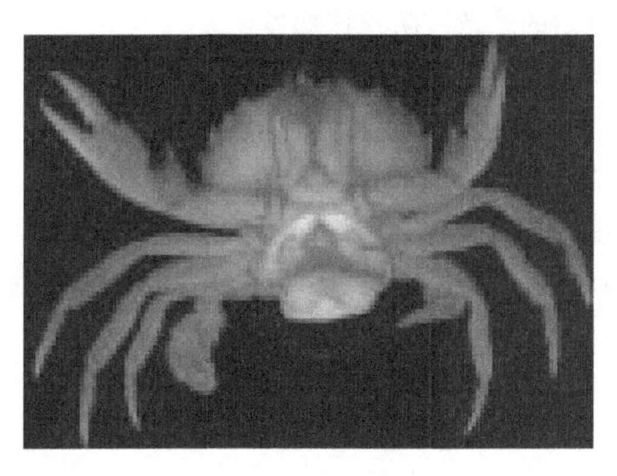

图 10-6　蟹奴虫

蟹的眼柄，渗入到蟹爪和蟹脚处。雌蟹奴虫不断吸食螃蟹的体液成长，直到最后爆出螃蟹的体外。并且从这个突出隆起的部位开始，它会指挥这艘不幸的善良螃蟹船，度过剩下的共处生活。

2. 生殖

雌蟹奴虫在螃蟹的生殖器部位慢慢长出自身的生殖器，它那庞大的卵巢（爆出体外的黄色物体）吸引了另 1 只雄性根头目幼虫的注意并输入其自体的细胞，于是在她的身体内睾丸开始形成。蟹奴虫的寄生还会影响雄蟹的激素平衡。激素失衡的雄蟹在遭遇阉割命运的同时，会发展出一种雌蟹的培育能力。随着蟹奴虫开始繁殖，被寄生的“僵尸雄蟹”便成为没有思想的代孕母亲，开始精心照料蟹奴虫的后代，就像照料自己的孩子一样。

3. 危害

雌性蟹奴虫会主动寻找未被感染的螃蟹，找到后立即附着于蟹壳柔软部位，例如腹部，然后将自己“注射”进螃蟹体内，不断生长，其分支渗透入寄主的血腔，最终遍及全身。最后，可怜螃蟹会变成这样子—等到长得足够巨大，蟹奴虫会在寄主螃蟹腹部展开类似枕头状的繁殖器官，静待雄性蟹奴虫的到来。等到雄性蟹奴虫来到，它们就会在可怜的寄主体内交配、繁衍。蟹奴虫甚至将螃蟹产卵的地方据为己有，它残酷地切除自己寄居的螃蟹的卵巢，让它不育，不过螃蟹因为天性还是会习惯性孵卵，于是便孵出下一代的蟹奴虫，继续奴役其他螃蟹。

4. 防治措施

（1）放养前用含氯石灰（10mg/L）、或石灰（300kg/亩）彻底清塘，清除过多的烂污泥，杀灭池塘内的蟹奴幼虫。

（2）加强检疫，严格防止被蟹奴感染的扣蟹运进内陆水域，滩涂咸淡水养殖水域最好用人工繁殖的幼苗，防止该病发生。

(3) 在河蟹混养池中放养一定量的鲤鱼，让鲤鱼吞食蟹奴幼虫，控制蟹奴幼体的数量。

(4) 有发病预兆池塘，应立即更换池水，控制好盐度，或把病蟹移到淡水中，抑制蟹奴的发展与扩散。

(5) 用 8mg/L 的阿苯达唑粉或 20mg/L 的地克珠利预混济浸洗病蟹 10~20min。

(6) 全池用 0.7mg/L 的阿苯达唑粉、地克珠利预混济泼洒。

七、肺吸虫

肺吸虫也称“卫氏并殖吸虫”，隐孔吸虫科。

1. 形态与习性

体呈卵圆形，背面隆起，体表多小棘。长 7~15mm，宽 3~8mm。红褐色，半透明。口吸盘和腹吸盘大小相等。寄生在人的肺脏内，也可异位寄生在脑等部位。猫、犬、猪等也能感染。卵一般呈卵圆形、黄褐色、壳厚，有小盖。第一中间宿主是川卷螺，第二中间宿主是溪蟹、喇蛄（寄生在鳃、肌肉等处）等。人因食生醉和未煮熟的蟹或喇蛄而受感染，引起肺吸虫病，如图 10-7 所示。

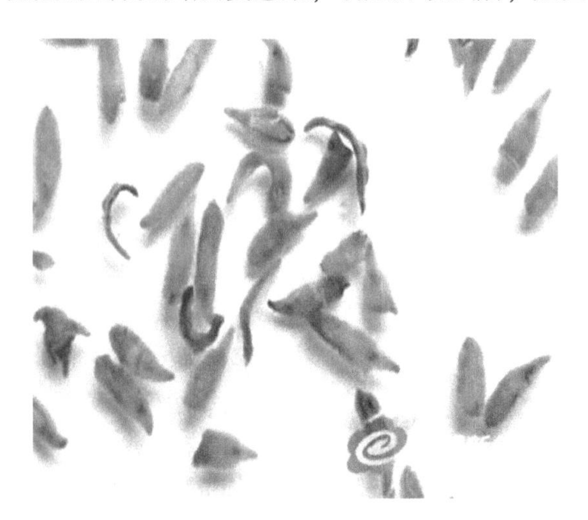

图 10-7　肺吸虫

2. 生殖

肺吸虫卵进入水中发育成毛蚴，并钻入第一中间宿主——川卷螺体内形成胞蚴，以后发育为母雷蚴、子雷蚴，再发育成大量的尾蚴，尾蚴脱离螺体侵入第二中间宿主——石蟹、蝲蛄体内发育成囊蚴。

3. 危害

本病是由肺吸虫又名并殖吸虫所引起的人体寄生虫病。该害虫是一种人兽共患的蠕虫病，在人体除寄生于肺外，也可寄生于皮下、肝、脑、脊髓、肌肉、眼眶等处引起全身性吸虫病。肺吸虫种类很多，目前世界已报告40余种，其中仅部分能引起皮肤损害。在中国已报告的寄生在人体的肺吸虫主要是卫氏吸虫、四川吸虫、斯氏狸殖吸虫、异盘吸虫、团山并殖吸虫5种。该虫主要流行于亚洲、非洲和美洲，中国仅在少数山区有散在流行。

4. 防治措施

目前，对河蟹体的肺吸虫囊蚴尚无有效的治疗方法，应以预防为主。

（1）养殖河蟹的水体中，禁止使用没有腐熟发酵的新鲜人畜粪便。

（2）用（0.7～1）$\times 10^{-6}$的硫酸铜全田遍洒，10d后再用生石灰每亩10～15kg化水泼洒，以杀灭养蟹水体及周围的肺吸虫的第一中间宿主—川卷螺。另外，繁殖饲养能捕食中间宿主的鱼类或家鸭，改变自然滋生条件，切断传染途径。

（3）注意食蟹卫生。肺吸虫的囊蚴形状如球，有内外两壁，外壁薄，内壁厚，内含幼虫，故较为顽固。因此在烹调河蟹时，应特别注意烹调方法。一般来说，蒸蟹容易杀死河蟹体内的囊蚴，而糟蟹或炒蟹粉等就不容易杀死囊蚴。在蒸蟹时，一定要将河蟹蒸熟、蒸透，即蒸至河蟹的背甲呈鲜红色，体后有白色块状物出现为止。食用时，要“泼醋擂姜”，即多用醋、姜等佐料。千万不要生食或食用没有完全杀死囊蚴的蟹类，以防止肺吸虫的囊蚴随食物而进入人体内。

八、华镖鳋

桡足亚纲，属枝角目水蚤是淡水中常见的种类，体侧扁，背面与身体相连、腹面游离。腹部小，常弯曲在胸部下方，无附肢。雌雄异体，常行孤雌生殖，雌性有一孵育囊，夏、秋繁殖最盛，如图10-8所示。

1. 形态与习性

体多呈圆锥形，头部往往与胸部体节愈合无复眼，体表一般无背甲，腹部无附肢，借头部与胸部附肢动物，如剑水蚤，为各种淡水水域最常见的种类；华镖水蚤是海洋常见的种类。大多自由生活，为海洋和淡水浮游生物的重要组成成分。少数寄生。体多呈圆锥形，头部往往与胸部体节愈合无复眼，体表一般无背甲，腹部无附肢，借头部与胸部附肢动物，如剑水蚤，为各种淡水水域

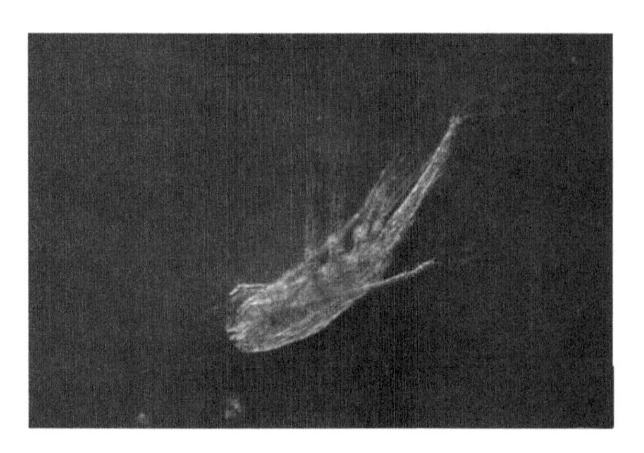

图 10-8 华镖蚤

最常见的种类；华镖水蚤是海洋常见的种类。

2. 生殖

水蚤是淡水中常见的种类，属枝角目体侧扁，背面与身体相连、腹面游离。腹部小，常弯曲在胸部下方，无附肢。雌雄异体，常行孤雌生殖，雌性有一孵育囊，夏、秋繁殖最盛，为鱼类天然饵料。

3. 危害

在水体条件优越的幼体培育池中，华镖蚤生长繁殖迅速，形成种群优势，与蚤状幼体争饵料、争氧气、争水体，扰乱幼体安宁，严重影响幼体发育，使蚤状幼体很难变态发育，因此千万不能让华镖蚤侵入培育池。由于华镖蚤大量繁殖，导致华镖蚤与蚤状幼体争饵料、争氧气、争水体空间，还可败坏水质，严重干扰蚤状幼体的正常生长。防治：在幼体放养前彻底清池消毒外，池塘进水时，必须用多层筛绢网袋过滤，中间一层采用孔目 50μm 的密筛绢，可有效地阻止华镖蚤的六肢幼体及卵进入育苗池。

4. 防治措施

（1）土池育苗前要彻底清塘消毒。放苗前用含氯石灰（10mg/L）、或石灰（300kg/亩）彻底清塘，清除过多的烂污泥，杀灭池塘内的华镖蚤。

（2）进水时，海水要严格过滤。

九、蟹栖拟阿脑虫

拟阿脑虫属纤毛动物门、寡膜纲、鞭纤目、嗜污科（图 10-9），最早报道于意大利的绿蟹和法国的一种黄道蟹中。

图 10-9　蟹栖拟阿脑虫

1. 形态与习性

拟阿脑虫它形状呈葵花子形，前端尖，后端钝圆，一般平均体长 46.9μm×14.0μm，体具 11~12 条纤毛线，略呈螺旋排列，且纤毛排列均匀一致，体后端有一长鞭毛，内具一大一小二核形构造，体内中部稍后有 1 个伸缩泡和大小核各 1 个。为兼性寄生虫。可自由地生活在腐败有机质中，也可在适宜条件下营寄生生活。蟹栖拟阿脑虫既可在池底残饵中、沙蚕体表和水源生活，也可在蟹虾血淋巴液中寄生。在我国江苏省、山东省以北沿海都有发生。该虫在 0~25℃（最适温为 10℃）、盐度 6‰~50‰、pH 值为 5~11 均可生长。

2. 生殖

蟹栖拟阿脑虫为兼性寄生虫，在海水环境中营腐生生活。蟹在捕捞或争斗过程中受到体表损伤，蟹栖拟阿脑虫从患处侵入肌体，转为寄生生活，并迅速繁殖。其传染途径有：一是加水时从外源进入；二是鲜活饵料带入，曾在活的沙蚕和低值贝类中发现此虫；三是亲蟹捕捞或争斗时甲壳和肢体受到创伤，以及蟹体本身“自残”肢体等行为，为蟹栖拟阿脑虫的侵入提供了条件；四是亲蟹入池，尤其使用人工养殖蟹作为亲蟹，其体表携带该种虫体。

3. 危害

以前，拟阿脑虫病经常在越冬亲虾中发生，危害严重。近年来，在越冬的蟹中也经常发现，多因诊断错误和该虫较难根治而造成越冬失败。蟹栖拟阿脑虫对环境有极强的适应能力，其生活水温为 0~25℃，最适水温为 10℃左右，与亲蟹越冬期水温相一致，对水体盐度适应较广，为6‰~50‰；pH 值为5~11。拟阿脑虫病的发生和流行贯穿亲蟹整个越冬阶段，且发病范围广，感染率和死亡率不等，最高时可以造成全军覆灭。

4. 防治措施

（1）预防。首先要严防受伤。越冬池用沙滤水或井水，并天天清除池底污物。投喂的鲜活饲料要用淡水浸泡5~10min。定期全池遍洒药物进行消毒。亲蟹移入越冬池前做一次药浴。

（2）治疗。感染早期采取下列药物浸浴尚有效果，但在病的中后期，当虫进入血淋巴液后就无效了。首先降低水位，然后洒药，24h后提高到原水位，最后换水。

（3）具体方法。

①全池泼洒复合碘溶液，浓度为25~30mg/L。

②全池遍洒蛋氨酸碘粉，浓度为0.7~1mg/L。

③全池遍洒三氯异氰脲酸（TC-CA），浓度为0.1mg/L。

④用淡水浸浴3~5min。

十、蟹微孢子虫

微孢子虫属微孢门、微孢目（图10-10）。孢子呈梨形、卵圆形或茄形。

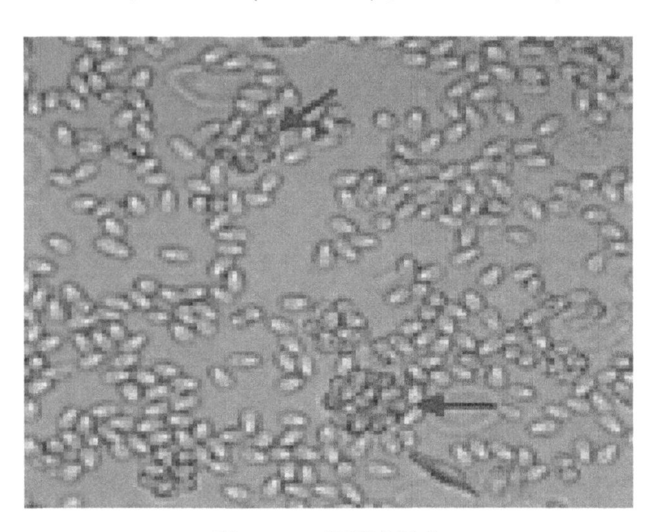

图10-10　蟹微孢子虫

1. 形态与习性

微孢子虫孢子小，长2~10μm。孢子外有3层孢膜，前端有一极帽。极泡前部呈松散、易染色的薄片状；极泡后部呈不染色的颗粒状。极泡具有在极帽上，极丝穿过极泡呈螺旋状绕在孢质和极泡后部周围，末端膨大呈杯状或囊状。有 1 个核。

2. 生殖现已发现危害较大的有

微粒子虫，每个母孢子产生 1 个孢子；特汉虫，每个母孢子产生 8 个孢子；匹里虫，每个母孢子产生 16 个以上孢子；格留虫，每个母孢子产生 2 个孢子。

3. 危害

河蟹都能感染微孢子虫，幼体和成体均能患病。临床上可见，病蟹肌内呈乳白色，不透明，不能正常洄游，行动迟缓。剖检时可见肌肉松弛变白、不透明，鳃和皮下出现瘤状白色肿块，有的卵巢、心鳃、肝胰脏和中肠肿胀、变白、不透明。采取病变组织制成压片，镜检时可见到孢子结构。其中微粒虫能侵害河蟹。

4. 防治措施

蟹微孢子虫病，首先将病、死蟹捞出销毁，然后将其余动物捞出放新池，并用盐酸氯苯胍粉 0.5~1.0mg/L 或地克珠利预混剂；可有明显疗效。预防主要贯彻综合性防疫措施，特别要慎重处理鱼、虾、蟹混养，以防混合感染。

十一、蟹疣虫

蟹疣虫隶属于节肢物动门，甲壳纲，软甲亚纲，等足目，寄生亚目，鳃虱科（图 10-11）。寄生的等足类，根据其寄主的不同可以分为两大类，一类以鱼为宿主；另一类则寄生在甲壳类，而后者又以鳃虱科的种类最多和最为常见。隶属鳃虱科的虾疣虫又名“鳃虱”，多寄生在虾类或蟹类的鳃腔内，使鳃腔膨胀呈疣状，故名。由虾疣虫寄生在虾、蟹鳃腔中引起的寄生虫病。虾蟹被寄生处膨大、突起，生长缓慢，损伤鳃组织，影响呼吸，性腺萎缩，失去生殖能力。

1. 形态与习性

蟹疣虫属甲壳动物中的等足目、鳃虫科。雌雄异体，雌体略扁圆形，左右对称；雄虫比雌虫小若干倍，附着在雌虫腹部。虫体分头、胸、腹三部，头部小而呈三角形，与胸部第一节分界不明显，有无柄复眼 1 对，2 对触肢短小，单肢型。大颚呈针刺状，构成吸吮式口器。每一、二小颚退化，颚足宽扁呈盖状，以保护口器。胸部 7 节，宽大而隆起，每节有 1 对胸足，单肢型又短小，由 6 节组成。腹部 6 节，前 5 节各有 1 对双肢型腹肢，为呼吸器官。第六节为尾节，两侧各有 1 双肢型的尾肢。

2. 生殖

蟹疣虫不断消耗突主（蟹）的营养。蟹疣虫雌虫利用其针刺状的大腭，刺

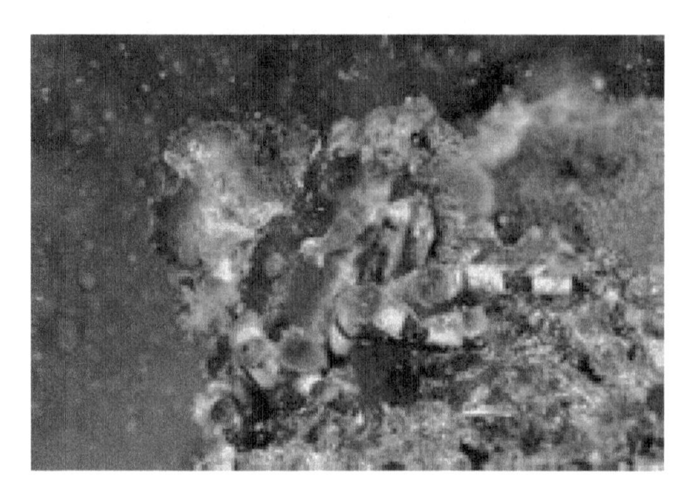

图 10-11　蟹疣虫

穿宿主（蟹）的鳃盖内表皮，然后通过咽部吸取宿主的血淋巴。每天的摄取量可达 8μl，相当于蟹体内血淋巴总量的 25%。核心提示：蟹疣虫病，是由鳃虱科的蟹疣虫寄生在蟹的鳃腔中而引起的。多见于淡水养殖种苗培育饲料引起的淡水鱼病、淡水虾蟹病以及龟鳖病害。

3. 危害

是由鳃虱科的蟹疣虫寄生在虾和蟹的鳃腔中而引起的。例如，在所养殖的对虾中，可能会发现有的对虾的头胸甲鼓起，成为疣状。这就是养殖对虾中常见病害之一。当解剖病蟹的鳃腔就会发现其中寄居着一对蟹疣虫，雌的个体大，雄的个体小。蟹疣虫病的危害主要有两方面：一是主要各种虾、蟹都易感染，寄生在虾、蟹的鳃腔中吸取血淋巴液而促使寄主消瘦、生长缓慢、阻碍呼吸；二是有的引起生殖腺发育不良，甚至完全萎缩使虾体失去繁殖能力。临床上可见寄生鳃部隆起如疣状，形成膨大的疣肿，疣肿直经 10mm 以上高度以上高度 3~5mm。由于虫体的寄生可使虾、蟹鳃受到挤压和体的寄生可使虾、蟹鳃受到挤压和损伤呼吸困难而出水面，生长缓慢，长不大。

4. 防治措施

蟹疣虫的危害不容忽视，但到目前为止还没有找到有效的防治方法。只能以靠营造优质的水域生环境，控制蟹疣虫繁殖。

第十一章　河蟹疾病的因素与疾病种类

第一节　河蟹细菌性疾病

中华绒螯蟹俗称河蟹，是我国的名贵淡水蟹。已从患病的蟹体内分离出多种致病细菌：气单胞菌、假单胞菌、产碱杆菌、黄杆菌、利斯顿氏菌、弧菌、芽孢杆菌、巴斯德菌和黏液球菌等。它们可引起中华绒螯蟹的腹水病、甲壳溃疡病、颤抖病、水肿病、肠炎病、败血病、黑鳃病、烂肢病、弧菌病和肝坏死病等。中华绒螯蟹细菌性疾病发病快、死亡率高，造成较大的经济损失。安徽农业大学生命科学学院、安徽农业大学动物科技学院郑世雄、祖国掌，对池塘养殖中华绒螯蟹细菌性疾病病原进行分离与鉴定：从安徽省当涂县和芜湖县池塘养殖患病中华绒螯蟹的肝脏和肌肉组织中分离到 35 株细菌，经人工感染试验证实 DT9 和 WH21 菌株为病原菌。细菌形态特征检查：2 菌株均为革兰氏阴性杆菌。细菌 16S rRNA 基因序列分析结果：2 条扩增的基因序列长度均为 1 443bp，DT9 菌株与维氏气单胞菌（FJ490063）的亲缘关系最近，同源性为 99. 2%。WH21 菌株与嗜水气单胞菌（AB680307）的亲缘关系最近，同源性为 99. 9%。

一、黑鳃病

1. 病因

一是池底淤泥太厚，水质条件恶化，河蟹苗种放养密度大，或投饵过量，尤其是在夏天高温季节，池底的淤泥及残饵发酵后产生的细菌，及有害物质大量滋生并寄生于蟹的鳃丝上造成创口，创口感染细菌后发炎均会引发黑鳃病。二是四周和池塘过浅水区残渣剩饵过多并变质腐烂。水体变换量不够致使有害细菌大量繁殖，导致河蟹鳃部感染。此病多发生在 9—10 月，流行快，地区广，个体大的河蟹最易感染和死亡，危害极大，如图 11-1 所示。

2. 病原与征状

黑鳃病的病原是球菌。病蟹鳃部受感染变色，轻时左右鳃丝部分呈现暗灰或黑色，严重时鳃丝全部变成黑色，病蟹行动迟缓，白天爬出水面匍匐不动，呼吸困难，俗称“叹气病”。轻者有逃避能力，重者几日或数小时内死亡。

3. 危害

病蟹鳃丝发黑，发暗，且局部腐烂，鳃丝上长满藻类或原生动物，呼吸机

图 11-1 黑鳃病

能降低。病蟹闷热天常离水上岸，使整个身体暴露在空气中呼吸氧气，时间一长，体内失水而死亡。该病发生在养殖后期，尤以规格大的河蟹易发生。黑鳃病危害极大，将要收获的成蟹行动缓慢，养殖的河蟹捕捉困难，死亡率高，造成蟹农严重亏损。

4. 预防方法

（1）注意改善水质，及时更换新水。

（2）定期清除食场残渣，用生石灰进行食场或饵料台消毒。

（3）每 10~15d 用生石灰 7.5g/m^3 化成乳剂后全池泼洒。

（4）用漂白粉全池泼洒，使池水中漂白粉浓度达 1mg/L。

5. 治疗方法

（1）用石灰乳泼洒，使池水中石灰浓度达 15~20mg/L，连续泼洒 2 次。细菌对酸碱度较为敏感，泼洒生石灰后池水 pH 值一般可升至 8.5~9.1，能有效地杀灭或抑制细菌生长。

（2）每隔 3d 用 1 次溴氯海因或二溴海因 0.1g/m^3 全池泼洒。

（3）每周用 0.1g/m^3 的二氧化氯消毒水体 1 次。

二、腐壳病

腐壳病（甲壳溃疡病、壳病、锈病），腐壳病又称甲壳溃疡病。

1. 病因

由细菌感染引起。腐壳病是由能破坏几丁质的细菌和真菌所致。当河蟹步足尖端受损伤而感染病菌所致。腐壳病是蟹种在捕捞、运输、放养等操作时受伤感染病菌所致，如图 11-2 所示。

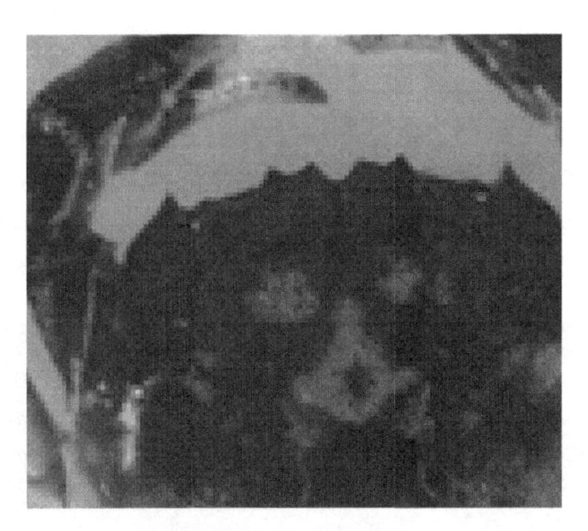

图 11-2　腐壳病

2. 病原与病症

病原属细菌性疾病，其病症表现：一是患病蟹甲壳初期有白色斑点，其后由此斑点中间内凹并蚀成小洞，肉眼可见其壳内组织，在步足、腹甲上可见溃疡斑点，患病蟹最终因蜕壳不遂而死亡；二是病蟹甲壳出现棕色或红棕色点状病灶，这些斑点逐步发展连成块，中心部位溃疡，边缘呈黑色；三是步足破损，早期为红色斑点或褐色斑点，晚期斑点连成不规则片状并腐烂，严重时甲壳被侵蚀成洞，可见黑色皮膜或肌肉，最终死亡。

3. 危害

病蟹步足早期破损，为红色斑点或褐色斑点，晚期斑点连成不规则片状，并腐烂，严重时可及背甲，逐渐变成黑色溃疡，甲壳被侵蚀成洞，可见皮膜或肌肉，最终导致病蟹死亡，发病传染较快，对幼蟹、成蟹都有一定危害。

4. 防治措施

（1）蟹种入池前的捕捞、运输与放养须小心操作，以防蟹种受伤，夏季定期加注新水，保持水质清洁，注意饲料品质，发现病蟹及时清除。

（2）发现病蟹挑出，用 5%~10% 的高浓度食盐溶液浸洗，每次 3~5min，每天 2~3 次。

（3）蟹种入池前用“聚维酮碘溶液”浸洗消毒；发病后全池泼洒“顶典”或“聚维酮碘溶液”或“精品一元笑”1 次。

三、烂肢病

1. 病因

病的发生除了与蟹苗运输过程中的机械损伤有关外，主要与河蟹摄食野杂鱼有密切关系。经检测，由于冰鲜野杂鱼普遍未经过消毒处理，体内尤其是肠道内携带大量潜在病原菌，河蟹长期摄食这些携带大量病菌的野杂鱼鱼糜后自身免疫力和抵抗力下降，经大量病菌侵袭而诱发烂肢病，如图 11-3 所示。

图 11-3　烂肢病

2. 病原与病症

（1）烂肢病原。实验室检查得知，从病蟹肝胰腺组织中分离出形态均匀、大小一致的革兰氏阴性杆状细菌。通过对分离菌进行生理生化鉴定，结果证实分离菌为气单胞菌。故确定该病为气单胞菌感染所致。

（2）烂肢病病症。表现为病蟹腹部及附肢腐烂，肛门红肿，摄食减少至拒食，活动迟缓，终至无法蜕壳而死亡。烂肢病是因捕捞、运输、放养过程中受伤或生长过程中敌害致伤感染病菌所致。受伤严重时，多因蜕壳不遂而死亡。

3. 危害性

河蟹烂肢病一般高发于每年的 5—8 月，患病螃蟹病状表现为腹部及附肢腐烂，肛门红肿，食量减退或不摄食，活动迟缓。最后无法蜕壳而死。

4. 防治措施

(1) 在捕捞、运输及放养过程中勿使蟹体受伤。放养前，用浓度为4%~5%的食盐水浸泡5~10min。同时，定期用生石灰15mg/L水或漂白粉1~1.5mg/L水，进行全池泼洒消毒。

(2) 一是用0.5~1mg/L水的土霉素进行全池泼洒；二是用溴氯海因或二氧化氯全池泼洒消毒，连用2d；三是按1 000kg饲料投喂10%氟苯尼考0.5kg的比例，连喂3d即可。

(3) 日常做好加强水质管理，定期检测水质，做好水质消毒杀菌工作。尤其是在5月以后，由于水温升高，控制病原菌容易滋生。

四、水肿病

1. 病因

由细菌引起水温偏高，使河蟹在淡水中性腺发育过熟造成发病；水环境较差使得河蟹常离水上岸遭受阳光照射，由此引起河蟹体内代谢紊乱、免疫力下降，从而被细菌感染后发病；饲料中长期缺乏维生素也会发病。河蟹水肿病(图11-4)有两种：一种是细菌感染水肿，另一种是因毛霉病后期鳃感染水肿。幼蟹至成蟹的各个阶段都可能染有此疾病。

图11-4 水肿病

(1) 细菌性水肿是由细菌感染引起的。蟹体受到机械损伤或敌害的侵袭受伤感染病菌所致。若水的pH值偏低，病菌在水中迅速繁殖，全池河蟹都会被细菌感染。

(2) 毛霉病引起的水肿，病原是毛霉菌。是因长时间不换水，不灭菌消毒，不按时泼洒石灰水，放松了对水质的管理而引起。池水过肥，有机质含量过高，水中的含氧量及 pH 值降低，水温在 20℃左右时，毛霉菌迅速繁殖，在河蟹鳃的表面长出许多肉眼看不到的绒毛状毛霉菌丝。河蟹在呼吸时，水中的污物附着在鳃的表面，鳃的颜色由白色变为棕色，再变为黑色，逐渐溃疡，感染为鳃水肿。

2. 病原与症状

（1）病原。是假单胞菌与毛霉菌。河蟹水肿病有两种，一种是细菌感染水肿，另一种是因毛霉病后期鳃感染水肿。幼蟹至成蟹的各个阶段都可能染有此疾病。细菌性水肿病原是由假单胞菌感染引起的。毛霉病引起的水肿，病原是毛霉菌感染引起的。

（2）病症。河蟹发病时头胸甲与腹脐连接处肿胀，体内三角膜水肿，爬行动作迟缓，死亡前大多离群爬至浅滩处。该病多见于性腺已成熟的个体。病蟹腹脐及鳃丝水肿以及背壳下方肿大呈透明状，病蟹匍匐池边，动作迟钝或不动，拒食，最终在池边浅水处死亡。

细菌性的水肿，发病在夏初至中秋，即从小满至秋分前的气温较高，河蟹生长旺盛的时期；而毛霉菌病引起的水肿发病在秋分以后的天气凉爽、河蟹成熟的时期。毛霉菌迅速繁殖，在河蟹鳃的表面长出许多肉眼看不到的绒毛状毛霉菌丝。河蟹在呼吸时，水中的污物附着在鳃的表面，鳃的颜色由白色变为棕色，再变为黑色，逐渐溃疡，感染为鳃水肿。由此可见河蟹水肿病，细菌性的水肿，发病在夏初至中秋，即从小满至秋分前的气温较高，河蟹生长旺盛的时期；而毛霉菌病引起的水肿发病在秋分以后的天气凉爽、河蟹成熟的时期。河蟹水肿病的病蟹的腹与胸甲下方交界处肿胀，类似河蟹即将蜕壳。用手轻轻压其胸甲，有少量的水向外冒。病蟹活动缓慢，拒食，终因呼吸困难窒息而死。

3. 危害

养殖池塘河蟹水肿病发病时，河蟹头胸甲与腹脐连接处肿胀，体内三角膜水肿，爬行动作迟缓，死亡前大多离群爬至浅滩处。该病多见于性腺已成熟的个体。病蟹腹脐及鳃丝水肿以及背壳下方肿大呈透明状，病蟹匍匐池边，动作迟钝或不动，拒食，最终在池边浅水处死亡。

4. 水肿病防治

（1）细菌性的水肿的防治。

①连续换水 2 次，先排后灌，每次换水量 1/3～1/2。

②泼洒漂白粉 2mg/L。

③全池泼洒救底护水安全或聚维酮碘。同时内服氟苯尼考或鱼虾蟹急救丹或在饲料里添加复合维生素及维生素 C。

④全池泼洒生石灰 10~15mg/L。定期使用 EM 调水王或复合高效利生素或高效复合芽孢杆菌或百灵硝化菌或百灵光合细菌等。

⑤阴雨连绵季节可运用人力生物技术开发的生物制剂——光合细菌。光合细菌的生物学特征以及在水产动物苗种培育过程中的作用，包括净化水质，改善养殖河蟹池塘的微生态环境；8 月下旬至 9 月上旬，长期阴雨连绵，养殖河蟹池塘的水体缺少光合作用时，试验合理使用光合细菌类生物制剂，可增强河蟹的免疫功能，控制河蟹水肿病发生。

（2）毛霉菌引起的水肿的防治。

①连续换水 2 次，每次换水量 1/3~1/2。

②泼洒漂白粉 2mg/L 或泼洒生石灰 10~15mg/L。另外在养殖过程中操作要小心，勿使蟹体腹部受伤。

③全池泼洒救底护水安全或聚维酮碘。同时内服氟苯尼考或鱼虾蟹急救丹或在饲料里添加复合维生素及维生素 C。

④全池泼洒生石灰 10~15mg/L。定期使用 EM 调水王或复合高效利生素或高效复合芽孢杆菌或百灵硝化菌或百灵光合细菌等。

（3）高温季节谨防河蟹水肿病的发生。夏季水温偏高使河蟹在淡水中性腺发育过熟；另一方面养殖河蟹水温超过 30℃ 以上，河蟹代谢功能减弱，由于水体高温时使得河蟹常离水上岸遭受阳光照射，由此引起河蟹体内代谢紊乱、免疫力下降，从而被细菌感染；饲料中长期缺乏维生素等，以上几种原因容易引起河蟹水肿病的发生。河蟹发病时头胸甲与腹脐连接处肿胀，体内三角膜水肿，爬行动作迟缓，死亡前大多离群爬至浅滩处。夏季应保持蟹池清新的水质，尽可能降低池水水温，以降低水肿病的发病率和死亡率。具体措施如下。

①将池塘的水位抬高至 1.2m 以上，有条件的养殖池塘水位可抬高至 1.5m 以此降低池塘水体的温度，能使水温保持在适应河蟹正常代谢的水域环境。

②保持水体适宜的透明度。要求池水混浊度较小，透明度 30~40cm 为宜。透明度较低的池塘，可通过加换新水或泼洒水质保护解毒剂调节；透明度较高的池塘，建议泼洒 EM 菌加适量生物肥水素或植物性饲料豆粕、菜粕等有机物质。

③保持充足的水草，及时捞出被夹断的水草，防止水草腐烂败坏水质。缺少水草的池塘，可移植经过强氯精水溶液消毒处理的水花生入池。

④水温超过 28℃时，在水源条件较好的情况下，每天换水 1 次，换水量不宜超过原池水的 1/4。

⑤高温季节 7~10d 泼洒 1 次微生物制剂，使得池水中有益生物菌占优势。

⑥科学投饵，饲料蛋白含量28%左右，同时不要过量投喂，防止河蟹性早熟。其次不能投喂氧化饲料，因为投喂氧化饲料，能促使河蟹免疫力下降，河蟹代谢功能失调而引发水肿病。

⑦对于已发病塘口，除改良水质环境外，建议全池泼洒聚维酮碘，同时在饲料里添加复合维生素、氟哌酸加以治疗。

五、肠炎病

1. 病因

当受到水质环境恶化、溶氧降低、投喂变质的饲料、以及投饵不定时、不定量等原因影响，引起蟹体的抵抗力下降从而导致病原菌随病蟹的粪便而排到水中污染水质及饲料，经口传染到其他蟹。因此，这类疾病在整个养殖周期中都有可能发生与发展。当池塘水温在18℃以上该病即可流行，一般发生在4—9月。

2. 病原与病症

（1）病原。该病的病原体是肠型点状气单胞菌，为条件性致病菌，整个养殖过程中鱼类的肠道中都存在此类病菌。在健康的蟹体中该菌种不占优势不会引发疾病发现河蟹脐部中央发红（有一红色直线），掰开腹部可见肠道末端发红，轻挤会排出红色粪便。镜检后发现肠道壁发红、变薄。镜检可看到消化道内无食物，只有大量杆状细菌，如图11-5所示。

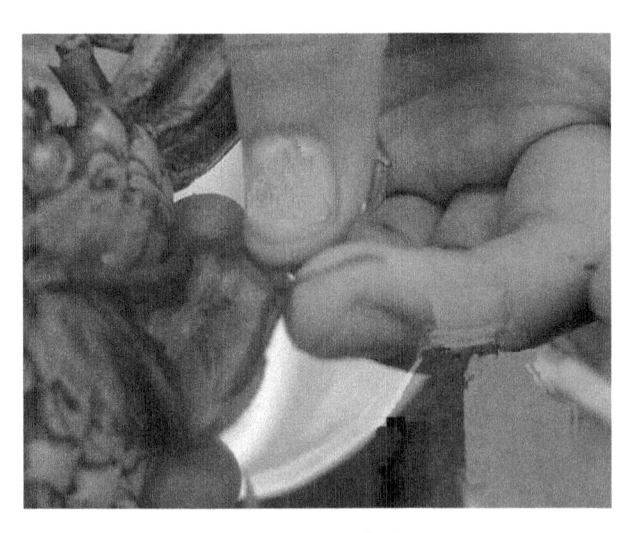

图11-5 肠炎病

（2）症状。发病时河蟹摄食减少或拒食，口吐黄色泡沫，病蟹消化不良，肠胃发炎、发红且无粪便，有时肝、鳃亦会发生病变。幼蟹至成蟹的各个阶段都可能感染肠炎病。

3. 危害

各河蟹养殖地区域该病均有发生，主要危害成蟹，发病率不高，但病蟹死亡率可达30%~50%，残存病蟹的个体规格及商品价值均有所下降。造成河蟹严重的减产。

4. 防治措施

（1）全池泼洒聚维酮碘或救底护水安，同时内服氟苯尼考或鱼虾蟹急救丹。

（2）全池泼洒绿爽+复合营养钙。

（3）定期使用蟹草急救丹+复合营养钙。或者全池泼洒“精品一元笑”或“聚维酮碘溶液”或“顶典”，同时口服“菌立停+肝胆利康散+酶合电解多维”3~5d，每天1次。平时预防可以添加“利多精+低聚糖-500+超维C（或营养快线）”，出现肠炎时内服“三黄散+超维C”效果较好。

六、爱德华氏病

1. 病因

流行季节为夏季和秋初高温期，如图11-6所示。分布于我国沿海室内工厂化养殖场和网箱养殖区，日本也有分布。

图11-6　爱德华氏病

2. 病原与病症

（1）病原。迟缓爱德华氏菌。革兰氏阴性，周毛性小杆菌，运动活泼，兼性厌氧，没有荚膜，不形成芽孢，不抗酸，有机化能营养，呼吸和发酵代谢。在普通琼脂平板上发育缓慢，25℃培养24h形成直径1mm左右的圆形、灰白色、湿润、有光泽、隆起的半透明菌落；接触酶阳性，氧化酶阴性，还原硝酸盐，产生吲哚，在TSI洋菜中产生硫化氢，柠檬酸盐和丙二酸盐不能作为唯一碳源，有赖氨酸和鸟氨酸脱羧酶存在，不利用藻朊酸盐，不分解果胶酸盐，不产生脂肪酶，脱氧核糖核酸中鸟嘌呤一胞嘧啶碱基对含量为50~53mol/L。在15~42℃内均能生长，最适温度30℃左右；pH值为5.5~9.0及含盐0.0‰~40‰均可发育。爱德华氏菌存在致病株与非致病株，致病株胞外产物具溶血性、细胞毒性和侵袭力。

（2）病症。是由爱德华氏菌感染多种鱼类，虾类，蟹类引起肾脏、肝脏脓疡病灶的疾病。主要分为两型。一型以侵袭肾脏为主（较为常见）；另外一型以侵袭肝脏为主，当然也有同时侵袭肾脏和肝脏的，但较少见。外表症状有病鱼体色发黑，游泳缓慢，躯干腹侧皮肤及臀鳍因充血、出血而发红；严重时鳃贫血。此外，还因病型不同而有所不同。肾脏型患者，肾肿大，形成很多脓疡病灶；肛门严重充血、发红，以肛门为中心，躯干部胀成丘形，这一般为肾脏后部患病的病鱼出现的症状；如仅是肾脏前面部分发生病变，则外表往往看不出异常。肝脏型患者，肝脏肿大，形成很多脓疡病灶；前腹部显著肿胀，严重时前腹部腹壁可有大穿孔，甚至腹部各处皮肤出血，出现软化变色区。

3. 危害

爱德华氏病全国各地都有发生，流行于高水温期，自晚春至秋季均有发生，夏季为流行盛期。加温饲养，水温在20℃以上，则全年都可流行。有人将此菌涂在鳗鲡的皮肤上，或投喂带有病原菌的水蚤、丝蚯蚓而感染发病，因此认为可以通过体表伤口及经口感染。易感鱼类有鳗鲡、罗非鱼、斑点叉尾鮰、加州鲈、红鳍东方鲀等，对鲤、银鲫人工感染也具致病性。严重时可引起病鱼大批死亡。爱德华氏病对甲壳类虾蟹感染发病率低，危害性较低。

4. 防治措施

（1）蟹池充分利用太阳光曝晒进行消毒。

（2）蟹种下池前，每立方米水体中加15~20g高锰酸钾或水产保护神2~4ml，药浴15~30min。

（3）加强饲养管理，泼洒益生菌，保持养殖河蟹水质优良及稳定，投喂营养全面、优质的饲料，增强蟹体抵抗力。

七、链球菌病

1. 病因

发生在高温、水质恶化、养殖密度过高、有机物质浓度过高、种质退化、饲料投喂不科学以及乱用滥用药物等因素导致鱼类的抗病能力低下，进而鱼体感染链球菌而发病。对象主要是以罗非鱼为主，罗非鱼链球菌是条件致病菌，并非感染罗非鱼链球菌的罗非鱼都会发病，只有致病条件满足时，才有可能发生。发病水温为25~35℃，在水温高于30℃极易发生，7月也是该病的主要流行期，广东省、广西壮族自治区和海南省等地罗非鱼养殖区需重点防控（图11-7）。

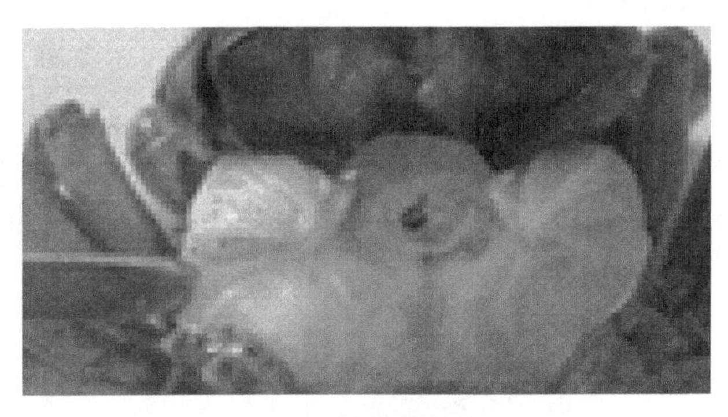

图11-7　链球菌病

2. 病原与病症

（1）病原。该病病原是链球菌、海豚链球菌或无乳链球菌。均为革兰氏阳性菌。

（2）病症。患病的罗非鱼一般在池塘边离群独游、身体弯曲打转，或者在水面上慢游，反应迟钝，体色发黑，鱼体运动失衡，角膜浊白、眼球外突、肛门红肿等。病鱼眼球突出或混浊发白，同时伴随着眼部出血，鱼体下颊部出现鳞片脱落、出血、肌肉坏死等现象，其他部位如腹鳍、胸鳍、尾鳍的基部有出血并伴有肌肉坏死现象；胆囊、肝脏、脾脏肿大，严重时糜烂；肠道发炎，肠胃较空，内有积水或黄色黏液；部分患病鱼内脏如肠道、肝、脾、肾有出血现象。

（3）危害性。链球菌是一种广泛分布于自然界的革兰氏阳性菌，目前已有多个国家报道了鱼类链球菌病的暴发与流行。主要流行时间为5—10月的高温阶段，尤其是温度最高的7—9月，在水温28~37℃时发病最严重，发病率可达30%~50%，且逐年上升，发病鱼的死亡率可高达60%~100%。

3. 防治措施

（1）改善水质。在养殖过程中，随着鱼类排泄物、残饵等有机物的积累，引起水质恶化，导致鱼类抗病力差，因此在养殖过程中，必须加强水质管理。可使用微生物制剂和底质改良剂等调节水质，在疾病暴发的高温季节，要降低饲养密度、增加水体溶氧、降低投饵量。

（2）进行水体消毒。可采用氯制剂或碘制剂全池泼洒进行杀菌。如每亩1m水深用0.67~3.3kg三氯异氰尿酸（有效氯80%以上），全池泼洒，每天1次，连续2d为好。

（3）内服。10%氟本尼考：1g/kg饲料；维生素C：0.2~0.3g/kg饲料；或者氟哌酸原粉：1g/kg饲料，连续服用5~7d，效果更佳。

八、菱形海发藻病

1. 病因

该病分布极为广泛，当海水盐度达3‰左右，水温18~20℃时，在水质肥沃，光线充足的培育池内，可在溞状幼体上迅速繁殖。溞状幼体附生海发藻后，不断扭动腹部挣扎，力图摆脱，受害的溞状幼体4~5d内死亡（图11-8）。

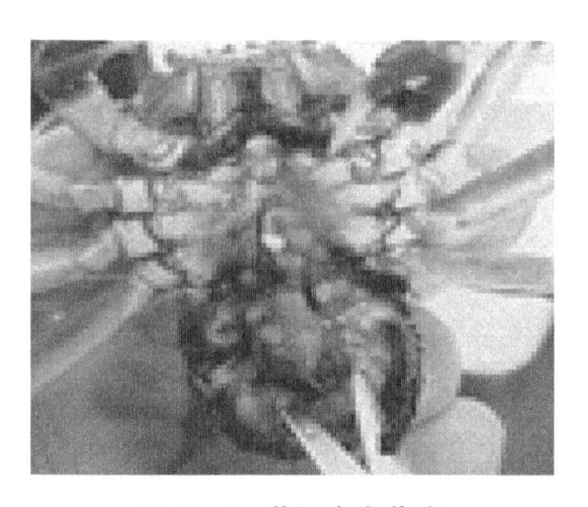

图11-8 菱形海发藻病

2. 病原与症状

（1）病原。菱形海发藻属浮游硅藻类羽纺藻目，其细胞以胶质相连，形成星状或锯齿状的群体，壳环面呈狭棒状。菱形海发藻细胞长30~116μm，宽5~6μm，菱形海发藻细胞被胶状物质连成星状或锯齿状群体，在条件适宜时，会在蚤状幼体上迅速繁殖。

（2）症状。凡被严重附生的溞状幼体，不断挣扎扭动腹部，力图摆脱而消耗很大体力，再加上不能正常摄食导致死亡。

3. 危害

迄今为止，人们尚未找出可杀灭海发藻而对溞状幼体无害的办法。一般采用增加换水次数、控制光照以及适当加温的办法，促进溞状幼体变态和控制海发藻繁殖。溞状幼体被海发藻附生以后极不舒服，不断扭动腹部，力图摆脱，但无济于事。由于体力大量消耗，加上不能正常摄食生长，受害幼体 4~5d 后就会死亡。严重损害河蟹幼苗繁育培育的质量与产量。

4. 防治措施

目前尚无良药，只能采取加强换水，适当控制光照，提高水温，促使幼体变态等间接预防措施。必要时，可用茶籽全池泼洒，使水浓度达 10~15mg/L，使幼体除藻蜕皮。

第二节　河蟹真菌性疾病

河蟹真菌病的病原为离壶菌。该菌的菌丝很长，为不规则交叉分支，一般不分隔，弯曲，直径 8~40μm。菌丝吸取河蟹幼体营养，生长发育很快，不久就充满宿主体内，不论头胸和腹部内均可寄生，好似松树叶和杨树根须。在河蟹幼体内的菌丝颜色不断变化，可呈黑、绿、青、灰、橘黄等颜色，靠近幼体表面的菌丝形成隐子囊，如图 11-9 所示。

图 11-9　真菌病

一、水霉病

1. 病因

主要是水霉病和绵霉病、生毛病，主要因运输、操作不慎，水霉菌和绵霉菌侵入蟹体。蟹体表菌丝大量繁殖，生长成丝，像一团团灰白色陈旧棉絮。菌丝长短不一，一般2~3cm。向内外生长。向内深入肌肉，蔓延到组织间隙之间；向外生长成棉团状菌丝，俗称“生毛”。常见的为水霉病、生毛病，主要因运输、操作不慎，由于霉菌能分泌一种酵素分解组织，蟹体表受刺激后分泌大量黏液。病蟹行动迟缓，摄食量减少，伤口不愈合，导致伤口部位组织溃烂蔓延，造成死亡。此病淡水生物均可发生，主要危害受伤河蟹。

2. 病原与症状

（1）病原。河蟹真菌病的病原为离壶菌。该菌的菌丝很长，为不规则交叉分支，一般不分隔，弯曲，直径8~40μm。菌丝吸取河蟹幼体营养，生长发育很快，不久就充满宿主体内，不论头胸和腹部内均可寄生，好似松树叶和杨树根须。在河蟹幼体内的菌丝颜色不断变化，呈黑、绿、青、灰、橘黄等颜色，靠近幼体表面的菌丝形成隐子囊。水霉病的病原体繁殖适温为10~18℃，当水温低于20℃时易感染此病。水霉真菌常感染体表受伤组织及死卵，形成灰白色如棉絮状的覆盖物，又称覆棉病或水棉病。又称肤霉病或白毛病，是水生鱼类的真菌病之一，引起这种病的病原体目前已经发现有十多种，其中最常见的是水霉和绵霉。该病是由真菌寄生鱼体表引起，主要是真菌门鞭毛菌亚门藻状菌纲水霉目水霉科的水霉属和绵霉属。

（2）症状。蟹体表菌丝大量繁殖，生长成丝，像一团团灰白色陈旧棉等。菌丝长短不一，一般2~3cm，向内、外生长。向内深入肌肉，蔓延到组织间隙之间；向外生长成棉团状菌丝，俗称“生毛”。

（3）危害。

①目前该病已为我国河蟹人工繁殖中的主要病害，北起辽宁省，南至海南省，从沿海到内陆，大部分河蟹人工育苗场均有发生，从河蟹胚胎的卵—幼体—蟹—成蟹—亲蟹，真菌类离壶菌均有寄生，尤其对幼体和幼蟹造成很大威胁，一般成活率只有5%~6%，如果蟹苗经药物浸泡再培育幼蟹，成活率可提高1~3倍。

②由于霉菌能分泌一种酵素分解组织，蟹体表受刺激后分泌大量黏液。病蟹行动迟缓，摄食量减少，伤口不愈合，导致伤口部位组织溃烂蔓延，造成死亡。此病淡水生物均可发生，主要危害受伤河蟹。当水霉病着生面积占体表的1/4时，河蟹数日内即死亡。

3. 治疗方法

（1）真菌病原目前尚无有效办法杀灭，但已掌握其传染途径和寄生部位。因此首先应设法切断其传染途径，宜从亲蟹入手，凡是河蟹人工繁殖场，应选择没有离壶菌寄生的成蟹作为亲蟹，在亲蟹促产前进行消毒处理。

（2）水霉病的预防方法是：捕捞、运输、放养河蟹等操作要细致，谨防蟹体受伤；放养时用漂白粉或食盐浸洗消毒。用4%的食盐水浸洗病蟹3~5min。

（3）对病蟹用浓度50~100mg/L芳草水霉净药液浸洗10~20min。

二、毛霉菌病

毛霉菌病是一种感染畜、禽、鸟、野生动物和水产动物的共患性真菌病，主要由于毛霉菌寄生，侵害蟹体躯、鳃所致。又称白斑病，危害十分严重。

1. 病因

病原毛霉菌为毛霉菌属，具菌丝与孢子。广泛存在于自然界，如变质饲料、霉烂的水草和水果、蔬菜及土壤中都存在，其孢子随风传播扩散。毛霉菌病是一种感染畜、禽、鸟、野生动物和水产动物的共患性真菌病，又称为白斑病，危害十分严重。主要由于毛霉菌寄生、侵害蟹体躯、鳃所致。

2. 病原与症状

（1）病原。毛霉菌病是由毛霉菌，主要有总状毛霉、伞状梨头霉、分支梨头霉、少根根霉及米根霉等引起的深部真菌病。

（2）症状。

①蟹易感染：主要由污染的水体、腐烂的水生植物、饲料传播，带菌的动物、土壤均能成为传播媒介。多属损伤感染。

②菌多寄生在蟹体表、附肢和鳃上，在体表的菌丝犹如毛发样，寄生、污染的鳃呈褐色或黑色。有的病体甲壳上出现白斑，质硬。最后中毒、衰竭死亡。

③刮取病变组织制成压片镜检，可见到菌丝孢子等构造。也可将病变组织经派克蓝黑昆克墨汁与40%氢氧化钾溶液等量混合染色，制成标本镜检，菌的构造更清晰。

3. 防治措施

（1）在亲蟹池内遍洒芳草水霉净25mg/L浓度进行药浴，24h后大量换水除去残余药物。

（2）在预防上，亲体先药浴后再入池。同时，要防止过密和损伤。

三、水瘪子病

1. 病因

这是一种环境性疾病（图11-10）。

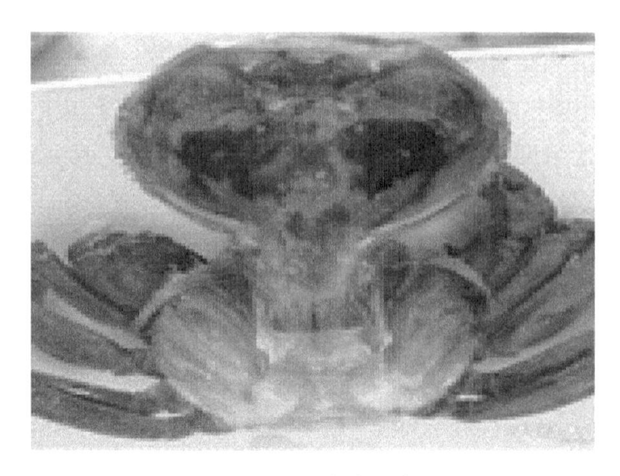

图 11-10　水瘪子病

（1）水质因素。一是农业面源污染。河蟹养殖区也是水稻种植密集区，水稻种植使用化肥、农药，夏季雨水较多，有时农田刚施用了化肥或农药，一次暴雨会将含氮、磷或农药的水流入了河道；政府部门抓秸秆禁烧力度很大，目前还没达到秸秆全面还田、回收利用的治本的办法，大都数秸秆都堆积在田头的河边圩堤上，腐烂后全部进入了水系。二是农村生活污染。虽然开始了农村垃圾回收集中处理，但还有相当部分污染物进入流道，使河道淤塞加重，河水富营养化和耗氧因素增加，水质很差。三是渔业自身污染。清塘消毒水排入河道，养蟹池捞除的水草投入河道而腐烂，发病后用药的池塘水通过换水进入河道等。四是客水过境污染。处于洪水入海的下游地区，汛期客水经湖河入海，这些湖河都是河蟹养殖取水源，如大面积湖网围养殖区每年汛期过水时都发生大量死蟹事故。

（2）种质因素。内陆养殖区不具备繁殖蟹苗（大眼幼体）的条件，蟹苗都要到沿海地区采购，据调查，由于技术与市场价格的双重作用，一些育苗场家河蟹亲本基本上都选自于本区域的养殖成蟹，不经严格挑选，更缺乏必要的技术措施和手段，造成长江水系河蟹特有的品质逐步退化，种质资源的混杂，免疫力下降。外购的蟹苗、蟹种质量得不到保证，加上长途运输、检验检疫、消毒等工作做不到位，造成了蟹种培育和成蟹养殖病害经常发生。另外，在蟹种培育过程中，也存着营养失衡、滥用药、越冬管理不善等问题，有些养殖户虽然放养的是就近自育的蟹种，也出现不同程度的发病。

（3）饲料因素。河蟹是偏食动物性饵料的杂食性动物，对食物的营养要求是多样性的，且有贪食、喜食腐烂食物等习性。在饲料选择上存在的主要隐患，一是营养不足。小饲料厂和自配饲料往往营养不全面或不均衡；或一个阶段投喂某种单一饲料，而不是合理搭配投喂。二是营养不均衡。一些养殖户为追求河蟹快长（早上市）、长大（大规格），盲目选用蛋白质含量过高的配合饲料，违背了河蟹杂食的习性，增加了河蟹肝胰脏等器官的负担，造成器官性疾病发生。三是饲料变质。大多数养殖户都投喂一定量的海水冰鲜鱼和淡水小杂鱼，这些饵料鱼因收购、贮运等环节不配套，喂蟹时已氧化变质。在饲料投喂上存在着投喂不均匀、一天投喂一次、动植物饵料搭配不合理等问题。

（4）气候因素。河蟹产量高低、规格大小、患病与否等与当年的整体气候（气温、水温、光照、雨水等）关系很大，蟹农总结养蟹效果有“大、小年”的说法，如果在风调雨顺正适合河蟹生长的气候年份，产量高、规格大，患病少。气候对河蟹养殖的影响主要有以下几个重要时间段，一是放种期间和第一次蜕壳前后。如果在温度适宜的时间放种，又能顺利蜕完第一次壳，当年蟹种放养成活率就高，且病害也少。二是霉雨季节。霉雨期长短，霉雨期是否在河蟹蜕壳的高峰期，也与蟹病是否高发有很大的关联性。三是极端高温天气。河蟹养殖池一般水位都较浅，规避高温能力差，如果出现持续高温天气，对河蟹养殖极为不利。四是最后一次蜕壳前后。这是河蟹后期增重的关键，这期间气候适宜，河蟹规格大，基本上不再发病。苏北地区 2013 年出现了持续 40 多天的高温天气，蟹病增多、产量下降。2014 年气候条件良好，蟹几乎没发病，蟹产量高、规格大，是一个历史最高的丰产年。2015 年放种时气温偏高，蟹第一次蜕壳偏早；第二次蜕壳前气温忽高忽低，蜕壳时间参差不齐。6 月底至 7 月中旬气温低、多雨、寡照，造成了水体生物的光合作用下降，菌相、藻相不平衡，水体中病原菌和寄生虫大量繁殖，入侵免疫力低下的河蟹，再加上水草、藻类的光合作用吸收水体的二氧化碳，水体 pH 值快速升高，超过了河蟹的生理适宜范围，出现了河蟹病害的暴发。

（5）药物因素。近几年通过宣传、监管力度的加强和用药知识普及，随意用药和使用高毒、高残留的药物，以及在饲料中添加抗生素等防病药物的现象得到了基本遏制，但还存在着一些用药方面的问题。一是清塘药物残留。少数养殖户使用高浓度的菊脂类药物清塘消毒，消毒水排出蟹池，不仅对环境造成污染，药物残留对日后的成蟹带来了很大的隐患。二是不能对症用药。为了预防蟹病，有的养殖户每年春季都使用 1~2 次敌百虫类杀虫药物；有的养殖户多次使用抗菌和杀虫药物全池泼洒；有的养殖户定期用药物杀死蟹池中野杂鱼，盲目用药、无目标预防用药造成抗药性和药物残留。三是使用生物制剂不到位。大多养殖户都重视生物制剂的应用，但因使用方法不规范、加上天气、用杀菌剂等因素的影响，使用后效果很难界定，往往是药用了、钱花了，只能起到一个自我安慰的作用。另外目前市场上生物制剂产品良莠不齐，养殖户不具备检测质量的条件，分辨产品质量好坏难度很大。

（6）饲养管理因素。一是水体长期高 pH 值。养殖水体长期的高 pH 值，会导致河蟹肝胰脏里面虾青素含量下降、体弱，最后变成肝胰脏发白，形成“白膏蟹”。二是溶氧量偏低。河蟹要想养得好，首先要有一塘好的水草，但水草多了也有不利因素，尤其 7 月蟹塘里面的水草一般都会冒出水面，水草漂浮，水草底部一般都会缺氧，夜间溶氧会进一步降低。若河蟹长期处于这种低溶氧的环境，肝胰脏中的虾青素含量就会降低，肝胰脏易出现损伤，最终导致“水瘪子”病。三是农药重金属等蓄积。每年青苔大量暴发，很多农户选择用农药去杀；春天水体里面红虫（枝角类）量太多，有人用敌百虫甚至菊酯类去杀；夏天温度高，蓝藻爆发，有人用杀蓝藻的药物（例如硫酸铜、漂白粉等）杀；养殖过程中水草死亡，水体浓绿，有人用漂白粉或者硫酸铜杀。这些杀草、杀虫、杀藻类的农药以及重金属离子都会蓄积在养殖水体，引发河蟹慢性中毒，肝胰脏里面的虾青素含量下降，最终导致“水瘪子”病的暴发。

2. 病原与症状

（1）病原。养殖河蟹池塘清塘消毒杀虫药害；草根出现发黄、发黑、烂根、蓝藻多；池塘水浑浊，水肥缺氧、pH 值高；饲料氧化投喂河蟹。养殖河蟹池塘水质出现污染，池塘水域环境不适养殖河蟹。因为河蟹有着特殊生物学特性，河蟹的鳃位于头胸部两侧的鳃腔内，呈灰白色，共有 6 对海绵状鳃片，鳃腔具有进、出水孔，进水孔位置在螯足基部，出水孔位置在口器附近。血液从鳃中的血管中流过，溶解在水中的氧气和血液中的二氧化碳，通过扩散进行气体交换，完成呼吸过程。水流在鳃腔内不断循环，保证了河蟹所需要的气体交换。因此，水体藻类严重影响河蟹完成呼吸过程，河蟹长期生长在有毒有害物质的水体间，如藻类、重金属元素、化学物质浓度高（如氨氮、亚硝酸盐）的水体中，河蟹呼吸功能衰弱，直接影响河蟹正常代谢，河蟹免疫功能下降，导致河蟹肝脏、心脏等器脏衰竭。形成河蟹水瘪子疾病。

（2）症状。发生“水瘪子”病的池塘，河蟹一般活力尚好，最初出现“上草，吊网，爬岸”等行为，吃食量明显减少。用地笼张捕河蟹，发病蟹容易进网，附肢不坚硬、空瘪；绝大部分病蟹仍可继续蜕壳。解剖发现肝胰脏有不同程度的损害，肝脏细胞组织不同程度受损，严重者肝脏颜色呈灰白色；河蟹腹腔积水、水肿、糜烂、萎缩；肠道无食，可见“拉黄”现象；部分河蟹底板发黄、发黑，有的病蟹鳃丝不正常。病蟹肝胰脏腺轻微损害的还可正常进食，中等损害的摄食量明显下降，严重损害的则完全不吃食、空肠；出现病症后多数病蟹并不会马上死亡，但一旦发病则往往难以治愈。

3. 危害性

据兴化市渔业技术指导站张凤翔等在2010年第8期《科学养鱼》杂志上发表的《河蟹"水瘪子"病的预防措施》文章描述："发现兴化市部分塘口出现河蟹"水瘪子"病现象，这种情况有些塘口还比较严重，通过笼捕观察，最高达到30%以上，给后期养殖带来隐患，且会大大影响河蟹的商品规格、质量及成活率。前期因水温低，往往未出现死亡现象，但一旦出现便难以治愈。后期如因管理不善，会陆续出现死亡，即使不死亡，后期上市也无膘，市场不接受。"

4. 控制河蟹"水瘪子"措施

（1）苗期管理。河蟹幼体必须从科学管理抓起。一是选择有规模的苗种场精选活力强，色泽一致，淡化时间长的蟹苗；二是选择在纯淡水试验杯中，四处游散迅速、无沉苗、死苗，无"飞机"苗；三是不购买杂苗、花苗和鸳鸯苗；四是河蟹幼体放进育苗塘前，应培育丰富的生物饵料，以供幼体捕食；五是放苗时必须消毒杀菌用复合碘溶液抑制弧菌；六是放苗时原池塘中生物量明显减少时，应及时用酵素钙肥泼洒，保持池塘水质和生物量；养殖前期，如果池塘中生物量很大，可以不投喂高蛋白的人工饲料。因为高蛋白不一定高吸收和高利用，加之河蟹幼体尚未适应人工饲料，反而加重池塘的氮含量，消耗大量溶氧，增加河蟹肝肠胃的负担。在整个育苗过程中，坚持做好"三控一防"，即控料、控草、控水温和防缺氧。杜绝使用高残留和高刺激的药物，防止"水瘪子病"的形成。

（2）底质管理。池塘底质在养殖管理中重要性很大，底好水就好，底好发病少，底好草就旺，所以护理池塘底质至关重要。如果在清塘时用药不当，为追求直观效果，使用高残留和高污染的清塘药，这样会严重破坏底质土壤的物理结构和生物平衡，还会使药残被土壤长久储存，危害养殖河蟹。因药残对肝、胰胰的影响最大，会使河蟹的肝胰腺功能下降，肝胰腺细胞萎缩甚至死亡。建议：放苗后经常用维生素C全池泼洒，解毒抗应激，提高肝、胰腺的免疫能力。另外，定期配合使用活性蒜宝拌料投喂，确保河蟹肝肠胃的健康。

（3）水质管理。池塘养殖过程中水体温跃层对河蟹造成危害，同时也是"水瘪子"增多的诱因。温跃层是随着温度的升高，特别是夏季，表、底水层温度相差较大，上下水体很难自由对流混合，导致水质分层。在水质处理上把它比喻成"聚毒层"，对底栖河蟹的影响非常大。当池塘底部因为死亡藻类、残饵、粪便等有机物在土壤微生物的作用下，消耗大量溶解氧时，温跃层的形成就会阻碍水的对流与氧的扩散，加重池底缺氧。同时，温跃层自身无氧发酵，产生藻毒素、细菌毒素和化学毒素以及病原微生物。如果此时一旦下雨或加水，立即就会使水体对流，聚毒层的毒素和病菌会影响河蟹的健康。如果长时间阴雨，发生洪水也会导致水体中毒素物质的增多。因为阴雨天残留毒素挥发慢。危害河蟹时间长；洪水期，地下水位整体提高，滞留在底下和土壤的残留会浸透到池塘中，双重因素的影响就会导致河蟹的慢性肝胰腺疾病，形成“水瘪子”。根据气候的变化调控好水质，选用净水、解毒药物于全池泼洒，傍晚或夜间用增氧药物泼洒。

（4）饲料与投喂管理。养殖户片面地追求饲料蛋白质的含量，而忽视了饲料蛋白的质量，使得河蟹摄食后，难消化、难吸收，给河蟹的肝胰腺带来负担，引起肝胰脏综合征，导致“水瘪子”的产生。所以，合理选配饲料、科学投喂，至关重要。在池塘中分 2～3 次投放螺蛳，栽种多品种水草。选择蛋白含量 32%～36%的饲料即可，尽量不要更换蛋白含量和饲料品牌，梅雨季节严防投喂霉变的饲料。投喂量控制在以第二天上午检查无剩料为准，蜕壳期和阴雨天减量投喂；发病高峰期停止投喂。

（5）消杀药物管理。在河蟹养殖过程中，建立一个循环的生态养殖环境，养殖户非常难以做到位，经常顾此失彼，导致虫、青苔和蓝藻的大量暴发。遇到这三种问题时，养殖户一般都选择消杀药物清除，来得快去得快，效果明显。但是，这样不但破坏了水环境，造成缺氧，还会给河蟹的肝肠胃鳃带来直接的刺激和慢性的毒害，使得河蟹吃料减少，免疫力下降，肝细胞萎缩，最终有可能就形成“水瘪子”。从健康养殖角度出发，尽量避免消杀，提倡“养护”理念，以防为主，合理套养，科学用药。在特殊情况下，可采取局部或分段灭杀，并及时解毒和调水。

（6）病原微生物防控。“水瘪子”的发生不是一个特定的病症体，而是由多种因素和多个病原体引发的综合症状。因此，保持好一个健康养殖的水环境，积极防控病原微生物的滋长，降低河蟹的发病率，同时也有利于“水瘪子”的康复。前期经常用新噬菌皇（抗病害药品），中后期常用白安威（主要成分：植物基内酯羧酸盐）或新菌克（水质改良剂，主要成分：噬菌肽、溶菌酶定向针对革兰氏阴性致病菌、蛋白酶、脂肪酶、淀粉酶、葡聚糖酶、纤维素酶、植物素）抑制病原微生物。

四、河蟹颤抖病

中华绒螯蟹是中国著名的淡水水产养殖动物。在河蟹众多病害中，颤抖病是最为常见、危害最严重的一种，此病又称抖抖病、环爪病、抖脚病等，因发病时病蟹步足呈间歇性痉挛状抖动而得名（图 11-11）。河蟹颤抖病为暴发性疾病，死亡率高，有的地方发病率高达 90%以上，死亡率可达 70%以上，发病严重的养殖塘甚至导致绝产，损失惨重。该病自 1994 年首次在江苏省被发现后，相继在上海市、浙江省、安徽省和江西省等地出现，并呈现逐年加剧趋势，后来几乎蔓延到全国各河蟹养殖区。1998 年，江苏省溧阳市长荡湖周边地区河蟹颤抖疾病发生的情况仍比较严重，直至 2014 年长荡湖周边地区的别桥镇湖边村部分村民河蟹养殖池塘，河蟹颤抖疾病发生仍比较严重，该病给河蟹养殖农户造成的经济损失严重。

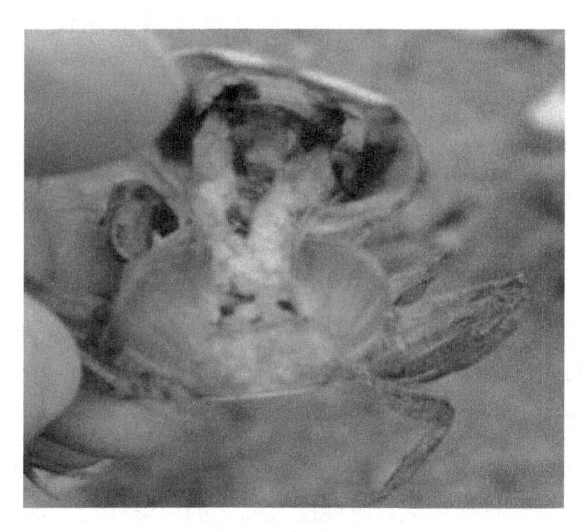

图 11-11　河蟹颤抖病

1. 病因

（1）蟹颤抖疾病成因一。从生产实践中总结显现的是在养殖河蟹池塘水质长期透明度低于 10～20cm 时，光合作用弱，水质 pH 值为 6.0 以下，有益微生物减少时，螺原体病原——立克次氏体的微生物滋生流行，发现有少量河蟹颤抖疾病时，采用抗生素药物治疗无效，是螺原体病原引发的河蟹颤抖疾病因素。

（2）蟹颤抖疾病成因二。从生产实践中总结显现的在养殖河蟹池塘使用化学药物清塘（五氯粉）急性中毒或长期用化学药物防治虫害病害的药害造成水质污染慢性中毒导致河蟹颤抖疾病发生。发现有少量河蟹颤抖疾病时，采用换清水，使用生物解毒剂，河蟹颤抖疾病发生时死亡率低，这表明，池塘长期使用渔药（化学药物）急性中毒与水质污染慢性中毒是导致河蟹颤抖疾病的因素。

2. 病原与症状

（1）病原。目前有关中华绒螯蟹颤抖病病因研究结果主要有以下几方面：一是认为病原体是病毒；二是认为病原体是细菌，或也与种质、环境也有关；三是认为可排除病毒、细菌及寄生虫等病原微生物的致病性，养殖水体生态环境恶化是引起蟹颤抖病的主要原因；四是认为病毒、细菌等病原微生物以及环境等因素都起作用。五是认为类立克次体生物；六是认为是螺原体。可见该病的病原尚无定论，主流报道的有病毒和螺原体，在病毒性病原中报道较多的有中华绒螯蟹呼肠孤病毒。南京师范大学生命科学院报道的是螺原体病原——立克次氏体的微生物滋生流行导致河蟹颤抖疾病发生。溧阳市水产良种场长达15年在生产实践中所表现总结的一是在养殖河蟹池塘水体长期透明度低于10～20cm时，光合作用弱，水质pH值为6.0以下，有益微生物减少时，螺原体病原—立克次氏体的微生物滋生流行，出现河蟹颤抖病症状。河蟹颤抖病病原二：是在养殖河蟹池塘使用化学药物清塘（五氯粉）急性中毒或长期用化学药物防治虫害病害的药害造成水质污染慢性中毒所导致河蟹颤抖疾病发生。

（2）症状。病蟹反应迟钝、行动迟缓，螯足的握力减弱，吃食减少以致不吃食；鳃排列不整齐、呈浅棕色、少数甚至呈黑色，血淋巴液稀薄、凝固缓慢或不凝固；最典型的症状为步足颤抖、环爪、爪尖着地、腹部离开地面，甚至蟹体倒立。病蟹出现肝胰腺变性、坏死呈淡黄色，最后呈灰白色；背甲内有大量腹水，步足的肌肉萎缩水肿，有时头胸甲（背甲）的内膜也坏死脱落；由于河蟹颤抖病危害河蟹的胃、肠、肝、中枢神经，直至出现肌肉萎缩征，河蟹死后河蟹腿中的肌肉全部消失，河蟹颤抖疾病流行时能使大面积的河蟹死亡，造成严重经济损失。

3. 危害

①螺原体病原危害性：养殖河蟹池塘水体在8月下旬水温为28～30℃，pH值为6.0以下，螺原体病原——立克次氏体的微生物滋生流行所引发的河蟹颤抖疾病；该疾病流行与暴发，颤抖症状的河蟹死亡时间从8月下旬开始延续到12月底。螺原体病原引发的河蟹颤抖疾病死亡率高达90%以上，损失惨重。

②药物急性中毒危害性：养殖河蟹池塘水体受化学药物急性中毒与水质污染慢性中毒导致河蟹颤抖疾病时，采取有效控制措施（换清水，生物制剂解毒）可延续河蟹生命力。河蟹死亡率为60%左右。该病给河蟹养殖农户造成严重的经济损失。

4. 控制河蟹颤抖疾病的关键要素

①运用生石灰化学反应与改良池塘底泥酸碱度：养殖池塘的水产品收获后，从12月10日开始将池塘中的水排干清塘，首先用吸泥机将池塘淤泥彻底清除，其次用将新烧制的块状石灰放入池塘底部挖好的小坑内，加水将石灰化开并搅

拌成乳状石灰溶液，将乳状石灰溶液均匀泼洒全池清塘消毒，用生石灰清塘消灭病原体和改良池底酸碱度，每亩用量为280~300kg；用生石灰清塘后，太阳光暴晒塘底，曝晒时间：从12月18日至2月3日。太阳光暴晒塘底，至底泥晒干有裂缝为最佳。这样，一方面杜绝使用化学药物清塘带来药急性中毒所引起的河蟹颤抖疾病；另一方面实现池塘水质pH值7.5~8.0，控制螺原体病原——立克次氏体的微生物滋生流行所发生的河蟹颤抖病。

②科学遵循水生动物生态习性的规律：确定放养的品种与数量，实现生物多样性。放养性状优良的蟹、虾、鱼苗种，用质比表示在同一水体放养不同类水生动物品种——放养河蟹、套养青虾、插养鳜鱼3个品种，量比表示在同一水体放养不同类的各个品种数量的占有率。选择放养长江水系培育的健康中华绒螯蟹苗种。蟹种规格：130~160只/kg，1—2月放养1 200只/亩；选择套养优质青虾苗种，1—2月套养青虾，规格2~2.5cm，亩放养5kg幼虾；选择插养翘嘴鳜鱼，6月下旬插养翘嘴鳜鱼，翘嘴鳜鱼规格5~6cm，亩插养数量12尾；为实现同一水体内生物多样性，形成水生生态系统内的物质良性循环，促使养殖水域生态资源化，实现控制水生动物虫害病害发生，杜绝使用化学药物防治虫害病害，实现有效控制化学药物慢性中毒所引发的河蟹颤抖病。

③采用水生植物生态功能与药理作用：养殖河蟹的池塘培植水草群落，此消彼长互为补充，春、夏、秋三季池塘底部水生植物覆盖率达75%~85%，将水生植物的茎叶面控制在水面以下30~40cm之处，提高水生植物光合效率，增加池塘水体溶氧量，水体溶氧达5.5mg/L以上；增强水生植物的光合作用，促进水生植物代谢对池塘底泥及池塘水体的有机营养吸收，充分发挥水生植物的生态功能，消除水质富营养，分解养殖水体中产生的有毒有害物质，控制藻类繁殖，有效控制河蟹丝藻附着病；水生植物药理功能具有抑菌、消炎、解毒、消肿、止血、强壮等药理功能。河蟹食性能大量采食水生植物，河蟹摄食后能有效控制河蟹细菌性疾病的作用，杜绝使用抗生素（化学药物）防治河蟹细菌性疾病；实现控制使用化学药物慢性中毒所引发的河蟹颤抖疾病。

④运用鲜活贝类生态功能与药理作用：每年水草栽培后的3月，每亩移植鲜活贝类150kg，秋季水生植物代谢功能减弱时，9月和11月二次向养殖塘内移殖螺蛳、蚌、蚬等鲜活贝类，移殖量为每亩200kg，使其自然繁殖，鲜活贝类具有强大滤水滤食生态功能，促使水体透光性能好，水体光合作用强，有效促进有益微生物生理功能，控制螺原体病原——立克次氏体的微生物滋生流行所引发的河蟹颤抖疾病；鲜活贝类的肉质是河蟹最佳的动物蛋白饵料，摄食后能增强河蟹免疫力和抗病力；剩下的贝壳在水体中自然分解，贝壳所含的有机微量

元素分解的产物，河蟹正常代谢成为河蟹正常代谢脱壳所需微量元素。在此贝壳的微量元素分解使水体呈微碱性，池塘水质的 pH 值 7.5~8.0 时，实现控制螺原体病原——立克次氏体的微生物滋生流行所引发的河蟹颤抖疾病。

⑤运用生物制剂的生态功能：生物制剂具有调整水域的微生态结构、分解转化有害物质的功能，高温季节与阴雨连绵季节使用生物制剂能防止和克服微生态失调，恢复和维持水域生态平衡，促进养殖水体资源生态化，提高河蟹免疫功能，增强抗病能力，降低发病率，控制河蟹虫害病害发生，可杜绝使用渔药（化学药物），有效控制化学药物慢性中毒所引起的河蟹颤抖疾病。

五、丝藻附着病

丝藻附着病后期严重时引发的就是“烂鳃病”“黑鳃病”。

1. 病因

由于蟹呼吸功能的特性，水中藻类及其浑浊物被蟹吸入，被蟹鳃膜所挡滤，即附着在鳃体上，影响了蟹的呼吸，导致生长发育不良，直至死亡（与矿工职业病中的矽肺病相似）。该病可在在养殖中观察发现，如图 11-12 所示。

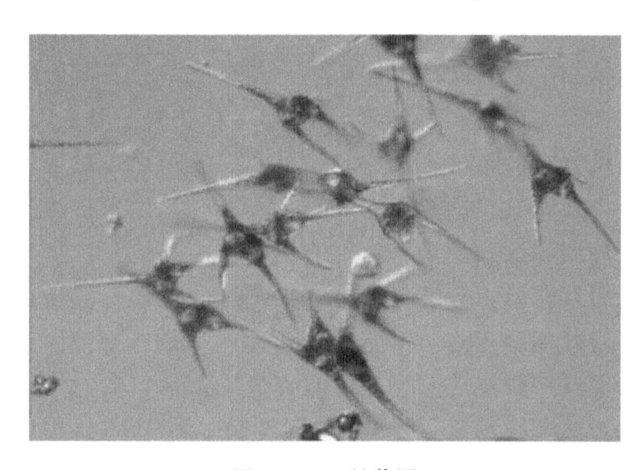

图 11-12　丝藻属

2. 病原与症状

该病是水体被污染、水中溶解氧下降和水质恶化所造成的。另有养殖中观察发现，池塘水质发绿，逐变浑浊，池塘环境就能引起河蟹丝藻附着病出现，50~150g/只的蟹易发生。河蟹丝状藻类附着病病原是因丝状藻类附着于蟹引起。常见的有绿藻类的浒台和刚毛藻以及褐藻类的水云等。

藻类中有些种类对河蟹生长也有一定的危害性，如青泥苔、湖靛、甲藻、小三毛金藻等，现介绍如下。

（1）青泥苔。青泥苔是水绵、双星藻和转板藻的总称，是一种丝状绿藻。蟹苗放养季节，水温上升，这类丝状藻类在池塘浅水处萌发和生长，长成一缕缕绿色的细丝附着在池底，像网一样悬浮在水中，衰老时变为黄绿色，漂浮在水面，形成一团团乱丝。蟹苗和仔蟹游入青泥苔中，常常被缠住无法逃脱而死亡，所以青泥苔对蟹苗和仔蟹有直接伤害的作用，是不可轻视的敌害。青泥苔在池塘中生长速度很快，对河蟹活动和摄食都很不利。防除方法是用生石灰清塘，还可用硫酸铜泼洒，使池水中硫酸铜浓度为0.7~1mg/L。

（2）水网藻。水网藻是一种绿藻，藻体由很多长圆筒形细胞相互连接构成网状体，每一“网孔”由5~6个细胞连结而成，池中水网藻数量多的时候，像张撒在水中的鱼网，比青泥苔更能陷住蟹苗和幼蟹，危害比青泥苔更为严重。水网藻分布很广，它喜欢生长在浅水处，尤其是在有机质丰富的肥水中繁殖很快。防除方法与青泥苔相同。

（3）湖靛。池中铜绿微囊藻和水花微囊藻等蓝藻大量繁殖，使水面上漂浮一层翠绿色的水花。这种蓝藻一般在夏季高温时大量繁殖，喜欢生活在偏碱性的池水中，一般pH值为8~9.5。湖靛死后会分解出有毒物质，含量不高时影响幼蟹生长，大量存在时能使幼蟹死亡。每升水中若含有50万个左右的这种蓝藻个体，就会使幼蟹致死。6—9月为湖靛发生期，流行地区较广。防治方法是经常注换池水，保持水质清新，使蓝藻失去滋生的条件。可用硫酸铜全池泼洒，使池水硫酸铜浓度为0.7~1mg/L，泼药后第二天清晨要注入新水或更换部分池水，以免河蟹死亡。

（4）甲藻。甲藻是常见的原细胞浮游植物，多甲藻和裸甲藻死后产生甲藻素，使蟹苗和仔蟹中毒。多甲藻为黄褐色，大量繁殖时，在阳光照射下呈现出红棕色，俗称“红水”或“铁锈水”；裸甲藻为蓝绿色。这两种藻都喜欢生长在含有机物多、硬度大、呈微碱性的池塘中。多年未清淤泥的池塘有机质过多，一待水温上升，甲藻就大量繁殖，成为池中优势种。池中大量的甲藻死亡之后就给河蟹带来危害。防治甲藻，要清除池中的淤泥，减少有机质，使甲藻在池中无大量繁殖的条件；经常加注新水或换水，使甲藻所在的水温和pH值等因素发生突变，以抑制甲藻繁殖；如果池水中甲藻大量繁殖，可用硫酸铜全池泼洒，使池水中硫酸铜浓度为0.7mg/L，可起到杀灭作用。

（5）小三毛金藻。小三毛金藻是近20年来在我国盐碱地区域淡水养殖池中所发现的，小三毛金藻呈椭圆形或球形，大小为（6~7）μm×（6~11）μm。细胞前端有3根鞭毛，两条长的鞭毛约为细胞长度的一倍半，中间一根短的只有前者的1/4~1/3。近鞭毛基部有一个伸缩泡，两个叶状的金黄色的色素体位于细胞两侧，且常偏于细胞前半部。小三毛金藻在池塘中大量繁殖，分泌一种毒素，可使河蟹中毒致死。

小三毛金藻繁殖要求水具有一定的盐度和硬度，因此河蟹发病一般在距海较近的池塘，或在盐碱地建造的蟹池。如河北省沧州地区和唐山地区多次发现此病。小三毛金藻发病主要在早春、晚秋、初冬季节，冬季冰下也有存在。在池中不达到一定密度时，小三毛金藻对河蟹危害并不明显，但随着池中条件适宜使之大量孳生成为优势种时，密度达到和超过3 000万个/L，就会使水呈浓黄褐色。此时小三毛金藻分泌的毒素，能毒害鱼类和河蟹的呼吸中枢，河蟹中毒后一般逃到水草上或爬上岸。当水中小三毛金藻的密度超过3 000万个/L时，水呈浓黄褐色。防治小三毛金藻，可用硫酸铜全池泼洒，使池水硫酸铜浓度达0.6~1mg/L，一般经24h左右可使蟹恢复正常。硫酸铜只能抑制小三毛金藻的繁殖，不能完全杀灭小三毛金藻。注入新水可以降低小三毛金藻在池水中的密度，并降低其毒性。

3. 危害

（1）丝藻附着病。即污染物体附着在鳃体上，两鳃发黑，影响了蟹的呼吸，导致生长发育不良，失去呼吸功能，行动缓慢，体质消瘦，最后停食直至死亡。

（2）当蟹塘的浮游生物未能大量繁殖时，其水质较为清澈，阳光可直接射入下层，此时若是池底存有大量有机质，很容易使底层丝藻大量繁殖。这样丝藻不仅在夜间会消耗大量氧气，增加泛塘的可能性，而且还能降低蟹体的活力，并阻碍蟹的行动。在养殖后期，常常需要换水，以防塘底形成还原层。此举常造成透明增加给丝藻造成可乘之机。尤其是在低水温时，蟹长时间未蜕壳，至水温高时，丝藻大量繁殖极易布满蟹壳上，严重影响蟹的活动与摄食，甚至造成蟹大量死亡。

4. 控制河蟹丝藻附着疾病的关键要素

（1）在养殖过程中，用科学的方法，运用生物占据各自生态位的特点，质比量比规律确定放养品种与数量：质是指某一水生动物的细胞质，不同水生动物品种的细胞质不同，也就是不同品种的鱼、蟹、虾细胞质不同，因此，用质比表示在同一水体放养不同类水生动物的品种数量（放养几个品种），量比表示在同一水体放养不同类各个品种数量的占有率（每个品种放养多少尾）。选择放养长江水系的中华绒螯蟹苗种时间：每年2月5日至2月20日，放养蟹种规格：为130~160只/kg，放养蟹种数量：每亩为1 200只，套养青虾幼虾时间：每年7月，规格为个体长为1.5cm，或12月规格：个体长为1.5~1.8cm，套养青虾幼虾数量：每亩为5kg青虾幼虾，青虾以有机碎屑为食，有效控制残饵污染水质；插养翘嘴鳜鱼时间：每年6月下旬，插养翘嘴鳜鱼种，规格：个体长为5~6cm，插养翘嘴鳜鱼种数量：每亩为12尾翘嘴鳜鱼种，翘嘴鳜以食活饵料适口野杂鱼苗，插养翘嘴鳜可有效控制野杂鱼与河蟹争食饵料。实现同一水体内蟹、虾、鱼配套养殖，满足水环境中生物多样性，水生生物共生互利，水生生物系统物质良性循环。就能解决丝藻附着病的高发问题。

（2）水草栽培。在养殖河蟹池塘的秋季，9月下旬移栽菹草、黄丝草、金鱼藻、伊乐藻、睡莲草，冬季11月上旬种植轮叶黑藻草籽、苦草草籽、菱角在秋季播种，在翌年春季3月实行补栽8种沉水水生植物，组成8种沉水水生植物群落，此消彼长互为补充，春、夏、秋三季池塘底部水生植物覆盖率达75%~85%，用物理方法（割草机）和生物方法（控草宝）将水生植物的茎叶面控制在水面以下30~40cm之处。水面以下水生植物光合作用时，水体内水生植物释放氧量增多，养殖水体内溶氧量增高；水体内水生植物新陈代谢功能提高，分解养殖水体中产生的有毒有害物质功能提高，可消除水质富营养，控制藻类繁殖，可达控制河蟹丝藻附着病的发生。

（3）贝类移殖。螺蛳、蚌、蚬等鲜活贝类具有强大滤水滤食功能，秋季水生植物代谢功能减弱时，当年9月、11月分二次向养殖塘内移殖螺蛳、蚌、蚬等鲜活贝类，二次投放的总量为每亩300kg，在养蟹池塘中投放一定密度的铜锈环棱螺有利于水体环境的改善。华中师范大学资源与环境学院报道，底栖软体动物水环境生态修复研究进展，表明研究发现铜锈环棱螺具有强大滤水滤食功能的大型淡水双壳类软体动物可明显改善水质，通过螺对太湖五里湖湾水体透明度、总磷、氨氮、溶解氧作用的研究，发现它能使水体透明度从0.5m左右提高至1.3m内，使湖内水体浊度速降底，降低总磷的幅度达到50%，经分析这是铜锈环棱螺的絮凝作用所致；并且在其水域氨氮浓度大幅降低，使实验点高达5mg/L以上的氨氮浓度降至2mg/L以下，从感观和水质指标两方面有效，达到有效控制藻类繁殖，实现控制河蟹丝藻附着病的发生。

第三节　河蟹的其他疾病

一、蜕壳不遂病

1. 原因

河蟹一生要经过多次蜕壳。如果蜕壳不顺利，不仅影响个体的生长，严重时能引起死亡。近几年来，各地养殖的河蟹因蜕壳不遂而引起死亡的现象比较普遍，如图 11-13 所示。造成不能蜕壳的原因较多，也比较复杂，由以上发病条件分析及大量池塘对比观察、实验，得出不蜕壳的原因大致有三方面：一是蟹体受伤或有病，不能顺利蜕壳；二是营养不足，长期缺乏钙、铁等必需元素，导致甲壳生长不好，蜕壳困难；三是缺乏适宜的蜕壳环境，如氧气、水质和蜕壳需要浅水区（蜕壳带）和安静隐蔽的场所等。具体情况如下。

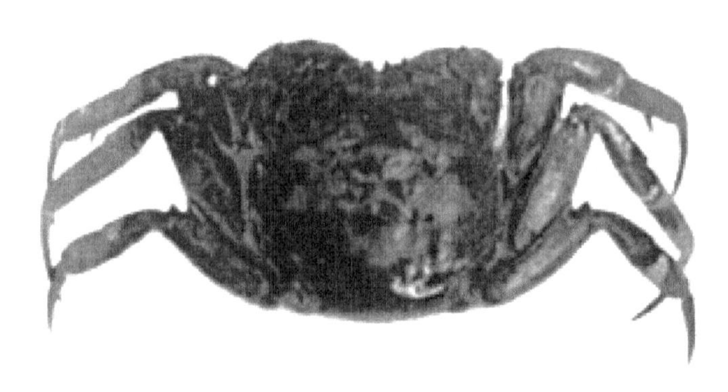

图 11-13 蜕壳不逐症

（1）秋季 22~25℃水温为水体中弧菌等病原菌最适繁生条件，而水温下降又降低河蟹活力及抗病力，病原菌感染为此病发生根本内因，这与近年来环境污染，水质恶化有关。

（2）与河蟹特殊生理生态有关，秋季 25~28℃水温时为河蟹集中性成熟蜕壳期，特别表现在适龄蜕壳不遂死亡，实验观察交配雌蟹甲壳硬化时间长，一般蜕壳交配初始至甲壳完全硬化时间长达 2~3d，致使极易感染病菌。这时，若环境突变或不适，水质不良也极易使蜕壳受阻且死亡。秋季早晨溶氧量偏低，而雌蟹耗氧量增大，雌蟹极易因缺氧窒息死亡。环境条件突变刺激适龄河蟹群体蜕壳，雄蟹同步蜕壳使雌蟹未能完成，激烈生理变化，加上水质不良及水体致病菌感染，而造成了该病出现的现象。

2. 病原与症状

（1）病原。河蟹性成熟蜕壳对环境有一定的要求：溶解氧 5mn/L，pH 值为 7. 38~8. 12，水温 18~21℃，盐度 6. 7‰~7. 4‰。如水体条件不符合河蟹蜕壳的要求，则就出现河蟹蜕壳不遂病。水温及环境不适：该病经常发生于每年第一次冷空气南下影响的时候，水温突降至 20~25℃时，如若伴随台风，台风前西风、低气压，台风后降雨、降温，则发病更严重。

（2）症状。

①黑壳蟹不蜕壳：病蟹壳呈灰黑色，坚硬钙化，不吃食，爬上岸边无水处十足撑起，腹部悬空，口不吐泡沫，蜕不下壳。可用小刀轻敲背壳，能打出一个空洞，空洞不外流体液，内已长出一层新的软壳。初患病时，爬上岸离水边10~20cm处停住，一有动静能立即逃回水中。患病严重时行动呆滞，不能逃回水中，不久便死于岸边。

②长毛蟹不蜕壳：病蟹的甲壳、口器、眼窝等处长了厚厚的一层毛状物（原生动物及霉菌），毛上覆盖一层泥土及污物，整个蟹壳呈灰黄色或土黄色，用手抓起，壳表层很滑，污物很难刮除。此时池水水色呈乳白色（大量原生动物及霉菌等暴发），蟹不吃食，栖息于进水或流水处，严重时不能蜕壳，不久即死亡。

③黑鳃、藻类鳃、烂鳃引起不蜕壳：病蟹鳃丝发黑、发脆，鳃丝长满藻类和原生动物，失去呼吸能力；病蟹爬至岸边或水草上，暴露整个身体于空气中，口器无泡沫吐出；将此蟹放进水中后，也会立即爬上岸，利用空气中的氧气维持生命。轻度患病蟹通过用药和改善生态环境可使其恢复健康，严重患病蟹不久即死亡。

④蟹壳透明、蟹脐水肿、肛门外翻发红不蜕壳：病蟹壳起初发黄，迎阳光观察时，蟹壳边缘黄而透明，蟹脐黄而乳白色，肠道无粪便，肛门口外翻发红，轻压肠道有黏稠透明液体流出；不吃食，行动迟缓，常栖息于水边，逃避力不强；大部分死在靠岸边的浅水处。

⑤蟹脐脱落、蟹肉发臭不蜕壳：病蟹的腹脐水肿，无弹性，在腹甲的后缘连接处脱落；在脐的刚毛深处发现有乳白色似蛆状的虫，即蟹奴虫。病蟹不吃食，不生长，切肢再生力差，蟹脐脱落而死亡。

3. 危害

河蟹靠蜕壳不断生长，不蜕壳不但不能正常生长，而且会因此而引起大批死亡。近几年来江苏省、安徽省、辽宁省等地养殖河蟹因长时间不能蜕壳而大批死亡，经调查90%以上死亡蟹存在不同程度的蜕壳不正常。近年来，由于有蜕壳不遂病给蟹农造成经济损失惨重。

4. 不蜕壳症防治措施

（1）河蟹染病往往蜕壳不遂而死，所以在河蟹养殖的各个阶段都要注意防病治病。要科学投饵，补充营养，河蟹养殖投饵是关键。在养殖过程中基本分为3个阶段，即前、中、后期。前后两期以精饵为主，中期粗、精饵料结合。在投喂数量上，前期比例大，中期比例次之，后期比例小（按体重比）。如果饵料质量不好，长期投喂后缺少某种营养成分，河蟹就会患病。如缺少维生素 C，会导致黑鳃病和黑体病；缺少钙质会导致软壳病；如果饵料投喂不足就会互相残杀。所以投喂饵料品种、质量、数量等是否科学，会直接影响河蟹的生长与蜕壳。目前，不少养蟹专业户简单地以麸皮、饼类投喂，是很不理想的。河蟹蜕壳时要补充大量含钙、铁、磷的饵料，同时还要在饵料中添加一定数量的必需氨基酸。平时应做到定期向池塘泼洒生石灰，以增加水中钙离子浓度，同时又起消毒作用。河蟹蜕壳期间应加强营养，让其吃饱吃好，不可好一餐坏一餐，饱一餐饿一餐，投饵一般在 17：00—18：00 进行。

（2）要创造适宜的蜕壳环境，保持水位相对稳定，既要有浅水区，又要有深水区。池塘浅水或浅滩处栽培漂浮植物和沉水植物，以利河蟹隐蔽和不受外界干扰。栽培面积以水面的 1/5～1/3 为宜。平时投饵不足时，水草又可作辅助饵料，此外，水草还能改善水质，改善生态环境。

（3）注意调节水温，池塘养殖河蟹通常水体较小，因此池水温差较大，尤其是高温季节，要做好降温工作，保持水温在 19～28℃。此外，还要加强巡塘和记录。每天 3 次定时巡塘，早、中、晚各 1 次，并经常注意河蟹的吃食情况、查看蜕壳蟹的活动情况，及时清理蜕出的蟹壳和死蟹。每天上午和下午各测定 1 次水温、气温，各月的平均水温和气温亦要掌握。对河蟹蜕壳后的体重、胸甲宽度进行测定，做好养殖河蟹的各项记录。

二、蟹中毒症

1. 病因

河蟹对有机或无机化学物质非常敏感，超限都可发生中毒现象。能引起河蟹中毒的物质统称为毒物，其单位为百万分之几（mg/L）或 10 亿分之几（μg/L）。引起中毒的化学物质甚多，依其来源主要有如下几种情况：由水池中有机物腐烂分解而来；工业污水排放进入；农药、化肥和药物进入水池等，如图 11-14 所示。

2. 病原与症状

（1）中毒症病原。

①池中残食、排泄物、水生物和动物尸体等经腐烂、微生物分解产生大量氨、硫化氢、亚硝酸盐等物质，侵害、破坏鳃组织和血淋巴的功能而致病。如池水中氨、亚硝酸基含量高时，河蟹会出现黑鳃病。

②工业污水中含有多量汞、铜、镉、锌、铅、铬等金属元素，如未经处理而排入池中就会使蟹发生中毒。如池水中镉含量达 0. 76mg/L 时，对蟹可引发黑

图 11-14　蟹油漆中毒症状

鳃病。工业污水中的多种重金属，在毒性上尚存在一定的累加作用和协同作用，更加剧了对蟹的病害作用。

③包括蟹在内的甲壳类动物对有机磷农药十分敏感。蟹对敌百虫（含量95%）和马拉硫磷（含量50%）的半致死浓度分别为0.5mg/L和0.62mg/L。在用硫酸铜、高锰酸钾消毒、药浴时，如果使用过量，都可引起黑鳃病。高锰酸钾是变成不溶性的二氧化锰而沉积在鳃部，破坏鳃组织，铜离子能直接损伤鳃组织。使用其他药物也要注意安全浓度，如生石灰15~20mg/L，优净0.3~0.6mg/L，土霉素0.1mg/L，孔雀石绿2~3mg/L，如过量也会引起中毒。

（2）蟹中毒症的诊断要点。详细调查围池水域环境的水源，诸如有无工业污水、生活污水、稻田污水、生物污水混入；周围有无新建排污工厂、农场；池水来源改变情况等。以此作为进一步论证的线索。临床观察可见两类症状。一类是慢性经过：出现呼吸困难、摄食减少、生长缓慢，以及零星发生死亡，随着疫情发展而死亡率增加，这类疾病多数是由池水内大量有机质腐烂分解引起的中毒；另一类是急性中毒，多由工业污水和有机磷农药等所致而出现大量假蜕壳，或三角膜呈红、黑泥性异色，或腹脐张开下垂，四肢僵硬而死。有的内分泌失常，胸足脱落而死亡。尸体上浮或下沉，在清晨池水溶氧量低下时更明显。化学物和药物中毒的尸体剖检时，可见鳃丝组织坏死变黑，但鳃丝表面无纤毛虫、丝状菌等生物附生。剪取病死体鳃丝涂片（或染色）镜检，在显微镜下见不到原虫和细菌、真菌。

3. 蟹中毒症危害

河蟹中毒症危害严重的死亡率高达60%以上，尤其是菊脂类化学药物河蟹中毒症的蟹种就不能养殖商品成蟹，一是成活率低，二是蜕壳率低，三是个体长不大；剧毒类的化学物有机机磷农药中毒死亡率高达80%以上，五六酚钠中毒死亡出现在养殖生长期的后期。死亡率相近于河蟹颤抖病的死亡率。因此，只要是化学药物河蟹中毒症出现给蟹农带来的经济损失是惨重的。

4. 蟹中毒症的防治措施

（1）蟹苗蟹种放养前，养殖池干水后每亩用100kg生石灰清塘。6—9月，用生石灰15mg/L全地泼洒。2年终，清除池底过多淤泥（保留5cm）。

（3）在池中栽植水草来净化水质。

（4）一旦出现此病症，马上更换新水。

（5）对蟹消毒或药浴时避免用有机磷药物。在用高锰酸钾时也应十分谨慎，其浓度不宜过大、消毒药浴时间不宜过长，必要时用药后再换以洁净的新水。对水域周围排放的污水进行理化和生物监测，经处理后的污水排放标准为：BOD小于60mg/L，COD低于100mg/L。

（6）放种前应清塘消毒。6—9月用生石灰10kg/亩化水泼洒。病池按常规进行清池消毒，换入洁净的水3~5倍。清理水源和水域环境，根除污染源。

三、缺钙症

河蟹缺钙又称营养性不良或软壳病，是幼体的多发病。

1. 病因

鳃类水生动物能从水中直接吸钙，而磷则需从食料中获得，且应含0.4%以上，钙、磷比例一般水为1∶1或更小些。因此，如果食料中钙磷不足或缺少，就会发生病症，如图11-15所示。

2. 病原与症状

（1）病原。

①因为维生素D的前体：最关键的是生物体皮肤底下储存了一种物质叫7-脱氢胆固醇，其实就是维生素D的前体，而这个前体只有经过阳光紫外线照射以后，它就合成了维生素D，这个维生素D就可以进入血液以后奔赴它的主战场去转运钙，因此，才能将河蟹肠道里饲料营养中钙质正真转化为河蟹正常代谢、生长、发育所需的钙质；使其种质特征充分表现，生长性能充分发挥。河蟹在新的代谢过程中，有了维生素D就可以促使钙质转化成河蟹生长新的骨膜，

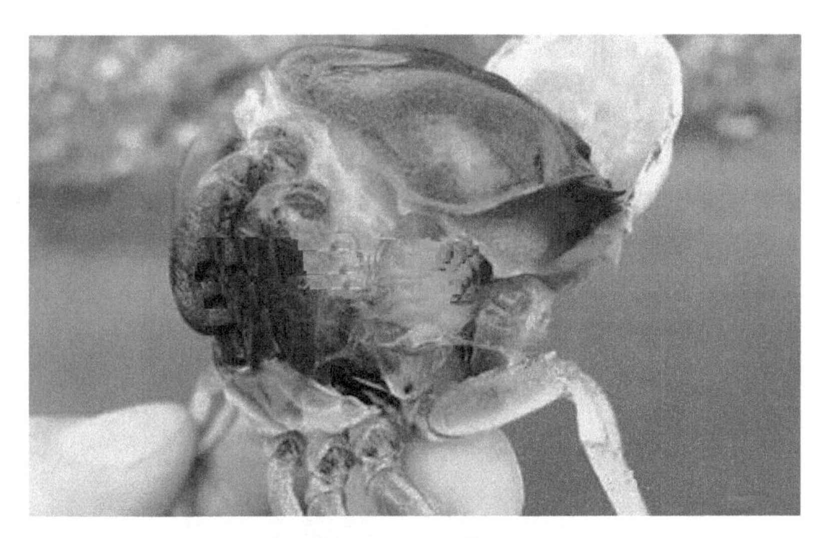

图 11-15　蟹缺钙症

即河蟹的软壳，当软壳长成河蟹代谢的新壳，就促使河蟹蜕皮，提高河蟹的生长率，蜕壳率，增加个体率。

②日粮中维生素 D 不足，或者长期在阴暗处饲养而造成日照不够，也可诱发缺钙症。池水中含有机锡杀虫药，从而抑制甲壳中几丁质的合成，如浓度达 14. 5μg/L 即可导致 47%~60%的蟹发生软壳畸形病症。

（2）症状。在临床上病症通常为病体食欲降低、活动差或无力、生长缓慢。蟹则出现甲壳形不正、不平或质软，严重的死亡。

3. 危害

这对幼体危害更为重要，死亡率特别高。2015 年 6 月 20—28 日，2016 年 5 月 20 日至 6 月 30 日长期阴雨连绵，养殖河蟹池塘的水体缺少光合作用，造成河蟹不能蜕壳生长，养殖的成蟹类个体规格小。因此，产量低，最根本的原因是光照不足，诱发缺钙症。长江中下游地区河蟹产量低，亏损面达 95%。

4. 防治缺钙病措施

要增加动物性饵料比例，特别是要补给活的或新鲜的动物饵料（鱼、肉等）。了解食料配比、加工情况，是否存在新鲜的动物性饵料缺少或不足，以及食料是否腐败变质等问题。尽可能做到饵料多样化，切忌单一。以全价营养为标准，这对幼体更为重要。光照与遮阳要适当安排，切不可全照全遮。因此，蟹类的饲料中就应增加维生素 D，通常水产饲料的维生素 D 是 8%~12%，阴雨连绵的季节里蟹类的饲料里维生素 D 可添加为 12%以上。只有这样才能促使蟹正常代谢蜕壳。

四、蟹窒息症（缺氧症、猝死症）

用鳃呼吸的特种水产动物最易发生窒息症，窒息症是人工养殖常见的多发病，如图 11-16 所示。河蟹一般要求池水溶氧量为 5mg/L，若低于 2mg/L 则会发生缺氧窒息死亡现象。最常见的原因是不换水、无增氧设备和饵料密度超限。也可能是池水中有机物过多（残食、烂草、淤泥、排泄物），即水过肥，招致微生物大量繁殖而耗氧及产生大量有害物质。当池水的生化需氧量超过 5mg/L 时，即会引起缺氧和中毒。池中浮游生物（藻类、原虫、微生物）大量繁殖污染，也会造成缺氧、中毒和病害。池水盐度过高会降低水的溶氧量，也容易发生缺氧症。

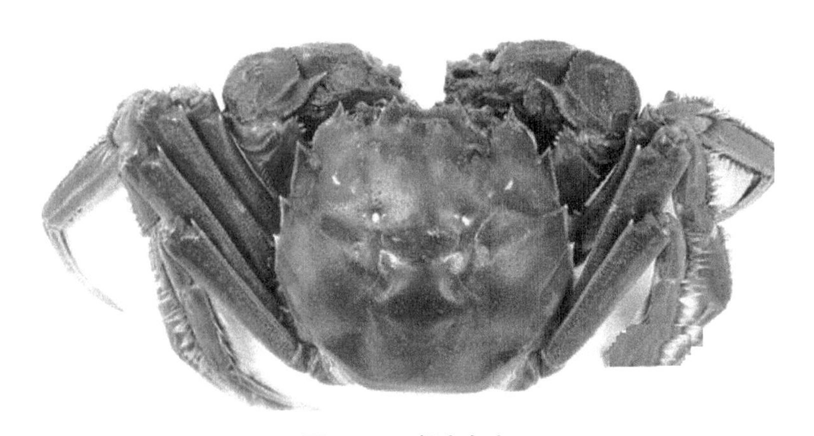

图 11-16　蟹窒息症

临床检查观察时，病初可见食欲降低，活动力下降，头不时浮出水面困难地呼吸；病后期不食、不动、浮于水面，最后窒息死亡漂浮水面或沉底。剖检时，单纯缺氧症尸体一般鳃部色泽不发黑，但会有细沙附着，不见有其他病症。检测水中溶氧量，可以确诊。

治疗蟹窒息病，应立即换新鲜水或增氧，同时清除池中过多的水生植物，特别是腐烂的植物。这项措施越早、越快，越见效。也可将上草或上岸呼吸的蟹捞出放入新鲜水池中饲养，以缓解病况。如有条件的养殖场，可进行池水溶氧量和生化需氧量的监测，以便于采取换水或清池消毒等措施，从而从根本上防止病的发生。放养密度始终是预防疾病发生的重要条件之一。过密，可引发缺氧、伤害以及污染，使池水水质变坏，促使大量生物（藻类植物、微生物、寄生生物等）繁殖而产生疾病。

五、河蟹综合症

河蟹综合症即中华绒螯蟹甲壳溃疡及重金属离子偏高综合症。据上海水产大学黄琪琰等研究报道，1996 年 1 月初，连云港某养蟹场的中华绒螯蟹的抱卵蟹在升温到 17℃以上后不断死亡。症状为步足脱落，螯足上的毛脱落，甲壳上有褐斑。

1. 病因

河蟹综合症的病源经查明，由于海水中的重金属离子含量较高，以及弧菌感染引起甲壳溃疡病。经鉴定，弧菌能在不含盐的培养基中生长，其余的生理生化特性均与副溶血弧菌相同。

2. 防治方法

在蓄水池中全池遍洒 5mg/L 浓度的 EDTA 钠盐，在蟹池内全池遍洒土霉素，浓度为 3. 5mg/L，隔天泼 1 次，连泼 3 次，同时投喂鱼泰 8 号，药饲 5d，治疗效果良好，治愈率达 93%。愈后抱卵蟹孵化幼体正常。

第四节 河蟹的动物敌害与防治

河蟹的主要敌害生物有鱼类、青蛙、蟾蜍、鼠、水鸟、昆虫和藻类等。其中，早期阶段以鱼类、青蛙、水蜈蚣、蟾蜍危害较严重，后期以鼠、水鸟危害较严重。

一、鱼类

鱼类中对幼蟹危害最大的是乌鱼和鳜鱼。鲤鱼、鲫鱼是底栖性鱼类，食性杂，喜食底栖动物和人工饲料，能捕食幼蟹和蜕壳蟹，并干扰大小蟹蜕壳。如果养蟹池塘清除敌害不彻底，池中留有乌鱼、鳜鱼、鲤鱼、鲫鱼，则河蟹的成活率极低。青鱼也是底栖鱼类，喜食螺蚬类底栖动物，也捕食幼蟹。团头鲂在池塘养殖中虽然以吃草为主，但喜食螺蚬类底栖动物，也捕食幼蟹。但团头鲂生长慢，个体小，对幼蟹的危害较小。草鱼主要吃草，但 10 cm 以下的草鱼种亦喜食动物性饵料，也捕食河蟹大眼幼体和早期幼蟹。而 2 龄草鱼种主要与幼蟹争食，使幼蟹的生态环境遭到破坏，对幼蟹蜕壳生长不利。白鲢和花鲢是上层鱼类，以浮游动植物为饵料，与幼蟹没有根本性冲突，但它们的活动干扰蟹蜕壳。淡水池塘中的野杂鱼大多是杂食性的，也有肉食性的，不仅吞食幼蟹，还与幼蟹争食。因此，彻底清塘并防止在投放的水草中带进小野杂鱼，注意鱼类放养种类，就可以预防鱼类对幼蟹的危害。

二、青蛙和蟾蜍

蛙类和蟾蜍对蟹苗和仔蟹危害甚大，其危害主要在早期幼蟹阶段，当幼蟹爬上岸或爬草上，或聚集在岸边湿土上时，常被青蛙、蟾蜍吞食。有人解剖一只50g左右的蟾蜍，胃充塞度极高，在显微镜下观察胃容物，有1期幼蟹315只，其中有3只活蟹，小昆虫16只。随着幼蟹生长，青蛙和蟾蜍吞食幼蟹数越来越少。当幼蟹长至壳宽20mm以上时，蟾蜍一般很难再捕食到幼蟹，但个体较大的青蛙却可吞食壳宽20mm以上的幼蟹，胃内的幼蟹达2~8个。蛙类蝌蚪一般不吞食幼蟹，但与幼蟹有争食现象。因此，早期幼蟹培育要求用栏网围起来，使青蛙和蟾蜍无法进入，或用铁叉捕杀，或在放养蟹苗前，用生石灰或茶饼清塘。或每亩用清塘净（此药只杀有红血球的动物）600g撒池杀灭。

三、鼠类和鸟类

鼠类对幼蟹危害十分严重。对幼蟹危害较严重的鼠类是个体较大的褐家鼠。早期幼蟹和性未成熟个体一般上不了岸，这时鼠类不易吃到幼蟹。当幼蟹出现早熟后，便具有上岸外逃的习性，或因天气变化爬上岸进行气体交换或觅食时，最容易受鼠类伤害。鼠类伤害幼蟹一般在夜间。这时鼠类在岸边寻找食物，见到爬上岸的河蟹后，首先把蟹螯足的步足咬断，使蟹毫无反抗能力，然后吃“蟹黄”和蟹肉，甚至将断肢蟹拖进鼠洞。1996年，在南京长江河蟹场一鼠洞中挖出80多只重30~50g的小蟹。消除鼠类的方法，一是不定期使用鼠药，最好用螯虾拌药毒杀；二是夜间巡塘时用铁叉捕杀。

鸟类中危害幼蟹的主要种类有野鸭类和苍鹭类。在有芦苇和蒲草的水域，这两种鸟类对幼蟹危害最严重，但在小型池塘中出现较少。预防鸟类的办法，一是用鸟枪驱赶，二是在池中扎草人驱赶。

四、克氏螯虾

克氏螯虾在淡水中生活，它在池中不仅和幼蟹争食，争夺生存空间，还要残害仔蟹和幼蟹。实践证明，在螯虾多的池塘中，河蟹成活率低，产量也低。许多地方因蟹池中龙虾多而亏本。清除螯虾的办法，一是在池边洞穴里捕捉，二是用水地笼在龙虾活动高峰期捕捉或用网栏清除，三是可用钓的方法捕捉螯虾。只有采用物理的方法捕捉克氏螯虾才能不影响河蟹生长的水域环境。

第五节　蟹病用药与药量计算

一、用药原则

1. 尽量使用消毒剂，少用绿色渔药物

消毒剂在育苗或养殖期前后均可使用。消毒剂与绿色渔药物比较，它具有经济方便、作用谱广、对细菌等病原体不易产生耐药性等诸多优点，如果使用得当，可取得比较好的效果。

2. 选用绿色渔药物类药物要适当

所有的绿色渔药都有自己的作用谱和理化特点，不同的病原体对绿色渔药敏感性也有区别。在河蟹养殖中，尚没有蟹池细菌对不同绿色渔药敏感性的详细资料。根据经验，绿色渔药物等可常规使用。总之，切不可滥用药物，滥用药物不仅降低治疗效果，还使河蟹产生耐药性而影响治疗。

3. 用药剂量要足，用药时间要足够长

很小剂量的药物治病，不但治疗效果不理想，而且会产生深远的危害。细菌经常处于低浓度药物的环境中，容易发生变异而产生耐药性，这将为进一步控制疾病带来困难。在药物的实际使用中，由于水中有机物和无机盐的影响，许多药物的药效会降低，同时，使用药饵时，一部分药物可因饵料的散失而丢失。如果本来用药剂量就不足，那么很难彻底治愈疾病。

用药时间过短或不规律，也是治疗效果差和产生耐药性的重要原因。1 次用药可杀灭一批病原体，但仍有部分病原体存活下来，如果不继续用药，那么幸存者的病原体又可以迅速繁殖起来。因此，用药时间的掌握十分重要。一般幼体药浴至少需要 2～3h；投喂药饵以 1～3 周为宜；如果要更换药饵种类、则一种绿色渔药药饵的连续使用时间不应少于 3d。

4. 采用联合用药的方法

选择一些作用特点相互补充的药物，采用两种或两种以上药物同时或交替使用，往往比单一用药效果更好。每种药的使用剂量可适当减少一些，从而减少了产生毒副作用的机会。但要注意避免同类绿色渔药一起使用，因为有些绿色渔药一起使用会变相增加药物剂量，而有些绿色渔药物之间有彼此相减的作用。一般而言，绿色渔药物与消毒剂一起使用不会影响药物剂量，联合使用效果比较好。

蟹病的治疗是一个十分复杂的问题，药物治疗只是诸多方法中的一种。许多情况下，采用换水等改善生态条件的方法则会取得更好的效果。总之，药物处理只是最后不得已才用的方法。

二、用药注意事项

目前，用于蟹病防治的药物很多，因此，坚持用药原则，正确掌握各种绿色渔药性质和使用方法是非常必要的。

（1）正确诊断，对症下药，注重疗效。否则，盲目用药，不仅达不到防治蟹病的目的，还浪费资金与人力。

（2）同池并发几种蟹病，应根据病情，分清主次，抓住其中危害最大最重的一种先行治疗，待其好转后，再治疗其他疾病。

（3）外用杀虫杀菌药物，一般对人畜有一定的毒性，使用时要注意安全，以免发生中毒事故。

（4）了解药物性能，正确使用药物，以免因保管、配制和使用不当而造成药物效力下降乃至失效。

（5）施用药物时，要准确测量水体，正确估计蟹池中蟹的数量或重量，正确计算用药量，正确掌握各种药物的安全浓度，以利于发挥药效，避免造成药害。

（6）药浴时，其时间长短应根据蟹体的耐药能力和活动情况灵活掌握，不能生搬硬套，以免因条件和蟹体的差异而造成药害，引起河蟹大批死亡。

（7）全池泼洒药物时，应注意天气、水温、水体环境和蟹的活动情况，从而灵活掌握。雨天不要施药，天气闷热，水质很肥的池塘，施用化学药物时，要特别注意防止泛塘，因为，只要是施用化学药物时，养殖水体是肯定有着不同程度的化学反应，在化学反应的过程中需要消耗大量氧，引起池塘水体严重缺氧，甚至引起池塘出死蟹的现象。因此，施药时间一般宜在下午进行，在泼洒药物的同时，不要再投鲜鱼等全价饵料或肥料。施药后宜立即开增氧机。施药后 24h 内密切注意蟹的活动情况，防止发生药害与缺氧死蟹。以防止在施药所带来不必要的经济损失。

（8）注意药物的毒性危害。要防止药物的毒性危害。我们可运用植物素清塘消毒，采用茶粕溶血性功能：茶粕中含有皂角苷 10%~15%，属溶血性毒素，能使红血球分解，茶粕对鱼类致死浓度为 10mg/L，在一定浓度下皂角苷可达到不伤害蟹、虾和生物饵料。池塘四周沟底面积只占池塘面积 15%，利用茶粕 50kg 加食盐 1kg，（食盐是降低皂角苷毒性），浸泡 5~8h 后使用，用量：池水平均水深0.15m，每亩8~10kg。茶粕清塘消毒有利于控制病原体孳生繁衍，控制病害发生。植物素皂角苷清塘不损害蟹、虾和生物饵料；确保蟹、虾的生物饵料，降低饲料系数，减少饲料投喂量，减少水环境污染源。同时，可以确保水产品的质量安全及水生态环境的平衡。

养蟹池塘用茶粕清除杂鱼是一种最佳选择，其实茶粕是属溶血性毒素，能使红血球分解，茶粕对鱼类致死浓度为10mg/L，在一定浓度下皂角苷可达到不伤害蟹、虾和生物饵料。其实茶粕是一种毒性很强的植物素。过去有些鱼类养殖户用它清塘，消灭野杂鱼类。使用此药后一般1~2min鱼类就会中毒死亡。它的药效期长达20d左右，因此选择茶粕清除杂鱼，要注意药效期，待药效安全期时开始投放种苗，特别是河蟹养殖池塘投放鳙鱼一定要达到安全期才能投放鳙鱼；否则会造成不同程度的鱼中毒死亡。严重时会造成毁灭性的死亡。

（9）预防使用不合格产品与预防渔药处方一方多用。一是注意产品生产批文批号；二是注意产品主要成分；三注意产品功能多样性。

（10）案例。宜兴和桥镇闸口农民曹国中2013年8月18日高温季节，使用不合格产品，养殖河蟹面积30亩，池塘缺氧时把“速解安”作为增氧剂使用。毫无增氧效果，河蟹缺氧死亡，造成严重经济损失。2013年9月2日，作者受溧阳市正昌饲料科技发展有限公司总经理邀请去扬州市高邮市甘垛镇宏大饲料有限公司，下属河蟹养殖户袁同顺，池塘现场处理硫酸铜治蓝藻，造成河蟹药害长期死亡事故。从8月14日使用硫酸铜治蓝藻，第二天就开始死蟹，处方的使用方法：40亩养殖池塘投放10~12.5kg，分3次使用，每亩大约0.35kg。死蟹症状为出现黑鳃。养殖户承认0.35kg/亩的处方是对的。但在高温环境下不能使用该处方的用药量。硫酸铜是治虫药物，用硫酸铜治蓝藻是错误的。

三、蟹池水体测量与用药量的计算

防治蟹病，要做到准确地施药，为此，必须正确测量池水面积和平均水深，以求出池水体积，才能按用药浓度计算出用药量。

（1）蟹池的水面积测量与计算。长方形或正方形鱼池，仅丈量蟹池水面的长和宽（单位：m）。计算公式为：

$$蟹池水面积（m^2）=蟹池长（m）\times蟹池宽（m）$$

①三角形池塘：丈量任一边水面作底长，与这一边垂直的对角顶端到底边的长为高。面积计算公式为：

$$三角形池塘面积（m^2）=\frac{高（m）\times底长（m）}{2}$$

②菱形池塘：丈量底边长度（m）和它的高度（m）。面积计算公式为：

$$菱形池塘面积（m^2）=底长（m）\times高（m）$$

③梯形池塘：丈量上、下底边长和它们之间的垂直高度。面积计算公式为：

$$梯形池塘面积（m^2）=\frac{上底长（m）+下底长（m）}{2}\times高（m）$$

④圆形池塘：丈量蟹池水面的直径。面积计算公式为：

$$圆形池塘面积（m^2）=（水面直径\div2）^2\times3.14$$

形状不规则的蟹塘，用割补的方尖测定其面积。割出的部分与补入的部分大致相等。将池塘划分为若干长方形或三角形进行测量，然后计算出各部分的面积，再将它们的面积加起来，就是整个池塘的面积。

（2）蟹池水深的测量。测量蟹池平均水深，首先在蟹池内选择有代表性的测量点数个，深水区域与浅水区域的测量点数比例要适当，然后测量各点水深（m）。各点深度相加，除以总点数，即得平均水深。

（3）蟹池水体积的计算。将求得的池塘面积乘以平均水深，即等于池水体积。计算公式为：

$$池塘面积（m^2）\times平均水深（m）=池水体积（m^3）$$

（4）施药量的计算　将求得的水体积乘以施用药物的浓度（mg/L），即总的用药量（g）。计算公式为：

$$总用药量（g）=池水体积（m^3）\times药物浓度（mg/L）$$

蟹病防治中，全池泼洒用药浓度一般用毫克/升表示，即百万分之几的意思。因为1立米水体重量是1 000kg，也就是1mg/L。用1mg/L乘以水体积即得到总的用药量。

第十二章　生态水域环境控制河蟹虫害病害

在长期的养殖生产中实践证明：鱼类、虾类和蟹类疾病的发生，是由养殖水体变质生虫，先由虫侵害鱼类、虾类和蟹类的肌体，使鱼类、虾类和蟹类肌体受损，严重时肌体出血，然后感染弧菌，久而久之鱼类、虾类和蟹类发生病害。因此，将虫害排在前，防止虫害病害发生。河蟹养殖已有百年历史，由于天然蟹苗量越来越少，天然蟹苗远远不能满足河蟹养殖的需要。目前，各地养殖河蟹时大量采用的是人工繁殖的蟹苗。人工繁殖的蟹苗极易发生虫害病害，在养殖中需用大量渔药来防治虫害病害。大量使用渔药会带来养蟹水域环境恶化，所养河蟹也会因药害而品质下降。这样养殖的成蟹难以达到国家绿色水产品的质量安全标准。

第一节　光能与植物素消毒

河蟹养殖中防止虫害病害发生的生态养殖方法是：科学运用光能与植物素清塘消毒安全性，运用光能清塘消毒有效保护微生物，植物素皂角苷清塘不伤害蟹、虾和生物环境；确保蟹、虾的生物饵料的营养，降低饲料损耗系数，减少饲料投喂量，减少水环境污染源。本方法能保持优质的河蟹养殖生态水域，养殖出高质量、高品位的优质河蟹。既能有效控制河蟹养殖中虫害病害发生，又能极大地提高蟹农的经济效益，同时可以较好地提高养蟹业的可持续发展和养蟹业的整体经济效益和社会效益。

一、太阳能消毒生态功能

太阳光暴晒能杀灭塘中病原体，有效控制病原体滋生；同时太阳光照有效保护与培养微生物，例如太阳光照是培养光合细菌（PSB）为最好；同时，在所有微生物中95%左右是有益的，4%左右是条件致病微生物，仅1%是有害微生物。利用有益微生物生理功能控制病原体滋生。光能清塘消毒具体方法：

一是在养殖池塘中水产品收获后，从12月15日开始将池塘中的水排干清塘，池塘底泥在太阳光下暴晒；二是暴晒时间：从12月18日至2月3日之内。

二、茶粕溶血性生态功能

茶粕中含有皂角苷10%~15%，属溶血性毒素，对以血红蛋白为携氧载体的生物有非常强的杀灭作用，如鱼类、两栖动物、爬行动物等，但是对白蓝蛋白为携氧载体的生物无效，不伤害蟹、虾和生物饵料。因此，用茶粕溶血性清塘消毒，可控制化学类药物清塘消毒给河蟹所造成药害疾病的发生。茶粕清塘消毒具体方法：

一是使用时间：应在河蟹苗种放养前7d清塘消毒；二是使用剂量：池塘平均水深0.15m，干净茶粕用量每亩为8~10kg。茶粕溶血性毒素浓度达10mg/L时，能杀灭血红蛋白为携氧载体的生物。使用方法：用茶粕50kg加食盐1kg，加水200kg浸泡5~8h后，晴天将茶粕浆液泼洒池塘，2d后成效显著。

第二节　遵循水生动物食性、生态习性的规律

一、放养品种重点

依据水生动物生态习性、食性的规律，确定放养品种与数量，在同一水体放养不同类的水生物的品种数量，例如放养河蟹、套养青虾、插养鳜鱼3个品种的水生动物，形成水生动物生物链，促使水生生物共生互利，水生生物系统物质良性循环，养殖池塘水体生态资源化。

二、技术措施

一是选择放养长江水系的中华绒螯蟹苗种时间：每年2月5—20日，放养蟹种规格：为130~160只/kg，放养蟹种数量：每亩为1 200只，中华绒螯蟹以水生植物、杂谷物、小杂鱼为食；二是套养青虾幼虾时间：每年7月套养青虾幼虾规格：个体长为1.2~1.5cm，或12月套养青虾幼虾规格：个体长为2.5~3cm，套养青虾幼虾数量：每亩为5kg青虾幼虾，青虾以有机碎屑为食，有效控制残饵污染水质；三是插养翘嘴鳜鱼时间：每年6月下旬，插养翘嘴鳜鱼种，规格：个体长为5~6cm，插养翘嘴鳜鱼种数量：每亩为10~12尾翘嘴鳜鱼种，翘嘴鳜以食活饵料适口野杂鱼苗，插养翘嘴鳜可有效控制野杂鱼与河蟹争食饵料；四是为实现同一水体内蟹、虾和鱼配套养殖，满足水环境中生物多样性，水生生物共生互利，水生生物系统物质良性循环。水域生态环境平衡，能促使

养殖水体成为生态资源型水质，控制水生生物虫害病害发生，杜绝使用化学药物，商品蟹虾和鳜鱼质量安全。

第三节　水生植物生态功能与药理功能

一、水生植物生态功能

科学运用水生植物生态功能，一是培植水生植物占养殖面积的60%～80%，水生植物生长丰满超出水面时，将水生植物控制在水面以下20～30cm，符合河蟹蜕壳时所需弱光条件的栖息处；二是提高水生植物光合效率，溶氧可达5.5mg/L以上，水生植物真正成为促进河蟹同步蜕壳和保护软壳蟹，提高河蟹成活率关键条件之一；三是高温季节水生植物将池塘水温控制在22～28℃，成为河蟹最适生长的生态水域环境；四是水生植物新陈代谢时，吸收水体有机物质营养和富集的作用，养殖水体资源化效益化，水生植物正常生长。控制水质富营养藻类繁殖，控制河蟹丝藻附着疾病、河蟹虫害发生。

二、具体技术措施

一是水草栽培。在养殖河蟹池塘的秋季，9月下旬移栽菹草、黄丝草、金鱼藻、伊乐藻、睡莲草，冬季11月上旬种植轮叶黑藻草籽、苦草草籽、菱角在秋季播种，在翌年春季3月实行补栽8种沉水水生植物，组成8种沉水水生植物群落，此消彼长互为补充。二是春、夏、秋三季池塘底部水生植物覆盖率达75%～85%，用物理方法（割草机）和生物方法（控草宝）将水生植物的茎叶面控制在水面以下30～40cm之处。水面以下水生植物光合作用时，水体内水生植物释放氧量增多，养殖水体内溶氧量增高；水体内水生植物新陈代谢功能提高，分解养殖水体中产生的有毒有害物质功能提高，可消除水质富营养，控制藻类繁殖，可达控制河蟹丝藻附着病的发生。

三、水生植物药理功能

科学运用水生植物作为河蟹的绿色饵料，能满足养殖大规格河蟹绿色植物营养成分，河蟹每天食草量是它自重60%；因此，水生植物药效功能可控制河蟹细菌性疾病发生。杜绝药害带来的水污染，保护水域生态环境，水生植物中含有上百种皂苷。其具体药理功能如下。

一是有双向调节免疫作用；二是有抗缺氧和抗疲劳作用；三是有抗低温应激作用；四是有抗脂质氧化作用；五是有对中枢神经系统的作用；六是有抗致突变作用；七是对肾有调节作用，补肾；八是水生植物中含有甾醇、黄酮类、生物碱、有机酸、氨基嘌呤、嘧啶等成分，以及许多种结构复杂的有机物质，这些物质存在，使作为载体的大多数水生植物具有抑菌、消炎、解毒、消肿、止血、强壮等药理作用。作为大量采食水生植物的河蟹，水生植物药理作用定能产生药能作用，经长期从实践中试验总结，培植水生植物能达到可控制河蟹细菌性疾病发生。例如：《华中农业大学学报》2006 年 4 月第 2 期报道“菹草类胡萝卜素抗癌作用与机理的研究”中表明，菹草类胡萝卜素对肿瘤细胞生长有抑制作用，同时 NO 的浓度升高而引起肿瘤细胞凋亡。

第四节　水生软体动物生态功能与贝壳分解药理功能

一、生态功能与药理功能

科学运用鲜活软体动物生态功能与营养成分。秋季水生植物枯萎，代谢功能减弱时，池塘移植一定数量鲜活软体动物，使其自然繁殖，增强净化水质能力，促使养殖水体资源化效益化；从幼蟹养殖大规格成蟹生长过程中均有适口鲜活动物蛋白饵料，水体贝壳自然分解，水质呈微碱性，满足河蟹正常代谢脱壳所需微量元素，提高河蟹脱壳率和成活率。根据实际养殖经验，pH 值为 7.5~8.5，可以有效控制河蟹颤抖病发生。

二、技术措施

第一，贝类移殖。螺蛳、蚌、蚬等鲜活贝类具有强大滤水滤食功能，秋季水生植物代谢功能减弱时，当年 9 月和 11 月分二次向养殖塘内移殖螺蛳、蚌、蚬等鲜活贝类，二次投放的总量为每亩 300kg，在养蟹池塘中投放一定密度的铜锈环棱螺有利于水体环境的改善。

第二，第一次投放螺蛳、蚌、蚬等鲜活贝类时间，9 月中旬，投放螺蛳、蚌、蚬等鲜活贝类的量每亩为 150kg，主要是用于稳定的水生生态系统功能和增补河蟹食用鲜活动物蛋白饵料，9 月中旬是河蟹育肥的关键期。第二次投放螺蛳、蚌、蚬等鲜活贝类时间为 11 月中旬，投放螺蛳、蚌、蚬等鲜活贝类的量每亩为 150kg，主要是用于翌年夏季 5 月使其在塘中自然繁殖幼螺，然后生长为成螺，作为长期稳定的水生生态系统功能，河蟹生长发育期内均能食用鲜活动物蛋白饵料（螺蛳、蚌、蚬等鲜活贝类），可提高河蟹勉疫功能，增强抗病力。鲜螺体中干物质5.2%，干物质中含粗蛋白55.36%，灰分15.42%，其中，含钙5.22%，磷0.42%，盐分4.56%等。有赖氨酸2.84%，蛋氨酸和胱氨酸为2.33%。同时还含有较丰富的维生素B族和矿物质等营养物质。此外，螺蛳壳除含有少量蛋白质外，其矿物质含量高达88%左右，其中，钙37%，磷0.3%，钠盐4%左右，同时还含有多种微量元素。螺蛳壳同贝壳一样是矿物质补料。贝壳的微量元素能分解水体使水体呈微碱性，使pH值在7.5~8.5范围内。河蟹颤抖疾病发生主要是螺原体病原，从实践表明而螺体病原最适生长温度为28~30℃，适宜pH值在6.0以下，因为螺原体无细胞壁，所以对青霉素、链霉素等抑制细胞壁合成的多种抗生素药物不敏感。因此，只要营造河蟹良好生长栖息环境，就能预防河蟹颤抖疾病发生。

第三，华东师范大学资源与环境学院报道，底栖软体动物水环境生态修复研究进展，表明研究发现铜锈环棱螺具有强大滤水滤食功能的大型淡水双壳类软体动物可明显改善水质，通过螺对太湖五里湖湾水体透明度总磷、氨氮、溶解氧作用的研究，发现它能使水体透明度从0.5m左右提高至1.3m内，使湖内水体浊度迅速降底，降低总磷的幅度达到50%，经分析铜这是锈环棱螺的絮凝作用所致；并且在其水域氨氮浓度大幅降低，使实验点高达5mg/L以上的氨氮浓度降至2mg/L以下，从感观和水质指标两方面有效；三角蚌通过降低池塘中的悬浮物和叶绿素α，使池塘水体透明度从26cm提高到80cm，明显改水质。比较河蚌和螺蛳对水体净化作用，结果表明：底栖软体动物对富营养化，河蚌COD、氮和磷等都有一定的去除效益，且河蚌的效果优于螺蛳，比较了24h内褶纹蚌和螺蛳对相同物量藻类的净化效果，结果表明：褶纹寇蚌对水体呈悬浮物的去除率为螺蛳的近3倍，而对叶绿素α的除去率螺蛳远优于褶纹寇蚌，24h比褶纹寇蚌组高出2倍。由此，证明了底栖软体动物健康和稳定的水生生态系统功能，提高水生生态系统的生物净化能力，促使有益微生物生理功能控制病原体滋孳生。

第五节　蚕蛹营养自然属性含有精氨酸的药理功能

一、蚕蛹营养自然属性

运用同类生物作为同类生物饲料的原料营养平衡度高的自然属性，蚕蛹蛋白是植物蛋白转化为动物蛋白原料，家蚕成蛹后含蛋白56%~63%，脱脂蚕蛹的蛋白质含量为69.9%，所含的蛋白质水解产物有精氨酸、赖氨酸、组氨酸、胱氨酸、色氨酸、酪氨酸、苏氨酸和蛋氨酸。脂肪中含饱和脂肪酸（软脂酸、硬脂酸)、不饱和脂肪酸（油酸、亚麻油酸）和甾醇等。因此，河蟹在代谢过程中对蛋白质水解产物的吸收率高；蚕蛹含有钙、磷、铁等矿物质及丰富的维生素及激素等成分。特别是蚕蛹含有丰富的甲壳素，其提取物也称壳聚糖。研究表明，甲壳素和壳聚糖可提高机体免疫力，因此，将蚕蛹蛋白氨基酸营养剂添加到河蟹饲料之中，可提高河蟹对蛋白营养的吸收率，增强河蟹免疫功能，提高抗病力。

二、精氨酸的药理功能

干蚕蛹饲料药理作用。干蚕蛹所含的蛋白质水解产物有精氨酸、赖氨酸、组氨酸、胱氨酸、色氨酸、酪氨酸、苏氨酸和蛋氨酸。脂肪中含饱和脂肪酸(软脂酸、硬脂酸)、不饱和脂肪酸（油酸、亚麻油酸）和甾醇等；河蟹在代谢过程中对蛋白质水解产物的吸收率高；特别是蚕蛹中含有大量的精氨酸，蚕蛹精氨酸能对金黄色葡萄球菌、大肠杆菌和绿脓杆菌有抑制作用，具有较好的消炎和抗感染作用；干蚕蛹河蟹饲料饲喂河蟹可有效控制河蟹细菌性疾病发生。

第六节　生物制剂生态功能

科学研制的EM菌，它是由光合细菌、乳酸菌、酵母菌和放线菌等功能各异的多种微生物复合培养而成的活菌制剂。呈棕色半透明液体，每毫升不少于1×10^8个活菌，pH值为3.5左右。

一、科学研究使用药物的危害

第一，从环境分析，使用药物有益微生物全部死亡，有机物的分解作用受阻，造成氨氮的亚硝化作用受阻，养殖池塘水中氨氮明显上升，水中有机物增加，溶氧下降，水质恶化，又为有害细菌繁殖创造了良好的条件，结果又不得不加大换水量，水中药物浓度下降，有利于细菌生长，水质恶性循环，水体造成河蟹产生虫害病害多。

第二，从机体分析，使用药物河蟹体内有益微生物全部杀死，造成养殖水体生态河蟹体内生态的微生态平衡被破坏，体内菌群严重失调，耐药病原菌形成优势种群，病原菌耐药性增强，形成蟹类疾病难以控制，增加药物使用量，造成药物在河蟹体内富集，轻则影响生长，重则造成药害蟹成活率下降。

二、研究生物制剂与生态的关系

第一，研究生物制剂能调整水域的微生态结构：防止和克服微生态失调，恢复和维持水域生态平衡，提高河蟹免疫功能，增强抗病能力，降低发病率。

第二，研究生物制剂有对水体水质抗腐败作用，能分解害物质转化有效生物的功能，能克服养殖水域对周围环境的污染；运用生物制剂能一步促进养殖水体生态资源化；同时，在微生物代谢过程中产生的氨基酸、维生素等营养物质和生物酶等生理活性物质能够促进河蟹的正常代谢与生长发育。

第三，研究生物制剂应用能改善水域生态环境，水域生态环境的平衡能有效控制虫害病害发生，杜绝使用抗菌素药物，所以其最终水产品无药物残留。生产的是绿色安全水产食品。保障人们吃上绿色水产食品，促进人们健康长寿。

三、科学合理使用生物制剂种类与方法

1. 选用底力爽生物制剂

（1）夏季连续高温30~35℃时，开始使用生物制剂。使用时间：高温30~35℃连续2d后，晴天9：00，开始使用生物制剂；使用剂量：池塘内每亩水体使用底力爽200g。

（2）使用方法。将底力爽干粉粒全池泼洒，每隔1d使用1次，连续使用3~5次。使用生物制剂作用：合理使用底力爽生物制剂，能在高温季节防止水体中氨氮升高，能防止水体中溶氧量减少，水质透明度下降，水体pH值降低，防止和克服微生态失调，恢复和维持生态平衡，能促使养殖水体改良成为生态资源水质，能有效控制河蟹虫害病害发生。

2. 选用微生物底泥改良剂（高效浓缩型）

（1）微生物底泥改良剂主要成分。枯草芽孢杆菌、沼泽红假单胞菌等有益微生物及其强氧化物质，有效活菌数50亿/g。

（2）应用范围。各种水产养殖的环境改良处理功能特点：该产品分解清除淤泥中的排泄物、残饵、动物及藻类残体和其他各种有机污染物，显著改善底部环境；降低水体中氨氮、亚硝酸盐的浓度、调节透明度、稳定pH值；抑制有害蓝绿藻的生长，平衡藻相；可去除池塘水体中产生的泥皮，效果显著，长期使用该产品，可明显减少水产动物应激反应。

（3）用法用量。养殖期间，每亩使用本品0.5kg，均匀撒布水面，让其自由

沉淀，一般每 10d 左右使用 1 次。在池塘水体泥皮较多时，建议每亩使用本品 1kg。水质严重恶化时，请加倍使用本品。

3. 选用“蓝藻一次净”

池塘水体中出现蓝藻时，使用“蓝藻一次净”、底生氧、底力爽。使用时间：晴天 9：00 时。使用剂量为在池塘水深 1.2m 内，第一天使用“蓝藻一次净”，池塘内水体量每 800m^3 使用“蓝藻一次净”600g，第二天使用底生氧，池塘内水体量每 800m^3 使用底生氧 600g，第三天使用底力爽，池塘内水体量每 800m^3 使用底力爽 600g，使用方法是将“蓝藻一次净”、底生氧、底力爽粉粒全池泼洒。使用“蓝藻一次净”与底生氧、底力爽作用，蓝藻能得到有效消除，氨氮、亚硝酸盐等有害物质得到分解，池塘溶氧量增至 5.5mg/L 以上，pH 值为 7.5~8.5。促使养殖水体改良为生态资源水质，可以有效控制河蟹虫害病害发生。

4. 选用水藻分解精—D“分解精”

（1）主要成分与功能。以“藻”治“藻”技术，是从蓝藻里提取的蓝藻素经过生化合成投放水中 3h 生成蓝藻酶。蓝藻酶和蓝藻接触后迅速相吸并包裹，经酶化分解、断裂，沉入水底转化为有益微生物。蓝藻在分解过程中不吸入氧离子、不分解其他藻类微生物及水草。以“藻”治“藻”是当前治理蓝藻最环保、最科学的方法之一。

（2）用法用量。水产养殖每立方米用（0.06~0.08）$\times10^{-6}$，稀释 300 倍全池均匀泼洒。如水体出现蓝藻聚集，应适量增加局部投放量，均匀泼洒。产品易沉淀，用塑料容器稀释，边搅边洒。24~48h 可达到最佳分解效果。如出现漏泼，1 周后会有少量蓝藻出现，以 0.08$\times10^{-6}$追加投放其上。不受自然环境影响，效果可保持 6~10 周。用过生物菌后，间隔 2 周方可用本品，否则影响分解效果。

5. 选用诺碧清生物净水剂

（1）有效成分。多种高活性芽孢杆菌科学配伍而成。活菌数多于 10 亿菌落总数/g 产品性状为浅黄色粉状固体，带培养基发酵味。

（2）蟹类专用（Crabplus）德国拜耳公司诺维信（沈阳）生物技术有限公司作用使用。用途为强力分解和矿化残饵、粪便、生物残骸等有机物，减轻有机物腐败产生的黑臭，保证水质活爽。絮凝水体悬浮物，提高透明度，促进水草生长并维持高温季节水草繁茂，促进顺利蜕壳。减少有机物厌氧腐败耗氧，改善摄食和栖息环境，增加规格和产量。

（3）使用方法。使用前期（放苗到 5 月底）10g/亩，15d 左右使用 1 次。

养殖中后期（6月以后）20~30g/亩，每10d左右使用1次。异常水体使用需根据水质情况酌情增减用量或配合强力拜生源使用。该产品菌系高活性菌株，长期使用，无须加倍用量。使用方便，无须活化，直接投放水体。促使养殖水体改良成为生态资源水质，可以有效控制河蟹虫害病害发生。

6. 选用菌能精华素

（1）主要成分。复合有机酸、腐殖酸、pH值平衡剂、藻类细胞增殖剂、有益微生物和微量元素。

（2）功能特点。

①调水改底、解毒净水、有效成分含量高，溶解性好，能迅速发挥作用。

②能快速被水体中浮游生物吸收，分解泥皮，消除泡沫，根除青苔。

③使用本品能迅速降低水体黏度，增强水体的通透性能，有效促进池底水与土层水物质交换，增加溶解氧，解决水体分层现象。

④能去除水草表面污垢，恢复水草活性，发挥水草的自净作用。

⑤降解重金属毒性，提高养殖水体中各种生物抗应激能力，同时能消除底热。

7. 适用范围

海参、虾、蟹、贝、海蜇、桂花鱼、鲈鱼、大菱鲆、石斑、鳝、鳗、罗非鱼和四大家鱼等养殖水体，淡、海水皆宜。使用方法如表11-1所示。

表11-1　适用水产品范围统计

使用场景	使用量
抑制青苔、降低水体黏度	水深1m，每袋用10亩
调理水质、解毒、抗应激	水深1m，每袋用10亩
肥水	水深1m，每袋用6~8亩
1. 使用时用池塘水化开，等溶解完全后全池泼洒 2. 抑制青苔：一米水深10亩/袋，和杀青苔药物一起浸泡，溶解后泼洒于青苔生长处 3. 去除水草表面污垢，建议配合“保草速净使用”	

8. 高温季节选用芽孢杆菌

能在高温季节能防止水体中氨氮升高，能防止水体中溶氧量减少，水质透明度下降，水体pH值降低，防止和克服微生态失调，恢复和维持生态平衡，能促使养殖水体改良成为生态资源水质，能有效控制河蟹虫害病害发生。

9. 长期阴雨连绵季节选用光合细菌

养殖河蟹池塘的水体缺少光合作用时，试验合理使用光合细菌类生物制剂，可增强河蟹的免疫功能，控制河蟹水肿病发生。

总之，合理选用生制剂将达到科学合理利用水生资源、水资源循环利用的最佳效果。确保了水产品质量符合国家绿色食品标准和国际通行农产品质量安全标准，养殖水体排放达太湖流域排放标准，为保护河流、湖泊流域水域的生态环境平衡提供强有力科技支撑；真正实现保护了水域生态平衡与水产食品质量安全的“双赢”。

四、科学选用生物制剂实用性与效益性

第一，以上技术体系形成是长期在生产实践中进行研究、试验总结，再试验、再总结，具有科学性、实用性和可操作性强的特点。技术体系在生产实践中运用，将能成为科学合理利用水生资源，水资源循环利用的最佳效益。水产品质量符合国家绿色食品标准和国际通行农产品质量安全标准，养殖水体排放达太湖流域排放标准，为保护太湖流域水域的生态环境提供强有力科技支撑；真正实现了生态水域保护与食品质量安全的“双赢”。具备了生态环境效益佳、产品质量效益高、市场需求效益好的优势。

第二，实践证明，江苏省溧阳市长荡湖水产良种科技有限公司的河蟹获绿色食品质量证书，同时也获国家的出境水生动物注册登记证。于此同时，公司将《一种防止河蟹虫害　病害发生的生态养殖方法》在 2014 年 8 月 4 日申请发明专利，2017 年 1 月 18 日获得授予发明专利权。专利号：ZL 201410373060. 8。

第十三章　生态养殖红膏河蟹与科学管理

第一节　湖泊生态养殖红膏河蟹

湖泊网围生态养殖河蟹，是天然生态水域，养殖环境优良，蟹类适应于正常生长、发育空间环境既大又优，养殖的河蟹个体大，质量好，经济效益高。但必须是遵循湖泊生态功能、河蟹生长的关键技术，是生态环境以及营养平衡以及河蟹适应于正常生长、发育空间环境规律的自然属性——生态习性，食性、生长、发育等生物学特性。科学规划，合理设计好湖泊网围生态养殖河蟹的面积，促使湖泊水域生态平衡，实现既要清水绿水，又要养殖绿色大规格优质河蟹，促进农民增收。

一、网围的选址与建造

1. 网围的地址选择

水域选择和设施建造。要求湖底平坦，有微流水，沉水植物茂盛，底栖动物丰富，水质清新，水中溶解氧含量高，pH 值在 7.0 以上，正常水位在 80~150cm 的区域。

2. 网围型状与结构

网围型状以长方形为好，南北向长 150m，东西宽 133.4m；网围面积以 20~30 亩为宜，网围面积一般不要超 50 亩。

(1) 网围结构。采用双层网结构，外层为保护网，内层为养殖区，两层网间距为 5m，并在两层网中间设置“地笼网”，除可检查河蟹逃脱情况外还具有防逃作用。新网围第 1 年养殖河蟹可不设暂养区，但第 2 年开始放养苗种前必须经过暂养，以保证养殖河蟹的回捕率和规格。暂养区为单网结构，上设倒网，下端固定埋入湖底。

(2) 内设网围苗种暂养区。暂养区约占网围面积的 30%。同时，要在暂养区以水生植物设置隐蔽处，以增加河蟹栖息、蜕壳的场所。

3. 网围的建造

(1) 网片。分水下部分和水上部分（防逃网）。在制作时其高度和宽度都应比实际高度和宽度增加 8%~12%，因为网片是乙烯网制作所成，经过使用有紧缩的现象。因此，网片柱到支架上后要松紧适度。在设计水下部分网片的高度时应以常年平均水深为基础，水上部分的高度应以各地区洪水来临时的最高水位为标准，例如太湖流域的最高标准应以吴淞标准 7m 左右为好，但可用 0.8~10m 的活动网片，在汛期来临前做好准备。网片的长度以围栏的围长或总长度为依据，网用2m×3m 或 3m×3m 的聚乙烯网片制作。水下部分内层网目大小可根据放养的蟹种规格来确定。

（2）网围防逃设施。内层网最上端内侧接一个“下”型倒挂网片或接宽为 20~30cm 的塑料薄膜用于防逃，两层网的最下端固定并埋入湖底。网围用竹桩在外侧固定，竹桩间距为 1.5m 左右，网围高度为 2.5~3m。应以吴淞标准 7m 左右为好。汛期防止洪水湖水猛涨时发生河蟹逃跑事故，避免造成严重经济损失。

二、保护与营造网围区域生态环境

1. 网围内清野

采用物理方法彻底清除网围中心区的敌害和凶猛鱼类。具体可采用地笼、丝网等各种方法消灭网围中的野杂鱼类，避免发生与幼蟹争夺饵料和侵害蟹体的情况发生。

2. 移植水草

每个网围移植 300kg 本地水生植物（金鱼藻、轮叶黑藻、伊乐藻等）均种植在网围内和双层网围夹间内。

3. 投放贝类

螺蛳、蚌、蚬等鲜活贝类具有强大滤水滤食功能，秋季水生植物代谢功能减弱时，当年 9 月和 11 月分二次向养殖塘内移殖螺蛳、蚌、蚬等鲜活贝类，二次投放的总量为每亩 300kg，在养蟹池塘中投放一定密度的螺蛳、蚌、蚬有利于水体环境的改善。投放贝类时间：第一次投放螺蛳、蚌、蚬等鲜活贝类时间，9 月中旬，投放螺蛳、蚌、蚬等鲜活贝类的量每亩为 150kg，主要是用于稳定的水生生态系统功能和增补河蟹食用鲜活动物蛋白饵料，9 月中旬是河蟹育肥的关键期。第二次投放螺蛳、蚌、蚬等鲜活贝类时间为 11 月中旬，投放螺蛳、蚌、蚬等鲜活贝类的量每亩为 150kg，主要是用于翌年夏季 5 月使其在塘中自然繁殖幼螺，然后生长为成螺，作为长期稳定的水生生态系统功能，河蟹生长发育期内均能食用鲜活动物蛋白饵料（螺蛳蚌、蚬等鲜活贝）。

三、苗种选择与放养

1. 苗种选择

河蟹苗种选用异地长江水系遗传基因好、抗逆性强、个体大的河蟹亲本。

亲蟹规格为母蟹个体125g以上，公蟹个体150g以上作为繁育、培育的苗种；选择扣蟹苗种最佳时期是2月；扣蟹规格为130～160只/kg；选择培育扣蟹水系：以长江水系培养的扣蟹为佳。

2. 蟹种暂养

放养时间在2月中旬前后，放养应选择天气晴暖、水温较高时进行。放养时先将蟹种放在安全药液中浸泡约1min，取出放置5min后再放入水中浸泡2min，再取出放置10min，如此反复进行2～3次，待蟹种吸水后再放入暂养区中。暂养数量应是网围总面积养殖的数量，以1亩放养500只计算，例如：网围总面积为30亩，就需在暂养区中暂养15 000只扣蟹，待5月下旬放养在30亩网围面积养殖成蟹。

3. 蟹种放养

网围中良好的水域环境和丰富的适口天然饵料是生态养殖河蟹成败的关键，在蟹种暂养阶段必须做好其余70%水面的水草及底栖动物的移植和培育工作，直到形成一定的群体规模。一般在5月中下旬至6月初才能将蟹种从暂养区放入网围中，一种方法是用地笼网将蟹种从暂养区捕起，经计数后放入网围中，在基本掌握暂养成活率后拆除暂养区；另一种方法是不经计数直接拆除暂养区，将暂养区并入网围，其优点是操作简便、速度快蟹种不受损伤，生长发育好，成活率高。缺点是对网围中的蟹种数量难以计数。

四、饲养与管理

1. 饲料投喂

饲料种类：植物性饲料有浮萍、水花生、苦菜、轮叶黑藻、马来眼子菜等；谷物类饲料有大豆、小麦、玉米、豆饼等；动物性饲料有小鱼、小虾、蚕蛹和螺蚬等。也可在网围中投放怀卵的螺蛳，让其生长繁殖后作为河蟹中后期的动物性饲料。配合饲料是根据河蟹不同生长阶段的营养需求由人工配制而成的专用饲料，应提倡使用。投喂量：网围水域第一年仅少量投喂就可以满足河蟹的生长需求，从第二年开始则必须有充足的饲料才行。3月底至4月初，水温升高，河蟹开始全面摄食，4—10月是摄食旺季，特别是9月，河蟹摄食强度最大。一般上半年投喂全年总投喂量的35%～40%，7—11月投喂全年总投喂量的60%～65%。投喂量根据河蟹的重量决定，前期投喂河蟹总重量的10%～15%，后期投喂5%～10%，并根据天气、水温、水质状况及摄食情况灵活掌握，合理调整。同时，网围中水草的数量是否保持稳定，也是判断饲料投喂量是否合理的重要指标。投喂方法：每天2次，投限量分别占1/3和2/3。黄豆、玉米、小麦要煮熟后再投喂。养殖前期，动物性饲料和植物性饲料并重，中期以植物性饲料为主，后期多投喂动物性饲料。

2. 疾病防治

网围养殖是在敞开式水域中进行，一般河蟹发病较难控制。所以必须坚持以防为主的原则。应做到不从蟹病高发区购买蟹种，有条件的最好自己培育蟹种。蟹种放养前进行3%浓度盐水浸浴。每隔15~30d用浓度为15mg/L的生石灰对水泼洒。同时保证饲料质量安全，合理科学投喂，减少因残饵腐败变质对网围水体环境的不利影响。对网围内的水草进行科学利用，水草覆盖率要保持合理，维护网围水域的生态平衡。

3. 日常管理

坚持早晚巡逻。白天主要观测水温、水质变化情况，傍晚和夜间主要观察河蟹活动、摄食情况，及时调整管理措施。定期检查、维修、加固防逃设施，特别是在汛期要加强检查，发现问题及时解决。加强护理软壳蟹，在河蟹蜕壳高峰期，要给予适口高质量的饲料、提供良好的隐蔽环境，谨防敌害的侵袭。在成蟹上市季节加强看管，防逃防盗。10月后，河蟹逐步达到性成熟，可根据市场行情用地笼网诱捕，适时销售，还可以将成蟹在蟹箱中暂养然后销售。

五、湖泊生态养殖河蟹质量安全

河蟹质量符合国家绿色食品标准，样品编号2012-C5339检测报告如表13-1所示。

表13-1 原农业部农产品及转基因产品质量安全监督检验测试中心（杭州）检验结果

受检单位	溧阳市长荡湖水产良种科技有限公司				
样品名称	螃蟹		样品编号	2012-C5339	
检验结果	检测项目	指标	实测数据	单项判定	检验方法
	铅（mg/kg）	≤0.3	0.0074	符合	GB 5009.12—2010
	镉（mg/kg）	≤0.5	0.032	符合	GB-T 5009.15—2003
	氯霉素（μg/kg）	不得检出（0.3）	未检出	符合	SC-T 3018—2004

（续表）

受检单位	溧阳市长荡湖水产良种科技有限公司				
检验结果	呋喃唑酮（μg/kg）	不得检出	未检出	符合	SC-T 3022—2004
	孔雀石绿（μg/kg）	不得检出	未检出	符合	SC-T 3021—2004
	沙门氏菌	不得检出	未检出	符合	GB 4789.4—2010
	致泻大肠埃希氏菌	不得检出	未检出	符合	GB-T 4789.6—2003
	副溶血性弧菌	不得检出	未检出	符合	GB-T 4789.7—2008
	甲基汞（mg/kg）	—	未检出	—	GB-T 5009.45—2003
备注	1. 氯霉素检出限：0.3μg/kg 2. 呋喃唑酮检出限：0.1μg/kg 3. 孔雀石绿（包括隐性孔雀石绿）检出限：0.6μg/kg 4. 甲基汞检出限：0.5mg/kg				

六、湖泊生态养殖河蟹经济效益高

2012年，溧阳市水产良种场湖泊网围养殖示范基地300亩，选用长江水系优质河蟹种苗，蟹种规格130~160只/kg，投放蟹苗数量为15万只。成蟹回捕率55.63%以上；规格：雄蟹个体重量175g以上占75.16%，雌蟹个体重量125g以上占65.37%；蟹亩均产量达45.89kg，每千克150元，亩均产值6 883.5元，亩均成本3 000元，亩均技术经济效益3 883.50元；河蟹年总产量13 767万kg，实现总产值206.5050万元，总利润116.5050万元，投入产出比1∶1.3。

第二节　外荡生态养殖红膏河蟹

一、放养品种重点

依据水生动物生态习性、食性的规律，确定放养品种与数量，在同一水体放养不同类的水生物的品种数量，例如放养河蟹、套养青虾、插养鳜鱼3个品种的水生生物，形成水生动物生物链，促使水生生物共生互利，水生生物系统物质良性循环，养殖池塘水体生态资源化。

二、选择外荡生态养河蟹地域

选择外荡生态养殖红膏河蟹地域基本要求。

（1）选择长江或黄河、辽河流域的外荡较好。但又必须选择外荡荡底平坦，外荡岸坡坡度不陡，岸坡底平，外荡边连接汊河少，其作用便于设置网围防逃设施。

（2）选择湖泊型外荡生态水域区，首先要选择无工业、生活污染区域，同时，该区域水流形成微流状态，水底水草（沉水植物）丰茂，荡河四周有挺水植物较好，菱、喜旱莲子草等水面覆盖率应小于20%为好。

三、网围的选址与建造

1. 网围的地址选择

选择湖泊型外荡。要求湖底平坦，有微流水，沉水植物茂盛，底栖动物丰富，水质清新，水中溶解氧含量高，pH 值在 7.0 以上，正常水位在 80～150cm 的区域。网围设置区底部不能有暗沟，外荡水深超过 150cm 以上不宜网围设置有风险，更不适宜生态养殖河蟹。

2. 网围型状与结构

网围型状以长方形为好，南北向长 150m,；东西宽 133.4m；网围面积以 20～30 亩为宜，网围面积一般不要超过 50 亩。

（1）网围结构。采用双层网结构，外层为保护网，内层为养殖区，两层网间距为 5m，并在两层网中间设置“地笼网”，除可检查河蟹逃脱情况外还具有防逃作用。以保证养殖河蟹的回捕率和规格。暂养区为单网结构，上设倒网，下端固定埋入河荡底部，

（2）内设网围苗种暂养区。暂养区约占网围面积的 30%。同时，要在暂养区以水生植物设置隐蔽处，以增加河蟹栖息、蜕壳的场所。

3. 围栏的建造

（1）网片。分水下部分和水上部分（防逃网）。在制作时其高度和宽度都应比实际高度和宽度增加 8%～12%，因为网片是乙烯网制作而成，经过使用有紧缩的现象。因此，网片柱到支架上后要松紧适度。在设计水下部分网片的高度时应以常年平均水深为基础，水上部分的高度应以各地区洪水来临时的最高水位为标准，例如长江中下游区域的最高标准应以地当标准 7m 左右为好，但可用 0.8～10m 的活动网片，在汛期来临前做好准备。网片的长度以围栏的围长或总

长度为依据，网用2m×3m或3m×3m的聚乙烯网片制作。水下部分内层网目大小可根据放养的蟹种规格来确定，如表13-2所示。

表13-2　不同规格蟹种

蟹种规格（100只/kg）	拦网网目（cm）		栏栅（cm）	
	静水	流水	静水	流水
100	≤2.25	1.5	≤0.72	≤0.6
100	≤2.5	1.75	≤0.84	≤0.7

注：可参照湖泊网围结构设置

外层网围网目可稍大于内层网目，网衣按水平缩节系数0.62，垂直缩节系数0.74装在纲绳上。

（2）支架以竹，木或水泥杆为桩柱。现在多使用直径为9~10cm（高头1m处）的楠竹（毛竹）作为桩柱，将楠柱（最好把底部朝下），打入泥中0.8~1.2m，桩要比最高水位高出0.8m，桩间距3~5m，风浪大的水域应为2~3m（外层围网的桩间距可稍大），在桩的高、低水位线处用毛竹架两道横杆，将桩连为一体，然后还应在风和水流较大的地方加撑桩，每隔10~15m加一撑桩，可防御风灾和洪水以确保围栏牢固。

（3）底敷网。宽1m，紧接于内层围网的底纲上平铺于底泥上，起防逃作用。

（4）石笼。湖区的石笼直层网应以3×3或3×4聚乙烯网缩成蛇形网袋，直径为12cm，内装满四六八石子（小块石）要装二条石笼，一条装在内层围网底纲上，一条装于底敷网的钢绳上，安装时要将石笼踩入泥中20~25cm。

（5）闸门。门两边用上竹桩、网衣绞柱，网衣中间吊一沉子，沉子上连一绳子柱于桩上，在桩子安好动、定滑轮，当有船只进出时，将沉子放下，过后又将沉子提上来。

（6）囊网—地笼稍。由3×3股网目2cm的聚乙烯网片缝成，长5~6m，呈圆锥形，口径0.5~0.6m，网口处有一倒须网。囊网口缝在外层网的水下部分，尾部向外。经常检查其内是否有蟹，即可判断是否有蟹从内层网逃出。

四、保护与营造网围区域生态环境

1. 清基除害

放养蟹种前应将围栏区的杂物、芦苇等挺水植物，填平沟槽，以利于捕获。还要想尽一切办法将凶猛鱼类驱赶。清除出去，可以采取微电捕捞，泼洒石灰水等多种办法，促使养殖区水域环境优良。

2. 移植水生植物

在围栏养殖区的秋季，每年9月下旬移栽菹草、黄丝草、金鱼藻、伊乐藻、睡莲草，冬季11月上旬种植轮叶黑藻和苦草草籽，春、夏、秋三季围栏养殖区底部水生植物光合作用时，水体内水生植物释放氧量增多，养殖水体内溶氧量增高；水体内水生植物新陈代谢时，水生植物代谢时吸收水体有机物质营养和富集作用，分解养殖水体中产生的有毒有害物质功能提高，可消除水质富营养。同时，水生植物也是蟹类的绿色优质饲料，蟹类大量采食水生植物。可降低饲料成本。

3. 贝类移殖

螺蛳、蚌、蚬等鲜活贝类具有强大滤水滤食功能。每年10月移殖贝类于围栏养殖区，每亩移殖贝类150kg，主要是用于翌年夏季5月使其在围栏养殖区中自然繁殖幼螺，然后生长为成螺，作为长期稳定的水生生态系统功能，河蟹生长发育期内均能食用鲜活动物蛋白饵料。

五、苗种选择与放养

1. 苗种选择

河蟹苗种选用异地长江水系遗转基因好、抗逆性强、个体大的河蟹亲本。亲蟹规格：母蟹个体125g以上，公蟹个体150g以上繁育、培育的苗种；选择时间：2月是选择扣蟹苗种最佳时期；扣蟹规格：130~160只/kg；选择培育扣蟹水系：选择长江水系培养的扣蟹。

2. 蟹种暂养

放养时间在2月中旬前后，放养应选择天气晴朗、水温较高时进行。放养时先将蟹种放在安全药液中浸泡约1min，取出放置5min后再放入水中浸泡2min，再取出放置10min，如此反复进行2~3次，待蟹种吸水后再放入暂养区中。暂养数量应是网围总面积养殖的数量，以1亩放养1 000只计算。例如，网围总面积为30亩，就需在暂养区中暂养30 000只扣蟹，5下旬放养在30亩网围面积养殖成蟹。

3. 蟹种放养

网围中良好的水域环境和丰富的适口天然饵料是生态养殖河蟹成败的关键，在蟹种暂养阶段必须做好其余70%水面的水草及底栖动物的移植和培育工作，直到形成一定的群体规模。一般在5月中下旬至6月初才能将蟹种从暂养区放入网围中，一种方法是用地笼网将蟹种从暂养区捕起，经计数后放入网围中，在基本掌握暂养成活率后拆除暂养区；另一种方法是不经计数直接拆除暂养区，将暂养区并入网围，其优点是操作简便、速度快，蟹种不受损伤，生长发育好，成活率高；缺点是对网围中的蟹种数量难以计数。

六、饲养与管理

1. 饲料投喂

饲料种类，如植物性饲料有浮萍、水花生、苦菜、轮叶黑藻、马来眼子菜等；谷物类饲料有、大豆、小麦、玉米、豆饼等；动物性饲料有小鱼、小虾、蚕蛹、螺蚬等。也可在网围中投放怀卵的螺蛳，让其生长繁殖后作为河蟹中后期的动物性饲料。配合饲料是根据河蟹不同生长阶段的营养需求由人工配制而成的专用饲料，应提倡使用。投喂量是指，网围水域第 1 年仅少量投喂就可以满足河蟹的生长需求，从第 2 年开始则必须有充足的饲料才行。3 月底至 4 月初，水温升高，河蟹开始全面摄食，4 月至 10 月是摄食旺季，特别是 9 月，河蟹摄食强度最大。一般上半年投喂全年总投喂量的 35%～40%，7—11 月投喂全年总投喂量的 60%～65%。投喂量根据河蟹的重量决定，前期投喂河蟹总重量的 10%～15%，后期投喂 5%～10%，并根据天气、水温、水质状况及摄食情况灵活掌握，合理调整。同时，网围中水草的数量是否保持稳定，也是判断饲料投喂量是否合理的重要指标。投喂方法如下，每天 2 次，投限量分别占 1/3 和 2/3。黄豆、玉米、小麦要煮熟后再投喂。养殖前期，动物性饲料和植物性饲料并重，中期以植物性饲料为主，后期多投喂动物性饲料。

2. 疾病防治

网围养殖是在敞开式水域中进行，一般河蟹发病较难控制。所以必须坚持以防为主的原则。应做到不从蟹病高发区购买蟹种，有条件的最好自己培育蟹种。蟹种放养前进行 3‰浓度盐水浸浴。每隔 15～30d 用浓度为 15mg/L 的生石灰对水泼洒。同时保证饲料质量安全，合理科学投喂，减少因残饵腐败变质对网围水体环境的不利影响。对网围内的水草进行科学利用，水草覆盖率要保持合理，维护网围水域的生态平衡。

3. 日常管理

坚持早晚巡逻。发水季节防逃网和“地笼”的位置或增加设施。勤检查竹箔，网断等设施，严防河蟹外逃；勤清理拦网、竹箔上水草杂物保持水体正常流动交换，勤巡荡，做到早、中、晚巡荡检查观察河蟹活动情况，有无死蟹、病蟹，是否有河蟹逃逸的迹象并做好防偷工作。6—7 月水质容易发臭变坏，面积较小的外荡，可用适量的生石灰调节水质，促使河蟹蜕壳生长。白天主要观测水温、水质变化情况，傍晚和夜间主要观察河蟹活动、摄食情况，及时调整管理措施。定期检查、维修、加固防逃设施，防逃的重点在蟹种刚放养半个月内，发水季节和寒潮来临后 3 个时期。特别是在汛期要加强检查，发现问题及时解决。加强护理软壳蟹，在河蟹蜕壳高峰期，要给予适口高质量的饲料、提供良好的隐蔽环境，谨防敌害的侵袭。在成蟹上市季节加强看管，防逃防盗。10 月后，河蟹逐步达到性成熟，及时捕捞。采用捕蟹专用工具车箱式地笼网捕捞。地笼网数量应根据水域形状及面积合理设置。一般在进出口设置较多，河蟹捕捞时间应从 9 月下旬起到 10 月底基本结束。可根据市场行情适时销售，还可以将成蟹在蟹箱中暂养然后销售。安徽省马鞍山市当涂县湖阳镇是长江中下游型的外荡生态养殖河蟹地区。以上的外荡生态养殖红膏河蟹模式适合全国外荡生态养殖红膏河蟹。

七、水域生态与红膏河蟹品质

1. 水域生态

2002 年，我在中国农业科学技术出版社出版《中华绒螯蟹生态养殖》一书，2003 年 2 月安徽省当涂县水产局特邀我帮助培训各乡镇农民，因此，曾多次去安徽省当涂县，并熟知当地的地形地貌及水域生态环境。当涂县水网密布、湖泊型外荡水域宽广，无公害，无污染源，夏涨冬落，贯注长江。水质明净清澈，微甜呈中性；水草丰美，鱼、虾、螺、蚯蚓众多……放养的河蟹，养殖收获的“红膏”河蟹含有丰富的蛋白质及人体所需的多种微量元素，能养殖“红膏”河蟹的水质达国家三类或二类水的质量标准。

2. 红膏河蟹品质

安徽省马鞍山市当涂县湖泊型外荡养殖的金脚红毛螃蟹属优质特色产品，尤其金脚红毛蟹曾是中国历史上皇室贡品淡水蟹之一，与白洋淀胜芳蟹、阳澄湖大闸蟹齐名。湖泊型外荡养殖的金脚红毛螃蟹与其他螃蟹的不同特征是螃蟹的背壳是青铜色，光泽发亮，底壳为白色，又像一块洁白无瑕的碧玉，爪为金黄色，足毛为棕红色。通称其为金脚红毛蟹，它体大肥美，每只小则 150～200g，大则 300～350g，爬行极快，在平滑的玻璃板上也照样爬行自如，其肉质细嫩，肉脂丰盈，黄满油足，营养丰富，奇鲜无比。富含人体必需的氨基酸、尤以谷氨酸、甘氨酸、精氨酸和脯氨酸，以及丰富的蛋白质。在当今国内市场上身价很高，它同海参、鲍鱼媲美，素有“水产三珍”之美誉。

八、外荡生态养殖红膏河蟹成本低经济效益高

为了保护外荡的生态环境，在网围养殖区采用轮牧式生态养殖方式，即养殖区

每年1/2的水面用于网围养蟹，1/2的水面休养，相互交替轮作。网围轮休区进行优质水草苦草、轮叶黑藻、伊乐藻等的人工栽培、人工移植和自然恢复，同时进行螺蚬等底栖生物的移植，加速资源的恢复和再生，恢复外荡水体生态环境。充分利用自然生物资源作为河蟹天然饵料，从而达到降低饲料成本，增加经济效益。

第一，利用外荡所具有的生态水域环境优势，网围生态养殖大规格河蟹具有规格大、品质佳、效益好、回捕率高等优点，网围生态养殖大规格河蟹是切实可行的，对传统网围养蟹技术进行了集成优化与创新，可满足国内外市场对优质大规格河蟹日益增长的需求，大幅提高网围养殖的经济效益，促进外荡渔业经济持续快速健康发展，具有极大的推广价值。

第二，加强外荡水草的合理种植和管理、活螺蛳的合理投放和增殖等措施，促进了外荡网围内生态环境的改善，实施生态养殖，为河蟹健康生长创造了良好环境，整个养殖期间未使用任何药物，减少药物成本，养殖的河蟹为无公害绿色食品，因此外荡网围生态养殖大规格河蟹可全面提高河蟹的质量安全水平，增强河蟹的市场竞争力。

第三，采用外荡轮牧式生态养殖，是根据生态学原理，生物学原理，经济学原理，使网围轮休区的生物多样性得以及时恢复和重建，达到净化水质的目的，从而使外荡网围养殖对外荡水体富营养化的总体影响明显降低，养殖污染实现负增长，全面改善外荡生态环境。促进养殖水体生态资源化，实现了生态资源效益化。

第三节　池塘生态养殖红膏蟹

实施池塘生态养殖蟹类是符合2007年全国农业工作会议渔业专业会议所提出以保障水产品有效供给和“三大安全”为核心，加快转变渔业发展方式，全面推进水产健康养殖，切实提高水产品质量安全水平，加大水生生物资源与生态环境保护力度，扎实推进现代渔业建设，促进渔业可持续发展和社会主义新农村建设做出更大贡献。

一、网围的建造

1. 网围结构

根据池塘面大小进行划分成30～50亩养殖面积为宜，网围结构采用双层网结构，外层为保护网，内层为养殖区，两层网间距为1m，并在两层网中间设置

“地笼网”，除可检查河蟹逃脱情况外还具有防逃作用。内层为养殖区设苗种暂养区，暂养区的面积约占网围面积的30%。

2. 网围的建造

（1）网片。池塘养殖河蟹网片选用聚乙烯网平板网，分水下部分和水上部分（防逃网）。在制作时其高度和宽度都应比实际高度和宽度增加8%~12%，因为网片是乙烯网制作所成，经过使用有紧缩的现象，网片柱到支架上后要松紧适度。在设计水下部分网片的高度时应以常年平均水深为基础，在此基础上另加高1m的防逃网就可以。

（2）网围防逃设施。内层网最上端内侧接一个“下”型倒挂网片或接宽为20~30cm的塑料薄膜用于防逃，两层网的最下端固定并埋入池塘底部20cm深处为好。网围常用竹桩或钢杆在外侧固定，竹桩的间距为3~5m，在湖区的池塘网围高度为2.5~3m。在长江中下游地区应以吴淞标准7m左右为好。汛期防止洪水湖水猛涨时发生河蟹逃跑事故。造成严重经济损失。

二、营造池塘生态环境

1. 养殖塘预处理

（1）光能清塘消毒。在养殖塘中水产品收获后，从12月15日开始将池塘中的水排干清塘，池塘底泥在太阳光下暴晒，暴晒时间：从12月18日至翌年2月3日之内，太阳光暴晒能杀灭塘中病原体，有效控制病原体滋生；同时太阳光照有效保护与培养微生物，例如太阳光照是培养光合细菌（PSB）为最好；同时，在所有微生物中95%左右是有益的，4%左右是条件致病微生物，仅1%是有害微生物。要利用有益微生物生理功能营造良好生态水域环境。

（2）茶粕溶血性清塘消毒。茶粕中含有皂角苷10%~15%，属溶血性毒素，对以血红蛋白为携氧载体的生物有非常强杀灭作用，如鱼类、两栖动物、爬行动物等，但是对白蓝蛋白为携氧载体的生物无效，因此不伤害蟹、虾和生物饵料。茶粕清塘消毒的使用时间应在河蟹苗种放养前7d清塘消毒；使用剂量为池塘平均水深0.15m，干净茶粕用量每亩为8~10kg。茶粕溶血性毒素浓度达10mg/L时，能杀灭血红蛋白为携氧载体的生物。使用方法是用茶粕50kg加食盐1kg，加水200kg浸泡5~8h后，晴天将茶粕浆全池泼洒，2d后成效显著。因此，用茶粕溶血性清塘消毒，可控制化学类药物清塘消毒带来水环境污染源。

2. 水草栽培

在养殖河蟹池塘的秋季，9月下旬移栽菹草、黄丝草、金鱼藻、伊乐藻、睡莲草，冬季11月上旬种植轮叶黑藻草籽、苦草草籽和菱角在秋播种，在翌年春季3月实行补栽8种沉水水生植，组成8种沉水水生植物群落，此消彼长互为补充，春、夏、秋三季池塘底部水生植物覆盖率达75%~85%，用物理方法（割草机）和生物方法（控草宝）将水生植物的茎叶面控制在水面以下30~40cm之处。水面以下水生植物光合作用时，水体内水生植物释放氧量增多，养殖水体内溶氧量增高；水体内水生植物新陈代谢功能提高，分解养殖水体中产生的有毒有害物质功能的提高，可消除水质富营养，控制藻类繁殖。

3. 贝类移殖

螺蛳、蚌、蚬等鲜活贝类具有强大滤水滤食功能，秋季水生植物代谢功能减弱时，当年9月移殖的螺蛳为每亩150kg、主要是用于稳定的水生生态系统功能；11月向养殖塘内移殖螺蛳、蚌、蚬等鲜活贝类为每亩150kg，投放螺蛳、蚌、蚬等鲜活贝类的量每亩为150kg，主要是用于翌年夏季5月使其在塘中自然繁殖幼螺，然后生长为成螺，作为长期稳定的水生生态系统功能，在养蟹池塘中投放一定密度的铜锈环棱螺有利用水体环境的改善。

三、科学选择苗种与放养

1. 选择河蟹苗种

（1）选择长江水系的遗转基因好、抗逆性强、个体大的河中华绒螯蟹（河蟹）为亲本。亲蟹规格：母本个体重为125g以上，公本个体重为150g以上繁育的苗种；选择淡水水系培养的扣蟹苗种养殖成蟹，它们在长江水系区域养殖成活率高，生长快，规格大。

（2）科学选用优良河蟹苗种，天然苗、土池苗。产地为上海市崇明；浙江省长兴、鄞州、横沙；江苏省海门、启东、如东、太仓等地的长江水流与东海、黄海交汇处水系繁育的苗种；水质盐度为0.3‰以内。

（3）选择河蟹苗种注意的事项。

①非中华绒螯蟹苗种不宜选择。

②非长江水系苗种不宜选择。

③咸水蟹苗种不宜选择。

④未经完全淡化的蟹苗种不宜选择。

⑤性早熟蟹苗种不宜选择。

⑥小老蟹苗种不宜选择。

⑦病、残体蟹苗种不宜选择。

⑧有药害蟹苗种不宜选择。

⑨携带病原体的蟹苗种不宜选择。

⑩葡萄糖酸钙粉作为水体营养添加剂培养蟹苗种不宜选择。

（4）选择河蟹苗种规格与时间。选择蟹种规格为130～160只/kg；最佳选择时间在1—2月，气温一般在3～5℃，河蟹处在休眠状态，是选择扣蟹苗种最佳时期。优点是操作时损伤率低，成活率高。

2. 选择青虾苗种

（1）选用太湖流域水系遗传基因好、抗逆性强、个体大的青虾亲本，规格为雌虾5cm以上，雄虾5.5cm以上亲虾繁育、培育的苗种。

（2）选择时间与选择规格。选择时间2月下旬或7月中旬，苗种规格：分别为450只/0.5kg和4 500只/0.5kg。

（3）选择青虾苗种注意事项。

①携带病原体青虾苗种不宜选择。

②缺氧青虾苗种不宜选择。

③非带水捕获青虾苗种不宜选择。

④有药害青虾苗种不宜选择。

3. 选择翘嘴鳜苗种

（1）选用太湖泊流域水系遗转基因好、抗逆性强、个体大翘嘴鳜亲本。亲鱼规格为雌鱼2.5kg以上，雄鱼3kg以上亲鱼繁育、培育的苗种。

（2）选择湖泊流域水系培育的翘嘴鳜苗种。产地为江苏省的太湖、长荡湖、滆湖、固城湖等；湖北省、安徽省和江西省等地的湖泊。

（3）选择翘嘴鳜苗种注意事项。

①缺氧翘嘴鳜苗种不宜选择。

②缺食翘嘴鳜苗种不宜选择。

③携带病害、虫害翘嘴鳜苗种不宜选择。

（4）选择翘嘴鳜苗种规格与时间。选择规格：体长5～8cm为好；选择时间为6月中旬或下旬。

4. 苗种放养

（1）放养品种。按照生态学中各自生态位的特点放养苗种，用质比量比放养技术，确定放养的品种与数量，实现生物多样性。放养性状优良蟹、虾、鱼苗种，用质比表示在同一水体放养不同类水生动物品种的数量，放养河蟹、套养青虾、插养鳜鱼3个品种，量比表示在同一水体放养不同类水生动物的各个品种数量的占有率。

（2）放养时间与数量。

①放养河蟹苗种，放养时间1—2月，蟹种规格为个体重130～160只/kg；

亩放养量为800~1 200只。

②青虾套养：7月中旬，青虾套养苗种规格为450~500只/0.5kg，亩放养量为2.5~3kg。2月青虾套养苗种规格为450~500只/0.5kg，亩放养量为3.5~4.5kg。

③插养鳜鱼：插养时间6月中下旬均可，鳜鱼苗种规格为个体长为5~8cm，亩放养12~15尾。

四、饲养与管理

1. 饲料的配制与投喂

（1）饲料配制。同类生物作为同类生物饲料的原料营养平衡自然属性，河蟹与家蚕都是变温动物。家蚕吃桑叶植物，干蚕蛹的蛋白是植物蛋白转化为动物蛋白原料，运用干蚕蛹研制维生素营养平衡无公害熟化饲料，配方饲料蛋白总含量为38.73。

（2）饲料投喂量。进行适时、适量投喂，提高河蟹对蛋白营养的吸收率，营养平衡增强河蟹的免疫功能，使其种质特征充分表现，生长性能充分发挥。提高生长率，增加肥满度的有效率；促使成蟹阶段第一次蜕壳体重增长15%~20%；以动物性饵料（螺蛳、小杂鱼等）为主，最后1次成熟蜕壳增重达91.7%。适时、适量投喂：根据不同生长季节，不同水温，不同体重饲料的投喂率（%）如表13-3所示。

表13-3　不同水温体重饲料投喂率

温度	体重50g以下	体重50~75g	体重75~100g	体重100~125g	体重125~150g	体重150~175g
12~16℃	3.0%	2.8%	2.8%	2.8%	2.8%	2.5%
17~21℃	3.5%	3.8%	3.8%	3.8%	3.8%	3.5%
22~25℃	5.0%	4.5%	4.8%	4.8%	4.8%	4.0%
26~30℃	3.8%	4.0%	3.5%	3.5%	3.5%	3.0%

（3）投喂时间与方法。

①饲料投喂时间：1d饲料投喂2次，第一次选在8：00—9：00为好，第二次选在太阳要西下的旁晚时，即17：00—18：00，如1d只投喂1次就选在太阳要西下的旁晚时，也就是17：00—18：00为最佳时节，

②饲料投喂方法：饲料投喂方法有2种，一种是饲料投喂机投喂，将饲料

投喂机安装小船上，将饲料存放饲料投喂机的存放饲料箱内，起动饲料投喂机的电源，再沿着池塘四周开始投喂饲料；另一种是用传统的人工投喂方法，将饲料存放饲料小船船仓内，人工直接操作向池塘四周均匀泼洒。

2. 水质调节

河蟹、青虾和鳜鱼对水质要求高，水质要活、嫩、爽。养殖期间溶氧5.5mg/L以上，pH值为7.5~8.5范围内，水体透明度在50~60cm。水质调控有以下方法。

(1) 加注新水。根据养殖池塘水质情况，春季加注新水时将池塘水位控制在60cm左右即可，有利于控制水生植被，有利于河蟹正常生长发育。夏季高温加注新水时将池塘水位控制在120cm左右即可，有利于控制水温，将池塘的中层水温调控在在22~28℃。这是河蟹最适生长的水温。

(2) 调控池水的pH值。可用的方法，如pH值小于7.0时，每15d全池均匀泼洒生石灰水15~20mg/L；如pH值大于8.0时，每15d全池均匀泼洒漂白粉2~4mg/L；如池塘水质太瘦时每15d全池均匀泼洒过磷酸钙5~8mg/L；如夏季连续高温30~35℃时，做到合理使用生物制剂，其使用要根据该产品的说明书的技术指导与池塘水质状况确定使用计量，防止和克服微生态失调，恢复和维持生态平衡。

(3) 水生植被控制。可用割草机修剪方法和用控草宝控制其生长，这样能使水生植物的茎叶面控制在水面以下30~40cm之处。水生植物既是河蟹蜕壳时所需弱光条件的栖息处，水生植物也是河蟹同步蜕壳和保护软壳，确保河蟹成活率高的关键条件。沉水水生植物进行光合作用时能将大量氧气释放在水体内，溶氧可达5.5mg/L以上，促使河蟹正常代谢。

(4) 投喂鲜活贝类。

①主要是向养殖塘内投喂螺蛳、蚌和蚬等鲜活贝类：第一次投喂时间为9月中旬。投放量为每亩150kg。投喂鲜活贝类能获得稳定的水生生态系统功能和给河蟹提供大量的动物蛋白饵料，加速河蟹的生长育肥。

②第二次投喂时间为11月中旬，投喂量为每亩150kg：主要是使其在翌年5月能在养殖塘中自然繁殖幼螺蛳、蚌和蚬并生长长大，这样能获得长期稳定的水生生态系统功能。河蟹生长发育期内食用鲜活动物蛋白饵料可提高自身免疫功能，增强抗病力。鲜活贝类具有强大的滤水滤食功能，在秋季水生植物代谢功能减弱时，投喂鲜活贝类能极大地提高水体质量。其贝壳分泌的微量元素能分解水体使水体呈微碱性，使pH值保持在7.5~8.5范围内。

五、控制虫害病害

1. 运用水生植物生态功能、养营价值、药理作用

沉水水生植物的新陈代谢功能，能大量地分解水中的有毒有害物质，还可消除水体富营养，使藻类不易繁殖，还可防止河蟹丝藻附着病的发生。水生植物含有皂苷、甾醇、黄酮类、生物碱、有机酸、氨基嘌呤、嘧啶等有机物质，具有抑菌、消炎、解毒、消肿、止血、强壮等药理作用，水生植物的药理作用可使河蟹大量采食水生植物后减少了细菌性疾病的发生。

2. 秋季水生植物代谢功能减弱时投喂鲜活贝类能极大地提高水体质量

贝壳分泌的微量元素能分解水体使水体呈微碱性，从而使水体 pH 值保持 7.5~8.5 范围内。河蟹颤抖疾病的发生是螺原体病原所造成的，实践中表明螺原体病原最适温度 28~30℃，适宜 pH 值在 6.0 以下，而螺原体病原无细胞壁，所以对青霉素、链霉素等抑制细胞壁合成的多种抗生素药物不敏感，水质 pH 值在 7.5~8.5 范围内可有效控制河蟹颤抖疾病发生。

3. 生物制剂是多种微生物复合培养而成的活菌制剂

夏季连续高温 30~35℃时，要做到合理使用生物制剂。生物制剂使用应根据该产品的说明书的技术指导与池塘水质状况确定使用计量，防止和克服微生态失调，恢复和维持生态平衡，促使养殖水体改良成为生态资源水质，有效防止河蟹虫害和病害发生。例如：采用微生物底泥改良剂（高效浓缩型），其主要成分为枯草芽孢杆菌、沼泽红假单胞菌等，是有益微生物及其增强氧化物质，有效活菌数可达 50 亿/g。

4. 微生物底泥改良剂作用

本品分解清除淤泥中的排泄物，残饵，动物及藻类残体和其他各种有机污染物，显著改善底部环境。

（1）降低水体中氨氮、亚硝酸盐的浓度、调节透明度、稳定 pH 值。

（2）抑制有害蓝绿藻的生长，平衡藻相。

（3）可去除池塘水体中产生的泥皮，效果显著。

（4）长期使用本品，可明显减少水产动物应激反应。

（5）用法用量。

①养殖期间，每亩使用本品 0.5kg，均匀撒布水面，让其自由沉淀，一般每 10d 左右使用 1 次。

②在池塘水体泥皮较多时，建议每亩使用本品 1kg。

③水质严重恶化时，可以加倍使用本品。

六、红膏河蟹质量安全水质达标

1. 河蟹质量

江苏省溧阳市水产良种场所属养殖公司：溧阳市长荡湖水产良种科技有限公司 2013 年 9 月 13 日抽检河蟹样品的检测报告如下。

检测报告具体如表 13-4 所示。

江苏省出入境检验检疫局食品实验室
检测报告

报告编号：FJKQ13-01064

第 1 页，共 4 页

发出日期：2013 年 9 月 30 日

委托人：常州局

样品名称：螃蟹

样品描述：1 个样/样品编号 E/321600/03/20130912/2

收样日期：2013 年 9 月 13 日

检验结果

表 13-4　河蟹样品检测报告

检测项目	检测结果	结果单位	检测依据
呋喃西林及其代谢物	<0. 5	μg/kg	SN/T1627—2005
呋喃它酮及其代谢物	<0. 5	μg/kg	SN/T1627—2005
呋喃妥英及其代谢物	<0. 5	μg/kg	SN/T1627—2005
呋喃唑酮及其代谢物	<0. 5	μg/kg	SN/T1627—2005
四环素	<50. 0	μg/kg	SOP-SP-050
土霉素	<50. 0	μg/kg	SOP-SP-050
金霉素	<50. 0	μg/kg	SOP-SP-050
强力霉素	<50. 0	μg/kg	SOP-SP-050
恩诺沙星	<1. 0	μg/kg	SOP-SP-050
环丙沙星	<1. 0	μg/kg	SOP-SP-050
丹诺沙星	<1. 0	μg/kg	SOP-SP-050
沙拉沙星	<1. 0	μg/kg	SOP-SP-050

（续表）

检测项目	检测结果	结果单位	检测依据
诺氟沙星	<1.0	μg/kg	SOP-SP-050
氧氟沙星	<1.0	μg/kg	SOP-SP-050
马波沙星	<1.0	μg/kg	SOP-SP-050
恶喹酸	<1.0	μg/kg	SOP-SP-050
氟甲喹	<1.0	μg/kg	SOP-SP-050
双氟沙星	<1.0	μg/kg	SOP-SP-050
培氟沙星	<1.0	μg/kg	SOP-SP-050
螺旋霉素	<10.0	μg/kg	SOP-SP-050
磺胺嘧啶	<10.0	μg/kg	SOP-SP-050
磺胺二甲基嘧啶	<10.0	μg/kg	SOP-SP-050
磺胺喹噁啉	<10.0	μg/kg	SOP-SP-050
磺胺邻二甲氧嘧啶	<10.0	μg/kg	SOP-SP-050
磺胺间二甲嘧啶	<10.0	μg/kg	SOP-SP-050
磺胺间甲氧嘧啶	<10.0	μg/kg	SOP-SP-050
磺胺甲氧哒嗪	<10.0	μg/kg	SOP-SP-050
磺胺甲噁唑	<10.0	μg/kg	SOP-SP-050
磺胺噻唑	<10.0	μg/kg	SOP-SP-050
磺胺氯哒嗪	<10.0	μg/kg	SOP-SP-050
磺胺吡啶	<10.0	μg/kg	SOP-SP-050
磺胺甲基嘧啶	<10.0	μg/kg	SOP-SP-050
三甲氧苄胺嘧啶	<10.0	μg/kg	SOP-SP-050
磺胺对甲氧嘧啶	<10.0	μg/kg	SOP-SP-050
孔雀石绿	<1.0	μg/kg	SOP-SP-050
隐性孔雀石绿	<1.0	μg/kg	SOP-SP-050
结晶紫	<1.0	μg/kg	SOP-SP-050
隐性结晶紫	<1.0	μg/kg	SOP-SP-050
氯霉素	<0.1	μg/kg	SOP-SP-050
铅	<0.1	mg/kg	SN/T0448—2011
镉	0.07	mg/kg	SN/T0448—2011
无机砷	<0.1	mg/kg	SN/T0448—2011

（续表）

检测项目	检测结果	结果单位	检测依据
汞	<0. 01	mg/kg	SN/T0448—2011
铜	11. 8	mg/kg	GB/T5009. 13—2003
三聚氰胺	<0. 5	mg/kg	GB/T22388—2008
多氯联苯 52	<0. 01	μg/kg	GB/T5009. 190—2006
多氯联苯 28	<0. 01	μg/kg	GB/T509. 190—2006
多氯联苯 101	<0. 01	μg/kg	GB/T509. 190—2006
多氯联苯 138	<0. 01	μg/kg	GB/T509. 190—2006
多氯联苯 153	<0. 01	μg/kg	GB/T509. 190—2006
多氯联苯 180	<0. 01	μg/kg	GB/T509. 190—2006
多氯联苯 118	<0. 01	μg/kg	GB/T509. 190—2006
新霉素	<250. 0	μg/kg	SOP-SP-019
阿莫西林	<10. 0	μg/kg	SOP-SP-050
氨苄西林	<10. 0	μg/kg	SOP-SP-050
青霉素 G	<10. 0	μg/kg	SOP-SP-050
双氯青霉素	<10. 0	μg/kg	SOP-SP-050
邻氯青霉素	<10. 0	μg/kg	SOP-SP-050

2. 池塘养殖水质标准

养殖用水检测报告表，如表 13-5 所示。

表 13-5 养殖用水检测报告表（水）检字第 20130590 号

样品名称	养殖用水	检测类别	委托
商标、编号或批号	见下	采样地点	
生产单位	溧阳市长荡湖水产良种科技有限公司	包装情况	见下
受检单位	常州出入境检验检疫局	样品数量	见下
单位地址	常州龙锦路 1298 号	收样日期	2013-9-24

检测依据 GB/T5750. 12—2006《生活饮用水标准检验方法微生物指标》

（续表）

检测项目	标准值	结果
水 20130590001 养殖用水 2 500ml/桶×3 桶 总大肠菌群 以下空白	MPN/100ml	2800MPN/100ml
水 20130589001 养殖用水 2 500ml/桶×3 桶 挥发性酚 氟化物（以 F^- 计） 砷 悬浮物质 色、臭、味 甲胺磷 乐果 滴滴涕 六六六（丙体）	≤0. 005mg/L ≤1mg/L ≤0. 05mg/L 人为增加的量不得超过 10，而且悬浮物质沉积于底部后，不得对鱼、虾、贝类产生有害的影响不得使鱼、虾、贝、藻类带有异色、异臭、异味 ≤1mg/L ≤0. 1mg/L ≤0. 001mg/L ≤0. 002mg/L	<0. 002mg/L 0. 68mg/L <0. 001mg/L 6mg/L 色度 30 度，臭和味无 <0. 0001mg/L <0. 0001mg/L <0. 00012mg/L <0. 000008mg/L
pH 值	6. 5～8. 5	9. 15
呋喃丹	≤0. 01mg/L	<0. 000125mg/L
氰化物	≤0. 005mg/L	<0. 002mg/L
镍	≤0. 05mg/L	<0. 001mg/L
锌	≤0. 1mg/L	0. 04mg/L
铜	≤0. 01mg/L	<0. 01mg/L

（续表）

检测项目	标准值	结果
铬（六价铬）	≤0.1mg/L	<0.004mg/L
铅	≤0.05mg/L	0.001mg/L
镉	≤0.005mg/L	0.002mg/L
汞	≤0.0005mg/L	<0.0001mg/L
以下空白		

七、池塘生态养殖红膏河蟹经济效益高

1. 规模化高效益

两年建设《生态养殖红膏河蟹技术研究与推广应用》规模生产示范基地为800亩；2011年养殖面积达800亩，养殖的优质红膏河蟹达标率为88.68%以上，成蟹回捕率55.90%。规格：雄蟹个体重量175g以上占75.32%，雌蟹个体重量125g以上占65.11%；生态养殖优质红膏河蟹亩均产量达59.486kg，亩均产值5 851.65元，亩均技术经济效益3 626.65元；河蟹年总产量4.7696万kg，实现总产值468.132万元，总利润290.132万元，投入产出比1∶1.63。

2. 投入产出率

2年来的示范推广池塘生态养殖优质红膏河蟹取得了显著成效。具体如表13-6所示。

表 13-6　2013 年度生态养殖优质“红膏”河蟹产量、产值、效益表

品种	规格	放养时间	亩放养量	面积（亩）	捕活率（%）	公蟹规格 175g（%）	母蟹规格 125g（%）	红膏达标率（%）	产量万千克	平均单价元/kg	产值（万元）	工资（万元）	水电费（万元）	塘租费（万元）	苗种费（万元）	饲料费（万元）	成本合计（万元）	总利润（万元）	利润元/亩
蟹种	5~8g	1—5月	800只	800	55.90	75.32	65.11	88.68	4.7696	98.37	468.132	40	17.20	36	28	56.80	178	290.132	3 626.65
青虾苗种	1.5~2.5cm	1—5月	2.5~5kg	800	55				0.68	62	42.16				20.00		20.00	22.16	277
鳜鱼苗种	5~8cm	1—5月	10~12尾	800	82				0.6	41	24.60				2.4		2.40	22.20	277.50
合计											534.892	40.00	17.20	36.00	50.40	56.08	200.40	409.278	4 181.15

第四节 滩涂生态养殖红膏河蟹

一、滩涂资源

我国的海滩地域主要分布在辽宁省、山东省、江苏省、浙江省、福建省、台湾省、广东省、广西壮族自治区和海南省的海滨地带，是海岸带的一个重要组成部分。我国海洋滩涂总面积达 217.04 万 hm^2。根据滩涂的物质组成，可分为岩滩、沙滩、泥滩三类；根据潮位、宽度及坡度，可分为高潮滩、中潮滩、低潮滩三类。由于岸的类型多样，水流的作用以及河流的含沙量等因素的影响，有的岸受水的冲刷，滩涂向陆地方向后退；有的岸堆积作用强，滩涂则向有水方向伸展；有的岸比较稳定，滩涂的范围也较稳定。滩涂是我国重要的后备土地资源，具有面积大、分布集中、区位条件好、农牧渔业综合开发潜力大的特点。滩涂是一个处于动态变化中的海陆过渡地带。向陆方向发展，通过围垦、引淡洗盐，可较快形成农牧渔业畜产用地；向海方向发展，可进一步成为开发海洋的前沿阵地。滩涂既是水产养殖和发展农业生产的重要基地，又是开发海洋、发展海洋产业的一笔宝贵财富。滩涂不仅是一种重要的土地资源和空间资源，而且本身也蕴藏着各种矿产、生物及其他海洋资源。湖滩、河滩主要分布区域，如我国著名的五大淡水湖——鄱阳湖、洞庭湖、太湖、洪泽湖和巢湖即位于本区，而江滩主要分布在大江大河流域，如长江、黄河等河流上游以及天然河滩湿地集中的周边区域。长江流域中、下游是我国库塘滩地涂湿地分布最集中的地区。

二、滩涂资源开发利用养蟹

1. 选择淡水与海水交汇处荒滩资源围垦养蟹

滩涂养蟹，就是利用芦荡、草滩、低洼地、沼泽地等芦荡浅滩养殖河蟹。近年来，不少农村有识之士，在充分利用各种水面进行拦养、围养、放流的基础上，独具慧眼，对一些常年荒芜的水面、芦荡、浅滩等进行开发利用，养殖河蟹，取得了明显的经济效益。

滩涂的生态条件虽较为复杂，但利用它来养蟹却有一定的优势。滩涂多分布在江河中下游河道湖泊水库附近水源充足的旷野里，面积较大；多生长着芦苇等杂草；水温较高，水位较浅，水体易交换，溶氧足；底质多为黏壤土或淤泥，土质肥沃；底栖生物较多。由于滩涂的腐殖质肥厚，适合各种螺、蚌、蚬及水生动物昆虫等生长，尤其是河蟹的饵料生物比较丰富，便于河蟹摄食、栖息、隐蔽。同时，河蟹可以在水生植物根部打洞隐居，逃避敌害侵袭，有利于河蟹的生长。

2. 营造滩涂人工湖，提高抵抗自然风险能力

滩涂可分为江滩、湖滩、河滩和低洼地等，对各种不同类型的滩涂水域要根据蟹农决定养殖的面积大小及条件的优劣，因地制宜采用相应的措施。开发滩涂养殖河蟹，必须先养殖鱼类（草鱼、鳊鱼），自然清除杂草（2 年），再培植水生植物，确保滩涂养蟹一举成功。一般而言，要选择那些交通方便、水源充足、水质无污染、便于排灌、沉水植物较多、底栖生物及小鱼虾饵料资源丰富、有堤或便于筑堤、能避洪涝和干旱灾害的地方改造或建设而养蟹。改造或建设的主要工程：一是划区开道，即将要养蟹的滩涂划出来，在四周挖沟围堤，沟宽 3~5m，深 0.5~0.8m；二是在滩区开挖“田”形蟹道，宽 1.5~2.5m，深 0.4~0.6 m；三是在滩涂中央挖些小塘坑与蟹道相连，每坑面积 0.5~1 亩。用蟹道、塘坑挖出的土顺手筑成暗蟹岛；四是对滩涂内无草地带还要栽些稗草或水稻或沉水植物，保持原有的和新载的草的面积应覆盖滩涂的 3/5 左右；五是要建好进排水系统，以控制水位；六是要建好防逃设施，在滩涂四周围堤上用价廉适用的材料作防逃墙，以防止逃蟹和老鼠、蛇等敌害生物入侵。

3. 湖泊滩涂低坝高拦养蟹

滩涂湿地与人类的生存和发展密切相关，它在为人类提供多种自然资源的同时，还具有这不可替代的环境功能和效益，在控制污染、调节气候、美化环境等方面发挥重要作用。因此，滩涂湿地被誉为“地球之肾”。此外，湖泊滩涂作为湿地的重要组成部分，是中国重要的可利用土地资源，滩涂研究对于湿地的开发利用以及自然生态环境的保护有十分重要的意义。一直以来，我国提倡和鼓励利用滩涂围垦造田，以此扩大耕地面积。然而近年来，特种水产养殖逐渐在滩涂兴盛起来，尤其在滩涂开始实施生态养殖虾蟹建设工程，实施生态养殖虾蟹建设工程，改变草地生态系统中植物群落的组成、结构和功能均发挥着重要的作用。利用湖区滩涂进行低坝高拦养蟹是一种有益的尝试，1998—1999 年安徽省天长市多种经营管理局组织市水产技术推广站、湖滨乡水产站及市水利局在沂湖进行市科委项目“湖泊滩涂低坝高拦养蟹试验”，获得成功并通过验收。近年，江苏省高邮湖、沂湖低坝高拦养蟹发展迅猛，已开发 1.8 万亩，相关技术要点为低坝高拦工程建设养殖优势在于沂湖是过水性湖泊，在枯水季节，水位高程不足 5m，沿湖滩涂荒芜严重；在夏季大水季节，水位高程可达 6.5m

左右。在1991年的特大洪水中，水位高程达9.1m，这种大起大落的水位不利于养殖的发展，尤其是围拦网养蟹受冲击最大；浅水时，养蟹面积较小、水质易变坏；大水时，要么冲毁拦网，要么河蟹长时间浸泡在深水中溺死。采用低坝高拦后，枯水季节可以有效地蓄积水位，确保养殖生产的顺利进行，大水季节又不影响泄洪，具有不占用耕地，不受水位影响、投资低、效益高的优点，因而沿湖乡镇社会、经济发展较快。

三、滩涂生态养殖红膏蟹的技术措施

1. 科学合理利用滩涂生物资源

开发荒废资源围滩养蟹。滩涂养蟹，顾名思义，就是利用芦荡、草滩、低洼地、沼泽地等芦荡浅滩养殖河蟹。滩涂的生态条件虽较为复杂，但利用它来养蟹却有一定的优势。滩涂多分布在江河中下游河道湖泊水库附近水源充足的旷野里，面积较大；多生长着芦苇等杂草；水温较高，水位较浅，水体易交换，溶氧足；底质多为黏壤土或淤泥，土质肥沃；底栖生物较多。因而滩涂受到广大蟹农的青睐，并成了养殖河蟹的好地方。营造好适宜生态养殖河蟹的生态水域资源，具体措施如下。

①遵循淡水生态学原理进行河蟹养殖的方法：通过人工营造并维护好养殖水体生态系统，使该生态系统的能量转化和物质循环尽量趋于平衡。该技术充分考虑各种水体对养殖品种、投放比例的承载能力，能够对因过度开发养殖水体资源而被破坏的水域环境进行有效修复，所产河蟹产量高、规格大、品质好，经济效益和生态效益显著。

②水域生态环境修复：水草栽培，2—3月栽种伊乐藻，亩栽种50kg；3—5月分期播种苦草，亩种苦草籽100g；在河蟹生长的夏季阶段，移栽金鱼藻和轮叶黑藻，亩栽种300kg（其中金鱼藻占90%），在水体中形成至少3种以上水草种群，确保水草覆盖率在中后期达到60%以上。水草种植主要选择在1m以上的浅水区。水草品种选择上主要采用金鱼藻，在水草结构中占绝对优势种群。采用“围栏养草”的方法，同一个网围内养殖区与恢复区配套，根据水草生长情况逐步扩大网围养蟹面积。通过打“时间差”，既防止了河蟹将刚生长出来的水草消灭在萌芽状态，又不影响河蟹的正常生长。

③滩涂水生生物修复，保持养蟹水域的生态平衡：秋季水生植物代谢功能减弱时，池塘移植两年生鲜活螺蛳的数量为280kg/亩以上；使其自然繁殖，1个2年生的螺蛳能繁殖150个以上小螺蛳。螺蛳等水生生物资源丰富，鲜活软体动物新陈代谢所产生的生态效应是增强养殖水体净化率，促使养殖水体“清、活、

爽”，使养殖水体转变为生态水域综合平衡的资源库。

2. 蟹种放养

选长江系产的中华绒螯蟹种，暂养后放养，时间是每年的3—4月，即水温达10℃以上时再放养。放养密度，大面积粗养或虾蟹混养的，每亩可放养500~600只，每千克规格幼蟹种约150~200只；精养的每亩可放养800~1 000只。

3. 饲养管理

（1）饵料投喂。粗养或鱼蟹混养的以天然饵料为主，适当投喂些精料和水生植物；精养的则以人工投喂饵料为主，要求做到“四定”：定时，每天投喂2次，大约在9：00和16：00；定质，投喂的饵料新鲜无霉变，6—8月高温期每次拌入占饵料重量1%的食盐，投喂的品种主要有豆饼、配合饲料、浮萍、野杂鱼、螺蚬等；定位，在鱼蟹道沟边每隔20m搭食台1个；定量，每日投饵量根据天气、水温和上1次的吃食情况而定，一般占蟹苗总体重的5%~10%，总投饵料量的季节分配大体为3—5月占15%、6—8月占60%、9月占10%和10月占5%。

（2）水质管理。滩涂养蟹要注意草多腐烂所造成的水质恶化，这种情况每年秋季较为严重，应及时除掉烂草，并注入新水，水体溶氧要在5mg/L以上，透明度要达到35~50cm。注入新水应在早晨进行，可不能在晚上，以防河蟹逃逸。注水次数和注水量依滩涂面积、蟹的活动情况和季节、气候、水质变化情况而定。春、秋季水温较低，注水量要少；如果发现水草腐烂多，水黄臭，则应多注水；夏季水温高，水易“肥”，为防止缺氧所造成的死亡，第七至第十天注水1次，每次注水2~3h。为有利于河蟹蜕壳以及保持蟹壳的坚硬和色泽，在河蟹大批蜕壳前用生石灰全滩泼洒，用量为每亩20kg。

（3）防逃逸。春季蟹种刚放入滩涂时，不适应新的环境，夏季汛期发水和秋季河蟹性成熟时均易逃逸。要经常检查防逃逸设施有无破损，一经发现应及时维修加固。

（4）清除敌害。滩涂上敌害较多，如凶猛鱼类、青蛙、蟾蜍、水老鼠、水蛇等。在蟹种刚放入和蜕壳时，抵抗力很弱，极易受伤害，要及时清除敌害。进、排水管要用金属或聚乙烯密眼网包扎，防止敌害生物的卵、幼体、成体进入滩涂。要经常捕捉敌害鱼类、青蛙、蟾蜍。对老鼠类可在调墨油黏剂板上放诱饵，诱黏住它们而捕之。不能用剧毒药捕杀，以免鼠类吃药后死在滩上而毒死河蟹。

（5）防治蟹病。滩涂养蟹病害较少，目前发现的只有蟹奴病和纤虫病。防治方法：一是注入新鲜淡水；二是将病蟹捉起以防止蔓延。

4. 成蟹捕捞

应适时捕捞，否则，性成熟的河蟹要大量逃跑，一般在9月下旬开捕，到11月下旬结束，捕捞方法有以下几种：一是利用河蟹趋光的习性，晚间在滩涂边防逃设施内侧用灯光诱捕；二是起捕高峰期，在滩涂内下簖、下丝网捕之；三是在灌水沟内注水形成水流起捕。四是在蟹多处用罾网、抄网、蟹簖捕捉。五是排滩涂内水捕捉。

四、虾蟹套养模式

为了充分利用蟹池，在养蟹过程中增放或补放部分青虾是提高养蟹经济效益的重要途径。蟹、虾混养，养虾所产生的经济效益可以支付养蟹的成本，那么，蟹出售后的收入则全部是纯收入了。所以很多养蟹专业户利用养蟹的池塘，同时混养部分青虾，促成蟹、虾双丰收。

1. 池塘设施

蟹、虾同属于甲壳动物，对池塘要求大致相同。其面积一般以5~10亩为宜，水深在1~1.5m，这样的水深有利于光照和增加水中的溶氧，同时阳光照射也有利于蟹、虾体甲壳的生长和蜕壳、蜕皮。池底淤泥要少，避免因腐殖质多而分解消耗氧气。养殖用水要求水量充足，水质清新，排注方便，水源理化条件好，pH值要求在7~8，尽量避免农田污水进入水源，防止农药残害蟹、虾。如果要新开池塘，简便的开沟方法是在池四周开沟，沟宽2~3m，深1m左右，开沟取出的土用于筑圩做堤，圩堤规格要求使沟上滩面能保住水深0.8~1.2m，这样便于蟹、虾在不同深度水层栖息，也有利于收捕蟹、虾。

养殖池在放种前，旧池必须清除淤泥和平整池底，并用药物进行消毒。常用药物有茶籽饼、生石灰、清塘净等，用量分别为每亩40kg、75kg、10kg。具体的用法是将药物在内桶或其他容器内溶解后全池泼洒，用药后7~10d，经过试水证明无毒后即可放养。根据蟹、虾喜欢在水草丛中隐蔽的习性，可在池塘四周种植一些水草。

2. 苗种放养

凡混养青虾的蟹池，可放养些蟹苗（即大眼幼体）培育成仔蟹，也可直接放养一些第Ⅲ到第Ⅴ期的仔蟹，快速养殖成成蟹和培育部分扣蟹养殖成蟹。放养时间、放养规格和放养密度分别为：蟹苗在4月底、5月初放养，每亩放养0.5~1kg；第Ⅲ到第Ⅴ期仔蟹在6—7月放养，规格为每千克3 000只左右，每亩放养1.5~3kg；一龄扣蟹在春节前后放养，规格为每千克120~160只，每亩放养10~12kg。

青虾放养可采取最简易的方法投入虾种，即每亩池塘放入0.5～0.67kg抱卵虾，最好在4—5月收集眼点已出现、很快能孵出的抱卵虾。因为抱卵虾一般都已受过精，不需另外放养雄虾。抱卵虾放在蟹池的小网箱中饲养，每平方米放养0.5kg左右，7—10d抱卵虾就能孵出仔虾，之后将雌虾上市出售，而把仔虾留在池中继续养殖抱卵虾，抱卵数青虾个体较小，抱卵数也少。越冬后的老龄青虾，个体较大，抱卵数也多，最少的约为593粒，一般均在5 000多粒；当年成熟的低龄虾，个体较小，抱卵数也较少，最少的约为195粒，最多的也只有739粒左右。平时每克体重抱卵500粒左右。每只抱卵虾通常能产虾苗4 000只以上。为了更好地净化水质，每亩可搭配养殖规格为150g左右的鲢鱼20～30尾，鳙鱼30～50尾。

3. 饲养管理

蟹和虾虽属杂食性，但明显偏于动物性饵料，一般以投喂蚌肉、螺蛳肉、碎鱼肉、蚯蚓和其他动物性饵料为主，其次投喂植物性商品饵料，如麸皮、豆渣、小麦等。除水草需正常满足外，上述动物性饵料与植物性饵料的配比为1∶1或1∶2。投喂次数为每天2次，上、下午各1次，下午投饵量为全天的2/3，投饵方法以投喂在池塘的四周边和四角为主，日投饵占蟹、虾体重的5%～10%。其投饵量的原则是虾体小时，投饵量比例要大些；当蟹、虾长大时，投饵量比例可小些，具体投饵量可结合日常的巡塘检查，作合理的调整。

日常管理工作主要有每日巡塘，观察水质变化，防逃、防漏、投饵及换水等。蟹、虾养殖池，除了要投足饵料外，还要做好添加新水、换掉部分老水的工作，这是保证蟹、虾快速生长和高产的条件。除此以外，还要防止蛙、鼠、鸟类等敌害的袭击，定期对敌害进行捕捉和毒杀。为防止病害的发生，要定期向池塘泼洒生石灰，一般每月1次，每次每亩泼洒生石灰15kg左右，这样既可杀菌消毒，又能起到增加水中的钙质、调节水质和促进蟹、虾生长的作用。混养池禁止使用敌敌畏、硫酸铜、敌百虫、鱼藤精等药物，还要防止农药污水流入养殖池。杜绝药害导致蟹、虾死亡所造成的经济损失。

4. 蟹、虾起捕

河蟹的捕捞在9—10月，一般采取在岸边夜间捕捉和地笼张捕相结合的办法。青虾的捕捞时间可根据养成规格、市场价格灵活掌握。平时可用虾笼临时张捕，以便留小捕大、提前上市。年终大捕时，将池水排掉一部分，待虾集中在沟中时，先用大眼网将鱼捕掉，然后用与虾体大小相适应的拦网反复捕捞，最后彻底排干池水起捕。由于虾有随水移动的习性，所以在排水时，一定要装好拦网，以防虾逃逸。如果虾池较长，又没有集虾槽，可在放水闸门上安装袖网，让虾随水流出直接捞取，这样更方便。

第五节　稻田生态养殖商品河蟹

一、稻田养蟹的意义

稻田养蟹是指利用稻田的浅水环境辅以人为的措施，既种稻又养蟹，达到稻谷与河蟹双增收的目的。我国的稻田面积有3.2亿亩，其中可以用来发展稻田养鱼、养蟹的低洼亩有1亿多亩。这是中国一项重要的农业资源，充分利用稻田这一农业资源优势，大力发展稻田养蟹，实行立体开发，粮渔互促，优势互补，是当前调整农村产业结构，稳粮增收，引导农民致富，振兴农村经济的一项重要措施。

近年来，稻田养殖商品蟹规模越来越大，集中连片的地区目前主要分布在江苏省、安徽省、辽宁省、河北省等省。据调查，江苏省稻田养殖商品蟹起步于1992年，集中在扬州、盐城、淮阴、徐州、建湖、淮安、邳州、金坛、溧阳等市县；1995年，江苏省稻田养殖商品蟹面积达11 130hm^2，平均每公顷单产为201kg。安徽省稻田养殖商品蟹面积较大的是巢湖、淮南等地，一般单产为330~450kg/hm^2，生产稻谷6 000kg/hm^{2}以上，经济效益和社会效益十分明显。但近几年来，长江中下游地区的稻田养蟹面积有所减少，原稻田养蟹面积直接改造成池塘养蟹面积。而黄河下游及辽河平原地区稻田养殖商品蟹的面积不是减少而是在增加。根据多年来稻田养殖商品蟹的实践，归纳其如下几方面的意义：

第一，利用稻田养殖商品蟹，经济收入可以大幅度提高。稻田养殖河蟹，改变了传统的农田种植方式，变单一种植业为种植、养殖综合经营，从而提高了稻田的生产力水平。一般一亩稻田可产稻500kg，产商品蟹20多kg，比单一种稻增收3~5倍。如江苏省泗洪县城头乡一农民，1996年利用当年培育的仔蟹在稻田养殖成蟹，亩产75~125g/只的商品蟹50kg，稻谷400kg，亩产值1.4万元，亩纯利润1万元。

第二，发展稻田养蟹，大大提高了农民种田的积极性，有利于稳定粮食生产。各地在生产商品蟹的同时，一般不影响稻田粮食的产量，这样既起到稳定粮食种植面积和稳定粮食产量的积极作用，还保证了农民口粮的供应和国家粮食定购任务的顺利完成。

第三，稻田养蟹，实行种植业和养殖业相结合，优势互补，促进了生态农业的发展。放养河蟹后，河蟹可将杂草、水生昆虫、底栖生物等作为饲料加以利用，河蟹的排泄物、残饵可作为肥料肥田，促进了水稻生长；同时，河蟹所处稻田的环境，水质经常交换，比较清新，稻田土质软硬适中，密集的稻株是河蟹隐蔽、降温、躲避敌害、安全蜕壳的良好场所，这种生态条件有利于河蟹生长。这种稻护蟹、蟹助稻的种养结合模式是一种良性的生态循环，可以有效地提高土地的利用率和产出率。

第四，增加优质高档水产品。河蟹产量的增加，丰富了“菜篮子”。稻田水草较多，饵料丰富，水温适宜，氧气充足，是河蟹生长的理想环境。稻田所产的商品蟹，为优质高档绿色食品，是城乡居民所喜吃的优质水产品。

第五，节省劳动力和生产成本，改善了产品的质量。稻田放养河蟹，具有除草除虫作用，可以少用或不用农药，减少人工投入。河蟹排泄物及残饵可起到一定的肥效，减少了肥料的用量，节省了生产成本，改善了水质条件，提高了稻谷的质量，降低了环境的污染程度。

二、稻田养蟹的主要类型与特点

稻田养蟹包括养殖成蟹和种成结合两种类型。种成结合养殖分为两种情况：

一是利用早繁蟹苗培育米蟹和豆蟹，要在水稻栽插前进行。仔蟹培育技术参照前面的作法。把蟹苗培育到水稻返青时，再在暂养池一边开口让仔蟹进入稻田，以在当年养成成蟹。如暂养池内仔蟹较多，可捕卖或捕放到别的稻田养殖成蟹。

二是利用口期人繁蟹苗培育蟹种和养殖成蟹。可把蟹苗直接放入返青后的稻田边沟里，蟹种培育的方法参照前面分池分级放养的做法，逐步扩大面积，直至达到育种和养成合理的密度时为止。直接利用扣蟹养殖成蟹的，即在水稻返青后把扣蟹种直接放入准备好的稻田边沟里养殖。这两种养殖类型在同一块稻田里多数是相结合的，最终目的是养殖成蟹，其技术有相同也有不同之处，下面介绍一下成蟹的养殖。

三、稻田养蟹的主要措施

1. 稻田选择

稻田养蟹要选择水源充足、水质清爽无污染，进、排水方便、地势低洼、保水力强、无污染和较规则的田块为好。保水性好的单季稻田，前茬作物一经收割离田，要及时搞好规划和整修。每块稻田面积一般以 2 000~2 500m^2 为宜。

2. 田间工程建设

养蟹的稻田，应选择水源丰富，养蟹稻田的田埂加高加固夯实，沿稻田四周的田埂要结实、宽大，一般埂面宽应在1~1.5m，高在50~60cm。为了给河蟹创造舒适的生存生长环境，稻田四周要开挖环沟，以离开田埂1.5m左右为宜，以防河蟹直接将洞穴打在田埂上而造成田埂坍塌。沟深1m左右，宽2~3m。总的要求，沟渠水面面积不低于整块稻田面积的15%。环沟内每隔2.5~3m，挖条畦沟，沟深、沟宽与环沟基本相似。沟开成“田”字形，具体可以根据稻田面积大小、形状而定。要求沟沟相通，根据稻田面积在稻田中部开挖一个至数个蟹溜（蟹塘），深1m以上，面积10m^{2}左右，蟹溜和沟相通，沟内可种植水草：水稻播种或定植后，水沟水面要及时种植细绿萍、水葫芦、水浮莲等水生植物，供河蟹作青饵料，也可给蟹溜作为夏季水温升高时河蟹栖息的场所，畦面积内栽种水稻，种养面积为7：3左右，以实现水蟹漫游，水小蟹入沟的生存生长生态环境。要建好防逃设施，目前各地多用0.7m宽的塑料薄板在边堤内侧围栏，薄板须埋入土内0.1m，高出土面0.6m，用毛竹支撑固定。进排水口用网片接塑料薄板或建有闸门和拦网的涵洞，以在进排水时防逃。要求种养面积比例为7：3。

3. 水稻品种选择与栽插

水稻品种应选全生育期较长、耐肥秆硬、抗病虫害、产量高、品质好的，如汕优63、南优6号、六优1号、武育粳3号、盐粳187、盐粳253号等。养蟹稻田在秧苗栽插前要施足基肥，其施肥量应保持水稻全生育期和河蟹摄食基肥发酵产生的微生物的需要，一般每亩施人粪尿300~400kg，牛粪200~300kg，发酵后的饼肥100~200kg。

水稻栽插可采取先在小畦育秧后移秧栽插于养蟹稻田的办法。要移栽的秧苗应有针对性地普遍施1次高效生物农药，如发现有侵染性烂秧或青泥苔，可喷洒菌能精华素液，主要成分是复合有机酸、腐殖酸、pH值平衡剂、藻类细胞增殖剂、有益微生物、微量元素。使用时用池塘水化开，等溶解完全后全池泼洒。抑制青苔：0.2m水深50亩/袋，和杀青苔药物一起浸泡，溶解后泼洒于青苔生长处。移栽的秧苗要健壮，采用浅水和宽行密株移栽。具体做法是：稻田里的水保持10~15cm深，田中行株距23cm×10cm，田边3~4行为24cm×10cm，每亩保持2.9万~3万穴，每穴2~3苗。如果以蟹为主，秧苗密度减少一倍以上。秧苗移栽后的1周内，主要是在秧苗返青前，要采用网片、薄膜或土埂拦隔等方法，以防止河蟹进入稻田危害幼弱的秧苗。为了充分利用土地，在边堤两坡还可栽种些蔬菜、饲草等作物。

4. 蟹种放养

经长途运输的蟹种，为了防止直接下田吸水过多，影响成活率，放养前，应先在水中浸泡1~2min，然后取出再搁置10~15min，如此反复2~3次，而后将蟹倒入盆中，放进稻田，让其自行爬行，肥伤蟹、死蟹随时捞出，以免下池后影响水质。

蟹种放养时间应根据稻田插秧前进行农药封闭灭草时间而定，如不用农药封团灭草，可以在早春放养。每公顷稻田可放养规格为100只/kg的蟹种75~150kg，也可放养规格为150只/kg的蟹种60~120kg。蟹种经养殖后，当年上市规格80~100g/只，每公顷产成蟹300~450kg。

5. 饵料的投喂

饲料是养蟹的物质基础。河蟹在整个饲养过程中，除利用稻田中生长繁殖的水草和底栖生物外，主要靠投喂人工饲料。

（1）饲料的种类。河蟹可利用的饲料种类很多，其中动物性饲料有小鱼、小虾、蚕蛹、蚯蚓、螺肉、蚌肉、鱼粉、血粉、屠宰场下脚料、昆虫等。植物性饲料有水草、浮萍、藻类、瓜类、饼类、豆渣、麸皮和米糠等。此外，还可投喂人工配合饲料。

（2）饲料投喂方法。放养初期可投喂小鱼、猪血、蚕蛹、螺、蚌肉等肉食性饲料；中期要以萍类、南瓜、小麦、豆饼等植物性饲料为主；后期食物要以动物性饲料为主，使蟹体积累营养，增加个体重。日投饲量为5%~10%，并根据天气、水温、河蟹摄食情况有所增减，水温低时取下限，水温高时取上限。傍晚投喂的饲料，次日早上检查吃完为宜。

饵料的投喂应坚持定时、定点、定质、定量。饵料投放在蟹沟的水草上，并要看季节、天气、水质、河蟹摄食状况来投喂。饵料要求新鲜、适口、营养全面，使河蟹吃饱吃好。

投喂时间以每天16：00—17：00 1次即可，因为河蟹有晚上摄食的习性，安排在16：00—17：00投喂，更有利于河蟹夜间摄食。投喂地点要设在水沟周围。

6. 水质管理

管好水质，处理好蟹、稻与水的关系。河蟹为甲壳类水生生物，蜕壳时要求溶解氧保持在5.5mg/L以上，因而稻田养蟹首先要建好进排水系统，做到能灌能排。其次要根据农时节气变化和河蟹、水稻生长对水的不同需求，合理调控水位，坚持定期换水，一般每10~15d换水1次，每次换水1/3。平时蟹沟保持水位1~1.2m，稻田水深0.2m左右；烤田时，蟹沟水深保持0.8m左右。并根据“春浅、夏满、秋勤”的管水方法，管好水质和水深，以促进河蟹、水稻生长。另外，也可种植适量水草。最好种植沉水植物，也可种植漂浮植物，覆盖率为沟面积的30%~50%，这样既可改善水质，又能为河蟹提供良好的栖息场所，并能提供河蟹部分新鲜植物性饵食，可谓“一举三得”。

7. 防病除害

蟹类疾病，以防为主，除了在放苗种前对边中沟及稻田进行全面消毒外，在放仔蟹和扣蟹种时，还应用5%~8%浓度食盐溶液对其浸浴，在5—9月，每隔10~20d，每亩用10~15kg生石灰化成浆液泼洒在田边沟、中沟里，并每隔10d在饵料中拌和1%的大蒜素投喂河蟹。稻田养蟹有水老鼠、水蛇、青蛙、水鸟等敌害，要经常采用网具捕杀敌害的方法，但禁止运用毒杀的方法。

稻田养蟹还要防止使用具有残留的农药中毒，最好应选择使用生物农药，所施放生物农药的量要适当，既能达到消灭水稻病虫害的目的，又不使河蟹受药害影响而抑制河蟹的正常生长发育，在使用生石灰消毒时，生石灰安全浓度为1 520mg/L。稻田施用生物农药时应特别注意浓度的调配，稻田施用生物农药应对口、高效，方法亦应加以改进。对口、高效主要是先用高效无毒农药，如防治稻瘟病，应用三环唑、稻瘟灵。施用方法是药液泼浇改为喷雾或弥雾；高浓度喷雾改为低浓度喷雾或弥雾，杜绝使用有机磷类农药，因为这类农药使用对养殖河蟹质量安全有着直接影响。无论用什么药后应经常观察，发现河蟹出洞乱爬，应及时换水。

化肥对河蟹的毒害比较大，应以施足基肥、追施有机肥为主，施化肥为辅，水稻全生育期可施化肥1~2次，稻田水深控制在20cm左右，每次每亩可施尿素2. 5kg，最好不施过磷酸钙和碳酸氢铵。

8. 水稻的收割与成蟹的捕捞

（1）水稻收割。稻谷成熟后，事先将池水排浅，河蟹基本进入沟中，田内留水5~8cm，收割时，稻桩留10cm左右，以利二茬稻的生长。二茬稻可以补充因季节原因造成的水草短缺，然后随二茬苗的生长可适当加深水位。

（2）成蟹捕捞。冷空气到来的10月下旬左右，河蟹达到性成熟，开始向海区逃跑作生殖洄游，这个时期是捕蟹的最好时机。为防止损伤蟹体，建议用毛竹设置的活动蟹窝捕捉，这样既方便，又可避免河蟹损伤残缺。具体捕捉的方法是将毛竹锯成一节两端有孔的竹筒，每7~9段为一捆，傍晚置于水沟中，次日上午即可起蟹。另一种捕捉方法是利用河蟹的趋光性，在夜晚将灯光置于池角，灯下埋设一只缸，即将河蟹捕起。采取上述多种捕捞方法，河蟹起捕率可达95%以上。捕起的河蟹应暂养于土池或网箱内，等待出售。暂养池的水质条件要好，密度为4 500kg/hm^2 左右为宜。如果是池中混养鱼类，操作时应先捕蟹，以免蟹、鱼混杂，造成河蟹断肢伤残。

第十四章　绿色食品蟹发展趋势

第一节　建立绿色基地提升产品质量

一、建立绿色河蟹养殖出口基地

江苏省溧阳市长荡湖水产良种科技有限公司是长荡湖地区一家以养殖大闸蟹为主的生产型企业。养殖规模湖屈指可数。独特的经营模式和服务风格，以批发为主，零售为辅。从开始单一的苗种培育，成蟹养殖，发展到现在，利用自身的资源优势，在全国乃至东南亚，已建立起完善的销售网络。该公司生产的各类水产品，注册商标为“可鲜可康”。

2009 年，该公司承担实施的江苏省外向型农业项目资金建设《绿色优质河蟹出口标准化生产基地》，通过一年来的努力，全面完成了 1 000亩《绿色优质河蟹出口标准化生产基地》建设计划规定的各项任务指标，在项目实施过程中，其中完成修筑圩堤 1.7 万 m^3；微管增氧设施 3 套 100 亩；出口食品包装车间 $180m^2$；立式增氧机 15 台套；防逃设施建设（更换围网）1.1 万 m。在项目实施过程中，该公司坚持执行绿色水产品中华绒螯蟹生产技术操作规程及 HACCP、GAP 管理体系。依据中华绒螯蟹的生活特性、习性、食性、生长发育占各自生态位的特点，合理运用生态平衡养殖技术，采取暴晒清塘、消灭病原体；选用优质蟹种，保持合理放养密度，调配栽植水草种类及其茬口，组成此消彼长的水草群落，移植贝类软体动物；按维生素营养平衡技术研制无公害熟化饲料科学投喂；以自然生物技术（水生动植物）、人力生物技术（光合菌、EM 菌）进行水环境调控及病虫害防控，每一个生产季度，坚持对基地养殖户开展技术培训，促使他们把无公害河蟹养殖技术运用到生产中去，养成的商品蟹真正成为真正的绿色出口产品，在河蟹的整个养殖过程，（河蟹、底泥、水质）定期到江苏省出入境检验检疫局和溧阳市卫生局、环保局检测，本年度共检测 7 次，各项指标检测都合格，为该公司能顺利进入国际贸易市场奠定了基础。在销售过程中，从捕捞、包装、运输、外销，都以商检局规定的国家出入境动物要求执行。并已形成一整套商品蟹标准化生产、出口、技术、管理体系，该公司在河蟹包装车间安装了探头（360°旋转）、电脑监控仪等电子视频监控设备，公司管理人员，包括商检局的工作人员，足不出户，只要在电脑旁，就能对整个河蟹出口包装车间的情况全过程掌握。通过项目的实施，建立的1 000亩《绿色优质河蟹出口标准化生产基地》取得了大丰收，养殖河蟹质量、规格、产量均达到出口质量要求。

1. 经济效益

商品蟹个体重量达173g，其中175g以上占80%，回捕率46%~48%，亩产量48kg，亩效益达2 880元。年总销售收入可达438万元，利润288万元，实现上缴税金13.2万元，其中新增利润83万元。出口订单（协议）20t，其中冷冻19.9t，由于受国际金融风暴影响，货款迟迟不能到位。因此本年度仅向韩国出口鲜活河蟹19 900kg，创汇23.88万美元。产品生产全过程都以绿色食品、出口食品的标准来严格控制产品质量。

2. 社会效益

项目实施的养殖生产过程中，运用中华绒螯蟹生态新技术体系，通过基地示范推广，带动了长荡湖及周边地区渔农民运用生态养殖技术，为长荡湖地区及周边县市9.31万亩绿色优质河蟹出口标准化生产基地建成起到了积极作用，同时为生产安全优质河蟹奠定了良好基础，真正能让居民吃上安全食品，为造福人类作出应有贡献。1 000亩无公害优质河蟹规模化出口生产基地建成，按20亩可转移1个农村劳动力，计可转移农村劳动力80人，示范推广应用后可为长荡湖及周边地区增加1 860人的就业机会。

3. 生态效益

通过1 000亩《绿色优质河蟹标准化生产基地》建设，恢复了湖滩一片绿色水生植物和水生软体动物，在长荡湖地区推广应用后，使整个长荡湖地区都能实现绿色优质河蟹出口基地，能造就长荡湖四周万顷滩涂湿地，土壤肥沃，芦苇像绿色保护神，成为黄雀（长荡湖地区特产）的栖息之处，每到春天湖里水势平衡，池水清澈如镜，基本无污染，恢复了天然环境的幽静。

4. 与农民联结情况

在绿色优质河蟹出口标准化生产基地建设的整个过程中，始终坚持把基地养殖户的利益放在首要位置，使他们成为真正的受益者。首先，帮养殖户从苗种把关，公司联系后，统一到规模大、资质信誉好的蟹苗良种场（崇明岛、通州）购苗。其次，公司投入大量的资金和人力建设圩堤、清理河道池塘淤泥和修建涵闸（特别是重点整治了白水滩和小尖滩养殖区），确保池塘内能灌入良好的水质，使养殖户免受洪涝之灾。同时，每一个生产季度，都对基地养殖户开展无公害优质河蟹养殖技术培训，并派生产技术人员时常到池塘上考察。最后，在销售上把关，规格达标的商品蟹由公司负责收购，外贸收购价格比国内销售市场要高出20%左右。通过项目实施，养殖户每亩可净增830元，总计增收83万元。

二、经验和做法

采取公司（科技攻关组）+基地养殖户（渔农民）+外贸出口公司的运行管理模式，绿色优质河蟹出口标准化生产基地建设由溧阳市长荡湖水产良种科技有限公司负责实施。并与上海水产大学、江苏省淡水水产研究所、江苏省水产技术推广站、常州市水产技术推广站、溧阳市水产技术推广站等科研单位合作，联合进行品种选育、养殖模式等系列化的实验研究，并将该技术进行推广，通过项目的实施，制订了建立《绿色优质河蟹出口标准化生产基地》项目的技术体系，并在该公司长荡湖畔建立一个绿色出口养殖生产技术推广中心及科技培训、示范点，从而带动长荡湖周边地区蟹农共同走上生态养蟹、科技致富之路。

三、营销战略

该公司在长荡湖有自己的生态绿色养殖水域和十多家定单养殖农户。产品主要有长荡湖大闸蟹，以及淡水鱼虾等品种。公司本着“诚信经营、以质取胜、客户满意”的经营理念。经销的“可鲜可康”牌大闸蟹直接从湖区供货，以其纯正、质优，深受消费者喜爱为经营目标，以市场为导向，以科技为动力、以调整结构为方向，为加快农业现代化步伐，大力培育名特优水产品，推广运用高新技术，提高渔业经济效益，取得了累累硕果。

第二节　红膏河蟹经济价值与产业化前景

一、经济价值

红膏河蟹是含有高蛋白、低胆固醇的水产品，每100g中含蛋白质14g、水分71g、脂肪5.9g、碳水化合物7g、维生素A 389μg。优质红膏河蟹营养丰富，食用河蟹是人们生活质量提高的一种标志，水产食品的质量安全更是人们生活质量提高的一种需求。

二、产业发展前景

随着人们生活质量提高，食物结构在发生变化，由原来畜禽动物蛋白的需求逐步转变为鱼类动物蛋白。近年来，苏州市、杭州市、上海市、北京市等大中城市消费者对优质河蟹的购买力在增强，优质河蟹在国内大市场有较强的市场竞争能力，我国加入 WTO 后，融入国际消费市场，养殖的河蟹质量符合国家绿色食品标准，国际通行农产品质量安全标准。符合市场经济发展的规律，养殖的优质河蟹具有广阔的市场需求量。蟹与质量安全有着经济效益高的重要意义。

2015 年，据江苏省海洋与渔业局有关统计，江苏省河蟹养殖面积达 380 万亩，河蟹养殖是江苏省特种水产养殖主要重点产业，也是江苏省农民增收的支柱产业，河蟹养殖业是实现科学合理利用水生资源，资源循环利用的最佳效果；养殖水体排放达太湖流域排放标准，保护了水域的生态环境；产品质量符合国家绿色食品标准，国际通行农产品质量安全标准；实现食品安全与生态保护的“双赢”，将成为中国渔业增效、农民增收一项较为重要的渔业产业，为农村全面建设小康社会奠定良好物质基础和经济基础有着积极促进的重要作用。

第三节　保障营销红膏河蟹蟹质量安全

一、成蟹捕捞方法

商品蟹安全质量管理是保障食品安全的关键。因此，营销环节也是保障食品安全的关键之一。商品蟹的捕捞，暂养、运输过程，同样是河蟹养殖生产中重要一环，是确保河蟹质量安全，为提高河蟹市场需求效益，实现商品河蟹增殖的重要途径。

1. 成蟹捕捞时间

池塘商品蟹的捕捞时间一般比天然水面要晚，通常可在 11 月中旬至 12 月份进行。

2. 成蟹捕捞方法

常用的捕捞方法有 4 种。

（1）放水捕蟹。利用河蟹生殖洄游和顺水爬行的习性，在蟹池出水口装上蟹网，通过放水进行捕捉。

（2）徒手捕捉。利用河蟹夜晚上岸活动觅食的习性，组织好人力，备好电筒、蟹篓、网线袋等，在蟹池岸边捕捉，通常在23：00进行。

（3）干池捕蟹。将池水放干，夜晚当河蟹全部出来后进行捕捉。

（4）工具捕蟹。如养殖池塘较大，则可在蟹池内安装蟹簖、地笼等工具进行捕捉。江苏省和安徽省广大地区成蟹捕捞主要采用地龙加冲水法，就是先把池塘注满水，再把水抽去一半，然后在傍晚再注入新水。河蟹便顺新水向上爬或上岸或入笼。反复几次后基本上可以捕完。

3. 成蟹、捕捞注意事项

（1）要适时捕捞，一般应在池水封冻前进行，如过晚，遇上寒潮来临，河蟹常会钻入池底或洞内，给捕捞带来很大困难。

（2）要全部捕捞。根据河蟹生物学特性与生理性级，河蟹寿命一般只有2~3年，到时不捕，特别是性腺成熟的蟹，水温在18℃左右，性腺成熟的蟹会自然交配，自然交配后雄蟹即死亡。规格较小，性腺不成熟的河蟹，翌年开春后仍有大批死亡。因此，凡是饲养2年左右、性腺成熟的蟹都应全部起捕上市。

二、商品蟹暂养

1. 暂养意义

商品蟹的暂养有3个好处：一是便于集中运输，进行远距离销售，即将平时陆续捕捞或收购的商品蟹，通过暂养，待集中到一定批量时，再通过汽车、轮船、飞机等工具，运往大城市集中销售；二是通过暂养，可以待价而沽，充分利用市场上的季节差价，卖好价钱；三是通过暂养，可以育肥增重，使一部分蜕壳不久的商品蟹，通过投喂猪肝、芝麻等商品饵料，达到增重育肥的目的。

2. 暂养原则

搞好商品蟹的暂养，要坚持以下三项原则：一是就地暂养。根据商品蟹的来源范围、数量多少、运输距离远近，统筹考虑，建立相应的设施，就地进行暂养。二是采用正确的暂养方法。根据商品蟹的暂养数量、暂养要求和暂养时间的长短，选择适宜的暂养工具，并提前准备好蟹笼、蟹篓、网箱等暂养设施，选择好暂养水域，落实好管理制度和管理人员，制订好暂养的技术方案，实行科学暂养，以提高河蟹暂养的成活率。三是分类分规格暂养。按照市场不同消费对象的要求，将起捕或收购的商品蟹严格挑选，分规格称重过数，分别进行暂养。凡规格在150g/只以上、附肢齐全、体质健壮、符合出口要求的，专门集中暂养，优先安排出口。凡规格在100~150g/只、身体健壮、爬行活跃的，留作大规格商品蟹集中暂养。而规格在50~100g/只的，则作为小规格商品蟹暂养，集中运往外地销售，或作为醉蟹原料出售。那些附肢不全、爬行不活跃的，则应剔除并及时销售，不宜进行暂养。对于捕捞起来的商品蟹，一时来不及运输和销售的，或留待市场紧缺时再行销售的，或等待出口外销的，都需要集中进行暂养。尤其是草荡湖泊网围以及池塘养蟹集中连片地区，商品蟹数量大，捕捞期集中，加上捕捞前期气温偏高，一部分蟹刚蜕壳不久，不利于商品蟹运输，更需要进行专池暂养。10 月上、中旬捕获的成蟹性腺尚未成熟，肥满度差，不适宜长途运输，需经过 1 个月左右的暂养才可上市，通过暂养可提高成蟹的品级和价格。

3. 暂养方法

要搞好商品蟹的暂养。养殖户对一时销不出去的商品蟹，最好的方法不需要急着捕捞拼塘，因为商品蟹起捕拼塘的蟹容易伤亡。根据市场销售需求情况，有需要起捕的商品蟹可采用网箱、竹笼等工具进行集中暂养，但必须雌蟹、雄蟹分开暂养，否则性腺成熟的蟹自然交配后雄蟹即死亡。商品蟹暂养期间要坚持投饵，且以动物性饵料为主。并保持水质新鲜，防止相互争斗，提高暂养成活率，促进增重率。

目前生产上采用的暂养方法主要有以下几种。

（1）室内暂养。选用通风、保温性能较好、四壁光滑的办公用房或仓库，将室内打扫干净，将经过挑选的商品蟹放入室内，每天用新鲜水喷洒 1~2 次，保持室内和蟹体湿润。并根据暂养的数量和时间长短，投喂少量的小鱼虾，让其觅食。同时加强管理，防止逃跑。此法实际上是室内干法贮藏，因而暂养时间不宜过长，一般 3~5d 为宜。用该法暂养，商品蟹质量较好，暂养成活率可达 90%以上。此法适宜于大批量短期暂养商品蟹。

（2）蟹笼（蟹篓）暂养。用竹篾编成一定大小的蟹笼，呈鼓形，也可用枝条编成一定规格和形状的蟹篓。通常蟹笼底部直径为 40cm，高 40cm，口径 20cm，也有底部直径在 100cm 以上的大蟹笼或蟹篓。还可用竹片、铁条等材料编成长方形蟹笼或蟹篓。根据蟹笼（篓）的大小和只数，放养经过严格筛选的商品蟹。放养量随蟹笼大小、饲养管理水平以及暂养时间而定，有条件的还可雌雄分开装笼。暂养时选择水质条件较好、水位较深的池塘或外河，打好木桩，搭好横杆，做好跳板，将装好商品蟹的蟹笼（或蟹篓）悬吊在横杆下，笼子入水 1~1.2m，笼底不着泥。蟹笼吊入水中后，定期向笼内投喂一定数量的动物性饵料和青菜叶等，并加强管理，以促进河蟹增肥增重，达到膘肥体壮的要求。此法方便灵活，暂养时间可长可短，饲养管理方便，不易逃蟹，暂养的成括率较高，一般都在 95%以上。利用蟹笼（蟹篓》暂养商品蟹，不仅经营单位可以采用，生产单位也可以采用，不仅可暂养商品蟹，而且可暂养亲蟹。

（3）水泥池暂养。在蟹池边或湖边，选择合适的地点，人工建造水泥池，面积200~400m^2，也可更大一些。四壁用砖砌，水泥抹平，池底为水泥底，也可以是硬泥底，深度1~1.5m，并建好进排水系和防逃设施。暂养前20d，用生石灰或漂白粉溶化后全池泼洒，清池消毒，待毒性消失后，即可进行商品蟹的暂养。水泥暂养池通常应在9月底商品蟹起捕前建好。一般每平方米可放经过挑选的商品蟹0.6~0.75kg。如暂养时间短，放养密度还可适当加大，暂养时间长，则可相应减少。暂养期间还要定时、定量投喂小杂鱼等动物性饵料，并适量投喂青绿饲料；饵料的投喂要求做到质优量足，新鲜适口，均匀合理，使商品蟹增重增肥，达到上市和出口的要求。如短期暂养1~2d，则不必投饵，只要认真管理就行了。

（4）土池暂养。在河蟹集中产区，选择条件较好的池塘，面积4~10亩，水深1.5~2m，池底为硬底。也可按照上述要求，选择适宜地点，建设商品蟹暂养池，并建好防逃设施，提前15~20d清池捎毒，待毒性消失后，即可收购商品蟹进行暂养，投喂饵料，加强管理。待出售时，再排干池水捕捉，集中上市。

不管采用哪种方法进行暂养，由于放养商品蟹的密度较大，投喂的动物性饵料较多，加上气温较高，水质容易恶化。因而在暂养期内，还应认真搞好水质管理。平时水深应保持1m左右。当水温在10℃以上时，2~3d换1次水，每次换水1/3。换水时宜用新鲜河水，有条件的可用微流水，以促进河蟹生长、育肥、保膘。暂养时间较长，冬季要把池水加深到1.5m以上。遇到池面结冰，还应及时破冰增氧，防止河蟹因池面结冰缺氧而窒息死亡，以提高商品蟹暂养的成活率。除了上述4种暂养方法外，一些养殖规模较小的个体户还可利用水缸、木桶，以及其他一些表面光滑的容器，进行商品蟹暂养。每天将捕捉到的蟹放到水缸等容器内，待集中到一定数量时，再拿到市场上销售。这种方法比较方便适用，适宜短期暂养商品蟹用，特别适宜规模较小的养蟹个体户采用。

三、红膏河蟹分级、包装、运输

1. 严格分级

收获或收购的河蟹，要做到“四分开”。第一，大小要分开，不能混放，否则小蟹易死亡；第二，强弱要分开，壳脚粗壮的蟹生命力强，适于较长时间贮运；第三，健残要分开，肢脚缺失的只适于当地销售或短途运输；第四，肥瘦要分开。

2. 包装

（1）按NY/T 658的规定执行活蟹可以将蟹腹部朝下整齐排列于蒲包或网

线袋中，每包装10~15kg，蒲包扎紧包口，网袋平放在篓中压紧加盖，贴上标识。搞好包装：河蟹分等以后，准备外运的须认真搞好包装。包装容器的选择和方法的采用是否适当，对河蟹的成活率影响很大。短途运输包装可以简单一些。长途运输目前常用的包装工具有蟹笼、竹筐、柳条筐，以及草包、蒲包、木桶等。

（2）包装时，应先在蟹笼、竹筐中垫入一层浸湿的草包或蒲包，然后将大部分蟹用筐笼包装，筐内先衬以蒲包，再把河蟹装入，力求把河蟹放平，装满加盖扎紧，使河蟹不能爬动，否则易损伤和断肢。选好待运的商品蟹逐只按不同规格分别放入筐内，放置好，应使河蟹背部朝上，腹部向下，力求放得平整、紧凑、沿笼、筐边缘的河蟹，安放时还要让其头部朝上。河蟹装满后，用浸湿的草包盖好，再加盖压紧捆牢，不要使河蟹在筐内活动，尽可能减少其体力消耗，以提高运输成活率。河蟹包装，特别是大批量包装，要组织人力，安排好工具，并做好更换交通工具的衔接工作，包装好一批运一批。

3. 及时运输

包装完毕的河蟹，要抓紧时间运输，时间不能拖得太长，一般情况下3~5d内死亡较少，超过5d，死亡就逐渐增多。

四、加强商品蟹管理

运输途中要防止日晒、风吹、雨淋，尤其要防高温。为此，运输车、船要有棚盖，时间过长要洒水降温。长途运输有条件的可采取降温措施，促使其冬眠，可大大提高成活率。

五、提升红膏河蟹产业经营效益

中华绒螯蟹是我国著名的水产珍品，也是蟹类中产量最高的淡水蟹。昆山市、常熟市、吴县三市交界的阳澄湖大闸蟹，特点是个大体重、青背白肚、黄毛金爪、蟹黄饱满，是河蟹中的上品；近年来，金坛市、溧阳市境内的长荡湖生产的河蟹质量也不亚于阳澄湖河蟹。产于江苏省、安徽省江河湖泊，如洪泽湖、白马湖、花园湖、巢湖的河蟹，特点是品质佳，肉质白嫩，体色略黄。近年来，河蟹国内市场消费量增加，卖价高，优质河蟹出现供不应求的趋势。发展河蟹养殖业，满足国内外消费需求，势在必行。

随着河蟹的生产规模越来越大，近年我国出现了许多百万元、千万元大户，进一步搞好经营是形势所需，直接关系到河蟹养殖生产的效益。河蟹经营的主要内容包括产、供、销、苗、种、成及人员组织等方面的内容，这些内容同河蟹生产活动的全过程联系在一起，是关系全局的重要环节。

1. 搞好经营的重要性

搞好河蟹经营的意义重大，最根本的就是能提高经济、社会、生态效益，保证河蟹生产持续稳定发展。河蟹生产者和有关主管部门都需要重视和研究这个至关重要的问题，并尽力抓好抓实，注重工作的实效。搞好河蟹经营的重要性体现在以下 3 方面。

2. 能保证购销两旺

搞好经营就能购销两旺，否则就要造成重大损失，如近 2 年有许多河蟹育苗场亏本，究其原因，有 50%以上亏在蟹苗没有及时卖出去，死在苗池内。如 1996 年盐城地区海边一个育苗场繁育 500kg 早蟹苗未及时卖出。因没有及时购到河蟹苗种及急需蟹用物资而造成重大损失的也比比皆是，如崇明县陈家镇有两家养蟹户，1997 年围好 40 亩水池，准备购长江天然蟹苗育种。因长江发苗少未能购到，后来想购入繁苗，因时间晚了，又未买到，这块水面一直荒了半年多，损失 4 万多元。安徽省当涂县一些蟹农，1996 年错买了非长江、质次的蟹种，大部分亏本。1997 年江苏省泗洪县一些养蟹户的塘内蟹病严重，因没有买到对口好药，造成蟹 80%死亡。

3. 能充分有效地发挥技术作用

前面讲了许多技术措施问题，如果不搞好经营，这些技术措施就不可能很好地实施，就不可能变为现实的生产力。有许多蟹场，技术人员虽较多较强，但因经营不善仍然失败。例如，有一个养蟹大公司，养了 2 万亩蟹，高中低技术人员齐全，由于公司主要领导人没有按技术要求去选用苗种，没有很好强化组织管理措施和充分调动职工的积极性，年年效益不好，负债累累。像这样类似的例子到处可见。这些年，对养蟹成败原因的分析，有人说是“三分技术，七分管理”，不是没有道理的。但在管理中包括营销这一重要环节，营销是否成功对经营所获取的经济效益高与低有着直接的关系。

4. 促进河蟹产业可持续发展

河蟹企业产前、产中、产后全程与各个环节计划的制定、措施的落实、人员的安排、资金的筹措和动用、效益分析以及各种问题的解决都要靠经营。经营搞好了，生产就能顺利进行，就能获得较高的产量。凡是经营出现失策、失误、责任不明、赏罚不分、“吃大锅饭”等问题的，生产都不好，因此，抓好经营十分重要。

第四节　红膏河蟹的质量安全与市场需求关系

一、红膏河蟹供求、价格变动的特征

1. 蟹苗的供求、价格变动

根据有关统计资料和典型调查推算，1996 年全国约产成蟹 4 000万 kg，约产仔蟹和扣蟹种 9.6 亿只，蟹苗 8 万 kg；1997 年约产成蟹 4 500万 kg，约产仔蟹和扣蟹种 10.8 亿只，蟹苗 10 万 kg；种成基本相当，但真正长江水系的优质苗种占的比重太小，据调查推算，只占总量的 20%。因此，非长江河蟹苗种，特别是劣质蟹苗种要加以控制，长江河蟹优质苗种生产要大力发展。成蟹的消费量基本上等于产量。由于影响育苗成败的因素多变难测，相当多的育苗厂家蟹苗产量不稳，常常不能按计划供苗，同时也有不少买方对蟹苗的纯度、质量和价格水平的认识受社会各种评论、各种现象的干扰，常常变更卖方或搁置购期，使产销协约往往不能兑现和计划不兑现，而造成不应有的经济损失。

影响蟹苗价格悬殊的主要因素：一是天然苗与人繁苗价格悬殊。如 1997 年 6 月上旬，崇明天然蟹苗最高价每千克 9 万元，而连云港人繁苗每千克最高价是 1.6 万元，相差 5.6 倍。二是过手和直销的价格悬殊。同样质量的蟹苗在同一时间内的价格是过手的高，直销的低，如 1997 年 5 月底，一些蟹苗商贩贩运到崇明的人繁苗每千克一般在 1.6 万元，而南通、盐城海边厂家直销的蟹苗每千克则为 0.8 万元，相差 1 倍。三是同一地区不同时间的价格悬殊。如 1997 年连云港早蟹苗每千克多在 0.44 万~0.6 万元，中苗多在 0.4 万~0.5 万元，晚苗多在 1 万~1.4 万元。四是同一时间不同地区苗价的悬殊。大体是中间高、南北低，即江苏沿海特别是盐城沿海最高，1997 年 4 月下旬至 5 月上旬每千克达 1 万多元，而浙江则为 0.8 万元，辽宁省、河北省则为 0.2 万~0.5 万元。蟹苗的销售与技术、声誉是密切联系在一起的。蟹苗的质量好、厂家信誉就高，蟹苗畅销价格就上升。从多年来总的趋势看，河蟹苗价呈波浪式下滑趋势，就是说，1999 年与 1998 年相比，就一直在波动，但苗价总的是下滑趋势。而到了 2016 年江苏省连云港、如东等地的蟹幼苗每千克为 250~500 元。

2. 蟹种的供求、价格变动

养蟹水域和规模在不断扩大，对蟹种的需求也越来越多，而天然蟹苗、幼蟹越来越少。目前，长江河蟹人繁的苗不多，对辽蟹、浙蟹、闽蟹开发利用不够。因此，优质蟹种供求矛盾仍十分突出，蟹种价格也时高时低。

从总的变动趋势来讲，蟹种价格升中有降，据在苏州地区的调查，1988 年度，每千克 200 只幼蟹为 36 元，1989 年为 40 元，1990 年为 45 元，1991 年为 52 元，1992 年为 100 元，1993 年为 500 元。5 年增长 14 倍。1994 年之后按只定价，每千克 200 只的扣蟹种，1994 年为 1. 6 元，1995 年为 2 元，1996 年为 2. 5 元，1997—1998 年为 2 元，1999—2000 年为 1. 2 元左右。

从季节时令来讲，每年春节之前价格较低，春节后价格逐渐升高，待到 3 月，当年 5 期幼蟹价上升扣蟹价又下浮。从蟹种不同来源的差价来讲，长江产蟹种高于其他水域，天然的高于人繁的，如 1997 年内地长江蟹种每千克 200 只的 2 元 1 只，近海 1 元 1 只，而辽宁省和福建省等水域则为 0. 5 元 1 只。由于繁育培育河蟹苗种的技术进步，繁育培育河蟹苗种亩产量在提高，培育苗种的经济效益在提增。因此，沿海、沿江、培育河蟹苗种面积扩大，河蟹苗种供应量也在增加。为了保护湖泊生态环境，湖泊网围养殖减少，而养殖商品成蟹的面积逐年减少，因而从 2008 年起蟹种的价格开始下降，2016 年扣蟹苗种规格，每千克为 160~200 只，单价为每千克是 50 元左右，1 只蟹苗，只需 0. 25 元购进，养殖商品成蟹的苗种成本大幅度下降。

3. 商品蟹的供求、价格变动

商品蟹价格的变动又另有特点。因为河蟹是时令性很强的名贵商品，每年 10 月 1 日至 12 月中旬是食蟹的最佳时节，“菊花盛开，食蟹赏月”是民间的传统。随着国民经济的发展，我国居民生活水平日益提高，市场对河蟹的需求越来越大，河蟹价格也呈走高趋势。商品蟹价格变化的特点主要表现在：一是总的变动趋势是根据国内与国际两个市场需求，商品蟹上市季节及天气温变化的因素，近年来的情况河蟹销售价格出现高与低的不平衡。据近年来的统计，苏南地区大规格（雌蟹 125kg，雄蟹 175kg）的红膏河蟹每千克成蟹销售价格 2014 年是 110 元，2015 年是 130 元；二是价格的变化，沿海要高于内地，大中城市要高于乡镇，国外发达国家和地区高于我国。三是规格大、质量好的价格增幅较大，2016 年仍然高价每千克为 150 元左右。四是，在季节时令上，每年秋末冬初蟹价较高。长江下游地区一年内蟹价大体上呈“W”形的变动规律。具体情况是 9 月上旬前后，成蟹价较高，因为这段时间成蟹上市少，能捕到的大规格成蟹更少，有些特殊需要的单位和个人，不惜高价购买。到 9 月 20 日前后，大部分水域开始捕蟹，蟹上市较多，但肥壮的不多，且特需的购买量有限，多数蟹暂时滞销，因而价格下降。9 月 25 日之后，面临国庆节，除特殊需要者外，居民购蟹也增多，因而蟹价上扬。国庆之后，买蟹者减少，而此时蟹上市量多，蟹价下浮。10月上旬之后，河蟹大部分成熟，食蟹风又起，购蟹暂养的也逐渐增多，蟹价又上涨，一直持续到元旦。

根据蟹价变动的特点，经营者可采取以下措施：第一，推广商品蟹暂养技术，因地制宜选择暂养的方法。暂养主要目的在于催肥、增重，变软脚蟹为硬脚蟹，变低价为高价，聚零星为批量，提高经济效益。第二，逐步推广活蟹冷藏技术。推广此技术的主要目的是节省成本，提高时差效益。方法是把现货成蟹放在特定条件下的冷藏室活贮一段时间再上市。凡有冷库和地下恒温室的地方均可试行。第三，适当推迟捕蟹期。采取此措施主要有两个目的：一则使蟹再长大一些，再成熟一些，提高其商品价值；二则提高价差增值系数，增加收入。第四，适当集中捕捞。捕蟹期虽然为2个月，但从缩短看管期，节约人、财、物力，防逃蟹、增加捕捞量等因素考虑，应多下网具，集中捕捞。从以往的情况看，长江蟹最好在10月底前基本捕捞结束。第五，搞好市场调查研究。根据商品蟹的时间、季节和地区差价变动的规律，要使蟹卖个好价钱，捕捞的蟹，应选最适的时机和价高的地区销售。

二、商品蟹的销售原则

随着河蟹养殖生产的发展，商品蟹数量的增多，近2年来河蟹的商品市场也发生了很大变化，竞争相当激烈。一是商品蟹上市的规格多了，从50g/只以上到200g/只的都有，价格差距很大。小规格的商品蟹价格呈下降趋势，大规格的商品蟹价格坚挺。二是商品蟹上市的时间延长了。过去商品蟹10月初上市，10月中下旬形成高潮，至11月底就基本结束了。而现在河蟹上市的时间自10月初开始，可一直延迟到2月，甚至到3月。在价格上，高峰期即10月中下旬最低，春节前后最高；三是河蟹的保活方法改进了。过去商品蟹的销售都是篓装，或者货袋装销售，商品蟹存放时间不能过长；而现在都是用水族箱、塑料桶或盆上加盖保鲜销售，长期保活，长期销售。要搞好商品蟹的销售，具体可掌握以下几项原则。

1. 优质优价的原则

从目前商品蟹市场的发展趋势看，今后一段时间内，小规格的商品蟹价格仍将回升，但不会太大。而150g/只以上的大规格商品蟹价格较高，且比较稳定。因而在养蟹生产的布局上，应以养大规格商品蟹为主。如要养小规格商品蟹，也要力求用当年早繁蟹苗养成。在出售商品蟹时，要将不同规格的商品蟹分开销售，以适应不同消费层次的需求，卖好价钱。

2. 充分利用季节差价原则

所有商品当其大量涌入市场时，其价格必然下降，而当其奇少时，价格又会大幅度上升。商品蟹的上市价格变化也不例外，必须充分利用价格季节差来获取好的效益。在具体操作上，可采取抢占先机、避其高峰、抓住空档、夺取尾声的策略，巧妙地赚取差价。

3. 满足各地区不同消费层次需求的原则

商品蟹的销售有内销也有出口，有直接销售的，也有用来加工的，在内销上又有家庭消费和集团消费之分。这些不同的消费层次对商品蟹的规格和质量又有着不同的要求。例如外贸出口，不仅需要商品蟹规格在150g/只以上，而且要求附肢齐全，体质健壮，爬行活跃，因而售价也较高。而一般消费者特别是工薪阶层，消费要求就不太高，一般商品蟹规格在100g/只以上即可，而且价格要求适中。用来加工醉蟹的，则要求商品蟹在50g/只左右。因此根据不同消费层次、不同用途来组织商品蟹销售。

三、商品蟹质量与贸易业务的关系

1. 商品蟹质量要求

传统的商品蟹质量，通常要求甲壳坚硬，背甲墨绿色，腹部白色或灰白色，双螯强健，八足齐全，蟹体肥壮，体重肉实，活泼有力，反应敏捷，个体规格在100g以上。而外贸出口蟹要求更高，通常雌蟹要求在125g以上，雄蟹要求在150g以上。随着河蟹养殖生产的发展，商品蟹数量的增加，河蟹的质量要求也增添了新的内容。

从雌雄蟹的个体来看，俗话说“九月团脐十月尖”，一般雌蟹性成熟比雄蟹早，10月上旬雌蟹的卵巢已基本充满了头胸甲，蟹黄厚实，已达到了膘肥体壮的要求，此时食用味道最为鲜美。而雄蟹通常要到10月下旬性腺才完全成熟，精巢内充满蟹膏。故10月前以食雌蟹为好，11月初食用雄蟹为最佳。

从河蟹上市时间上看，目前天然湖泊河蟹的捕捞自9月中心开始，此时大部分河蟹还在生长育肥过程中，性腺发育还没有完全达到成熟，营养物质积累还不多，有一部分蟹蜕壳不久，再加上天气较热，不仅蟹肉的饱满度和味道还不十分理想，也不宜长途运输和长时间保存。而10月下旬，绝大部分河蟹都达到性成熟、膘肥体壮的要求，不仅食用时肉厚味美，而且适宜长途运输、贮存。

科学地鉴别商品蟹的质量，除从上述角度把握外，还要观其颜色，查看其活动情况，可用手指紧捏蟹脚，如见其蟹壳坚硬，青壳白肚，反应敏捷，则质量为上乘，如蟹壳松软，体色发黑，反应迟钝，则其质量较差。

2. 商品河蟹贸易

（1）国内销售贸易。河蟹苗、种、成各种产品都要在销售前后按照前面所讲的技术要求搞好暂养、保活、安全运输等工作，以提高成活率和商品质量。而生产和加工醉蟹、蟹肉罐头等高附加值产品，既可给小孩带来方便，提高经济效益，又能活跃市场，满足人民生活需要。

在建立销售网点方面，选择一些销量大、交通方便、信誉较好、活动能力较强的单位建立销售网点。明确双方的责任、义务和诚信守约等共同条款。网点可以经销、也可以代销。利用网点进行宣传，以扩大销量。此外，还需要注意的是加强横向联系与合作。企业和经营者绝不是孤立存在的，它必然要同各地区的同行和需求者建立广泛的联系与合作。

（2）国际出口贸易。我国河蟹的出口贸易，目前主要销售地是日本、美国、东南亚、我国香港、我国澳门和我国台湾等国家和地区，出口口岸主要在江苏、上海、湖北、安徽等省市。每年出口量在数十万吨。

经外贸公司进行的代理出口业务，信息传递速度慢，联系复杂，周转时间长，占用资金多，价格不灵活，而且外商不能直接与供货商直接开展业务，很容易错过时机，给产品出口带来一定的障碍，束缚自身的发展。如企业被赋予进出口自营权，不仅可以将农副产品直接推向国际市场，扩大农副产品在国际市场的知名度，而且可以推动农副产品上档次和持续高效优质发展，形成一个拳头出口创汇产品，还可直接与国际市场接轨，多接触客户，多了解市场信息，为企业进一步发展创造良好的机遇。按出口各类产品额 250 万美元计算，如能够自营出口，每年可增收 100 多万元人民币，加之出口退税，其效益十分可观。

但自营出口需具备一定的条件：地理位置优越，交通便利；有一支素质较高的职工队伍，坚持以质优求生存，以规模求效益，以科技求发展；有一批素质较高的外贸营销人员；具有与国际市场接轨的通讯设备。

四、出口许可证

根据国家规定，有关红膏河蟹出口业务主要应做好以下列几件事。

按 1994 年原对外贸易经济合作部发布的《关于出口许可证管理和申领的若干规定》：“大闸蟹、梭子蟹不实行‘一批一证’制”。其出口许可证有效期最长为 6 个月，允许多次报关使用，但最多不能超过 12 次。

1. 出口贸易程序

一般商品交易最好应拿到订单再做具体的出口准备工作，尽量做到以市场需求引导出口，这是适应国际商品交易的有效做法。商品出口的程序一般包括下列几个步骤：被错；催证；改证；租船订舱；报关；报检；保险；装船；制单结汇。

2. 商品检验

中国出口水产品检验工作的主管部门是国家进出口商品检疫局及其派出在各地的检验机构（局、所）。当前，出口水产品检验所依据的标准主要为：原农业部指定并于1992年6月9日颁布的《水产国家标准、行业标准》修订工作程序。

3. 承运工具的选择

出口贸易一般采用飞机空运。目前，我国蟹苗、商品蟹等活的水产类商品主要对日本、新加坡出口。对日本的空运舱位，经营单位多，现只采取包机承运。

第十五章　中医药蟹业技术的发展

第一节　中医药蟹业技术的起源

一、中医药蟹业技术兴起的背景

发展现代渔业、生态渔业是渔业企业发展最基本、最重要的任务。根据中国水产品卫生质量和绿色水产品认证标准，对水产品生产的产地环境、产生过程、生产资料的使用和最终产品质量的安全，为保护消费者利益，提高消费者的身体健康，为现代渔业发展和社会主义新农村建设做出贡献，是渔业企业的重要任务。因此，本书着重分析如何选择“中医药渔业技术发展战略”研究，为减轻环境污染、保护自然水域生态环境，提高水产品质量安全，提升河蟹在国内、国际市场中的竞争力，促使渔业企业绩效的提高和企业经济的发展。目前，全国各地从事渔业科研的工作者在不同的科研单位进行研究中医药蟹业技术的发展。

二、科学运用中医药技术

1. 中医药技术的安全优势

充分、科学和系统地运用中医药技术是生产绿色水产品的重要环节，其中利用高科技研发中草药水产药品是发展安全和优质绿色水产品的重要途径。国内外大量的研究表明，中草药复配而成的水产药品具有其天然性、多功能性，毒副作用小，和无抗药性的优点，是替代抗生素类，驱虫类和添加剂药物的理想水产药品。它不仅可提高水产动物的养殖生产水平，而且能够减少水产动物病害的发生，杜绝某些暴发性、顽固性疑难杂症，从根本上解决水质恶化，同时还能显著改善水产品的品质和提高水生动物的免疫功能，这进一步肯定了中草药在水产动物病害防治中的作用。因此，笔者就目前中草药的特点，中草药在水产病害防治中的独特疗效，中草药在水产养殖中使用所存在的问题以及中草药在水产养殖中的发展趋势和各位读者共同探讨研究。

2. 中医药技术的特点及作用

中草药的基本特点及药理作用的天然性。中草药本身就是天然有机物，它取自动、植、矿物及其产品，并保持了各种成分结构的自然状态和生物活性。

多功能性天然中草药多为复杂的有机物，其组成成分均在数十种甚至上百种，按现代“构效关系”理论，一种成分可产生一种作用来说，中草药具有其营养，驱虫，抗应激，抗微生物，增强免疫功能双向调节和复合作用等多功能特性。中草药不同于化学合成药，它具有自然结构和生物活性，其成分和动物机体非常和谐，易被吸收和利用，不被吸收的也能顺利排除体外，对机体的作用多以激活免疫细胞，提高免疫功能为主。因此，不存在药物残留问题。但“是药三分毒”，中草药也不例外，若服用不当也会引起不良后果。当然，中草药所含的有效成份均为生物有机物，即便是含有有毒成分的中草药，经过科学调配和传统加工也能使毒性降低、减弱或起协同作用，增加疗效。无抗药性天然中草药独特的抗微生物和寄生虫的作用原理与抗生素类药物截然不同，这是因为中草药在防治动物疾病方面是通过提高动物机体自身的抗病能力和免疫能力实现的，并不直接作用于病原微生物。所以，病原微生物对中草药不会产生抗药性。

3. 中医药技术开发与应用

（1）据山西省黄河鱼病研究所报告，采用枳实、当归、丹参、辣蓼、艾叶、茵陈、苍术、石菖蒲、麦芽、谷芽、蒲公英、神曲、贯仲、附子、地龙、乌蛇、蜈蚣、朱砂等按一定比例配制而成的纯中草药，按 0.4%添加于饲料里，对草鱼、鲤鱼、鲫鱼、武昌鱼等淡水温水性鱼类定期投喂，结果表明，该药品不仅具有促进生长和预防疾病，还可有效提高饲料的利用率。特别是对 4 种鱼类实验后，平均可节省饵料 10%~15%。长期在饲料中添加本品，基本上杜绝了草鱼的出血病、肠炎病、烂鳃病和顽固性脂肪肝病的发生，在一龄草鱼上使用本品，可使鱼种的成活率达到 95%以上。

（2）2006 年，湖北省靖江一带利用网箱饲养的斑点叉尾鮰鱼由于嗜麦芽寡养单胞菌的感染致使鱼类发生鮰鱼套肠病，造成毁灭性的死亡。治疗期间他们采用投喂各种抗生素和外用多种消毒杀菌剂均无疗效，最终还是采用了大黄、黄柏、黄芩、贯仲、白头翁等与鱼虾血凝复配后进行投喂，5~7d 后基本控制了病情。实践证明，中草药在水产动物病害防治上不仅对多种病原体有显著的杀灭作用，而且有异病同治的特殊疗效。

（3）2003 年，江苏省波恩渔业研究了中草药“五味壮阳散”壮阳补肾，提高免疫力，减少病害发生。采用中医辨证施治理论和法则，对于变温的水生动物是否适用还未定论，这是权威专家的答案。此项的研究是根据鱼类的生理特点和中医理论，拟订而出的一种新观点。通过多年多次的研究与试验，得出这样一个结论：鱼类“壮阳补肾”可有效缓解当前高密度、高产量、多发病的实际问题。把这项新理论告知水产领域的同行，以便养殖人员在不同区域、不同品种进行试验，得到更真实的实验结果，有助于权威专家进行研究。

（4）中医药技术应用的效能。

①中药活性碘：本品是最新研制的消毒杀菌剂，专利产品，碘中之王，被山西省科技厅、各高校和省药检所等专家鉴定为“国际先进”水平。

②中药活性溴：本品是多种中草药提取物复合而成的杀菌止血药。是最新一代止血药，安全高效，具有清热解毒、杀菌止血、抑制细菌、病毒，提高免疫力之功效。对鱼、虾、蟹、贝类的出血病具有好效果。

③五黄解毒颗粒：本品采用先进的覆膜制粒技术，把多种中药解毒成分经过特殊工艺复合而成，沉入池底后迅速扩散，通过吸附、离子交换等作用净化底质，络合或降解底泥和水体中重金属离子、氨氮、藻类毒素，降低其对养殖动物的毒害。促进池底有机物的分解、避免底质恶化，为水产养殖动物创造一个良好的生活环境。

④中药驱虫液：本品是多种中草药提取物复合而成的杀菌、杀虫剂。它具有清热解毒，杀菌止痒、抑制病毒、杀灭寄生虫、提高免疫力之功效。对鱼、虾、蟹、贝类的病害防治具有非常理想的效果。而且无任何残留和毒副作用，对因细菌、真菌、病毒及寄生虫引起的各种疾病具有明显的预防和治疗作用，对预防和抑制水体寄生虫如车轮虫、斜管虫、小瓜虫等都有显著的作用。有无毒、无害、无残留的特性，是一种理想的多功能生态保护剂。

⑤中药底改颗粒：本品采用先进的加工工艺，将中药有效成分充分浸提，通过特定工艺进行制粒而成，为鱼虾蟹等养殖水体绿色改底，是一种新型的底质改良剂，撒入水体后快速沉入池底，能快速降解水体底层氨氮、亚硝酸盐等有害物质，改善水质，增加水体中溶氧量，抑制有害微生物繁殖，防止水质恶化。有效改善中后期的恶臭底质和老化池塘底层养殖环境。

4. 中药饲料添加剂研制与应用

江苏正昌饲料科技有限公司在1999年承担了江苏省粮食科技计划项目“天然无公害动物生长促进剂”的研究（项目编号：9901）。福乐兴FL213（Ⅰ型），结合现代科技开发的一种新型绿色饲料添加剂运用定向浸提技术，从天然植物中提取多种稳定高效的防病促长、免疫调节因子，通过均匀设计优化而成的一种普通水产动物专用的免疫促长饲料添加剂，本品天然绿色、无耐药性、无毒副作用、无有害残留、无出口检疫之忧，是绿色生产基地、养殖基地和饲料企业等提高产品质量档次和开发特殊产品的首选。

（1）原料组成。本品为党参、玄参、杜仲、石斛、黄芪、金银花、柴胡等中草药提取物，富含活性多糖（含果寡糖、甘露低聚糖、黄芪多糖、石斛多糖、

β-葡聚糖等）等，总活性多糖不低于20%。

（2）作用机理。促进动物体内正常菌群中优势种群的形成，抑制病原微生物在动物体内的增殖；免疫调节作用，维持免疫系统的正常功能，提高抗病能力；清除动物体内自由基，降低其对生物大分子的损伤，维护细胞膜的完整性，提高抗应激能力；促进动物机体消化液的分泌。

（3）适用对象。鲫鱼、鲤鱼、草鱼、青鱼、罗非鱼和鮰鱼等淡水鱼类。

（4）产品功效。天然、绿色、安全、高效；维护机体的正常免疫功效，保证机体健康，提高成活率；促进养分消化吸收，提高饲料转化率；提高机体的抗应激能力，耐长途运输；改善水产动物的商品形状，体形匀称，体色自然，改善肉质风味。

第二节　中医药技术与绿色水产品

溧阳市长荡湖水产良种科技有限公司选择“绿色大规格河蟹养殖技术研究与应用”课题，重点研究鱼类、虾类、蟹类适应于正常生长、发育空间环境规律的自然属性——生态习性，食性、生长、发育等生物学特性的规律。同时又在生产实践中进行试验总结，再试验再总结，建立了绿色大规格河蟹养殖技术体系。技术体系运用于生产领域，养殖的河蟹规格大质量安全，养殖水体排放达太湖流域排放标准；实现了食品安全与生态保护的“双赢”的关键技术措施。

一、茶粕清塘消毒安全性能

1. 茶属中药

运用茶粕溶血性功能，即茶粕中含有皂角苷10%～15%，属溶血性毒素，该毒素对以血红蛋白为携氧载体的生物如鱼类、两栖动物、爬行动物等有非常强的杀灭作用。但对以白蓝蛋白为携氧载体的蟹、虾等生物及生物饵料没有杀灭作用，消毒时间：河蟹蟹苗放养前7d。使用剂量：平均水深0.15m的养殖塘中每亩用干茶粕8～10kg。溶血性毒素浓度10mg/L时能杀灭以血红蛋白为携氧载体的生物，不伤害蟹、虾和生物饵料。使用方法：用茶粕50kg和食盐1kg放在200kg水中浸泡5～8h，将浸泡的茶粕浆按规定用量在全养殖塘泼洒成效显著。

2. 水生植物属中药

发挥生态功能、养营价值、药理作用。

（1）水生植物含皂苷控病害。高温季节水生植物将池塘水温调控在22～28℃。是河蟹最适生长的水温，水生植物代谢时吸收水体有机物质营养和富集作用，控制水质富营养藻类繁殖，控制河蟹虫害、丝藻疾病的发生。例如：春、秋生长的菹草对水体和底泥中的氮、磷、铅、锌、铜和砷等有较强的富集作用。

（2）水生植物是河蟹的绿色饵料。河蟹每天食草量是它自重的60%，满足养殖大规格优质河蟹的绿色植物营养成分，例如，春、夏、秋季生长的金鱼藻科沉水性多年生水草，金鱼藻干物质中营养：干物质占16.18%，粗蛋白为15.38%，粗脂肪为0.74%，粗纤维为21.95%，无氮浸出物为57.41%，粗灰分为4.53%。水生植物含有皂苷、甾醇、黄酮类、生物碱、有机酸、氨基嘌呤、嘧啶等有机物质，水生植物具有抑菌、消炎、解毒、消肿、止血、强壮等药理作用。水生植物药效功能控制河蟹细菌性疾病，杜绝药害带来水污染。

3. 贝壳属中药

运用水生软体动物生态功能、营养价值、药理作用。

（1）贝壳碱性控螺原体病原。秋季水生植物代谢功能减弱时，可向养殖塘内移殖鲜活贝类。当年9月和11月分两次向养殖塘内移殖螺蛳、蚌、蚬等鲜活贝类。第一次投放时间为9月中旬。投放量为每亩150kg。用于稳定水生生态系统功能和供河蟹食用鲜活动物蛋白饵料。第二次投放时间为11月中旬。投放量为每亩150kg。主要使其在翌年5月在养殖塘中自然繁殖幼螺蛳，使其生长为成年螺蛳，作为长期稳定的水生生态系统功能及河蟹生长发育期内均能食用动物蛋白饵料。

（2）鲜螺体中干物质达5.2%。其中含粗蛋白55.36%、灰分15.42%、含钙5.22%、磷0.42%、盐分4.56%、赖氨酸2.84%、蛋氨酸和胱氨酸为2.33%、维生素B族和矿物质等。可满足河蟹正常生长所需要的鲜活动物蛋白营养，成熟时蜕壳体重可增加90%。

（3）河蟹颤抖疾病的发生是螺原体病原。实践中表明，螺原体病原最适温度28～30℃，适宜pH值6.0以下，螺原体无细胞壁，所以对青霉素、链霉素等抑制细胞壁合成的多种抗生素药物不敏感。而贝壳自然分解在水体呈微碱性，pH值为7.5～8.5范围内可控制河蟹颤抖疾病发生。

二、蚕蛹属中药

1. 蚕蛹含精氨酸控制河蟹细菌性疾病

家蚕吃的饵料是植物——桑叶，干蚕蛹蛋白是植物蛋白转化为动物蛋白原料，干蚕蛹营养成分：水分 7.30%，粗蛋白 56.90%，粗脂肪 24.90%，粗纤维 3.30%，无氮浸出物 4.00%，粗灰分 3.60%。蚕体内的激素也极微，1t 重的干蚕蛹，分离、提纯只有 350mg 蜕皮激素。蚕蛹又是氨基酸营养剂，蚕蛹含有丰富的甲壳素，其提取物名壳聚糖。研究表明，甲壳素、壳聚糖具有提高机体免疫力功效。

2. 干蚕蛹河蟹饲料药理作用

干蚕蛹所含的蛋白质水解产物有精氨酸、赖氨酸、组氨酸、胱氨酸、色氨酸、酪氨酸、苏氨酸、蛋氨酸。脂肪中含饱和脂肪酸（软脂酸、硬脂酸）、不饱和脂肪酸（油酸、亚麻油酸）和甾醇等；河蟹在代谢过程中对蛋白质水解产物的吸收率高；特别是蚕蛹中含有大量的精氨酸，蚕蛹精氨酸能对金黄色葡萄球菌、大肠杆菌和绿脓杆菌有抑制作用，具有较好的消炎和抗感染作用；干蚕蛹河蟹饲料饲喂河蟹可有效控制河蟹细菌性疾病。

3. 蚕蛹所含生理活性物质与生物性物质有着促生长的性能

蚕蛹且是全质蛋白。但体内还含有丰富的生理活性物质，如细胞色素 C、维生素 B_{12} 及磷脂等。脂肪酸中不饱和脂肪酸的含量高达 78.6%，必需脂肪酸占 43%。蚕蛾矿物质微量元素（100g 食量）含钾 125mg、钠 2.65mg、镁 9.90mg、铁 0.44mg、锰 0.02mg、锌 0.03mg、铜 0.03mg、磷 425mg、硒 700mg，蚕蛾体内含有丰富的生物性物质，主要包括雄性激素、蜕皮激素、雌二醇、保幼激素、脑激素、胰岛素、前列腺素、环甘酸及细胞色素 C 等。其中，雄性激素对增强免疫力功能效果显著；蜕皮激素有促进细胞生长、刺激真皮细胞分裂、产生新的生命细胞和生殖细胞的作用；达到提高河蟹机体免疫力，成活率、脱壳率、生长率，养成大规格优质红膏脂丰满的成蟹。

三、中医药技术质量安全及生态效益

1. 采用中医药技术建立“绿色优质大规格红膏河蟹养殖技术体系”

溧阳市长荡湖水产良种科技有限公司经 15 年的研究集成创新的“绿色优质大规格红膏河蟹养殖技术体系”是依据科学发展观和现代生命科学，继承传统中医理论方法，致力于现代中医生态渔业理论、方法、技术、产品、工程项目和解决方案研究与实践。课题既研究河蟹适应于正常代谢、生长、发育空间环境规律的自然属性——生态习性，及食性等生物学特性的规律，又研究中医药的药效功能与生态功能；科学采用中医药技术，合理利用茶粕素含有皂苷，水生植物含有皂苷、甾醇、黄酮类、生物碱、有机酸、氨基嘌呤、嘧啶等有机物质，贝壳所含碱性物质，干蚕蛹所含精氨酸等药能有效控制河蟹虫害病害发生，可在养殖河蟹池塘防治虫害病害发生，杜绝使用化学药物，确保养殖池塘水域的微生态平衡，有效促进养殖水体生态资源化；并创新集成较为成熟的绿色优质大规格河蟹养殖技术体系，运用该技术体系，为营造生态养殖河蟹的水域生态平衡奠定坚实技术依托。针对水产品养殖，取得了“提质、增产、增效”效果，养殖的水产品经检测符合“优质、高产、高效”现代生态渔业要求。

2. 运用“绿色优质大规格河蟹养殖技术体系”

保护了养殖水域的生态环境，促使养殖水体生态资源化；使蟹种质特征充分表现，生长性能充分发挥，养殖的河蟹规格大、质量安全符合绿色水产食品标准，国际通行农产品质量安全标准；养殖水质排放达太湖流域排放标准；养殖绿色红膏河蟹回捕率达 55%以上，成蟹规格：雄蟹个体重量 175g 以上占 72%，雌蟹个体重量 125g 以上占 60.25%，亩产量达 75kg。亩均产值 7 500元，亩均效益 4 200元；投入产出比 1∶1.27。实现经济效益高、水产食品质量安全与水域生态平衡。

3. 绿色红膏河蟹产业化前景

（1）经济的发展，人们生活质量的提高，食物结构发生变化，由原来畜禽动物蛋白的需求逐步在转变为鱼类蛋白。大规格优质河蟹是高蛋白、低胆固醇的水产品，是人们生活不可缺少的食物，长期食用人类健康长寿；近年来，国内销售于杭州市、上海市、北京市等大中城市，消费者的购买力增强。市场价格高，雄蟹个体重量 200g 以上，每 500g 的单价是 120 元以上，而雄蟹个体重量 150g 以下小规格蟹，每 500g 的单价是 30 元左右，优质大规格红膏河蟹价格是小规格河蟹价格的 4 倍。因此，优质大规格红膏河蟹在国内大市场有较强的市场竞争力。

（2）中国进入 WTO 后，农产品质量安全更是国际贸易的壁垒。产品质量越好，国内国际市场生命周期就越长。加入 WTO 后融入国际消费市场，质量安全标准要求越来越高，优质特种水产品需求量越来越大，国际市场对项目实施后所产出的绿色安全食品，优质大规格河蟹具有广阔的市场需求量；大规格优质红膏河蟹质量符合国际通行农产品质量安全标准，深受东南亚国家和中国香港、澳门和台湾客商的喜爱，出口量上升 5 倍，提高了河蟹产品附加值，显示了河蟹养殖业生产力的发展呈上升趋势，近年该公司养殖的大规格优质红膏河蟹，雄蟹个体重量达 200g 以上，颇受中国香港地区以及新加坡等国家消费者的欢迎。

第三节　绿色红膏蟹的营养与价值

一、红膏蟹营养成分

红膏蟹营养成分构成如表 15-1 所示。

表 15-1　红膏蟹营养成分表（营养素含量每 100g 中含量）

类别	单位量	类别	单位量	类别	单位量
热量	103kcal	硫胺素	0. 06mg	钙	126mg
蛋白质	17. 5g	核黄素	0. 28mg	镁	23mg
脂肪	2. 6g	烟酸	1. 7mg	铁	2. 9mg
碳水化合物	2. 3g	维生素 C	0mg	锰	0. 42mg
膳食纤维	0g	维生素 E	6. 09mg	锌	3. 68mg
维生素 A	389μg	胆固醇	267mg	铜	2. 97mg
胡萝卜素	1. 8μg	钾	181mg	磷	182mg
视黄醇	75. 8μg	钠	193. 5mg	硒	56. 72μg

二、营养价值

1. 富含蛋白质

具有维持钾钠平衡、消除水肿、提高免疫力、有利于生长发育的功效。

2. 富含钙

钙是骨骼发育的基本原料，直接影响身高；调节酶的活性；参与神经、肌肉的活动和神经递质的释放；调节激素的分泌；调节心律、降低心血管的通透性；控制炎症和水肿；维持酸碱平衡等。

3. 富含铜

铜是人体健康不可缺少的微量营养素，对于血液、中枢神经和免疫系统，头发、皮肤和骨骼组织以及脑子和肝、心等内脏的发育和功能有重要影响。

4. 适宜人群

一般人群均可食用，适宜健康体质平和质，湿热体质，阴虚体质。适宜跌打损伤、筋断骨碎、瘀血肿痛、产妇胎盘残留、孕妇临产阵缩无力、胎儿迟迟不下、关节炎、疟疾、外科疾病者食用，尤以蟹爪为好。

第四节　绿色红膏蟹的食疗价值

一、适宜食用中华绒螯蟹人群

第一，一般人群均可食用，适宜跌打损伤、筋断骨碎、瘀血肿痛、产妇胎盘残留、孕妇临产阵缩无力、胎儿迟迟不下者食用，尤以蟹爪为好。

第二，适宜平素脾胃虚寒、大便溏薄、腹痛隐隐、风寒感冒未愈、宿患风疾者食用，顽固性皮肤瘙痒疾患之人忌食。

第三，适宜月经过多、痛经者食用，怀孕妇女忌食螃蟹，尤忌食蟹爪。性寒、味咸、有小毒。归经：入肝、胃。

二、不适宜人群

第一，伤风、发热胃痛以及腹泻的病人，虚寒人士不宜吃蟹。

第二，冠心病、高血压、动脉硬化、高血脂、胆固醇过高人士不宜吃蟹。

第三，孕妇不宜吃蟹。

第四，切忌吃半生半熟蟹。既要吃出美味，又要吃出健康。

第五，吃螃蟹时应注意，有四部分不要吃。一是胃，即背壳前缘中央似三角形的骨质小包；二是肠，即由蟹胃到蟹脐的黑线；三是心，即蟹黄下的六角形小片；四是腮，即长在蟹腹部如眉毛状的两排软绵绵的东西。

三、绿色红膏蟹食疗功效

第一，蟹肉含有丰富的蛋白质，同时含有丰富的多不饱和脂肪酸，矿物质，如锌、铁、铜和磷等，其营养价值和食疗价值非常高。其蛋白质的含量是猪肉和鱼肉的几倍，是一种高蛋白的补品，螃蟹的脂肪和碳水化合物含量非常少。对身体有很好的滋补作用。螃蟹还有抗结核作用，吃蟹对结核病的康复大有补益。

第二，螃蟹含有丰富的钙、磷、钾、钠、镁、硒等微量元素和维生素 A。根据国内权威机构测定，每 100g 可食螃蟹肉中含钙 126mg，磷 182mg，钾 181mg，钠 193.5mg，镁 23mg，铁 2.9mg，锌 3.68mg，硒 56.72μg，铜

2.97mg，锰0.42mg。河蟹体内的维生素A和核黄素的含量，也是首屈一指的。我们都知道维生素A在人体内是不可缺少的物质，它能促进生长、延寿、维持上皮细胞的健康，增强人体对传染病的抵抗力，同时，维生素A还可防止夜盲症，所以吃河蟹不仅可以帮助人体提高免疫功能，还有助于促进人体组织细胞的修复与合成等。

第三，中医认为螃蟹有许多药用价值，《中药大辞典》谓螃蟹能“清热、散血、续绝伤，治筋骨损伤、疥癣、漆伤、烫伤”，还可对儿童佝偻症、老人骨质疏松起到补钙作用。中医认为，螃蟹性寒、味咸，归肝、胃经。有清热解毒、补骨添髓、养筋接骨、活血祛痰、利湿退黄、利肢节、滋肝阴、充胃液之功效。对于淤血、黄疸、腰腿酸痛和风湿性关节炎等有一定的食疗效果。

第十六章　延伸商品蟹产业链

第一节　螃蟹膏脂的深加工

一、螃蟹深加工机器设备

螃蟹加工生产线可根据生产和加工要求设计适合自己的设备，可以做上传送带，用螃蟹切半机进行加工，蟹黄吸附罐对蟹黄进行加工，还可以利用人工把螃蟹壳去掉，螃蟹加工机器，用吸蟹黄器采集蟹黄，用流动水或者是气浴清洗机对螃蟹上的杂质进行清洗，剩余的螃蟹肉可以用螃蟹采肉机进行采集，有150型、200型、300型和350型4种型号，1h的产量在180kg到1t不等。螃蟹加工机器，设备名称：螃蟹采肉机。螃蟹加工生产线，是螃蟹采肉机利用皮带与滚筒之间的挤压实现，只需要把螃蟹壳去掉，然后把蟹黄采集出来，螃蟹加工对于卫生要求很严格，需要用水再清洗一下。螃蟹采肉机能够完成人工无法实现的工作，大大节约人工劳动力。

二、螃蟹先进设备特点

由山东省诸城兴和机械科技有限公司肉食品机械专业生产厂家生产的一款螃蟹加工机械是目前我国螃蟹加工企业常用的设备之一。蟹黄加工机械公司引进德国工艺，通过技术人员的不断研发和努力做出了一整套的生产线螃蟹加工设备，利用滚动的采肉桶和传动的橡胶带的相互压榨运动将鱼挤入采肉桶内，而把鱼皮、鱼骨留在采肉桶外，由刮刀把它送出机外。劈半以后的蟹黄就会方便吸取蟹黄，采集蟹肉，为做蟹制品解决了很大的难题。

第二节　螃蟹深加工的流程

一、螃蟹深加工的流程

1. 螃蟹机械加工

河蟹盛产在8—9月，特别是高粱红时是吃蟹的最好时节，有“七尖八圆”

之说。螃蟹的头胸甲呈圆形，褐绿色，螯足长大且密生绒毛，频足侧扁而长，顶端尖锐，螃蟹肉白嫩，味鲜美。做成蟹黄酱用人工做是很慢工作效率又低的，1d 一位熟练工剥蟹壳，采蟹肉、蟹黄最多十几斤，因为螃蟹爪尖尖的还容易划伤手，很不方便。螃蟹加工设备主要包括螃蟹清洗机、螃蟹分半机、螃蟹输送线、蟹黄吸取机、螃蟹采肉机等，公司可根据您的生产要求设计适合您的全套加工设备，螃蟹加工机器，螃蟹采肉机主要是把螃蟹采集成泥状，然后再进行深加工出口或者加工其他的食品。

2. 螃蟹加工流程

螃蟹挑选──→输送──→清洗──→预煮──→冷却──→分半──→取蟹黄──→取蟹肉──→包装──→高温杀菌──→风干──→包装。

二、螃蟹深加工品种

螃蟹的出品率与螃蟹的胖瘦有关，胖的螃蟹 5kg 可出 3. 5kg 螃蟹肉，瘦的螃蟹 5kg 可出 3kg 螃蟹肉。螃蟹是一个新兴的市场，螃蟹加工机器，水产公司加工出的螃蟹肉可再进行深加工出口，蟹黄可采集出来加工蟹黄酱，也可作美味的蟹黄丸。螃蟹可加工成蟹黄、蟹肉、蟹黄辣酱、蟹黄酱、XO 蟹酱、醉蟹、蜜蟹、蟹粉罐头”；水产类分为“蟹黄、蟹粉、蟹汁”；生物类分为“甲壳素”；休闲类分为“蟹婆饼、蟹黄酥、蟹黄饼、蟹壳黄、蟹黄葵仁和蟹黄花生”等。

第三节　螃蟹深加工产业的前景

一、加工螃蟹膏脂的价值

据《食经》记载：母梭蟹具有开胃润肺、补肾壮阳、养血活血之功效。其中，以蟹黄的营养价值最高。它含有丰富的微量元素、胶原蛋白、钙、磷等多种人体必需的营养成分，有“海中黄金”之称。蟹黄色泽鲜艳，橘红色或深黄色、洁无杂质、味鲜，干度足为上品。蟹黄油性大，应密封保存。2011 年 3 月，一家拥有多年深加工技术的企业——“苏州喜福瑞农业科技有限公司”通过多方努力和相互配合，现已成功打造出 30 多种（如蟹粉罐头、蟹黄油、蟹黄酱、蟹黄酥等）阳澄湖大闸蟹的衍生产品，不仅成功进入全国几百个城市的食品糕点市场，还成功打入国际市场。螃蟹深加工作为一种新兴产品的推出，表面看上去仅仅是一个产业链的拉伸，实际上它对阳澄湖，甚至对整个河蟹产业的发展起到了至关重要的作用。其作用至少体现在以下 3 个方面：一是转变了以往单一产品结构的模式，可以为老百姓提供更丰富的产品和更多元化的选择空间；二是通过蟹产品深加工项目的开发，可以让本来没有多少市场价值的小毛蟹得到消化，大大提高了小毛蟹的利用价值，对蟹农来说增加了一块额外的收入，对阳澄湖大闸蟹产业来说又可以通过增加附加值，实现二次增殖。三是由于阳澄湖大闸蟹销售具有明显的季节局限性和产品的单一性，不少专卖店卖完当年的商品蟹就关门，客观上造成了资源的浪费。而蟹深加工产品的推出，既可以解决专卖店只卖成蟹的单一销售模式，又可以使专卖店一年四季有与阳澄湖大闸蟹品牌相关联的产品卖，极大地提高专卖店的利用价值。

二、螃蟹药用价值的研究与开发

蟹的种类很多，在中国大概就有 600 多种，主要可分为淡水蟹与海水蟹，其药用记载的也比较多，功效也不同。例如我国药典规定的药用蟹壳是淡水中华绒螯蟹和海水日本绒螯蟹的蟹壳作为原料而采用的。

1. 螃蟹具有的医药价值

祖国医学认为，蟹有散瘀血、通筋络、续筋接骨、蟹漆毒、滋阴等功效，是一味良药，可用于治疗跌打损伤、体质虚弱、食欲不振等疾病。

蟹性寒味咸，微毒。入足阳明胃经和足厥阴肝经。具有清热，散血，续盘接骨，通经络，催产下胎和抗结核等功效。适用于治疗筋骨损伤、疥癣、漆疮、烫伤、胸中邪气热结痛、瘀血肿痛、临产阵缩无力、胎儿迟迟不下等病症。

2. 蟹壳成分与药效

（1）蟹壳成分。为方蟹科动物中华绒螯蟹的甲壳。成分：大约 3/4 为碳酸钙，余 1/4 中约有一半为甲壳质，另一半主要为蛋白质。甲壳质系由 N-乙酰氨基葡萄糖所成的多糖，不溶于低浓度的酸、碱，如与酸共煮则水解而生乙酸与 D-葡萄糖胺。甲壳质为蟹、虾等壳的特殊成分，但亦含于某些昆虫的壳、菌丝和孢子中。

（2）功能主治。破瘀消积。治瘀血积滞，胁痛、腹痛，乳痈，冻疮。

①《本草纲目》曰：“烧存性，蜜调，涂冻疮及蜂虿伤；酒服，治妇人枕痛及血崩腹痛，消积。”

②《本草崇原》：“攻毒，散风，消积，行瘀。”

③药用蟹壳粉有中和盐酸的作用，其作用逐步增强且高于胃舒平，提示药用蟹壳粉中可以治疗胃酸增高的胃病。

④艾叶蟹壳治腰痛，腰痛是一种常见的症状，引起腰痛的疾病有很多种，

艾叶50g，炒黄的蟹壳5g，浸入白酒500ml，3d后用酒涂腰部，每日2~3次，7~10d，可治多年腰痛。

（3）用法与用量。内服：煅存性研末。外用：烧灰调敷。

（4）选方。

①治蓄血发黄，胸胁结痛而不浮肿者。《本经逢源》"蟹壳煅存性，黑糖调，无灰酒下三钱，不过数服效"。

②治血崩甚而腹痛：毛蟹壳烧存性，米饮下。

③治妇人乳痈硬肿：蟹壳灰一服即散。

④治蜂蜇伤：蟹壳烧存性，研末，蜜调敷。

三、国内外研究

1. 蟹壳在中医药应用方面历史悠久

具有清热解毒、软坚散结、破瘀消积、利水退黄、催生下胎、退翳明目和养阴滋补等功效。蟹壳中含有蛋白质、甲壳质、碳酸钙、磷酸钙、脂溶性类胡萝卜素、芳香物质及脂溶性维生素（如维生素A、维生素E）等多种成分，尤其是甲壳质，在医药保健方面，用途十分广泛。随着我国海洋农业及人工养殖业的发展，螃蟹数量越来越多，蟹壳常常作为废弃物丢掉，造成了严重的环境污染。另外，蟹壳又是一种宝贵的生物资源。

2. 蟹壳、蟹爪亦可入药

历代本草对螃蟹治漆疮均有详细记载，如《本草经疏》曰：蟹——痛漆疮者，以其能解漆毒故也。《本经逢源》曰：蟹性能败漆。据日本的一项专利报道，螃蟹壳可做一种功效奇特的过滤剂。据中国台湾《联合报》曾报道，台湾用蟹甲蟹壳为原料制成人造皮肤，移植到烧伤或受伤的人体上，效果非常好，且无副作用。螃蟹壳制出人造眼泪，据报道，俄罗斯卫生部物理化学医学科研所的专家以壳聚糖为主要原料，研制出了可缩短部分眼病康复周期的人造眼泪。眼泪的主要成分是水、氯化钠和能够溶解细菌的酶。因此，眼泪具有一定的杀菌作用。俄罗斯专家在研究中发现，螃蟹壳中的壳聚糖不仅具有很好的流动性，而且还能消炎、杀菌、抗病毒。在杀灭有害物质的过程中，壳聚糖会分解为无害物质。根据这一发现，俄罗斯专家从螃蟹壳中提取了壳聚糖，并将其制成物理、化学性质与眼泪极为相似的人造眼泪。人造眼泪可促使眼球干涩综合征的症状逐步消失，令部分眼病患者更快地痊愈。这种新型制剂已通过了俄罗斯科学院眼科疾病研究所的检测，一些制药企业已开始批量生产人造眼泪，螃蟹壳做牙膏能预防牙齿疾病。

3. 含有蟹壳的中成药

蟹黄肤宁软膏、康力士蟹壳粉胶囊（阿拉斯加康力士蟹壳粉胶囊）、美乐家径捷能蟹壳粉片。含专利配方：萃取自虾、蟹壳的天然葡萄糖胺及姜根、绿茶萃取物、菠萝蛋白酶等天然草本精华，提升葡萄糖胺在人体的利用率。适合 35 岁以上及呵护关节健康者食用。

第十七章　中华绒螯蟹的文化历史

第一节　食蟹文化起源

一、螃蟹营养知多少

螃蟹是一种营养丰富的特种水产品，不仅具有丰富的营养价值，而且具有较高的药用价值。据《本草纲目》记载：螃蟹具有舒筋益气、理胃消食、通经络、散诸热、散瘀血之功效。蟹肉味咸性寒，有清热、散瘀、滋阴之功，可治疗跌打损伤、筋伤骨折、过敏性皮炎。蟹壳煅灰，调以蜂蜜，外敷可治黄蜂蜇伤或其他无名肿毒。蟹肉对于高血压、动脉硬化、脑血栓、高血脂及各种癌症有较好的疗效。同时，又是儿童天然滋补品，经常食用可以补充儿童身体必需的各种微量元素。

从南北朝、晋朝等时期开始，大多数人都是吃蟹螯的，晋朝的酒鬼毕卓就说过：右手持酒杯，左手持蟹螯，拍浮酒船中，便了一生足矣。当时的文学家李渔也曾经赞叹道，蟹螯这个东西，直到终身，一天也不能忘怀。据说李渔一天能吃掉二三十个螃蟹。李渔通常在夏季就开始攒钱，专门用来在秋季买螃蟹吃，他对螃蟹的痴狂无以复加，他称秋天为“蟹秋”，还要备下“蟹瓮”和“蟹酿”，来腌制“蟹糟”。这是我国古代典型的三位食蟹名人，巴解将军是第一个吃蟹的勇士，刘承勋是独爱蟹黄的“黄大”，而李渔则是最会吃蟹的人。

二、古代名人吃蟹典故

我国居民大概是世界上最爱吃蟹的民族，近年来据说仅上海市民每年就要吃掉5万t大闸蟹。吃蟹早已是我国饮食文化的象征之一，林语堂在1935年出版的《吾国吾民》中说：“但凡世上所有能吃的东西我们都吃。出于喜好，我们吃螃蟹；如若必要，我们也吃草根。”把螃蟹列为国人最偏好的代表性食物，所谓“蟹是美味，人人喜爱，无间南北，不分雅俗”（梁实秋《雅舍谈吃·蟹》）。

现在全国最爱吃蟹的无疑是江浙沪一带所产的“大闸蟹”，即历史上的“江南蟹”，而大闸蟹最著名的产地昆山阳澄湖和崇明岛，都地处长江三角洲。这两地的共同特征就是在历史上曾很长一段时期都是水乡泽国，地势低洼。王建革在《水乡生态与江南水乡》中指出，宋明时期的苏松一带，“由于河水感潮，在海水与湖水交汇的地方，蟹类非常之多。宋人高似孙在《蟹略》中提到许多描述这一地区多蟹的诗。……当时的生物状态不像现在河道那样处于一种富营养化状态，而是一种富有河蟹的环境，水环境清洁有氧，鱼蟹类小动物才众多。”“大闸蟹”的“闸”字，指的是蟹簖，“簖”是古代江海一带主要的捕捉鱼蟹的渔具，原本叫“沪”，上海正是因原本水乡滨海多用这类渔具才得此别称。

第二节　食蟹文化历史

一、历史记载

我国最早出名的螃蟹产地不是在长江三角洲，而在青州。《周礼》郑玄注有“青州之蟹胥”一语，可见东汉时此地以产蟹著称，而青州基本包括整个山东半岛，是当时北方最重要的滨海地带。在很长一段时间里，“青州蟹”是最有名的蟹种，但这极有可能是海蟹，因为在南北朝时它每每与其他山珍海味并列，蟹餐且被看作是一种奢侈的食物（均见《酉阳杂俎》卷七）。唐代还有人非常爱吃海蟹，但在宋元以后，人们却多觉得海蟹腥气、肉粗且不可多食。到明代，据《五杂俎》卷十一记载，青州人已不知海蟹的贵重了。

南北朝时期的北方人惯于以牛羊肉为美味，对水产品本不在意，南北之间的饮食习惯开始分化。晋人张华《博物志》卷一“五方人民”条：“东南之人食水产，西北之人食陆畜。食水产者，龟鳖螺蚌以为珍味，不觉腥臊也；食陆畜者，狸兔鼠雀以为珍味，不觉其膻也。”当时这类看法很多，显然，螃蟹作为水产，更多为南方人所偏好。据《洛阳伽蓝记》卷二记载，北魏人杨元慎讥讽南方人“菇稗为饭，茗饮作浆，呷啜莼羹，唼嗍蟹黄，手把豆蔻，口嚼槟榔”，可见吃蟹与品莼菜羹、嚼槟榔都被视为典型的南方饮食。

在食蟹史上，唐代是一个重要的转折点。在汉唐时代，华北黄河下游仍有许多大大小小的湖沼，入海口的滩涂水草丰茂，南北朝时期华北气候变冷，但在唐代前期，北方的生态还很好。史载唐代沧州多蟹，且是稻田中的河蟹；沧州所产糖蟹曾是重要贡品（《元和郡县图志》卷一八河北道三沧州）。然而中唐以后，随着北方战乱和气候再度变冷，全国的经济、文化中心逐渐南移，南方（尤其江淮、江南一带）的稻作农业得以开发并逐步成熟；这里也正是后世食蟹之风最盛的地区。

唐代诗人李白曾赞道：“蟹螯即金液，糟丘是蓬莱。且须饮美酒，乘月醉高台”，饕客们怎可错过这个大快朵颐的好时机，这不吃大闸蟹的季节又到了！俗语说：“秋风起，蟹脚痒，九月圆脐十月尖。”九月要食雌蟹，这时雌蟹黄满肉厚；十月要吃雄蟹，这时雄蟹蟹脐呈尖形，膏足肉坚，有关大闸蟹的饮食文化又成为了大家的话题。何谓大闸蟹？河蟹也，但不是所有的河蟹，品种一定要是中华绒螯蟹，个头一定要是150~200g以上。据说大闸蟹之名是有来头的：当时苏州、昆山一带的捕蟹者，在港湾间设置了闸门，闸用竹片编成，夜间挂上灯火，蟹见光亮，即循光爬上竹闸，此时只需在闸上一一捕捉，故叫大闸蟹。阳澄湖大闸蟹久负盛名，附有“蟹中之王”的盛名，就在人们赶着吃蟹的时候最不能忘的就是阳澄湖大闸蟹，大家都为能吃到正宗的阳澄湖大闸蟹而沾沾自喜。如今深圳各大酒楼的海鲜档口都爬着大闸蟹，各种菜系的酒楼都推出阳澄湖大闸蟹菜肴，无论是粤菜馆、川菜馆、朝菜馆，但是天南地北美食的发源才有正宗可言，想必江南菜酒楼经营阳澄湖大闸蟹才是名正言顺，无论是大闸蟹的来源、口味都将发扬江南的美食文化。并从大闸蟹的一蟹一螯，百般滋味中感受源远流长的中国饮食文化。在《中国食物》一书认为，安史之乱后的饮食开始偏向水产，“中国社会的中心转移到了这样一个地区，在那里鱼和所有的水中生物，一向在养殖上受到重视，并深受钟爱。”其后虽然元代皇室起于漠北而钟爱肉类（如元代《饮膳正要》中虾蟹等介壳类动物和鱼类极少被提到），但大致在宋元之后，江南地区确立了全国经济文化中心的地位，而这一地区的“烹调形成于陆地与水域（淡水和咸水）交会之处及互相渗透之地；因此最擅长料理蟹（中国的美食家宣称，世界上最好的蟹是上海地区的青蟹）、虾、水生植物、海草及生活在大河边缘的一切东西”。这种饮食习惯一旦养成后极难改变，晚至1956年，杭州市工人文化宫举办饮食博览会，从各大餐馆选送的200多只菜中选出36个杭州名菜，其中12个菜为水产菜，比例最高，杭州传统名菜中竟没有一道菜是山珍海味。

二、近代考古发现

中国已有6 000多年吃蟹的历史。在长江三角洲，考古工作者在对上海青浦的淞泽文化、浙江余杭的良渚文化层的发掘时发现，我们的先民在它们食用的废弃物中，就有大量的河蟹蟹壳。考古发现表明，我国人民吃蟹的历史十分悠久，而西欧、北美等国至今还不曾吃河蟹。

经过长期的历史的沉淀，发现中国3个地区生长的河蟹品质最好，即中国三大名蟹产地。地处江苏省和安徽省的古丹阳大泽河蟹——花津蟹；河北省白洋淀河蟹——胜芳蟹；江苏省阳澄湖河蟹——阳澄湖蟹。

如要成为名蟹产地，要具备3个条件：一是养殖的自然条件好有大片湿地；二是要有大量天然蟹苗上溯，产地近通海的大江、大河；三是要靠近发达的大城市，有帝王将相、达官贵人、文人墨客给予传颂、推荐。

在历史上，古丹大泽包括丹阳湖、石臼湖、固城湖、南漪湖以及周边地区一大片低洼湿地，面积近350万亩。这块湿地横跨苏南和皖南二省，呈三角形，号称河蟹“金三角”。在这三大河蟹产地中，历史最悠久的要数古丹阳泽的“花津蟹”。它在唐代已十分有名，李白晚年就生活在当涂，他的诗词中，有大量的咏蟹诗句。明代朱元璋建都南京，花津蟹是最盛时期；清代花津蟹是当地县太爷进贡皇帝的贡品，干隆皇帝封为“御之蟹”。

白洋淀的“胜芳蟹”，靠近北京市，该市既是元朝的都城，又是明、清两朝的都城。因此，“胜芳蟹”从元朝开始逐渐闻名。“阳澄湖蟹”是明代中叶，随着苏州经济发展，而逐步闻名；到清代中后叶，上海开埠后，“阳澄湖蟹”的名气逐步盖过前面两个产地。特别是解放后，“阳澄湖蟹”几乎是一枝独秀。其原因是：一是白洋淀断水；二是河口设闸，阻断蟹苗上溯；三原丹阳大泽地区大量围湖造田；四江河水域污染；五是阳澄湖是长江口最近的草型湖泊；六样板戏：“沙家浜”的宣传。造成当今社会上人们只知河蟹以“阳澄湖大闸蟹”为最佳。食蟹文化历史：俗话说得好“蟹味上桌百味淡”，我们说“河蟹、海蟹，不如漳江蟹”。中华民族是最早懂得吃蟹的民族。早在2000年前，螃蟹已作为食物出现在我们祖先的筵席上了。在《周礼》中载有“蟹胥”，据说就是一种螃蟹酱；北魏贾思勰的《齐民要术》介绍了腌制螃蟹的“藏蟹法”，把吃蟹的方法又提高了一步。后来陆龟蒙的《蟹志》，博肱的《蟹谱》，高似孙的《蟹略》，都是有关蟹的专著。

刘若愚《明宫史》记载明代宫廷内的螃蟹宴，是另一种模式：“（八月）始造新酒，蟹始肥。凡宫眷内臣吃蟹，活洗净，用蒲色蒸熟，五六成群，攒坐共食，嬉嬉笑笑。自揭脐盖，细细用指甲挑剔，蘸醋蒜以佐酒。或剔蟹胸骨，八路完整如蝴蝶式者，以示巧焉。食毕，饮苏叶汤，用苏叶等件洗手，为盛会也。”《天启宫词一百首》之一，有诗记其事曰：“海常花气静，此夜筵前紫蟹肥。玉笋苏汤轻盥罢，笑看蝴蝶满盘飞。”宫廷生活是最寂寞无聊的。那些嫔妃宫女靠吃螃蟹和剔蟹胸骨像蝴蝶形者铺置盘中，以分巧拙，足见她们闲得发慌的心态，这种欢乐，实际上是有苦味的。

清代张岱《陶庵梦忆》中有一篇《蟹会》，是专谈美味甘旨的。文章不长，抄录于后：食品不加盐醋而五味全者，为蚶，为河蟹。河蟹至十月与稻梁俱肥，壳如盘大，中坟起，而紫螯巨如拳，小脚肉出，油油如。掀其壳，膏腻堆积，如玉脂珀悄，团结不散，甘腴虽八珍不及。一到十月，余与友人兄弟立蟹会，期于午后至，者蟹食之，人六只，恐冷橘、以风栗、以风菱，饮以“玉壶冰”，蔬以兵坑笋，饭以新余杭白，漱以兰雪茶。繇今思之，真如天厨仙供，酒醉饭饱，惭愧惭愧。张岱年轻时候是一个豪贵公子。后来国破家亡，穷途末路，弄到披发入山，甚至想自杀。可是螃蟹宴仍旧萦回在他心中，念念不忘，津津乐道，成为甜蜜的回忆。可惜，近几年蟹价骤贵，正如刘姥姥所说：“一顿螃蟹宴够我们庄稼人过一年!”螃蟹宴暌违已久，连食蟹文化。

鲁讯说：“第一次吃螃蟹的人是很可佩服的，不是勇士谁敢去吃它呢?”螃蟹形状可怕，还要钳人，开始吃蟹的人确实需要有些勇气。吃蟹作为一种闲情逸致的文化享受，却是从魏晋时期开始的。《世说新语任诞》记载，晋毕卓（字茂世）嗜酒，间说：“右手持酒杯，左手持蟹螯，拍浮酒船中，便足了一生矣。”这各上人生观、饮食观影响许多人。从此，人们把吃蟹、饮酒、赏菊、赋诗，作为金秋的风流韵事。而且渐渐发展为聚集亲朋好友，有说有笑地一起吃蟹，这就是“螃蟹宴”了。

说起“螃蟹宴”，一定会联想到《红楼梦》里有趣热闹的一幕。小说先写李纨和凤姐伺候贾母、薛姨妈剥蟹肉，又吩咐丫鬟取菊花叶儿桂花蕊儿熏的绿豆面子来，准备洗手。这时，鸳鸯、琥珀、彩霞来替凤姐。正在谈笑戏谑之际，平儿要拿腥手去抹琥珀的脸，却被琥珀躲过，结果正好抹在凤姐脸上，引得众人哈哈大笑。接下来，吃蟹的余兴节目开始，也有看花的，也有弄水看鱼的，宝玉提议：“咱们作诗。”于是大家一边吃喝，一边选题，先赋菊花诗，最后又讽螃蟹咏，各呈才藻，佳作迭见。其中，薛宝钗的咏蟹一律云：

桂霭桐阴坐举觞，长安涎口盼重阳。

眼前道路无经纬，皮里春秋空黑黄。

酒未敌腥还用菊，性防积冷定顺姜。

于今落釜成何益，月浦空余禾黍香。

这首诗小题目寓大意义，被认为“食螃蟹的绝唱”，也是螃蟹咏里的压卷之作。贾府里的螃蟹宴生动活泼，雍容华贵，有书卷气，也有诗礼之家的风范。至今读来，还是饶有兴味的。但是螃蟹宴的生动描写，也并不是曹雪芹的独创。在此以前，《金瓶梅》中就有螃蟹宴，不过笔调大不相同而已。该书第三十五回，写李瓶儿和大姐来到，众人围绕吃螃蟹。月娘吩咐小玉：“屋里还有些葡萄酒，筛来与你娘每（们）吃。”金莲快嘴，说道：“吃螃蟹，得些金华酒吃才好。”又道：“只刚一吵螃蟹吃”。虽然也热闹有趣，比竟是市井俗物，没有大观园里的风韵。《金瓶梅》写螃蟹宴，其实也是现实生活的写照。我们在明代人的著作中就看过有关螃蟹宴的叙述。

三、名蟹的产地与历史文化

河蟹又分辽河水系、黄河水系、长江水系三种。螃蟹自古就是宴席上的珍品佳肴，它与海参，鲍鱼一道，素有“水产三珍”之称。

1. 花津湖大闸蟹

（1）原产地。江苏省和安徽省的历史上，古丹阳大泽包括：丹阳湖、石臼湖、固城湖、南漪湖以及周边地区一大片低洼湿地，面积近300万亩。这块湿地横跨苏南和皖南，呈三角形号称河蟹“金三角”。在这三大名蟹中，历史最悠久的要数古丹阳大泽的“花津蟹”。古丹阳大泽河蟹——花津湖大闸蟹，又名金毛蟹。产于花津湖。蟹身不沾泥，俗称清水大蟹，背青肚白、金爪红螯、红膏黄满、肉嫩甜润，体大膘肥，置于玻璃板上能迅速爬行。每逢金风送爽、菊花盛开之时，正是金毛蟹上市的旺季。农历9月的雌蟹、10月的雄蟹，性腺发育最佳。煮熟凝结，雌者成金黄色，雄者如白玉状，滋味鲜美，是享誉中国的名牌产品。花津螃蟹主产于安徽省当涂县丹阳湖畔之釜山。据民国二十三年《安徽通志稿·物产考》记载：“蟹，皖地处处有之，而花津湖大闸蟹当涂花津湖小釜山产者，视阳澄湖尤佳，金甲红毛重可十二两（指旧十六两制）。

（2）历史记载。历史上，古丹阳大泽包括：丹阳湖、石臼湖、固城湖、南漪湖以及周边地区一大片低洼湿地，面积近300万亩。这块湿地横跨苏南和皖南，呈三角形，号称河蟹“金三角”。在这三大名蟹中，历史最悠久的要数古丹阳大泽的“花津蟹”。吃大闸蟹是一种季节性的享受，唐代诗人李白曾赞道：“蟹螯即金液，糟丘是蓬莱。且须饮美酒，乘月醉高台”，饕客们怎可错过这个大快朵颐的好时机，这不，吃大闸蟹的季节又到了！俗语说：“秋风起，蟹脚痒，九月圆脐十月尖。”九月要食雌蟹，这时雌蟹黄满肉厚；10月要吃雄蟹，这时雄蟹蟹脐呈尖形，膏足肉坚，有关大闸蟹的饮食文化又成为了大家的话题。相传昔曾以之进贡，每只重一斤四两。有购以赠远处新朋者，其法用瓦花击奉而塞其漏之孔，置蟹其中，每层铺以稻，装置平击奉口而上，使之不得行动，兼可得食，虽历久而肥美如甫出水也。“釜山螃蟹之所以金甲红毛”？究其原因与其生活环境有关。花津濒临丹阳湖、石臼湖畔，近有釜山，海拔63.5m，底周约 1km，因形似一口倒置的锅子，圆似覆釜而故名。山石色赭赤，山脚为赤土，且与湖边黄沙滩相连，水肥草茂，蟹饵丰富。此蟹终年生活在湖滩茂盛的水草丛中，洄游干釜山之脚，故足呈现金黄色，脚毛亦变成棕红色。由于肉质丰嫩肥美，味道鲜美油足，当地曾有“到了当涂不观采石辜负目。不食花津螃蟹辜负腹”之说。相传，干隆皇帝下江南时，偶食其味，御封为“蟹中之王”。从此，釜山螃蟹身价百倍，列入贡品！

2. 胜芳蟹

（1）原产地。河北省白洋淀河蟹——胜芳蟹；胜芳蟹，原产自河北省的胜芳镇，白洋淀原来分为东淀和西淀，胜芳镇所临的就是东淀，这里的河蟹由于距入海口的距离适当，水质良好，当时的生态适合河蟹生长，所以胜芳的河蟹曾居全国的河蟹之首。胜芳蟹是一个统一的名称，不论是否是胜芳本地生产，只要是白洋淀东淀的河蟹均统称为胜芳蟹。

（2）历史记载。旧时北京所售螃蟹皆为胜芳蟹，最有名的当属“正阳楼的清蒸胜芳蟹”。《旧京琐记》曾记载：“前门之正阳楼，蟹亦出名，蟹自胜芳来，先给正阳楼之挑选，始上市。故独佳。”《旧京秋词》也有“北京蟹早，曰‘七尖八团’。旧京之蟹，以正阳楼所售为美，价数倍，然俗以不上正阳楼为耻”的记载。梁实秋先生在《蟹》一文中亦提及：“在北平吃螃蟹唯一好去处是前门外肉市正阳楼”。每年秋天，正阳楼都派专人去天津附近盛产螃蟹的胜芳选购螃蟹，将螃蟹养在大缸里，浇鸡蛋白催肥。一两天后，待螃蟹将胃中的杂物吐出，用清水洗净，拿细麻绳将螃蟹爪和两个大夹子绑牢，放入笼屉大火蒸熟。为了方便食客，正阳楼还准备了铜制蟹鼎、蟹锤和蟹钎等食蟹工具。郑水福深谙吃螃蟹之道，他说，食用整蟹应先吃腿肉，后吃蟹肉。用专用食蟹工具敲开蟹螯，吃完再从尾部掀开盖壳，拔去草芽，蟹黄、蟹肉蘸姜醋汁慢慢品尝。食蟹时还要喝黄酒，一般吃净一只整蟹需要 20min。吃后还得用茶水洗手除去腥味。

3. 阳澄湖大闸蟹

（1）原产地。江苏省阳澄湖河蟹——阳澄湖大闸蟹。产于苏州市阳澄湖，阳澄湖莲花岛生长清水大闸蟹闻名海内外的，蟹身不沾泥，俗称清水大闸蟹，体大膘肥，青壳白肚，金爪黄毛。肉质膏腻，十肢矫健，置于玻璃板上能迅速爬行。每逢金风送爽、菊花盛开之时，正是金爪蟹上市的旺季。农历 9 月的雌蟹、10 月的雄蟹，性腺发育最佳。煮熟凝结，雌者成金黄色，雄者如白玉状，滋味鲜美，是享誉中国的名牌产品。

（2）历史记载。阳澄湖蟹为什么又普遍称为“大闸蟹”呢？包笑天曾对这个名称写过一篇《大闸蟹史考》，说到“大闸蟹三字来源于苏州卖蟹人之口。人家吃蟹总喜欢在吃夜饭之前，或者是临时发起的。所以这些卖蟹人，总是在下午挑了担子，沿街喊道：‘闸蟹来大闸蟹’。”这个“闸”字，音同“炸”，蟹以水蒸煮而食，谓“炸蟹”。这样的解释，尚不能尽意。他“有一日，在吴讷士家作蟹宴（讷士乃湖帆之文），座有张惟一先生，家近阳澄湖畔，始悉其原委。吴讷士是苏州草桥中学的创始人，父亲吴大征晚清时官至湖南巡抚，甲午战争中当过刘坤一的副帅，一门三代，都是著名的古籍收藏家。张惟一就是方还，与王颂文同为吴讷士的好友，吴家的常客。顾炎武《天下郜国利病出》手稿，流失二百多年，为吴士讷所购得，又为方还和王颂文在吴家发现，并慨然接受相赠迎回昆山。这是一件了不起的大事，成为书林中的一段佳话。事有凑巧吴家设蟹宴，方还亦在座，包笑天作了有关“大闸蟹”名称的解释：“闸字不错，凡捕蟹者，他们在港湾间，必设一闸，以竹编成。夜来隔闸，置一灯火，蟹见火光，即爬上竹闸，即在闸上一一捕之，甚为便捷，之是闸蟹之名所由来了。”竹闸就是竹簖，簖上捕捉到的蟹被称为闸蟹，个头大的就称为大闸蟹。又因产自阳澄湖，故名阳澄湖大闸蟹。明清时苏州、松江一带成为淡水蟹的最知名产区，是与其水乡湖田开发、稻作农业发展、以及当地的文化经济地位分不开的。在唐代，除了华北沧州等地以产蟹著称外，南方出名的产蟹之地也不是苏州一带，而是江陵、扬州、宣城等地（见《新唐书》卷 40、卷 41，《太平广记》卷 471），苏州产蟹直至宋代才开始出名。宋代出现傅肱《蟹谱》、高似孙《蟹略》这两部专门谈蟹的烹饪著作，其中《蟹略·蟹品》记载各地名品有洛蟹、吴蟹、越蟹、楚蟹、淮蟹、江蟹、湖蟹、溪蟹、潭蟹、渚蟹、泖蟹、水中蟹、石蟹，并未推举吴蟹（苏州蟹）为第一，相反，他倒是认为“西湖蟹称天下第一”。到元代，苏州已确立为全国经济文化中心，当地螃蟹也颇有名，但不是在阳澄湖，而是太湖蟹（高德基《平江纪事》：“吴中蟹味甚佳，而太湖之种差大，壳亦脆软，世称湖蟹第一”）。即便到清代，《随园食单补正》还推举淮河流域出产的淮蟹为上佳；清代天津号称“秋令螃蟹肥美甲天下”（张焘《津门杂记》）；而晚清民国时，在杭州出名的则是“嘉兴南湖大蟹”，就像现在很多螃蟹冒称是阳澄湖所产一样，当时杭州卖的蟹都自称产自嘉兴南湖。

除了江浙一带之外，清代最爱吃蟹的便是京津地区了。当地食用的主要是产自白洋淀的胜芳蟹。晚清时的北京人甚至觉得“北蟹”还比“南蟹”好吃得多：“蟹出最早，往往夏日已有。其尖脐者，脂膏充塞，启其壳，白如凝脂。团脐之黄，则北蟹软而甜，若来自南者，硬而无味，远不逮也”（《清稗类钞》第十三册，饮食类，“京师食品”条）之所以作此想，无疑也与北京作为京师的地位有关。

现在以阳澄湖大闸蟹和崇明蟹为尊的观念，是与上海市1843年开埠之后的经济兴盛分不开的。在爱吃蟹的上海人推动下，供应上海市场的阳澄湖大闸蟹和崇明清水蟹，其名声逐渐盖过了之前盛行于苏州的太湖蟹、杭州的嘉兴南湖大蟹和天津的胜芳蟹。章太炎夫人汤国梨曾有诗云："不是阳澄蟹味好，此生何必住苏州。"可想那时的阳澄湖大闸蟹已名动一时。也是因为上海人爱吃阳澄湖蟹，阳澄湖大闸蟹久负盛名，负有"蟹中之王"的盛名，就在人们赶着吃蟹的时候最不能忘的就是阳澄湖大闸蟹，大家都为能吃到正宗的阳澄湖大闸蟹而沾沾自喜。如今各种菜系的酒楼都推出阳澄湖大闸蟹菜肴，无论是粤菜馆、川菜馆、朝菜馆，但是天南地北美食的发源才有正宗可言，想必江南经营的阳澄湖大闸蟹才是名正言顺，无论是大闸蟹的来源、口味都将发扬江南的美食文化。并从大闸蟹的一蟹一螯，百般滋味中感受源远流长的中国饮食文化。

(3) 民间传说。巴城镇流传下来一则岁月悠远的民间传说，几千年前，人类的祖先已经在江南的陆地上定居栖息，从事捕捞水产和农垦耕作，一代又一代含辛茹苦地创建出一个鱼米之乡。由于江南地势低洼，雨量充沛，经常易闹水灾。有时虽然丰收在望，可是，江湖河泊里却冒出了许多爱朝亮光爬行的甲壳虫，双螯八足，形状凶恶可闯进稻田偷吃谷粒，还用犀利的螯伤人。荆蛮先民吓得畏如虎狼，称这种虫为夹人虫，不等太阳落山，就早早关上大门。后来，大禹到江南开河治水，派壮士巴解到水陆交错的阳澄湖区域督工，带领民工开挖海口河道。入夜，工棚口刚点起火堆，谁知火光引来了黑压压的一大片夹人虫，一只只口吐泡沫像湖水汹涌而来。大家要紧出来抵挡，工地上激起了一场人虫大战。不多时，夹人虫吐出的泡沫，直把火堆淹熄，双方在黑暗中混战到东方发白，夹人虫早才纷纷退入水中。可是好多民工被夹伤的夹伤，夹死的夹死，血肉淋漓，惨不忍睹。夹人虫的侵扰，严重妨碍着开河工程。巴解寻思良久，想出了一个办法，叫民工筑座土城，并在城边掘条很深的围沟，待等天晚城上升起火堆，围沟里灌进沸腾的开水。夹人虫席卷过来，就此纷纷跌入沸水沟里烫死。沟里虫的尸体越积越多，便用长挠钩起来，继续灌放开水作战。烫死的夹人虫浑身通红，堆积如山，发出一股引人开胃的鲜美香味。巴解闻着后，好奇地取过一只细看，把甲壳掰开来，一闻香味更浓。他想：味道喷香扑鼻，肉不知能不能吃？便大着胆子咬一口。谁知牙齿轻轻嚼动，嘴里觉味道鲜透，比什么东西都好吃。巴解越吃越香，一下把一只夹人虫嚼到肚里，接连又吃一只。大家见他吃得津津有味，胆子大的民工也跟着吃起来，无不大喜说："大家来吃夹人虫，味道香极了！"于是，民工们都随手俯捡而食，把一大堆夹人虫全都消灭到"五脏殿"里。当地的百姓获悉后，也就纷纷捉拿夹人虫吃，又很快传遍四面八方。从此，先民们都不怕夹人虫了，被人畏如猛兽的害虫一下成了家喻户晓的美食。大家为了感激敢为天下先的巴解，把他当成勇士崇敬，用解字下面加个虫字，称夹人虫为蟹，意思是巴解征服夹人虫，是天下第一食蟹人。巴城就是为了纪念巴解而名的。

4. 茅山螃蟹

（1）原产地。产地范围为湖北省浠水县散花镇策湖水域，涉及策湖村、蒿墩村、仙女庙村、山洲坪村、茅山闸村、四壕村 6 个行政村现辖行政区域，总面积 30.23km^2。茅山螃蟹主要是有个好的生态条件。策湖多眼子菜，苦草，其根脆多甜汁，湖内鱼虾多，是蟹的佳饵；加上湖底土质松软，湖水清澈，日照时间长。这对茅蟹的生长均有利。清初年产两、三万斤（1 斤 = 0.5kg。下同）；清光绪二十九年建茅山闸后，产量降到两万斤左右。

（2）历史记载。据《本草经疏》记载，醋蘸熟蟹，食之能补骨髓，滋肝阴，舒筋活血。茅山蟹还有散瘀血、抗结核的功能，对杀莨菪毒，解鳝鱼毒，漆素养，治疟及黄疸，或将其捣成膏涂疥疮、癣疮，捣汁滴耳聋，均有较好疗效。浠水策湖一带流传这样一个故事，明洪武二年（1369 年），朱元璋的大臣康茂才（蕲春人，官至同知大都督府事，兼太子右率府使，进阶荣禄大夫，死后明封为蕲国公）回家省亲，返京时，特将策湖的茅蟹带到京城，送到御厨房做成蟹黄面，敬献皇上，朱元璋吃后，称赞："这蟹黄色、味都好，妙极，妙极!"。茅山螃蟹是策湖出产（湖在浠水，山在蕲春）、学名"中华绒螯蟹"，以个大体肥、黄多味美闻名遐迩。据清光绪《蕲州志》载："蟹出茅山下者，黄多而味甘，较它处为胜"。

5. 泰州蟹

（1）原产地。江苏省溱湖，溱湖八鲜中最有名的是溱湖簖蟹。簖蟹体态丰腴，肉质细嫩，青壳、白肚、金爪黄毛，蟹肉饱满，自古就有"南闸北簖"的美誉。溱湖水藻茂盛，食料丰富，适宜于螃蟹繁殖生长。每年春季，幼蟹沿长江溯流而上，在水流平缓、食草丰茂的溱湖安家。夏季蟹逐渐长大成熟。时令入秋，大批壮蟹又返回长江。每逢此时，捕蟹人在河道插立竹箔捕蟹，竹箔略高出水面，两端安设篾篓，谓之"蟹簖"。凡能爬过竹簖翻身入网的簖蟹，说明它们都是通过了体检的，体魄强壮的上乘之品。经得起筛选的盘中簖蟹自然个个肉质丰肥，膏腴十足，鲜美无比。簖蟹以清蒸味道最为醇厚。

（2）历史记载。泰州蟹文化源远流长，据现有史料记载，泰州螃蟹在宋代就很有名气，以泰州螃蟹曾作为贡品，上贡朝廷。当时吴越王钱椒的后代钱昆，官至秘书监（从三品），因为嗜好螃蟹，主动要求下放地方任职，曾说："但得有蟹、无监州，庶足慰素愿也。”宋真宗年间大中祥符年间（1008—1016），钱昆特地请求外放到泰州任知州，只为能经常吃到好螃蟹，可见泰州螃蟹的魅力宋代文化昌盛，诗风浓郁，文人雅士经常以“品蟹”为题相互唱和。螃蟹作为泰州的特产，让很多诗人念念不忘。著名诗人黄庭坚曾有《次韵师厚食蟹》：“海馔糖蟹肥，江醪白蚁醇。每恨腹未厌，夸说齿生津。三岁在河外，霜脐常食新。朝泥看郭索，暮鼎调酸辛。趋跄虽入笑，风味极可人。忆观淮南夜，火攻不及晨。横行葭苇中，不自贵其身。谁怜一网尽，大去河伯民。鼎司费万钱，玉食罗常珍。吾评扬州贡，此物真绝伦。”

宋代扬州是淮南东路首府，泰州属淮南东路，所有贡品经由淮南路上交朝廷，故泰州螃蟹，亦被称为扬州贡品。江西诗派的重要成员，黄庭坚的小老乡，韩驹年轻时候游宦泰州，对泰州的风物特产非常熟悉，自然也不会错过品尝螃蟹的机会，他曾写有《食蟹》诗：“海上奇烹不计钱，枉教陋质上金盘。馋涎不避吴侬笑，香稻兼偿楚客餐。寄远定须宜酒债，尝新犹喜及霜寒。先生便腹唯思睡，不用殷勤破小团。”螃蟹和香稻（泰州红，陆游曾有诗吟咏），在当时也是经常用来招待贵客的。螃蟹作为地方特产，成为泰州地方文人吟咏、描绘的对象。扬州八怪之一、泰州兴化人郑板桥曾有《题蟹》诗，云：“八爪横行四野惊，双螯舞动威风凌。孰知腹内空无物，蘸取姜醋伴酒吟。”描绘当时泰州人吃蟹的一般做法，即清蒸以作下酒菜，佐以一小碟姜丝、陈醋杀菌即可。另外，郑板桥“八分半书”，因为如螃蟹横行，也被称为“蟹体书”。在古代，螃蟹是泰州很平常的秋季时令特产。只要秋风起，螃蟹洄游长江，在田野沟汊随便支个簖篓，就能捕到很多螃蟹。吃不完的螃蟹，泰州人又发明了“醉蟹”制作法来处理，能有效的延长螃蟹的保质期和美味，还可以馈赠亲友。清代著名诗人赵翼有《醉蟹》诗，记录“泰州人贮甘醴，投蟹于中，听其醉死，谓之醉蟹。味极佳。”，诗云：“霜天稻熟郭索行，双螯拗析香珠粳。经旬饱啖腹尽果，团尖脐结脂肪盈。忽然被擒请入瓮，方忧炮炙浑身痛。谁知甘醴已满中，送入醉乡黑甜梦。醉乡岂怕灭顶凶，餔糟啜醨酒池中。既非人彘投厕溷，何必醯鸡瞻昊穹。沉酣三日不复醒，米汁味已透骨融。食单方法有如此，物不受痛人得旨。休悲彭越遭醢冤，且幸羲之以乐死。”泰州醉蟹制作以兴化中堡最为有名。现代著名美食家、“华人谈吃第一人”唐鲁孙民国时曾在泰州生活，他对泰州醉蟹念念不忘，在《蟹话》一文中这样描述：“苏北里下河一带，素以河蟹闻名，泰县近郊，有个地方叫忠宝庄，溪流纷歧，景物腴奇，所产大蟹，肥腴鲜嫩不亚于阳澄湖的名产。当地渔民把大蟹一雄一雌，用草绳扎紧，除去绳索上秤一称，正正老秤十六两叫作对蟹，这种对蟹尤为名贵。当地有家酱园叫德馨庄，用当地泡子酒做醉蟹，一坛两只膏足黄满，浓淡适度，绝不沙黄，下酒固好，啜粥更妙。当年驻节维扬的一位将军，只要到兴化泰县东一带巡视防务，必定下榻泰县名刹光孝寺。那时，笔者在泰县下坝经营一所盐栈，只要碰上吃熬鱼贴饽饽，这位天津老乡，必定赶来饱餐一顿津沽风味。看见栈里有忠保庄的醉蟹，还要带两坛子回去下酒。有一次德馨的陈老板到泰县收账，正好这位将军在盐栈吃贴饽饽，他想求将军赐墨宝。将军醉饱之余，逸兴大发，盐栈有纸有笔，将军立刻提笔写了：'东篱菊绽，海陵（泰县原名海陵）蟹肥，洋河高粱，你醉我醉！'一张条幅。"在《闲话元宵》一文中，唐鲁孙还记载了泰州的蟹粉元宵："江苏泰县近郊，有个小城镇叫忠保庄，河汊浃渫，盛产紫蟹，膏腴肉满，有一家奇芳斋平素卖早茶，点心则以小笼包、饺、白汤面为主，春节之前，添上蟹粉元宵，只限堂吃，煮熟元宵夹起来醮一种特制香菜卤子来吃，金浆腴美，远胜玉脍鳟羹。当年名噪一时的电影女星杨耐梅，曾经专程渡江到忠保庄来吃蟹粉汤圆，回到上海，盛夸奇芳斋的蟹粉汤圆如何腴美，所谓陋巷出好酒，想不到荒村野店，居然有这种绝味。明星电影公司郑正秋，是最爱吃大闸蟹的，久慕忠保庄的熬蟹油出名，听了之后更是馋涎欲滴。可惜春节左右公司业务太忙，实在无法分身，于是特地派他少君郑少秋跟媳妇倪红雁过江到忠保庄去买到上海来解馋。无奈奇芳斋老板坚持这种蟹粉汤圆只限堂吃，向不外卖，后来经人打圆场说了若干好话，并且告诉他，是上海电影公司老板慕名而来，才破例卖了六十枚蟹粉汤圆、一罐香菜卤子。回到上海，虽然有几枚因舟车辗转皮破膏溢，味道已差，然而郑正秋吃过之后，仍自赞不绝口，认为花费了若干川资，能够吃到如此精彩的汤圆还是值得的。"靖江蟹黄汤包是靖江传统名点，历史悠久，《靖江蟹黄汤包制作技艺》入选江苏省非物质文化遗产名录。它创制于何时，由何人所创，因没有确切文字记载，而无从查考。但民间有两种说法：一是"孙权巡视马驮沙，汤老二无心插柳创美味"。二是"干隆皇帝吃汤包，甩到半背腰"。解放前，靖江蟹黄汤包就很有名气，当时比较出名的有"双妹"汤包、"白娘娘"汤包、民众茶社汤包、吴永兴汤包、姚老五汤包、公正和汤包等。中华人民共和国成立后，公私合营时靖江一些知名汤包师如刘庆宝、孙锦章、江吉生、刘顺宝等师傅先后到国营饭店工作直至退休，这期间他们也培养了一批靖江做汤包的名师，如万俊、侯月英、侯月华、郑彩琴、潘丽霞、蒋金芬、徐永雪、陶晋良、王斌、叶健等汤包大师。由古及今，人们不仅吃出了真味，吃出了营养，更是吃出了逸趣馨雅。每到深秋季节，湖蟹的鲜香便萦绕着古城泰州。

6. 长荡湖蟹

(1) 原产地。长荡湖，又名洮湖，系古太湖分化湖之一。古时水面较大，北至金坛建昌，南至溧阳市南河，南北逾 50km，故晋时即有长塘之名。今位于常州市金坛区东南部，在溧阳市区东北部 20km 处，跨金坛区、溧阳市，总面积为 13 万亩，90%以上在金坛境内，为江苏省十大淡水湖之一。长荡湖是中国南方较大的浅水型、水草型淡水湖泊，这里水质清澈见底，湖岸水鸟成群，水草繁茂，螺蚬众多，常年水深保持在 1.2～1.5m，而 pH 值在 7～8，最适宜甲壳类水产养殖。尤其值得一提的是，长荡湖属“客水”型湖泊，也就是俗称的“活水”。活水滋养人，同样，活水更滋养蟹类家族。长荡湖大闸蟹就是长荡湖特产的大闸蟹，大闸蟹是河蟹的一种，河蟹学名中华绒螯蟹。远销京沪、港澳等地。

目前，长荡湖大闸蟹为中国十大名蟹之一，作者赋诗二首——赞誉家乡长荡湖天然物产红膏蟹。以写景叙物方式，描述长荡湖优美的生态环境，是最适大闸蟹生长的天然宝库；生长的红膏蟹质优味美，营养元素延寿年，蟹纯属绿色水产安全食品；销售全国各大城市，远销海外诸国。

湖畔之锦绣

洮湖美景美如画，碧波荡漾多虾蟹。

芦蒿菱藕藏水鸟，湖畔生态宜生锦。

修身养息胜仙境，胸怀大志创新业。

长荡湖大闸蟹

万倾碧波长荡湖，湖以澄蓝为底色。

淡水湖蟹之上品，背青肚白健螯强。

金爪毛黄红膏蟹，肉质细嫩真纯白。

味觉口感独鲜美，营养元素延寿年。

（2）历史记载。郦道元《水经注》称此湖为“五古湖”之一，属太湖水系，长荡湖风景如绣，皓月如银，湖边芦苇丰茂，岸上芳草萋萋，著名的景观有“洮湖夜月”“洮湖品蟹，把酒邀月”，其中华绒螯蟹，2008 年就入围“中国十大名蟹”，深受广大游客、食客喜爱，长荡湖也因此而闻名。长荡湖水源充足、水质清新，湖底平坦，水草、螺蚬等水生生物资源极其丰富。唐代诗人张籍曾有“长荡湖，一斛水中半斛鱼，大鱼如柳叶，小鱼如针锋，浊水谁能辨真龙”的感叹。”盛产玉爪蟹（长荡湖螃蟹）、米虾、银鱼、鱼旁鱼皮等，其产量之丰富，光绪《金坛县志》有“长荡湖，一斛水中半斛鱼”之述。水禽有黄雀、獐鸡、野鸭等，每当寒露过后，獐鸡野凫，成群结队而至，正如当地民谣所说：“飞起不见天，落下盖湖面，天寒三日冻，一塘数百连”，可见其产量之丰富。

7. 高邮湖河蟹

（1）原产地。原产地是高邮湖。高邮湖是全国第六、江苏省第三大淡水湖，也是典型的过境泄水湖，淮河水经洪泽湖、高邮湖一路向南流入长江，使得高邮湖“岁岁饮江吞淮，年年吐故纳新”。

高邮湖水独立循环养蟹，基地位于高邮湖湿地，周围没有化工产业，更没有生活区，大闸蟹完全生活在原生态的高邮湖湿地环境里，高邮湖螃蟹肉肥而且味道鲜美，还是红膏的、更加有味道。高邮湖湿地拥有丰富的生物资源。已知植物 153 种，最为突出的要数高邮湖大闸蟹，纯天然，堪称天下一绝。

（2）蟹文化历史记载。高邮湖大闸蟹早在北宋年代就很有名气了。高邮乡贤、婉约派词宗秦观请专人将《黄楼赋》送给时在徐州的师友苏轼的同时，捎赠高邮土特产风鱼、醉蟹、高邮双黄鸭蛋，并赋诗一首《寄莼姜法鱼糟蟹·寄子瞻》，诗中写道：“团脐紫蟹脂填腹，后春莼茁事瓶罂。先社姜芽肥胜肉。”秦少游特地遴选蟹壳为紫色的雌蟹，黄多脂厚，糟醉而成，还有嫩滑的莼菜、肥胜肉的姜芽等装在瓶罂中。千年之前高邮人就善制作味美的风鱼、醉蟹并作为嘉礼馈赠亲友了。阳澄湖、嘉兴湖、固城湖、高邮湖、邵伯湖产的蟹均为一等蟹。

8. 白荡湖蟹

（1）原产地。白荡湖地处铜陵市枞阳县境腹部，西南距县城 21km，跨汤沟、横埠、项铺、会宫、浮山、钱桥、金社等乡镇，西连竹子湖，南为破罡湖。湖水经白荡闸和汤沟河至老湾王家套出口入江，流域总面积 775km^2，境内流域面积 648km^2，年平均水位 10. 11m，湖底高为 8. 5m，库容量 0. 6 亿 m^3，是枞阳县最大的淡水湖泊。白荡湖水面宽阔，烟波浩渺，碧水连天。

白荡湖因湖水清澈白皙，湖面碧波荡漾，故名曰“白荡”，它连通长江，涝季为长江排洪，旱季又放水入江，默默的捍卫着长江，也抚育着它周边的人民。湖十分大，即使在普通的中国地图上，也能看见它大致的轮廓。走在堤上，湖水碧波荡漾，一望无际。秋高气爽的时候，远处的山峰影约可见，倒映在水中，青山绿水，景色醉人。

（2）蟹文化历史记载。白荡湖，白荡湖的面积是17.85万亩，早在5000年前，就有先民在白荡湖畔的金山神墩、余家墩等地安营扎寨，建立村落。他们在湖中捕鱼，在滩上耕作，靠着半农耕半渔猎的生产方式生存下来。到了明清时期，大小船只由江入湖，上抵浮山、钱桥、罗河日夜穿梭，一派繁荣景象，成为水上运输要道。白荡湖一带水域已成为枞阳水产业的重要基地，白荡湖盛产各种湖鲜。除了湖边的莲藕、菱角、芡实、茭白、芦苇以外，湖内的大闸蟹、鱼、野鸭等更是不胜枚举。据说野鸭多时每亩可达2 000只，年捕获量预计达100万只以上。湖畔的杨市（今金社）就是白荡湖水产品的一个小集散地，每到上市季节，渔民们三三两两划着船，自白荡湖经杨市河逆流而上前来赶早市，交易一季的收获和喜悦。白荡湖大闸蟹是枞阳县白荡湖的特产。枞阳白荡湖大闸蟹以其个大肉实闻名。白荡湖大闸蟹的特征：外观，背面呈青色，腹部灰白色，黄毛金爪，背部覆盖坚硬的背甲。雌成蟹腹部呈圆形（团脐），雄成蟹腹部为狭长三角形（尖脐），附肢为一对大螯和四对步足。鲜活程度，色质清晰，外壳、螯足、步足完整，行动敏捷。气味。具有淡水大闸蟹特有腥气。口味，蒸熟后食用，鲜而不腻，肉质滑嫩、爽口，食后留有余香。“白荡湖”大闸蟹获“徽蟹十大品牌”称号。

9. 芜湖螃蟹

（1）原产地。芜湖自古鱼米之乡，芜湖螃蟹曾一度闻名遐迩，繁昌荻港、芜湖县六郎、花桥、南陵奎湖都以产蟹闻名，更有以螃蟹命名的地名螃蟹矶。每到菊黄蟹肥之际，各种螃蟹美食香飘巷里，阡陌人家。历史上的大闸蟹便以芜湖的最为有名，甚至大闸蟹的名称也与芜湖有关。在芜湖正东10km处有以富庶闻名的江南名圩万春圩，万春圩的中心就是大闸镇，而此处正是优质大蟹的产地。大闸蟹的名称实由地名转化而来。芜湖螃蟹的质量，严格地讲，芜湖螃蟹在上市旺季，其味道之鲜美甚至超过“阳澄湖”，这已得到了众多食客的认可。

（2）芜湖蟹文化历史记载。据资料记载，芜湖螃蟹历史悠久，从唐宋起即以量多味美闻名遐迩，芜湖产蟹自古闻名。北宋诗人梅尧臣一次途经芜湖，因风大浪急，不得不泊舟于芜湖北10km处的四褐山，作《褐山》诗曰：风急舟难进，聊依浦里村。岸潮生蓼节，滩浪聚芦根。日脚看看雨，江心渐渐昏。篙师知蟹窟，取以助清樽。大政治家大文学家王安石亦著文赞曰：采石山下白蟹，实东南之奇味。据《芜湖县志》载：矶自唐初始有名，秋暮之时，常有百千硕蟹栖伏其上，呈蚁聚状，故以名之。从以上诗文记载看，芜湖螃蟹从唐宋起即以量多味美名闻遐迩。目前，芜湖养殖大闸蟹主要集中于六郎、陶辛等乡镇。

其中尤以六郎最为有名，1 年产量达数百吨以上。只是与外界流传大闸蟹所不同的是，六郎螃蟹的学名叫中华绒螯蟹。芜湖螃蟹可以媲美“阳澄湖”“可以负责任地讲，芜湖螃蟹质量并不差。和阳澄湖的比起来，甚至味道更鲜美。”芜湖县六郎镇的养蟹农户陶宣树口气坚定地表示。芜湖产蟹自古闻名。

10. 南漪湖蟹

（1）原产地。是宣城市境内的天然湖泊——南漪湖，丰水期总水面积可达 32 万亩，三面环山，湖内有九嘴十三湾，其中南姥咀半岛直伸湖心，形如游龙，气象万千。南漪湖分东西二湖。西湖盛产河蟹、青虾、鳙鱼、甲鱼；东湖鱼群畅游，水鸟翔集，碧波荡漾，湖光潋滟，环境优美，水质良好，保护着湖区的生态平衡。南漪湖的鱼、虾、蟹、鸟、雁等水产野禽资源极其丰富，尤以出产银鱼、螃蟹享誉海内外。并被国家列为河蟹出口基地。自古南湖有“日产斗金，夜生斗银”的美誉。湖中资源极为丰富，盛产各种鱼类及菱、藕及野禽等，尤以青虾、河蟹、银鱼、毛刀鱼四大特产而闻名。不仅行销国内，还名扬日本、香港及东南亚各国与地区。

（2）南漪湖蟹文化历史记载。南漪湖的历久弥新，有着古老而神奇的传说。南漪湖原本就存在，只是规模没有现在这样浩瀚、阔大。当年富甲江南的沈万山因为得罪了明朝开国皇帝朱元璋，军师刘伯温借治理水患之由，遂修筑“东坝”，淹没了沈万山的三十万亩良田而大大拓展了湖面，为南漪湖注入了新的生命。后人在枯水季节依稀可见湖滩上人工修建的石桥、沟壑。另一种说法是沈万山富有以后，什么都不顾及而且说大话，由于他的田地多，所以言道：我走路不沾天边，吃饭不靠老天，正由于这句话，得罪了老天爷，所以老天爷就将南漪湖压了下去，以惩罚沈万山，所以形成了今日的南漪湖。在历史上，古丹大泽包括丹阳湖、石臼湖、固城湖、南漪湖以及周边地区一大片低洼湿地，面积近 350 万亩。这块湿地横跨苏南和皖南二省，呈三角形，号称河蟹“金三角”。在这三大河蟹产地中，历史最悠久的要数古丹阳泽的“花津蟹”。它在唐代已十分有名，李白晚年就生活在当涂，他的诗词中，有大量的咏蟹诗句。明代朱元璋建都南京，花津蟹是最盛时期；清代花津蟹是当地县太爷进贡皇帝的贡品，乾隆皇帝封为“御之蟹”。

11. 南湖蟹

（1）原产地。此蟹产于浙江省的杭州、嘉兴南湖水网地带，素以个体肥大，肉质鲜美而著称。这里的湖蟹，过去都是靠自然繁殖，每年到汛期捕捉上市。现在已开始人工繁殖和放养，并获得了一定成果。

（2）南湖蟹文化历史记载。南湖位于嘉兴城东南，古称陆渭池、马场湖、滮湖等，南湖又分东西两湖而东西两湖形似鸳鸯交颈，因此，又名鸳鸯湖。南湖总面积 120hm^2，其中水域面积 53. 4hm^2，水深 2～5m。据史籍记载，五代时吴越王钱廖第四子广陵王钱元璙任中吴节度使时在南湖之滨筑“登眺之所”，后才逐渐形成烟雨楼名胜。从唐代起，南湖以其轻烟拂渚，微风欲来“的迷人景色，成为江南著名的旅游胜地。宋代以后南湖与绍兴东湖，杭州西湖合称为浙江三大名湖。我国已有 6 000多年吃蟹的历史。在长江三角洲，考古工作者在对上海青浦的淞泽文化、浙江余杭的良渚文化层的发掘时发现，我们的先民在它们食用的废弃物中，就有大量的河蟹蟹壳。表明我国人民吃蟹的历史十分悠久，而西欧、北美等国至今还不敢吃河蟹。经过长期的历史的沉淀，发现我国 3 个地区生长的河蟹品质最好。

12. 军山湖大闸蟹

（1）原产地。军山湖是中国河蟹之乡，是鄱阳湖这颗明珠上的一颗翡翠，居鄱阳湖之南，故曾名南阳湖，因湖中曾有日、月两座小山，东为日，西为月，地势皆险要，又称日月湖。军山湖大闸蟹，江西省进贤县特产，因原产于该县军山湖而得名，中国国家地理标志产品。进贤县军山湖地区的水质、气候、生态环境非常适合河蟹的生长，逐步形成了养殖河蟹的生产规模。军山湖的大闸蟹具有“大、肥、腥、鲜、甜”“五星”特征和“绿、靓、晚”三大比较优势，是大闸蟹中的上品，在历届河蟹大赛上屡获金蟹奖、银蟹奖和“蟹王”“蟹后”称号，且远销日本、韩国、新加坡等国际市场。

（2）军山湖蟹文化历史记载。军山湖古称“日月湖”，军山湖出产河蟹始于 10 世纪。公元 10 世纪时宋代的学者杨仲宏和范德机，在军山湖书院避乱时，曾留下：“五日湖光看未厌，再看五日可周全。衣冠荣耀无千载，道义交游有百年。佳会不常诗似锦，盛延难再螃蟹鲜。明年此日游何处，谁与菊花共月眠”的诗句。这是发现最早的军山湖与“蟹”有关的史料。元朝末年，朱元璋与陈友谅争夺天下，大战鄱阳湖十八载，战船曾在日月湖出没，军兵多在日月山拼杀，故后人将此湖改称为军山湖。因日月湖是朱元璋反败为胜之地，更是朱元璋的龙兴之所，所以朱元璋称帝后不忘日月湖，日月“明”也，故将朝代定为明朝。改日月湖为军山湖也是因为日月冲撞“明”朝之嫌而改之。在《太平寰宇记》一书中有这样的记载：“在进贤北境，宋时仅有一日月小湖，经元明两代，随着南部地区继续下陷，日月湖泄入鄱阳湖的水域扩张成浩渺无际的军山湖。”

据清康熙十二年（1673 年）的《进贤县志》记载，进贤物产中“介类”有“龟、鳖、蟹、虾、螺、蚌、鼋，”这是在进贤能找到的最早与“蟹”有关的史料。当然，进贤县产蟹肯定要比此记载早得多。河蟹是淡水产品中的珍品，因其肉味鲜美、营养丰富，深受人们的喜爱。军山湖历史上的河蟹是天然状态下自然生长的野生蟹。河蟹在长江口咸淡水交界处繁殖后，蟹苗沿长江上溯，进行生长洄游，通过长江进入鄱阳湖水域生长，在包括军山湖在内的鄱阳湖生长成熟后，再顺长江而下，进行生殖洄游，如此循环。

13. 洞庭湖蟹

（1）原产地。洞庭湖蟹原产于洞庭湖，洞庭湖位于中国湖南省北部，长江荆江河段以南，是我国第三大湖，仅次于青海湖、鄱阳湖，也是中国第二大淡水湖，洞庭湖三宝即为洞庭湖大闸蟹、河虾、鲤鱼。洞庭湖湖面开阔，水质清澈见底，水草丰茂，故有“洞庭天下水”之美誉，是螃蟹生长的理想之地，使洞庭湖大闸蟹形成里与众不同的五大特点：一是青背，蟹壳成青灰色，平滑而有光泽；二是白肚，贴泥的脐腹，晶莹洁白；三是黄毛，脚毛长黄挺拔；四是金爪，蟹爪金黄坚挺有力，放在玻璃上能八足挺立，双螯腾空；五是草香，有淡淡的水草香味，无污泥味和其他异味。

（2）洞庭湖蟹文化历史记载。历代文人墨客都对美丽的洞庭湖作过热情的吟咏。北宋著名政治家、军事家和文学家范仲淹的《岳阳楼记》，从岳阳楼的视角（居高临下）对洞庭湖变化多端的风光，描绘得淋漓尽至，脍炙人口，洞庭湖的气势雄伟磅礴，洞庭湖的月色柔和瑰丽，即使是在阴晦沉霞的天气，也给人别致、谲秘的感觉，激起人们的游兴，碧波万顷的洞庭湖不愧为“天下第一水”，泛舟湖间，心旷神怡，其乐无穷。洞庭湖是著名的鱼米之乡，其物产极为丰富，湖中的特产有河蚌、黄鳝、洞庭蟹、财鱼等珍贵的河鲜。有诗云“洞庭天下水，鱼美稻粱肥。”在历代文人墨客的眼里八百里洞庭美如画，画中碧水荡漾，渔舟唱晚。洞庭湖衔远山吞长江，浩浩荡荡，横无际涯。洞庭湖大闸蟹养殖场依靠洞庭湖天然资源优势，整湖抛养大闸蟹，天然无污染，味纯可口，营养价值高。洞庭湖湖面开阔，水质清澈见底，水草丰茂，是螃蟹生长的理想之地。洞庭湖出产的大闸蟹脂膏丰腴、蟹黄饱满、肉质嫩白，最负盛名。橘红色的蟹黄、白玉似的脂膏、洁白细嫩的蟹肉，色味香三者之极，享誉海内外。有九雌十雄之说，九月利雌蟹抱卵，蟹黄饱满，十月雄蟹脂膏丰腴，肉质嫩白。

14. 梁子湖蟹

（1）原产地。梁子湖蟹原产湖北鄂州市梁子湖，全生态养殖，原产地标志产品。“千古江夏诗文在，梁子湖畔蟹正肥。”梁子湖位于鄂州市南部，总面积42万亩，是全国十大名湖之一，湖北省第二大淡水湖，武昌鱼的母亲湖。梁子湖是我国所有湖泊中水生植被覆盖率最高、水质最清新、生态环境保护最为完好的内陆湖泊之一。有近700种水生动植物生存于此，受国家一级和二级保护的水生植物12种，其中蓝睡莲世界仅存，杨子狐尾灌、水车前亚洲独有；此外在梁子湖上还栖息着国家一级保护候鸟5种，二级保护候鸟6种。世界自然基金会和中国科学院专家认为梁子湖是全球湿地资源最齐全、生物多样性最丰富的地区之一，属“化石湖泊”。梁子湖湖水一、二类水体超过80%，清澈纯净无污染，人可直接饮用，是国际环保组织定点取样的湖水。”前年，余秋雨在文化节开幕式上现场即兴作诗，令梁子湖螃蟹名声远扬。产品深受消费者的青睐，行销全国，并远销韩国、日本、新加坡、马来西亚及我国香港、我国澳门、我国台湾等7个国家和地区，年创汇500万美元。梁子湖是湖北省容水量最大的淡水湖之一，湖面面积位居全省第二，是驰名中外的武昌鱼的故乡。梁子湖养蟹面积是苏州市阳澄湖的近6倍，产量是阳澄湖的2倍，水质达到国家2类标准。来梁子湖吃蟹，堪称一绝。

（2）梁子湖蟹文化历史记载。“我国历史有多长，江夏梁子湖的螃蟹文化就有多长!”，这句话可不是我说的，即便是我说的，也是白说，没人信。梁子湖的螃蟹跟我国历史一样一样了，吃了梁子湖螃蟹中国历史多少朝代都进肚子里了！太厉害了，梁子湖螃蟹文化与渊源流长的5 000年我国历史。梁子湖大河蟹产自梁子湖水域，具有金爪黄毛、青背白肚、体形肥厚、肉质鲜美的特征，蛋白质含量高、脂肪低、富含多种氨基酸、风味独特，历来是宴中珍品。早在清代年间，《湖北通志》就有‘樊湖螃蟹，个大味腴’的记载。梁子湖大河蟹具有四大‘个性’：一是规格大，预计单只重150g以上的规格蟹要占到总量的六成以上；二是天然红膏蟹比例高，占66%以上；三是蟹味纯正、品味香浓、无需任何佐料吃起来也是美味无比；四是天然大面积放养，不投喂、不施药、不添加任何生长激素，全靠梁子湖中本身的软螺、小鱼小虾、鱼虫、浮游生物、湖草生长，绿色、健康、安全无公害。梁子湖大河蟹与众不同的四大特点：一是青背，蟹壳成青灰色，平滑而有光泽；二是白肚，贴泥的肚脐、甲壳晶莹洁白，没有黑色斑点；三是黄毛，歇腿的毛长而黄，根根挺拔；四是金爪，蟹爪金黄，坚挺有力，放在玻璃上都能八足挺立，双螯腾空。

15. 洪湖蟹

（1）原产地。洪湖蟹原产于湖北省第一大湖泊洪湖，其水质达到国家二类标准，是周围地区渔民赖以生存的天然水厂，2008年2月，洪湖还被正式列入《国际重要湿地名录》；二是河蟹天然饵料多。水域中有丰富的螺、河蚌、水蚯蚓等河蟹喜食饵料，还有大量生长挺水植物、浮叶植物、沉水植物和漂浮植物等各类水生植物，这些都能满足补充河蟹饵料，也是河蟹栖息、蜕壳、隐蔽的良好场所；三是河蟹养殖技术成熟。20 世纪 80 年代初，洪湖人就开始尝试河蟹养殖，通过走出去、请进来，尤其是与中国科学院水生生物研究所建立全面合作关系后，河蟹生态健康养殖技术更深入人心，基本形成人人想养蟹、个个会养蟹、年年能赚钱的良好态势；四是“洪湖”知名度高。一曲“洪湖水”唱遍天下知，洪湖水养殖的河蟹经过注册“洪湖清水”牌商标，并申报绿色食品证书，市场占有率逐渐上升。洪湖市被中国水产流通与加工协会授予了“中国名蟹第一市”的称号，“洪湖清水”蟹被评定为中国名蟹，属于清甜味鲜、香飘四海、享誉国内外的知名品牌，连续四次在海峡两岸食品评鉴会上获金奖，畅销国内外 30 多个国家和地区，连续 4 年出口创汇居全省第一，深受广大消费者喜爱。洪湖是湖北省第一大湖泊，水质达到国家二类标准，适宜养蟹。近年来，该市大力推广河蟹养殖试验示范和生态健康养殖技术，收到了较好的效果。近年来，“洪湖清水”蟹生态养殖更加成熟、产业链日趋规范、养殖格局逐渐优化、品牌效应正在形成。全市年产河蟹 6 万 t，90%以上的产品均销往全国 31 个省区市和港澳台地区的 156 个城市，北京市、上海市、广州市为主要销往目的地，港澳台地区的螃蟹 70%以上来源于洪湖，均为“洪湖清水”蟹。

（2）洪湖蟹文化历史记载。洪湖全境历史上属云梦泽东部的长江中下游平原，湖水呈淡绿色。洪湖是湖北所有湖泊有机物含量最丰富的湖水，是中国淡水鱼类的重要产地。鱼种类丰富多样，共有 84 种。沿湖四周渔场、养殖场密布。湖中种类繁多的水生植物共 92 种，其中莲籽每年出口均在 20 万 kg 以上。水面辽阔，水草茂盛，鱼虾丰富，是野鸭飞雁等候鸟栖息觅食过冬的理想场所，越冬水禽共有 39 种，野鸭共有 18 种之多。20 世纪 80 年代调查共获 54 种，隶属 18 科，鲤科鱼类占 58.5%，种类组成特点为种类贫乏，结构单一，肉食性种类多；在 54 种鱼类的短颌鲚、颌针鱼、太湖短吻银鱼、暗色东方鲀、草鱼、青鱼、鲢鱼、鳙鱼和逆鱼、铜鱼、肥脂鱼等 23 种均系当年 5—6 月“灌江”进入河道的长江鱼类，实际在湖内所得仅 33 种，鲫鱼、黄颡鱼、红鳍鲌、乌鳢、鳜鱼、鲇鱼、黄鳝、泥鳅、刺鳅、鲤鱼和少数草鱼及青鱼等，多属草丛生活的浅水湖泊型种类。全湖常年鱼产量多在 30 万 kg 以上，占全省产量一半以上。洪湖盛产水稻、淡水鱼、莲藕、莲子、野鸡、野鸭、玉米、高粱、甲鱼、大闸蟹、乌龟、龙虾和黄鳝等，被誉为洪湖鱼米之乡。

16. 天津紫蟹

（1）原产地。紫蟹产于天津市，紫蟹都产在寒风凛冽的冬季。每值冬季，聚栖于河堤泥洞之中，须破冰掏捕。天津紫蟹是中华绒螯蟹的一种，它体小，仅有一颗大衣纽扣大小。紫蟹春、夏季节孵化，生长在津西洼淀的蒲草、芦苇从中和津南小站、葛沽和宁河县等地的沟渠稻地中，经秋季食鱼虫、稻穗等，秋后长至银元大小。冬季蛰伏于苇塘、稻田及河堤泥窝等处，不再长大。因其全身呈青褐色，满布紫色釉斑，故得现名。此蟹体虽小巧，然皮薄而酥，肉嫩而细，不论雌雄均有酱紫色的膏黄，其味之鲜腴，海咸河淡各类水产均不可敌。

（2）天津紫蟹文化历史记载。历史记载紫蟹是天津市郊区所产的一种毛腿河蟹，大者如银元，小者如铜钱，每值冬季，聚栖于河堤泥洞之中，须破冰掏捕。此物虽小，但腹部洁白无泥，滋味鲜美。因其蟹黄异常丰厚，透过薄薄的蟹盖，呈现出一层紫色。天津厨师取用此蟹烹制而成的“七星紫蟹”入口奇鲜，其香无比，成为津沽冬令的传统名菜，诗人曾称赞：“丹蟹小于钱，霜螯大曲拳，捕从津淀水，载付卫河船。官阁疏灯夕，残冬小雪天。盍簪谋一醉，此物最肥鲜。”其特点是，用紫蟹加鸡蛋液蒸制而成。成菜形似七星，蛋羹白嫩，蟹肉鲜香。因此，常常用于什锦火锅。此物虽小，但腹部洁白无泥，滋味鲜美。因其蟹黄异常丰厚，透过薄薄的蟹盖，呈现出一层紫色，故名。明、清时曾为贡品。

17. 秋水湖河蟹

（1）原产地。秋水湖河蟹原产于河南省商丘市民权县秋水湖。河蟹纯天然、原生态、无公害，高品质，个大肉实、黄毛金爪黄满膏肥、香鲜味美、营养丰富。被中国渔业协会命名为“中国河蟹之乡”，载誉全国。曾出口韩国；2002年获中国（商丘）农产品博览会金奖，2004 年获中国（郑州）首届水产品金奖。民权县先后被定为和授予“河南省渔业重点县”“河南省河蟹养殖基地”“河南省水产工作先进县”“农业部健康养殖示范基地”“河南省水产品无公害养殖基地”。

（2）秋水湖蟹文化历史记载。民权县，地处豫东，历史渊源流长，毗邻有史以来夏商多次迁徙的都城，夏都老丘（开封东），商都商丘。先秦时期周朝春秋时代为戴国和宋国的属地，一说为戴国，中原百国诸侯国之一，东临宋国西邻郑国。另一说为戴国的东部，戴国的西部在今天的兰考县，东邻宋国。秋水湖总净水面面积为 40 000 亩，东西长 20km，南北宽 920m，库容常年平均 5 000 万 m^3，平均水深 1. 5m，最深处达 6m。水自西向东流，经梁园、虞城，安徽砀山，江苏省铜山，分流后，一支流入山东省微山湖，另一支流经徐州后入洪泽湖。“在湖里养河蟹是靠水草养殖，不投放饲料，更没有增产剂等化学原料，不但不污染环境，还可净化水质呢。”当地政府利用天然湖水优势发展河蟹养殖业，养殖河蟹湖水面积达 1. 2 万亩，河蟹总产量达到 360t，产值 3 600多万元。该基地先后被命名为“河南省无公害水产品养殖基地”“农业部健康养殖示范场”。所产的“秋水湖”牌河蟹因个大肉实、香鲜味美叫响全国，还出口到韩国等地，让民权获得了“中国河蟹之乡”的美誉。

18. 盘锦河蟹

(1) 原产地。盘锦河蟹，学名中华绒螯蟹，北方称河蟹，南方俗称大闸蟹，属节肢动物门，甲壳纲，十足目，爬行亚目，短尾族，方蟹科，绒螯蟹属，是我国著名的淡水蟹，在我国蟹类中产量最多。盘锦市盘山县是中国最大的河蟹产地，素有“蟹都”之称，这与盘锦的地理环境有着直接的关系。盘锦河蟹的生长特点是：海水里生，淡水里长。盘锦面临渤海的辽东湾，有广阔的海域、充足的海水，使河蟹得以“生”。同时，内陆充足的淡水资源和丰茂的水草，又使河蟹得以“长”。盘锦素有辽宁“南大荒”之美誉，境内沼泽河滩坑塘星罗棋布，大小河流交错纵横，苇塘数百万亩连片。更为重要的地理条件是，盘锦市境内有中小河流二十多条，条条与渤海相通，使河蟹“生和长”的洄游畅通无阻。

(2) 蟹文化历史记载。位于辽河三角洲的盘山县，自古盛产河蟹。然而追溯历史渊源，却无史料记载供查询。不过，从唐王东征河蟹拱桥的历史传说中，可见盘锦河蟹历史的端倪。

1400年前，唐王李世民御驾东征。途经盘山县的三岔河口（今盘山县古城子乡，系辽、浑、太三河交叉处）的时候，正逢秋雨连绵的季节，河宽水深，浊浪滔天，汹涌的大河拦住了去路。

唐王见此情景，望河兴叹：“朕自东征以来，一路上三军浩荡，越山海关，下广陵地，所向披靡，势不可挡。而今取此道进盖州，竟遇如此大河，一时难造众多船只，贻误了战机如何是好？转念又思道：我唐王自幼以来，事事都能逢凶化吉，处处都有上天保佐，今天的三叉河口，又奈朕何？”

唐王想到此处，急令中军，摆设香案，求助河神。少许，香案摆好，供品上齐，唐王焚香叩拜道：我乃唐王李世民，为平乱保民，御驾亲征至此。今遇大河拦路，无桥无船，兵马难渡，望河神显灵，变天堑为通途。

祭罢河神，天已入夜，朗月当空，秋蝉哀鸣。唐王安坐于中军帐中，朦胧间，仿佛看见一白胡子老人飘然而至。老人向唐王深深一揖道：唐王吉人天相，洪福齐天，此番东征，定有神兵相助，请放宽心，拂晓之前，有桥可渡。说罢，老人悄然不见。唐王一惊，见案上香烟缭绕，烛光正明，方觉乃南柯一梦。这时，探马来报，三岔河面大雾弥漫，凸显一座大桥。

唐王急令兵马起程渡河，又令大刀王君可将军断后。唐王率领三军先行。只见大雾弥漫，天昏地暗，水天一色，兵马所过之处只听吱吱作声，但桥又平又稳如踏平地。天将拂晓，大队人马已全部登上对岸，可是断后将军王君可心甚疑惑。心想，昨天这里分明没桥，怎么一夜之间，忽然现出这样一座大桥？本想看个究竟，怎奈大雾弥漫，伸手不见五指。于是他便跳下马来，用手去摸，这一摸不要紧，所摸之处，非石非木，全是河蟹。王君可大叫一声：是螃蟹！天机泄露，只听哗的一声，蟹散桥无，王君可连人带马跌入河中，倾刻之间被螃蟹吃掉。

在此之前，螃蟹的盖上是光滑无痕的，被唐王的马蹄一踩，从此便留下了马蹄的印迹。大刀王君可藏在蟹腹之中，今天的人们扒开煮熟的盘锦河蟹，依然会发现有两根白翅，那就是王君可的帽翅。虽然这是历史传说，但足以佐证，盘锦自古以来就是盛产河蟹的地方，而且数量多得惊人。

第三节　蟹八件文化历史

一、蟹八件文化历史

明清时代，文人雅士品蟹乃是文化享受，赏菊吟诗啖蟹时，人人皆备有一套专用工具，苏沪杭俗称“蟹八件”。根据有关资料可知，明代最初发明食蟹餐具的人，名叫漕书，为了吃蟹减少麻烦，吃得方便畅快，他创造了锤、刀、钳三件工具来对付蟹之硬壳，后来逐渐发展到八件。食蟹又分“文吃”和“武吃”，所谓的“武吃”吃的是快意，“文吃”吃的是工具。后来从明代至民国初年，在此基础上，又发展到蟹三件（鼎、签子、锤）、四件、六件、八件、十件、十二件，后发展到鼎盛时期最多的一套吃蟹工具竟多达六十四件（《美食家》），如图 17-1 所示。这些食蟹工具一般用铜制作，考究的则用白银制作。因为从坚韧度来说，金虽贵重但硬度不及银，而铜又很容易污染食品，所以按理说，上乘的“蟹八件”也应该是白银制的。其工艺极为精巧，刮具形状有点像宝剑，匙具有点像文房中的水盂。盛蟹肉用的是三足鼎立的爵。这些食蟹工具，又都配有圆形或荷叶形状的盘，盘底下有雕成龙状的三足。蟹八件包括小方桌、腰圆锤、长柄斧、长柄叉、圆头剪、镊子、钎子、小匙，分别有垫、敲、劈、叉、剪、夹、剔、盛等多种功能，造型美观，闪亮光泽，精巧玲珑，使用方便。螃蟹蒸煮熟了端上桌，热气腾腾的，吃蟹人把蟹放在小方桌上，用圆头剪刀逐一剪下二只大螯和八只蟹脚，将腰圆锤对着蟹壳四周轻轻敲打一圈，再以长柄斧劈开背壳和肚脐，之后拿钎、镊、叉、锤，或剔或夹或叉或敲，取出

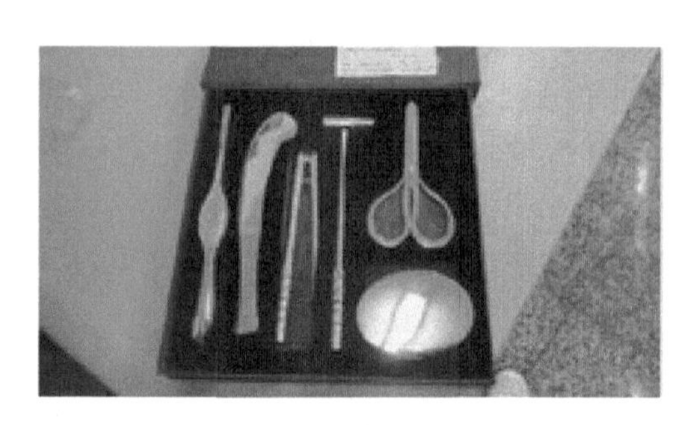

图 17-1　食蟹餐具

金黄油亮的蟹黄或乳白胶黏的蟹膏，取出雪白鲜嫩的蟹肉，一件件工具的轮番使用，一个个功能交替发挥，好像是弹奏一首抑扬顿挫的食曲。当用小汤匙舀进蘸料，端起蟹壳而吃的时候，那真是一种神仙般的快乐，风味无穷。靠了这蟹八件，使上海、苏州人把阳澄湖大闸蟹吃得干干净净。

二、品大闸蟹美味

1. 食蟹季节

秋天吃螃蟹有 3 大好处这样吃蟹最养生。吃螃蟹千万不要过量，由于螃蟹属于寒性食物，过量食用会影响肠胃健康，诱发腹泻等症状。螃蟹中还含有大量的硒，每 100g 的螃蟹中硒的含量高达 56. 7μg。雌蟹和雄蟹主要看其肚脐，肚脐圆的属雌，肚脐尖的属雄。正如明代文学家张岱就曾说食大闸蟹“不加醋盐而五味俱全”。现在的阳澄湖大闸蟹个大肉肥，而且比中秋节时便宜了不少，是饱阳澄湖大闸蟹口福的最佳时节。而对待大闸蟹，最好的待遇就是清蒸了它，清蒸除了能最大限度地保持大闸蟹的原汁原味外，更能突出大闸蟹的色、香、味，在揭开蟹盖的那一刹那，入眼的膏黄脂肥肉甜，再蘸上精心调制的姜汁醋，得了，金秋十月千万不要错过品尝大闸蟹哦！因为，蟹肉的水分含量特别高，脂肪含量特别低，所以如果按照干重计算，它的蛋白质含量相当可观，占干重的 70%~90%。从维生素角度来说，螃蟹中还含有大量的硒，每 100g 的螃蟹中硒的含量高达 56. 7μg。蟹的维生素 A 含量比较值得称道，可达鸡蛋的 1. 5~2 倍，但几乎都存在于蟹黄部分，而白色蟹肉中的含量几乎可以忽略不计。其维生素 B 族的水平和大部分鱼类相差不大，维生素 B_1 的含量低于肉类食品，维生素 B_2 含量略高，但也主要存在于蟹黄部分，白色肉中含量较低。其中，蟹黄的胆固醇含量高于蟹肉。

2. 科学食蟹

(1) 华人爱吃大闸蟹。王利华在《中古华北饮食文化的变迁》一书中曾分析："白居易偏好南方饮食并积极宣传与仿效，也许意味着在他的时代，华北人士对外来饮食文化的选择取向，正在悄然地由热衷于胡食转向钟情于南味吧？"的确如此，在中晚唐之后，中国不仅经济、文化中心和人口重心南移，而且在饮食习惯上也"南方化"了，原产于南方的茶叶风靡全国，肉食则由牛羊肉为主变为猪肉为主，蟹则上升为一种备受推崇的食材。

（2）鲜活螃蟹储存。所购鲜活螃蟹最好只能在当天吃完，如果吃不完的河蟹，最好的保存办法是，把自己的浴缸——做暂养池——先让出来给螃蟹享受一下了，因为浴缸四壁光滑，螃蟹无法逃跑，把螃蟹轻轻倒入浴缸中，注水到刚好埋住螃蟹，使螃蟹八足立起来就可以在水面呼吸，并根据储存时间和数量投放少量的小鱼小虾，用这种方法储存。螃蟹储存一般不可超过7d，品质好的螃蟹储存成活率可达95%以上。另外，每天检查螃蟹，把活力不足的螃蟹及时吃掉。

（3）蒸螃蟹前准备工作。先用小刷子清理螃蟹的蟹壳和蟹腿，并放入清水中养半天，使之排净腹中污物。提示：蒸前可先用适量白酒倒在活螃蟹上稍稍腌渍，味道更佳。蒸前用绳子将螃蟹螯脚绑住，防止蒸的过程中螯脚脱落、蟹黄蟹油流出提示：若用稻草包裹整只螃蟹则更能保持鲜香。螃蟹这些部位千万不能吃。

（4）吃螃蟹注意事项。螃蟹味美悠着吃，胡乱搭配吃螃蟹有损身体健康，个别人群谨慎吃——螃蟹味美悠着吃螃蟹的营养价值无须赘言，这么丰富的营养是福没准也是祸。网络流行的"螃蟹搭西红柿，相当于吃砒霜"，这种说法并不成立，可吃螃蟹依然有很多禁忌。维生素C可以和螃蟹中的砷反应，产生类似砒霜的剧毒物质。三高病人螃蟹中含有大量胆固醇，河蟹比海蟹的含量还要更高，患有高血压、高血脂、糖尿病的病人都要尽量少吃，尤其是高血脂人要管好自己的嘴。

（5）相传食蟹佳话。蟹肉一味，蟹膏一味，蟹黄一味，蟹子又一味。而蟹肉之中，又分"四味"：大腿肉，丝短纤细，味同干贝；小腿肉，丝长细嫩，美如银鱼；蟹身肉，洁白晶莹，胜似白鱼；蟹黄，妙不可言，无法比喻。而蟹子曝干后则是海鲜珍品，为海鲜第一味。说到大闸蟹，不能不提上海人。上海人和大闸蟹的情分，就像东北人和酸菜粉条、四川人和水煮鱼一样，难舍难分。上海人在吃蟹的文化上一直追求的是精细、考究，请客吃饭时越是过程烦琐、讲求细节，越是显出主人家的诚意。大闸蟹这颗从上海饮食界升起的明星，除了其膏油甘香诱人外，还有吃大闸蟹步骤的冗长琐碎。有这样一个趣话，话说一个上海人要坐火车到北京，上车之前买了一只大闸蟹，在车上开吃，火车每靠一站，他就刚好吃完一只蟹脚，火车奔驰而过，终于到了北京，上海人这才把手里的大闸蟹完全消灭干净。如果你认为这过于夸张，那么只有一个可能——就是你还未品够大闸蟹的美味。

第四节 历代文人墨客食蟹评价

一、历代文人食蟹评价

中唐开始，唐代诗文中出现了许多描述南方、尤其是江南一带产蟹的景象。宋代更多，宋人高似孙《蟹略》中所引宋人写蟹的诗句比比皆是，描摹的大多都是江南水乡。螃蟹越来越被视为一种与南方、尤其是江南的意象勾连在一起的食物。虽然《东京梦华录》中记载北宋都城开封也有螃蟹卖，但显然内陆地区极为少见，本身是杭州人、又曾在陕北任官的沈括在《梦溪笔谈》中说："关中无螃蟹，怖其恶，以为怪物。人家每有病疟者，则借去悬门户。"可见当时陕西一带的人对此物相当陌生，"不但人不识，鬼亦不识也"。

毫无疑问，食蟹偏好与饮食的"南方化"过程密不可分。王利华在《中古华北饮食文化的变迁》一书中曾分析："白居易偏好南方饮食并积极宣传与仿效，也许意味着在他的时代，华北人士对外来饮食文化的选择取向，正在悄然地由热衷于胡食转向钟情于南味吧?"的确如此，在中晚唐之后，中国不仅经济、文化中心和人口重心南移，而且在饮食习惯上也"南方化"了，原产于南方的茶叶风靡全国，肉食则由牛羊肉为主变为猪肉为主，蟹则上升为一种备受推崇的食材。在清人袁枚《随园食单》中所列的300多种饭菜点心中，作者出生和生活的江浙两省的食品占压倒多数，北京市、山东省、广东省饮食略有提及，而川湘闽皖等地的饮食完全不曾触及。到清初李渔的笔下，螃蟹已成为最佳美食："以是知南方之蟹，合山珍海错而较之，当居第一，不独冠乎水族，甲于介虫而已也"（《蟹谱》）。

早在2 000年前，螃蟹已作为食物出现在我们祖先的筵席上了。在《周礼》中载有"蟹胥"，据说就是一种螃蟹酱；北魏贾思勰的《齐民要术》介绍了腌制螃蟹的"藏蟹法"，把吃蟹的方法又提高了一步。后来陆龟蒙的《蟹志》，博肱的《蟹谱》，高似孙的《蟹略》，都是有关蟹的专著。唐代皮日休、宋代黄庭坚的《咏蟹》；宋朝苏轼的《一蟹不如一蟹》；元代李祁有《讯蟹说》；明代王世贞的《题蟹》；清代李渔的《蟹赋》到曹雪芹的《螃蟹咏》；他们无不从各个角度赞美螃蟹的美味。宋代吴江太尉徐自道《游庐山得蟹》一诗中，不到庐山辜负目，不食螃蟹辜负腹。已成为蟹文化中的名句，广为传播。也有将螃蟹比喻一种权贵，一种社会现象，以讽刺邪恶，看你横行到几时？如明代王世贞（1526—1590 年）有《题蟹》诗曰：唼喋红蓼根，双螯利于手。横行能几时，终当堕人口。（你这螃蟹啊，双螯比手还要锋利，掐断了红蓼的根放在嘴里，唼喋唼喋（shà、zha），啃得好痛快！可是，你又能横行多久呢？最终、还是逃脱不了被捉、被煮、被吃的命运）。看上去是写蟹，实际上是借题发挥。表达了诗人对恶人、对坏人的憎恨，指出这种丑恶势力，尽管可以得意一时，最后不会有好下场的。品蟹与饮酒密不可分，蟹文化往往与酒文化互相交融，互相衬托，互相促进。这种享受，作为一种文化，从魏晋时期就开始了。《世说新语·任诞》记载：晋必卓嗜酒，席间说：右手持酒杯，左手持螃蟹；拍浮酒船中，便足了一生矣。这些诗词成为中国蟹文化的重要组成部分。

刘若愚《明宫史》记载明代宫廷内的螃蟹宴，是另一种模式："（八月）始造新酒，蟹始肥。凡宫眷内臣吃蟹，活洗净，用蒲色蒸熟，五六成群，攒坐共食，嬉嬉笑笑。自揭脐盖，细细用指甲挑剔，蘸醋蒜以佐酒。或剔蟹胸骨，八路完整如蝴蝶式者，以示巧焉。食毕，饮苏叶汤，用苏叶等件洗手，为盛会也。"《天启宫词一百首》之一，有诗记其事曰："海常花气静，此夜筵前紫蟹肥。玉笋苏汤轻盥罢，笑看蝴蝶满盘飞。"宫廷生活是最寂寞无聊的。那些嫔妃宫女靠吃螃蟹和剔蟹胸骨像蝴蝶形者铺置盘中，以分巧拙，足见她们闲得发慌的心态，这种欢乐，实际上是有苦味的。

鲁讯说："第一次吃螃蟹的人是很可佩服的，不是勇士谁敢去吃它呢？"螃蟹形状可怕，还要钳人，开始吃蟹的人确实需要有些勇气。吃蟹作为一种闲情逸致的文化享受，却是从魏晋时期开始的。《世说新语任诞》记载：晋毕卓（字茂世）嗜酒，间说："右手持酒杯，左手持蟹螯，拍浮酒船中，便足了一生矣。"这各上人生观、饮食观影响许多人。从此，人们把吃蟹、饮酒、赏菊、赋诗，作为金秋的风流韵事。而且渐渐发展为聚集亲朋好友，有说有笑地一起吃蟹，这就是"螃蟹宴"了。

二、蟹文化历史的价值

一种食物的价值是相对的，其何以被视为名贵，往往取决于文化——在中国，决定这种文化趣味的是社会主导的文人阶层，而大闸蟹之所以被推崇，无疑与这些南方文人的口味和不断宣扬密不可分。

历代对江南食物的最早推崇，便是由于西晋时吴郡吴江人（今苏州）张季鹰以思念家乡的莼菜、鲈鱼为由，辞官归故里，这后来成为“莼鲈之思”佳话，这两种食材从此被视为江南最具代表性的名菜。

在食蟹上也是如此。海蟹因其难得，在上古或为名贵，但稻田里的螃蟹实甚常见，它之所以被称颂为一种珍贵的食材，在很大程度上正是因为文人的趣味。在西欧，最早的一批烹饪著作大多是厨师所著，但中国古代的烹饪典籍，却绝大多数是文人所写，如唐韦巨源《烧尾食单》、宋陈直《养老奉亲书》《山家清供》，以及清代袁枚的《随园食单》，他们本身的趣味必然反映在对这些菜式的选择、评价上。正如王利华所说，“他们具有较高的社会地位和声望，其行为举止、生活好尚与情趣，对社会大众具有较大的影响力，特别是文化名人的高风雅尚、异迹卓行更往往为大众所竞相效袭和模仿，从而可在新风尚的行程和新文化的传播过程中，发挥独特的或可称之为‘名人效应’的倡率作用。”

在我国饮食史上，最初的螃蟹吃法是“蟹胥”，胥即“醢”，指剁碎加酱料煮熟食用，原因可能是海蟹较为腥气，故此需要这类较为重口味的吃法。汉代人多将蟹制成蟹酱或蟹齑食用，后代的糟蟹即由此而来。北朝时《齐民要术》有“藏蟹”，将蟹放入盐蓼汁中，类似醉蟹（蟹肉性寒，故加蓼、姜增其温性）。另一种吃法“糖蟹”，在南北朝和隋唐时广为盛行，一度是各地贡品。这些吃饭都可谓某种“宫廷式吃法”，然而对近现代人来说，这些吃法大多已显得相当奇怪和不可思议。梁实秋在《雅舍谈吃》中谈到糖蟹时说：“如今北人没有这种风俗，至少我没有吃过甜螃蟹，我只吃过南人的醉蟹。”

在唐宋之后，我国居民发明了多种河蟹的烹饪方法，清代收录蟹馔做法最多的《调鼎集》，已有多达 47 种做法。但自中唐以来，一种更为文人趣味的烹饪风格也逐渐兴起，所谓“物无不堪吃，唯在火候，善均五味”。自白居易开始，文士诗人常常乐于记咏日常生活俗事，关注普通的饮食生活，白居易本人就经常题咏一些普通但新鲜自然的食材，例如竹笋。这种风气到宋代大大强化，许多文士诗人对日常饮食养生表现出极大的兴趣，而他们的审美与口味大多内敛含蓄，偏好自然朴素。苏轼等文人以笋为美味，相比起前代以牛羊肉为美味，宋人则以蔬食为美，口味更为清淡，陆游所谓“食淡百味足”（《剑南诗稿》卷81《对食有感》三首之一）。这种风格一脉相传，明代洪应明《菜根谭》有言：“醲肥辛甘非真味，真味只是淡。神奇卓异非至人，至人只是常。”

由此，烹饪上也强调清淡、尊重自然本色，多用蒸煮，因为如梁实秋所言，“食蟹而不失原味的唯一方法是放在笼屉里整只的蒸”（《雅舍谈吃》）。晚明张岱在《陶庵梦忆》中认为吃蟹甚至不用添加作料，因为它是“食品不加盐醋而五味全者”。成书于晚明的《西游记》，第 9 回曾以两名渔樵对答的方式描绘各自的生活，渔夫夸赞水乡生活是“活剖鲜鳞烹绿鳖，旋蒸紫蟹煮红虾”，“烹虾煮蟹朝朝乐，炒鸭毳鸡日日丰”“霜降鸡肥常日宰，重阳蟹壮及时烹”，可想吃蟹对当时人而言，已成为一种诗文化的田园生活象征。

到清初著名文人李渔笔下，合乎自然之道的竹笋、莼菜、蕈菌、蟹黄等才是最美味的食物，理由是“饮食之道，脍不如肉，肉不如蔬，亦以其渐近自然也”（《闲情偶寄·饮馔部·蔬食第一》），他的饮食评判标准是崇淡尚雅，而在这种观念下，河蟹几乎是天下第一美味：“世间好物，利在孤行。蟹之鲜而肥，甘而腻，白似玉而黄似金，已造色香味三者之至极，更无一物可以上之。”作为美食家，他认为治蟹的不二法门是：存其原形、原色、原味。袁枚《随园食单》也强调“蟹宜独食，不宜搭配他物，最好以淡盐汤煮熟，自剥自食为妙。蒸者味虽全，而失之太淡”。当然，如此推动河蟹的李渔、袁枚等本人也都是江浙人。

在这种文人饮食趣味的推动下，河蟹这种原本为贱物的食材越来越被视为天下美味，价格也越来越贵。按《红楼梦》第三十八回和第三十九回的描写，一餐讲究的螃蟹宴，三大篓七八十斤，刘姥姥估算搭上其他酒肉，“一共倒有二十多两银子。阿弥陀佛！这一顿的钱够我们庄家人过一年了”。人们吃一种食物，其实吃的从来都是那种“文化”，用现在的话说，是在附加在商品之上的“品牌价值”，那才是最值钱的。这道理自古如此。

三、蟹文化的历史变迁

大闸蟹作为一种具有代表性的中华美食，有其特有的一套文化体系，就是所谓的蟹文化。蟹文化包括人类认识、捕捞蟹、进行蟹的商品交易及食用蟹，并由此相衍生出的有关蟹的食用知识、商品理念、市场规范化制度及人们对其审美欲求和相关的趣闻、掌故、传说及习俗和有关的咏蟹诗、文、书、画、歌、舞、剧、乐等，它是人们在开发利用蟹的社会实践过程中形成的精神成果和物质成果的总和。

据有关资料介绍，距今5.3亿年前“寒武纪大爆发”，在沉积石灰岩层中发现的甲壳类动物化石，就有龙虾、螃蟹和小虾类的，证明了早在5亿年前，螃蟹就在地球上出现了，算起来，它在地球上存在的历史时间要比人类久远得多。地球上最早出现古人类——（古猿类人）是在至少500万年前，之后先后演化成能人、直立人、早期智人等阶段，大约10万年前进化成晚期智人，现在在地球上生活的人类属于晚期智人，或称为解剖学上的现代人。螃蟹比人类早诞生了5.07亿年，如果以古人类对比螃蟹在地球上存在的时间，古人类只占螃蟹的百分之一；螃蟹比晚期智人早诞生了5.10亿年，如果拿晚期智人（现代人）在地球上存在的时间与螃蟹比，晚期智人只占螃蟹的2/5 000。

尽管螃蟹在地球上横行了那么长的时间，若不与创造文化的主体——人类遭遇，是构不成蟹文化的。人类是什么时间开始真正认识螃蟹的呢？我们找不到确切的记录，从中国口口相传留下来的传说，可以模糊地划定个时间，那就是始于夏朝大禹治水的时代。有个第一食蟹者巴解的故事传说。相传，夏禹治水时，授命巴解督工。巴解设谋除害，筑城挖濠，并灌以沸水烫死的夹人虫成了珍馐。后人为纪念巴解，在“解”字下面加上“虫”，称之为“蟹”。如果这个传说可信，中国人认识螃蟹约在4 000年以前。但是，有一条科学考证，考古学家发现，在距今6 000年前新石器时代的崧泽文化（首次在上海市青浦区崧泽村发现而命名）、良渚文化（包括江阴城墩、上海墩粟山等遗址）遗址出土中，多次发现螃蟹甲壳（认为是人类食用后的弃掷），据此考古推断，人类大约是于6 000多年前开始认识螃蟹，现也可以由此推论蟹文化的发端。直接记录人类与蟹的关系的书籍有《山海经》的巨蟹，还有记载周朝文献的春秋战国时代的《周书》的尝蟹食；从第一部完整的农书《齐民要术》该书大约成书于北魏末年(533—544年)，是北朝北魏时期，南朝宋至梁时期，我国杰出农学家贾思勰所著的一部综合性农学著作，也是世界农学史上最早的专著之一，我中国现存最早的一部完整的农书。该书由腌蟹介绍到食蟹、藏蟹的专著《蟹略》《蟹经》；从唐宋以来名家文人的咏蟹诗文到明清小说蟹宴的描写及记述，可以看出中华民族可能是最早懂得吃大闸蟹的民族，而且也留下了源远流长的蟹文化文本。

四、蟹饮食文化历史知识

关于螃蟹的一些食用的相关知识，螃蟹是我国消费者都十分的关注的一种鲜味美食，对于吃螃蟹早在汉朝就有了对于螃蟹的一些历史记载，所以说螃蟹也算得上是一种传统的美食了，尤其是对于吃螃蟹的方法，古人更是别出心裁发明了专门用来食用螃蟹的工具——蟹八件，蟹八件可谓是吃螃蟹的历史的见证。

螃蟹的饮食文化。吃蟹作为一种闲情逸致的文化享受，却是从魏晋时期开始的。《世说新语·任诞》记载，晋毕卓（字茂世）嗜酒，间说：“右手持酒杯，左手持蟹螯，拍浮酒船中，便足了一生矣。”这种人生观、饮食观影响许多人。从此，人们把吃蟹、饮酒、赏菊、赋诗，作为金秋的风流韵事，而且渐渐发展为聚集亲朋好友，有说有笑地一起吃蟹，这就是“螃蟹宴”了。

五、蟹文化的经济发展

1. 阳澄湖蟹文化经济发展

（1）蟹的文化历史。在大禹治水的时期，阳澄湖边的陆地还是刚刚形成，沿海只有少数人住着，为了躲避夹人虫，都是不等太阳落山，早早关上了大门。当时有个叫巴解的督工官员，带了一队兵丁和一批民工，来到阳澄湖边的沿海工地，开挖出海口河道。他叫民工们在一个地方搭起帐篷住宿，到了晚上，升起火堆，谁知火光引来了成千上万的夹人虫，一只只口吐泡沫像潮水般向帐篷涌来，大家出来猛打夹人虫，不多时，夹人虫吐出的泡沫，直把火堆淹熄，大家只好在黑暗中混战，直到天亮，夹人虫才纷纷退入水中，可大多兵丁和民工被夹人虫夹伤的夹伤，夹死的夹死，肉被夹烂拖走。当时督官巴解想出了一个办法，叫大家筑一个土城，城边挖好围沟，一到天黑土城上升起火堆，并在围沟里灌进烧开的烫水，夹人虫一来，只见一批批跌进沟里烫死了，当沟里死夹人虫积多时，用长挠钩钩起来，巴解随手拿起一只被烫死、烫得发红的，翻来覆去仔细看，忽然闻到一股香味，当把这夹人虫掰开硬壳再一闻，香味更浓。巴解大着胆子先吃一口，觉得味道鲜美，一只夹人虫被巴解吃脱，接着连吃一只，大家见巴解吃得津津有味，胆子大一点的人也跟着吃起来，一吃味道果然崭，后来大家你抢我夺吃起来。沿海民众得知夹人虫好吃，也就都捉夹人虫吃。从此，大家非但不怕夹人虫，而且变成了大家的美味佳肴。吃夹人虫的第一个人是巴解，大家便在“解”字下面加个“虫”字，取名为“蟹”，一直流传至今。由于巴解在阳澄湖边治水有功，大禹封他为王。后代人为了纪念他，就在土城的北边造了一座巴王庙，土城也就叫巴城。今天巴城镇以阳澄湖美，巴城蟹肥”，巴城镇因阳澄湖而闻名天下，因盛产大闸蟹而享誉海内外。自 1997 年开始，巴城镇已成功举办了 15 届蟹文化节。文化节系列活动注重产业与文化的交映互融，旨在挖掘优势资源，塑造品牌形象，以文化活动为载体，以经贸洽谈为主题，彰显阳澄湖蟹故乡的个性、魅力和活力，加强对外经济合作与文化交流，努力提高巴城知名度和影响力，促进经济社会又好又快发展。

（2）食蟹的文化经济。说上蟹文化以蟹会友、以蟹兴文、以蟹招商。如今，巴城的大闸蟹已经不仅仅是一种美食那么简单，它已经成为一种文化，以蟹会友、以蟹兴文、以蟹招商，以阳澄湖优美的自然生态环境和阳澄湖大闸蟹特有的美味，吸引上百万客商前来观光旅游、投资兴业。

一年一度的蟹文化节活动，是当地展示特色经济、地方文化和现代农业发展的重大盛会。目前，巴城已举办了 15 届蟹文化节。一年一个主题，每届都有出彩之举。通过深入挖掘蟹文化的精神内涵，“阳澄湖美，巴城蟹肥”已经成为巴城蟹经济的“金字招牌”。“每年蟹季，我们请的韩国、法国等国外著名导演就会来昆山指导工作。他们都表示，是大闸蟹的魅力让自己不远千里赶来，指导工作只是‘顺便’。”江苏山猫兄弟动漫游戏有限公司董事长吴晖曾告诉记者，“昆山的服务抓住了客商的心，巴城的大闸蟹则抓住了客商的胃。有了这两大法宝，巴城的经济发展必将越来越好。”

在蟹文化发展中，巴城人始终视品牌为生命，一方面突出农业发展现代化、科技化、智能化，新建了阳澄湖现代渔业产业园，将阳澄湖生态环境搬进周边鱼塘，确保产出的大闸蟹生态、健康；另一方面加大市场监管力度，成立巴城阳澄湖蟹业协会，并在国家工商总局注册了“巴城阳澄湖大闸蟹”活体水产品集体商标，维护市场秩序，保护原产地品牌。

一只蟹，不仅让客商来到巴城、吃在巴城，还让更多的客商玩在巴城。巴城充分利用阳澄湖大闸蟹的知名度和五湖环保生态优势，深挖蟹文化内涵，灵活地将大闸蟹经济与地方旅游业发展结合起来，打造了“史中老街游、曲中文化游、景中生态游和水中休闲游”等精品旅游线路。

如今，巴城的一只蟹不仅富了做蟹生意的老百姓，更是带动了一大批相关产业，如餐饮、宾馆住宿、旅游休闲等。“据统计，巴城每年蟹季带动的相关产业的总产值就高达 30 亿元。的确，一到蟹季，以“疯狂”来形容巴城的大闸蟹经济并不为过。为了来巴城吃蟹，美食家从四面八方汇聚到巴城，在高速公路上排起了长龙。据有关部门统计，从巴城高速公路口下来的食客车辆最高已达到 3 万多辆，以每辆车 3 人计算，一天来巴城吃蟹的外地游客就高达 10 多万人。在这个户籍人口仅仅 6 万的小镇上有 7 个专业蟹市场，围绕螃蟹做餐饮生意的大小饭店竟达到 1 200多家，有 10 000多户农户直接或间接参与到大闸蟹经济产业链中，大闸蟹经济所产生的效益，快占了全镇农民人均收入的一半。近年来，中国昆山网与中国阳澄湖大闸蟹网联合推出阳澄湖大闸蟹电子商务平台也让大闸蟹爬上了“网”。该网与阳澄湖大闸蟹养殖户的深度合作、全程参与大闸蟹养殖过程，严格保障所销售大闸蟹的品质，加上完善的售后服务体系，迅速成为正宗阳澄湖大闸蟹网络销售的领军网络平台。用户通过该网预订大闸蟹，由产地发货，异地隔天就能配送上门。近 4 万亩的螃蟹养殖水面，螃蟹产值 1 亿元，而由螃蟹带动的直接销售产值达 3 亿~5 亿元。另外，一到蟹季，巴城的休闲旅游产业基本呈“井喷”的状态。东方云鼎度假酒店尚没有挂星，蟹季周末一间标房的价格就“飙升”至近千元。费尔蒙酒店普通房间的价格甚至高达三四千元。周边的一些小饭店、小宾馆价格也直逼星级酒店……“每年蟹季，光是阳澄湖人在上海开的3家连锁店的销售额就达200万元左右。是大闸蟹让阳澄湖人走上了致富的道路。巴城镇依托阳澄湖做大做强大闸蟹经济，将蟹经济打造成致富群众的支柱产业。目前，全镇围绕阳澄湖大闸蟹做餐饮生意的大小饭店多达1 200家，有近2万人直接或间接参与大闸蟹经济产业链中，已形成300多人的持证农民经纪人队伍。大闸蟹经济的年产值近30亿元，所产生的效益占全镇农民人均收入的40%。近年来，巴城镇大闸蟹养殖产业发展大力推进地方经济的发展。

（3）蟹文化旅游节促经济发展。1998年至今的菊花盛开季节，每年中国苏州巴城阳澄湖蟹菊文化旅游节在美丽的阳澄湖畔如期举办。蟹菊文化节在蟹文化节的基础上，突出了“品蟹赏菊”这个主题，因此除了分别在上海举办了新闻发布会，在巴城阳澄湖畔进行了开幕式和招商说明会暨旅游项目签约仪式外，精选了上千盆各色品种的菊花，摆成各种造型，举办了菊展，吸引大量的游客伫足观赏，拍照留影。文化节上，还增加了不少互动的节日，这其中有文化站精心编排的蟹舞及猜谜活动。所有的谜语中有不少是与螃蟹与菊花有关的，什么“骨头骨脑骨眼睛，骨脚骨手骨背心。”“从头到脚硬盔甲，走起路来横着走，张牙舞爪八只脚，两把利剪真吓人。”“口吐白云白沫，手拿两把利刀，走路大摇大摆，真是横行霸道。”“八只脚，抬面鼓，两把剪刀鼓剪舞，生来模行又霸道，嘴里常把泡沫吐！”等，这些文字内容各不相同的谜语，它们却有同一个谜底，那就是螃蟹。还有“瓣儿弯弯像卷发，寒风冷雨它不怕。百花凋谢它开花，中秋时节到万家。”这就是菊花。歌舞与猜谜活动的举办，使主办方与嘉宾游客之间的距离一下子拉近了，结下了深刻的友谊。

昆山市巴城阳澄湖蟹菊文化节以“天下第一蟹城”为切入点，张扬蟹文化。蟹文化节从9月28日至10月28日，历时30d，不仅举行了开幕式，还举办了书画比赛和花卉盆景菊花展。为了突出新意，还精心制作了巴城历史、阳澄湖自然风光及有关识蟹、养蟹、吃蟹、画蟹、说蟹的专题片及介绍阳澄湖大闸蟹的图片、文字专栏等，在各旅游景点播放和巡回展出，使中外游客领略到传统的蟹文化，品尝到正宗的阳澄湖大闸蟹，为进一步开发巴城的旅游资源，奠定了坚实的基础。蟹文化节上还推出了一个重点成果，那就是由中国作家协会会员陈益撰写的，第一本全面反映阳澄湖大闸蟹的《蟹经》。此书共分15个标题，对阳澄湖大闸蟹的习性、捕捉、美食等进行了详细的描写，全书总字数7.3万字，首次印数7 000册，在文化节上进行了首发，产生了广泛而又深远的影响。为了更好地发挥文学书籍的作用，《蟹经》在2004年进一步作了补充修改，再版后的《阳澄湖蟹经》在全国及海外大量发行。2001年的蟹文化正合昆山市开展旅游招商活动，一方面充分发挥阳澄湖品牌优势，做大做足蟹文章；另一方面，又以蟹文化节为载体，以阳澄湖风土人情为题材，开展了“赏蟹、识蟹、话蟹、捕蟹、品蟹”等趣味性的普及活动，推介以生态旅游新干线的“蟹之旅”。赏蟹、识蟹，让游客从外型上真正掌握正宗阳澄湖大闸蟹的形态；品蟹让游客真正品尝到正宗巴城蟹的内在品质；话蟹让人知道大闸蟹的名字由来及生活习性；捕蟹则增加了游客的兴趣爱好，更加深了对阳澄湖和巴城的印象。通过一系列活动的举办，使得来巴城的游客是越来越多，当年创出了单日 3.5 万人次的最高人流量和单日 3 200辆车次的最高车流量纪录。据统计，从 9 月份到年底，游客总量达到 25 万多人次，逐步形成了“阳澄湖美，巴城蟹肥”的这块金字招牌，巴城也迎来了前所未有的繁荣。

昆山市巴城阳澄湖蟹菊文化节还举办了“魅力阳澄湖、疯狂大闸蟹”有奖征文活动，并将优秀征文续集出版了《笑螯巴城》一书。时任昆山市委书记的曹新平欣然为征文选萃本《笑螯巴城》作序，在序文中写道“阳澄湖是文化，巴城是文化，大闸蟹也是文化……文化和经济是相辅相成的，经济是基础，文化是内涵，经济是形，文化是神，形神兼备，无往而不胜。只有注入文化的内涵，经济发展才是可持续的”。这段饱含哲理的文字，不仅高度概括了文化与经济的相互关系，更充分肯定了巴城在弘扬蟹文化上所取得的成效。在艺术节上，还推出了“蟹乡欢乐周”，传统的节目“蟹王、蟹后评比活动”等照常进行，真正让游客融入到节日的气氛中。苏州市、昆山市领导出席了开幕式，中央和江苏省市新闻媒体都进行了报道。当天蟹经济取得了业务总收入 6.14 亿元的业绩。

昆山市巴城阳澄湖蟹菊文化节在宣传推介上，推出了由中央电视台著名节目主持人赵忠祥作解说的电视宣传片《蟹道》和精选阳澄湖美景制作的《巴城·阳澄湖湖·蟹》画册。通过活动的推介，为巴城镇特色经济发展注入强大动力，形成“以蟹办节，以节兴游，以游强镇”的良好效应，进一步推进巴城经济持续发展。据不完全统计，全年共接待游客 113.5 万人次，以大闸蟹为主的特种水产交易额达 8.5 亿元，餐饮营业额 9.65 亿元。

特别值得一提的是 2007 年苏州市昆山阳澄湖蟹文化节围绕壮大经济总量、做足产业特色工作为目标，以蟹文化节活动为主线，整合文化资源，发挥生态优势，丰富发展内涵，全面展示新形象，进一步提高巴城影响力、凝聚力和竞争力。参加了 2007 年上海国际旅游节花车巡游，举行了 2007 年中国互联网大会网络文化建设论坛和 2007 年昆山巴城金秋经贸招商活动——项目签约仪式，并在阳澄湖水上公园广场举办了 2007 年苏州昆山阳澄湖蟹文化节开幕式暨“《乡村大世界》走进蟹故乡——巴城”文艺演出。中央台的乡村大世界是第一次走进巴城，走进蟹故乡，为了能在全国观众面前充分展示这条以蟹为代表的经济产业链，镇党委政府高度重视组织和协调工作，分别在阳澄湖水上公园内的米罗咖啡店旁的广场上，建起了分会场，依托东阳澄湖的美丽风光为大背景，举办了一台由巴城镇自发组织的文艺演出，把本地的传统节目，如打连厢、唱山歌、划龙舟、螃蟹舞等具有水乡特色的歌舞一起搬上了荧屏，同时还在主会场上表演了昆曲《牡丹亭》名段“游园”，让更多的人在知道巴城就是蟹故乡的同时，也了解到巴城的文化底蕴。同时还在阳澄湖水上公园落月满塘景区进行了为期 2 个月的自贡灯会，在巴城老街举行了玉峰古文物展览馆、巴城蟹文化博物馆、江南雕刻馆的开馆仪式。可以这么说，巴城蟹文化博物馆是从声像等方面，详细记述大闸蟹的习性、品质、美食文化、名人与蟹等方面的内容。虽说蟹文化博物馆面积并不大，却浓缩了从古到今，与蟹有关的文字、图片和声像资料，让更多的游客了解了阳澄湖大闸蟹。通过蟹文化节等载体的宣传，2007 年共旅游接待 131 万人次，实现业务总收入 10. 3 亿元。

2010 年，昆山阳澄湖蟹文化节 9 月 17 日在东方云鼎广场隆重开幕。2010 年海峡两岸（昆山）软件产业合作及采购对接会，昆山软件园与台湾资通、资立等 8 家台湾软件和服务外包企业签署入驻协议，并与台湾数字教育研究所签署人才培养合作的协议，软件园重点企业——昆山中创与台湾软件和服务外包企业签署了 1 000万美元的业务合作协议。同一天，位于巴城镇东北处的石牌工业园区内，仁宝视讯、安捷新材料等 18 家内外资企业与巴城镇政府签下了投资巴城的协议，协议注册资本达到 7 000多万美元和 3. 1 亿元人民币。新利恒机械、前端电子等 42 家企业于当天联合开工建设，榕增光电科技等 12 家外资企业、航天林泉电机等 54 家内资企业联合开业。昆山仁宝视讯、宛龙实业、星云普天网络屏媒等龙头企业入驻，108 家企业顺利开工开业。

2011 年，昆山阳澄湖蟹文化节 9 月 28 日开幕。当天下午，由中国电子信息产业发展研究院、江苏省经济和信息化委员会、江苏省商务厅、昆山市人民政府、财团法人资讯工业策进会联合主办、昆山软件园等单位承办的 2011 海峡两岸（昆山）软件产业合作及采购对接会在昆山瑞士大酒店隆重举行。会上，昆山软件园动漫数字产业基地与台湾动漫文化创意产业发展交流协会签署战略合作伙伴协议，上海浦东软件园与昆山软件园签署“浦软云”云服务延伸协议，昆山软件园与 6 家台资企业签署入驻协议；昆山软件园、昆山中创和 5 家台湾软件企业签署智惠巴城框架合作协议，昆山软件园与国科创投、建设银行昆山分行分别签署投融资担保、科技金融创新合作协议；江苏虚拟软件园昆山分中心与江苏省双软认定受理点揭牌。活动中，海峡两岸的软件、信息专家就智慧城市建设涉及的智能交通、智慧医疗、云计算等 8 个专题展开交流讨论。活动开幕式安排在新建的巴城湖公园。开幕式现场，欢乐水魔方项目、苏州华力德电梯有限公司等 12 个内外资项目签约，注册资本达到 10 亿元人民币和 1 亿美元。同时，巴城镇政府还将与芬兰政府环保科技中国项目委员会、芬兰环保科技投资公司、芬兰埃特博朗公司以及华德宝集团签订合作框架协议。

2. 固城湖蟹文化经济发展

（1）“一蟹一村一城”的经济发展。随着改革开放的潮流，全球经济一体化的格局，每年 9—10 月螃蟹成熟季节开幕，时间持续 1 个月左右。结合区县农业旅游的开展，每年的螃蟹节都将安排诸多丰富多彩的游艺活动，吸引外地游客、商家，前来观光、采购、投资、创业。“跳五猖”“打水浒”“逛老街”以及高墩、瑶宕绿色自然村的“农家乐”，这些都成了螃蟹节的经典保留活动。固城湖螃蟹节将于 9 月 24 日盛大开幕，届时，固城湖螃蟹微商论坛、网红深度游高淳、高淳味道品蟹盛宴、乡村旅游创客大会……各种精彩活动等市民游客前来。随着固城湖螃蟹“十一”期间大量上市，固城湖水慢城也将于螃蟹节开幕式当天开园迎客，门票 80 元/人。

据悉，2018 年螃蟹价格走势呈“U”形，开局收购价高于去年同期，随着螃蟹大量上市，价格会有所下滑，而到后期，随着上市量减少，螃蟹价格会逐渐回升，即中秋价格将居高不下。围绕螃蟹产业、乡村休闲、文化艺术、商务项目四大板块，以网红看高淳、高淳味道品蟹盛宴为主线，设置了丰富多彩的活动。此外，2018 年螃蟹节期间，高淳区推出“固城湖水慢城”，将于螃蟹节开幕式当天盛大开园。园区内通过水系串联起乐活林、金沙滩、婚庆园、湖滨花海、戏渔谷、湿地动物园、百荷园、芦苇荡等景点。南京市高淳区，发现作为中国首个“国际慢城”，高淳的发展亮点纷呈：百姓生活愈发富足、生态红利持续释放、慢城文化大放异彩。

（2）“一只蟹”带出“致富路”。位于高淳区东南部的固城湖，碧波荡漾。“固城烟雨”的胜景更吸引着历代文人墨客。南宋诗人范成大曾泛舟于此，留下“雨归陇首云凝黛，日漏山腰石渗金”的千古绝唱。

固城湖充满文气，也编织着一张水产经济的大网。20 世纪 90 年代，高淳人探索出一条发展水产养殖业的道路，努力将固城湖螃蟹打造成高淳的独特名片。高淳区委书记霍慧萍告诉记者，以螃蟹生态养殖为主的特种水产业已成为高淳农民受益面最大、产业带动力最强、投资回报率最高的第一大特色富民产业。

青松联社是江苏省首家跨市域的水产类农民专业合作联社。2008 年 5 月，党员邢青松把高淳区分散的螃蟹养殖经营户组织起来，成立水产专业合作社。合作社采取科学生态的养蟹模式、线上线下同步的电子商务模式，帮助养殖户规范化养殖与销售。在青松联社的带动下，固城湖螃蟹销往全国各地，高淳区10万多户农民走上了致富路。

（3）“一个村”打出“生态牌”。驱车来到高淳区丫溪镇，满眼的果树、茶园，满耳的风声、鸟鸣，不愧拥有“长江之滨最美丽乡村”的美誉。霍慧萍说，近年来，高淳鼓励位置偏僻、开发较晚的村镇在发展中跳出GDP至上的桎梏，在坚守中打好“生态牌”。自明确“生态立镇”以来，丫溪镇不仅关掉了“五小”企业，而且挡住了包括2亿元投资的化工项目等一批工业项目，坚持进行经济林果为主的绿色开发。

“曾经贫穷落后的大山村如今家家户户办起了农家乐，农户们的年收入超过10万元。”高淳区委宣传部部长陈春花告诉记者。绿色已然成为这座江南水乡的“城市底色”；生态则是其孜孜以求的民生福利。

（4）“一座城”诠释“慢文化”。高淳人的生活是一种闲适的“慢”。吴头楚尾的历史文化积淀、原汁原味的历史文化传承，慢城的生态与人文完美融合。

蒋山村头，一座上下两层、砖木结构的古戏楼格外显眼。每年农历八月初八，村里都会举行庙会，搭台唱戏三天。村民何庚荣告诉记者：“政府引导我们树德，古戏台里唱的都是文化，房前屋后也布满了‘道德漫画’。”从以富民为本到坚持走可持续的绿色发展道路，再到对“慢”文化的不懈追求，高淳人在发展的道路上，脚步越发铿锵。

3. 白荡湖蟹文化经济发展

（1）白荡湖蟹文化经济发展。在安徽省水产发展史上，枞阳滨江傍湖，河网密布，有着得天独厚的区位优势。全县开发利用水面居全省第二位。由于推行标准化生态养殖，加之风调雨顺等原因，全县渔业生产整体形势逐年上扬，水产品产量、产值不断提升，连续数年居全省鳌头。渔业增加值逐年提高5%以上。河蟹产业经济增加较为明显，商品成蟹规格个体重均为125g以上占65%，商品成蟹产量逐年提高，蟹业丰收的笑靥写在渔民们满布绉纹的脸上。桐城派古文大家姚莹在家乡枞阳河（今菜子湖一带）耳闻目睹蟹业丰收景象，年年都可在同一季节上演。一个经济发展的地区，文化活力必然张扬。随着市场经济的深化和发展，枞阳创意的时代已经来临。一些餐饮、服务业，包括房产开发等行业，纷纷打出文化品牌。

（2）白荡湖蟹品牌文化经济。2008年成功举办的“蒲州农贸”杯螃蟹推介会无疑是枞阳文化产业“第一个吃螃蟹的人”。作为一个整体的文化活动，由螃蟹推介会串起的文艺表演、美食大赛，还有相关征文、摄影赛事和研讨会等，历时一个多月，称之为枞阳螃蟹文化节也不为过。这次盛会，参与的有政府的领导、有企业的老总，也有省、市媒体的记者。安徽卫视著名节目主持人马滢的出场更是让推介会增色添辉。就像螃蟹的蜕壳一样，文化活动始终是在不断发展着和丰富着的。枞阳周边城市环抱，历史文化底蕴深厚，这种做法与市场推广效果还有明显差距。虽然举办元宵灯谜会，各种各样的文化活动也很多，但这并没有形成一个良好的品牌积累效应和市场效应。我们要在整合资源的基础上，进行扬弃，向外集中推广一个品牌，塑造一个形象，通过重复和累加的办法加深受众的印象。在枞阳县委宣传部主办的枞阳论坛上，建议筹办枞阳特色的螃蟹节，力争白荡湖大闸蟹创建成品牌，并且有的还提出了具体设想和思路。目前，白荡湖被原农业部评为渔业标准化生态养殖示范区，被原国家质监总局评为中华绒螯蟹标准化养殖示范区。“白荡湖”牌大闸蟹先后通过绿色食品和安徽省名牌农产品认证，并被注册为省著名商标，取得了良好的经济效益和社会效益。从而提高枞阳的文化活力核心是提高枞阳区域核心竞争力。螃蟹文化相对来说，经济形态的含义较多，比较适合官方运作。可以说这是一条成功之路，是一次“螃蟹大餐、文化美餐”，相信以后还会有像“枞阳美食文化节”“浮山旅游文化节”等概念问世。新鲜事新鲜看。作为一介枞阳子民，我们期望更多的“搭文化台、唱经济戏”的活动上演，为枞阳经济的腾飞献上更多的文化美餐、经济大餐。

4. 长荡湖蟹文化经济发展

（1）长荡湖蟹文化历史经济发展。长荡湖水源充足、水质清新，湖底平坦，水草、螺蚬等水生生物资源极其丰富。唐代诗人张籍曾有“长荡湖，一斛水中半斛鱼，大鱼如柳叶，小鱼如针锋，浊水谁能辨真龙”的感叹。”盛产玉爪蟹（长荡湖螃蟹）、米虾、银鱼、鱼旁鱼皮等，其产量之丰富，光绪《金坛县志》有“长荡湖，一斛水中半斛鱼”之述。

唐朝诗人张籍作诗，对长荡湖盛产丰富的鱼、虾、蟹作了写照。

“长荡湖，一斛水中半斛鱼。大鱼如柳叶，小鱼如针锋，浊水谁能辨真龙”。

张籍（约766—830年）字文昌，原吴郡（今苏州市）少时迁寓和州乌江（今天安徽省乌江镇）。贞元十五年（799）进士，历任太常寺太祝、水都员外郎、国子监司业等职。张籍是唐代新乐运动的积极创导者之一。

今天，长荡湖是江苏省农产品区域公共品牌，长荡湖大闸蟹使用“母子商标”模式进入市场。多年来江苏省常州市金坛区政府积极组织水产龙头企业、合作社等参加省内外大闸蟹展销、评比活动。在江苏优质大闸蟹香港推介会上，以其“大、鲜、肥、甘、美”的特点，连续两届获得“蟹后”称号，并相继成为“中国十大名蟹”“钓鱼台国宾馆宴会特供产品”“江苏省名牌产品”“江苏省名牌农产品”和“全国河蟹大赛最佳口感奖”等。与此同时，金坛区先后在南京市、上海市、杭州市、深圳市以及香港特别行政区等国内大中城市开设了长荡湖河蟹专卖店（柜），开展连锁经营，同时，实行“网上交易、物流配送”的电子商务模式，并积极拓展境外市场，加快“走出去”步伐。长荡湖大闸蟹以其绿色的品质优势和鲜明的品牌形象受到了国内外消费者青睐。每年有1万余吨优质商品蟹销往全国各地，300多吨出口到东南亚等境外市场。江苏省长荡湖大闸蟹正式大规模登陆北京市场，由常州市金坛九鼎贡蟹有限公司和北青社区传媒科技（北京）股份有限公司合作。与北青社区传媒OK家合作采取了“直供社区”的模式。北青社区OK家是中国最大的社区O2O平台，致力于为北京社区居民提供全方位的社区生活服务。这次合作将在115家OK家社区店设立长荡湖大闸蟹专卖柜，开展网上订购，将好蟹直接送到北京市民的家门口。

（2）长荡湖畔金坛——中国中华绒螯蟹之乡。江苏省常州市金坛区地处江苏省南部，属太湖流域，人文荟萃、物产丰饶、历史悠久。境内水网密布、湖荡众多，南部有85km^2长荡湖，西部有道教名山茅山，素有“江东福地，鱼米之乡”之美誉。金坛“两山两水六分田”的自然禀赋成就了中国中华绒螯蟹之乡。

（3）鲜明的长荡湖蟹业经济。长荡湖，又名洮湖，是江苏省十大淡水湖泊之一。近年来，金坛依据长荡湖资源优势，围绕打造具有金坛特色、全国一流的品牌产业这一目标，以生态、质量、品牌和效益为中心，使河蟹产业成为闻名省内外发展高效农业的典范。金坛也先后被授予“江苏省高效渔业规模化示范县（市）”“江苏省现代渔业建设先进县（市）”“江苏省渔业科技入户先进县（市）”和“中国河蟹产业先进县（市）”等荣誉称号。

（4）“金坛模式”引领全国。围绕生态和效益这一核心，金坛先后创立了一批在全国处于领先水平的生态养殖新技术、新模式。有效推动了江苏省乃至全国河蟹产业转型升级，原农业部和江苏省等有关领导视察长荡湖河蟹产业发展，均给与了充分肯定，金坛因此也被授予“中国河蟹科技创新模范县（市、区）”称号。

（5）坚持生态优先狠抓质量建设。金坛始终把渔业生态环境建设作为渔业发展的首要任务来抓。长荡湖大闸蟹先后获得无公害和绿色产品认证，产地和产品质量抽检合格率均达100%。长荡湖地区也被认定为“国家级中华绒螯蟹标准化养殖示范区”和“农业部长江中下游优势出口河蟹产区”等。

（6）长荡湖大闸蟹蟹香八方。长荡湖大闸蟹又名玉爪蟹，属长江水系中华绒螯蟹，是中华绒螯蟹中的名贵品种，其营养成分高，味觉与口感鲜美独特。正宗的长荡湖大闸蟹外形特征是："青背、白肚、金毛、金钩、体壮"，口感方面"大、鲜、肥、甘、腥"皆具，"鲜而肥，甘而腻，白似玉而黄似金，已达色、香、味三者之至极，无一物可以上之"。

（7）长荡湖大闸蟹久负盛名。2013 年第三届中国名蟹大赛暨第三届中国长荡湖湖鲜美食节在金坛儒林水街正式开幕。在现场，上百道船宴推荐的湖鲜美食吸引了众多美食爱好者，看了让人垂涎欲滴。在中国"十大名蟹"评选中，来自江苏省的五大品牌获得"中国十大名蟹"称号。

湖鲜出长荡，美食在金坛。长荡湖八鲜宴更是特色鲜明、享誉中外。各道湖鲜菜品，肉质细嫩、味道鲜美，风味独特、营养丰富，是不可多得的绿色食品。自 2010 年举办首届"中国·长荡湖湖鲜美食节"以来，通过这个平台的推广和宣传，知晓长荡湖、旅游长荡湖、投资长荡湖的人越来越多。今年，长荡湖湖鲜美食节与中国名蟹大赛联袂登场，并开展中国名蟹评比、船宴烹饪大奖赛等一系列活动，对于进一步提升美食节知名度和美誉度、推广长荡湖大闸蟹起到十分重要的推动作用，也会让越来越多的朋友钟情于长荡湖、喜欢上秀美金坛。长荡湖是江苏省农产品区域公共品牌，长荡湖大闸蟹使用"母子商标"模式进入市场，按照"统一品牌、严格管理、自愿加入、共同维护"的原则，统一品牌包装、统一使用条件、统一规范程序。在江苏优质大闸蟹香港推介会上，长荡湖河蟹连续两届获得"蟹后"称号，并相继成为"中国十大名蟹""钓鱼台国宾馆宴会特供产品"和"全国河蟹大赛最佳口感奖"等，长荡湖大闸蟹的品质优势和品牌形象深受国内外消费者青睐。

（8）电子商务模式。目前，长荡湖大闸蟹已先后在南京市、上海市、太原市、杭州市、深圳市、香港特别行政区等国内大中城市开设了长荡湖河蟹专卖店（柜），开展连锁经营，同时，实行"网上交易、物流配送"的电子商务模式，并积极拓展境外市场，加快"走出去"步伐。每年有 1 万余吨优质商品蟹销往全国各地，300 多吨出口到东南亚等境外市场。2017 年正式大规模登陆北京市场，由常州市金坛九鼎贡蟹有限公司和北青社区传媒科技（北京）股份有限公司合作，在 115 家北青社区设立长荡湖大闸蟹专卖柜，并开展网上订购，好蟹送北京，接受北京市民检阅。

（9）蟹文化促进旅游业经济发展。长荡湖，是镶在苏南平原上的一面"明镜"，是中国南方仅存的几方"净水"之一。这里素有"凉月如钩挂水湾，江南风物镜中看"的美誉。近年来，在这片'日出斗金，夜出斗银"的"金湖银湾”里，作为中国著名数学家华罗庚的老乡，金坛人以其独特的智慧首创了中国淡水湖泊围网养蟹的“湖上放牧”式水产养殖新概念，使金坛成为“中华绒螯蟹之乡”。金坛市先后与国内外十多家水产科研机构和大专院校建立合作关系，在做足长荡湖“水文章”的同时，长荡湖旅游开发还主打“文化牌”，整合地域文化资源，挖掘诸葛八阵图村落文化内涵，恢复开展柚山放灯节、威风锣鼓、大涪山普门禅寺朝拜及耕读洗礼节等文化活动，并适时举办龙舟、帆船、汽车越野及环湖自行车赛等体育运动。所建“长荡湖旅游度假区”包括长荡湖湿地公园、长荡湖水城、长荡湖水庄、中华绒螯蟹养殖基地、诸葛八阵图村落等多个湖鲜美食、旅游度假项目，是苏、沪、浙游客最喜爱的湖景旅游度假区。每年接待游客上千万人次，拉运动了常州地区服务业经济快速发展，体现了鲜明的长荡湖蟹文化经济发展。

5. 泰州蟹文化经济发展

（1）蟹文化历史的经济。泰州蟹文化源远流长，据现有史料记载，泰州螃蟹在宋代就很有名气，以泰州螃蟹曾作为贡品，上贡朝廷。当时吴越王钱椒的后代钱昆，官至秘书监（从三品），因为嗜好螃蟹，主动要求下放地方任职，曾说：“但得有蟹、无监州，庶足慰素愿也。”

宋真宗年间大中祥符年间（1008—1016年），钱昆特地请求外放到泰州任知州，只为能经常吃到好螃蟹，可见泰州螃蟹的魅力。宋代文化昌盛，诗风浓郁，文人雅士经常以“品蟹”为题相互唱和。螃蟹作为泰州的特产，让很多诗人念念不忘。著名诗人黄庭坚曾有《次韵师厚食蟹》：“海馔糖蟹肥，江醪白蚁醇。每恨腹未厌，夸说齿生津。三岁在河外，霜脐常食新。朝泥看郭索，暮鼎调酸辛。趋跄虽入笑，风味极可人。忆观淮南夜，火攻不及晨。横行葭苇中，不自贵其身。谁怜一网尽，大去河伯民。鼎司费万钱，玉食罗常珍。吾评扬州贡，此物真绝伦。”宋代扬州是淮南东路首府，泰州属淮南东路，所有贡品经由淮南路上交朝廷，故泰州螃蟹，亦被称为扬州贡品。

江西诗派的重要成员，黄庭坚的小老乡，韩驹年轻时候游宦泰州，对泰州的风物特产非常熟悉，自然也不会错过品尝螃蟹的机会，他曾写有《食蟹》诗：“海上奇烹不计钱，枉教陋质上金盘。馋涎不避吴侬笑，香稻兼偿楚客餐。寄远定须宜酒债，尝新犹喜及霜寒。先生便腹唯思睡，不用殷勤破小团。”螃蟹和香稻（泰州红，陆游曾有诗吟咏），在当时也是经常用来招待贵客的。螃蟹作为地方特产，成为泰州地方文人吟咏、描绘的对象。

扬州八怪之一、泰州兴化人郑板桥曾有《题蟹》诗，云：“八爪横行四野惊，双螯舞动威风凌。孰知腹内空无物，蘸取姜醋伴酒吟。”描绘当时泰州人吃蟹的一般做法，即清蒸以作下酒菜，佐以一小碟姜丝、陈醋杀菌即可。另外，郑板桥“八分半书”，因为如螃蟹横行，也被称为“蟹体书”。在古代，螃蟹是泰州很平常的秋季时令特产。只要秋风起，螃蟹洄游长江，在田野沟汊随便支个簖篓，就能捕到很多螃蟹。吃不完的螃蟹，泰州人又发明了“醉蟹”制作法来处理，能有效的延长螃蟹的保质期和美味，还可以馈赠亲友。

清代著名诗人赵翼有《醉蟹》诗，记录“泰州人贮甘醴，投蟹于中，听其醉死，谓之醉蟹。味极佳。”诗云：“霜天稻熟郭索行，双螯拗析香珠粳。经旬饱啖腹尽果，团尖脐结脂肪盈。忽然被擒请入瓮，方忧炮炙浑身痛。谁知甘醴已满中，送入醉乡黑甜梦。醉乡岂怕灭顶凶，餔糟啜醨酒池中。既非人彘投厕溷，何必醢鸡瞻昊穹。沉酣三日不复醒，米汁味已透骨融。食单方法有如此，物不受痛人得旨。休悲彭越遭醢冤，且幸羲之以乐死。”泰州醉蟹制作以兴化中堡最为有名。

现代著名美食家、“华人谈吃第一人”唐鲁孙民国时曾在泰州生活，他对泰州醉蟹念念不忘，在《蟹话》一文中这样描述：“苏北里下河一带，素以河蟹闻名，泰县近郊，有个地方叫忠宝庄，溪流纷歧，景物腴奇，所产大蟹，肥腴鲜嫩不亚于阳澄湖的名产。当地渔民把大蟹一雄一雌，用草绳扎紧，除去绳索上秤一称，正正老秤十六两叫作对蟹，这种对蟹尤为名贵。当地有家酱园叫德馨庄，用当地泡子酒做醉蟹，一坛两只膏足黄满，浓淡适度，绝不沙黄，下酒固好，啜粥更妙。当年驻节维扬的一位将军，只要到兴化泰县东一带巡视防务，必定下榻泰县名刹光孝寺。那时，笔者在泰县下坝经营一所盐栈，只要碰上吃熬鱼贴饽饽，这位天津老乡，必定赶来饱餐一顿津沽风味。看见栈里有忠保庄的醉蟹，还要带两坛子回去下酒。有一次德馨的陈老板到泰县收账，正好这位将军在盐栈吃贴饽饽，他想求将军赐墨宝。将军醉饱之余，逸兴大发，盐栈有纸有笔，将军立刻提笔写了：“东篱菊绽，海陵（泰县原名海陵）蟹肥，洋河高粱，你醉我醉！”一张条幅。在《闲话元宵》一文中，唐鲁孙还记载了泰州的蟹粉元宵：“江苏泰县近郊，有个小城镇叫忠保庄，河汊浃渫，盛产紫蟹，膏腴肉满，有一家奇芳斋平素卖早茶，点心则以小笼包、饺、白汤面为主，春节之前，添上蟹粉元宵，只限堂吃，煮熟元宵夹起来醮一种特制香菜卤子来吃，金浆腴美，远胜玉脍鳟羹。

（2）现代蟹文化经济的发展。改革开放后，靖江蟹黄汤包在全国、省、市的各种食品展销会上获得金奖和最佳传统名点称号，靖江蟹黄汤包逐渐名扬四海。不管是中国人还是外国人，只要来到靖江，都要品尝蟹黄汤包，否则便成为终身憾事。这期间，靖江汤包经历了4次较大的创新。

第一次是汤继泉（汤辣子）师傅将原来传统的每笼 8 只汤包进行了改革，改为现今的每笼 6 只大汤包，汤量是原来的 2 倍多，配料、口味同时进行了调整。这次改革，汤继泉（汤辣子）师傅对靖江汤包的发展作出了重要贡献。

第二次是各知名饭店对汤包的配方、工艺进行了改革，减少猪肉的投放量，增加螃蟹肉的投放量，使汤包达到“皮薄汤足、汤清不腻、口味纯正”的标准。

第三次是创品牌。靖江鸿运酒楼陈士荣为此作出了贡献。首先他率先试行汤包制作质量标准，主动约请工商、质监、物价、卫生等部门审核，以质量取悦市场，同时主动降价，让“名点”成为“民点”。其次，他率先实施品牌战略，陈士荣是靖江向国家工商部门注册汤包商标的第一人。经过努力，2001 年 6 月，“陈士荣”蟹黄汤包正式获国家工商部门核准注册。接着他率先将汤包速冻礼品包装，结束了靖江汤包只能现做现吃的历史，使汤包的外带成为可能。至此靖江汤包在品牌上取得了历史性突破。随后多家汤包店先后注册，打造了靖江汤包的品牌效应。

第四是品牌拓展。南园宾馆“南之缘”汤包在中国烹饪大师、面点技师陶晋良的打造下，选料考究、制作认真、口味清淳，把靖江汤包的制作技艺提高到一个新水平，使“南之缘”汤包响誉大江南北。

（3）“中国泰州国蟹大会暨美食节”。泰州市是全国闻名的鱼米之乡，生态之乡，螃蟹的养殖和美食产业领先同行，领跑全国，从 2011 年开始，泰州以蟹为媒，已经连续四年举办“蟹文化”主题活动，打造了泰州“蟹三怪”特色、“蟹五最”品牌和“蟹八吃”美食，强化了泰州“长三角最佳慢生活名城”的品牌理念。

每年国蟹大会的主题是“蟹季慢游慢品，秋赏水城水乡”，活动时间从 9 月持续到 11 月。旅游局也将举办各种精彩的以“蟹文化”为主题的活动，丰富市民节日生活，引爆螃蟹市场热点。

10 月 1—2 日，在老街北广场，将有“蟹王”争霸赛、蟹业技能比赛、趣味运动会等活动，现场邀请市民进行绑蟹、剥蟹、钓蟹等相关趣味比赛；同时现场还将汇聚泰州特色宾馆、饭店和蟹食品生产商，展示以蟹早茶为主的美食产品，结合泰州下辖各地的名小吃，展开各种优惠活动，给市民和游客提供一场特色盛宴。促进泰州地方第三产业经济发展。

6. 洪泽湖蟹文化经济发展

（1）生态资源的蟹文化经济。“日出斗金”是洪泽湖一张靓丽的名片，据统计，洪泽湖周边四县两区渔业产量超过 30 万 t，产值超过 80 亿元，占了大农业的三分天下。而洪泽湖里的金元宝——洪泽湖大闸蟹，活体“个大、色纯、肉满、螯强”，熟蟹“色艳、膏肥、肉香、微甜。”

中国的大闸蟹产地很广，北到辽河，南到闽江，其中最好的在长三角地区，长三角地区又以江苏省的最好。江苏省南部地区的以阳澄湖为代表，历史上称为“吴蟹”；北部地区以洪泽湖为代表，历史上称为“淮蟹”。淮蟹、吴蟹，是中华绒螯蟹的南北双雄，两大极品。

因为洪泽湖是过水性湖泊，洪泽湖水流动性强，换水周期短，使经受活水涤荡和洗练的洪泽湖大闸蟹，出落的更加健壮。同时，洪泽湖地处后发之势的苏北洼地，少有了南方湖泊所持有的城市喧闹和工业侵扰；作为南水北调东线工程的调蓄枢纽，她的水质将接受首都北京这个中国最高标准的检验。这些特质，成就了洪泽湖的一波好水，而洪泽也成为江苏省第一家无公害水产品整体认定县，更为“好水”作了最好的注解。

洪泽湖大闸蟹虽与阳澄湖大闸蟹并称中华绒螯蟹的“南北双雄”，但在品牌价值和产业发展程度上差距甚远。一人拾柴火不旺，众人拾柴火焰高，徐东海对洪泽湖大闸蟹产业联盟的前景很是看好，“整合资源，形成合力，已成为洪泽湖大闸蟹产业发展所需，成为湖区人民致富增收所盼”。

（2）洪泽湖大闸蟹品牌文化。洪泽湖大闸蟹产业，走过了“从大养蟹到养大蟹、养生态蟹”过程，已经越过海峡直销港澳台，跨出国门踏上日韩和欧洲市场。同时，洪泽县也获得了中国蟹都称号，洪泽湖大闸蟹收获了中国十大名蟹、中国地理标志证明商标，被认定为国家地理标志保护产品等荣誉。如今，洪泽县以全新的思想认识、开放的思维方式、超前的发展理念谋划洪泽湖大闸蟹产业，“环洪泽湖六个兄弟县（区），手牵手，心连心，攥紧拳头，抱团发展，共同把‘洪泽湖大闸蟹’的品牌做靓、产业做强。”洪泽湖大闸蟹’产业联盟由洪泽县政府和江苏省洪泽湖渔业管理办公室等共同发起成立后，将推动洪泽湖区大闸蟹在良种培育、生态养殖、质量控制、产品标准、基地建设等方面进行规范；在品牌发展、品牌包装、节庆营销、市场推广等方面进行集体运作，促进洪泽湖大闸蟹产业向“标准化、组织化、规模化、品牌化”方向发展。2017 年起，联盟理事会将在上海市、北京市等特大城市，组建一批洪泽湖大闸蟹销售“旗舰店”、直供点、连锁店；在中国香港、澳门和台湾地区组织专场推介活动。

（3）蟹文化引导旅游产业发展。目前，“中国洪泽湖”水产品，以湖为品牌独立亮相于国际国内展销会，已多次载誉而归，目标定位在国内外市场，让“中国洪泽湖”生态水产品牌，真正创造出全湖人民共享的生态成果。秋菊黄蟹肥，四县两区联手，洪泽湖大闸蟹将再次火起蟹市一片天。

一品洪泽湖大闸蟹。洪泽县的湖鲜美食很多，名气也大，如活鱼锅贴、蒋坝鱼圆等，都是响誉省内外的地方美食。秋季，尤以大闸蟹为最。洪泽湖大闸蟹的特点是个大、爪长、螯肥、肉香。

二赏洪泽湖风光。洪泽湖，我国第四大淡水湖，长江以北最大的淡水湖，烟波浩渺，美丽清纯，气象万千。正在封闭管理建设的洪泽湖国家森林公园，鸟语花香，绿树成荫，野兔野鸡穿梭其间。静下来，来个慢运动，做个深呼吸，还想去哪儿。

三泡老子山温泉。省级老子山温泉旅游度假区位于淮河入洪泽湖口，大湖湿地、大片滩涂和一望无际的芦苇荡、荷花塘分外引人。尤其是老子山温泉，富含偏硅酸等多种矿物盐成分和锶、硫等 20 多种微量元素，理疗保健、美白肌肤、调理身心等功效显著。

四游古堰风景区。洪泽湖水釜城位于洪泽湖东岸，宋代风格、园林工艺、水乡款式，是洪泽湖边最大、最美的一座古城。洪泽湖游乐园，有国内最先进的 60m 高自由落体机、往复式过山车、30 人 180°大摆锤、40 人海盗船等近 20 个游乐项目。洪泽湖渔人湾是洪泽湖最美、最浪漫的地方。

水釜城项目是江苏洪泽湖国际旅游开发有限公司巨资打造的集娱乐、购物、文化、餐饮、休闲为一体的仿古综合商业街。项目左临洪泽市区，右傍洪泽湖，洪泽湖欢乐园、四季花堤、渔人湾景区、游艇码头等景区环绕附近。作为大景区旅游唯一商业配套，总占地面积 750 亩，优美的环境，巨大的旅游客流，开发公司巨资打造，政府良好的远景规划，必将引爆洪泽旅游新局面。洪泽湖丰富的资源养育了湖区人民，也孕育了独特的洪泽湖渔文化。

“洪泽湖啊，你像一颗明珠啊，镶嵌在江淮；洪泽湖啊，你千种风采……”中国洪泽湖水文化节暨水上运动会开幕前夕的秋日，泛舟洪泽湖上，聆听着湖区人民传唱的“美丽的洪泽湖”优美歌声，不由得人们会涌起寻梦洪泽湖水资源文化的强烈欲望。

7. 洪湖市蟹文化经济发展

(1)“洪湖清水”螃蟹节促地区经济发展。洪湖市依托洪湖水域资源丰富的优势，围绕“水产富民”战略，大力发展特色水产，全市螃蟹养殖面积达 47 万亩，年销售“洪湖清水”大闸蟹 4 万余吨，创产值 15 亿元以上。目前“洪湖清水”大闸蟹已成为“中国驰名商标”，还获得“湖北名蟹”称号。螃蟹养殖已成为洪湖经济发展的主导产业。“洪湖清水”螃蟹节为省内外最具影响的物产节会，洪湖市分别于 2012 年、2013 年成功举办两届洪湖清水螃蟹节，时隔三年，第三届“洪湖清水”螃蟹节又在洪湖市闽洪水产品批发市场隆重举行。洪湖螃蟹经济开始腾飞，一个新的产业链开始在洪湖大放光彩，洪湖螃蟹成为洪湖市的一张特色名片，远道而来的客人，到了洪湖都要尝一尝洪湖清水蟹肥满甘甜的滋味“洪湖清水蟹”。通过螃蟹节的举办，洪湖螃蟹产业由小做大，直至形成生产、加工、销售的螃蟹全产业链。促进了地方的经济发展。

（2）螃蟹，打造一条经济产业链。没有螃蟹节，就没有“洪湖清水”蟹的今天，在螃蟹节后的调查走访中，不管是外来客人、螃蟹养殖户，还是螃蟹经销商，这句话已成为众人共同的认识。20 世纪 90 年代初，53 万亩大湖就盛产螃蟹，但仅此 2 年里产量较高，直到 2000 年后，洪湖的螃蟹养殖才慢慢发展壮大，闽洪集团董事长林国雅介绍：螃蟹过去人们只是吃着好玩，不是餐桌上的主菜，现在，大多数人都爱吃它，有的人一餐可吃几只，看到有市场，有生意可做，一些宾馆、酒店又不断琢磨着新的做法，有清蒸的、有卤的、有香辣的等，使其口味更多样，品种更丰富，销量也不断扩大，但要说真正把螃蟹产业蛋糕做大，还是要如期举办螃蟹节，因为节会后，各宾馆、酒店螃蟹的卖场又好很多。

一个专门从事螺蛳打捞的农户介绍，十多年前，我也打捞螺蛳，兑换自己的烟钱，那时候，螺蛳只有几分钱一斤，近几年，养螃蟹的人多了，螺蛳也值钱了，虽然现在的螺蛳比以往少很多，但现在 500g 螺蛳就能卖到 1.5 元左右，1 个劳力 1d 可赚近千元。过去洪湖螃蟹论斤卖，现在 100g 以上的螃蟹大都论只卖，仅闽洪原产地批发市场就有 30 多家经销商坐地收购洪湖螃蟹，日销售量达 20 多 t，且供不应求。沿湖、沿河的养殖专业户，10 亩 1 户，都可以养活一家人，同时，饲料、螺蚌、小鱼小虾及水草的种植等相关产业也跟着螃蟹受益匪浅。

（3）螃蟹，擦亮洪湖城市品牌。2016 年，洪湖市获授“中国名蟹第一市”称号，这是全国唯一一家在淡水螃蟹领域获此殊荣的县（市）。“洪湖清水”蟹现已成为洪湖的一张特色名片，海内外各大新闻媒体对“洪湖清水”蟹点赞宣传，名声迅速传开，“洪湖清水”蟹甚至成为外地人了解洪湖的一个绝佳窗口，许多到过洪湖的外地人，吃了洪湖螃蟹后都竖大拇指赞好，赞鲜、赞甜。这些外地人来到洪湖又在一定程度上拉动了洪湖的旅游，正好也是洪湖两翼（水产与旅游）的有机融合。

（4）螃蟹，成就洪湖餐饮文化。螃蟹被人们所喜食，如今螃蟹节不仅是节庆，而且已成为洪湖的一种特色餐饮文化，“吃螃蟹、交朋友”已成为时尚，螃蟹节成为洪湖市民的一种文化情结，不仅如此，通过螃蟹节，还搭建了文化交流的渠道和平台，顺丰快递通过节会也加深了影响，盆景、书画、摄影都与蟹文化息息相关，螃蟹不仅在经济上辐射省内外，更在文化上与周边县（市）实现互融对接，反过来促进洪湖经济的快速发展。

8. 洞庭湖蟹文化经济发展

（1）洞庭湖生态蟹文化。洞庭湖大闸蟹（俗称河蟹）喜获丰收。清洌的湖水、茂盛的水草、丰富的浮游生物；接近80万亩水面“人放天养”的本土河蟹，今秋欲与阳澄湖蟹一比高低——洞庭“横行将军”挑战第一品牌。湖南省特种水产养殖营销企业——八百里水产公司，在洞庭湖外湖围栏8 000亩养蟹，喜获成功。年初投放扣蟹200万只，7月底检测个体重已达110~130g。待9月捕捞，个体重量预计可达180g左右。7月下旬，国家和省内有关水产专家现场考察后认为，从洞庭湖外湖所养的河蟹个体来看，比苏浙等地的池塘精养蟹至少高一个等级。从产地看，洞庭湖是养殖河蟹的天然宝地。湖南省农业厅总农艺师雷秉干称，每年长江过洞庭湖的水量20多亿m^3，是鄱阳湖的3倍。洞庭湖为过水性湖泊，水质清洌，外湖多为沙质底，布满水草螺蛳；内湖面积大，草型湖泊多，且湖草种类又以河蟹喜爱的“面条”草为主。清洌的湖水、茂盛的水草、丰富的浮游生物，给予河蟹天然的滋养。谚语称：蟹多蟹少看水草，蟹大蟹小看飞鸟。洞庭湖有200余种飞鸟和100多种鱼类，为水体循环净化提供了足够保证。因此，从产地环境看，洞庭湖堪称国内河蟹养殖的“风水宝地”。依托一方“宝地”，洞庭湖河蟹大多数是半天然养殖，即“人放天养”。蟹苗流放大湖后，没有人工干预。而苏浙一带多为池塘精养，从投苗到成蟹，要经过人工消毒、投饵喂养。江苏河蟹中，太湖有一部分流放，所以太湖河蟹个体较大。但今年加大对太湖的治理，八成的水面没有养蟹。因此，洞庭湖河蟹平均个体将占优。俗话说：“十大九不亏”。对螃蟹而言，更是个体越大越值钱。回顾去年蟹市行情，一般母蟹个体100g左右，每千克50~80元；个体达175g以上，均价每千克80~100元。

（2）洞庭湖生态蟹成产业。如今，洞庭湖养蟹已成“气候”。八百里水产公司在外湖养蟹成功，还在常德市的青山湖、龙池湖、柳叶湖、沾天湖等内湖养蟹6.2万亩。洞庭水殖公司在华容东湖、津市西湖套养大闸蟹，和平水产公司在大通湖生态养蟹，云溪区的白泥湖大闸蟹一度在全国农博会上封“蟹王”“蟹后”，湘阴鹤龙湖放养河蟹也闯出了名气。

据湖南省畜牧水产局初步统计，今年洞庭湖区养蟹水面接近80万亩，各湖水量一直充沛，河蟹丰产已成定局，预计洞庭湖河蟹今年产量在4 000t以上。养成了“气候”的洞庭湖河蟹，自然不甘心“矮人一头”。业内人士称，今秋洞庭湖河蟹将与国内第一品牌——阳澄湖河蟹一比高低。

（3）河蟹营销添了“文化味”。近几年，长沙河蟹消费市场高速成长。八百里水产公司去年长沙销售大闸蟹25万kg，在长沙市场占50%的份额。公司董事长周文辉称，巩固本土市场，引导市民消费最好的大闸蟹是当务之急。同样规格的阳澄湖品牌蟹，每千克卖价比市场均价至少高出60元。消费者对阳澄湖品牌的认同，乃是对传统衡量优质大闸蟹标准（即青壳、白底、金爪、黄毛）的认同。那么，这样的蟹就是好蟹吗？水产专家称，如果出自天然养殖，就有“青壳、白底、金爪、黄毛”的成色，这样的蟹自然是好蟹。现在上海人选择螃蟹，首选底板带一点点铁锈色的蟹，因此，引导消费者理性对待传统的判断标准，正确识别优质蟹，消费品质最好的大闸蟹，营销之路才能越走越宽广。湖南省畜牧水产局正在组织成立河蟹协会，初步确定于每年9月中旬举办“河蟹文化节”。湖南省内有关企业早已准备，征集名诗名联，定制礼品盒，用文化烘托打造河蟹品牌。八百里水产公司在黄兴镇金凤村兴建蟹文化体验中心，用专门的工具“蟹八件”吃螃蟹，一壶黄酒，配镇江蟹醋，饮姜茶，赏“百里花卉走廊”的金菊。如此吃法，既营养，又不失风雅和文化品位，足以引领今秋蟹消费潮流。从而增加了湖南省洞庭湖地区蟹业经济发展的动力。

9. 盘锦河蟹文化历史的发展

（1）盘锦河蟹发展的决策者田守诚。千里辽河在这里入海，美丽的中国北方生态名城——盘锦在这里崛起，盘锦地处辽河三角洲，多水无山，其自然地貌东有千山山脉，西有医巫闾山山脉，北有铁法丘陵，西南濒临辽东湾，呈盆地状，故有辽河盆地之称。并有大辽河、辽河、绕阳河、大凌河等河流蜿蜒流过。东部浑河、太子河汇合构成大辽河，经辽滨、营口入海，形成大辽河南部退海冲积平原；中部辽河（双台子河）经盘山西下，与绕阳河汇合入海，流域上游多山区丘陵，到辽河下游平原河道比降骤然降低，构成双台子河河口地带沼泽连片，形成冲积平原。这两块冲积平原是盘锦地貌的主体，地势平坦开阔，一望无垠，河流渠道纵横交错。西部绕阳河与大凌河上游为多山丘陵区，使流域沿岸的高升一带散布着低矮沙丘、沙地和西北边缘地带的沙质碳酸盐草甸土。有世界第一大苇田，有百万亩水田和丰富的渔业、滩涂资源。良好的生态环境，优越的地理位置，我国北方生态名城的迷人风采，吸引着海内外有识之士热切的目光。素有鹤乡油城之称的盘锦，既是生态旅游的胜地，又是可投资兴业的生态宝地。《河蟹纪事》作者田守诚，以作者本人亲身经历为红线，以翔实的资料记述了三十年来盘山县一代人为发展河蟹产业奔走呼号、呕心沥血、艰苦奋斗、探索创新的史实。在几十年间，田守诚大多从事农村、农业工作。善于调查研究，长于文字总结，酷爱农业技术，了解县情和地域资源。1983年他首先提出河蟹产业富民策略，并为之孜孜以求后半生，被誉为“盘锦河蟹产业第一人”。2012年田守诚被中组部授予“全国创先争优优秀共产党员”称号。

（2）培育河蟹文化推动产业发展。9月24日，盘山县承办2014中国·盘锦河蟹文化系列活动在新县城府前广场隆重举行。活动中，中国渔业协会河蟹分会授予盘山“中国河蟹产业先进县”荣誉，中国渔业协会河蟹分会、全国水产技术推广总站、辽宁省海洋与渔业厅分别授予盘锦宏进农副产品国际商贸城和盘山县为“中国河蟹第一城”“全省渔业标准化示范县”“辽宁省现代渔业园区”。作为河蟹文化系列活动的重头戏，蟹王争霸赛最具看点，经过一个多小时的称重测量评比，盘山县蟹农选送的河蟹在全市参选的750只河蟹中脱颖而出，分别以445g、345g和1 035g的静重量夺得蟹王、蟹后和群体组赛区的“桂冠”。夺得蟹王荣誉的坝墙子镇双井子村养蟹大户李春金告诉笔者，他已连续三届参加蟹王争霸赛，在前两届的比赛中，他向同行们学到了不少的养蟹经验。

“加油，加油！”“别急，别急！一定抓住了再跑。”“网兜快拿来，钓上来一只！”……在群众的呼喊声和参赛队员的鼓励声中，河蟹趣味运动会终于开始了，这是今年盘锦河蟹文化系列活动的新增环节。河蟹趣味运动会分别设置了竞速赛、攀坡赛、障碍赛，钓蟹赛、抓蟹赛和垂钓赛等各项赛事。来自盘山县的10个乡镇队伍早已经做好了准备工作，角逐前三名。现场的百姓还可以拿起吊杆，到指定地点钓河蟹。整个活动极具互动和趣味性。比赛场上河蟹“运动员”你争我夺，横行前进。在5m长的赛道上，全力加速，越过高坡，钻过圆圈，嘴上时不时的还吐出些泡泡，极其可爱，像极了专业的“运动员”。在钓蟹赛中，比赛规则也极其严格，选手从起点出发，钓起河蟹，到达终点，若中途有河蟹掉落到地上，需返回出发点重新开始。抓蟹赛规则也是如此。其中，还特意强调，比赛过程中都不能伤害河蟹。最后，经过两个多小时的激烈比赛，胡家、甜水、吴家分别夺得团体赛的第一、二、三名。在3个比赛场地，每个场地都挤满了来自各地的百姓，他们的脸上都是开心的笑容，很多百姓也积极的投入到活动当中。来自胡家的孟先生告诉记者：“这个活动真是太有创意了，开始我一直觉得河蟹就是让人们品尝的，后来跟着田老学着养蟹，鼓足了自己的腰包，现在又看到了河蟹运动会，真是让我大开眼界了，这也是真真正正的将此次河蟹文化系列活动举办成为百姓共同参与的盛会，如果以后举办我还会来参加！”

刚刚看罢“河蟹们”的精彩角逐，一台别开生面的“盘山河蟹品鉴会”也拉开了序幕。在醉人的秋风中，吃河蟹、品红酒、听小曲……真是说不出的舒适和惬意！本次河蟹品鉴会有小河鲜餐饮有限公司的水煮河蟹和河蟹炖排骨，绕阳湾景区的螃蟹豆腐和香辣蟹，盘山小时候餐厅的盐锔河蟹和金秋一品芹香蟹，银龙国宴酒店的砂锅特味锔河蟹和三鲜芙蓉蟹斗，鑫诚渔港的黄金蟹和蟹味生辉等数十款河蟹菜式，这台“全蟹宴”将是金秋餐桌的最亮点。“让顾客第一时间品尝到河蟹的美味。”某餐厅经理告诉大家，他们研究的河蟹菜肴，不断创新但保持河蟹原味，适合大众群体，延续河蟹文化。除了十多款美味菜点之外，“盘山河蟹品鉴会”还特别为客人准备了吃蟹必备的红酒、蟹醋、姜茶。为体现河蟹品尝文化，人们在吃蟹喝酒的同时，还精心安排了河蟹的烹饪之法，使河蟹宴将成为初秋生动的一幕。

为了让更多的游人体会到“爱蟹、敬蟹、思蟹”之情，盘山县还精心以“蟹情雅韵”为主题的书画展，展出了近50幅书法绘画作品，吸引了盘山县很多书画爱好者前来欣赏。那些栩栩如生的螃蟹，苍劲有力的书法作品全都取材于盘山县的农村，从多个角度反映出浓郁的民俗乡情。张中田先生的《品蟹》吸引了好多人驻足，作者将自己心中的河蟹姿态以及领悟到的河蟹文化，用绘画这种独特的艺术形式表现出来，勾勒出阖家团圆其乐融融的美好场面。“秉当代北方蟹者，承千年螃蟹文化”，此次书画展对培育盘锦河蟹文化，用文化助推产业腾飞也起到了良好促进作用。

（3）举办中国盘山河蟹文化节。2015年中国盘山河蟹文化系列活动”在辽宁省盘山县正式启幕，这项为期5个多月的活动正在如火如荼的进行中。“河蟹放流野养公益行”“盘山河蟹文化巡礼”“中国盘山捕蟹节”“盘山河蟹烹饪大赛”等活动已陆续开展，“中国盘山 e+鲜河蟹美食文化节”作为系列活动的重头戏现招商工作正在紧张有序的进行中……河蟹美食文化节期间，大众不仅能领略到盘山县历史悠久的河蟹文化，品尝来自全国各地的传统美食，欣赏汇集四面八方的特色展品，还能观看东北艺人表演、现场参与河蟹烹饪表演、品鉴、抽奖等环节，绝对是一场味蕾与视觉兼备的饕餮盛宴。同时本届河蟹美食文化节首次引入“互联网+”的元素，通过互联网平台结合原有的传统河蟹文化产业，赋予传统河蟹文化产业一双“互联网”的翅膀，助飞盘山的河蟹文化产业，彰显本届河蟹美食文化节的主题：中国河蟹看盘锦，盘锦河蟹看盘山。创新篇：互联网+本届河蟹美食文化节首次引入“互联网+”的元素，兼具互联网和传统行业两者优势，在原有的河蟹传统行业及展会行业中增加数字化、网络化元素，对原有产业进行升级，走创新发展之路。2015年是第四届河蟹美食文化节，再度成为中秋与“十一”“双节”期间彰显盘锦湿地魅力的又一举措，旨在进一步塑造盘锦河蟹产业形象，延长产业链条，推动产业发展，培育河蟹文化，提高盘山县的知名度和美誉度，受到各方的高度关注，活动的同时，盘山县还将举行河蟹项目洽谈签约会，让盘山县的河蟹爬出国门，走向世界。

第十八章　特种水产养殖场的经营战略

第一节　蟹场的分类及生产经营特点

随着我国改革开放社会主义市场经济体制不断完善。各行各业都在寻找适应市场经济的规律，特别从中国加入 WTO 以后，对食品安全、水产质量的要求更加严格，人们对生活所需物质和质量要求也越来越高。那么渔业领域也同样随着社会不断进步，同样应提升品位，当进入 21 世纪后，渔业的发展对人们生活所追求物质需求与精神需求也有着更高的要求，那么我们在蟹业养殖领域里，必须加快建立绿色河蟹良种繁育基地、绿色商品蟹养殖基地、休闲蟹业基地，三种不同类的蟹场，其生产特点、生产方式不同，在管理上通常是按蟹种场、商品蟹场的经营管理方法分别进行管理，但在休闲蟹业方面必须增加第三产业的经营与管理。

一、绿色河蟹良种繁育场的生产经营特点

水产良种场是专业生产优质蟹苗、蟹种的繁育场。因此，首先是，建立绿色亲蟹培养基地，引进异地亲蟹的原种，基地建设在水源充足优质，进排方便的地理位置，建立亲蟹培育池塘，蟹苗培育池、蟹种培育池，并建立一定规模科学合理的催产卵池，孵化池，蓄水池。总之，建立绿色河蟹良种繁育基地，应用科学发展观，始终持续发展，应根据因地制宜原则、市场需求原则、经济效益原则、社会效益原则和生态效益原则来建立绿色良种繁育基地，才能不断巩固和发展河蟹养殖业实体经济稳步推进。

1. 生产经营特点

（1）单位面积的投资一般高于普通商品蟹场。这主要是因为产卵孵化设施的建造，造价较高。

（2）技术要求及含量较高。原种亲蟹的引进、培育、选育、蟹的催产繁殖、孵化，蟹苗育种培育等，均需较高的专业技术和精心管理。

（3）生产的季节性非常强，一年四季不同亲蟹要用不同管理方式方法进行培育。不同种亲蟹繁殖季节要求不一样。例如：中华绒螯蟹一般在江河湖泊生长至 2 龄，自 9 月下旬（秋分前后）蜕壳为绿蟹起性腺开始迅速发育，30～40d 内雌蟹生殖指数由蜕壳前的 0.36% 骤增至 10%～15%。至 10 月中下旬（寒露、

霜降时节)，大部分性腺已发育进入第Ⅳ期，遂离开江河、湖泊向河口浅海作生殖洄游。11月上旬（立冬）后群集于河口浅海交汇处的半咸水域，开始交配繁殖。在长江流域，中华绒螯蟹繁殖区的盐度为18‰~26‰，水温为5~10℃，时间在当年12月至翌年3月。交配时雄蟹以螯足钳住雌蟹步足，并将交接器的末端对准雌孔，将精液输入雌蟹的纳精囊内。整个交配过程历时数分钟至1h。雌蟹一般在交配后7~16h内产卵。受精卵附着在雌蟹腹肢的刚毛上。在水温10~17℃情况下，受精卵经30~60d后孵化出溞状幼体，在河口浅海浮游35d以上，经5次蜕皮，然后进入大眼幼体期。此时兼营浮游及底栖生活，并能逆流上溯至湖沼。大眼幼体经6~10d后蜕壳而成幼蟹，开始水中底栖爬行生活。

2. 生活经营注意事项

雌蟹在所抱卵全部孵化后，蛰伏在河口浅滩的沙丘上，其头胸甲及四肢有苔藓虫、薮枝虫等附着，腹部常有蟹奴寄生。产后的雌蟹至6月底至7月初相继死亡。从溞状幼体起，雌蟹的寿命为2足龄，雄蟹则交配后即死亡，寿命比雌蟹短2个月。当年成熟的中华绒螯蟹寿命仅1年，且雌性占绝对优势。性腺成熟缓慢的个体，寿命较长，有的可达3~4年。

（1）单位面积的产值高于一般普通商品蟹池。由于蟹苗生产周期短，有的的利润略高于商品蟹，故经济效益更好。

（2）每年单位面积需要的流动资金一般小于商品蟹池。一是绿色良种苗种市场需求量大，繁殖大眼幼体只需30d左右，销售结束，大眼幼体培育扣蟹蟹种时间为5—12月，从大眼幼体苗种培育扣蟹蟹种到销售结束与商品蟹养殖相比时间短，饲料少，养殖生产成本低。因此，资金周转率也高于商品蟹池。建立绿色河蟹良种繁育基地是农业产业结构调整的需要，致富农民的需要，是当前河蟹养殖产业可持续发展的需要。

二、绿色商品蟹场的生产经营特点

商品蟹是扣蟹蟹种养成商品成蟹，即养成达到食用规格河蟹，可直接供应消费者的绿色商品蟹。专业生产绿色商品蟹的基地池塘面积一般都较大，通常在20~50亩，水深0.8~1.2m。

1. 生产经营特点

（1）生产周期短。商品蟹生产时间最短的也需要10个月以上，长的可能15个月。

（2）每年单位面积需要投入的流动资金量一般较高。特别是主养河蟹是肉食性饲料为主，所投入的流动资金主要用于购买鲜鱼、鲜活动物饲料、支付工资、水电、运输、营销费等。

2. 生产经营注意事项

（1）饲养及管理技术的难度是按养殖绿色蟹类的生产技术操作规程进行。放养密度、饲料营养、病害防治等一系列生产规程必须按国家所规定的标准来执行。

（2）对水源、底质、水质要求与蟹种场一样。按国家所制订农业行业标准有《河蟹养殖质量安全管理技术规定》SC/T 1111—2012，IS；河蟹养殖生产操作标准执行，尤其养殖绿色商品蟹类对底泥、水质条件比较严格。因为底泥、水质标准直接影响商品蟹的质量。

三、绿色休闲蟹场的生产经营特点

休闲蟹业的特点通过对蟹业资源，环境资源和人力资源的优化配置和合理利用，把现代蟹业和休闲、旅游、观光、餐饮、服务有机结合起来，实现一、二、三产业的相互结合和转移，从而创造出更大的生态效益、经济效益和社会效益。其经营特点有以下几个方面。

（1）生产型。指利用有一定规模的生态养殖河蟹基地，放养长江水系培育中华绒螯蟹扣蟹种，配备一定的设施，开展以生态养殖红膏河蟹为主，集娱乐，餐饮为一体的休闲乐园。如江苏省常州长荡湖生态养殖基地所建成的长荡湖水城、长荡湖水庄均为集养殖、娱乐和餐饮为一体的休闲乐园。

（2）旅游型。指一些蟹业旅游园和设施较完备的旅游场所以开展旅游为主，集游乐、健身、餐饮为一体的休闲蟹业。如江苏省洪泽湖国际旅游开发有限公司巨资打造的集娱乐、购物、文化、餐饮、休闲为一体的仿古综合商业街。项目左临洪泽市区，右傍洪泽湖，洪泽湖欢乐园、四季花堤、渔人湾景区、游艇码头等景区环绕附近。作为大景区旅游唯一商业配套，总占地面积750亩，优美的环境，巨大的旅游客流，开发公司巨资打造，政府良好的远景规划，引爆洪泽旅游新局面。

（3）蟹区生产体验型。就是利用与取得船舶、网具设备和专业渔民的技能，渔港、渔业设施和村社等条件，以“蟹家乐”的形式进行传统捕捞作业，和渔民一起坐船、下蟹笼捕捞蟹、尝大闸蟹、住渔家，当一天真正的渔民，亲身体验渔民生活，领略渔乡、渔村风俗民情的休闲蟹业。如江苏常州长荡湖建立的水上人家，水上餐厅等。

（4）水族展示型。指用窗或水下通道等各种形式以展示蟹类为主，集科普教育，观赏娱乐为一体的现代化博物馆，如江苏省天目湖海底世界等。以上四种经营模式就表明了休闲蟹场的经营特点。

四、绿色商品蟹场经营成败的关键因素

1. 场置因素

建场因场地选择不当，土壤贫瘠，水源不足，交通不畅，电力严重不足，蟹池布局不合理，不便管理和生产操作，工业、生活污染严重，蟹池进排水不畅通、防逃、防盗系统不完善等，也会造成经营困难甚至失败。因此，特别要注意的是蟹苗繁育场与商品成蟹养殖场的场置选择的地域是两个不同的地域，蟹苗繁育场应选择在河口浅海交汇处的半咸水域；而商品成蟹养殖场应选择在淡水系长江、黄河、辽河等流的湖泊、外荡、滩涂、低洼地人工开挖的池塘。

2. 水源因素

培养扣蟹蟹种场的水源应是长江、黄河、辽河流域的淡水水质是培养绿色扣蟹苗种为最佳，淡水水质也是养殖商品红膏蟹的重要因素之一；水源选择不达标，水质污染严重，水源供应量水不足，年平均水温偏低，夏季水温偏高，洪灾频繁，均可能导致经营失败。因水发生变化导致国内许多蟹场是因水源因素遭受惨重经济损失而导致蟹场倒闭。

3. 资本因素

资本不正常是蟹场生产失败的诱因，有的蟹场有钱建场，建好场后立即出现资金严重不足，甚至场建到一半就出现资金不足的情形也有发生，此外，在生产营运中的资金不足导致蟹场经营困难，甚至出现提前卖蟹、降价销售等局面，对此应引起充分重视，尤其是蟹场生产季节性很强，当蟹生长发育季节需要充足饵料时，就必须备足资金，保障供应所需的动物性饲料的投喂，真正能确保不同季节所需不同资金量供应到位。

4. 品种因素

蟹的品种是养蟹的对象，饲养品种的不同与优良品种直接决定养殖商品红膏蟹能否成功，同时，也决定着产量的高低、价值高低、产值、利润的大小。只有选择优良品种，适合当地饲养条件的品种，选择质量好、价值高的品种，并进行恰当的品种搭配，主养河蟹、套养青虾、插养翘嘴鳜，当前，红膏河蟹、绿色青虾、优质翘嘴鳜市场需大于供，这样才能取得较好的收益。有的蟹场因养殖品种不适合市场消费需求，而使产品滞销、价格下滑，造成生产经营严重亏损。

5. 技术因素

无论是蟹的人工繁殖，苗种培育、绿色商品蟹养殖还是蟹病防治、活蟹运

输等，都是有着技术性要求比较高的生产规程。必须要有素质较高专业技术人员及技术工人进行生产管理，如果没有专业技术人员的指导，和科研人员根据环境变化的不断研究总结，养殖绿色的商品蟹是很难成功的，此外，生产场长、组长一定要选懂技术、有敬业精神的人员来任职。否则生产过程中很易出风险。

6. 管理因素

蟹场是一个经济实体，管理是一个至关重要的环节，管理不规范就会出现职工思想混乱，工作不勤恳，事故频繁，偷盗严重，浪费损失巨大，资产被侵占，资金被挪用，物资供应不配套，技术管理不协调等，许多渔场倒闭都起因于此。因此，要搞好渔场经营必须注重管理。用科学的人性化的管理，促使企业（渔业）员工有着其共同的企业文化，以追求更高利润为目标。

7. 饵料因素

饵料是养蟹的物质基础，可以说所有蟹的质量、产量是用饵料换来的，它包括天然饵料和人工饵料，饵料的数量和质量决定着蟹的质量与产量。只有优质的饵料（绿色熟化维生素营养平衡技术研制的饵料），才能养殖优质大规格的商品红膏蟹。因此对饵料的选择调配、加工和投饵技术的好坏直接决定着养蟹的成本和收益的大小。在优质高产养蟹中饲料费通常要占整个养鱼成本的50%以上，有的甚至可以高达60%，所以饵料因素对蟹场经营的成败至关重要。

8. 疾病因素

疾病是蟹场养蟹生产类出现的制约性因素之一。随着养殖对象的扩大，养殖密度大幅度增加。水环境污染严重，受养殖技术要素（控病技术）和水环境因素限制，苗种活体在地区间流动频繁，使养殖蟹类的疾病日益加剧。直接影响生产绿色水产的质量标准，有的疾病已经给部分蟹场带来了灾难性的后果。造成严重的经济损失，直接影响水产品销售与养殖生产的效益。如近几年在全国最流行的主要河蟹颤抖病暴发性流行病（螺原体病原——立克次氏体的微生物滋生流行所引起河蟹颤抖病；化学药物慢性中毒所引起河蟹颤抖病）。在长江流域的低洼地开挖池塘养殖河蟹以及湖泊网围养殖河蟹，不少河蟹养殖专业大户，农村蟹业专业合作社河蟹养殖基地，池塘清塘消毒使用化学药物河蟹中毒，外荡水质受工业化学物质的污染，水质恶化，pH值低于6以下，外荡大水面养殖区出现螺原体病原——立克次氏体的微生物滋生流行所引起河蟹颤抖病，该病一旦流行，造成严重亏损，面临破产的危险。因此，蟹场应重视控病、治病，运用科学合理的生态养殖技术，大力搞好河蟹的绿色健康养殖。

9. 成本因素

影响蟹场生产成本的常见因素有：饲料成本，包括饲料价格、饲料系数、饲料运输加工成本、水电费成本等；人工成本，包括管理人员的多少、支出大小、工资比例等；鱼种成本，包括购买价格、成活率、鱼种质量等；资金利息与设备折旧费分析成本，包括投资额利息高低、折旧期长短等；池塘租赁费成本、销售成本、亏损资金和物质及蟹产品流失的附加成本等。生产成本的高低直接关系到蟹场经营的成败，必须努力降低各种成本消耗，才能获取更高的效益。

10. 市场因素

市场需求的变化是不以我们的意志为转移的，目前，商品蟹市场受国际、国内两个市场的影响，特别在我国人口众多，地域宽广，地区之间贫富差别依然存在；实际商品蟹是受宏观经济与微观经济的调控的施压因素较强；另一方面养蟹生产既是一个相对技术含量较高的过程，商品蟹上市又是一个季节性比较强的商品；那么商品蟹势必受市场因素，且被动影响是巨大的。辛勤劳动养出的优质蟹，也许因为受市场需求量影响，同样影响价格。当需求大出现供不应求时价格上涨而获得较高的利润，当需求小出现供大于求时，蟹的价格下滑，利润降低甚至亏本。但市场变化是有经济规律可循的，只要认真调研市场，决策正确，经营有略，就能稳操胜券。

第二节　渔场规划设计和建设设施

一、场址的选择与确定

为了使渔场结构合理，功能先进，需要科学规划合理设计，在规划设计前就必须认真勘察、测量查阅水文资料、环境资料、土壤资料，进行全面评估分析，达到科学规划、合理设计的要求，以选择最佳场址。确保渔场顺利建成并在建成后培育亲鱼繁殖苗种、培育鱼种，市场需求商品鱼养殖达到科学管理、生态养殖、良种推广，增加效益的功能。

场址的选择要考虑的因素有水源、土质、地形、交通（网络）、电力和环境六大因素。

1. 水源

选择场址首先考虑水源条件能否满足生产的需要，蟹场用水的基本要求是：

（1）水质优良、无污染，水的酸碱度及水中化学物质含量符合国家规定的无公害渔业水质标准。

（2）水源充足能完全满足生产所需，并且特大洪水期水位对渔场不形成威胁。

（3）水温能适合养蟹需要，年最佳生长期水应不少于3~4个月，常年生长期为8~9个月。

2. 土质

土壤的种类和性质对工程质量和养殖蟹类的正常生长发育关系很大，有的土壤碱性或酸性强，有的土壤贫瘠，对养殖蟹类的生长发育，防病、抗病都有着一定影响。因此，在选场址时必须根据淡水蟹类的生物学特性来选择中性度比较好的黏性土壤，确定场址。

3. 地形

建场要选择适宜的地理位置，应可能选择平原圩区、滩涂湿地、沿湖、沿河、沿路的区域。因为蟹场的建立关键是养殖蟹类，既要考虑自然水生动植物资源丰富，又要考虑交通运输的便利。同时，也要考虑建场易于施工，池塘排灌方便，省工省料，建成后便于管理，节省功力，与配合饲料生产产区配套，与生活区配套的地形进行设计施工。

4. 交通、通信网络

蟹场的交通、通信网络是生产发展重要的条件之一，科技信息、市场信息，蟹产品销售，生产资料运进，以及商业往来，信息交流等都与交通通信网络有密切关系。因此，蟹场内应道路畅通修建公路与国家公路网连接，同时还必须疏通蟹场周围的河道，建立蟹场内部沟渠，道路应用做到沟渠、河道相同，道路、公路相通，电路程控相通，网络宽带相接等配套设施的建立。

5. 电力、电力资源

在蟹场主要用于动力和照明，因此电源是建场的必备条件，但电价又是生产成本的影响因素之一，所以电力能否保证，电价是否合理，在建场时就应该予以列入规划设计以内。

6. 环境

四周环境同样是蟹场建成后在经营中不可缺少的资源、也是经营中的资本，因为绿色水产品的生产与周围的环境有着密不可分的关系。因此，蟹场的建立远离工厂（特别是化工系列的）如造纸厂、农药厂、化肥厂等污染水质资源和污染大气的有害有毒的工厂。环境的好与坏是决定蟹场生存与破产的关键。那么当蟹场建成就必须营造优美的自然的生态养殖环境，使之蟹场建成后，能养殖符合国家绿色安全食品标准的优质水产品，供应市场，取得最佳蟹业经济效益。

二、蟹场的整体规划和合理设置

蟹场的建造应根据不同生产经营目的渔场的鱼池和配套设施与布局是不同的，但不管是哪一类蟹场在进行规划时都应以因地制宜，切合实际，布局合理，实用与经济效益结合为原则。

1. 蟹种场的整体规划和合理设置

（1）蟹池种类规划配套比例，池塘面积与陆地面积为 7：3，蟹场亲蟹池规格为 5~6 亩，长方形，蟹种池规格为 3~4 亩，长方形、方向均为东南，蟹场亲蟹池面积应根据本地区养殖商品蟹的水面积和扣蟹苗种最佳覆盖率进行市场调研来确定。建立千亩蟹场，一般亲蟹池面积应占水面积的 10%~15%，如果主要以生产扣蟹苗种出售的良种场比例可提高一些。因为良种场所繁殖生产的大眼幼体均为良种销售的量是肯定高于一般扣蟹苗种场所生产的大眼幼体，如江苏省淡水水产研究所的良种中华绒螯蟹“长江 1 号”繁殖良种基地。因此，池的亲蟹培育池塘比例占总面积的 15%，高于一般蟹种场的比例。同时，又要建设供亲蟹繁殖的配套设施和设备，苗种培育池面积是总面积的 70%~85%。

（2）附属设施的配套，蟹场的排灌系统多采用沟渠，其优点是便于管理，缺点是占地多，用管道埋于地下可节省土地，但检修困难，价值高。蟹场的渠系可分为引水渠、总渠、干渠和支渠等。但排灌水渠必须严格分开，四周要有排水系统，排灌系统建造的基本要求是畅通无阻，使用方便，有利于池塘排灌顺利发展生产活动。

蟹场根据需要可配备排灌、增气、加工、清塘、自动投饵和运输等设备，以满足生产上要求。

蟹场的房屋建设，可分为办公室、会议室（技术培训室）、科技实验室、生产管理部、财务部、营销部、仓库、饲料加工房、泵房、配电房、工厂化孵化房、职工住宅楼、文化娱乐楼、多种经营楼等，但这些不同种类的房屋应根据资金状况，发展需要等进行建造和安排。

蟹场内营建有实用、美观的道路，主干道要求平直、宽阔，一般纵横全场或环场一周，而蟹场间堤埂部分即为支道，道路之间相互连通，直达鱼池，承担起全部运输任务。

2. 商品蟹场的规划设置

专业生产绿色商品蟹的蟹场通常有两类蟹场：一类是蟹种池，主要培育大规格蟹种以供本场商品蟹养殖之用，蟹场自己生产绿色扣蟹蟹种可为养殖绿色商品蟹奠定良好的基础。因本场培养的绿色扣蟹蟹种质量是无菌无病、抗病能力强，养殖绿色商品蟹优质安全、饲料系数低、其面积可占该场总水面积的80%以上。商品蟹场的池塘规格：扣蟹蟹种池塘3~5亩，商品蟹池塘为10~50亩。蟹场配套一定面积水生动植物培殖基地，培殖水生动植物可作为河蟹不可缺少的鲜活动物、植物饵料，可节约大量的人工配合饲料，减低饲料成本。

3. 休闲蟹业的规划和设置

休闲蟹业通过对蟹业资源、环境资源和人力资源的优化配置和合理利用，把现代化蟹业和休闲、旅游、观光及蟹业文化的传授，有机结合和转移。

（1）休闲蟹业的模式规划。应把生产经营、休闲垂钓、渔区生产体验型、水族展示型等四种类型的区域位置都应科学规划合理布局。

（2）休闲蟹业的规划要求。

①与当地国民经济发展相协调：以常州地区为例，近年来国民经济持续快速增长，居民的消费总量、消费结构、消费方式和消费观念上出现了一些新的变化，呈现出生存型消费向享受型，服务型消费升级的趋势。人们生活由温饱打的小康，向营养和娱乐的追求日趋强烈，同时更渴望回归大自然、观赏类的休闲蟹业可以满足这方面的要求，目前金坛区有25家水上餐厅，各自有养殖河蟹的网围面积，可供游客开展一般捞蟹活动的场所，促使游客能真正品到自己捞上的长荡湖优质蟹，同时增加游客对品蟹的情趣；这样可增加养殖河蟹经济效益，其一亩蟹池利润达5 000元左右，是传统养殖的2倍。

②与蟹业产业结构调整相适应：随着蟹业产业结构的调整，改变蟹业传统的单一生产功能，发展蟹业产前、产后环节，以蟹业生产来促进相关制造业、食品加工业、旅游服务业的发展。如常州市金坛区投资与休闲蟹业的各类资金，较为集中，投入在垂钓、餐饮、服务、观光一体化经营设施。特别是餐饮以水产品为主的餐饮业发展增加了当地养殖户的收益，而且提高当地绿色红膏蟹的知名度，人文精神得以大大提高。

③与当地的自然资源和产业条件相结合：常州地区的资金、技术优势，有助于建设蟹业示范区，为全国的蟹业生产进一步做出贡献，而且常州已具备了一定的基础，已建成一批现代蟹业示范区，促进了区域优势的形成。如常州长荡湖南管区、常州长荡湖东管区、水街、水上餐厅，迎来了一批蟹业休闲园区建设，不但揭开了休闲蟹业发展的序幕，也使人们对休闲蟹业活动得以提升，类型更加丰富，推动了休闲蟹业的启动与发展。

④提供形式多样、特色鲜明、个性化的服务：休闲蟹业的规划要根据不同目标研究的需要来设计形式多样，特色鲜明，个性化的项目，满足不同消费层次的需求，利用万倾碧波长荡湖生态水域环境，放养高品质的蟹种，养殖绿色

优质大规格红膏蟹，充分显示绿色优质大规格红膏蟹质量安全的特色；而一些养殖场则可面向大众提供组织经济型的消费。休闲渔业的项目可以有多种形式，在规划设计时要避免雷同，每个项目可有其特色，如可以环境优美为特色，红膏蟹质量安全为特色；也可以餐饮美味为诱惑，还可以项目刺激或参与成功为吸引。总之，在规划设计前必须作充分的市场调查，确定自己的目标顾客，了解顾客需求，才能取得良好的效果。如江苏常州长荡湖就以优美生态水域环境，放养高品质的蟹种养殖，以优质商品蟹（红膏蟹）加工菜肴的餐饮每位试尝来吸引游客，来自上海、杭州、南京、苏州和无锡等地的游客，以及全国每年来常州长荡湖休闲旅游区观光的顾客，有 200 多万人次，已成为当地经济建设的一个亮点，既满足了消费者的需求，又在节假日提供了一个旅游休闲的好去处。

第三节　蟹场的经营战略选择

一、蟹场发展多层组织战略是蟹场一个极其重要的问题

作为蟹场的一切生产经营活动就是农业企业的经营战略。也就是蟹场所有的经营活动的方略和策略，以及蟹场经营活动所采取的方式、方法和手段等，当然也包括了它们之间的有效组合。由此可见，蟹场经营战略实际上就是蟹场经营活动的纲领。正是因为如此，蟹渔场经营战略选择，就是一个极其重要的问题，具体来说，渔场战略的重要性，主要表现为下述的几个要素：

1. 蟹场经营战略是决定蟹场经营活动成败的关键性因素

也就是说：决定蟹场经营成败的一个极其重要的问题，就是看蟹场经营战略的选择是否科学，是否合理。或者说，蟹场能否实现高效经营目标，关键就在于对经营战略的选择，如果经营战略选择失误，那么蟹场的整个经营活动就必然会满盘皆输。所以，蟹场经营战略实际上决定蟹场经营活动的一个极其关键的和重要的因素。我国的一些国有蟹场、集体蟹场之所以在发展中发现大问题，甚至破产就是因战略选择失误，如江苏省溧阳市水产养殖场 1991 年投资上百万元在长荡湖网围养殖河蟹 1 000亩水面积，作为市级菜篮子工程，当时资金是借贷资金投入不足，蟹种商品蟹养殖不配套，开发的养殖面积是长荡湖管委会的，是租赁的，不能变成企业的资产，1991 年遇上百年洪灾后，网具被冲垮。就无法进行养殖商品蟹。因为网具被洪水冲垮后，又没有资金再投入建设网围，就失去养殖河蟹基地。当时的江苏省溧阳市水产良种场因而面临破产。借贷资

金无法偿还本息，职工连续两年没有工资。这就充分说明，一个（蟹场）企业经营战略的选择失误。

2. 蟹场经营战略就是企业实现自己的理性目标的前提条件

也就是说，蟹场为了实现自己的所谓生存、盈利、发展的理性目标，就必须要首先选择好经营战略。经营战略如果选择不好的话，那么最后的结果就可能是蟹场的理性目标难以实现。目标有赖于战略，战略服务于目标，这是贯穿于镇村场的全部经营活动的一个重要规律，因而蟹场经营是蟹场目标得以实现的重要保证。我国的那些能够有效实现自己理性目标的蟹场，往往都是经营战略选择比较科学的蟹场；而那些难以实现自己理性目标的渔场，则往往因为经营战略选择失误。如溧阳市水产良种场经营战略选择，该场基地在湖区就是以养殖绿色商品红膏河蟹作为理性目标，通过从 2000 年实施江苏省海洋与渔业局三项更新工程为基础，经过 5 年的生产经营所产生的经济效益、社会效益和生态效益是最佳的。实践证明，该场所选择的这一经营战略是正确的。

3. 蟹场经营战略是蟹场长久地高效发展的重要基础

也就是说，要长久高效发展，一个极其重要的问题，就是要对自己的经营战略做出正确的选择，如果经营战略选择失误了，那么其结果是：即使是蟹场在某一段时间里具有较强的活力，但是最终都很难成为百年老场，只不过是一种过眼烟云式的短命蟹场。

在现实经济生活中，不少渔场之所以在发展中失败了，一个极其重要的问题，就是因为它们的经营战略选择失误了，经营战略失误导致了蟹场的衰亡。例如：长江流域的少数镇村集体性质的蟹场，选择经营战略是租赁农村农民的土地为 10 年建立蟹场，蟹场选择在水源不充足的农田建立商品蟹养殖基地。结果该蟹场最后失败的一个极其重要的原因，就是因为经营战略选择的失误。本来它是镇村农民从事种植粮食作物的基地，但最后被选择为建蟹场的位置，不符合经营的要求，最终由于经营战略选择失误，使得这样一个镇村级河蟹养殖基地在很短的实践中就很快垮台了。

4. 蟹场经营战略是蟹场充满活力的有效保证

在蟹场经营活动中，蟹场具有活力的一个关键性因素，就是要有效地发挥它的比较优势，而比较优势的发挥，则在于自己对经营战略的选择，即在经营战略中充分体现自己的比较优势。也就是说，一个蟹场到底有什么样的比较优势，就应该发挥自己的这种比较优势，在经营战略中充分体现自己的这种比较优势。如果一个蟹场选择了不能体现自己比较优势的经营战略，那么这个蟹场最后肯定就会倒闭，根本谈不到高效发展的问题。

由此可见，经营战略的选择，实际上是蟹场对自己的比较优势的选择，只有对自己的比较优势选择好了，那么这蟹场才能充满活力，因而我们说经营战略是企业活力的有效保障。例如，江苏省溧阳市水产良种场，在1998年以前它的经营战略选择的不是具有一定优势的产业，养殖常规商品成鱼，因为渔场场址在长荡湖畔，堤埂建设比较薄弱，抗洪水能力较差。再加上近几年常规商品鱼市场价格下滑，饲料价格上涨，利润率较低，资本积累不雄厚。1999年遇上洪水明显，该场效益下滑。而从2000年开始，该场选择从低产鱼池改造成特种养殖基地实施中华绒螯蟹生态养殖，因为长荡湖有着丰富水生动植物资源，在长荡湖畔的滩涂基地营造生态养殖环境，这就是该场资源的比较优势，再加上特种养殖（中华绒螯蟹）在市场需求间又有着它的比较优势。该场选择养殖绿色大规格优质河蟹，在上海市、苏州市、无锡市、常州市、杭州市和香港地区等大中城市有一定的优势，在国际市场同样也有优势，河蟹每年从无锡市鸿源食品进口有限公司远销日本、韩国和新加坡等国家，取得了最佳经济效益，养殖绿色大规模优质河蟹已成为该场的经济主体。

5. 蟹场经营战略是蟹场及其所有蟹场员工的行动纲领

一个蟹场的负责人按照什么准则来安排蟹场的日常经营活动？只能是依据蟹场经营战略。蟹场日常经营活动需要服从自身的经营战略，任何人都不能随意更改蟹场已经决定的经营战略。由此可见，如果蟹场没有一个作为行动纲领的经营战略，那么就会出现蟹场领导人拍脑袋瓜，随意改变蟹场的经营活动的情况，从而使得蟹场的经营活动没有一个有效的良好约束。

因此，蟹场只要有了一个很好的经营战略，使得所有的人都能按照经营战略安排自己的日常经营活动，从而才能保证蟹场既充满活力，又能够有序发展。正是从这个意义上讲，我们强调蟹场经营战略实际上是蟹场的行动纲领。如江苏省溧阳市水产良种场1999年洪灾后，该场的战略选择，是实施绿色大规格优质河蟹生态养殖战略。当时有部分员工，认为实施该工程作为不大，效应不好，有疑虑。当实施该课题即将启动时，有疑虑的部分员工不理解，使得该战略不能顺利实施，就要造成严重损失，这时该场负责人明确作为蟹场经营战略选择后，任何人都不能随意更改已决定的经营战略决策，从通过耐心细致的思想工作，使得该战略顺利实施。通过几年的努力，该战略实施起到了科技示范带动作用，目前该场的6 337.80亩特种养殖基地已建立省级绿色大规格优质河蟹基地4 000亩，该场“可康可鲜”牌河蟹养殖的经济效益是原来常规养殖的9.6倍。该场的实践表明，当蟹场经营战略选择后，蟹场负责人全面负责统一协调贯彻，应变为蟹场所有员工统一的行动纲领。只有这样，才能保证蟹场既充满活力，又能有序发展。

总之，从上述几个要点可以看出，蟹场经营战略的选择是蟹场高效发展的一个极其重要的问题，经营战略的选择直接涉及蟹场成败。是决定渔蟹场兴衰的一个关键性因素。因此，无论是研究蟹场的人，还是经营蟹场的人，甚至是那些想了解蟹场问题的人，都应该对蟹场经营战略问题有一个全面深刻的把握。对蟹场的经营战略作出最优选择。

二、蟹场发展经营战略的形成机制

一般来说，蟹场战略实际上包括三大组成部分：蟹场战略的形成机制、蟹场战略的内容、蟹场战略的实现机制。这三大构成部分是内在地紧密联系在一起的，是相互相存和相互作用的，因而它们是有机的统一体，缺一不可，谈不到哪个重要，哪个并不重要的问题。但是从蟹场体系构成的遵循顺序来看，当然首先要涉及的是蟹场战略的形成机制，因为只有良好的蟹场战略的形成机制，才能有科学的蟹场经营战略，才能谈到蟹场战略的内容问题，从而做到如何实现蟹场的发展战略。因此，首先要确定构成蟹场战略的形成机制。

蟹场战略的形成机制与工业企业的形成机制其实是一样的，一个蟹场的一切经营活动也同样涉及许多方面的内容，但是最为重要的是要确定制定蟹场战略的原则。可以说确定制定蟹场战略的原则，是蟹场战略形成机制的最为关键的内容。也就是说，为了保证蟹场经营战略的科学性及可操作性，能使蟹场经营战略起到应有的作用，在制定蟹场经营战略的过程中，有些原则是蟹场必须要坚持的。一般谈到制定蟹场经营战略，所要遵守的原则有以下几个内容：

1. 可持续发展原则

即在制定蟹场经营战略的时候，必须要考虑蟹场的可持续发展问题，实际上蟹场的可持续发展是强调四个更新：技术更新、品种更新、体制创新和产业创新，可持续发展实际上主要做好四个“新”字的文章。

2. 量力而行原则

即蟹场经营战略的制定必须要考虑蟹场经营战略的制定必须要考虑蟹场的承受能力问题，因为在一定时期内，蟹场在人才、资金、资源和体制等方面都有承受能力的限度。经营战略的制定千万不能超过蟹场的承受力，超过蟹场承受力的战略都不是好战略。尽管制定了一个很辉煌的战略，但最后的结果是蟹场根本承受不了，这种战略只能加速蟹场死亡，而不会保持蟹场快速发展，所以必须坚持量力而行原则。

3. 比较优势原则

在制定蟹场经营战略时，一定要分析蟹场的比较优势在哪里。一定要把蟹场的比较优势搞清楚。例如一个蟹场水资源优质，生态环境优美，就是该场的比较优势，那么，就根据该优势制定经营战略。充分发挥该场的资源，使环境优势取得最佳的效果，这就体现了比较优势的原则。

4. 规模经济原则

规模经济原则有时也叫规模原则。所谓规模经济原则，就是指在蟹场经营战略的设计师，一定要考虑规模经济或经济的问题。如果不考虑规模经济的要求，那么这个蟹场的经营战略是可能失误的。我国许多蟹场的亏损就是因为达不到规模经济的要求。比如说江苏省苏北地区海边国有农口企业（小三场）唯一的蟹种场，养殖面积一般都在 300 亩左右，其中一部分亲蟹池，一部分是蟹苗池，极小一部分是商品蟹池，根本不能形成生产规模，连年亏损，依靠财政补贴过日子，这就是规模不经济，因而蟹场同样要注重规模经济。

5. 流动性原则

所谓流动性原则，就是指在制定蟹场经营战略中要考虑到蟹场在整个发展过程中的流动性的问题，不能使蟹场的流动性太差，因为蟹场的流动性太差时往往是出现问题的。尤其是在这种条件下，水资源受到污染时，可能蟹场防风险的能力就很差。所以在整个发展战略的设计上都要考虑到流动性的原则。例如，我国原有的小蟹场水面积较少。向外部发展时，承包、租赁、开发资源时，就应考虑流动性，在签订协议时，必须在合同中载明，当水资源污染时终止合同，并提出投资资金补偿等一系列的问题，理性选择资源丰富，水质优良的区域重新开发，增强防风险力量。

6. 务本性原则

所谓务本性原则，就是指我们在蟹场经营战略的设计上不能离开蟹场这两个字，尤其在蟹场经营战略上要考虑对蟹场的非蟹场目标的限制问题，在蟹场经营战略设计的时候这一点是很重要的。本来是蟹场，制定的是蟹场的经营战略目标，但是结果有人往往在其中设计出非蟹场目标。一个蟹场目标与非蟹场目标的有效组合问题。非蟹场目标就是我们讲的所谓社会期望和个人情结问题。比如说，在蟹场项目投资中，谈到投资量的时候往往提出来应该拿出多少用于非蟹场目标的方面，所以务本性的原则一定要强调。

有的蟹场遇到这种情况，例如在设计它的某个项目的时候，本来是需要 200 万资金，但是往往它不拿出 200 万资金来设计。非要扣 50 万资金用于别的方面，即用在非蟹场目标方面。据说，现在为了蟹场为了发展，非生产的社会成本很高，需要留出一部分钱来用于社会成本支出。这就是对社会等方面期望过高了，所以这是一定要强调务本性原则。在实际工作中一个蟹场的负责人，把蟹场干亏损了，在实际中就什么都不是。例如，一个蟹场负责人由于经营不善企业倒闭，经验总结得再好也没有用。一般来说蟹场搞不好，蟹场负责人的社会价值就会下降。因此，务本性原则是制定蟹场经营战略中一定要强调的原则。

7. 开放性原则

这种开放性原则实际上强调的就是蟹场在制定经营战略中，要消除一种不好倾向，即狭窄的经营战略就是养殖水产品。其实，蟹场的经营战略应从几个方面考虑，蟹场经营战略可考虑制定一产的养殖；二产的水产品加工；三产的蟹业休闲旅游服务，中外合作合资特种水产品的流通等。特别是新兴发展的私营蟹场的经营和思路战略设计方案中经常会遇到的问题。

有的蟹场负责人思路和思维根本不具有开放性，给这种蟹场设计出来的方案往往开始实施时，人们都不能接受，原因不是方案不行，而是这些蟹场的负责人自己不具有开放性的理念，这种经营战略一出台就会遭遇困境。因此，务必坚持开放性原则，才能制定出蟹场新的发展战略，确保蟹场发展有着强有力的生命力。

8. 动态性原则

动态性原则就是指在蟹场战略的设计中一定要把未来预期搞好。就是对未来的预期一定要搞清楚。这里所讲的预期，就是对未来整个蟹场的发展环境以及蟹场内部本身的一些变革，即要有科学的预期性。一般来讲，蟹场在经营战略上的频繁调整是不行的，就蟹场经营战略来讲，5 年是一个周期。如果刚刚订出来马上修改，则说明在制定蟹场的经营战略中没有考虑到预期动态和长期发展兼顾的问题，这对蟹场未来发展是有极大影响的。

众所周知，在我国国民经济发展过程中，农业是一个基础产业，是解决 13 亿人口吃饭问题的，不言而喻，水产业也是农业的一部分，水产品市场地位是随着全国城乡居民生活水平提高而不断壮大的，即由原来传统消费观念向现代消费观念转变，这就是蟹业发展动态变化。在制定蟹场的经营战略时既要考虑到什么样的水产品在什么季节在市场占有多少份额，也要考虑水产品消费市场不同区域位置也有不同的动态变化。因此，在制定蟹场经营战略时都应加以考虑，否则制定的蟹场经营战略，开始实施一段时间后就得调整。实际上动态性原则既强调预期，也强调蟹场的动态发展。蟹场在大体上判断正确的条件下，做一点战略调整是应该的。这个调整是小部分的调整而不是整个战略的调整。

这就要求有动态性原则。

从中国蟹业经济发展的状况看，制定蟹场经营战略反复强调的内容就是上述八个原则，也就是在为蟹场制定经营战略的时候，一定要坚持这八个方面的原则，始终按照这样八个原则来制定的战略，我认为这就是一个比较完整的或者说是比较科学的经营战略，该蟹场的发展是适合我国社会主义市场经济发展进程的。

三、生产计划编制

蟹场生产计划可分为年度计划和阶段计划。生产计划的基本内容应包括：生产指标（质量指标、数量指标）、生产任务、成本预算、资金运用、销售计划及利润指标等。编制生产计划一般应遵循其原则。

第一，编制计划应建立在充分调查研究的基础上不能凭空想象。生产计划必须与蟹场的长期发展计划及总体计划相互配套，与国家的宏观政策及科学的发展观相适应。

第二，积极可靠，留有发展的空间。计划应当是通过努力能实现，并能完成的。同时也应充分考虑到各种不利因素对计划实施的影响，特别是水产业，有许多自然病原体等。因此，计划必须留有余地，以确保在不利条件下也能实现和完成。

第三，充分学科利用蟹场自然资源、人力资源、天然资本、财力资本以最低的生产投入获取最好的经济效益、社会效益和生态效益。

第四，与市场需求、市场价格及蟹场的储蓄能力相结合，以期达到市场需求量最大化、市场价格合理化和产品利润最大化的有机结合，从而达到生产的水产品质优价廉，市场供不应求，利润率不断提高和良性循环互动。

第五，全面安排、统一调配，保证社会效益和经济效益相结合，在生产安排资金运用上要分清主次，不能平均使用，提高资金使用周转率，达到资金使用利益最大化。

四、养殖经营、管理

生产管理的目的就是全面完成生产计划和各项经济技术指标。生产管理必须毫不含糊地确定蟹场的一切工作服从于这一目的，而生产管理的中心任务就是努力提高经济效益。

1. 蟹场生产管理的基本任务

(1) 建立整体生产管理体系。例如，一般大型蟹场应包括下列生产体系：

亲蟹引进、培育、选育、繁育生产体系；商品蟹生产体系；饲料生产及配套体系；行政技术管理体系；营销体系；后勤保障体系等。只有形成不同的生产体系，才能进行有序高效的生产分工及管理。

（2）建立有效的生产管理机构。生产管理机构应包括决策指挥、贯彻执行、认真监督和信息反馈四个方面的职能，要使这四个职能与生产管理体系有机结合起来并高效地运转，就必须以决策指挥为中心形成连续封闭的回路。

（3）选择好指挥生产的主要干部。作为直接指挥生产的主要干部，必须认真学习新知识、新技术；必须既是懂管理，又是懂科技，还具备较强工作责任心和创新精神和综合素质较高的能认真分析并及时处理生产中出现的各种问题的复合型人才。

（4）必须建章立制。制定好渔场管理规章制度，对生产过程进行规范化管理，以相应的规章制度为基础，服从蟹场的一切管理工作，即财务管理制度、物资管理制度、岗位责任制、激励机制的奖赔制度、保存技术资料和饲养台账记录制等。

2. 蟹场生产管理的工作细则

（1）生产准备。包括拟定具体养殖模式，确定其养殖范围规模及养殖种类；科学合理安排生产布局，预测每座蟹池使用比例和使用时间及周期。搞好整理养蟹设施的改造、清理、整修并准备生产中所需的各类物质；筹集流动资金，建立生产配套体系；科学合理安排和协调各个生产环节和班组及人员的劳动分工与协作，确定劳动定额和制定科学合理的工效挂钩，资本投入的效益分配制度等方面。

（2）组织生产。包括安排并检查生产中的各项工作，首先要建立以科研为示范基地，以科研示范带动全场的蟹业生产，其次还要通过生产调度及生产协作实现生产过程的组织及管理。根据生产需要合理调配和使用劳动力；检查调节物资供应情况；检查生产计划地执行情况，尤其要及时、全面、准确地贯彻制定相应技术措施；根据季节变化适时地安排繁殖生产及苗种成鱼生产；注意水质调控防病治病，安全文明生产；严格进行固定资金和流动资金的管理，尽量延长生产用房、排灌设备的使用寿命并注意及时维修，尽可能加快资金周转速度等。做到组织管理科学、高效、安排合理、生产连续、不失时机和产品生产保质保量均衡上市。

五、成本核算与效益分析

进行成本核算首先要编制经济核算计划，可根据食用蟹和蟹种收入统计各蟹池及蟹场的毛产值；其次进行产品成本计算，根据养蟹成本支出计划（包括蟹种、饲料、肥料、药物、水电费、工资、蟹池改造费、固定资产折旧以及管理费用等）统计各蟹池及蟹场支出数量，作为成本定额；最后根据各蟹池及蟹场实际收入和支出，计算出净产值，成本利润率，全员平均利润率。并分析其高低的原因。

蟹场的利润指标是进行效益分析的基础，通常利润指标有利润总额和利润率两个指标。利润率一般用 4 种方法表示：

$$\text{成本利润率（\%）}=\frac{\text{产品销售利润}}{\text{产品销售成本}}\times 100$$

$$\text{产品利润率（\%）}=\frac{\text{产品销售利润}}{\text{总产值}}\times 100$$

$$\text{资金利润率（\%）}=\frac{\text{产品销售利润}}{\text{固定资产净产值}+\text{流动资金}}\times 100$$

$$\text{全员平均利润率（\%）}=\frac{\text{产品销售利润}}{\text{年末平均职工总人数}}\times 100$$

确认一个养殖场企业（蟹场）的管理水平、技术含量营销能力和综合管理水平高低，只要通过分析亩养殖水产品质量、产量、养殖周期、产值指标、成本指标、肥料系数指标、经营利润指标等，就可以评价蟹场的养殖及科技管理水平，评价蟹场的经营管理水平和经营成效。也只有通过绩效分析才有利于总结经验，改进管理工作，促进渔场的商品化生产进一步发展，达到增产、增收和增效的目的。

六、蟹产产品的营销策略

1. 蟹产产品的营销特点

（1）季节性很强。一般蟹苗生产每年年初、年底蟹苗价格相差好几倍；商品鱼蟹目前大都集中在每年 10—11 月以后上市，故年底价格会比年初相差很多。因此，能抢先上市或根据时机在最佳季节上市，每年元旦（12 月）春节价格无疑会占优势。

（2）蟹规格价格差较大。蟹产品无论苗种还是商品蟹品种间价差都很大，有的相差几倍乃至几十倍，养殖优质的大规格红膏河蟹技术含量高，确定养殖商品成蟹规格非常重要，如能不断用商品成蟹规格质量占领这个优势市场的空间，就可获得较普通蟹销售利润丰厚很多的报酬，但也应注意商品红膏河蟹养殖的生态水域环境要求高和技术要求较高以及资金投入较大的问题，必须依据各种要素开展试养工作，但在试养中必须根据自己蟹场资源技术和资金投入量力而行，提高抗风险能力。

（3）以经销鲜活蟹产品为主。蟹产品是典型的鲜活易腐烂的商品，只有保持鲜活特性时才好销售价格好。一方面我国消费者有膳食鲜活蟹的习惯，另一方面冰蟹和活蟹占有较大的差价，往往蟹产品在流通过程中损失的冰蟹和活蟹差价相当悬殊的，所以保证活蟹产品的鲜活销售是非常重要的。

（4）不同地域间价格差较大。由于我国地域辽阔，各地区淡水养蟹条件和人们对蟹产品的消费喜好有较大的差异，因而各地区蟹产品的价格差异较大。例如，2010 年江苏省长荡湖大规格红膏河蟹价格 250 元/kg，而江苏省苏北大规格蟹价格 150 元/kg。因此，可以开展异地差价营销，利用运输优势将商品蟹运往价格较高的地区销售，从而扩展市场并提高经济效益。

2. 绿色蟹产品销售的方式

绿色蟹产品的销售树立质量与品牌的意识，真正认识品牌是蟹场的无形资产，它在流通销售中会给蟹场带来更大的市场及效益。这就说明在销售中体现出的不仅生产过程是一个环节，销售也是一个重要环节，也是渔场获取利润和收回投资的重要阶段。绿色优质蟹产品在销售时必须注意要用有保鲜、保活措施的运输工具（无污染），同时也要对市场预测，研究市场的需求，采取灵活多样的经营方式。例如，江苏省溧阳市长荡湖水产良种科技有限公司树立品牌意识，1998 年就注册“可鲜可康”商标，建立省级绿色出口基地，养殖的大规格优质红膏河蟹质量符合国家绿色食品标准，国际通行农产品质量安全标准。市场需求，经济效益提升，从而显示了养殖大规格红膏河蟹与质量安全有着经济效益高的目标。同时，参与国内市场的竞争，参加上海市、常州市、南京市和香港特别行政区等地大型水产品推介会，宣传和介绍自己的水产品，目前该场水产品直销上海市、杭州市，并已取得实行免检的绿色水产品标识。从而达到市场的需求和提高生产者的经济效益。

蟹产品流通渠道很多，市场活跃，常见的销售方式在以下几种。

第一，蟹场自行组织销售，为此可以建立自己的网站，通过网络介绍自己产品、质量、数量、规格、价格、供货时间、地点、上门采购和送货上门等一系列供货渠道的宣传。

第二，蟹场可在商业区域人口稠密的区域及中等城市以上地区，设立门市部或销售点，在城乡建立直接出售自产无公害水产品的门店。

第三，蟹场与有关商业部门或绿色蟹产品加工企业签订定购或包干购售合同，建立蟹场与销售、加工部门订单养殖合同。

第四，蟹场与宾馆饭店、旅游度假区（自捞、食用两个方面）、企事业单位大型农贸市场签订供货协议或联合经销合同。

第五，通过水产品交易市场和贸易栈试行议购、议销，随行就市。

第六，通过个体商从事长途贩运，或在集市上设摊零售，以及运销专业户代售等。同时，可建立基地加电商运行机制，从而降低营销成本，增加利润。

总之，蟹场应在产品营销过程中，以建立市场需求为中心，认真分析，掌握市场发展变化规律，提高自身的应变能力，及时做好调整生产中的品种、规格、数量和质量，能随时向市场供应无公害优质水产品，满足市场的需要，消费者认同，在营销渠道间建立一个长效机制，以获得最佳产品质量安全效益、经济效益、生态效益和社会效益。

参考文献

REFERENCES

陈维新 . 1990. 农业环境保护［M］. 北京：中国农业出版社 .

陈明耀 . 1998. 生物饵料培养［M］. 北京：中国农业出版社 .

刁治民，周富强，高晓杰，等 . 2008. 农业微生物生态学［M］. 成都：西南交通大学出版社 .

郭本恒 . 2004. 益生菌［M］. 北京：化学工业出版社 .

凌熙和 . 2001. 淡水健康养殖技术手册［M］. 北京：中国农业出版社 .

彭仁海，张丽霞，张国强 . 2007. 淡水名特优水产良种养殖新技术［M］. 北京：中国农业科学技术出版社 .

潘洪强 . 2002. 中华绒螯蟹生态养殖［M］. 北京：中国农业科学技术出版社 .

潘洪强 . 2005. 无公害淡水鱼养殖实用新技术［M］. 北京：中国农业科学技术出版社 .

潘洪强 . 2006. 无公害河蟹标准化生产［M］. 北京：中国农业出版社 .

舒妙安，林东年 . 2006. 名特水产动物养殖学［M］. 北京：中国农业科学技术出版社 .

田大伦 . 2006. 高级生态学［M］. 北京：科学出版社 .

王克行 . 1996. 虾蟹类增养殖学［M］. 北京：中国农业出版社 .

肖克宇等 . 2005. 水产动物免疫与应用［M］. 北京：科学出版社 .

杨洪，邵强等 . 2005 年 . 淡水养殖水体水质的调控和管理 . 北京：中国农业科学技术出版社 .

殷名称 . 1993. 鱼类生态学［M］. 北京：中国农业出版社 .

湛江水产专科学校 . 1979. 淡水养殖水化学［M］. 北京：农业出版社 .

周顺伍 . 1995. 动物生物化学［M］. 北京：中国农业出版社 .

赵文 . 2005. 水生生物学［M］. 北京：中国农业出版社 .

中华人民共和国农业行业标准 NY/T 755—2013《绿色食品 渔药使用准则》

附录 A
(规范性附录)
A 级绿色食品预防水产养殖动物疾病药物

A.1 国家兽药标准中列出的水产用中草药及其成药制剂

A.2 生产 A 级绿色食品预防用化学药物及生物制品

表 A.1 生产 A 级绿色食品预防用化学药物及生物制品目录

类别	制剂与主要成分	作用与用途	注意事项	不良反应
调节代谢或生长药物	维生素 C 钠粉 (Sodium Ascorbate Powder)	预防和治疗水生动物的维生素 C 缺乏症等	①勿与维生素 B_{12}、维生素 K_3 合用，以免氧化失效；②勿与含铜、锌离子的药物混合使用	
疫苗	草鱼出血病灭活疫苗 (Grass Carp Hemorrhage Vaccine, Inactivated)	预防草鱼出血病。免疫期 12 个月	①切忌冻结，冻结的疫苗严禁使用；②使用前，应先使疫苗恢复至室温，并充分摇匀；③开瓶后，限 12h 内用完；④接种时，应作局部消毒处理；⑤使用过的疫苗瓶、器具和未用完的疫苗等应进行消毒处理	
	牙鲆鱼溶藻弧菌、鳗弧菌、迟缓爱德华病多联抗独特型抗体疫苗 (Vibrio alginolyticus, Vibrio anguillarum, slow Edward disease multiple anti idiotypic antibody vaccine)	预防牙鲆鱼溶藻弧菌、鳗弧菌、迟缓爱德华病。免疫期为 5 个月	①本品仅用于接种健康鱼；②接种、浸泡前应停食至少 24h，浸泡时向海水内充气；③注射型疫苗使用时应将疫苗与等量的弗氏不完全佐剂充分混合。浸泡型疫苗倒入海水后也要充分搅拌，使疫苗均匀分布于海水中；④弗氏不完全佐剂在 2～8℃ 储藏，疫苗开封后，应限当日用完；⑤注射接种时，应尽量避免操作对鱼造成的损伤；⑥接种疫苗时，应使用 1ml 的 1 次性注射器，注射中应注意避免针孔堵塞；⑦浸泡的海水温度以 15～20℃ 为宜；⑧使用过的疫苗瓶、器具和未用完的疫苗等应进行消毒处理	

（续表）

类别	制剂与主要成分	作用与用途	注意事项	不良反应
疫苗	鱼嗜水气单胞菌败血症灭活疫苗（Grass Carp Hemorrhage Vaccine，Inactivated）	预防淡水鱼类特别是鲤科鱼的嗜水气单胞菌败血症，免疫期为6个月	①切忌冻结，冻结的疫苗严禁使用，疫苗稀释后，限当日用完；②使用前，应先使疫苗恢复至室温，并充分摇匀；③接种时，应作局部消毒处理；④使用过的疫苗瓶、器具和未用完的疫苗等应进行消毒处理	
	鱼虹彩病毒病灭活疫苗（Iridovirus Vaccine，Inactivated）	预防真鲷、鰤鱼属、拟鲹的虹彩病毒病	①仅用于接种健康鱼；②本品不能与其他药物混合使用；③对真鲷接种时，不应使用麻醉剂；④使用麻醉剂时，应正确掌握方法和用量；⑤接种前应停食至少24h；⑥接种本品时，应采用连续性注射，并采用适宜的注射深度，注射中应避免针孔堵塞；⑦应使用高压蒸汽消毒或者煮沸消毒过的注射器；⑧使用前充分摇匀；⑨一旦开瓶，一次性用完；⑩使用过的疫苗瓶、器具和未用完的疫苗等应进行消毒处理；⑪应避免冻结；⑫疫苗应储藏于冷暗处；⑬如意外将疫苗污染到人的眼、鼻、嘴中或注射到人体内时，应及时对患部采取消毒等措施	
	鰤鱼格氏乳球菌灭活疫苗(BY1株（Lactococcus Garviae Vaccine，Inactivated）（Strain BY1）	预防出口日本的五条鰤、杜氏鰤（高体鰤）格氏乳球菌病	①营养不良、患病或疑似患病的靶动物不可注射，正在使用其他药物或停药4日内的靶动物不可注射；②靶动物需经7日驯化并停止喂食24h以上，方能注射疫苗，注射7日内应避免运输；③本疫苗在20℃以上的水温中使用；④本品使用前和使用过程中注意摇匀；⑤注射器具，应经高压蒸汽灭菌或煮沸等方法消毒后使用，推荐使用连续注射器；⑥使用麻醉剂时，遵守麻醉剂用量；⑦本品不与其他药物混合使用；⑧疫苗一旦开启，尽快使用；⑨妥善处理使用后的残留疫苗、空瓶和针头等；⑩避光、避热、避冻结；⑪使用过的疫苗瓶、器具和未用完的疫苗等应进行消毒处理	

（续表）

类别	制剂与主要成分	作用与用途	注意事项	不良反应
毒用药	溴氯海因粉（Bromochlorodimethylhydantoin Powder）	养殖水体消毒；预防鱼、虾、蟹、鳖、贝、蛙等由弧菌、嗜水气单胞菌、爱德华菌等引起的出血、烂鳃、腐皮、肠炎等疾病	①勿用金属容器盛装；②缺氧水体禁用；③水质较清，透明度高于30cm时，剂量酌减；④苗种剂量减半	
	次氯酸钠溶液（Sodium Hypochlorite Solution）	养殖水体、器械的消毒与杀菌；预防鱼、虾、蟹的出血、烂鳃、腹水、肠炎、疖疮、腐皮等细菌性疾病	①本品受环境因素影响较大，因此使用时应特别注意环境条件，在水温偏高、pH值较低、施肥前使用效果更好；②本品有腐蚀性，勿用金属容器盛装，会伤害皮肤；③养殖水体水深超过2m时，按2m水深计算用药；④包装物用后集中销毁	
	聚维酮碘溶液（Povidone Iodine Solution）	养殖水体的消毒，防治水产养殖动物由弧菌、嗜水气单胞菌、爱德华氏菌等细菌引起的细菌性疾病	①水体缺氧时禁用；②勿用金属容器盛装；③勿与强碱类物质及重金属物质混用；④冷水性鱼类慎用	
	三氯异氰脲酸粉（Trichloroisocyanuric Acid Powder）	水体、养殖场所和工具等消毒以及水产动物体表消毒等，防治鱼虾等水产动物的多种细菌性和病毒性疾病的作用	①不得使用金属容器盛装，注意使用人员的防护；②勿与碱性药物、油脂、硫酸亚铁等混合使用；③根据不同的鱼类和水体的pH值，使用剂量适当增减	
	复合碘溶液（Complex Iodine Solution）	防治水产养殖动物细菌性和病毒性疾病	①不得与强碱或还原剂混合使用；②冷水鱼慎用	
	蛋氨酸碘粉（Methionine Iodine Podwer）	消毒药，用于防治对虾白斑综合征	勿与维生素C类强还原剂同时使用	
	高碘酸钠（Sodium Periodate Solution）	养殖水体的消毒；防治鱼、虾、蟹等水产养殖动物由弧菌、嗜水气单胞菌、爱德华氏菌等细菌引起的出血、烂鳃、腹水、肠炎、腐皮等细菌性疾病	①勿用金属容器盛装；②勿与强类物质及含汞类药物混用；③软体动物、鲑等冷水性鱼类慎用	

（续表）

类别	制剂与主要成分	作用与用途	注意事项	不良反应
毒用药	苯扎溴铵溶液（Benzalkonium Bromide Solution）	养殖水体消毒，防治水产养殖动物由细菌性感染引起的出血、烂鳃、腹水、肠炎、疖疮、腐皮等细菌性疾病	①勿用金属容器盛装；②禁与阴离子表面活性剂、碘化物和过氧化物等混用；③软体动物、鲑等冷水性鱼类慎用；④水质较清的养殖水体慎用；⑤使用后注意池塘增氧；⑥包装物使用后集中销毁	
	含氯石灰（Chlorinated Lime）	水体的消毒，防治水产养殖动物由弧菌、嗜水气单胞菌、爱德华氏菌等细菌引起的细菌性疾病	①不得使用金属器具；②缺氧、浮头前后严禁使用；③水质较瘦、透明度高于 30cm 时，剂量减半；④苗种慎用；⑤本品杀菌作用快而强，但不持久，易受有机物的影响，在实际使用时，本品需与被消毒物至少接触 15~20min	
	石灰（Lime）	鱼池消毒、改良水质		
渔用环境改良剂	过硼酸钠（Sodium Perborate Powder）	增加水中溶氧，改善水质	①本品为急救药品，根据缺氧程度适当增减用量，并配合充水，增加增氧机等措施改善水质；②产品有轻微结块，压碎使用；③包装物用后集中销毁	
	过碳酸钠（Sodium Percarborate）	水质改良剂，用于缓解和解除鱼、虾、蟹等水产养殖动物因缺氧引起的浮头和泛塘	①不得与金属、有机溶剂、还原剂等接触；②按浮头处水体计算药品用量；③视浮头程度决定用药次数；④发生浮头时，表示水体严重缺氧，药品加入水体后，还应采取冲水、开增氧机等措施；⑤包装物使用后集中销毁	
	过氧化钙（Calcium Peroxide Powder）	池塘增氧，防治鱼类缺氧浮头	①对于一些无更换水源的养殖水体，应定期使用；②严禁与含氯制剂、消毒剂、还原剂等混放；③严禁与其他化学试剂混放；④长途运输时常使用增氧设备，观赏鱼长途运输禁用	
	过氧化氢溶液（Hydrogen Peroxide Solution）	增加水体溶氧	本品为强氧化剂，腐蚀剂，使用时顺风向泼洒，勿将药液接触皮肤，如接触皮肤应立即用清水冲洗	

绿色食品渔药使用准则
附录 B
(规范性附录)
A 级绿色食品治疗水生生物疾病药物

B.1　国家兽药标准中列出的水产用中草药及其成药制剂见《国家兽药标准化学药品中药卷》

B.2 生产 A 级绿色食品治疗用化学药物

表 B.1　生产 A 级绿色食品治疗用化学药物目录

类别	制剂与主要成分	作用与用途	注意事项	不良反应
抗微生物药物	盐酸多西环素(Doxycycline Hyclate)	疗鱼类由弧菌、嗜水气单胞菌、爱德华氏菌等细菌引起的细菌性疾病	①均匀拌饵投喂 ②包装物用后集中销毁	长期应用可引起二重感染和肝脏损害
	氟苯尼考粉(Florfenicol)	防治淡、海水养殖鱼类由细菌引起的败血症、溃疡、肠道病、烂鳃病，以及虾红体病、蟹腹水病	① 混拌后的药饵不宜久置。 ②不宜高剂量长期使用	高剂量长期使用对造血系统具有可逆性抑制作用
	氟苯尼考粉预混济（50%）(Flofenicol Premix-50)	治疗嗜水气单孢菌、副溶血弧菌、溶藻弧菌、链球菌等引起的感染，如鱼类细菌性败血症、溶血性腹水病、肠炎、赤皮症等、也可治疗虾、蟹类弧菌病、罗非鱼链球菌病等	①预混剂需先用食用油混合，之后再与饲料混合，为确保均匀，本品须先与少量饲料混匀，再与剩余饲料混匀。 ②使用后须用肥皂和清水彻底洗净饲料所用的设备。	高剂量长期使用对造血系统具有可逆性抑制作用
	氟苯尼考粉注射液(Flofenicol Injection)	治疗鱼类敏感菌所致疾病		
	硫酸锌霉素(Neo-mycin Sulfate Pow-der)	用于治疗鱼、虾、蟹等水产动物由气单胞菌、爱德华氏菌及弧菌引起的肠道疾病		

（续表）

类别	制剂与主要成分	作用与用途	注意事项	不良反应
驱杀虫药物	硫酸锌粉（Zinc Sulfate Powder）	杀灭或驱除河蟹、虾类等的固着类纤毛虫	①禁用于鳗鲡 ②虾蟹幼苗期及蜕壳期中期慎用 ③高温低气候注意增氧	
	硫酸锌三氯异氰脲酸粉（Zinc sulfate & Acidum trichloroisocya－nuras）	杀灭或驱除河蟹、虾类等的固着类纤毛虫	①禁用于鳗鲡 ②虾蟹幼苗期及蜕壳期中期慎用 ③高温低气候注意增氧	
	盐酸氯苯胍粉（Robenuidinum Hydrochloride Powder）	鱼类孢子虫病	①搅拌均匀，严格按照推荐剂量使用 ②半点叉尾鮰慎用	
	阿苯达唑粉（Al－bendazole Powder）	治疗海水鱼类线虫病和由双鳞盘吸虫、贝尼登虫等引起的寄生虫病；淡水养殖鱼类由指环虫、三代虫以及黏孢子虫等引起的寄生虫病		
	地克珠利预混剂（Diclazuril Premix）	防治鲤科鱼类黏孢子虫、碘泡虫、尾孢虫、四级虫、单级虫等孢子虫病		
消毒用药	聚维酮碘溶液（Povidone Iod-ine）	养殖水体的消毒，防治水产养殖动物由弧菌、嗜水气单胞菌、爱德华氏菌等细菌引起的细菌型疾病	①水体缺氧时禁用 ②勿用金属容器盛装 ③勿与强碱类物质及重金属物质混用 ④冷水性鱼类慎用	
	三氯异氰脲酸粉（Trichloroisocy－anuras Acid pow-der）	水体、养殖场所和工具等消毒以及水产动物体表消毒等，防治鱼虾等水产动物的多种细菌性和病毒性疾病的作用	①不得使用金属容器盛装，注意使用人员的防护 ②勿与碱性药物、油脂、硫酸亚铁等混合使用 ③根据不同的鱼类和水体的PH，使用剂量适当增减	

（续表）

类别	制剂与主要成分	作用与用途	注意事项	不良反应
消毒用药	复合碘溶液（Com-plex Iodine Solution）	防治水产养殖动物细菌性和病毒性疾病	①不得与强碱或还原剂混合使用 ②冷水鱼慎用	
	蛋氨酸碘粉（Me-thionine Io-dine Pod-wer）	消毒药，用于防治对虾白斑综合征	勿与维生素C类强还原剂同时使用	
	高碘酸钠（Sodium Per-iodate Solution）	养殖水体的消毒；防治鱼、虾、蟹等水产养殖动物由弧菌、嗜水气单胞菌、爱德华氏菌等细菌引起的出血、烂鳃、腹水、肠炎、腐皮等细菌性疾病	①勿用金属容器盛装 ②勿与强类物质及含汞类药物混用 ③软体动物、鲑等冷水性鱼类慎用	
	苯扎溴铵溶液（Benzalkonium Bro-mide Solu-tion）	养殖水体消毒、防治水产养殖动物由细菌性感染引起的出血、烂鳃、腹水、肠炎、疖疮、腐皮等细菌性疾病	①勿用金属容器盛装 ②禁与阴离子表面活化剂、碘化物和过氧化物等混用 ③软体动物、鲑等冷水性鱼类慎用 ④水质较清的养殖水体慎用 ⑤使用后注意池塘增氧 ⑥包装物使用后集中销毁	